空间生态与保护模拟方法
——R 语言应用

Spatial Ecology and Conservation Modeling:
Applications with R

〔美〕罗伯特·弗莱彻（Robert Fletcher）

〔加〕玛丽-乔西·福廷（Marie-Josée Fortin） 编著

吴　波　杨晓晖　时忠杰　译

科学出版社

北　京

图字：01-2024-0334 号

内 容 简 介

　　所有的生态和保护问题都存在于特定的空间背景中，在生态学中明确引入空间的概念对准确回答相关的生态学问题并提供有效的保护学解决方案是十分必要的。多年来，尽管已出版了多部与空间生态和保护有关的书籍，但仍缺少一部纵览空间生态学并用真实数据从机理上解释空间概念和相关模型的实用性较强的书籍，本书试图通过对生态学和保护学问题中的理论和相应的空间模拟技术的全面描述来填补这一空白，基于真实数据对空间模拟方法进行实例分析，并通过 R 语言程序示例提供可复制可操作的解决方案。

　　本书的目标读者主要是生态学和保护学领域的学者与学生，同时也包括那些从事生态保护的实践工作者。需要指出的是，读者需对统计学、生态模型和 R 语言知识有一些基本的了解，才能更好地使用本书。

First published in English under the title *Spatial Ecology and Conservation Modeling: Applications with R* by Robert Fletcher and Marie-Josée Fortin, edition: 1
Copyright © Springer Nature Switzerland AG, 2018
This edition has been translated and published under licence from Springer Nature Switzerland AG.

图书在版编目 (CIP) 数据

　　空间生态与保护模拟方法 ： R 语言应用 ／（美）罗伯特·弗莱彻（Robert Fletcher），（加）玛丽-乔西·福廷（Marie-Josée Fortin）编著；吴波，杨晓晖，时忠杰译. -- 北京 ： 科学出版社，2025. 6. -- ISBN 978-7-03-080036-7

　　Ⅰ．Q14-39

　　中国国家版本馆 CIP 数据核字第 2024YV4362 号

责任编辑：张会格　薛　丽／责任校对：郑金红
责任印制：赵　博／封面设计：无极书装

科 学 出 版 社 出版
北京东黄城根北街 16 号
邮政编码：100717
http://www.sciencep.com
中煤（北京）印务有限公司印刷
科学出版社发行　　各地新华书店经销
＊
2025 年 6 月第 一 版　　开本：720×1000 1/16
2025 年 9 月第二次印刷　　印张：32 3/4
字数：659 000
定价：268.00 元
（如有印装质量问题，我社负责调换）

谨以此书献给

克里斯蒂娜（Christine），海登（Hayden）和阿娃（Ava）：
你们每天都在激励着我

——罗伯特·弗莱彻

伊恩（Ian）

——玛丽-乔西·福廷

前　　言

　　所有的生态学和保护学问题都存在于特定的空间背景中，这一简单的事实已经激发了科学家和实践者对空间生态学研究的热情。众所周知，在生态学中明确引入空间的概念（即空间生态学的形成）对准确回答相关的生态学问题并提供有效的保护学解决方案是十分必要的。

　　然而，空间生态学直到近几十年才真正发展起来。随着不同空间尺度上数据收集技术的进步，我们现在可以大量获取明确的空间数据。同时，在过去的 20 年里，空间数据的分析、模拟和解释方法也都飞速发展。有关空间数据获取与相应分析解释的新模型和方法的协同发展，也使我们对空间生态学的理解和将空间概念应用于生态学和保护学的方式有了飞速进步。

为什么我们需要一本关于空间生态学和保护学的新书？

　　多年来，很多与空间生态学和保护学有关的书籍已经出版（参见第 1 章），其中一些书籍明确关注的是空间生态学，而另一些则是与这一话题相关的，如景观生态学和集合种群生态学。此外，一些关于空间分析的书籍也已出版，其中有几部专门关注生态学数据，还有一些强调了空间理论在生态学中的应用，这些书籍都对生态学领域的发展有所助力。

　　尽管上述书籍或多或少都涉及空间生态学的内容，但仍然缺少一部纵览空间生态学并用真实数据从机理上解释空间的概念和相关模型的实用性强的书籍，本书试图通过介绍生态学家和生物保护学家用于解决生态学和保护学问题的相关概念和模拟技术来填补这一空白，并用实例来说明空间生态学的研究内容及其实现途径。本书涵盖了几个不同的主题，并向读者展示了这些主题在解决空间相关问题时所具有的一些共有特征。

哪些人适合读这本书？

　　本书旨在对空间生态学和保护学领域涉及的概念和模拟方法做一个简要的介绍，目标读者包括学生和专业人士，同时，那些希望了解生态学和保护学的科学家和自然保护工作者也能从本书概述的内容中获益。本书并非一部为空间生态与模拟领域专家写的书，目前已经有几部为这些专家写的高级书籍，我们的目的并不是对这些书籍进行重新创作。确切地说，那些想知道什么是空间生态学以及如何将其应用于保护学问题的学生和专业人士才是本书的目标受众。

本书的读者首先应对统计学和模型知识有一些基本的了解，这对将定量技术进一步扩展应用到空间问题上是必要的，当然我们并不期望所有的读者都对定量分析技术有足够的了解。本书从空间概念、模型和分析方法应用等方面提供了 R 语言程序示例，然而读者并不需要精通 R 语言，本书的最后提供了一个附录，包括 R 语言应用时的一些基本内容，应该可以为读者理解本书中的 R 语言示例提供所需的足够信息。

本书的主要内容是从作者讲授的研究生课程中提炼出来的，这些内容已被用于课程讲授和实习，学生们也可以通过书中提供的示例进行自学。我们希望这本书可以为空间生态学、景观生态学、物种分布、非统计学专业的空间分析以及保护工作等相关课程提供有益的补充。

本书的结构

本书的目标是对空间生态学和保护学中的几个重要的（但不是全部）主题进行概述，为了引导读者在实践中学习，本书一方面将真实的数据应用于空间模拟方法来说明这些主题，另一方面通过关键的 R 语言代码对主题的特征及其与保护应用的潜在相关性进行形象的实例描述。

本书的第一部分（量化生态数据的空间格局）重点放在与生态学和保护学相关的空间格局的分析和模拟上，对诸如尺度问题、空间相关性、土地覆被格局及其变化的量化以及空间预测等问题进行了介绍并用实例加以说明。

本书的第二部分（空间格局与保护的生态响应）重点放在空间生态学主题上，从物种分布和资源选择、移动和连通性，到集合种群和集合群落的动态，再次概述了这些生态过程和由此产生的空间格局，并对相应的空间分析方法进行了实例说明。

书中每一章首先对相关术语和概念进行了简要概述，重点放在那些解决实际问题的概念上，并简单地提供了理解空间分析所需的空间生态理论中的相关概念，方便理解这些主要概念所需的关键术语用英文斜体[①]突出显示，并在表格和文本中加以定义。书中每一章的后半部分详细解释了这些概念，并通过真实数据和 R 语言代码实例来对其进行深入浅出地解析。每一章的结尾都包含"需进一步研究的问题"部分，以指导读者对与每个主题相关的方法和问题做进一步的探讨。

在整本书中我们都提供了 R 语言代码并对代码执行的输出结果进行了解释。我们应用 R 语言程序的主要原因是：①R 语言是一个开放的源代码环境，可在

[①] 译者注：在中文版中，我们采用中文+括号中的英文来突出显示这些术语

Windows、Mac OS X 和 Linux 平台上运行；②R 语言环境非常灵活，可以提供统计、可视化和简单易学的编程语言功能；③包括生态学家在内的许多科学家已经开发出了一系列的 R 语言程序包，为空间生态数据的分析提供了比其他软件更先进的分析方法。R 语言的主要学习障碍是掌握其环境下的数据操作存在一个较高的学习门槛，正因如此，本书不但提供了相关的 R 语言程序代码，而且还提供了对代码执行结果的解释，旨在消除这一学习障碍。通过附录中提供的 R 语言的关键基础知识，我们希望学生和研究人员能够通过调整这些 R 语言代码来分析他们自己的数据。总的来说，我们采用的是一种实用的 R 语言编程方法：在许多情况下，本书所提供的代码都是十分高效和简洁的，我们希望能够为读者提供一个从想法或模型到实际编码的最直观方法。我们提供了一个附录，为那些不熟悉 R 语言的读者提供了一些必备的知识。所有数据和 R 语言代码都可以在第一作者的网站上（http://www.fletcherlab.com 中的"products"）和佛罗里达大学的机构知识库（http://ufdc.ufl.edu/ufirg）中下载。

　　本书有多种用法。对于侧重概念学习的读者，每章的第一部分简要概述了理解空间生态学和保护学所需的术语和概念；对于那些希望在自己的工作中应用空间生态学的读者，本书通过案例展示术语、概念和模拟方法在实际研究中的应用。对于那些不熟悉 R 语言的读者，建议在阅读正文之前先浏览一下附录中的基础知识。

　　我们希望本书能成为学习空间生态学和解决全世界生物多样性保护所面临问题的有用指南。

罗伯特·弗莱彻（Robert Fletcher）

美国佛罗里达州盖恩斯维尔（Gainesville，FL，USA）

玛丽-乔西·福廷（Marie-Josée Fortin）

加拿大安大略省多伦多（Toronto，ON，Canada）

2018 年 8 月

致　　谢

多年来我们的研究得到了多家机构的支持，其中许多研究内容都已直接或间接地包括进本书。本书作者之一弗莱彻在此感谢美国国家科学基金会（DEB-1343144，DEB-1655555）、美国农业部（USDA-NIFA 批准号 2012-67009-20090）、美国陆军工程兵团、佛罗里达州鱼类和野生动物保护委员会以及佛罗里达大学给予的支持。书中使用的大部分数据都来自相关的研究，感谢理查德·赫托（Richard Hutto）提供的陆地鸟类数据（第 6 章、第 7 章、第 11 章），戴夫·奥尔纳托（Dave Ornato）和佛罗里达州鱼类和野生动物保护委员会提供的佛罗里达豹数据（第 8 章），以及雷蒙德·特伦布莱（Raymond Tremblay）和埃尔维亚·梅伦德斯·阿克曼（Elvia Melendez Ackerman）提供的兰花数据（第 10 章）。

弗莱彻感谢实验室的同事和学生们多年来在其研究生课程讲授过程中给予的支持和反馈。他们中的许多人都鼓励我们出版这本书，如果没有他们的鼓励，本书就不会出版。弗莱彻也要感谢许多良师益友，包括吉姆·奥斯汀（Jim Austin）、马修·贝茨（Matthew Betts）、比尔·克拉克（Bill Clark）、布伦特·丹尼尔森（Brent Danielson）、尼克·哈达德（Nick Haddad）、理查德·赫托（Richard Hutto）、罗尔夫·科福德（Rolf Koford）、汤姆·马丁（Tom Martin）、鲍勃·麦克利里（Bob McCleery）、约翰·奥洛克（John Orrock）和凯蒂·斯威林（Katie Sieving）。最后，弗莱彻还要感谢其家人在本书编写过程中给予的鼓励，特别是其父亲多年来的支持。

作者福廷感谢加拿大自然科学与工程研究理事会（NSERC）的发现资助项目和加拿大空间生态学研究主席的资金资助，感谢多伦多大学生态学和进化生物学系的支持，最后，还要感谢福廷的儿子对她的支持。

我们感谢本书的几位审阅专家，特别要感谢丹·桑顿（Dan Thornton）、柯克·莫洛尼（Kirk Moloney）、凯文·麦克加里加尔（Kevin McGarigal）、马修·贝茨（Matthew Betts）、克丽丝·罗塔（Chris Rota）、布莱恩·赖克特（Brian Reichert）、本·贝赛（Ben Baiser）、夏冯娜·雷诺兹（Chevonne Reynolds）、罗布·阿伦斯（Rob Ahrens）、迪维亚·瓦殊戴夫（Divya Vasudev）、埃伦·罗伯逊（Ellen Robertson）、杰茜卡·海托华（Jessica Hightower）、布拉德·尤德尔（Brad Udell）、朱利安·雷萨斯科（Julian Resasco）和挪亚·伯勒尔（Noah Burrell），他们对书中细节的关注和提出的有用建议，对每一章的改进都有很大的帮助。

目　　录

第1章 空间生态学概论及其与保护学的相关性

1.1 什么是空间生态学？

"空间：最后的前沿"——卡里耶娃（Kareiva）（1994）

生态学的所有内容都在空间上发挥作用，从达尔文的纠缠的河岸到哈钦森的生态剧场（Hutchinson，1965；Darwin，1859），空间是生态学所有过程和研究中所固有的。空间的重要性激发了生物学家的想象力，他们对各种各样的话题产生了兴趣，如迁徙、物种共存、森林砍伐和入侵物种扩散。因此，空间如何直接或间接地影响生物多样性和生态系统功能是生命科学若干分支学科关注的焦点（图1.1）。

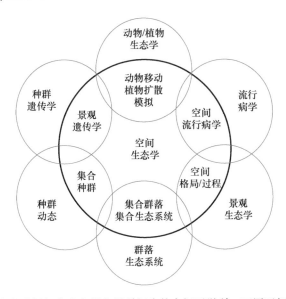

图1.1 基于空间生态学框架从生态学各学科衍生的空间子学科，可用于解决当前的保护问题

所有这些分支学科都共享源于空间生态学领域的概念和分析方法：一个由蒂尔曼（Tilman）和卡里耶娃（Kareiva）于1997年创造的领域。从那时起，"空间生态学"一词便在各个生态学分支学科和领域中广泛使用，在生物地理学中关注的是物种的地理分布（Lomolino，2017），在景观生态学中则是将空间异质性与生态过程及物种分布联系起来（Turner and Gardner，2015），在移动生态学中关

注的则是生物的扩散和迁移（Nathan et al.，2008），宏观生态学在大空间尺度上研究过程和物种的关系（Gaston and Blackburn，2000），集合生态学则考虑不同空间尺度上的扩散和空间相互作用，以模拟影响物种分布及动态的生态过程（即集合种群、集合群落、集合生态系统；Massol et al.，2011），空间和景观遗传学侧重于景观特征对基因流[①]和局部适应的影响（Manel et al.，2003；Guillot et al.，2009），最后，保护生物学针对各种空间问题提出了解决方案，包括缓解道路和保护区网络的影响，以及保护规划中的空间优化等（Primack，2014）（图 1.1）。

在本书中，我们采用广义的"空间生态学"概念，该概念指的是研究和模拟空间在生态过程（如种群动态、物种相互作用、扩散）中的角色及其对生态格局（如物种分布）的影响。这一定义与景观生态学的一些早期定义有相似之处（Pickett and Cadenasso，1995；Turner，1989）。然而，经过多年的发展，景观生态学亦将景观的社会经济层面纳入考量（Wu，2017）。

空间生态学研究的目的是了解影响物种分布和动态的过程及其如何在空间中发挥作用，内生过程与每个生态实体的动态（如移动、扩散和迁移）以及物种内部和跨物种实体间的相互作用（种群统计、遗传变异、行为、竞争、促进、营养相互作用等）有关，外生过程则与生物体对环境因素的响应有关，这些环境因素本身具有自身的空间结构（气候、当地生境[②]特征、微生境异质性、斑块干扰演替、环境过滤、历史偶然事件等）。总的来说，正是这些内生过程和外生过程的综合作用与反馈效应导致不同空间组织层次（如集合种群、集合群落和集合生态系统）上观察到的空间格局不同（图 1.2）。

SA-sp: 物种间的空间自相关
SA-env: 环境因子的空间结构
SD: 物种对空间结构环境响应的空间依赖性

图 1.2　空间对环境条件的空间结构和物种分布的影响，物种分布也会受到环境数据空间结构的影响（改编自 Wagner and Fortin，2005）

空间生态学越来越多地应用于物种保护和管理，以提供更为有效的生物多样性保护方法。迅速（被）改变的景观造成了空间异质性的环境条件，影响了物种的分散能力及其最终的持续性。然而，即使在均质环境中，内生过程本身也会塑

---

① 译者注：此处原书为"gene glow"，经查阅所引用的两篇文献为输入错误，应为"gene flow"，故此更正

② 译者注："habitat"一词的中文译法参见第 8 章

造物种的空间分布（Okubo，1974）。这就是为什么空间生态学中的许多核心生态学理论和分析模型都是基于过程。因此，作为一门学科，空间生态学的一个重要基石是了解生态实体空间分布过程中所面临挑战的解决方式。空间生态学也提供了概念和工具，以帮助我们理解、预测和绘制生物多样性对环境变化的响应。

1.2　空间在生态学中的重要性

物种动态会在空间和时间尺度上发生。空间以多种方式影响着物种，包括物种如何利用资源及占据其生境和整个地理分布范围内的空间，如何在异质性景观中移动、扩散和迁移，以及如何与其他物种相互作用（表 1.1）。

表 1.1　将空间特征引入空间分析的示例及其对生态过程和数据的影响
（改编自 Fortin et al.，2012）

空间特征	对生态过程和数据的影响
x-y 坐标	参照其他点位（欧氏距离或相对距离）确定的数据点位
空间自相关	作为点位间距离函数的数据的大小、空间尺度和方向性
空间关系	非生物预测因子的点位对生物/生态变量响应的影响
空间遗留效应	过去的空间格局对当前的生态过程和物种空间格局的影响
空间邻域	邻近点位对生态过程和物种空间格局的影响
空间感知	介于（生境）间的景观特征如何影响动物的日常移动和物种扩散能力
多种空间尺度	空间尺度的加性效应影响当前的空间格局

为了确定空间对生态格局和过程的相对重要性，我们经常会使用数学和统计模型（Dale and Fortin，2014；Cantrell et al.，2009；Fortin et al.，2012；Ovaskainen et al.，2016）。这两种模拟方法从数据需求、模型假设到认识论都存在着显著差异（图 1.2）。基于过程的方法（如数学的随机模拟和计算模型）和现象学方法（如统计回归模型）都有助于我们理解从小尺度到大尺度的生态实体的空间分布（Levin，1976；MacArthur and Wilson，1967）。此类空间模型旨在提高我们对作用于物种分布的潜在过程的理解（如估计环境驱动因素与扩散对于物种分布的相对重要性），并对其进行生态预测（如基于此类过程对物种分布进行预测；Pagel and Schurr，2012；Dietze，2017）。

空间生态学的基础可以追溯到 Watt（1947）发表的一篇空间格局与生态过程间关系的开创性论文，文章中强调植物会出现在有界群落（即斑块）中，这些斑块在整个景观中形成了动态镶嵌，即众所周知的"移动镶嵌稳态"概念（Bormann and Likens，1979）。随后，在 20 世纪 50 年代和 60 年代，三个重点研究领域都强调了空间对生态过程的重要性及其与保护的相关性。首先，一些影响较大的实验研究强调了空间对生态的重要性。在一个开创性的实验中，Huffaker（1958）向我们展示了在考虑猎物空间避难的可能性时捕食者和食饵间是如何维持动态稳定的，而在面积较小的均质栖息地中则不可能维持稳定。这一结果十分重要，因为在此之前，空间概念尚未在物种共存的理论和概念中被加以正式考虑。这项实验强调了移动在改变物种相互作用和群落结构中的作用，这一研究主题随着时间的推移得到了不断的发展。

空间概念发展的第二个领域来自理论生态学（Hastings and Gross，2012），生态学家研究了生物体在空间中的扩散如何改变种群和群落动态（Skellam，1951；Okubo and Levin，2001；Hilborn，1979）。Skellam（1951）开创性地将最初用于分子过程的反应-扩散模型应用于分析扩散和种群动力学问题，在模型中他对生物体的扩散（或随机运动）做出了假设，尽管生物体明显不会以简单的随机方式移动，但这种方法的效用在于，采用简单的公式可以在很大程度上解释生态学中观察到的格局（Kareiva，1982，1983），并且可以扩展用来捕捉非随机问题（如平流；Reeve et al.，2008）。此外，斯凯拉姆（Skellam）的工作为建立入侵扩散模型奠定了基础，对保护生物学来说这是一个非常重要的研究课题。

空间概念发展的第三个领域是 Preston（1948，1962）及后来的 MacArthur 和 Wilson（1963，1967）将生物地理学的概念应用于对物种-区域关系的分析与理解中，这在将空间生态学应用于实际保护问题方面尤其重要（Higgs，1981）。事实上，许多生态学理论和保护学概念（包括实际解决方案）都源于岛屿生物地理学理论，其中，岛屿/斑块的大小及其空间结构（间隔/隔离）通过定植和灭绝事件的变化对物种的持久性起着至关重要的作用（MacArthur and Wilson，1967；Laurance，2008）。

当代空间生态学是从岛屿生物地理学发展而来的，在岛屿生物地理学中，个体扩散是关键，可以起到救助效应（rescue effect）或空间保险效应（spatial insurance）的作用（Loreau et al.，2003a），从而保护种群不受局部灭绝的影响，在此物种通常被认为是集合种群（Hanski，1999；Levins，1969）。空间保险效应的概念已经被扩展用于多物种的扩散，以维持集合群落的物种组合和群落（Leibold et al.，2017，2004）以及集合生态系统的生态系统功能（Loreau et al.，2003b；Guichard，2017）。

1.3　空间在保护学中的重要性

保护生物学家越来越认识到空间对生物多样性和生态系统服务的重要性（Schagner et al.，2013；Moilanen et al.，2009）。空间与保护间的关系主要源自如下 4 个方面：①空间对生物多样性和生态系统服务的空间制图至关重要；②空间可为减轻环境变化的影响提供指导；③空间有助于有效确定优先保护领域；④空间是用于保护的工具和模型的关键组分。

一些生物地理学和宏观生态学理论为我们理解与绘制地球上的生物多样性图提供了空间基础。对空间组分的重视首先出现在生物地理学领域，人们在该领域的兴趣在于确定和了解全球生物多样性的物种分布和地理梯度。例如，早期的科学家强调多样性的纬度梯度，热带的多样性大于温带（Currie and Paquin，1987），理解这一生物地理学（及宏观生态学）模式以及其他类似规律，一直以来都是保护生物学关注的重点，因为这有助于确定生物多样性热点和与保护相关的特有分布（Myers et al.，2000；Dawson et al.，2017；Orme et al.，2005）。

为缓解环境变化的影响，诸多应对方案都融入了空间维度的考量。例如，在保护中廊道的利用明确强调了环境的空间配置是如何促进生物多样性的（Crooks and Sanjayan，2006），迁地和重新引入计划需要了解潜在释放点位是如何抑制或促进此类计划成功的（Seddon et al.，2014）。缓解气候变化影响的适应战略也往往强调空间生态的概念（Heller and Zavaleta，2009）。

作为保护生物学的主要研究方向之一，保护优先性规划也强调了空间生态学的重要性。早期保护规划的原则体现了限制保护区间出现隔离并最大限度地扩大保护区面积的必要性（Diamond，1975），后期的工作已经明确包括了保护优先战略的规划，并考虑了对有效的保护规划至关重要的保护区间生物多样性的互补性等问题（Margules and Pressey，2000）。最近，针对气候变化的保护规划则强调了当前关键区域的连通方式，以及随着气候和土地利用的持续变化而可能导致的连通度的变化（Pressey et al.，2007；Schmitz et al.，2015；Carroll et al.，2017）。总之，空间的概念对于指导制定生物多样性和生态系统服务保护的有效战略至关重要（Chan et al.，2006；Moilanen and Wintle，2007）。

在景观生态学、地理学和空间统计领域发展起来的生态学概念和分析工具目前已普遍用于保护学，从而帮助我们对规划战略和管理做出更为明智的决定（Moilanen et al.，2009）。的确，大多数保护规划和管理都需要掌握相关的空间知识，并就空间对物种变异的影响以及对全球变化的响应进行显式空间模拟，因此，在模拟物种生态和物种对不断变化的世界的响应（如物种扩散、物种间相互作用、干扰动态和环境变化）时，将空间信息包含在内是至关重要的。此外，由于保护的目的是要提供更好的管理建议，以减轻对生物多样性的威胁，隐含和明确的空间信息都要纳入应用解决方案（如生态恢复、物种重新引入和维持生境斑块之间的连通性等）中。所有这些保护措施的实施过程中，空间尺度都是关键要素（Wiens，1989；Levin，1992，2000；McGarigal et al.，2016；Doak et al.，1992；Fletcher et al.，2013；Gering et al.，2003）。

1.4 空间模拟框架的发展

在模拟物种扩散、物种对环境条件的响应和物种间的相互作用之前，我们需要对物种的空间分布进行量化。这就是在生态学和保护中，更好地理解和管理生物多样性的第一步通常包括绘制物种分布图和量化物种分布与环境条件的空间格局两部分内容的原因（Ferrier，2002；Gaston and Blackburn，2000；Guisan and Thuiller，2005）。一旦获得此类定量信息，下一步的模拟步骤通常旨在关联和模拟物种对空间环境条件的响应和/或物种（种内和种间）在空间的相互作用（Synes et al.，2017）。

我们可以使用具不同程度复杂性的分析工具来模拟影响物种分布的过程，复杂性的高低取决于所模拟的过程和所采用的生态理论，结合实证研究中的物种行为数据、空间扩散模型和相关流动理论，我们可以填补物种分布上的知识空白。早期的扩散模型为那些包含空间的生态理论的发展奠定了基础（图1.3），如岛屿生物地理学（MacArthur and Wilson，1967）、斑块动力学（Pickett and White，1984）、

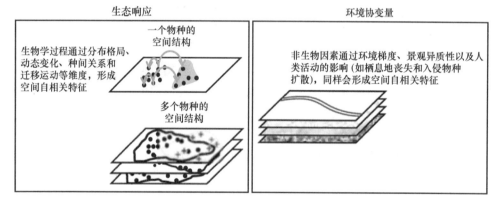

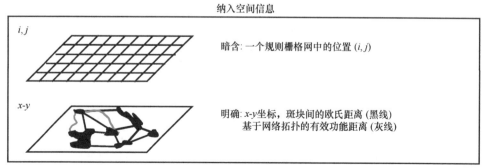

图1.3 空间过程对物种（反应变量）和协变量（预测因子）的
影响以及将空间信息纳入模型的方法

层次理论（Wu and Loucks，1995；Allen and Starr，1982）、物种共存理论（Chesson，2000）、集合种群理论（Hanski，1999）、集合群落理论（Leibold and Chase，2017）和集合生态系统理论（Guichard，2017）。尽管这些学科可以被视为相对独立的领域，但空间生态学通过理论、模型和数据分析将它们有机结合在一起（Massol et al.，2011）。

空间生态学模拟框架的出现得益于航片的可用性、遥感捕获器以及计算能力等方面的技术进步，这使得空间生态学的概念和模拟方法发展能够采用更现实的方法来表示空间，并将其纳入统计和模拟方法中（图 1.3）。的确，在过去几十年中，明确地将空间影响纳入生态模型的能力，对解决新的生态问题和分析方法的爆发式增长至关重要。

空间生态模拟框架的一项重大突破在于考虑空间并将其以不同方式纳入模拟中，包括隐式（内核、移动窗口、相对拓扑位置等）、显式（x-y 坐标、扩散、传播、基于个体/智能体的模型等）和现实（显式网络结构、空间权重、多种空间尺度等）等方式（图 1.3）。该方法始于把空间看作离散单元，这种空间离散化为生态系统的模拟开辟了许多新途径，既可以通过空间隐式的方式进行建模，其中物种占用率和多度的模拟考虑了基于网格拓扑的相对邻体的影响（如元胞自动机模型），也可以通过空间显式的方式进行建模，其中干扰、疾病或物种传播的模拟将单元（样方、像素、采样点位）间的实际欧氏距离用于计算扩散核，然后空间由确定区域内每个个体精确的 x-y 坐标来表示，这样可以使用基于个体/智能体的模拟方法对个体的空间显式移动进行模拟（Grimm et al.，2005；Matthews et al.，2007）。例如，我们可以采用 SORTIE 模型（森林动态显式模拟软件）在树木个体层面上对树种的动态和演替进行模拟（Pacala et al.，1996）。使用个体或采样点位的 x-y 坐标也可在考虑物种在空间异质景观中的扩散能力的同时，对移动和连通性进行空间显式模拟（Urban and Keitt，2001）。最后，空间显式表征方法允许我们使用集合模型对作用于多个空间尺度的过程进行模拟（Urban，2005；Talluto et al.，2016）。从空间上对物种及其对全球变化响应的显式模拟能力，为研究异质性的空间遗留效应（Wallin et al.，1994；James et al.，2007；Peterson，2002）对生态过程和物种持久性的影响开辟了新途径。

1.5 未来的发展方向

在过去 20 年中空间生态学和保护学得以飞速发展，随着人们越来越多地使用空间数据来模拟和解决各种基础和应用问题，该领域已经发展成熟。空间生态学中所包括的空间模拟和分析方法通常被应用于解决保护学问题。

本书后续章节系统介绍空间生态学和保护领域的几个核心问题，并将重点放在探讨解决生态问题的空间模拟方法上。我们强调"实践出真知"（learning-by-doing）的理念，因此我们将用真实数据来说明这些主题，以及空间模拟在这些主题中的应用。我们首先讨论了有关生态数据中空间格局量化的主题，然后我们更具体地关注了物种如何响应空间格局及其与保护相关性的主题（表 1.2）。我们希望本书中所包含的内容能为学生和专业人士着手解决生态和保护领域亟待应对的重要问题提供一个强有力的理论基础。

表 1.2　空间生态学中常用的空间分析方法（相应章节）及其量化评估的空间组分

空间分析方法	量化评估的空间组分
多尺度分析（第 2 章）	确定影响响应变量的关键空间尺度
分类数据的格局分析（第 3 章）	量化土地利用和土地覆盖格局
空间点过程（第 4 章）	识别点（事件）的空间格局，并了解产生这些格局的潜在过程
空间及地理统计（第 5 章）	空间方差的大小、范围和方向性
空间回归（第 6 章）	在估计关系时考虑响应变量（空间干扰）和独立变量（空间偶然性）的空间结构
物种分布模型（第 7 章）	插值、投影和预测
动物移动模型（第 8、9 章）	解释空间异质性及量化轨迹
空间网络分析（第 9 章）	拓扑网络、欧氏距离和函数距离
空间种群动态（第 10 章）	解释种群动态的空间异质性
β 多样性（第 11 章）	物种空间周转
空间群落分析（第 11 章）	物种相互作用和环境过滤的空间组分

参 考 文 献

Allen TFH, Starr TB (1982) Hierarchy: perspectives for ecological complexity. University of Chicago Press, Chicago

Bormann FH, Likens GE (1979) Catastrophic disturbance and the steady-state in northern hardwood forests. Am Sci 67(6): 660-669

Cantrell S, Cosner C, Ruan S (2009) Spatial ecology. Chapman & Hall/CRC, Boca Raton, FL

Carroll C, Roberts DR, Michalak JL, Lawler JJ, Nielsen SE, Stralberg D, Hamann A, McRae BH, Wang TL (2017) Scale-dependent complementary of climatic velocity and environmental diversity for identifying priority areas for conservation under climate change. Glob Chang Biol 23(11): 4508-4520. https://doi.org/10.1111/gcb.13679

Chan KMA, Shaw MR, Cameron DR, Underwood EC, Daily GC (2006) Conservation planning for ecosystem services. PLoS Biol 4(11): 2138-2152. https://doi.org/10.1371/journal.pbio.0040379

Chesson PL (2000) General theory of competitive coexistence in spatially varying environments. Theor Popul Biol 58: 211-237

Crooks KR, Sanjayan M (eds) (2006) Connectivity conservation. Cambridge University Press, New York

Currie DJ, Paquin V (1987) Large-scale biogeographical patterns of species richness of trees. Nature

329(6137): 326-327. https: //doi.org/10.1038/329326a0

Dale MRT, Fortin MJ (2014) Spatial analysis: a guide for ecologists, 2nd edn. Cambridge University Press, Cambridge

Darwin C (1859) On the origin of species by means of natural selection, or preservation of favoured races in the struggle for life. John Murray, London

Dawson W, Moser D, van Kleunen M, Kreft H, Pergl J, Pysek P, Weigelt P, Winter M, Lenzner B, Blackburn TM, Dyer EE, Cassey P, Scrivens SL, Economo EP, Guenard B, Capinha C, Seebens H, Garcia-Diaz P, Nentwig W, Garcia-Berthou E, Casal C, Mandrak NE, Fuller P, Meyer C, Essl F (2017) Global hotspots and correlates of alien species richness across taxonomic groups. Nat Ecol Evol 1(7): 0186. https: //doi.org/10.1038/s41559-017-0186

Diamond JM (1975) The island dilemma: lessons of modern biogeographic studies for the design of natural reserves. Biol Conserv 7(2): 129-146. https: //doi.org/10.1016/0006-3207(75)90052-x

Dietze M (2017) Ecological forcasting. Princeton University Press, Princeton

Doak DF, Marino PC, Kareiva PM (1992) Spatial scale mediates the influence of habitat fragmentation on dispersal success: implications for conservation. Theor Popul Biol 41(3): 315-336. https: //doi.org/10.1016/0040-5809(92)90032-o

Ferrier S (2002) Mapping spatial pattern in biodiversity for regional conservation planning: where to from here? Syst Biol 51(2): 331-363. https: //doi.org/10.1080/10635150252899806

Fletcher RJ Jr, Revell A, Reichert BE, Kitchens WM, Dixon JD, Austin JD (2013) Network modularity reveals critical scales for connectivity in ecology and evolution. Nat Commun 4: 2572. https: //doi.org/10.1038/ncomms3572

Fortin MJ, James PMA, MacKenzie A, Melles SJ, Rayfield B (2012) Spatial statistics, spatial regression, and graph theory in ecology. Spatial Stat 1: 100-109. https: //doi.org/10.1016/j. spasta.2012.02.004

Gaston KJ, Blackburn TM (2000) Pattern and process in macroecology. Blackwell Science, Oxford, UK

Gering JC, Crist TO, Veech JA (2003) Additive partitioning of species diversity across multiple spatial scales: implications for regional conservation of biodiversity. Conserv Biol 17 (2): 488-499. https: //doi.org/10.1046/j.1523-1739.2003.01465.x

Grimm V, Revilla E, Berger U, Jeltsch F, Mooij WM, Railsback SF, Thulke HH, Weiner J, Wiegand T, DeAngelis DL (2005) Pattern-oriented modeling of agent-based complex systems: lessons from ecology. Science 310(5750): 987-991. https: //doi.org/10.1126/science.1116681

Guichard F (2017) Recent advances in metacommunities and meta-ecosystem theories. F1000 Research 6: 610

Guillot G, Leblois R, Coulon A, Frantz AC (2009) Statistical methods in spatial genetics. Mol Ecol 18(23): 4734-4756. https: //doi.org/10.1111/j.1365-294X.2009.04410.x

Guisan A, Thuiller W (2005) Predicting species distribution: offering more than simple habitat models. Ecol Lett 8(9): 993-1009

Hanski I (1999) Metapopulation ecology. Oxford University Press, Oxford

Hastings A, Gross L (eds) (2012) Encyclopedia of theoretical ecology. UC Press, Berkeley, CA

Heller NE, Zavaleta ES (2009) Biodiversity management in the face of climate change: a review of 22 years of recommendations. Biol Conserv 142(1): 14-32. https: //doi.org/10.1016/j. biocon. 2008.10.006

Higgs AJ (1981) Island biogeography theory and nature reserve design. J Biogeogr 8(2): 117-124. https: //doi.org/10.2307/2844554

Hilborn R (1979) Some long-term dynamics of predator-prey models with diffusion. Ecol Model 6 (1):

23-30. https: //doi.org/10.1016/0304-3800(79)90055-3

Huffaker CB (1958) Experimental studies on predation: dispersion factors and predator-prey oscillations. Hilgardia 27: 343-383

Hutchinson GE (1965) The ecological theater and the evolutionary play. Yale University Press, New Haven

James PMA, Fortin MJ, Fall A, Kneeshaw D, Messier C (2007) The effects of spatial legacies following shifting management practices and fire on boreal forest age structure. Ecosystems 10 (8): 1261-1277. https: //doi.org/10.1007/s10021-007-9095-y

Kareiva P (1982) Experimental and mathematical analyses of herbivore movement: quantifying the influence of plant spacing and quality on foraging discrimination. Ecol Monogr 52(3): 261-282. https: //doi.org/10.2307/2937331

Kareiva PM (1983) Local movement in herbivorous insects - applying a passive diffusion-model to mark-recapture field experiments. Oecologia 57(3): 322-327. https: //doi.org/10.1007/ bf00377175

Kareiva P (1994) Space: the final frontier for ecological theory. Ecology 75(1): 1-1. https: //doi.org/ 10.2307/1939376

Laurance WF (2008) Theory meets reality: how habitat fragmentation research has transcended island biogeographic theory. Biol Conserv 141(7): 1731-1744. https: //doi.org/10.1016/j.biocon. 2008.05.011

Leibold MA, Chase JM (2017) Metacommunity ecology. Princeton University Press, Princeton, NJ

Leibold MA, Holyoak M, Mouquet N, Amarasekare P, Chase JM, Hoopes MF, Holt RD, Shurin JB, Law R, Tilman D, Loreau M, Gonzalez A (2004) The metacommunity concept: a framework for multi-scale community ecology. Ecol Lett 7(7): 601-613. https: //doi.org/10.1111/j.1461-0248. 2004.00608.x

Leibold MA, Chase JM, Ernest SKM (2017) Community assembly and the functioning of ecosystems: how metacommunity processes alter ecosystems attributes. Ecology 98(4): 909-919

Levin SA (1976) Population dynamic models in heterogeneous environments. Annu Rev Ecol Syst 7: 287-310. https: //doi.org/10.1146/annurev.es.07.110176.001443

Levin SA (1992) The problem of pattern and scale in ecology. Ecology 73(6): 1943-1967. https: // doi.org/10.2307/1941447

Levin SA (2000) Multiple scales and the maintenance of biodiversity. Ecosystems 3(6): 498-506. https: //doi.org/10.1007/s100210000044

Levins R (1969) Some demographic and genetic consequences of environmental heterogeneity for biological control. Bull Entomol Soc Am 15: 237-240

Lomolino MV (2017) Biogeography: biological diversity across space and time, 5th edn. Sinauer, Sunderland, MA

Loreau M, Mouquet N, Gonzalez A (2003a) Biodiversity as spatial insurance in heterogeneous landscapes. Proc Natl Acad Sci U S A 100(22): 12765-12770. https: //doi.org/10.1073/pnas. 2235465100

Loreau M, Mouquet N, Holt RD (2003b) Meta-ecosystems: a theoretical framework for a spatial ecosystem ecology. Ecol Lett 6(8): 673-679. https: //doi.org/10.1046/j.1461-0248.2003.00483.x

MacArthur RH, Wilson EO (1963) Equilibrium theory of insular zoogeography. Evolution 17(4): 373. https: //doi.org/10.2307/2407089

MacArthur RH, Wilson EO (1967) The theory of island biogeography. Princeton University Press, Princeton, NJ

Manel S, Schwartz MK, Luikart G, Taberlet P (2003) Landscape genetics: combining landscape ecology and population genetics. Trends Ecol Evol 18(4): 189-197. https: //doi.org/10.1016/s0169-5347(03)00008-9

Margules CR, Pressey RL (2000) Systematic conservation planning. Nature 405(6783): 243-253. https: //doi.org/10.1038/35012251

Massol F, Gravel D, Mouquet N, Cadotte MW, Fukami T, Leibold MA (2011) Linking community and ecosystem dynamics through spatial ecology. Ecol Lett 14(3): 313-323. https: //doi.org/10.1111/j.1461-0248.2011.01588.x

Matthews RB, Gilbert NG, Roach A, Polhill JG, Gotts NM (2007) Agent-based land-use models: a review of applications. Landsc Ecol 22(10): 1447-1459. https: //doi.org/10.1007/s10980-007-9135-1

McGarigal K, Wan HY, Zeller KA, Timm BC, Cushman SA (2016) Multi-scale habitat selection modeling: a review and outlook. Landsc Ecol. https: //doi.org/10.1007/s10980-016-0374-x

Moilanen A, Wintle BA (2007) The boundary-quality penalty: a quantitative method for approximating species responses to fragmentation in reserve selection. Conserv Biol 21(2): 355-364. https: //doi.org/10.1111/j.1523-1739.2006.00625.x

Moilanen A, Wilson KA, Possingham H (eds) (2009) Spatial conservation prioritization: quantitative methods and computational tools. Oxford University Press, Oxford

Myers N, Mittermeier RA, Mittermeier CG, da Fonseca GAB, Kent J (2000) Biodiversity hotspots for conservation priorities. Nature 403(6772): 853-858. https: //doi.org/10.1038/35002501

Nathan R, Getz WM, Revilla E, Holyoak M, Kadmon R, Saltz D, Smouse PE (2008) A movement ecology paradigm for unifying organismal movement research. Proc Natl Acad Sci U S A 105 (49): 19052-19059. https: //doi.org/10.1073/pnas.0800375105

Okubo A (1974) Diffusion-induced instability in model ecosystems, another possible explanation of patchiness. Technical Report 86. Chesapeake Bay Institute, MD

Okubo A, Levin SA (2001) Diffusion and ecological problems: modern perspectives. Springer, New York

Orme CDL, Davies RG, Burgess M, Eigenbrod F, Pickup N, Olson VA, Webster AJ, Ding TS, Rasmussen PC, Ridgely RS, Stattersfield AJ, Bennett PM, Blackburn TM, Gaston KJ, Owens IPF (2005) Global hotspots of species richness are not congruent with endemism or threat. Nature 436(7053): 1016-1019. https: //doi.org/10.1038/nature03850

Ovaskainen O, De Knegt HJ, del Mar Delgado M (2016) Quantitative ecology and evolutionary biology: integrating models with data. Oxford University Press, Oxford

Pacala SW, Canham CD, Saponara J, Silander JA, Kobe RK, Ribbens E (1996) Forest models defined by field measurements: estimation, error analysis and dynamics. Ecol Monogr 66 (1): 1-43. https: //doi.org/10.2307/2963479

Pagel J, Schurr FM (2012) Forecasting species ranges by statistical estimation of ecological niches and spatial population dynamics. Glob Ecol Biogeogr 21(2): 293-304. https: //doi.org/10.1111/j.1466-8238.2011.00663.x

Peterson GD (2002) Contagious disturbance, ecological memory, and the emergence of landscape pattern. Ecosystems 5(4): 329-338. https: //doi.org/10.1007/s10021-001-0077-1

Pickett STA, Cadenasso ML (1995) Landscape ecology: spatial heterogeneity in ecological systems. Science 269(5222): 331-334

Pickett STA, White PS (1984) The ecology of natural disturbance and patch dynamics. Academic Press, New York

Pressey RL, Cabeza M, Watts ME, Cowling RM, Wilson KA (2007) Conservation planning in a changing world. Trends Ecol Evol 22(11): 583-592. https: //doi.org/10.1016/j.tree.2007.10.001

Preston FW (1948) The commonness, and rarity, of species. Ecology 29(3): 254-283. https: // doi.org/10.2307/1930989

Preston FW (1962) The canonical distribution of commonness and rarity: Part I. Ecology 43 (2): 185-215, 431-432

Primack RB (2014) Essentials of conservation biology, 6th edn. Sinauer Associates, Sunderland, MA

Reeve JD, Cronin JT, Haynes KJ (2008) Diffusion models for animals in complex landscapes: incorporating heterogeneity among substrates, individuals and edge behaviours. J Anim Ecol 77 (5): 898-904. https: //doi.org/10.1111/j.1365-2656.2008.01411.x

Schagner JP, Brander L, Maes J, Hartje V (2013) Mapping ecosystem services' values: current practice and future prospects. Ecosyst Serv 4: 33-46. https: //doi.org/10.1016/j.ecoser. 2013.02. 003

Schmitz OJ, Lawler JJ, Beier P, Groves C, Knight G, Boyce DA, Bulluck J, Johnston KM, Klein ML, Muller K, Pierce DJ, Singleton WR, Strittholt JR, Theobald DM, Trombulak SC, Trainor A (2015) Conserving biodiversity: practical guidance about climate change adaptation approaches in support of land-use planning. Nat Areas J 35(1): 190-203

Seddon PJ, Griffiths CJ, Soorae PS, Armstrong DP (2014) Reversing defaunation: restoring species in a changing world. Science 345(6195): 406-412. https: //doi.org/10.1126/science.1251818

Skellam JG (1951) Random dispersal in theoretical populations. Biometrika 28: 196-218

Synes NW, Brown C, Watts K, White SM, Gilbert MA, Travis JM (2017) Emerging opportunities for landscape ecological modelling. Curr Landsc Ecol Rep 1: 146-167

Talluto MV, Boulangeat I, Ameztegui A, Aubin I, Berteaux D, Butler A, Doyon F, Drever CR, Fortin MJ, Franceschini T, Lienard J, McKenney D, Solarik KA, Strigul N, Thuiller W, Gravel D (2016) Cross-scale integration of knowledge for predicting species ranges: a metamodelling framework. Glob Ecol Biogeogr 25(2): 238-249. https: //doi.org/10.1111/geb.12395

Tilman D, Kareiva P (1997) Spatial ecology: the role of space in population dynamics and interspecific interactions. Princeton University Press, Princeton, NJ

Turner MG (1989) Landscape ecology: the effect of pattern on process. Annu Rev Ecol Syst 20: 171-197. https: //doi.org/10.1146/annurev.ecolsys.20.1.171

Turner MG, Gardner RH (2015) Landscape ecology in theory and practice, 2nd edn. Springer, New York

Urban DL (2005) Modeling ecological processes across scales. Ecology 86(8): 1996-2006

Urban D, Keitt T (2001) Landscape connectivity: a graph-theoretic perspective. Ecology 82 (5): 1205-1218

Wagner HH, Fortin MJ (2005) Spatial analysis of landscapes: concepts and statistics. Ecology 86 (8): 1975-1987. https: //doi.org/10.1890/04-0914

Wallin DO, Swanson FJ, Marks B (1994) Landscape pattern response to changes in pattern generation rules: land-use legacies in forestry. Ecol Appl 4(3): 569-580. https: //doi.org/10.2307/1941958

Watt AS (1947) Pattern and process in the plant community. J Ecol 35(1-2): 1-22. https: //doi.org/ 10.2307/2256497

Wiens JA (1989) Spatial scaling in ecology. Funct Ecol 3(4): 385-397

Wu JG (2017) Thirty years of landscape ecology (1987-2017): retrospects and prospects. Landsc Ecol 32(12): 2225-2239. https: //doi.org/10.1007/s10980-017-0594-8

Wu JG, Loucks OL (1995) From balance of nature to hierarchical patch dynamics: a paradigm shift in ecology. Q Rev Biol 70(4): 439-466. https: //doi.org/10.1086/419172

第 一 部 分

量化生态数据的空间格局

第2章 尺　　度

2.1 简　　介

生态学和保护学中的所有问题都有一个时空维度，尺度就是试图捕捉到这些维度并对其加以理解的一个概念。尺度描述了一种格局或过程的时空维度，尺度的量化可以加深我们对生态格局和过程的理解，改变我们对行为、种群生存能力、物种相互作用、进化动态和保护决策等方面做出的结论。此外，许多格局和过程在时空上以完全不同的尺度存在（图 2.1），我们关注的是控制重要生态和进化过程动态的关键（或特征）尺度（Urban et al.，1987）。

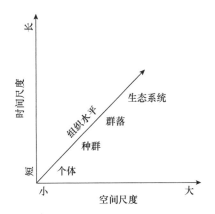

图 2.1　修订后的尺度和组织水平间关系的时空图

尺度可以从一个格局或过程的时间尺度、空间尺度和组织水平间的相互关联来加以解释。时间尺度可以是短期的（如温度的日变化）或长期的（如冰川周期）；空间尺度可以视为较小的（或细粒度的，如湿度的空间变化）或较大的（或粗粒度的，如降雨的空间变化）；而组织水平是指一个格局或过程在生物水平（如个体水平或种群水平）上所处的位置

有关生态学和保护学中尺度问题的研究可以追溯到几十年前（Greig-Smith，1952；Preston，1962），然而直到 20 世纪 80 年代末 90 年代初，尺度的概念才成为一个中心议题，此前的研究常采用一种尺度不变的假设，即空间格局和过程不随尺度的变化而变化，因此尺度问题并非必须解决的问题。然而，John Wiens（1989）、Simon Levin（1992）和其他一些科学家在其开创性的综合研究中，提出了尺度在生态学和保护学中普遍存在的论点，同时指出明确考虑尺度有助于解决生态学中存在的一些争论，如竞争在群落组合中的作用，通过明确说明不同尺

度上的过程，可以帮助我们解决保护和管理问题。自此我们在对尺度的理解（Chave，2013；Jackson and Fahrig，2015）以及解释尺度作用的定量方法（Keitt and Urban，2005；Dray et al.，2012；Fortin et al.，2012；Chandler and Hepinstall-Cymerman，2016）方面取得了重大进展。

在本章中，我们概述了与尺度有关的问题，即尺度的重要性，以及在空间生态学和保护学中如何加以考量。我们的目标是重点介绍用于理解空间尺度的术语，提供说明尺度重要性的例子，并以美国东南部爬行动物分布为例说明 R 语言中多尺度和多水平模拟的一些简单方法。本章的重点放在对尺度进行介绍上，其实在全书中我们都在深入探讨与尺度相关的各种问题及其量化方法。

2.2 核心概念和方法

2.2.1 尺度的定义及基本解释

"尺度"是指一个过程或一个格局的时空维度或时空域（表 2.1）。在景观生态学中，尺度通常采用两个组分来描述，即粒度（grain）和幅度（extent）（Fortin et al.，2012；Turner and Gardner，2015）。粒度是一种格局或过程的最小空间度量单位，而幅度则描述了所研究对象的时间长度或空间面积。在描述尺度时也经常会用到"范围"（粒度与幅度的比值，scope）一词，其对观察到的格局和过程有着很大的影响（见下文；Schneider，2001）。

表 2.1　与尺度概念相关的术语和定义

术语	定义	应用		
		现象	取样	分析
制图比例	地图上的距离与现实距离间的比值，有时称为"制图比例尺"		X	X
特征尺度	优势格局出现的尺度	X		X
跨尺度相互作用	一个尺度上的过程与另一尺度上的过程间的相互作用	X		
生态学谬误	从较高等级的群体特征或平均数中推断个体单元的逻辑谬误	X		X
生态域	某一有机体在某一适宜时段内活跃或有一定影响的区域	X		
幅度	所考虑的时间长度或空间面积	X	X	X
粒度	一个数据集、格局或过程中最高等级的空间分辨率	X	X	X
等级	一种互联系统中，基于行为的时间限制，较高等级对较低等级有不同程度的约束	X		
间距	单位间的间隔或距离		X	X
组织层次	在一个生物层次体系中所处的位置	X		

续表

术语	定义	应用		
		现象	取样	分析
可塑性面积单元问题	对基于点（或基于像素）的变量进行聚合时出现的一种偏差，汇总结果受聚合单元的形状和尺度的影响		X	X
分辨率	用于空间测量的最精细水平，分辨率等同于粒度		X	X
尺度	一个格局或过程的空间或时间域	X	X	X
效应尺度	解释大多数可变性的尺度（通常为取样位置周围的幅度），有时称为特征尺度	X		
尺度不变性	空间格局和过程不随尺度变化而变化	X	X	X
范围	粒度与幅度的比值	X	X	X
支撑	数据样本的大小、形状和方向，可用作空间和时间上的支撑		X	X

注：对于每个术语，我们用符号"X"表明其与现象、取样和/或分析的尺度有关（sensu Dungan et al., 2002）

粒度和幅度通常是协同变化的，调查的幅度越大，粒度也会越大（Wiens，1989）。这种协变性部分是现实的，即很难在较大幅度内使用细粒度进行数据收集，部分则是概念性的，即通常在较大幅度内我们可能期望在非常精细的粒度上捕捉到系统过程中的主要"噪声"。随着计算能力方面挑战的降低和高分辨率数据可用性的增加，调查中粒度和幅度间的协变性也在缩小。

Dungan 等（2002）强调，尺度的概念在不同学科（如生态学、地理学、空间统计学）中的使用方式各不相同，他们从三个维度对其进行了分类：所研究的现象尺度、这些现象的取样尺度和基于取样的分析尺度（图 2.2），其中，所研究的现象尺度强调研究的格局或过程，如浮游生物的扩散尺度或脊椎动物移动和栖息

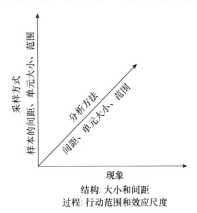

图 2.2　空间尺度概念的维度

基于目标生态过程、采样策略或分析方法的差异，空间尺度可呈现不同释义，这种不同也引发了学术文献中的尺度认知的争议

（修改自 Dungan et al., 2002 和 Dale and Fortin, 2014）

地选择的尺度（Nams，2005；Mayor et al.，2009；Shurin et al.，2009），取样尺度强调的是用于测量和解释现象的取样单元和取样设计特征，如样方大小或研究区幅度，分析尺度与取样尺度有关，但重点放在用样本对种群进行统计推断上，例如，空间尺度分析中的一种可能的做法是将取样单元聚合到不同的分辨率上（即粒度增加），以推断尺度对空间格局或过程的影响（Thompson and McGarigal，2002）。在本书中，我们将重点放在生态学中的尺度概念上，主要关注现象尺度和分析尺度。

尺度不应与"组织层次"的概念相混淆（Allen and Hoekstra，1990；Levin，1992）。生态学中的组织层次（level of organization）是指在一个生物等级结构中所处的地位，如个体、种群和群落的分门别类（Turner et al.，1989a），因此，我们可以将尺度应用于组织中的每个层次上。例如，我们对竞争在空间尺度上的解释，可能会因不同种的个体层次上和集合群落层次上的竞争性相互作用的不同而有所不同（见第 11 章；Holyoak et al.，2005）。

等级理论常被用来解释组织层次间的问题（Urban et al.，1987；O'Neill et al.，1989）。在这种情况下，一个等级结构可以看作是不同层次上运行的一组互联的系统。通常来说，等级结构中的层次水平会约束较低层次，而较低层次则提供可能解释较高层次的细节和相关机制。在一篇影响深远的文章中，Johnson（1980）给出了动物栖息地选择的 4 个等级顺序：地理范围、家域、领地和觅食斑块（见第 8 章）。一般来说，等级结构中的较高层次比较低层次有更大的时空尺度，例如，Cohen 等（2016）发现，气候因素在空间上变化缓慢，影响了一些疾病（西尼罗病毒或壶菌引发的疾病、莱姆病）在更广阔空间尺度上的流行，而生物间相互作用的变化则更为迅速，仅能解释局地尺度上的疾病流行。

等级概念为生态学中的分层斑块动态（Wu and Loucks，1995）和多等级问题（Cushman and McGarigal，2002；McGarigal et al.，2016）提供了理论基础。通常情况下，等级理论更多地被用作物种和生态系统组织假设的一种启发式框架，而不是定量模拟框架（可参见 Wu and David，2002）。

2.2.2 空间尺度的重要性

空间生态学和保护学强调了尺度在理解生态过程、生物多样性格局，以及更好地为保护决策提供信息方面的重要性。尺度之所以重要，关键在于它可能会改变：①生物和非生物间相互作用的关系；②系统"开放"与"封闭"的程度；③生态格局与过程的定量关系；④保护和管理的决策。

首先，一些实例表明，分析问题的尺度会改变我们有关生物在相互作用中所扮演角色的结论（Wiens，1989；Levin，1992）。例如，小尺度（细粒度）

上的野外试验表明，两种共存于北美洲落叶林栖息地的候鸟——**橙尾鸲莺**（*Setophaga ruticilla*）和小纹霸鹟（*Empidonax minimus*）存在种间竞争关系，后者的存在优势可能会抑制前者建立其领地（Sherry and Holmes，1988；Fletcher，2007），从而导致在小尺度上两者的发生率和数量呈负相关。与此相反，在较大的区域尺度上，两个物种在发生率和数量上存在着正相关关系，这可能是其类似的觅食策略和猎物种类所致（Sherry and Holmes，1988）。为了了解某一尺度上的过程和物种分布，在更小和更大尺度上考虑这些过程是十分重要的（Allen and Hoekstra，1992）。

第二，对系统"开放"与"封闭"动态的解释会随尺度的变化发生很大变化。开放动态强调的是研究区域（如斑块、景观和生态系统）的流入和流出，包括能量（Cadenasso et al.，2003）、资源（如空间补充；Polis et al.，1997）、个体（迁入/迁出；Pulliam，1988）或等位基因（基因流；Slatkin，1985）等的流动。局部迁移在种群动态中所扮演的角色在描述当地种群时受到了极大关注（Waples and Gaggiotti，2006），其中，局部迁移和区域迁移的尺度影响着集合种群的持久性（见第 10 章）。例如，美国南加利福尼亚的巨藻（*Macrocystis pyrifera*）林在斑块内点位的定植概率比斑块间点位更高，这意味着斑块内的动态比斑块间更加"开放"（Cavanaugh et al.，2014）。同样，在群落和生态系统层面，人们对于了解跨空间的扩散限制和营养物质流动在改变集合群落和集合生态系统过程中的作用产生了相当大的兴趣（Loreau and Holt，2004；Jacobson and Peres-Neto，2010）。

第三，从粒度和幅度来看，数据的定量特征会随尺度的变化而发生根本性变化（Turner et al.，1989b）。例如，在生态调查中，随着粒度不断增多（同时保持幅度不变），空间变异降低，土地覆盖的多样性指标降低，占比较低的土地覆盖类型将趋于消失（Turner et al.，1989b；Horne and Schneider，1995），降低的形式（如线性或指数降低）将取决于异质性和抽样设计的空间格局等多个方面。改变数据的粒度有时也会因所谓的可塑性面积单元问题（modifiable areal unit problem）（Openshaw，1984；Jelinski and Wu，1996；Dark and Bram，2007）导致格局的定量偏差，这一问题突出表明，与聚合前的样本数据相比，聚合后的数据可能会表现出不同的特征，尤其是在将数据聚合到不规则单元（如县级多边形数据）时可能会出现一定的偏差。在地统计学中，聚合（或重采样）数据被称为支撑的变化（Cressie，1996），其中，支撑是指数据中样本的大小、形状和方向。可塑性面积单元问题则与生态学谬误（ecological fallacy）有关，即从没有出现个体层次数据的汇总数据中，对个体样本单元进行了不适当的推断（Piantadosi et al.，1988）。对幅度而言，也会出现一些定量的变化格局，随着幅度变大（同时保持粒度不变），我们可以获得更多栖息地类型和物种空间异质性的信息，空间多样性也趋于增加（Wiens，1989）。这些都会对数据所量化的格局产生深远的影响。例如，物种多度通常随海拔呈驼峰状分布，其中较高的物种多度出现在中海拔区；然而，如果调查范围仅包括海拔梯度的某一子集的话，物种多度的格局则通常呈线性分布（Rahbek，2005）。

最后，保护策略和保护决策的有效性会随尺度的变化而变化。根据所考虑区域的粒度和幅度以及种群连通性扩散的尺度假设（Pascual-Hortal and Saura，2007；Fletcher et al.，2013；Maciejewski and Cumming，2016），连通性保护中的优先斑块可能会有所不同。与此相似，英国生物多样性和生态系统服务的保护规划表明，取决于所考虑的范围（即区域），国家级优先度可能会存在很大变化（Anderson et al.，2009）。更广泛地说，保护规划的尺度可能会改变规划过程中两个关键因素的互补性（一个地区物种集合与其他地区物种集合的互补程度）和不可替代性（一个地区对研究区域整体生物多样性的独特性）的角色（Margules and Pressey，2000；Larsen and Rahbek，2003）。通过对 4239 种脊椎动物的综合评述，Boyd 等（2008）认为，物种间保护规划的有效性会随空间尺度的变化而变化。

2.2.3 多尺度多层次的量化问题

由于尺度在生态学和保护学中扮演着关键性角色，解决尺度问题的定量方法的开发和应用受到了极大的关注，这些方法将重点放在确定生态格局和过程的关键尺度或特征尺度（characteristic scale）上（Keitt and Urban，2005），现有研究已确定了生物对生境的响应（Holland et al.，2004；Jackson and Fahrig，2015）、移动和扩散（Reichert et al.，2016）、种群动态（Liebhold et al.，2004）、群落相互作用（Andersen，1992）和保护规划（Minor and Urban，2008）等诸多方面的关键尺度。

在此背景下，多尺度多层次的模拟应运而生（图 2.3；McGarigal et al.，2016）。多尺度模拟主要是通过改变分析的粒度或幅度来量化不同尺度下的环境状况，然后评估哪种尺度最好地解释了格局或过程（Holland et al.，2004），模拟可以通过几种方式来实现，其中最常见的方式是围绕研究点位划定多个幅度（如在生境斑块周围划定的缓冲区）来测试不同幅度在解释一个地区物种发生时的相对贡献率（Jackson and Fahrig，2015）。例如，Weaver 等（2012）采用与入侵性疣鼻天鹅（*Cygnus olor*）的生物学特征相关的多种空间尺度（平均领地半径、天鹅的中位扩散距离以及成年雄性的平均活动距离）对其分布进行了模拟，结果发现，不同的环境变量与疣鼻天鹅在不同尺度上的分布具有相关性。

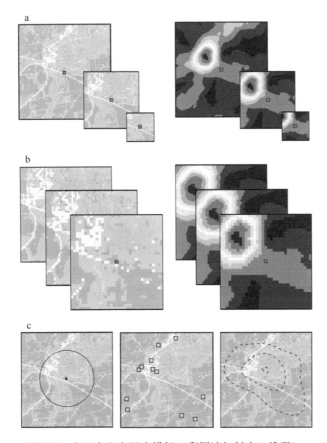

图 2.3　多尺度和多层次模拟（彩图请扫封底二维码）

越来越多的空间模拟在多尺度上进行，其所采用的环境的幅度（a）和/或粒度（b）是不同的，模拟的目的是了解哪种粒度和幅度最能解释某一格局或过程，图中所示为两种不同的环境因子，一种是分类变量（如土地利用变化），另一种是反映环境梯度的连续变量。当考虑不同层次的组织或等级的响应时，会采用多层次模拟（c），图中所示为某一个体点位、多个种群组合以及集合种群的整个范围在同一景观中所处的空间位置

　　多层次模拟的重点放在解释一个组织等级中不同层次的影响上（Mayor et al.，2009；Wheatley and Johnson，2009；McGarigal et al.，2016），这类模拟方法通常包括三种不同的内容：第一，模型会包括相互对比的组织层次（如不同尺度的森林覆盖对种群多度与遗传多样性的影响；Jackson and Fahrig，2014）；第二，某一模型可能会将重点放在具有等级结构的环境状况上，所研究的是这种等级结构如何对生物体产生不同影响的问题，例如，个体会利用不同的线索在斑块内选择巢址或是在斑块尺度及其周围区域选择巢址或栖息地（Chalfoun and Martin，2007）；第三，某一模型的目的可能是量化自身具有等级性的核心生物体在不同响应中的变化。多层次模拟可在空间和/或时间上进行，例如，多层次的时间模拟可以确定如何用环境关系来解释昼夜间、季节内、季节间以及年度等时间尺度上

动物对生境的利用（Rettie and Messier，2000；Schooley，1994；McLoughlin et al.，2002；Guyot et al.，2017）。McGarigal 等（2016）将多层次模型分为在不同层次上进行独立模拟的模型，这在很大程度上考虑了每个层次可能关注的是不同类型的响应，然而，等级和/或多层次统计模拟还是能为我们提供一种同时对不同层次进行模拟的方法（Gelman and Hill，2007）。

最后，一个活跃的研究领域是跨尺度（和跨组织层次）的解释或预测方法，重点通常放在对可以解释跨尺度格局的潜在尺度系数的识别上（Miller et al.，2004）。例如，尺度转换理论（Chesson，2012）旨在基于非线性和更小尺度（粒度）的变化跨尺度构建种群与群落过程间联系的方程体系，以预测其突变特征。目前，这项研究在很大程度上是理论性的，但其仍具有应用于信息有限状况的潜力（Melbourne and Chesson，2005，2006）。其他方法还包括确定跨尺度的相互作用和/或相关性，即某一尺度上的格局和过程与其他尺度上的格局和过程会共同发生变化或相互作用（Falk et al.，2007；Peters et al.，2004，2007；Schooley and Branch，2007；Soranno et al.，2014）。

2.2.4 空间尺度与研究设计

考虑到尺度在我们理解生态格局和过程中所扮演的角色及其对保护问题的重要性，我们在研究设计中应该如何考虑空间尺度？显然，答案会因研究对象的不同而不同，但生态学家和统计学家还是为我们提供了一些重要的指导方针（Dungan et al.，2002；Dale and Fortin，2014）。需要解决的关键问题包括取样单元的大小（粒度）、类型和位置，以及样本间的距离和研究区域的面积。

样本单元大小或数据获取的粒度将决定一项调查中分辨率的下限。通常建议选择的粒度应为研究现象空间特征的 20%～50%（O'Neill et al.，1996），虽然从直觉上我们倾向于选择较小的粒度，但相对于研究的现象而言，样本单元太小可能会增加数据的"噪声"，从而对推断过程形成潜在的挑战。尽管如此，如果样本单元很容易聚合，那么较小的取样单元通常也是可取的，因为我们可以根据现象调查中的需要对数据进行合并或聚合（Dale and Fortin，2014）。相比之下，数据分解（即从较粗分辨率到较细分辨率的数据重采样）有时在提供细粒度信息的可靠性方面会受到限制（见下文）。

与土地覆盖的多尺度效应（Thornton et al.，2011）及样本单元大小相关的一个问题是，样本单元应该是一个像元、一个斑块（Fleishman et al.，2002）还是整个景观（Villard et al.，1999），Fahrig（2003）将后两种取样设计分别称为"斑块尺度"设计与"景观尺度"设计（图 2.4），并对"斑块-景观"设计（也称为"核心斑块"设计）方法进行了描述，其中，斑块是核心单元，我们可以对其周围景观的协变量进行测量，这种设计很容易扩展为"局部-景观"设计，其中，像元或局部取样单元（位于一个斑块内或不考虑斑块边界）是核心，然后对其周围的景观进行分析。当人们的兴趣是预测不同景观或区域的物种分布时（Guisan and Thuiller，2005），自然会将取样单元视为粒度（如遥感像元、GIS 栅格单元），这样可以直接绘制整个景观或区域的数据图，而无须改变概要统计或预测结果。相比之下，一些研究问题需要在斑块尺度上开展（Diamond，1975），而另一些问题则会在更大尺度上开展（Fahrig，2013），因此，研究设计宜采用与研究核心问题或目标现象相匹配的采样单元，以获得更优结果。

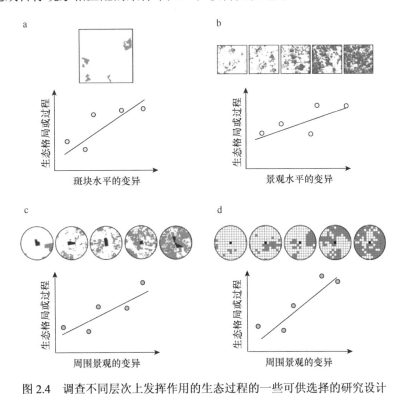

图 2.4 调查不同层次上发挥作用的生态过程的一些可供选择的研究设计

a. 在斑块尺度研究中，对研究区内斑块间的生态格局和过程进行概要统计；b. 在景观尺度研究中，对景观或区域间而非斑块间的生态格局和过程进行概要统计；c. 在斑块-景观（或"核心斑块"）研究中，斑块是样本单元，通常以斑块的质心（如图所示）或斑块的边界为圆心按一定的半径划定缓冲区，对周围的环境因子进行概要统计，所选定的半径大小通常与生态格局或过程有关；d. 在"局部-景观"研究中，像元（或相关面积）而非斑块是样本单元，并据此对取样区域进行标准化，然后对周围的景观因子进行概要统计。上述所有分图中显示的均为生境和/或土地覆盖变化的例子。该图是在 Fahrig（2003）绘制的图的基础上加以扩展后绘制的

通常建议一次调查的范围至少要比研究现象的空间幅度大 2～5 倍（O'Neill et al.，1996），一些研究中甚至建议大 10 倍（Jackson and Fahrig，2015；Miguet et al.，2016）。如果研究区域太小，样本间的变化不足以用来识别有意义的格局和过程，但如果研

究区域过大,可能会涉及多个过程,会在多个尺度上产生格局(Dale and Fortin,2014)。

样本单元的位置可以通过样本间的空间距离(表 2.1)和不同的取样策略来描述,如空间随机取样、规则网格取样或空间分层取样(如根据土地覆盖类型对随机样本进行分层,以确保捕捉到环境的变化)。虽然随机取样或分层随机取样在生态学中是最为常用的,但空间生态学家经常也会使用规则/系统或嵌套网格进行取样。规则或嵌套网格取样的优点在于,它可以确保采集到取样位置间距的梯度谱,从而更好地检测格局的空间尺度。如果环境因子的周期性很难根据取样位置和样本间的距离采集到的话,那么系统采样设计就会表现出一定的局限性。样本间的空间距离部分取决于样本总数和调查的范围,样本间的距离应小于被调查现象单元间的平均距离(Dungan et al.,2002)。一般来说,对于大多数尺度分析而言,推论通常是在样本间距离小于调查范围长度的 1/3 到 1/2 时进行的(见第 5 章),因此,在这一范围内确保采用足够多的样本间距离进行调查至关重要,例如,采用嵌套网格取样有助于在较小的工作总量下,增加推断中所采用的滞后距离数量(Fortin et al.,1989)。在确定多尺度调查的尺度效应时,样本间的空间距离也存在着一些争议(Holland et al.,2004;Zuckerberg et al.,2012)。一些人认为,在检测物种对土地覆盖响应的尺度效应时,由于样本的非独立性,对某类覆盖的描述(如距取样点位一定距离内的森林比例)在取样点位间不应出现重叠(Holland et al.,2004;Eigenbrod et al.,2017),然而,Zuckerberg 等(2012)认为,这种担忧具有一定的误导性:解释变量(如森林覆盖)缺乏独立性并不重要,响应变量缺乏独立性才是至关重要的。在第 5 章和第 6 章,我们将概述空间依赖性及其对空间分析的影响,包括空间回归的应用等(Dormann et al.,2007;Beale et al.,2010)。

2.3 R 语言示例

2.3.1 R 语言程序包

在 R 语言中,我们将用 raster 程序包(Hijmans,2017)来处理一些与空间尺度相关的问题,这是一个用于处理栅格 GIS 图层的程序包,可以对多种数据类型进行概要统计、分析和可视化,我们在全书中都会用到这一程序包,因此我们将介绍一些基本使用方法。在后面的章节中,我们也会使用其他一些重要的程序包来解释一些有关尺度的问题,在此我们主要介绍 raster 程序包。

2.3.2 数据

我们首先使用模拟数据对一些方法加以说明,在这些方法中我们会改变栅格数据的尺度，并据此对得到的概要统计信息进行解释。模拟数据对于空间生态学和保护学中各类问题的分析而言非常有用，因为它为我们提供了一种简化任务或问题的方法，即采用一个我们"已知真相"的例子来提出假设，据此对我们以后可能应用于实际数据的方法进行测试或解释。

在此，我们通过一个简单的多尺度分析来说明爬行动物对美国东南部森林覆盖的响应，所采用的数据来自美国亚拉巴马州、佐治亚州和佛罗里达州 78 个森林站点中用移动栅栏围成的区域。

2.3.3　一个简单的模拟示例

我们首先创建一个模拟景观，为此我们设置一个空的栅格层，然后用泊松（Poisson）分布随机生成的数值对空栅格进行填充。泊松分布是一种与计数（整数）数据相关的离散概率分布（即一种概率质量分布），其中，数据 y 可以采用 0、1、2 等整数值，并假定均值等于方差。通过使用泊松分布，我们将各栅格的值设置为非负整数，这是存储土地覆盖信息的一种常用格式。

我们首先调用 raster 程序包，并使用 R 语言中的 set.seed 函数设置一个随机数种子，从而允许用户在使用随机数生成器的地方进行重复分析；然后，我们指定行数（nrow）、列数（ncol）以及坐标值（最小值和最大值）来创建一个 6×6 的栅格；最后，我们用 rpois 函数从泊松分布中获得随机抽取值（即随机偏离值）填充到每个栅格中：

```
> library(raster)
> set.seed(16)  #设置随机数种子以进行重复分析
> toy <- raster(ncol=6, nrow=6, xmn=1, xmx=6, ymn=1, ymx=6)
> values(toy) <- rpois(ncell(toy), lambda=3)
> ncell(toy)
> plot(toy)
> text(toy, digits=2)
```

在上面的代码中，我们用泊松分布生成了 36 个值（ncell（toy）=36），其均值等于 3。我们也可以使用多项式分布来模拟土地覆盖类型，多项式分布通常基于土地覆盖类型（K 类）的发生概率对其进行模拟（其中 $\sum_k=1$），在 R 语言中可采用 rmultinom 函数来实现。在此我们将重点放在对泊松分布的讨论上，因为它更易于实现。我们将在第 3 章中用更为真实的空间格局对模拟栅格图层进行讨论。

请注意，当使用泊松分布生成的数据（rpois）填充栅格图层时，会先从图层的左上角开始，然后按照先右后下的顺序进行填充。为了验证这种填充顺序，我

们可以创建另一个相同规格的栅格层，然后使用一个向量字符串代替泊松分布的
随机生成值对栅格层进行填充：

```
> ncell(toy)
> toy2 <- toy
> values(toy2) <- 1: ncell(toy)
> plot(toy2)
> text(toy2, digits=2)
```

改变栅格层粒度的方法非常简单，我们可以用 aggregate 函数来增大粒度（图
2.5），粒度改变后的栅格的两种常用赋值方法是：①取所有被聚合单元格的均值；
②使用"多数规则"，即取所有被聚合单元格中出现最频繁的值。我们可以用下
面的代码来说明每种赋值方法。

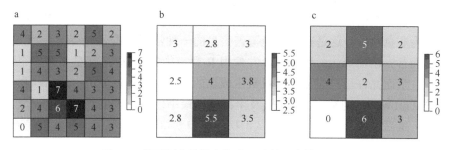

图 2.5 用不同方法增大粒度尺寸的一个模拟景观

用泊松分布生成值创建的一个模拟景观（a），根据均值（b）和多数规则（c）对单元进行聚合以增大粒度

```
> toy_mean <- aggregate(toy, fact=2, fun=mean)  #均值
> toy_maj <- aggregate(toy, fact=3, fun=modal)  #多数规则
```

请注意，上述方法分别适用于不同的情况，对分类数据（如植被类型）宜采
用多数规则，因为它将根据出现最多的类别来聚合单元，而对连续数据（如树冠
覆盖）则常采用均值法。此外，当相互关联单元的值没有多数时，modal 函数就
会受到限制，要聚合的单元数较少时经常会出现这种情况，此时函数默认随机选
取其中一个值，但也可以更改为返回最低值、最高值或第一个值。

对于这些模拟景观，我们可能产生疑问，即随着粒度的增加，均值和方差的
变化是否会像上面描述的那样。其实对图层中的栅格值进行数学运算很简单，在
此，我们用 cellStats 函数将原始栅格的均值和方差与采用均值方法增大栅格粒度
后的均值和方差进行了对比（结果未显示）：

```
> cellStats(toy, mean)
```

```
> cellStats(toy, var)
> cellStats(toy_mean, mean)
> cellStats(toy_mean, var)
```

　　在这种情况下，均值保持不变（3.417）[①]，但方差随着粒度的增大而减小（从 2.82 到 0.86）。

　　我们可以用 disaggregate 函数对数据重采样来减小粒度（图 2.6），该函数中包含了几种不同的方法可以将数据重采样为更小的粒度，其中两种最常见的方法是简单分解法（即对原值进行简单的复制）和双线性插值法（即基于 x 和 y 两个方向上的距离加权均值，因此称为"双"线性）。

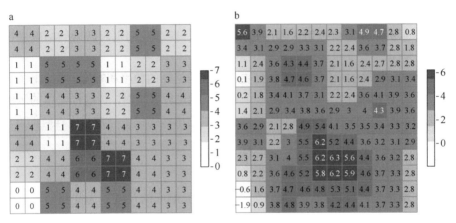

图 2.6　模拟景观中减小粒度尺寸的处理方法
a. 栅格单元分解以减小粒度；b. 用双线性插值法来减小粒度

```
> toy_dis2 <- disaggregate(toy, fact=2)
> toy_dis2_bilinear <- disaggregate(toy, fact=2, method=
  'bilinear')
```

　　在处理连续数据时通常采用双线性插值法，如果数据是基于土地覆盖的分类值，则通常不会采用这种方法。

　　改变栅格层幅度的方法也很简单，我们可以用 crop 函数来缩小其幅度。为此，我们需要先创建一个新的裁剪范围，其既可以是一个简单矩形的坐标，也可以是一个多边形文件（如一个.shp 格式的文件）。与此相反，我们可以用 extent 函数增大其幅度。对于上述的模拟景观，我们可以使用新的坐标来更改其幅度：

---

① 译者注：原书中的"3.412"为笔误，根据代码计算的结果应为"3.417"，特此更正

```
#缩小幅度
> e <- extent(2, 4, 2, 4) #首先创建一个新的较小幅度
> toy_crop <- crop(toy, e)
> plot(toy_crop)
> text(toy_crop)

#增大幅度
> e <- extent(0, 7, 0, 7) #首先创建一个新的较大幅度
> toy_big <- extend(toy, e)
> plot(toy_big)
> text(toy_big)
```

在本示例中，简单地增大幅度是没有用的，除非我们也对新增的幅度进行数据填充。

上面这一简单的示例演示了如何更改一幅栅格图的粒度和幅度，并给出了更改后的结果。在空间生态学中开始对一个新的问题进行分析时，像这样简单的示例是很有用的，因为它为我们掌握不同函数和模型的用法提供了一种易于理解的方法。

2.3.4 物种对土地覆盖的多尺度响应

我们现在来解释物种对生境（如森林覆盖）响应的尺度，为此我们以取样点为中心对不同距离内的森林数量进行量化，然后确定在森林覆盖中预测物种发生的最优尺度。

为此我们使用了 2011 年美国国家土地覆盖数据库（National Land Cover Database，NLCD）中的土地覆盖数据（Homer et al.，2015），并将其与美国东南部人工经营的森林中爬行动物的调查取样数据联系起来。NLCD 是由 Landsat 卫星数据（粒度 30m×30m）标准化处理后得到的全美土地覆盖数据集，其中，土地覆盖被划分为 20 个大类，在此我们感兴趣的大类是林地覆盖，可进一步将其细分为落叶林（ID：41）、常绿林（ID：42）和混交林（ID：43）三类。这一土地覆盖数据库对我们来说特别有用，因为它为我们提供了一个全国统一的土地覆盖分类体系。在本示例中，我们对 2011 年的 NLCD 图层裁剪后得到了美国东南部的图层（nlcd2011SE）。

我们的调查主要在佛罗里达州、佐治亚州和亚拉巴马州所处的东南平原和南部沿海平原生态区中的三个地理区域内进行，主要土地覆盖类型为自然更新的成熟长叶松（*Pinus palustris*）稀树草原、湿地松（*P. elliottii*）和火炬松（*P. taeda*）人工林以及玉米（*Zea mays*）地，我们在 85 个点位设置了临时围篱对爬行动物进

行调查取样（图 2.7；Gottlieb et al.，2017），在每个调查点位，我们沿两条样带设置了临时围篱，其中一条样带位于调查区边缘，而另一条则位于调查区内部。2013～2015 年的 4～7 月每月打开临时围篱 3 天。我们会将各调查点位的数据汇集在一起（使用两个样带中各取样点位的质心定位），在本示例中我们不考虑玉米地中收集的数据。在此我们重点介绍在东南部平原对五纹石龙子（*Plestiodon inepectatus*；图 2.7b）调查收集的数据。

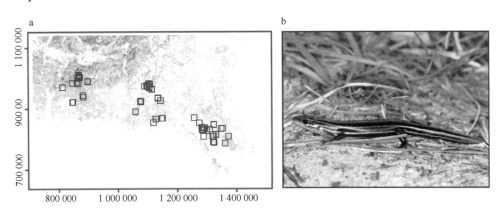

图 2.7　土地覆盖对物种分布影响的尺度效应的研究示例（彩图请扫封底二维码）
a. 美国东南部的研究点布设；b. 一种常见的爬行动物——五纹石龙子，
我们采用临时围篱的方法对其进行调查取样

2.3.4.1　森林覆盖的多尺度分析

我们首先加载数据、定义投影并对投影进行检查，研究区内的土地覆盖数据可用 raster 函数来读取：

```
> nlcd <- raster("nlcd2011SE")
> proj4string(nlcd)

##
[1]         "+proj=aea       +lat_1=29.5+lat_2=45.5+lat_0=23
+lon_0=-96+x_0=0+y_0=0  +ellps=GRS80+towgs84=0,0,0,0,0,0,0+
+units=m +no_defs"
```

这个投影中包含了很多信息，最重要的是，aea 确定了数据为 Albers 等面积（Albers Equal Area）投影，这可以确保样带调查数据与土地覆盖数据具有相同的投影（有关投影的更多信息，请参见附录）。

```
> nlcd_proj <- projection(nlcd)
```

我们可以使用 res、extent 和 ncell 函数来检视栅格层的其他信息，包括分辨率（粒度）、幅度和栅格数，例如：

```
> res(nlcd)
```

```
##
[1] 30 30
```

正如预期的那样，我们发现土地覆盖数据的粒度为 30m×30m。请注意，R 语言并不会将该土地覆盖数据视为分类数据，这可以通过 is.factor（nlcd）命令来判定，因此，我们需要用 as.factor 函数将该图层转换为分类数据并用 levels 函数来检视土地覆盖的分类数（此处并未显示输出结果）：

```
> nlcd <- as.factor(nlcd)  #转换为因子
> levels(nlcd)
```

该数据图层包含了 16 种土地覆盖类型，并采用数字对 NLCD 中的 ID 进行标记，如落叶林为 ID=41。

我们使用 rgdal 程序包中的 readOGR 函数来读取样带数据（一个空间点数据框对象，可以用 class 函数加以判定）。

```
> library(rgdal)
#爬行动物的数据
> sites <- readOGR("reptiledata")
> class(sites)
```

```
##
[1] "SpatialPointsDataFrame"
attr(, "package")
[1] "sp
```

```
> summary(sites)
```

```
##
Object of class SpatialPointsDataFrame
Coordinates:
```

```
               min        max
coords.x1   812598.9   1373597
coords.x2   786930.5   1014229
Is projected: NA
proj4string : [NA]
Number of points: 85
Data attributes:
 site              management          coords_x1          coords_x2
 AL1:1             Reference: 10       Min. : 812599    Min.: 786931
 AL10:1            Thinned: 10         1st Qu.: 872612  1st Qu.: 838447
 AL11:1            Young: 8            Median: 1106233  Median: 933843
 AL12:1            Corn:7              Mean: 1094814    Mean: 918191
 AL13:1            Unthinned:6         3rd Qu.: 1288328 3rd Qu.: 982365
 AL14:1            Clear      cut,     Max.: 1373597    Max.: 1014229
                  debris LFFT:4
(Other):79   (Other):40
```

　　summary 函数为我们提供了大量相关的概要信息，首先是该图层的幅度，请注意，此数据集包含了在 8 种土地利用类型上收集的数据，其中 7 种是不同类型的针叶林，1 种是玉米地，该函数同时还显示图层有 85 个取样点位，但我们并不知道其确切的投影，在本示例中我们将其投影设置为与其他数据一致（请注意，此时我们并非更改投影，该图层已具有与其他数据一致的投影，只是 R 语言无法识别它）。

```
> proj4string(sites) <- nlcd_proj #设置投影
```

　　我们可以用一些通用函数来调用这个空间点数据框（SpatialPointsData Frame），例如：

```
> head(sites, 2)
```

```
##
  site  management                      coords_x1  coords_x2
1 AL1   Reference                       846279.4   921444.9
2 AL10  Clear cut, residues removed     899063.5   989168.9
```

　　我们可以使用数据框类型常用的 subset 函数来删除玉米地这一土地利用类型：

```
> sites <- subset(sites, management!="Corn")
```

那么在这个子集中包含了 78 个取样点位（nrow（sites）），随后我们对 nlcd 图层进行裁剪，仅保留距取样样带 10km 范围内的图层，以提高计算速度。

```
#定义缩减的幅度
> x.min <- min(sites$coords_x1)-10000
> x.max <- max(sites$coords_x1)+10000
> y.min <- min(sites$coords_x2)-10000
> y.max <- max(sites$coords_x2)+10000
> extent.new <- extent(x.min, x.max, y.min, y.max)
> nlcd <- crop(nlcd, extent.new)
```

为了对所分析的尺度问题进行简化，我们将 nlcd 图层重分类为二元的森林/非森林图层，至少可采用两种方式来完成这一过程。首先，我们可以使用一些通用的 R 语言命令对土地覆盖类型进行重新分类（聚合不同的森林土地覆盖类型），以创建一个捕获整个研究区域内森林覆盖的新数据层。为此，我们首先创建一幅与 nlcd 具有相同粒度和幅度的空图层，然后对图层中的栅格进行赋值。在本示例中，我们要聚合的是 ID 为 41、42 和 43 的土地覆盖类型（分别为落叶林、常绿林和混交林）：

```
#创建一个新的森林图层
> forest <- nlcd
> values(forest) <- 0
> forest[nlcd==41 | nlcd==42 | nlcd==43] <- 1 #聚合的森林类别
```

请注意，我们是如何基于 raster 程序包，使用类似于 R 语言中向量和矩阵的操作方法（见附录）轻松地对土地覆盖类型进行重分类的。在这种情况下，我们将填充出一个新的森林栅格图层，该栅格图层中所有栅格的初始值都设置为 0，如果某个栅格对应 nlcd 图层中的 ID 是 41、42 或 43（使用 OR 语句，|），则将其设置为 1，结果就形成了一个新的栅格图层，其中，森林栅格的值为 1，其他类别栅格的值为 0。我们也可以使用 raster 程序包中的 reclassify 函数来执行相同的操作，这在计算速度上要快得多。此函数需要创建一个矩阵，其中，第一列是初始土地覆盖类别，第二列是重分类的类别，在此我们需要确保在第二列中，除了 nlcd 类别值为 41、42 和 43（落叶林、常绿林和混交林）的行的值为 1 之外，其他行的值均为 0。在 levels（nlcd）[[1]]中，我们发现向量中第 8~10 行的 ID 值为

41～43，因此我们可以创建如下一个重分类向量：

```
#重分类向量
> reclass <- c(rep(0, 7), rep(1, 3), rep(0, 6))
```

然后我们创建一个重分类矩阵，用 reclassify 函数对 nlcd 图层进行重分类：

```
#创建重分类矩阵
> reclass.mat <- cbind(levels(nlcd)[[1]], reclass)
> head(reclass.mat, 3)

##
ID  reclass
1  0      0
2  11     0
3  21     0

> forest <- reclassify(nlcd, reclass.mat)
```

我们提取取样点位的坐标，以计算每个取样点位周围不同范围内的森林数量，为此我们将局部范围设置为 1000m 和 5000m（图 2.8），然后用 buffer 函数在取样点位周围创建圆形缓冲区。我们用第一个取样点位（sites[1，]）来说明这种方法，然后将同样的方法应用于所有的取样点位。

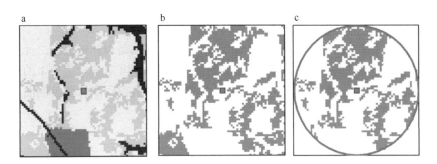

图 2.8　确定一个取样点位周围的生境数量（彩图请扫封底二维码）

a. 研究范围；b. 所研究的生境为一个单独的点；c. 在点或多边形周围设置一个缓冲区，其面积为所包含像元数乘以像元面积

```
#设置取样点位的缓冲区范围
> buf1km <- 1000
> buf5km <- 5000
```

```
#只对第一个取样点位划定缓冲区
> buffer.site1.1km <- buffer(sites[1, ], width=buf1km)
> buffer.site1.5km <- buffer(sites[1, ], width=buf5km)
```

　　raster 程序包中包含了一个可以查看栅格图层中某一部分的函数,在此我们用 zoom 函数对我们刚刚创建的缓冲区进行放大。

```
#对要查看的某一部分进行放大
> zoom(nlcd, buffer.site1.5km)
> plot(buffer.site1.5km, border="red", lwd = 5, add=T)
> plot(buffer.site1.1km, border="red", lwd = 3, add=T)
> points(sites[1, ], pch=19, cex=2, add=T)
```

　　请注意,rgeos 程序包(Bivand and Rundall,2017)中的 gBuffer 函数与 raster 程序包中的 buffer 函数(在某些情况下会稍微快一点)类似,使用 gBuffer 函数时,你还可以在 R 语言中调整形成近似圆形缓冲区的方法(见下文),这在分析中是很有用的。

　　我们如何在不同尺度上提取适宜的信息?让我们把关注点放在第一个取样点位上,只要我们能够捕捉到某一取样点位上的信息,就可以对所有取样点位重复相同的操作。完成这项任务有几种方法,其中最简单的方法是将我们刚刚创建的缓冲层用于 crop 和 mask 函数中:

```
> buffer.forest1.1km <- crop(forest, buffer.site1.1km)
> buffer.forest1.1km <- mask(forest, buffer.site1.1km)
```

　　从处理后的图层中提取森林面积很简单,由于该图是森林覆盖的二元图,我们可以用 raster 程序包中的 cellStats 函数对森林覆盖求和(对每个值为 1 的单元求和,得到森林单元总数),然后我们用该值乘以粒度值得到森林覆盖的面积,再除以缓冲区的面积即可得到森林所占的比例:

```
#每个单元的面积(hm²)
> grainarea <- res(forest)[[1]]^2/10000
# 1km 缓冲区的面积
> bufferarea <- (3.14159*buf1km^2)/10000
#计算森林覆盖的面积及其占缓冲区面积的比例(%)
> forestcover1km <- cellStats(buffer.forest1.1km, 'sum')
  *grainarea
```

```
> percentforest1km <- forestcover1km / bufferarea * 100
```

以上为全部的计算过程！现在我们要对所有的取样点位重复这一过程，我们使用 for 循环遍历所有的取样点位，重复计算缓冲区面积，同时提取缓冲区中的森林面积，然后计算每个采样点位的缓冲区内森林面积所占的比例。为了更有效地对众多取样点位执行上述操作，我们用 rasterize 函数将缓冲区转换为一个栅格图层，这样计算速度会比转换前快很多。在此我们创建了一个通用函数用来自动执行给定点位的所有计算步骤，在这个函数中，我们首先用缓冲区对图层进行裁剪，以便在较小的范围内进行计算，然后创建一个用于缓冲区栅格化的空栅格层，有了这个新图层，我们可以用 mask 函数来创建一个只包括缓冲区内森林覆盖的新栅格层。

```
> BufferCover <- function(coords, size, landcover, grain){
  bufferarea.i <- pi*size^2/10000
  coords.i <- SpatialPoints(cbind(coords[i, 1], coords[i, 2]))
  buffer.i <- gBuffer(coords.i, width=size)
  crop.i <- crop(landcover, buffer.i)
  crop.NA <- setValues(crop.i, NA) #栅格化过程
  buffer.r <- rasterize(buffer.i, crop.NA) #栅格化缓冲区
  land.buffer <- mask(x=crop.i, mask=buffer.r)
  coveramount <- cellStats(land.buffer, 'sum')*grain
  percentcover <- 100*(coveramount/bufferarea.i)
  return(percentcover)
}
```

此函数要用到取样点位的 *x-y* 坐标、设定的缓冲区大小（半径）、二进制土地覆盖栅格图层及图中粒度的大小（面积）（请注意，后者可以构建到此函数中，但函数每次迭代时都会重新计算粒度的面积，这在本示例中并非必需的），我们将此函数嵌套到 for 循环中，来计算所有取样点位的缓冲区内的森林覆盖率：

```
#首先创建空向量以储存输出结果
> f1km <- vector(NA, length = nrow(sites))
> f2km <- vector(NA, length = nrow(sites))

> for(i in 1: nrow(sites)) {
  f1km[i] <- BufferCover(coords = sites, size = 1000,
```

```
landcover = forest, grain = grainarea)
f1km[i] <- BufferCover(coords = sites, size = 2000,
landcover = forest, grain = grainarea)
print(i) #for 循环中的重复打印
}
```

#与取样点位数据对应生成的数据框
```
> forest.scale <- data.frame(site = sites$site, x =
  sites$coords_x1, y = sites$coords_x2, f1km = f1km, f2km =
  f2km)
```

我们利用上述函数计算所有取样点位不同大小缓冲区内的森林覆盖率，上述代码计算了距离为 1000m 和 2000m 的缓冲区，但我们也可以计算距离为 500m、3000m、4000m 和 5000m 的缓冲区，从这些结果中我们发现，不同尺度的森林覆盖率间存在着高度的相关性（图 2.9），其实这并不奇怪，因为在较大的缓冲区计

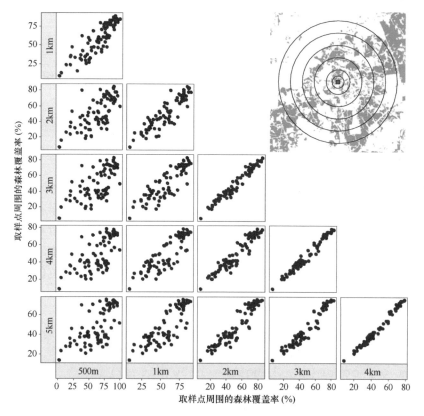

图 2.9 取样点位周围不同尺度（不同大小的缓冲区，图中给出了一个示例）上的森林覆盖率
图中所示为尺度成对组合的森林覆盖率散点图，请注意尺度间存在着较高的相关度

算时包含了较小的缓冲区。然而，这种相关性会对尺度效应的解释产生影响（见下文）。请注意，在 R 语言（和其他 GIS）中，随着缓冲区面积的增加，计算时间也会增加。有关计算取样点位周围景观指标的类似函数，请参阅最新的 R 程序包 spatialEco（Evans，2017）。

我们也可用 aggregate 函数来粗粒化图层，然后在不同的粒度上重复上述计算过程，这样做的一个主要原因是要把图层的分辨率转换成与我们用于分析的野外数据相同的分辨率。在本例中，我们沿着森林斑块内的两条 200m×100m 样带（即 4hm²）来收集数据，如果我们想预测物种与环境的关系，那么就会希望图层粒度能够反映取样的粒度，因此图层的粒度可采用 200m×200m。我们可以用下面的代码来改变图层的粒度：

```
#改变图层的粒度
> forest200 <- aggregate(forest, fact=7, fun=modal)
```

2.3.4.2 物种响应的多尺度分析

我们现在考虑如何将粒度和幅度的差异与物种的发生联系起来，以确定森林覆盖对物种发生的特征尺度（或影响尺度），这已成为应用生态学中日益受重视的问题（Holland et al.，2004；Jackson and Fahrig，2015；McGarigal et al.，2016；Miguet et al.，2016）。

目前有几种方法可用来量化尺度效应。Pearson（1993）是最早解决这个问题的人之一，他根据不同大小的缓冲区对调查点位周围的景观进行了量化分析，此后他的方法变得非常流行并得到了广泛应用（Holland et al.，2004；Jackson and Fahrig，2015）。最近，有人建议使用空间核函数分析方法（Heaton and Gelfand，2011），核函数分析方法可根据到样本的距离，对土地覆盖数据进行加权处理（Aue et al.，2012；Miguet et al.，2017），通过邻近点位所赋权重大于远处点位所赋权重，该方法不仅可以更好地捕获邻域效应（图 2.10），而且 Chandler 和 Hepinstall-Cymerman（2016）还展示了如何通过该方法实现尺度效应的优化选择，而无须诉诸不同邻域大小的先验分区（如上述 1km 和 5km 缓冲区）。在此，我们首先简要说明基于不同大小缓冲区的分析方法，随后进一步说明基于空间核函数的分析方法。

缓冲区分析。为了形象地说明尺度效应的量化过程，我们首先采用基于缓冲区的分析方法，这是一种常用的方法（Holland et al.，2004；Jackson and Fahrig，2015）。我们用二元的（0，1）数据拟合一个逻辑回归（logistic regression）模型来解释森林覆盖与物种发生间的关系，逻辑回归是一种针对二元（或二项式）数据的广义线性模型，类似于线性回归，我们将在第 5 章更为详细地讨论广义线性

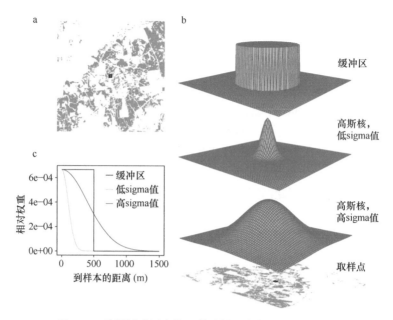

图 2.10　使用缓冲区和核函数分析方法来估计尺度效应

a. 取样点位及其周围的森林覆盖（浅灰色）；b. 相对于取样点位的圆形缓冲区和核的空间加权方案；c. 对于圆形缓冲区和核，相对权重为到样本距离的函数，图中显示了具有低 sigma 值和高 sigma 值的核

模型。为了说明尺度效应，我们可以用一种逻辑回归将森林覆盖对物种发生的影响描述为

$$\text{logit}(p_i) = \alpha + \beta \text{forest}_i \tag{2.1}$$

式中，logit 被定义为 $\log(p/(1-p))$，p_i 是位置 i 处物种发生的概率，α 是截距，β 是所处点位周围森林覆盖关系的系数，forest_i 为位置 i 处的森林覆盖率，在一个逻辑回归中，我们假定误差（残差）来自一个二项式分布。我们注意到，该模型是一个非常简单的物种发生模型，并未考虑观测误差（MacKenzie et al.，2002）及模型的其他复杂性（Dormann et al.，2007），但在此还是可以用来很好地说明尺度效应的。

　　我们采用数据对模型进行拟合，并根据不同粒度及局部范围（缓冲区大小）内森林覆盖率的量测结果，用模型拟合的度量指标（如给定数据下模型的相似性；Fletcher et al.，2016；Stuber et al.，2017）、被解释的变异度（Holland et al.，2004）或成功预测的度量指标（如模型预测新点位的能力；Fielding and Bell，1997）等对不同模型进行比较。在此，我们使用在统计学上有强大理论基础的对数似然法（log-likelihood），该方法基于最大似然的概念，在给定数据的情况下量化模型参数的似然性。请注意，采用基于参数数量对对数似然性模型进行惩罚的选择标准（如 Akaike 信息标准）（Burnham and Anderson，1998）也会得到与对数似然法相同的结果，因为在此我们是通过对比具有相同参数数量的模型来确定尺度效应的。

我们首先加载爬行动物五纹石龙子（FLSK）的数据，并将其融合到不同尺度下计算的森林覆盖的概要统计结果中去。

```
> flsk <- read.csv("reptiles_flsk.csv", header=T)
> flsk <- merge(flsk, forest.scale, by = "site", all = F)
```

然后我们用 R 语言中的 glm 函数来拟合广义线性模型（如逻辑回归），在 1km 尺度上计算森林覆盖的逻辑回归模型可拟合如下：

```
> pres.1km <- glm(pres ~ f1km, family = "binomial", data = flsk)
> logLik(pres.1km)

##
'log Lik.' -33.83839 (df=2)
```

据此，我们计算了不同尺度（从 500m 到 5km）上的森林覆盖率，然后拟合不同的模型并对其对数似然度进行绘图（图 2.11a），数据最适的拟合尺度（即对数似然度最大）被视为"尺度效应"（Jackson and Fahrig，2015），我们发现，2km 范围内森林覆盖率的拟合模型对数似然度最大（图 2.11a），然而在绘制不同尺度上的 β 系数时（图 2.11b），我们又发现其与 2km 或更大缓冲区的森林覆盖率间的关系模式趋于一致，只有在 500m 处，我们才能看到其与森林覆盖率间的关系较弱。在本例中，尺度效应存在着很大的不确定性，这很可能是森林覆盖率在不同尺度间高度相关造成的（图 2.9）。尽管如此，仍有一致的证据显示，五纹石龙子的发生概率随着景观中森林覆盖率（1km 及更大尺度上的测量值）的增加而增加。

空间核函数分析。与基于缓冲区的分析相比，我们可以采用基于核函数分析的方法来估计尺度效应（图 2.10）。在此，我们对 Chandler 和 Hepinstall-Cymerman（2016）描述的逻辑回归方法进行了扩展并应用于较大尺度景观上，该方法需要我们定制对数似然函数来估计逻辑回归模型中的参数，在此我们简要地描述这一过程，更多有关似然函数使用方面的内容请参见 Bolker（2008）。

我们首先说明如何从零开始拟合逻辑回归模型，式（2.2）中给出了一个逻辑回归模型的对数似然表达形式：

$$L(\theta|x) = \sum_i y_i \log(p_i) + (1 - y_i) \log(1 - p_i) \tag{2.2}$$

式中，p_i是物种在调查点位i处的发生概率，取自式（2.1），y_i是调查点位i处物种存在或缺失的观测值，在R语言中我们将上述模型编码为一个负对数似然函数：

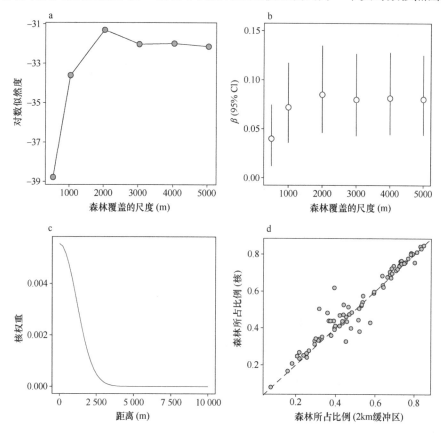

图2.11　基于缓冲区分析和基于核分析的森林覆盖对五纹石龙子发生概率的尺度效应

a. 逻辑回归模型的对数似然度，将五纹石龙子发生概率作为取样点位周围不同尺度的圆形缓冲区（0.5～5km）中森林覆盖率的函数进行模拟，对数似然度越高，模型对数据的拟合越好；b. 不同大小的缓冲区中森林覆盖对五纹石龙子发生概率影响的参数估计，请注意尺度间估计结果的相似性；c. 根据数据估计出的核权重，所考虑的最大距离为10km，最优核权重显示大多数核权重出现在距离取样点位小于2km的样本点位；d. 基于最优核权重与最佳拟合（r=0.97）缓冲区计算的森林所占比例

```
> nll <- function(par, cov, y) {
  alpha <- par[1]
  beta <- par[2]
  lp <- alpha + beta*cov #线性预测因子
  p <- plogis(lp) #反向转换
  loglike <- -sum(y*log(p) + (1-y)*log(1-p)) #负值 ||
  return(loglike)
}
```

在这个函数中，我们首先基于式（2.1）中的两个参数 *a* 和 *β* 来确定线性预测因子 lp，用 plogis 函数把 lp 的值从对数尺度反向转换为概率尺度，然后对负的对数似然度进行量化，之所以采用负值，是因为当我们拟合模型时会使用 optim 函数，该函数对对数似然度进行了最小化而非最大化处理。最后，我们可以用数据对模型进行拟合，在此我们选择取样点位 2km 范围内的森林覆盖率，采用 optim 函数得出参数的估计值，计算代码如下所示：

```
#拟合逻辑模型
> lr.buffer <- optim(par = c(0, 0), fn = nll, cov = flsk$f2km,
  y = flsk$pres, hessian = T)
> lr.buffer$par

##
[1] -6.16271714   0.08561185

> lr.buffer.vc <- solve(lr.buffer$hessian) #方差-协方差矩阵
> lr.buffer.se <- sqrt(diag(lr.buffer.vc)) #标准误差
> lr.buffer.se

##
[1] 1.46565540   0.02225678
```

请注意，optim 函数要求我们提供参数的起始值，hessian=T 允许我们基于 Hessian 矩阵的逆矩阵来计算参数估计的标准误差（Bolker，2008），我们可以将这里的估计结果与上述 glm 函数的计算结果进行对比：

```
> summary(pres.2km)$coefficients

##
             Estimate    Std. Error   z value    Pr(>|z|)
(Intercept)  -6.1626986  1.46453460   -4.207957  2.576899e-05
f2km          0.0856115  0.02223369    3.850530  1.178626e-04
```

显然，*a* 和 *β* 参数以及相关的标准误差（SE）的估计值与 glm 函数的计算结果是相同的（保留四位小数），对数似然度也是相同的。

我们可以用空间核函数分析方法对对数似然函数加以扩展来估计尺度效应，有多种类型的核可供选择，这里我们选用 Chandler 和 Hepinstall-Cymerman（2016）

所描述的高斯核，在该方法中，我们采用一个基于高斯核权重 w 的加权平均来对景观变量进行概要统计：

$$w\left(d_{ij}\,\middle|\,\sigma\right)=\frac{\exp\!\left(-\dfrac{d_{ij}^2}{2\sigma^2}\right)}{\displaystyle\sum_{i\neq j}\exp\!\left(-\dfrac{d_{ij}^2}{2\sigma^2}\right)} \tag{2.3}$$

式中，σ 是决定核形状的尺度参数（图 2.10），d_{ij} 是样本点位 i 与其周围点位 j 间的距离。σ 值较小表示其对附近点位的权重较大，值较大则表示其对较远距离点位相关协变量的权重较大，我们可以将此加权方式加入到逻辑对数似然函数中去，如下所示：

```
> nll.kernel <- function(par, D, cov, y) {
  sig <- exp(par[1]) #确保 sig > 0
  alpha <- par[2]
  beta <- par[3]
  cov.w <- apply(D, 1, function(x) {
  w0 <- exp(-x^2 / (2 * sig^2)) #高斯核
  w0[w0==1] <- 0 #截取数据
  w <- w0/sum(w0) #核权重，总和为 1
  sum(cov * w) #栅格层加权平均
})
  lp <- alpha + beta * cov.w #线性预测因子
  p <- plogis(lp) #反向转换
  loglike <- -sum(y*log(p) + (1-y)*log(1-p)) #nll 函数
  return(loglike)
}
```

该函数类似于上面的 nll 函数，主要区别在于对一个高斯核加权协变量 cov.w（在我们的例子中是指森林覆盖率）的计算上。为了计算 cov.w，我们对距离矩阵 **D** 使用 apply 函数，其中，**D** 是一个 site×NC 矩阵，NC 是所分析的栅格图层中的单元数，使用 apply 函数获取矩阵 **D** 中的每一行，其中的列值表示从取样点位到每个栅格单元的距离。**D** 矩阵可以非常大，例如，forest200 层是一个 78×3 215 254 的矩阵，这么大的矩阵会造成计算停滞不前，使分析变得不切实际，但我们可以通过重新构造这个矩阵来提高 R 语言的计算效率。我们可以通过设置所考虑的最大距离来截取计算中的距离，使矩阵变为一个"稀疏矩阵（sparse matrix）"，作为一个具有许多零值的矩阵，稀疏矩阵可以更为有效地存储和操作（Golub and Van Loan，1996）。在本例中，我们把 D 中大于某一最大距离（如 10km）的值设置为 0，然后在 cov.w 计算中忽略这些值（通过在这些位置将 w0 设置为 0；请参阅上面的 nll.kernel 函数）。我们可使用 fields 程序包中的 rdist 函数来计算 D（Nychka et al.，2017），为此我们首先用 rasterToPoints 函数将栅格协变量层 forest200 转换为数据框：

```
> for200.df <- data.frame(rasterToPoints(forest200))
> library(fields)
> D <- rdist(as.matrix(flsk[, c("x", "y")]),
  as.matrix(for200.df[, c("x", "y")]))
```

然后，我们使用 Matrix 程序包将矩阵转换为一个稀疏矩阵（Bates and Maechler，2017）。

```
> library(Matrix)
> D <- D/1000 #将单位转为 km
> D[D > 10] <- 0 #用所考虑的最大距离进行截取
> D <- Matrix(D, sparse = TRUE)
```

现在这个矩阵是"稀疏的"，这将加快模型的拟合过程。由于研究范围较大，有许多栅格单元距所有调查点位的距离 >10km，这些单元所有列的值均为 0。我们可以通过移除矩阵 D 中距离所有调查位点 >10km 的列来进一步加快模型的拟合速度。我们首先确定所有值都不为 0 的列，据此对矩阵 D 取子集移出那些所有值都为 0 的列：

```
> cov.subset <- which(colSums(D)!=0, arr.ind = T)
> D <- D[, cov.subset]
```

利用这个截取的稀疏矩阵，我们拟合的基于核的逻辑回归如下：

```
> lr.kernel <- optim(fn = nll.kernel, hessian = T, par = c(0,
  -6, 8),
D = D, cov = for200.df$layer[cov.subset], y = flsk$pres)
> lr.kernel$par
```

```
##
```

[1] 0.118360 -6.271160 8.563042

请注意，在调用 optim 函数时，我们对森林数据框取子集，该子集考虑了至少有一个调查点位在 10km 范围内的栅格数据，并使用基于缓冲区分析估计的 a 和 β 参数作为起始值。从这个分析中得出，$\log(\sigma)$=0.118，该协变量对物种发生的影响为 β=8.56（0.85 SE；注意，cov.w 为森林覆盖率的加权比例，而在缓冲区分析时，我们采用森林覆盖率作为协变量）。总的来说，cov.w 的估算值与 2km 缓冲区内森林所占比例高度相关（r=0.97），且两者的对数似然度几乎是相同的。然而，如果我们用上述 optim 函数计算得出的 AIC 值（$AIC = -2LL + 2K$，LL=对数似然度，K=参数数量）与缓冲区方法计算得出的 AIC 值进行比较会发现，由于前者少了一个参数，在 2km 尺度上更应采用简单的缓冲区方法：

```
> AICkernel <- 2 * lr.kernel$value + 2 * length (lr.kernel$par)
> AICbuffer <- 2 * lr.buffer$value + 2 * length (lr.buffer$par)
> c(AICkernel, AICbuffer)

##
[1] 68.90598  66.73604
```

由于估计了一个额外的参数，基于 AIC 值我们认为 2km 缓冲区方法获得了更强有力的支持，但核函数方法仍是一种很有用的方法，主要原因有三：首先，它直观地赋予近处点位（与远处点位相比）更大的权重，在许多情况下这是景观影响生物体的一个更为合理的假设；第二，它提供了一种更为客观地确定尺度效应的方法，不需要对潜在尺度作出先验决定（与缓冲区方法相比）；第三，它提供了对尺度效应不确定性的估计，而缓冲区方法不能对不确定性直接进行估计。尽管有这些优点，但在实践中 σ 值的估计仍存在着很大的不确定性，并且估计值可能会对起始值很敏感，因此，今后我们需要在尺度效应的最优估计方面开展更多的工作。

尺度效应是一个越来越受关注的问题（Jackson and Fahrig, 2015；Miguet et al., 2017），本示例简要描述了用 R 语言确定环境关系中尺度效应的一般性方法，该方法仍可进行一些改进，例如，考虑检测误差（MacKenzie et al., 2002）和相互重叠的景观在利用时的空间相关性等问题（Zuckerberg et al., 2012）。此外，还可以考虑其他协变量，每个协变量的尺度效应可能也是不同的（McGarigal et al., 2016）。

常见的多层次模型可采用与本书所述方法类似的方法来实现，但不同层次上可能要采用不同的模型和数据（McGarigal et al.，2016），抑或可以采用正式的分层统计模型（Gelman and Hill，2007），我们将在第 6 章中讨论这些模型。

2.4　需进一步研究的问题

2.4.1　确定物种-环境关系以外的特征尺度

除了关联不同尺度的量测变量与响应变量的回归技术外，还有多种技术可用于确定空间变异的特征尺度。所采用的方法因所处理的问题和所使用的数据类型而异，我们将在后面的章节中讨论其中的一些问题。常见的应用示例包括使用空间点格局分析（第 4 章）、半变异函数（第 5 章）、空间特征向量制图（第 6 章）、小波分析（第 5 章）和某些类型的网络度量指标（第 9 章）。

2.4.2　取样与尺度

上面我们讨论了取样问题和尺度问题。一般来说，我们可以通过不同的取样设计来理解尺度问题。raster 程序包中包括了几种对栅格图进行取样的函数，如 SampleRandom 函数、SampleRegular 函数和 SampleStratified 函数，其中，SampleRandom 函数可在所研究的栅格范围内生成多个随机样本，SampleRegular 函数可根据所考虑点位的总数设定距离，在栅格图层范围内生成一个规则间距的栅格，SampleStratified 函数则可在栅格图层内生成随机样本，例如，在每种土地覆盖类型内选择 20 个随机点位。这些函数中的每一个都可用于研究设计，并可解释其中的变化（如距离）如何影响研究区内捕获到的变化。除了应用 raster 程序包，我们还可以通过生成研究点位的 x-y 坐标（如每 100m 一个点位）进行取样设计，然后使用此信息创建一个 SpatialPoints 数据框，与其他地理数据一起使用。

2.5　结　　论

空间尺度是研究生态学和保护学中许多问题的基础，也是贯穿整本书的一个基本概念。尺度问题可以解释所研究现象的时空域及其调查取样方式和分析方法（Dungan et al.，2002）。空间生态学和保护学在解决保护问题时往往会明确涉及空间尺度，我们对尺度及其影响的理解和量化实际上已经取得了很大进展。

尽管如此，理解生物体如何响应不同空间尺度上的生态过程仍具挑战性。在此，我们举例说明了不同空间尺度上森林结构的概要统计结果间存在高度相关性，这是确定物种对环境响应的相关空间尺度时的一个常见问题。基于空间核权重的分析方法（Heaton and Gelfand，2011；Chandler and Hepinstall-Cymerman，2016）为我们提供了在使用物种-环境关系数据时确定尺度效应的一种客观方法，但这种方法仍然存在着很大的不确定性。在本书的大部分内容中，我们将继续探讨许多与尺度相关的问题。

参 考 文 献

Allen TFH, Hoekstra TW (1990) The confusion between scale-defined levels and conventional levels of organization in ecology. J Veg Sci 1(1): 5-12. https://doi.org/10.2307/3236048

Allen TFH, Hoekstra T (1992) Toward a unified ecology. Columbia University Press, New York

Andersen M (1992) Spatial analysis of two species interactions. Oecologia 91(1): 134-140

Anderson BJ, Armsworth PR, Eigenbrod F, Thomas CD, Gillings S, Heinemeyer A, Roy DB, Gaston KJ (2009) Spatial covariance between biodiversity and other ecosystem service priorities. J Appl Ecol 46(4): 888-896. https://doi.org/10.1111/j.1365-2664.2009.01666.x

Aue B, Ekschmitt K, Hotes S, Wolters V (2012) Distance weighting avoids erroneous scale effects in species-habitat models. Methods Ecol Evol 3(1): 102-111. https://doi.org/10.1111/j.2041-210X.2011.00130.x

Bates D, Maechler M (2017) Matrix: sparse and dense matrix classes and methods. R package version 1, pp 2-12

Bivand R, Rundall C (2017) Rgeos: interface to geometry engine - open source (GEOS). R package version 0.3-26

Beale CM, Lennon JJ, Yearsley JM, Brewer MJ, Elston DA (2010) Regression analysis of spatial data. Ecol Lett 13(2): 246-264. https://doi.org/10.1111/j.1461-0248.2009.01422.x

Bolker B (2008) Ecological models and data in R. Princeton University Press, Princeton, NJ

Boyd C, Brooks TM, Butchart SHM, Edgar GJ, da Fonseca GAB, Hawkins F, Hoffmann M, Sechrest W, Stuart SN, van Dijk PP (2008) Spatial scale and the conservation of threatened species. Conserv Lett 1(1): 37-43. https://doi.org/10.1111/j.1755-263X.2008.00002.x

Burnham KP, Anderson DR (1998) Model selection and inference: a practical information-theoretic approach. Springer, New York

Cadenasso ML, Pickett STA, Weathers KC, Jones CG (2003) A framework for a theory of ecological boundaries. Bioscience 53(8): 750-758

Cavanaugh KC, Siegel DA, Raimondi PT, Alberto F (2014) Patch definition in metapopulation analysis: a graph theory approach to solve the mega-patch problem. Ecology 95(2): 316-328. https://doi.org/10.1890/13-0221.1

Chalfoun AD, Martin TE (2007) Assessments of habitat preferences and quality depend on spatial scale and metrics of fitness. J Appl Ecol 44(5): 983-992. https://doi.org/10.1111/j.1365-2664.2007.01352.x

Chandler R, Hepinstall-Cymerman J (2016) Estimating the spatial scales of landscape effects on abundance. Landsc Ecol 31(6): 1383-1394. https://doi.org/10.1007/s10980-016-0380-z

Chave J (2013) The problem of pattern and scale in ecology: what have we learned in 20 years? Ecol Lett 16: 4-16. https://doi.org/10.1111/ele.12048

Chesson P (2012) Scale transition theory: its aims, motivations and predictions. Ecol Complex 10:

52-68. https: //doi.org/10.1016/j.ecocom.2011.11.002

Cohen JM, Civitello DJ, Brace AJ, Feichtinger EM, Ortega CN, Richardson JC, Sauer EL, Liu X, Rohr JR (2016) Spatial scale modulates the strength of ecological processes driving disease distributions. Proc Natl Acad Sci U S A 113(24): E3359-E3364. https: //doi.org/10.1073/pnas. 1521657113

Cressie N (1996) Change of support and the modifiable areal unit problem. J Geogr Syst 3 (2-3): 159-180

Cushman SA, McGarigal K (2002) Hierarchical, multi-scale decomposition of species-environment relationships. Landsc Ecol 17(7): 637-646. https: //doi.org/10.1023/a: 1021571603605

Dale MRT, Fortin MJ (2014) Spatial analysis: a guide for ecologists, 2nd edn. Cambridge University Press, Cambridge

Dark SJ, Bram D (2007) The modifiable areal unit problem (MAUP) in physical geography. Prog Phys Geogr 31(5): 471-479. https: //doi.org/10.1177/0309133307083294

Diamond JM (1975) The island dilemma: lessons of modern biogeographic studies for the design of natural reserves. Biol Conserv 7(2): 129-146. https: //doi.org/10.1016/0006-3207(75)90052-x

Dormann CF, McPherson JM, Araújo MB, Bivand R, Bolliger J, Carl G, Davies RG, Hirzel A, Jetz W, Kissling WD, Kuehn I, Ohlemueller R, Peres-Neto PR, Reineking B, Schroeder B, Schurr FM, Wilson R (2007) Methods to account for spatial autocorrelation in the analysis of species distributional data: a review. Ecography 30(5): 609-628. https: //doi.org/10.1111/j.2007. 0906-7590.05171.x

Dray S, Pelissier R, Couteron P, Fortin MJ, Legendre P, Peres-Neto PR, Bellier E, Bivand R, Blanchet FG, De Caceres M, Dufour AB, Heegaard E, Jombart T, Munoz F, Oksanen J, Thioulouse J, Wagner HH (2012) Community ecology in the age of multivariate multiscale spatial analysis. Ecol Monogr 82(3): 257-275. https: //doi.org/10.1890/11-1183.1

Dungan JL, Perry JN, Dale MRT, Legendre P, Citron-Pousty S, Fortin MJ, Jakomulska A, Miriti M, Rosenberg MS (2002) A balanced view of scale in spatial statistical analysis. Ecography 25 (5): 626-640. https: //doi.org/10.1034/j.1600-0587.2002.250510.x

Eigenbrod F, Hecnar SJ, Fahrig L (2017) Sub-optimal study design has major impacts on landscape-scale inference. Biol Conserv 144(1): 298-305. https: //doi.org/10.1016/j.biocon. 2010.09.007

Evans JS (2017) SpatialEco. R package version 0.0.1-7

Fahrig L (2003) Effects of habitat fragmentation on biodiversity. Annu Rev Ecol Evol Syst 34: 487-515. https: //doi.org/10.1146/annurev.ecolsys.34.011802.132419

Fahrig L (2013) Rethinking patch size and isolation effects: the habitat amount hypothesis. J Biogeogr 40(9): 1649-1663. https: //doi.org/10.1111/jbi.12130

Falk DA, Miller C, McKenzie D, Black AE (2007) Cross-scale analysis of fire regimes. Ecosystems 10(5): 809-823. https: //doi.org/10.1007/s10021-007-9070-7

Fielding AH, Bell JF (1997) A review of methods for the assessment of prediction errors in conservation presence/absence models. Environ Conserv 24(1): 38-49

Fleishman E, Ray C, Sjogren-Gulve P, Boggs CL, Murphy DD (2002) Assessing the roles of patch quality, area, and isolation in predicting metapopulation dynamics. Conserv Biol 16(3): 706-716

Fletcher RJ Jr (2007) Species interactions and population density mediate the use of social cues for habitat selection. J Anim Ecol 76(3): 598-606

Fletcher RJ Jr, Revell A, Reichert BE, Kitchens WM, Dixon JD, Austin JD (2013) Network modularity reveals critical scales for connectivity in ecology and evolution. Nat Commun 4:

2572. https://doi.org/10.1038/ncomms3572

Fletcher RJ, McCleery RA, Greene DU, Tye CA (2016) Integrated models that unite local and regional data reveal larger-scale environmental relationships and improve predictions of species distributions. Landsc Ecol 31(6): 1369-1382. https://doi.org/10.1007/s10980-015-0327-9

Fortin MJ, Drapeau P, Legendre P (1989) Spatial autocorrelation and sampling design in plant ecology. Vegetation 83(1-2): 209-222. https://doi.org/10.1007/bf00031693

Fortin MJ, James PMA, MacKenzie A, Melles SJ, Rayfield B (2012) Spatial statistics, spatial regression, and graph theory in ecology. Spat Stat 1: 100-109. https://doi.org/10.1016/j.spasta.2012.02.004

Gelman A, Hill J (2007) Data analysis using regression and multilevel/hierarchical models. Cambridge University Press, New York

Golub GH, Van Loan CF (1996) Matrix computations, 3rd edn. Johns Hopkins University Press, Baltimore

Gottlieb IGW, Fletcher Jr RJ, Nunez-Regueiro MM, Ober H, Smith L, and Brosi BJ (2017) Alternative biomass strategies for bioenergy: implications for bird communities across the southeastern United States. Glob Change Biol Bioenergy 9: 1606-1617

Greig-Smith P (1952) The use of random and contiguous quadrats in the study of the structure of plant communities. Ann Bot 16(62): 293-316

Guisan A, Thuiller W (2005) Predicting species distribution: offering more than simple habitat models. Ecol Lett 8(9): 993-1009

Guyot C, Arlettaz R, Korner P, Jacot A (2017) Temporal and spatial scales matter: circannual habitat selection by bird communities in vineyards. PLoS One 12(2): e0170176. https://doi.org/10.1371/journal.pone.0170176

Heaton MJ, Gelfand AE (2011) Spatial regression using kernel averaged predictors. J Agric Biol Environ Stat 16(2): 233-252. https://doi.org/10.1007/s13253-010-0050-6

Hijmans RJ (2017) Raster: geographic data analysis and modeling. R package version 2.6-7

Holland JD, Bert DG, Fahrig L (2004) Determining the spatial scale of species' response to habitat. Bioscience 54(3): 227-233. https://doi.org/10.1641/0006-3568(2004)054[0227: dtssos]2.0.co;2

Holyoak M, Leibold MA, Holt RD (2005) Metacommunities: spatial dynamics and ecological communities. University of Chicago Press, Chicago

Homer C, Dewitz J, Yang LM, Jin S, Danielson P, Xian G, Coulston J, Herold N, Wickham J, Megown K (2015) Completion of the 2011 National Land Cover Database for the Conterminous United States - representing a decade of land cover change information. Photogramm Eng Remote Sensing 81(5): 345-354. https://doi.org/10.14358/pers.81.5.345

Horne JK, Schneider DC (1995) Spatial variance in ecology. Oikos 74(1): 18-26

Jackson ND, Fahrig L (2014) Landscape context affects genetic diversity at a much larger spatial extent than population abundance. Ecology 95(4): 871-881. https://doi.org/10.1890/13-0388.1

Jackson HB, Fahrig L (2015) Are ecologists conducting research at the optimal scale? Glob Ecol Biogeogr 24(1): 52-63. https://doi.org/10.1111/geb.12233

Jacobson B, Peres-Neto PR (2010) Quantifying and disentangling dispersal in metacommunities: how close have we come? How far is there to go? Landsc Ecol 25(4): 495-507. https://doi.org/10.1007/s10980-009-9442-9

Jelinski DE, Wu JG (1996) The modifiable areal unit problem and implications for landscape ecology. Landsc Ecol 11(3): 129-140. https://doi.org/10.1007/bf02447512

Johnson DH (1980) The comparison of usage and availability measurements for evaluating resource preference. Ecology 61(1): 65-71

Keitt TH, Urban DL (2005) Scale-specific inference using wavelets. Ecology 86(9): 2497-2504. https: // doi.org/10.1890/04-1016

Larsen FW, Rahbek C (2003) Influence of scale on conservation priority setting - a test on African mammals. Biodivers Conserv 12(3): 599-614. https: //doi.org/10.1023/a: 1022448928753

Levin SA (1992) The problem of pattern and scale in ecology. Ecology 73(6): 1943-1967. https: // doi.org/10.2307/1941447

Liebhold A, Koenig WD, Bjørnstad ON (2004) Spatial synchrony in population dynamics. Annu Rev Ecol Evol Syst 35: 467-490. https: //doi.org/10.1146/annurev.ecolsys.34.011802.132516

Loreau M, Holt RD (2004) Spatial flows and the regulation of ecosystems. Am Nat 163 (4): 606-615. https: //doi.org/10.1086/382600

Maciejewski K, Cumming GS (2016) Multi-scale network analysis shows scale-dependency of significance of individual protected areas for connectivity. Landsc Ecol 31(4): 761-774. https: // doi.org/10.1007/s10980-015-0285-2

MacKenzie DI, Nichols JD, Lachman GB, Droege S, Royle JA, Langtimm CA (2002) Estimating site occupancy rates when detection probabilities are less than one. Ecology 83(8): 2248-2255

Margules CR, Pressey RL (2000) Systematic conservation planning. Nature 405(6783): 243-253. https: //doi.org/10.1038/35012251

Mayor SJ, Schneider DC, Schaefer JA, Mahoney SP (2009) Habitat selection at multiple scales. Ecoscience 16(2): 238-247. https: //doi.org/10.2980/16-2-3238

McGarigal K, Wan HY, Zeller KA, Timm BC, Cushman SA (2016) Multi-scale habitat selection modeling: a review and outlook. Landsc Ecol. https: //doi.org/10.1007/s10980-016-0374-x

McLoughlin PD, Case RL, Gau RJ, Cluff HD, Mulders R, Messier F (2002) Hierarchical habitat selection by barren-ground grizzly bears in the central Canadian Arctic. Oecologia 132 (1): 102-108. https: //doi.org/10.1007/s00442-002-0941-5

Melbourne BA, Chesson P (2005) Scaling up population dynamics: integrating theory and data. Oecologia 145(2): 179-187. https: //doi.org/10.1007/s00442-005-0058-8

Melbourne BA, Chesson P (2006) The scale transition: scaling up population dynamics with field data. Ecology 87(6): 1478-1488. https: //doi.org/10.1890/0012-9658(2006)87[1478: tstsup]2.0. co;2

Miguet P, Jackson HB, Jackson ND, Martin AE, Fahrig L (2016) What determines the spatial extent of landscape effects on species? Landsc Ecol. https: //doi.org/10.1007/s10980-015-0314-1

Miguet P, Fahrig L, Lavigne C (2017) How to quantify a distance-dependent landscape effect on a biological response. Methods Ecol Evol 8(12): 1717-1724. https: //doi.org/10.1111/2041-210x. 12830

Miller JR, Turner MG, Smithwick EAH, Dent CL, Stanley EH (2004) Spatial extrapolation: the science of predicting ecological patterns and processes. Bioscience 54(4): 310-320. https: // doi.org/10.1641/0006-3568(2004)054[0310: setsop]2.0.co; 2

Minor ES, Urban DL (2008) A graph-theory framework for evaluating landscape connectivity and conservation planning. Conserv Biol 22(2): 297-307. https: //doi.org/10.1111/j.1523-1739.2007. 00871.x

Nams VO (2005) Using animal movement paths to measure response to spatial scale. Oecologia 143(2): 179-188. https: //doi.org/10.1007/s00442-004-1804-z

Nychka D, Furrer R, Paige J, Sain S (2017) Fields: tools for spatial data. R package version 9.6

O'Neill RV, Johnson AR, King AW (1989) A hierarchical framework for the analysis of scale. Landsc Ecol 3(3-4): 193-205. https: //doi.org/10.1007/bf00131538

O'Neill RV, Hunsaker CT, Timmins SP, Jackson BL, Jones KB, Riitters KH, Wickham JD (1996) Scale problems in reporting landscape pattern at the regional scale. Landsc Ecol 11(3): 169-180. https: //doi.org/10.1007/bf02447515

Openshaw S (1984) The modifiable areal unit problem. Geo Books, Norwich

Pascual-Hortal L, Saura S (2007) Impact of spatial scale on the identification of critical habitat patches for the maintenance of landscape connectivity. Landsc Urban Plan 83(2-3): 176-186. https: //doi.org/10.1016/j.landurbplan.2007.04.003

Pearson SM (1993) The spatial extent and relative influence of landscape-level factors on wintering bird populations. Landsc Ecol 8(1): 3-18. https: //doi.org/10.1007/bf00129863

Peters DPC, Pielke RA, Bestelmeyer BT, Allen CD, Munson-McGee S, Havstad KM (2004) Cross-scale interactions, nonlinearities, and forecasting catastrophic events. Proc Natl Acad Sci U S A 101(42): 15130-15135. https: //doi.org/10.1073/pnas.0403822101

Peters DPC, Bestelmeyer BT, Turner MG (2007) Cross-scale interactions and changing pattern-process relationships: consequences for system dynamics. Ecosystems 10(5): 790-796. https: // doi.org/10.1007/s10021-007-9055-6

Piantadosi S, Byar DP, Green SB (1988) The ecological fallacy. Am J Epidemiol 127(5): 893-904. https: //doi.org/10.1093/oxfordjournals.aje.a114892

Polis GA, Anderson WB, Holt RD (1997) Toward an integration of landscape and food web ecology: the dynamics of spatially subsidized food webs. Annu Rev Ecol Syst 28: 289-316. https: // doi.org/10.1146/annurev.ecolsys.28.1.289

Preston FW (1962) The canonical distribution of commonness and rarity: Part I. Ecology 43 (2): 185-215, 431-432

Pulliam HR (1988) Sources, sinks, and population regulation. Am Nat 132(5): 652-661

Rahbek C (2005) The role of spatial scale and the perception of large-scale species-richness patterns. Ecol Lett 8(2): 224-239. https: //doi.org/10.1111/j.1461-0248.2004.00701.x

Reichert BE, Fletcher RJ Jr, Cattau CE, Kitchens WM (2016) Consistent scaling of population structure despite intraspecific variation in movement and connectivity. J Anim Ecol 85: 1563-1573

Rettie WJ, Messier F (2000) Hierarchical habitat selection by woodland caribou: its relationship to limiting factors. Ecography 23(4): 466-478. https: //doi.org/10.1034/j.1600-0587.2000.230409.x

Schneider DC (2001) The rise of the concept of scale in ecology. Bioscience 51(7): 545-553. https: // doi.org/10.1641/0006-3568(2001)051[0545: trotco]2.0.co; 2

Schooley RL (1994) Annual variation in habitat selection: patterns concealed by pooled data. J Wildl Manage 58(2): 367-374. https: //doi.org/10.2307/3809404

Schooley RL, Branch LC (2007) Spatial heterogeneity in habitat quality and cross-scale interactions in metapopulations. Ecosystems 10(5): 846-853. https: //doi.org/10.1007/s10021-007-9062-7

Sherry TW, Holmes RT (1988) Habitat selection by breeding American redstarts in response to a dominant competitor, the least flycatcher. Auk 105: 350-364

Shurin JB, Cottenie K, Hillebrand H (2009) Spatial autocorrelation and dispersal limitation in freshwater organisms. Oecologia 159(1): 151-159. https: //doi.org/10.1007/s00442-008-1174-z

Slatkin M (1985) Gene flow in natural populations. Annu Rev Ecol Syst 16: 393-430. https: //doi.

org/10.1146/annurev.ecolsys.16.1.393

Soranno PA, Cheruvelil KS, Bissell EG, Bremigan MT, Downing JA, Fergus CE, Filstrup CT, Henry EN, Lottig NR, Stanley EH, Stow CA, Tan PN, Wagner T, Webster KE (2014) Cross-scale interactions: quantifying multiscaled cause-effect relationships in macrosystems. Front Ecol Environ 12(1): 65-73. https: //doi.org/10.1890/120366

Stuber EF, Gruber LF, Fontaine JJ (2017) A Bayesian method for assessing multi-scale species-habitat relationships. Landsc Ecol 32(12): 2365-2381. https: //doi.org/10.1007/ s10980-017- 0575-y

Thompson CM, McGarigal K (2002) The influence of research scale on bald eagle habitat selection along the lower Hudson River, New York (USA). Landsc Ecol 17(6): 569-586. https: //doi.org/ 10.1023/a: 1021501231182

Thornton DH, Branch LC, Sunquist ME (2011) The influence of landscape, patch, and within-patch factors on species presence and abundance: a review of focal patch studies. Landsc Ecol 26 (1): 7-18. https: //doi.org/10.1007/s10980-010-9549-z

Turner MG, Gardner RH (2015) Landscape ecology in theory and practice, 2nd edn. Springer, New York

Turner MG, Dale VH, Gardner RH (1989a) Predicting across scales: theory development and testing. Landsc Ecol 3(3-4): 245-252. https: //doi.org/10.1007/bf00131542

Turner MG, O'Neill RV, Gardner RH, Milne BT (1989b) Effects of changing spatial scale on the analysis of landscape pattern. Landsc Ecol 3(3-4): 153-162. https: //doi.org/10.1007/ bf00131534

Urban DL, O'Neill RV, Shugart HH (1987) Landscape ecology. Bioscience 37(2): 119-127

Villard MA, Trzcinski KM, Merriam G (1999) Fragmentation effects on forest birds: relative influence of woodland cover and configuration on landscape occupancy. Conserv Biol 13 (4): 774-783

Waples RS, Gaggiotti O (2006) What is a population? An empirical evaluation of some genetic methods for identifying the number of gene pools and their degree of connectivity. Mol Ecol 15 (6): 1419-1439. https: //doi.org/10.1111/j.1365-294X.2006.02890.x

Weaver JE, Conway TM, Fortin MJ (2012) An invasive species' relationship with environmental variables changes across multiple spatial scales. Landsc Ecol 27(9): 1351-1362. https: //doi.org/ 10.1007/s10980-012-9786-4

Wheatley M, Johnson C (2009) Factors limiting our understanding of ecological scale. Ecol Complex 6(2): 150-159. https: //doi.org/10.1016/j.ecocom.2008.10.011

Wiens JA (1989) Spatial scaling in ecology. Funct Ecol 3(4): 385-397

Wu JG, David JL (2002) A spatially explicit hierarchical approach to modeling complex ecological systems: theory and applications. Ecol Model 153(1-2): 7-26

Wu JG, Loucks OL (1995) From balance of nature to hierarchical patch dynamics: a paradigm shift in ecology. Q Rev Biol 70(4): 439-466. https: //doi.org/10.1086/419172

Zuckerberg B, Desrochers A, Hochachka WM, Fink D, Koenig WD, Dickinson JL (2012) Overlapping landscapes: a persistent, but misdirected concern when collecting and analyzing ecological data. J Wildl Manage 76(5): 1072-1080. https: //doi.org/10.1002/jwmg.326

第 3 章　土地覆盖格局与变化

3.1　简　　介

　　理解土地利用和土地覆盖（land use and land cover，LULC）的时空变化是一个连接生态学、地理学、社会学和经济学等诸多学科的主题（Lambin et al.，2001；Rindfuss et al.，2004；Turner et al.，2007），同时也是空间生态学与保护生物学研究的核心内容（Vitousek，1994；Blair，1996），生境丧失和破碎化、农业集约化、农林复合经营和城市化等也都涉及 LULC 变化（Brockerhoff et al.，2008；Grimm et al.，2008；Ewers et al.，2009）。土地利用变化已对生物多样性产生了重大影响（Newbold et al.，2015），预计未来几十年将对生物多样性产生前所未有的影响（Tilman et al.，2017）。

　　解释 LULC 的影响需要我们量化其空间格局，这种量化通常会将重点放在如何从分类图中解释 LULC 的格局上（McGarigal et al.，2002）。在某些情况下，人们的兴趣在于对连续数据的量化上（McGarigal et al.，2009），例如，量化归一化植被指数（NDVI）及其对动物的影响（Pettorelli et al.，2005）。一般来说，量化 LULC 的空间格局是很复杂的过程，数以百计的度量指标和多种框架可用于指导 LULC 的量化（Vogt et al.，2007；Cushman et al.，2008；Walz et al.，2016）。

　　我们关注的 LULC 的量化，着眼于将量化的格局与生态过程联系起来。本章的目标是介绍有关土地利用变化的核心概念，深入了解并说明如何在不同尺度上量化土地利用变化的空间格局。我们首先讨论一些反映 LULC 关键方面的基本概念和术语，然后概述 LULC 空间格局量化的常用方法，重点放在基于分类图（McGarigal et al.，2002）量化土地覆盖变化及其异质性上（Li and Reynolds，1995）。我们用美国东南部的土地覆盖数据来举例说明这些方法，同时还概述了中性景观在解释空间格局中的应用（Gardner et al.，1987；Gardner and Urban，2007；Etherington et al.，2015）。

3.2　关 键 概 念

3.2.1　土地利用与土地覆盖

　　"土地利用"和"土地覆盖"两个术语经常会交替使用，但每个概念会涉及不同的问题（表 3.1）（Lambin et al.，2001）。土地利用是指人类如何利用地球上的景观，常常会包括社会经济问题，而土地覆盖是指地球表面特定地点的自然物质，如水、植被或混凝土。土地利用的一些常见例子包括各类农业、城市化景观和社区林业实践，土地利用变化可以是某类土地利用向外扩展，也可以是土地利用的集约化（Pinto-Correia and Mascarenhas，1999；Tilman et al.，2011；Macedo et al.，2012），向外扩展是指土地利用实践在一个区域内的扩大，导致该类土地利用总面积增加，而土地利用集约化则是指在现有土地利用方式上投入增大或发生变化的情况。例如，种植玉米（*Zea mays*）的土地其利用变化既可通过其他土地利用类型（如牧场）向玉米种植转化而得以扩展（Wright et al.，2017），也可通过集约化管理（增加施肥量或灌溉量以获得更高的玉米产量）来实现（Grassini and Cassman，2012）。

表 3.1　生态学中研究土地利用和土地覆盖问题时常用的术语与概念

术语/概念	描述
聚集	斑块或土地覆盖类型在空间上相邻或非常接近的趋势。与此相关的概念包括散布、混合、细分和隔离
边界	由相邻生态系统的边缘组成的区域（见下面的边缘）
组成	要素、覆盖类型或生境的数量
构型	空间要素的特有排列；常用作地貌或空间结构的同义词
对比度	相邻斑块类型间某一变量的差异，也称为"边缘对比度"
廊道	一种与两侧相邻区域类型不同的相对狭窄的条带
覆盖类型	用户定义的分类系统中的某一类别，用于区分景观中的不同生境、生态系统或植被类型
散布度	某种土地覆盖类型的空间分布，没有明确参照其他土地覆盖类型
生态过渡区	两个生物群落间的过渡区，通常比边缘或边界更为平缓
边缘	某一生态系统或覆盖类型在其周界附近所占的比例，其中的环境条件可能与生态系统内部有所不同
破碎化	把生境或覆盖类型打碎成更小的互不相连的小块，是量化生境损失的最适指标
功能性指标	利用物种或生态过程等信息来调整空间格局量化结果的景观指标，从而使同一景观对不同物种或生态过程而言有着不同的格局，如利用扩散距离或边缘效应距离等信息来调整连通度和核心区面积的度量指标
景观异质性	景观结构上的变异，通常用景观指标来度量
混合度	不同土地覆盖类型间的空间混合程度，并未明确提及任何一种土地覆盖类型的散布
隔离度	斑块间相互分离的程度，重点关注斑块间的距离
土地覆盖	对地球表面某一点位自然物质的描述或分类
土地利用	对人类如何利用地球表面的描述或分类
景观指标	用于描述景观组成和空间结构的一组指数，如平均斑块大小、多样性、均质性和破碎化
基质	景观中的背景覆盖类型，具有广泛覆盖和高连通性等特点；并非所有的景观都有可定义的基质

续表

术语/概念	描述
中性景观	景观格局的一种中性模型或零模型，在没有特定的生物或生态过程的情况下生成的预期格局
斑块	在性质或外观上与周围环境不同的表面区域
结构性指标	量化环境的物理结构的景观指标，不考虑所研究的物种或过程，以至于某一景观（或斑块）只会有一个值，与功能性指标相对应
细分	把土地覆盖类型分割成不同的斑块，不考虑斑块间的距离
专题精度	土地覆盖和土地利用的分类精度，随着专题精度的增加，类别也会越来越多

3.2.2 土地覆盖和生境变化的概念模型

我们使用了几个概念模型来解释生态学中的土地覆盖变化（Lindenmayer and Fischer，2007），这些模型对 LULC 的格局变化有着不同的基本假设，在解释环境以及假定环境是离散的还是连续变化的等方面存在着许多复杂的不同之处（图3.1）。

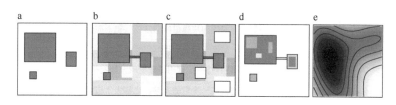

图 3.1 几种用于量化土地覆盖格局并解释其对生态过程影响的概念模型

图中所示的例子是根据岛屿模型（a）、斑块-廊道-基质模型（b）、景观镶嵌模型（c）、生境混杂模型（d）和连续体模型（e）对现实世界进行概念化的

可能最早用于土地覆盖的概念模型是岛屿模型（island model），这一简单的模型只关注某类覆盖类型（cover type）的岛状离散斑块，而忽略了土地利用和土地覆盖的所有其他变化，其空间格局的量化通常采用岛屿大小（或斑块大小，见下文）及其隔离度（isolation）。这一一般性的概念模型源自岛屿生物地理学和集合种群理论（MacArthur and Wilson，1967；Hanski，1999；Diamond，1975）（见第 10 章和第 11 章），其经常被用来解决生境丧失和破碎化的问题（Haila，2002；Fahrig，2003；Fisher and Lindermayer，2007）。

此后，岛屿模型被不断扩展，并在很大程度上被斑块-廊道-基质模型（patch-corridor-matrix model）所取代（Forman，1995b），该模型也被称为斑块镶嵌模型（patch mosaic model）（Turner，1989）。一般来说，一个斑块（patch）代表一个条件均质的相对离散区域，斑块内部条件的相似度足以让人在事实上忽略了内部的变异性（Wiens，1976；Forman and Godron，1981），斑块通常是根据土地覆盖或土地利用条件的不连续性或变化来划定的，这种划定可能取决于所考虑的尺度（见第 2 章）。斑块划定既可通过视觉方式进行，也可基于关注点位周边土地利用或土地覆盖类型的邻接关系进行（见下文）。基质（matrix）被看作是景观中未受关注的土地覆盖类型或要素（Kupfer et al.，2006），有时指的是除关注的土地覆盖类型之外的最主要的土地覆盖类型。例如，如果我们对东南亚龙脑香林感兴趣的话，那么基质则通常是油棕林（Sodhi et al.，2010）。近年来，一些证据表明，在解释生物多样性方面，基质可能比斑块面积和其他局地因素更为重要（Haynes et al.，2007；Prugh et al.，2008）。廊道（corridor）通常是指连接斑块的线性景观要素，可根据景观结构（即结构廊道）或功能（即功能廊道，如廊道促进了移动或流动）进行定义（见第 9 章）。景观镶嵌模型（landscape mosaic model）（Wiens，1995）与斑块-廊道-基质模型相关，但强调不同土地覆盖类型有着不同的斑块类型，并不强调单一的核心类型或覆盖类型，例如，我们可以同时考虑不同类型的自然土地覆盖（如森林和湿地）、农业用地和城市地区（Fahrig et al.，2011；Gottlieb et al.，2017）。这一概念模型目前常被用于各种保护环境，特别是在考虑多目标土地利用和保护的情况下（Polasky et al.，2008；Phalan et al.，2011），该模型将景观简化为一系列的斑块及周围环境，这种简化使其成为一种易于掌控的土地覆盖和景观变化的概念模型，但在某些情况下该模型可能并不适用，特别是当形式上存在更为连续的重要环境梯度或难以划定的斑块时。

因此，人们提出了更为高级的概念模型，包括生境混杂模型（habitat variegation model）和连续体模型（continuum model），试图更好地捕获环境梯度。生境混杂模型拓展了斑块-廊道-基质模型的理论框架，考虑的不仅仅是生境的大规模破坏，还考虑到了干扰导致的环境的不断改变（McIntyre and Barrett，1992；McIntyre and Hobbs，1999），因此，与简单的生境/非生境分类不同，该模型将生境分为未经改变或因干扰而改变的，并强调景观可以是未受损的、混杂的（干扰会改变生境，但不一定会破坏生境）、破碎的（生境丧失会造成斑块破碎）或残存的（生境几乎完全从景观中消失），目前，该模型已被用于了解各种人类主导的景观中的物种分布（Fischer and Lindenmayer，2002；Thornton et al.，2013；Vergara et al.，2017）。

连续体模型及相关的梯度模型（gradient model）强调，景观可视为几种环境梯度的一个组合，且这些梯度在形式上通常是连续的（Fisher et al.，2004；Fischer and Lindenmayer，2006；Cushman et al.，2010）。这些模型并不强调斑块的概念，因为斑块内的环境条件可能不太相似或者环境条件出现突变导致无法进行有意义的斑块划定，这样一来这些模型也放弃了生境/非生境的二分法，不再强调核心生境。相反，模型中假设生境是一个物种特有的概念（Hall et al.，1997），环境从多个方面驱动着生境的变化，同时还假设物种可能会在不同的空间粒度上对环境作出响应（Kotliar and Wiens，1990），这一总体框架有助于我们解读土地利用类型间缺乏强烈对比的景观中的群落（Brudvig et al.，2017）。这类模型本质上与生态学中的生态位概念更为契合（见第7章），并建议用功能性指标（functional metrics）[而不是结构性指标（structural metrics）；表3.1]以物种特有的方式对景观格局进行量化。

3.2.3 生境丧失和破碎化

生境丧失与破碎化是土地利用和土地覆盖变化的一种常见类型，了解生境丧失（habitat loss）和生境破碎化（habitat fragmentation）对生态格局和过程的作用一直是空间生态学和生态保护领域的一个重要研究课题（Diamond，1975；Fahrig，2003；Tscharntke et al.，2012；Haddad et al.，2015）。早期的生境破碎化理论大多关注土地转换（如森林清理）产生的更多更小更孤立的斑块，生境边缘（edge）的比例也因此会变得更大（图3.2）（Wilcove，1985；Ries et al.，2004）。最近，生境的减少（丧失）常与生境的破碎（化）区别开来，破碎化仅被量化为一定数量的生境丧失（Fahrig，2003，2017；Hadley and Betts，2016），但在实践中，这两个问题仍然常常被混淆，因为生境破碎化根本上就是生境随时间推移而逐渐丧失的过程（Ewers and Didham，2006；Didham et al.，2012；Villard and Metzger，2014；Fletcher et al.，2018）。从技术层面上我们认为生境破碎化效应取决于生境丧失的数量。

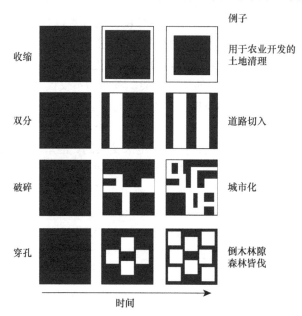

图3.2 随时间推移生境丧失和破碎化的方式

生境丧失和破碎化通常被概化为随着时间推移而发生的过程，在这些过程中，最初连续的景观会经历不同的丧失模式，这种土地的转换可能是生境收缩、土地变化（如道路基础设施开发）造成的生境双分，连续生境被分割成碎片的破碎（狭义上）以及孔洞切入生境内部引起毗连生境间的穿孔。实际上，许多这些变化都会同时发生，如路网将生境一分两半，进而导致剩余生境的破碎化。图中显示了三个时段的变化，每个时段每种模式的损失量是相同的。据Collinge和Forman（1998）修改

　　随时间的推移，生境可能会以几种方式丧失和破碎，从而导致土地覆盖的空间格局发生变化，这可能会对生物多样性产生重大影响。Forman（1995a）及 Collinge 和 Forman（1998）在一个土地转换概念框架中重点突出了 4 种常见的生境丧失形式：收缩（shrinkage）、双分（bisection）、破碎（fragmentation，狭义）和穿孔（perforation）（图 3.2）。当连续的土地覆盖面积缩小但并未被分割成碎片时，会发生收缩，这种变化可能是清理农业用地造成的；当连续的土地覆盖因道路侵入或相关土地类型的变化而被分裂成两个或多个斑块时，就会发生双分；狭义上的破碎（化）发生在连续的生境变得四分五裂时；当连续的生境出现了一些内部的孔洞时，如森林中倒木形成的林隙或连续森林的小片皆伐，就会出现穿孔。在这个框架中，Collinge 和 Forman（1998）设想，这些生境丧失的格局最初发生后，剩余生境会随时间的推移而继续收缩，或即便在剩余生境未收缩的情况下，双分、破碎化和穿孔也会随时间的推移继续进行（图 3.2）。总的来说，Collinge 和 Forman（1998）认为，随时间的推移，每种生境丧失的形式都会导致不同的边缘数量和连通性产生不同程度的改变。例如，穿孔和破碎化可以导致最大的边缘数量，而双分和破碎化则可以导致土地覆盖连通性最大程度的减少。一般来说，随时间的推移，在生境丧失过程中，每种丧失形式都可能同时发生。

　　生境丧失和破碎化被广为关注的原因有很多，本书中的多个概念都直接或间接地与生境丧失和破碎化问题有关。生境丧失通常被认为是局地和全球范围内生物多样性最主要的威胁之一（Wilcove et al.，1998；Brooks et al.，2002；Jetz et al.，2007），原因很简单：随着生境变小，生物可利用的资源会越来越少，最终降低了种群规模，改变了群落结构（Fahrig，2003）。对破碎化影响的深入了解有助于我们制定保护策略以减轻生境丧失的影响，如利用保护廊道将剩余的生境连接起来。

　　从概念上来说，有许多简明的理论可用来解释生境丧失和破碎化的影响（Hill and Caswell，1999；Flather and Bevers，2002），相关的理论发展主要来自两个不同的领域。首先，岛屿生物地理学中平衡理论的发展（MacArthur and Wilson，1967）有着非比寻常的影响力，在该理论中，岛屿面积与隔离度（与大陆的距离）被认为是影响岛屿上物种灭绝和迁入动态的关键。在麦克阿瑟（MacArthur）和威尔逊（Wilson）对其进行描述后不久，该理论就被应用于发生了生境丧失和破碎化的陆地系统（Diamond，1975），更多有关岛屿生物地理学对群落生态和保护规划影响的信息请参见第 11 章。其次，空间生态学的理论发展开始关注斑块资源在种群和物种相互作用中所扮演的角色（Huffaker，1958；Roff，1974），这一理论框架随后被用来解释生境丧失和破碎化带来的影响。

3.2.4　量化土地覆盖格局

目前，各种各样量化 LULC 格局的方法已被开发出来，这些方法通常始于土地利用或土地覆盖分类图的绘制，其中，类别的数量及细节被称为专题精度（thematic resolution），格局将因数据的专题精度不同而不同。此外，地图的比例（粒度和幅度）也会影响格局的量化。在此，我们关注的是通过景观度量指标（landscape metric）量化土地覆盖格局的一般性问题，在 3.3.3 节我们将讨论常用的具体指标。

3.2.4.1　组成与构型

在量化整个景观中土地利用和土地覆盖的变化时，格局可能源于组成和/或构型的变化（Gustafson，1998）。组成强调不同土地利用或土地覆盖类型的数量和种类，并未明确考虑其空间排列，相比之下，构型则侧重于其空间布局和/或位置。

景观组成与构型在影响上的区别与生态学和保护学中的许多问题都密切相关，据此生境丧失侧重于景观组成的变化，而生境破碎化则侧重于景观构型的变化（Fahrig，2003）。另一个与这种区别相关的是农业景观中的生境异质性假说，该假说认为，无论是组成异质性还是构型异质性，异质性较大的景观可能拥有较高的生物多样性（Benton et al.，2003；Oliver et al.，2010；Fahrig et al.，2011；Fahrig，2017；Reynolds et al.，2018），以这种方式理解组成异质性与构型异质性的作用，对于促进农业景观的生物多样性保护至关重要。

就生态学而言，我们可以做出一个先验性的预测，即组成变化对生态格局和过程的影响可能不同于构型变化。例如，改变土地利用组成可能会改变资源的数量，并最终改变研究区内物种的承载能力；与此相比，改变土地利用构型则会通过边缘效应的变化影响移动等相关过程（Cushman et al.，2012）及空间资源质量的变化（Sisk et al.，1997；Ries et al.，2004；Pfeifer et al.，2017）。对于自然保护而言，组成侧重于"多少"和"什么种类"的问题（Fahrig，2001），而构型则侧重于"在哪里"和"什么背景下"的问题（Lookingbill et al.，2010b）。

组成关注的是"多少"的问题，所以其量化相对简单，组成的各类指标，如生境数量或土地利用/土地覆盖的比例，以及覆盖类型的多样性，都很容易进行计算和解释（见下面的例子），而景观构型的量化则更具挑战性，景观和空间生态学家投入了大量的精力来量化景观构型，目前已经开发出了 100 多个指标（Cushman et al.，2008）。对所有这些构型指标进行描述并非我们的目标，相反，解读这些度量指标试图量化的构型状况对我们来说更为实用。

构型的度量指标在不同程度上捕获了几个相关的概念，包括对比度（contrast）、聚集（aggregation）、散布度（dispersion）、混合度（interspersion）、隔离度（isolation）和细分（subdivision）等（表 3.1）（McGarigal et al.，2002）。对比度之所以反映构型，是因为它明确考虑了不同土地覆盖类型的相邻性，如边缘对比度（Suarez et al.，1997；Fletcher and Koford，2003；Ries and Sisk，2010）。聚集及其相关的要素如散布度、混合度、隔离度和细分也侧重于构型，这是因为每个要素都试图量化景观中单元或斑块的关联性，如一种土地覆盖类型与相似或不同的土地覆盖类型间的邻近程度，这些要素中的每一个在集合种群的持续性、物种相互作用的结果和其他生态过程中都是十分重要的（见第 10 章和第 11 章；Tilman and Lehman，1997；Ovaskainen et al.，2002）。

3.2.4.2　土地覆盖量化的尺度

针对生态学问题，土地覆盖的量化可以采用许多不同的方法，其异质性的量化可以在不同的尺度或水平上进行，即单元（粒度）水平、斑块水平、类别水平和景观水平（图 3.3）。故此，在量化土地覆盖和土地利用的格局时，指标通常可分为"斑块级"、"类别级"或"景观级"（Cushman et al.，2008），这些不同的水平在关注斑块、生态域或整个景观（有时称为调查的"范围"）的问题时都会被用到（McGarigal et al.，2002）。

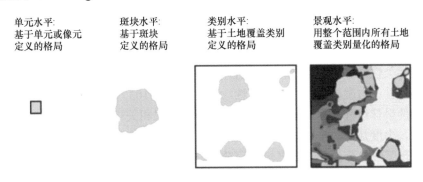

单元水平：
基于单元或像元
定义的格局

斑块水平：
基于斑块
定义的格局

类别水平：
基于土地覆盖类别
定义的格局

景观水平：
用整个范围内所有土地
覆盖类别量化的格局

图 3.3　根据不同的异质性尺度量化土地覆盖格局（彩图请扫封底二维码）
格局可以基于景观中的每个单元或像元（通常采用移动窗口分析）、单个斑块（斑块本身或其周围环境的特征）、各类土地覆盖类型或通过汇总景观中所有类别的信息进行概要统计

在单元水平上，异质性是在不考虑斑块的情况下进行量化的，结果是每个单元都有一个反映土地覆盖异质性的概要统计值。该水平上最常用的分析方法是移动窗口分析，其可对土地覆盖图中每个单元及其周围的单元进行量化（通常基于缓冲区或核；参见 3.3.3.4 节），从而得出一幅新图，图中每个单元都有一个唯一的概要值。采用形态成像处理方法量化格局也会在单元水平上进行（见 3.4 节）

（Vogt et al.，2007）。

在斑块水平上重点是对斑块的各方面进行量化，如斑块大小、隔离度或周长（即边界长度），该尺度上的量化分析要求正式划分景观中的斑块。斑块水平的指标在岛屿生物地理学（MacArthur and Wilson，1967）、斑块动态（Pickett and Thompson, 1978；Wu and Loucks, 1995）和集合种群动态（Levins, 1969；Hanski, 1998）研究中发挥着不可或缺的作用，岛屿模型和斑块-廊道-基质模型主要采用斑块水平的度量指标来解释空间格局。

类别水平分析侧重于量化覆盖类型或"类别"在整个景观中的变化，因此，"类别"只是图中描述土地覆盖或土地利用的类型，它包括斑块变化的景观尺度概要统计（如平均斑块大小）或不需要划定斑块的一些指标（如森林所占比例）。这种情况下，重点针对的是土地覆盖类型，但有时也会考虑相对于其他土地覆盖类型所处的位置（如边缘对比度）。类别水平的指标有助于我们理解生境丧失和破碎化的影响（Villard et al.，1999）。

景观水平分析侧重于量化整个景观中的土地覆盖变化。这种情况下，通常会考虑所有的土地覆盖类型，而每种土地覆盖类型的具体变化（即类别水平的异质性）通常被忽略或被合并以量化景观的整体格局。景观水平的指标在理解农业景观的异质性对生物多样性的影响方面非常重要（Fahrig et al.，2011）。

一些研究指出，许多旨在量化景观组成和构型变化的指标间存在高度相关性（McGarigal and McComb，1995；Fortin et al.，2003），研究者致力于确定哪些类型的度量指标能够为我们提供有关景观格局的重要的、非冗余或补充的信息（Riitters et al.，1995；Neel et al.，2004；Wang et al.，2014）。Cushman 等（2008）对这些相关性进行了全面透彻的分析，提出了使用这类度量指标时需要考虑的三个重要特性：力度、普遍性和一致性。他们试图从 103 个景观指标中选出确定景观结构的最佳组分（在此组分是描述土地覆盖格局相关指标的组合）。就这些组分而言，力度是指一个组分在不同类别和区域间所能解释的变化量，普遍性是指从中发现某一组分的类别或区域的百分比，而一致性则描述了组分在解释不同类别和区域时的稳定性。从这些分析中，Cushman 等（2008）确定出了解释土地覆盖变化的 7 个主要类别组分和 8 个主要景观组分。

3.3　R 语言示例

3.3.1　R 语言程序包

在 R 语言中，有一些程序包可用于量化土地覆盖，我们将从 raster 程序包（用于栅格数据）（Hijmans and Van Etten，2012）和 rgeos 程序包（用于矢量数据）

（Bivand and Rundall，2017）中的一些简单例子开始介绍，SDMTools 程序包
（VanDerWal et al.，2010）提供了一些更为高级的土地覆盖量化指标，主要是基于
Fragstats 软件的一些指标（McGarigal et al.，2002），lulcc 程序包则是 R 语言中
一个侧重于量化 LULC 变化的程序包（Moulds et al.，2015）。在本书出版时，已
经发布的 landscapemetrics 程序包也可用来计算各种各样的景观指标（Hesselbarth
et al.，2018），这些指标在研究中也应加以考虑，但在此不作介绍。

3.3.2　数据

在说明不同景观的土地覆盖变化时，我们仍采用第 2 章中所用的土地覆盖数
据，这些数据来自 2011 年美国国家土地覆盖数据库（NLCD）（Homer et al.，2015）。
我们主要聚焦于第 2 章中所分析的一个景观上，以便可以更容易地对土地覆盖变
化进行解释和可视化。

3.3.3　在不同尺度上量化土地覆盖变化

我们首先加载用于研究的栅格图层，并查看其属性，包括专题精度、粒度
和幅度。在本示例中，我们对 NLCD 数据层进行重新分类，将其简化为 6 个类
别（图 3.4），即森林、开发区、农用地（农作物）、草地、开阔地和湿地。

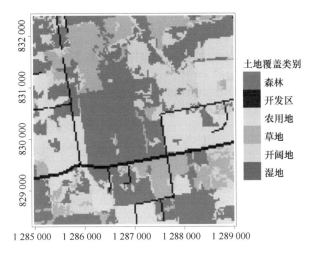

图 3.4　美国亚拉巴马州 4km×4km 的景观（彩图请扫封底二维码）
从 Gottlieb 等（2017）的图中截取的基于美国国家土地覆盖数据库重分类的数据

```
> library(raster)
> library(SDMTools)
```

```
> nlcd <- raster("nlcd2011gv2sr")

#粒度和幅度
> res(nlcd)
> extent(nlcd)
#NLCD覆盖的专题图精度
> levels(nlcd)
```

该图层的分辨率为30m×30m，幅度为4km×4km。利用levels函数，我们发现R语言最初并未将土地覆盖数据处理为因子类型，因此我们将栅格图层转换为因子类型。

```
#将土地覆盖数据从整数型转换为因子类型
> nlcd <- as.factor(nlcd)
```

R语言虽可将土地覆盖类别识别为因子变量，但仅将其标记为整数值。为了绘图，我们可能需要根据土地覆盖类型分类对这些整数进行标记，并为其提供标签。为了更好地标记图例，rasterVis程序包（Lamigueiro and Hijmans，2018）提供了一种使用levelplot函数的简单方法。

```
#将土地覆盖类型的名称添加到栅格中去
> land_cover <- levels(nlcd)[[1]]
> land_cover[, "landcover"] <- c("forest", "developed", "ag",
  "grass", "open", "wetland")
> levels(nlcd) <- land_cover
#采用自定义的配色方案绘图
> library(rasterVis)
> land_col <- c("green", "orange", "yellow", "brown", "white",
  "blue")
> plot(nlcd, legend = T, col = land_col)
> levelplot(nlcd, col.regions = land_col, xlab = "", ylab = "")
```

3.3.3.1 斑块水平的量化

在生态学中，人们长期以来一直致力于了解生境斑块间的变化，典型的例子包括残存的森林碎片（Whitcomb et al.，1976）、散布着森林的草甸（Harrison，1991）或湿地斑块（Naugle et al.，1999；Lookingbill et al.，2010a）。

　　量化斑块特征的第一步是划定斑块，这一步很重要，可能会对有关斑块变化对生态格局和过程影响的结论产生重大影响。对矢量图而言，斑块通常是由用户划定的（如手工数字化的航空照片），对基于栅格的地图而言，我们通常采用两种常见的规则来自动划定斑块，即四邻规则（也称为"rook 规则"）和八邻规则（也称为"Queen 规则"）（图 3.5）。与采用八邻规则相比，采用四邻规则时必然会产生更多的更小斑块。请注意，在某些情况下，我们可能希望使用十六邻规则，例如，我们希望通过划定斑块来解释生物体跨越斑块内部间隙的可能性（Bowman and Fahrig，2002），尽管在实际工作中我们很少会这样做。

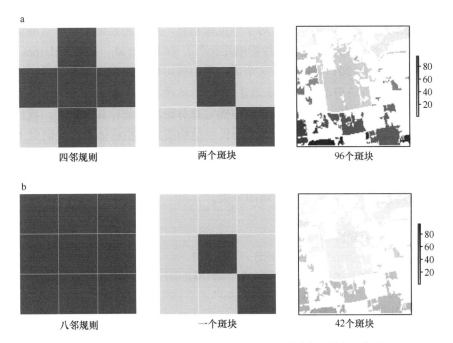

图 3.5　采用四邻规则和八邻规则划定斑块（彩图请扫封底二维码）

使用四邻规则（a）和八邻规则（b）在景观中划定斑块，在所研究的景观中，四邻规则划定出了 96 个斑块，而八邻规则只划定出 42 个斑块（右图）。请注意，有时也会使用十六邻规则，该规则允许在遇到被视为斑块一部分的干预性土地利用类型时（如跨越斑块内部的间隙）外扩 1 个单元

　　我们首先从斑块的角度对景观中的森林覆盖进行概要统计，常用的斑块水平的指标包括斑块大小（patch size）、周长面积比、核心面积和斑块隔离度（patch isolation），其中，斑块大小和斑块隔离度是岛屿生物地理学、集合种群生物学和集合群落生态学中常用的指标（MacArthur and Wilson，1967；Hanski，1998；Holyoak et al.，2005）。斑块大小之所以重要，是因为它可能与资源量及其变化有关，可以用来预测斑块中的局部灭绝概率，并通过对迁入率和生境选择的影响（Johnson and Igl，2001；Bowman et al.，2002），引发占用率、多度和多样性随斑块大小

而变化。斑块隔离度被看作是定植和扩散速率的关键，进而影响到占用率、多度和多样性（Moilanen and Hanski，2001）。请注意，有人提出斑块隔离度可能与景观尺度上的生境数量相关，以至于我们很难解释这种格局是来自隔离过程还是景观尺度上的生境面积（Fahrig，2003，2013）。

长期以来，斑块形状（patch shape，如周长面积比）和核心区面积（core area）的度量指标一直被用于保护生物学中（Temple and Cary，1988；Laurance，1991；Ewers and Didham，2007），因为它们可以为我们提供影响斑块状况的边缘相对数量的信息。对于斑块形状度量指标，我们只需要计算每个斑块的周长，然后除以斑块的面积。核心区面积是指去除斑块中具有边缘效应的部分后剩余的斑块面积（Temple and Cary，1988），对于该度量指标，我们需要确定边缘效应渗透到斑块内部的距离（我们称为"边缘影响距离"）（Chen et al.，1992；Harper et al.，2005；Ries et al.，2017）。有了这个值，我们就可以通过在斑块内创建缓冲区来确定核心区（在斑块内部而非外部创建缓冲区，就像我们在第 2 章中所做的那样）。

在下面的示例中，我们将重点放在确定森林斑块并解释其变化上，我们首先划定斑块，继而基于划定结果计算表征斑块结构变异的指标体系。我们对 NLCD 数据层重分类，创建一个与土地覆盖变化岛屿模型类似的森林二元图层，为此，我们采用第 2 章中所示的方法创建了一个重分类矩阵，在这个矩阵中，第一列是原始的土地覆盖分类，第二列是新的分类。

```
#创建一个重分类矩阵
> nlcd.cat <- unique(nlcd)
> nlcd.cat.for <- c(1, 0, 0, 0, 0, 0)
> reclass.mat <- cbind(nlcd.cat, nlcd.cat.for)
#从重分类矩阵中获取森林二元图层
> nlcd.forest <- reclassify(nlcd, reclass.mat)
> plot(nlcd.forest)
```

利用这个新的森林二元图层（图 3.6a），我们可以划定森林斑块，raster 程序包和 SDMTools 程序包均具备此功能，但 SDMTools 程序包仅允许基于八邻规则进行斑块划定（图 3.5b）。因此，我们使用 raster 程序包中的 clump 函数以便更为灵活地完成这一任务。

```
#使用 raster 程序包中的 clump 函数采用八邻规则创建 patchIDs
> forest.patchID <- clump(nlcd.forest, directions = 8)
```

请注意，与单元的 ID（参见第 2 章）类似，此函数基于整数值来标记斑块，从图的西北（左上）部分开始向下（图3.5）。有了这个新的斑块ID层，我们可以使用SDMTools程序包中的PatchStats函数来计算各种基于斑块的度量指标。

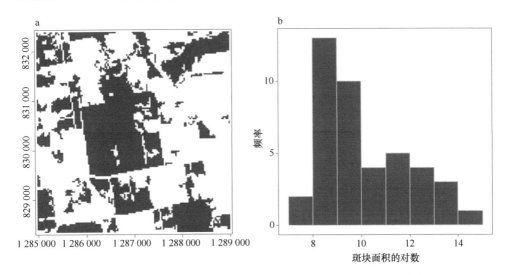

图 3.6　图 3.4 所示景观中森林覆盖类型的二元图层（a）及景观中与森林斑块大小分布（log（area））相应的斑块水平变异的频率（b）

```
> for.pstat <- PatchStat(forest.patchID, cellsize = res
(nlcd.forest)[[1]])
```

在这个函数中，我们将单元长度传入参数 cellsize，以便正确计算面积和长度值，计算结果的单位与传入函数的单位一致，例如，在上面的代码中，传入参数 cellsize 的单位为 m，那么面积单位为 m^2，边缘单位为 m。此函数能够自动计算多种基于斑块的度量指标（表 3.2）并返回一个数据框，其中，每行代表一个斑块，每列代表一个度量指标。

表 3.2　**SDMTools** 程序包计算的斑块水平的度量指标类型

指标类型	指标名称	描述
面积	单元数/面积	斑块大小的指标（因单位的不同而不同）
边缘	周长	边缘长度的度量，不区分边缘是内部的还是外部的
	边缘包含的单元数（内部/外部）	可区分内部边缘（即孔/穿孔）和外部边缘（斑块边界）的边缘长度度量指标
	核心区面积/核心区面积指数	基于"非边缘"单元的核心区面积度量指标，边缘对斑块的影响深度被默认为地图的粒度
形状	周长面积比	斑块形状指标
	形状指数	斑块形状的度量指标，为周长除以斑块面积的平方根
	分维度	基于周长对数（以 2 为底）与面积对数之比的形状复杂度度量指标

```
> names(for.pstat)
[1] "patchID" "n.cell" "n.core.cell" "n.edges. perimeter"
[5] "n.edges.internal" "area" "core.area" "perimeter"
[9] "perim.area.ratio" "shape.index" "frac.dim.index" "core.
   area.index"
```

　　这些度量指标主要包括面积、边缘、周长、形状和核心区指标等，其中，边缘以两种方式表示，即沿周长的边缘分段数和内部边缘数，例如，一个单独单元或像元作为一个孤立斑块时，其 n.edges.perimeter（边缘分段数）为 4，其周长为 n.edges. perimeter 乘以单位的长度（如前面例子中的 4×200）。函数中的核心区面积（core.area）只是简单地统计与斑块边界（boundary）不相邻的单元数，以至于该函数不允许明确计算离边缘较远的核心区面积（可用的替代方法参见下文）。对形状而言，该函数提供了周长面积比、形状指数以及另一个描述斑块形状的度量指标——分维度，其中，周长面积比是最直观的斑块形状度量指标，但遗憾的是，由于周长（$2\pi r$）与面积（πr^2；如比较不同大小圆的周长面积比）间的比例关系，该指标会随斑块大小而变化；形状指数通过周长除以面积的平方根来解决这种变化问题，对规则形状（如圆）的斑块而言，此度量指标值为 1，并且随着斑块不规则性的增加而增加（无界）；分维度则不会受到尺度问题的影响，研究者发现，这种可以直接跨尺度解释的度量指标很有用，该度量指标的取值范围为 1～2，其中规则形状（如圆）的值接近 1，而高度不规则形状的值则接近 2。

　　我们可以使用与数据框相关的函数导出斑块度量指标的概要统计结果。例如，我们可以用简单的 R 语言命令计算图中的斑块数量、斑块度量指标的均值和标准偏差（SD）。

#斑块数量
```
> nrow(for.pstat)
```

##
```
[1] 42
```

#平均斑块度量指标
```
> for.pstat.mean <- colMeans(for.pstat[, 2: ncol (for.pstat)])
```

#斑块度量指标的标准偏差
```
> for.pstat.sd <- apply(for.pstat[, 2: ncol(for.pstat)], 2,
  sd)
```

在这种方式下 apply 函数是非常灵活的，在此我们基于第二个参数（参数值为 2；注意对数据的每行进行计算时，设置为 1）将函数应用于数据的每一列。与此相似，我们可以对度量指标的变化或异质性进行可视化，在实际应用中，斑块面积通常会被转换为对数尺度（如斑块面积的对数）：从生物学角度来看，同样是 10hm^2 的面积变化，斑块从 5hm^2 增大到 15hm^2 远比从 1000hm^2 增大到 1010hm^2 时更为重要。采用下面的代码我们很容易绘制出斑块面积分布的直方图（图 3.6b）。

```
> hist(log(for.pstat$area))
```

虽然斑块水平上的度量指标捕获到了斑块结构中的一些微妙不同，但其中一些度量指标间是高度相关的（图 3.7）。请注意，在进行类别水平的分析时，系统也会提供一些斑块的度量指标的概要统计。

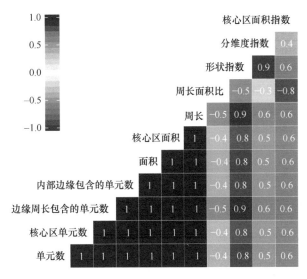

图 3.7　景观中斑块水平上各指标间的相关性（彩图请扫封底二维码）

3.3.3.2　类别水平的量化

类别水平上土地覆盖格局的量化也很容易完成。在本示例中，我们将重点放在那些不需划定斑块的指标如森林面积上，或者获取整个景观中一些基于斑块的概要指标（如斑块大小的标准偏差，如上所示）。在所有类别水平的指标中，大多数指标只描述了一种核心土地覆盖类别，并未明确说明其他土地覆盖类型（见下文景观水平的指标），例外的是侧重于边缘对比和散布的指标，这两种指标在量化核心土地覆盖类型格局时，考虑了其他土地覆盖类型的变化（见下文）。

为了计算类别水平的度量指标，我们使用 SDMTools 程序包中的 ClassStat 函数，方法与计算斑块水平的度量指标类似：

```
#基于森林图层进行计算
> for.cstat <- ClassStat(nlcd.forest, cellsize = res
(forest)[[1]])
#基于nlcd图层(所有土地覆盖类型)进行计算
> nlcd.cstat <- ClassStat(nlcd, cellsize = res(nlcd)[[1]])
```

　　在查看这些度量指标时，其中一些度量指标是对斑块水平度量指标的概要统计（如斑块大小的均值、最小值、最大值和标准偏差），而其他度量指标则是类别水平上的格局所特有的（表 3.3）。分析这些度量指标在不同景观类别间的相关性，可以帮助我们解释度量指标在多大程度上捕获到了类别水平结构中的一些类似要素（图3.8）。

表 3.3 　SDMTools 程序包计算的类别水平的度量指标类型

指标类型	指标名称	解释说明
斑块	斑块数量、斑块密度	斑块数量及研究区范围单位面积的斑块数量，常用作描述破碎化的指标
	斑块面积（均值、标准偏差、最大值、最小值）	斑块大小值的分布概要统计
	最大斑块指数	图中最大斑块的面积，基于渗透理论该指数对连通性很重要
面积	总面积及面积所占比例	忽略斑块边界/特征情况下，图中的面积及其所占比例，是景观生态学研究中常用的指标，与其他多个指标相关
边缘	边缘总长度、边缘密度	类别水平上的边缘总长度和不同类别单位面积上的边缘长度，边缘总长度与类别面积间存在着非线性关系，因此边缘密度更为常用
	核心区面积（均值、标准偏差、最大值、最小值）	斑块核心区面积值的分布概要统计
形状	周长-面积、形状、分维度（均值、标准偏差、最大值、最小值）	斑块形状统计值的分布概要统计
	景观形状指数	忽略斑块边界的情况下边缘密度的标准化度量指标，类似于类别水平的斑块形状指数
聚集	相似邻接比	基于一个单元与其相邻单元关联的邻接矩阵得出的同一类别间连接与连接总数的比例。在不考虑类别面积的情况下捕获到的聚集信息可能具有一定的误导性
	聚集指数	基于类别面积加权平均的类别聚集指数，由于考虑了类别面积，当所有土地覆盖出现在一个斑块中时会出现最大聚合
邻接	斑块黏合指数	整个地图范围内斑块周长与周长面积比的比值度量指标，可以提供有关土地覆盖的物理连通性的信息，并与类别的"团簇"指数相关
	分割指数	地图总面积与斑块面积之和的比率，可用"有效网目数"来解释
	有效网目尺寸	尽管与分割指数的倒数相关并与景观分离指数冗余，但仍提供了一种面积（而非概率）的度量，它表示相对于地图总面积的面积加权平均斑块大小
	景观分离指数	景观中随机选择的两个单元不在同一斑块中的概率

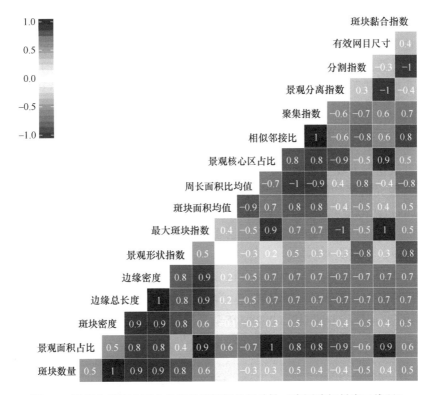

图 3.8　景观中类别水平上各度量指标间的相关性（彩图请扫封底二维码）

我们可以检视这些度量指标是否与 PatchStat 函数中基于数据框的计算结果一致：

```
#斑块面积平均值
> for.cstat[for.cstat$class == 1, "mean.patch.area"]
> for.pstat.mean["area"]
#斑块形状的标准偏差
> for.cstat[for.cstat$class == 1, "sd.shape.index"]
> for.pstat.sd["shape.index"]
```

上面的计算过程说明了如何从斑块水平的度量指标直接衍生出一些类别水平的度量指标。总之，与流行的 Fragstats 程序类似（McGarigal et al.，2002），SDMTools 程序包提供了几个用于量化斑块水平和类别水平上土地覆盖格局的度量指标。

那么 Fragstats 程序计算的哪些指标在 SDMTools 程序包中没有？在斑块水平和类别水平上，该软件不能计算的一般类型的度量指标包括一些重要的功能度量指标，对于这些功能度量指标，我们会根据物种或过程的变化来调整，这些指标包括核心区面积（我们可根据边缘影响距离调整核心区面积）和边缘对比度，或边缘土地覆盖类型间的相对差异量（Ries et al.，2004；Watling and Orrock，2010），其他不能计算的指标包括回转半径（radius of gyration，一种斑块幅度的度量指标，定义为生境斑块距生境中心的均方根距离；Baker et al.，2015）和一些斑块水平的隔离指标，如邻近指数和最近邻体距离（Gustafson and Parker，1994；Moilanen and Nieminen，2002）。最后，需要说明的是，Fragstats 程序除了计算这些斑块度量指标的简单均值外，还可计算其面积加权均值。这种方法的基本原理是，面积加权平均度量指标为我们提供了更多以景观为中心的视图，因为它们"反映了一个随机选择像元的平均条件或一个动物随机投放在景观中某一像元时体验到的条件"（Jaeger，2000）。相比之下，简单均值法只能提供以斑块为中心的平均斑块特征视图（而非一个动物随机投放在景观上的条件，因为个体落在某一特定斑块上的概率取决于斑块大小）。

虽然 SDMTools 程序包不能计算核心区面积和隔离度指标，但我们可以使用 R 语言中的其他程序包对其进行计算。首先，我们基于 100m 的距离计算核心区面积，为此我们使用 rasterToPolygons 函数将栅格图转换为矢量图；其次，用 rgeos 程序包在斑块多边形中进行缓冲区分析（图 3.9a）。

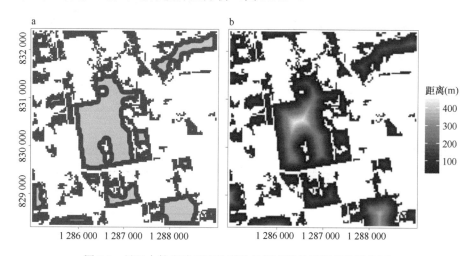

图 3.9　景观中的多边形森林斑块及距森林边缘距离的栅格图

a. 多边形森林斑块的栅格图，其中浅灰色表示核心区域（距离边缘>100m）；b. 距森林边缘距离的栅格图，可用于根据到边缘的不同距离（m）划定核心区域，也可用在有效面积模型中

#创建多边形图层
```
> library(rgeos)
> forest.poly <- rasterToPolygons(forest.patchID, dissolve =
  T)
```

```
#创建核心多边形并计算其面积
> core.poly <- gBuffer(forest.poly, width = -100, byid = T)
> core.area <- gArea(core.poly, byid = T)
```

　　这种通用方法适用于划定不同大小的核心区域，但对于大型景观而言，计算速度可能会比较慢。此外，在许多情况下，我们可能希望采用诸如"有效面积模型"（effective area model）的方法刻画出更为详细的边缘效应（Sisk et al., 1997），有效面积模型可以绘制出不同边缘类型的边缘响应函数曲线，如多度随到边缘距离的变化而变化。此类模型可以基于到边缘的距离创建栅格层来实现。例如，我们可以使用 raster 程序包中的 distance 函数创建一个到边缘距离的新栅格层，并对森林层重新格式化，其中，森林被赋值为 NA，然后该函数将计算每个非 NA 像元到每个 NA 像元的最近距离。

```
#重新格式化栅格
> nlcd.forestNA <- nlcd.forest
> nlcd.forestNA[nlcd.forestNA == 1] <- NA
#创建一个到森林边缘距离的栅格层
> forest.dist <- raster: : distance(nlcd.forestNA)
```

　　这个新的栅格层为我们提供了更多的信息（图 3.9b）。请注意，在上面的代码中，我们在调用 distance 函数（raster: : distance）时指定了 raster 程序包，SDMTools 程序包中也有一个名称相同但功能不同的距离函数。

　　基于斑块质心或边缘-边缘距离可以量化与隔离相关的斑块度量指标，这两种类型的距离度量指标都可以用 rgeos 程序包进行计算。

```
#多边形质心
> forest.centroid <- gCentroid(forest.poly, byid = T)
#边缘-边缘距离矩阵
> edge.dist <- gDistance(forest.poly, byid = T)
#质心-质心距离矩阵
> cent.dist <- gDistance(forest.centroid, byid = T)
```

　　基于这些距离矩阵，我们可以使用 apply 函数来计算最近邻体距离或图中任一斑块到其他斑块的最小距离。为此，我们先将距离矩阵中对角线的值设为 NA，这样我们在对图中其他斑块信息进行概要统计时就可忽略对角线（核心斑块，distance=0），然后，我们可以用 apply 函数来确定核心斑块到另一个斑块的最小距离。

#斑块水平的最近邻距离
```
> diag(cent.dist) <- NA
> diag(edge.dist) <- NA
> nnd.cent <- apply(cent.dist, 1, min, na.rm = T)
> nnd.edge <- apply(edge.dist, 1, min, na.rm = T)
```

请注意使用边缘-边缘（nnd.edge）距离和质心-质心（nnd.cent）距离得到了不同的结果，这些距离间是不相关的（$r=0.02$）。我们还可以用距离矩阵直接导出其他斑块水平和类别水平的概要统计信息（如平均距离、SD 距离）。

邻近指数（proximity index）中结合了面积和距离矩阵，常被用作斑块隔离的度量指标（Gustafson and Parker，1992，1994），该指数通常是基于一个核心斑块邻域内的斑块来定义的。

$$\text{Prox}_i = \sum_{j=1}^{n} \frac{a_j}{d_{ij}^2} \tag{3.1}$$

这里只考虑第 i 个斑块附近的斑块。这一度量指标的计算原理与斑块隔离的复合种群度量指标（见第 10 章）有一些相似之处。请注意，如上文所述，该度量指标的计算公式有些只考虑从核心斑块到邻域中的所有其他斑块的距离，而另一些同时也会考虑邻域中非核心斑块间的距离。我们可以采用如下步骤计算邻近指数：首先，创建一个斑块面积矢量；其次，改变距离矩阵，只考虑斑块一定邻域内（如 1000m）的其他斑块；最后，用 sweep 函数将面积除以距离，并对所有斑块 j 的计算值求和，从而量化斑块 i 的邻近指数。

#斑块面积
```
> patch.area <- data.frame(id=for.pstat$patchID, area= for.
  pstat$area)
```
#用于计算邻近指数的邻体
```
> h <- edge.dist
> h2 <- 1 / h^2
> h2[edge.dist>1000] <- 0
> diag(h2) <- 0
```
#计算邻近指数
```
> patch.prox <- rowSums(sweep(h2, 2, patch.area$area, "*"))
```

请注意，在这种方法中，我们不希望距离矩阵的对角线值是 NA，相反，我们采用 h2 矩阵作为一个指数矩阵，仅对距离<1000m（不包括对角线）的元素求和。根据计算结果，我们发现，斑块邻近度指标与斑块面积（$r=0.09$）和基于边缘-边缘距离的最近邻体距离间（$r=\square 0.16$）呈弱相关。

3.3.3.3　景观水平的量化

遗憾的是，在 SDMTools 程序包中并不包含景观水平的度量指标，在此，我们提供了一些重要的景观水平度量指标（表 3.4）的计算代码。一些通用的景观水平度量指标可以从 SDMTools 程序包中类别水平度量指标的概要统计中获取，而另一些则需要编写新的函数。下面我们对这两种方法分别加以说明。

表 3.4　景观水平的度量指标类型

指标类型	指标名称	解释说明
斑块	斑块数量，斑块密度	斑块数量以及与研究区范围相关的斑块数量，常用于对所有的土地覆盖类型进行概要统计
	最大斑块指数	图中最大斑块的大小，基于渗透理论，被认为对连通性很重要
边缘	总边缘	所有类别的边缘总长度
	边缘密度	按类别面积缩放的所有类别总边缘长度
聚集	聚集指数	基于类别面积加权平均的类别聚集指数，由于考虑了类别面积，当所有土地覆盖出现在一个斑块中时会出现最大聚集
	相似邻接百分比	基于一个单元与其相邻单元关联的邻接矩阵得出的同一类间连接与连接总数的比例。在不考虑类别面积的情况下捕获到的聚集信息可能具有一定的误导性
	蔓延度	一种散布度和混合度的度量指标，可正式定义为在 j 类单元旁发现 i 类单元的概率
多样性	土地覆盖丰富度	景观中土地覆盖类型的数量
	香农-维纳多样性指数	一种基于信息论的度量指标，是对土地覆盖类型的数量（丰富度）和均匀度进行加权的方法
	香农均匀度指数	量化各土地覆盖类型相对面积的分布情况，与均匀度相互补充的指标是优势度

我们可以很容易地从类别水平的度量指标中导出一些景观水平的度量指标，包括斑块数量（NP）、斑块密度（PD）、最大斑块指数（LPI）、总边缘（TE）、边缘密度（ED）和聚集指数（AI）。在景观水平上，这些度量指标通常是类别水平上度量指标（如 NP、PD、TE）的求和或最大值（LPI），例如：

```
> land.NP <- sum(nlcd.cstat$n.patches)
> land.PD <- sum(nlcd.cstat$patch.density)
> land.LPI <- max(nlcd.cstat$largest.patch.index)
> land.TE <- sum(nlcd.cstat$total.edge)/ 2
> land.ED <- sum(nlcd.cstat$edge.density)/ 2
> land.AI <- sum(nlcd.cstat$prop.landscape *
```

```
nlcd. cstat$ aggregation.index)
```

在此，我们将边缘度量指数除以 2，因为每个边缘线段在跨类别水平度量指数求和时计算了两次（即针对相邻的每种土地覆盖类型，其边缘只能计算一次），此外，聚集指数只是对类别水平上聚集指数的加权平均。请注意，在考虑到面积/长度时，SDMTools 程序包中的一些度量指标的单位与 Fragstats 程序中稍有不同，例如，SDMTools 采用图层中提供的平方米（m^2），而 Fragstats 则采用公顷（hm^2）。

我们经常会考虑土地覆盖的丰富度和多样性。土地覆盖的丰富度只是简单代表一个研究区域内土地覆盖的类型数量，因此，如果我们只对一个或几个景观感兴趣，那么使用 raster 程序包（或 SDMTools 程序包）进行简单计算即可。例如，我们可以计算 nlcd 景观的土地覆盖丰富度：

```
> richness <- length(unique(values(nlcd)))
```

如果我们想重复计算邻域内的土地覆盖丰富度，如在使用移动窗口分析（见下文）时，我们可以创建一个如下调用每个邻体 x 的函数：

```
> richness <- function(x) length(unique(na.omit(x)))①
```

香农-维纳多样性指数（D）和香农均匀度指数（E）是较为流行的多样性度量指标，其定义如下：

$$D = -\sum_{i=1}^{n} P_i \ln(P_i) \qquad (3.2)$$

和

$$E = \frac{-\sum_{i=1}^{n} P_i \ln(P_i)}{\ln(n)} \qquad (3.3)$$

对于整个景观来说，使用 table 函数的输出结果来计算 D 和 E 是很简单的。

```
> table(values(nlcd))②
```

```
##
```

---

① 译者注：原书中 "（length" 的左括号应为作者笔误，修改为 "length"
② 译者注：原书中 "table（values（nlcd）））" 多余的右括号应为作者笔误，修改为 "table（values（nlcd）） "

	1	2	3	4	5	6
	7405	623	4010	3114	2935	3

此函数返回图中每种土地覆盖类型包括的单元数，我们可以利用这些信息来计算多样性和均匀度指数。

```
> C <- table(values(nlcd))①
> P <- C / sum(C)
> D <- -sum(P * log(P))
> E <- D / log(length(C))
```

请注意，在 R 语言中 log 默认为自然对数（即 ln(x)）。

需要创建新的函数来量化的景观水平度量指标（即不能从类别水平的度量指标中概要统计出的指标）主要是与聚集相关的度量指标，这些指标可以捕获几个相关的概念，包括散布度（dispersion）和混合度（interspersion），其中，散布度侧重于某一类型内的空间混合（忽略其他类型），而混合度则侧重于不同类型间的空间混合（忽略某一特定类型的散布）（表 3.1），一个代表性的指标是蔓延度（contagion），作为一个直观捕获景观水平上散布和混合的指标，蔓延度的几种计算方式间存在着细微的不同，最常见的计算公式如下（Li and Reynolds，1993；Riitters et al.，1996）：

$$\text{Contagion} = 1 + \frac{\sum\limits_{i=1}^{n}\sum\limits_{j=1}^{n}\left[P_{ij}\right]\ln\left[P_{ij}\right]}{2\ln(n)} \tag{3.4}$$

式中，$P_{ij} = P_i P_{j/i}$，且

$$P_{j/i} = \frac{N_{ij}}{N_i} \tag{3.5}$$

式中，n 是土地覆盖类型（类别）数，P_i 是土地覆盖类型 i 在景观中所占的比例，N_{ij} 是土地覆盖类型 i 和 j 邻接的像元数，N_i 是土地覆盖类型 i 和所有土地覆盖类型（包括 i）的邻接总数。对于这个度量指标而言，我们将土地覆盖类型的概率乘以该类型与另一土地覆盖类型 j 相邻的条件概率，然后求和。请注意，蔓延度指数与香农均匀度指数的相似性。从要素 N_{ij} 中提取的矩阵 N 是几个景观水平指标中常会用到的概要统计（Turner and Gardner，2015），我们可从 N 中导出的相关度量指标包括相似邻接百分比（percentage of like adjacencies）和聚集指数（aggregation index）（表 3.4）。请注意，计算 N 需要考虑划定斑块的规则（如

---

① 译者注：删除了原书中 "table（values（nlcd）））" 右端多余的括号

Fragstats 使用了四邻规则）。

我们可以用 raster 程序包中的 adjacent 函数来计算该度量指标中的 N_{ij}：

```
#确定相邻像元
> adj <- adjacent(nlcd, 1: ncell(nlcd), directions = 4,
  pairs = T, include = T)
> head(adj, 2)

##
from    to
[1, ]    1    1
[2, ]    2    2
```

此函数用于确定图上所有邻体的成对组合，且使用 "include=T" 命令时会统计类似的邻体（即具有相同土地覆盖类型的两个相邻单元），我们可以用 table 函数将这些信息汇总为矩阵 N，该函数可根据所确定的相邻状态对 nlcd 图中的值进行计数：

```
> N <- table(nlcd[adj[, 1]], nlcd[adj[, 2]])

##
      1        2        3        4        5        6
1     33155    410      584      884      1755     5
2     410      1983     399      156      156      0
3     584      399      18484    74       363      0
4     884      156      74       13388    979      1
5     1755     156      363      979      11363    1
6     5        0        0        1        1        5
```

式（3.5）中剩余项的计算就比较简单了，我们使用 Riitters 等（1996）计算蔓延度的公式创建了如下函数：

```
> contagion <- function(r){
  adj <- adjacent(r, 1: ncell(r), directions = 4)
  Nij <- table(r[adj[, 1]], r[adj[, 2]])
  Nij <- unclass(Nij)  #将表的形式转为矩阵形式
  Ni <- rowSums(Nij)
  Pj_i <- as.matrix(Nij / Ni)
  Pi <- as.vector(unclass(table(values(r))) / ncell(r))
```

```
Pij <- Pi * Pj_i
n <- length(Pi)
#Ritters 等(1996)的公式
contagion <- 1 + sum(Pij * log(Pij), na.rm = T)/(log(n^2 +
n)-log(2))
return(contagion)
}
```

上述函数将蔓延度的计算分解为以下几步：首先，我们计算 N_{ij}，请注意这里限制计算速度的步骤是使用 table 函数构建矩阵 N，在应用于更大的景观时需要使用计算速度更快的替代函数，如 data.table 函数；其次，我们计算 P_i 和 $P_{j/i}$；最后，我们使用 Riitters 等（1996）计算蔓延度的公式将其组合在一起，其中我们对分母做了略微的修改。计算 N_{ij} 的方法也可用于计算景观水平上的相似邻接百分比（PLADJ），该指标量化了土地覆盖类型的散布程度，随着该指标的增大，土地覆盖类型也越来越集中。该指标定义为

$$\text{PLADJ} = \frac{\sum_{i=1}^{n} N_{ii}}{\sum_{i=1}^{n} \sum_{j=1}^{n} [N_{ij}]} \times 100 \tag{3.6}$$

在 R 语言中该度量指标可以通过以下函数进行计算：

```
> PLADJ <- function(r){
  adj <- adjacent(r, 1: ncell(r), directions = 4)
  Nij <- table(r[adj[, 1]], r[adj[, 2]])
  Nij <- unclass(Nij)
  PLADJ <- sum(diag(Nij)) / sum(Nij) * 100
  return(PLADJ)
}
```

为了获取这些景观水平度量指标间的关联性，我们将目前分析的景观（图 3.4）与第 2 章中用到的其他两个景观进行了对比（图 3.10），其中一种景观以森林为主（图 3.10b），而另一种景观破碎度较高（图 3.10c）。对于每个景观，我们都应用这些函数来解释景观水平的变化，值得注意的是，除了与景观多样性和均匀度相关的指标外，以森林为主的景观与我们目前分析的景观具有相似的景观水平度量指标值，这种相似性是由这样一个事实驱动的，即非森林的土地覆盖通常是由具有很大边缘比例的小斑块构成的，看起来支离破碎的景观（图 3.10c）确实比其他景观有更多的斑块、更大的边缘和更少的聚集。

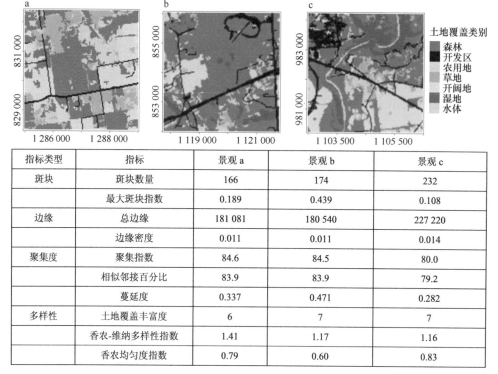

指标类型	指标	景观 a	景观 b	景观 c
斑块	斑块数量	166	174	232
	最大斑块指数	0.189	0.439	0.108
边缘	总边缘	181 081	180 540	227 220
	边缘密度	0.011	0.011	0.014
聚集度	聚集指数	84.6	84.5	80.0
	相似邻接百分比	83.9	83.9	79.2
	蔓延度	0.337	0.471	0.282
多样性	土地覆盖丰富度	6	7	7
	香农-维纳多样性指数	1.41	1.17	1.16
	香农均匀度指数	0.79	0.60	0.83

图 3.10　三种景观（a~c）在景观水平上各指标的对比（彩图请扫封底二维码）

请注意，这些计算值可能与其他程序（如 Fragstats）的计算值间存在着细微差别，这主要是计算中的基本假设（如斑块划定规则、考虑边界的方法等）不同所致。

总之，上述分析说明了在 R 语言中计算几个景观水平指标的方法，同时也说明了景观水平的指标在使用时比斑块水平或类别水平的指标更难解释，因为在通常情况下，景观水平的指标集合或概括的是图中所有土地覆盖类型的信息（比较图 3.10 中景观 a 和 b 的指标），与其他类型的度量指标相比，这种集合使得度量指标在生物学上更难解释。尽管如此，在某些情况下，我们仍期望景观水平的指标从生物学角度上能够更好地描述与生物多样性相关的一些关键问题，如景观异质性（landscape heterogeneity）在农业景观中的作用（Fahrig et al.，2011；Reynolds et al.，2018）以及"乡野"生物地理学的重要性（Brosi et al.，2008；Mendenhall et al.，2014），该研究聚焦于更好地了解人类主导的土地利用中生物多样性的价值。

3.3.3.4　移动窗口分析

上述每一种方法通常都适用于重现的景观。例如，在第 2 章中，我们计算了不同点位周围森林覆盖的比例（一种"斑块-景观"或"核心-斑块"的抽样设计）（Fahrig，2003）。另一种量化景观的方法是移动窗口分析，它类似于"邻体（neighborhood）"分析，可粗略地获得一个"生态邻体"的信息（Addicott et al.，1987）。

在移动窗口分析中，我们量化了图中每个像元周围的土地覆盖，结果产生了一幅显示邻体土地覆盖特征变化的新图，这些图此后可用于取样或制作预测图，如物种分布预测图（见第 7 章）。

raster 程序包为我们提供了一种用 focal 函数直接完成移动窗口分析的方法，移动窗口可以为不同形状，如矩形或圆形。我们首先用定义窗口大小和形状的 focalWeight 函数创建一个权重矩阵：

```
#移动窗口分析的核心缓冲矩阵
> buffer.radius <- 100
> fw.100m <- focalWeight(nlcd, buffer.radius, type = 'circle')
#将权重矩阵转换为 1/0 矩阵
> fw.100m <- ifelse(fw.100m > 0, 1, 0)
> fw.100m
```

```
##
      [, 1]   [, 2]   [, 3]   [, 4]   [, 5]   [, 6]   [, 7]
[1, ]    0       0       1       1       1       0       0
[2, ]    0       1       1       1       1       1       0
[3, ]    1       1       1       1       1       1       1
[4, ]    1       1       1       1       1       1       1
[5, ]    1       1       1       1       1       1       1
[6, ]    0       1       1       1       1       1       0
[7, ]    0       0       1       1       1       0       0
```

代码中采用的是一个半径 100m 的圆形缓冲区，正方形矩阵中的单元格反映了图的粒度，raster 程序包依据上述半径/粒度创建了该矩阵。在 focalWeight 函数中我们也可以采用高斯核创建权重矩阵，如第 2 章所讨论的那样，我们指定"type ='Gauss'"，并设置 sigma 的值（平滑参数；见图 2.10）。例如，一个"sigma=50"的高斯核可按以下方式计算：

```
> focalWeight(nlcd, c(50, 100), type = 'Gauss')
```

```
##
```

```
         [, 1]   [, 2]   [, 3]   [, 4]   [, 5]   [, 6]   [, 7]
[1, ]    0.00    0.01    0.01    0.01    0.01    0.01    0.00
[2, ]    0.01    0.01    0.02    0.03    0.02    0.01    0.01
[3, ]    0.01    0.02    0.04    0.05    0.04    0.02    0.01
[4, ]    0.01    0.03    0.05    0.06    0.05    0.03    0.01
[5, ]    0.01    0.02    0.04    0.05    0.04    0.02    0.01
[6, ]    0.01    0.01    0.02    0.03    0.02    0.01    0.01
[7, ]    0.00    0.01    0.01    0.01    0.01    0.01    0.00
```

函数中参数 d 的两个数字分别代表 sigma 值和所考虑的窗口大小（100m；同上），使用高斯核允许加权值随着距离的增加而下降（图 2.10）。

基于上述权重矩阵，我们可以使用 focal 函数来进行移动窗口分析，此函数将用 focalWeight 矩阵中的值乘以对应的栅格值，如果矩阵是由一系列的 0 和 1 组成，实际上将屏蔽邻域以外的所有值（通过将这些值乘以 0）。

下面我们举两个例子对此加以说明。首先，我们计算每个像元周围的森林覆盖率，为此，我们使用 sum 函数对每个窗口内的森林覆盖率求和（图 3.11），请注意，为了清晰起见，下面我们将用几个步骤来说明这个过程，但我们可以使用加权平均对这一过程加以简化（见第 2 章）。其次，我们调用自己定义的土地覆盖格局函数来计算每个像元周围的土地覆盖丰富度。

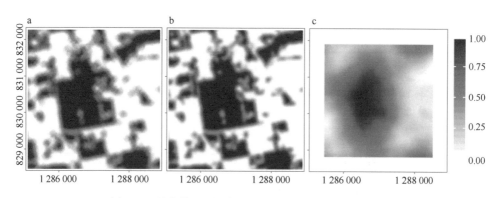

图 3.11　量化单元周围邻体森林覆盖率的移动窗口分析

a. 100m 移动窗口（等权重的简单缓冲区）；b. 使用高斯核（sigma=50）的 100m 移动窗口；c. 500m 移动窗口（等权重的简单缓冲区）

#森林覆盖移动窗口；单元数
```
> forest.100m <- focal(nlcd.forest, w = fw.100m, fun = "sum",
  na.rm=T)
```
#比例

```
> forest.prop.100m <- forest.100m / sum(fw.100m)
#丰富度移动窗
> richness.100m <- focal(nlcd, fw.100m, fun = richness)
```

邻域尺度上的一些度量指标可能更难有效计算，例如，计算香农-维纳多样性指数就不那么简单，上面描述的计算方法可能会花费太长的时间（上面描述中使用的 table 函数计算速度相对较慢）。一个更快捷的方法是创建一些单独的图，用移动窗口来描述每种土地覆盖类别的比例，然后对生成的图使用栅格代数方法进行计算，得出一个邻域尺度上新的多样性图。计算香农-维纳多样性指数的函数如下：

```
> diversity <- function(landcover, radius) {
n <- length(unique(landcover))
#创建核心权重矩阵
fw.i <- focalWeight(landcover, radius, "circle")
#创建新的多样性图层
D <- landcover
values(D) <- 0
#log(p)*p 函数
log.i <- function(x) ifelse(x == 0, 0, x * log(x))
#对每一类土地覆盖，创建一个移动窗口图层并求和
for (i in 1: length(n)) {
focal.i <- focal(landcover == i, fw.i)
D <- D + calc(focal.i, log.i)
}
D <- D * -1
return(D)
}
> diversity.100m <- diversity(landcover = nlcd, radius = 100)
```

总的来说，如果我们将上述多样性图与土地覆盖丰富度图进行对比，我们会发现这两个指标在景观尺度上有着一定的相关性（r=0.60）[1]。

3.3.4　模拟土地覆盖：中性景观

景观和空间生态学家经常会生成随机景观或中性景观来代表土地覆盖的变化（Gardner et al.，1987；O'Neill et al.，1992；Neel et al.，2004；Etherington et al.，

---

[1] 译者注：原书为"（r=0.24）"，根据代码计算结果应为"（r=0.60）"

2015），这些景观的复杂程度各不相同（Pe'er et al.，2013；Etherington et al.，2015），相关的应用也有着很大差异（With，1997；With and King，1997），这些景观图的目的是捕获最少的景观格局和过程，从而对景观进行"零"表达（Gardner and Urban，2007）。

在此过程中，我们考虑的两个最常见的景观特征是：①生境或土地覆盖类型的比例（p）；②各类型的聚集度（或相反的破碎度指标）。大多数方法采用景观的二元表达（如生境与非生境），但也有些方法会扩展到多种土地覆盖类型上（Saura and Martinez-Millan，2000）。

从中性景观最简单的表达方式开始，我们有时将其称为"简单随机"景观（Gardner et al.，1987）。在这类模型中，我们考虑的唯一参数是 p，我们可以通过对景观上每个单元或像元的概率分布进行独立的随机抽取来模拟一个中性景观。通常，概率分布要么采用均匀分布（U~（0，1）），要么采用伯努利（Bernoulli）分布（Binomial~（p，1））。对均匀分布来说，如果抽取值小于 p，则将单元标记为生境，否则标记为非生境。伯努利分布是一种只考虑一种"试验"的二项式分布，是一种描述（权重）抛硬币试验时常用的分布，下面我们重点说明伯努利分布的使用（图 3.12）。

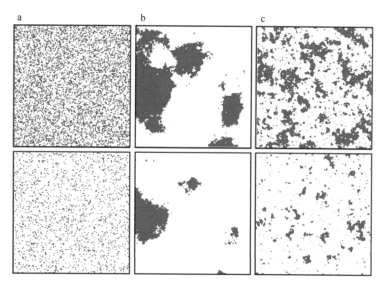

图 3.12　通过几种方式生成的中性景观

a. 对不同比例的生境进行简单随机后生成的景观；b. 通过改变生境聚集度（H=0.7）生成的分形景观；c. 使用改进的随机聚类算法（p=0.55）生成的随机景观也可创建聚集格局。上下两行图分别表示对约 30% 和约 10% 的生境进行的随机抽取

#景观维度

```
> dimX <- 128
> dimY <- 128
#对 30%的生境进行简单随机
> sr.30 <- raster(ncol = dimX, nrow = dimY, xmn = 0, xmx = dimX,
  ymn = 0, ymx = dimY)
> sr.30[] <- rbinom(ncell(sr.30), prob = 0.3, size = 1)
#对 10%的生境进行简单随机
> sr.10 <- raster(ncol = dimX, nrow = dimY, xmn = 0, xmx = dimX,
  ymn = 0, ymx = dimY)
> sr.10[] <- rbinom(ncell(sr.10), prob=0.1, size=1)
```

在某种意义上，伯努利分布是一个适用于二元结果的概率分布，因此具有一定的使用价值，但不能保证随机生成的景观中恰好有比例为 p 的区域是生境（或某类土地覆盖）；均匀分布恰恰可以从图面全域的均匀分布的实现中提取一个分位数，进而提供更高的精度（见下文）。总的来说，简单随机景观虽然是一个有用的起点，但从中生成的格局与真实世界的格局并不相似，相反更易于生成类似于老式电视机中的静态白噪声状的格局。

除了采用简单的生境数量外，将聚集纳入在内的常见方法包括高斯随机噪声（见第 5 章）、分形布朗运动（或分形景观）和其他各种聚类算法（Keitt，2000；Saura and Martinez-Millan，2000；Chipperfield et al.，2011；Remmel and Fortin，2013）。高斯随机噪声模型使用描述空间依赖的参数（来自地质统计学；第 5 章）对研究区域进行预测，这类模型在形式上与生态学中广泛应用的分形模型有关（Keitt，2000），我们将在正式介绍空间依赖的第 5 章中对此加以说明。

基于分形算法的中性模型在空间生态学中有着广泛的应用，因为该类模型可以对生境的数量和聚集程度独立而精确地加以控制，这些应用大多采用"中点置换（mid-point displacement）"算法来生成分形景观（Saupe，1988），这是一种采用了相对简单递归算法的 2 的幂次方图（如线性维度中的 32 个、64 个、128 个单元格），在每个递归分区的中点处断开，根据聚集度（H，称为 Hurst 指数）在新创建的断开点处添加一些"噪声"。H 与分形维数有关（精确关系取决于所考虑的维数，即 1D、2D 或 3D），H 取值在 0 和 1 之间，当 H 接近 1 时，地图高度聚集（高度的空间自相关；见第 5 章），而当 H 接近 0 时，地图变得更加破碎，类似于上面描述的简单随机图。

我们可以通过 R 语言中几个不同的程序包生成分形景观，包括 RandomFields、FieldSim、NLMR 和 Voss 程序包（Shitov and Moskalev，2005；Brouste et al.，2007；Schlather et al.，2015；Sciaini et al.，2018）。我们注意到，在本书出版时，NLMR

程序包已经发布，该程序包为我们提供了对几种中性景观（包括使用中点置换算法）进行比较的方法（Sciaini et al.，2018）。在此，我们用 Voss 程序包中的分形布朗函数 Voss2d 来说明分形景观的生成过程，Voss 程序包采用了 Voss（1985）描述的类似于连续随机添加高斯噪声的中点位移算法的递归方法，不同的是，该方法中每个递归步骤都对所有的点进行修改，而不仅仅是中点位移算法中仅对新创建的点进行修改（Saupe，1988），在这个程序包中我们指定 H 和 g 来确定景观的维度（$2^g \times 2^g$），这些模型将创建一个连续的粗糙表面，然后我们对其进行切割，创建一个给定 p 值的生境/非生境的二元图。

```
> library(Voss)
> voss <- voss2d(g = 7, H = 0.7)
> str(voss)

##
List of 3
 $ x: num [1: 129]  0  0.00781  0.01562  0.02344  0.03125 ...
 $ y: num [1: 129]  0  0.00781  0.01562  0.02344  0.03125 ...
 $ z: num [1: 129, 1: 129]  0.0182  0.0348  0.0494  0.0526
0.0887 ...
```

创建的对象是一个列表，其中包含 x-y 坐标和地形值 z，并默认以 0 为中心。我们可以通过量化生成值的分位数，然后基于 p 值对分形图进行截取来创建该图的二元表达，下面我们将创建生境占比分别为 10% 和 30% 的二元图（图 3.10）。

```
#确定阈值
> voss1.thres <- quantile(voss$z, prob = 0.1)
> voss3.thres <- quantile(voss$z, prob = 0.3)
#截短
> voss$z1 <- ifelse(voss$z < voss1.thres, 1, 0)
> voss$z3 <- ifelse(voss$z < voss3.thres, 1, 0)
```

请注意，这些图有可能会被划分为 2 个以上的类别，用来反映环境梯度和生境质量的空间变化（With，1997）。

另一种生成分形景观的方法是采用改进的随机聚类（modified random cluster，MRC）算法（Saura and Martinez-Millan，2000），该算法可通过以下一系列连续步骤生成土地覆盖类别：首先，生成与上述类似的简单随机图；其次，确定聚块，这在功能上与前面描述的四邻规则相同（图 3.4）；再次，基于分配给核心土地覆盖类型（如森林）的期望面积比例（A）对聚块进行分配，需注意，这里使用的是"期望"，因为在实践中，取决于图中聚块大小的分布，这种期望值有时是不可能出现的；最后，用相同的步骤对其余土地覆盖类型的值进行填充。此算法中使用了两个参数：p 和 A，其中，p 控制的是破碎化程度（p 的含义与上面使用的不同！），它是高度非线性的，与简单随机中性景观中的"渗透阈值"有关（Gardner et al.，1987），渗透阈值是指生境在景观上连通的临界点，以至于出现了一个聚块。如上文所述，对于简单随机景观而言，该值约为 0.59（Gardner et al.，1987）。MRC 算法将重点放在对简单随机制图过程（上面的步骤 1 和步骤 2）的聚类分配上，因此对渗透阈值非常敏感。这不一定成为一个问题，但却意味着，当 p 接近渗透阈值时，该算法生成的格局中大多数有意义的变异会出现，同时也意味着，接近或高于这个阈值时，很可能无法生成 A 的观察值与试图捕获的预期值间相匹配的景观。

该模型的基本形式可以用 secr 程序包中的 randomHabit 函数加以实现（Efford，2018），我们将通过 Saura 和 Martinez-Millan（2000）提供的例子来说明这一函数的用法。我们首先根据研究区的范围或形状创建一个"掩膜"（注意，我们也可以在这个程序包中使用不规则多边形创建掩膜），然后我们提供 p 和 A 的值来生成随机图。

```
> library(secr)
> tempmask <- make.mask(nx = dimX, ny = dimX, spacing = 1)
> p55A3 <- randomHabitat(tempmask, p = 0.58, A = 0.3)
> p55A1 <- randomHabitat(tempmask, p = 0.55, A = 0.1)
> plot(p55A3, dots = FALSE, col = "green")
```

总的来看，已经开发出的各种中性景观图为我们在有限的生物过程条件下解释空间格局提供了一种手段，这类图可用来处理各种各样的生态学问题，并从中得出了若干普适性的规律（Turner and Gardner，2015），例如，这类模型说明，对所研究的景观范围进行截取会对格局度量指标产生很大影响。中性模型揭示了连通性的潜在阈值以及生境的连通性会随着生境数量的变化而显著变化（见第 9 章）。中性景观也可用来解释观测到的土地覆盖格局是否具有某些潜在的重要意义（Remmel and Fortin，2013，2017）。

3.4 需进一步研究的问题

3.4.1 景观间格局间差异的检验

在土地覆盖分析中经常出现的一个关键性问题是，观察到的格局是否是有意义的、不同寻常的或随某种环境变化而发生显著改变的。例如，Tinker 等（2003）将研究重点放在了解一个国有林的森林结构格局是否与附近的国家公园（黄石公园）的森林结构格局间存在不同，因为两者的管理方法不同。在这种情况下，通过土地覆盖的长时间序列来了解景观格局在历史上的变化通常是十分重要的（Gustafson，1998）。

有了跨空间或随时间变化的土地覆盖信息，我们该如何测试其格局的显著性呢？PatternClass 程序包为我们提供了一种方法（Remmel and Fortin，2013，2017），该程序包基于二元景观，采用地统计学技术估计观测景观的空间依赖程度（参见第 5 章），用估计结果模拟具有相同空间相关性的中性景观，然后将中性景观与观测到的土地覆盖格局进行比较，以推断其显著性。

3.4.2 用图像处理技术量化土地覆盖

另一种量化土地覆盖的方法是将形态学中的图像处理技术应用于土地覆盖图（Vogt et al.，2007；Riitters et al.，2009），这种方法侧重于景观中每个单元的几何/构型特性，并将其划分为某一特定类别，如边缘、核心、穿孔和斑块，这为我们提供了一种通过单元分类图对景观格局进行可视化的直观方法。请注意，这一方法的大部分内容可在 SDMTools 程序包中有效完成（如通过使用描绘出的内部和外部边缘），但该程序包只是对图中的相关值进行概要统计，并非将这些值赋予图中的单元格进行可视化。

3.4.3 分类指标与连续指标

对土地利用和土地覆盖分析的一种常见批评是，其量化过程多是基于分类图，而实际上这些图大多是从连续的基础遥感图像中获取的，这种批评不仅与正在处理的数据类型有关，而且也与空间生态学概念有关。例如，使用分类图来量化空间格局时总是暗中将重点放在斑块-基质-廊道和景观镶嵌范式上，这在潜在资源不断变化的情况下可能会产生某些误导。这推动了其他概念范式的发展，如连续体概念范式（Fischer and Lindenmayer，2006）和相关梯度范式（McGarigal et al.，

2009）。

表面度量指标已被进一步用于量化连续的环境变化上（McGarigal et al.，2009；Hoechstetter et al.，2011），这些指标可以捕获图（如数字高程图）中连续的变化格局，也可用于分析（坡度）变化和（斑块）聚集等方面的内容。McGarigal 等（2009）将表面度量指标引入景观生态学，并着重指出了其与分类度量指标的 些相似之处，其中一部分指标是组合性的（非空间的），强调变量大小（如振幅）和变化率（如斜率）的变异，而另一部分指标则侧重于空间（水平）上的可变性，类似于构型指标。表面度量指标已越来越多地用于各种环境（Moniem and Holland，2013；Frazier，2016），但尚未开发出专门用于计算的 R 程序包，我们可以在 raster 程序包中手动计算一些简单的表面度量指标（参见第 6 章）。

3.5　结　　论

土地利用与土地覆盖变化是影响全球生物多样性和生态系统服务的主要因素（Lawler et al.，2014；Newbold et al.，2015）。生境的清理和退化会降低生物多样性，增加许多物种的灭绝风险（Wilcove et al.，1998；Brooks et al.，2002），农业生产对土地资源的集约利用也会大大降低生物多样性（Tscharntke et al.，2005），同时，城市化正在许多生物多样性热点地区发生，对该区的生物多样性和生态系统服务产生了影响（Miller and Hobbs，2002）。此外，土地利用和土地覆盖变化的影响也会与其他环境变化（如气候变化）相互作用（Laurance and Useche，2009；Cote et al.，2016）。

上述这些变化的量化已成为空间生态学、地理学和保护学的主要研究内容（O'Neill et al.，1999；Malanson et al.，2006；Kupfer，2012），科学家已提出了几个概念性框架来解释这些变化，并采用了数百个度量指标来量化这些格局。然而，许多度量指标间是相关的（Riitters et al.，1995；Fortin et al.，2003；Cushman et al.，2008；Wang et al.，2014），其获取的是不同尺度上组成和构型的变化，了解这些变化以及度量指标捕获这些变化的空间尺度对于实际应用至关重要。我们建议在可能的情况下，将研究的重点放在功能性指标而非结构性指标上，并且应根据所研究的物种或过程选择适宜的概念性框架。此外，更多机理性的数据及其模拟将有助于阐明土地覆盖和土地利用变化对生物过程的影响，由于这些数据间的相关性，单独使用格局数据可能会带来某些挑战（如图 3.7，图 3.8），这一认知有助于提升土地覆盖和土地利用变化对生物多样性影响的预测能力，从而指导制定更有效的保护策略。

参 考 文 献

Addicott JF, Aho JM, Antolin MF, Padilla DK, Richardson JS, Soluk DA (1987) Ecological neighborhoods: scaling environmental patterns. Oikos 49(3): 340-346. https: //doi.org/10.2307/3565770

Baker CM, Hughes BD, Landman KA (2015) Length-based connectivity metrics and their ecological interpretation. Ecol Indic 58: 192-198. https: //doi.org/10.1016/j.ecolind.2015.05.046

Benton TG, Vickery JA, Wilson JD (2003) Farmland biodiversity: is habitat heterogeneity the key? Trends Ecol Evol 18(4): 182-188. https: //doi.org/10.1016/s0169-5347(03)00011-9

Bivand R, Rundall C (2017) rgeos: interface to geometry engine - open source (GEOS). R package version 0.3-26

Blair RB (1996) Land use and avian species diversity along an urban gradient. Ecol Appl 6 (2): 506-519. https: //doi.org/10.2307/2269387

Bowman J, Fahrig L (2002) Gap crossing by chipmunks: an experimental test of landscape connectivity. Can J Zool 80(9): 1556-1561. https: //doi.org/10.1139/z02-161

Bowman J, Cappuccino N, Fahrig L (2002) Patch size and population density: the effect of immigration behavior. Conserv Ecol 6(1): 9

Brockerhoff EG, Jactel H, Parrotta JA, Quine CP, Sayer J (2008) Plantation forests and biodiversity: oxymoron or opportunity? Biodivers Conserv 17(5): 925-951. https: //doi.org/10.1007/s10531-008-9380-x

Brooks TM, Mittermeier RA, Mittermeier CG, da Fonseca GAB, Rylands AB, Konstant WR, Flick P, Pilgrim J, Oldfield S, Magin G, Hilton-Taylor C (2002) Habitat loss and extinction in the hotspots of biodiversity. Conserv Biol 16(4): 909-923. https: //doi.org/10.1046/j.1523-1739.2002.00530.x

Brosi BJ, Daily GC, Shih TM, Oviedo F, Durán G (2008) The effects of forest fragmentation on bee communities in tropical countryside. J Appl Ecol 45(3): 773-783. https: //doi.org/10.1111/j.1365-2664.2007.01412.x

Brouste A, Istas J, Lambert-Lacroix S (2007) On fractional Gaussian random fields simulations. J Stat Softw 23(1): 1-23

Brudvig LA, Leroux SJ, Albert CH, Bruna EM, Davies KF, Ewers RM, Levey DJ, Pardini R, Resasco J (2017) Evaluating conceptual models of landscape change. Ecography 40(1): 74-84. https: //doi.org/10.1111/ecog.02543

Chen JQ, Franklin JF, Spies TA (1992) Vegetation responses to edge environments in old-growth douglas-fir forests. Ecol Appl 2(4): 387-396. https: //doi.org/10.2307/1941873

Chipperfield JD, Dytham C, Hovestadt T (2011) An updated algorithm for the generation of neutral landscapes by spectral synthesis. PLoS One 6(2): e17040. https: //doi.org/10.1371/journal.pone.0017040

Collinge SK, Forman RTT (1998) A conceptual model of land conversion processes: predictions and evidence from a microlandscape experiment with grassland insects. Oikos 82(1): 66-84. https: //doi.org/10.2307/3546918

Cote IM, Darling ES, Brown CJ (2016) Interactions among ecosystem stressors and their importance in conservation. Proc R Soc B 283(1824). https: //doi.org/10.1098/rspb.2015.2592

Cushman SA, McGarigal K, Neel MC (2008) Parsimony in landscape metrics: strength, universality, and consistency. Ecol Indic 8(5): 691-703. https: //doi.org/10.1016/j.ecolind.2007.12.002

Cushman SA, Gutzwiller KJ, Evans JS, McGarigal K (2010) The gradient paradigm: a conceptual and analytical framework for landscape ecology. In: Cushman SA, Huettman F (eds) Spatial complexity, informatics, and wildlife conservation. Springer, Tokyo

Cushman SA, Shirk A, Landguth EL (2012) Separating the effects of habitat area, fragmentation and matrix resistance on genetic differentiation in complex landscapes. Landsc Ecol 27 (3): 369-380. https: //doi.org/10.1007/s10980-011-9693-0

Diamond JM (1975) The island dilemma: lessons of modern biogeographic studies for the design of natural reserves. Biol Conserv 7(2): 129-146. https: //doi.org/10.1016/0006-3207(75)90052-x

Didham RK, Kapos V, Ewers RM (2012) Rethinking the conceptual foundations of habitat fragmentation research. Oikos 121(2): 161-170. https: //doi.org/10.1111/j.1600-0706.2011.20273.x

Efford MG (2018) secr: spatially explicit capture-recapture models. R package version 3.1.6

Etherington TR, Holland EP, O'Sullivan D (2015) NLMpy: a PYTHON software package for the creation of neutral landscape models within a general numerical framework. Methods Ecol Evol 6(2): 164-168. https: //doi.org/10.1111/2041-210x.12308

Ewers RM, Didham RK (2006) Confounding factors in the detection of species responses to habitat fragmentation. Biol Rev 81(1): 117-142. https: //doi.org/10.1017/s1464793105006949

Ewers RM, Didham RK (2007) The effect of fragment shape and species' sensitivity to habitat edges on animal population size. Conserv Biol 21(4): 926-936. https: //doi.org/10.1111/j.1523-1739.2007.00720.x

Ewers RM, Scharlemann JPW, Balmford A, Green RE (2009) Do increases in agricultural yield spare land for nature? Glob Chang Biol 15(7): 1716-1726. https: //doi.org/10.1111/j.1365-2486.2009.01849.x

Fahrig L (2001) How much habitat is enough? Biol Conserv 100(1): 65-74

Fahrig L (2003) Effects of habitat fragmentation on biodiversity. Annu Rev Ecol Evol Syst 34: 487-515. https: //doi.org/10.1146/annurev.ecolsys.34.011802.132419

Fahrig L (2013) Rethinking patch size and isolation effects: the habitat amount hypothesis. J Biogeogr 40(9): 1649-1663. https: //doi.org/10.1111/jbi.12130

Fahrig L (2017) Ecological responses to habitat fragmentation per se. Annu Rev Ecol Evol Syst 48: 1-23

Fahrig L, Baudry J, Brotons L, Burel FG, Crist TO, Fuller RJ, Sirami C, Siriwardena GM, Martin J-L (2011) Functional landscape heterogeneity and animal biodiversity in agricultural landscapes. Ecol Lett 14(2): 101-112. https: //doi.org/10.1111/j.1461-0248.2010.01559.x

Fischer J, Lindenmayer DB (2002) The conservation value of paddock trees for birds in a variegated landscape in southern New South Wales. 2. Paddock trees as stepping stones. Biodivers Conserv 11(5): 833-849. https: //doi.org/10.1023/a: 1015318328007

Fischer J, Lindenmayer DB (2006) Beyond fragmentation: the continuum model for fauna research and conservation in human-modified landscapes. Oikos 112(2): 473-480. https: //doi.org/10.1111/j.0030-1299.2006.14148.x

Fischer J, Lindenmayer DB (2007) Landscape modification and habitat fragmentation: a synthesis. Glob Ecol Biogeogr 16(3): 265-280. https: //doi.org/10.1111/j.1466-8238.2007.00287

Fischer J, Lindenmayer DB, Fazey I (2004) Appreciating ecological complexity: habitat contours as a conceptual landscape model. Conserv Biol 18(5): 1245-1253. https: //doi.org/10.1111/j.1523-1739.2004.00263.x

Flather CH, Bevers M (2002) Patchy reaction-diffusion and population abundance: the relative importance of habitat amount and arrangement. Am Nat 159(1): 40-56

Fletcher RJ Jr, Koford RR (2003) Spatial responses of Bobolinks (Dolichonyx oryzivorus) near different types of edges in northern Iowa. Auk 120(3): 799-810

Fletcher RJ Jr, Didham RK, Banks-Leite C, Barlow J, Ewers RM, Rosindell J, Holt RD, Gonzalez A, Pardini R, Damschen EI, Melo FPL, Ries L, Prevedello JA, Tscharntke T, Laurance WF, Lovejoy T, Haddad NM (2018) Is habitat fragmentation good for biodiversity? Biol Conserv 226: 9-15

Forman RTT (1995a) Land mosaics: the ecology of landscapes and regions. Cambridge University Press, Cambridge

Forman RTT (1995b) Some general principles of landscape and regional ecology. Landsc Ecol 10 (3): 133-142. https: //doi.org/10.1007/bf00133027

Forman RTT, Godron M (1981) Patches and structural components for a landscape ecology. Bioscience 31(10): 733-740. https: //doi.org/10.2307/1308780

Fortin MJ, Boots B, Csillag F, Remmel TK (2003) On the role of spatial stochastic models in understanding landscape indices in ecology. Oikos 102(1): 203-212. https: //doi.org/10.1034/ j.1600-0706.2003.12447.x

Frazier AE (2016) Surface metrics: scaling relationships and downscaling behavior. Landsc Ecol 31 (2): 351-363. https: //doi.org/10.1007/s10980-015-0248-7

Gardner RH, Urban DL (2007) Neutral models for testing landscape hypotheses. Landsc Ecol 22 (1): 15-29. https: //doi.org/10.1007/s10980-006-9011-4

Gardner RH, Milne BT, Turner MG, O'Neill RV (1987) Neutral models for the analysis of broadscale landscape pattern. Landsc Ecol 1(1): 19-28. https: //doi.org/10.1007/bf02275262

Gottlieb IGW, Fletcher RJ, Nunez-Regueiro MM, Ober H, Smith L, Brosi BJ (2017) Alternative biomass strategies for bioenergy: implications for bird communities across the southeastern United States. Glob Change Biol Bioenergy 9(11): 1606-1617. https: //doi.org/10.1111/ gcbb.12453

Grassini P, Cassman KG (2012) High-yield maize with large net energy yield and small global warming intensity. Proc Natl Acad Sci U S A 109(4): 1074-1079. https: //doi.org/10.1073/ pnas.1116364109

Grimm NB, Faeth SH, Golubiewski NE, Redman CL, Wu JG, Bai XM, Briggs JM (2008) Global change and the ecology of cities. Science 319(5864): 756-760. https: //doi.org/10.1126/ science.1150195

Gustafson EJ (1998) Quantifying landscape spatial pattern: what is the state of the art? Ecosystems 1(2): 143-156. https: //doi.org/10.1007/s100219900011

Gustafson EJ, Parker GR (1992) Relationships between landcover proportion and indexes of landscape spatial pattern. Landsc Ecol 7(2): 101-110. https: //doi.org/10.1007/bf02418941

Gustafson EJ, Parker GR (1994) Using an index of habitat patch proximity for landscape design. Landsc Urban Plan 29(2-3): 117-130. https: //doi.org/10.1016/0169-2046(94)90022-1

Haddad NM, Brudvig LA, Clobert J, Davies KF, Gonzalez A et al (2015) Habitat fragmentation and its lasting impact on Earth. Sci Adv 1: e1500052

Hadley AS, Betts MG (2016) Refocusing habitat fragmentation research using lessons from the last decade. Curr Landsc Ecol Rep 1: 55-66. https: //doi.org/10.1007/s40823-016-0007-8

Haila Y (2002) A conceptual genealogy of fragmentation research: from island biogeography to landscape ecology. Ecol Appl 12(2): 321-334. https: //doi.org/10.2307/3060944

Hall LS, Krausman PR, Morrison ML (1997) The habitat concept and a plea for standard terminology. Wildl Soc Bull 25(1): 173-182

Hanski I (1998) Metapopulation dynamics. Nature 396(6706): 41-49

Hanski I (1999) Metapopulation ecology. Oxford University Press, Oxford

Harper KA, Macdonald SE, Burton PJ, Chen JQ, Brosofske KD, Saunders SC, Euskirchen ES, Roberts D, Jaiteh MS, Esseen PA (2005) Edge influence on forest structure and composition in fragmented landscapes. Conserv Biol 19(3): 768-782

Harrison S (1991) Local extinction in a metapopulation context: an empirical evaluation. Biol J Linn Soc 42(1-2): 73-88

Haynes KJ, Dillemuth FP, Anderson BJ, Hakes AS, Jackson HB, Jackson SE, Cronin JT (2007) Landscape context outweighs local habitat quality in its effects on herbivore dispersal and distribution. Oecologia 151(3): 431-441. https: //doi.org/10.1007/s00442-006-0600-3

Hesselbarth MHK, Sciaini M, Nowosad J (2018) landscapemetrics: landscape metrics for categorical map patterns. R package version 0.1.1

Hijmans RJ, Van Etten J (2012) raster: geographic analysis and modeling with raster data. R package version 2.5-8

Hill MF, Caswell H (1999) Habitat fragmentation and extinction thresholds on fractal landscapes. Ecol Lett 2(2): 121-127

Hoechstetter S, Walz U, Thinh NX (2011) Adapting lacunarity techniques for gradient-based analyses of landscape surfaces. Ecol Complex 8(3): 229-238. https: //doi.org/10.1016/j.ecocom.2011.01. 001

Holyoak M, Leibold MA, Holt RD (2005) Metacommunities: spatial dynamics and ecological communities. University of Chicago Press, Chicago

Homer C, Dewitz J, Yang LM, Jin S, Danielson P, Xian G, Coulston J, Herold N, Wickham J, Megown K (2015) Completion of the 2011 National Land Cover Database for the Conterminous United States - representing a decade of land cover change information. Photogramm Eng Remote Sens 81(5): 345-354. https: //doi.org/10.14358/pers.81.5.345

Huffaker CB (1958) Experimental studies on predation: dispersion factors and predator-prey oscillations. Hilgardia 27: 343-383

Jaeger JAG (2000) Landscape division, splitting index, and effective mesh size: new measures of landscape fragmentation. Landsc Ecol 15(2): 115-130. https: //doi.org/10.1023/a: 1008129329289

Jetz W, Wilcove DS, Dobson AP (2007) Projected impacts of climate and land-use change on the global diversity of birds. PLoS Biol 5(6): 1211-1219. https: //doi.org/10.1371/journal.pbio. 0050157

Johnson DH, Igl LD (2001) Area requirements of grassland birds: a regional perspective. Auk 118 (1): 24-34

Keitt TH (2000) Spectral representation of neutral landscapes. Landsc Ecol 15(5): 479-493. https: // doi.org/10.1023/a: 1008193015770

Kotliar NB, Wiens JA (1990) Multiple scales of patchiness and patch structure: a hierarchical framework for the study of heterogeneity. Oikos 59(2): 253-260

Kupfer JA (2012) Landscape ecology and biogeography: rethinking landscape metrics in a post-FRAGSTATS landscape. Prog Phys Geogr 36(3): 400-420. https: //doi.org/10.1177/0309133312439594

Kupfer JA, Malanson GP, Franklin SB (2006) Not seeing the ocean for the islands: the mediating influence of matrix-based processes on forest fragmentation effects. Glob Ecol Biogeogr 15 (1): 8-20. https: //doi.org/10.1111/j.1466-822x.2006.00204.x

Lambin EF, Turner BL, Geist HJ, Agbola SB, Angelsen A, Bruce JW, Coomes OT, Dirzo R, Fischer G, Folke C, George PS, Homewood K, Imbernon J, Leemans R, Li XB, Moran EF, Mortimore

M, Ramakrishnan PS, Richards JF, Skanes H, Steffen W, Stone GD, Svedin U, Veldkamp TA, Vogel C, Xu JC (2001) The causes of land-use and land-cover change: moving beyond the myths. Global Environ Change 11(4): 261-269

Lamigueiro OP, Hijmans R (2018) rasterVis. R package version 0.44

Laurance WF (1991) Edge effects in tropical forest fragments: application of a model for the design of nature reserves. Biol Conserv 57(2): 205-219. https: //doi.org/10.1016/0006-3207(91)90139-z

Laurance WF, Useche DC (2009) Environmental synergisms and extinctions of tropical species. Conserv Biol 23(6): 1427-1437. https: //doi.org/10.1111/j.1523-1739.2009.01336.x

Lawler JJ, Lewis DJ, Nelson E, Plantinga AJ, Polasky S, Withey JC, Helmers DP, Martinuzzi S, Pennington D, Radeloff VC (2014) Projected land-use change impacts on ecosystem services in the United States. Proc Natl Acad Sci U S A 111(20): 7492-7497. https: //doi.org/10.1073/pnas. 1405557111

Levins R (1969) Some demographic and genetic consequences of environmental heterogeneity for biological control. Bull Entomol Soc Am 15: 237-240

Li HB, Reynolds JF (1993) A new contagion index to quantify spatial patterns of landscapes. Landsc Ecol 8(3): 155-162. https: //doi.org/10.1007/bf00125347

Li H, Reynolds JF (1995) On definition and quantification of heterogeneity. Oikos 73(2): 280-284

Lindenmayer DB, Fischer J (2007) Habitat fragmentation and landscape change: an ecological and conservation synthesis. Island Press, Washington, DC

Lookingbill TR, Elmore AJ, Engelhardt KAM, Churchill JB, Gates JE, Johnson JB (2010a) Influence of wetland networks on bat activity in mixed-use landscapes. Biol Conserv 143 (4): 974-983. https: //doi.org/10.1016/j.biocon.2010.01.011

Lookingbill TR, Gardner RH, Ferrari JR, Keller CE (2010b) Combining a dispersal model with network theory to assess habitat connectivity. Ecol Appl 20(2): 427-441

MacArthur RH, Wilson EO (1967) The theory of island biogeography. Princeton University Press, Princeton, NJ

Macedo MN, DeFries RS, Morton DC, Stickler CM, Galford GL, Shimabukuro YE (2012) Decoupling of deforestation and soy production in the southern Amazon during the late 2000s. Proc Natl Acad Sci U S A 109(4): 1341-1346. https: //doi.org/10.1073/pnas.1111374109

Malanson GP, Zeng Y, Walsh SJ (2006) Landscape frontiers, geography frontiers: lessons to be learned. Prof Geogr 58(4): 383-396. https: //doi.org/10.1111/j.1467-9272.2006.00576.x

McGarigal K, McComb WC (1995) Relationships between landscape structure and breeding birds in the Oregon Coast range. Ecol Monogr 65(3): 235-260. https: //doi.org/10.2307/2937059

McGarigal K, Cushman SA, Neel MC, Ene E (2002) FRAGSTATS: Spatial Pattern Analysis Program for Categorical Maps. Computer software program produced by the authors at the University of Massachusetts, Amherst. Available at the following web site: http: //www.umass.edu/landeco/ research/fragstats/fragstats.html

McGarigal K, Tagil S, Cushman SA (2009) Surface metrics: an alternative to patch metrics for the quantification of landscape structure. Landsc Ecol 24(3): 433-450. https: //doi.org/10.1007/ s10980-009-9327-y

McIntyre S, Barrett GW (1992) Habitat variegation, an alternative to fragmentation. Conserv Biol 6 (1): 146-147. https: //doi.org/10.1046/j.1523-1739.1992.610146.x

McIntyre S, Hobbs R (1999) A framework for conceptualizing human effects on landscapes and its relevance to management and research models. Conserv Biol 13(6): 1282-1292. https: //doi.org/10.1046/j.1523-1739.1999.97509.x

Mendenhall CD, Karp DS, Meyer CFJ, Hadly EA, Daily GC (2014) Predicting biodiversity change and averting collapse in agricultural landscapes. Nature 509(7499): 213. https: //doi.org/10.1038/nature13139

Miller JR, Hobbs RJ (2002) Conservation where people live and work. Conserv Biol 16 (2): 330-337. https: //doi.org/10.1046/j.1523-1739.2002.00420.x

Moilanen A, Hanski I (2001) On the use of connectivity measures in spatial ecology. Oikos 95 (1): 147-151

Moilanen A, Nieminen M (2002) Simple connectivity measures in spatial ecology. Ecology 83 (4): 1131-1145

Moniem H, Holland JD (2013) Habitat connectivity for pollinator beetles using surface metrics. Landsc Ecol 28(7): 1251-1267. https: //doi.org/10.1007/s10980-013-9886-9

Moulds S, Buytaert W, Mijic A (2015) An open and extensible framework for spatially explicit land use change modelling: the lulcc R package. Geosci Model Dev 8(10): 3215-3229. https: //doi.org/10.5194/gmd-8-3215-2015

Naugle DE, Higgins KF, Nusser SM, Johnson WC (1999) Scale-dependent habitat use in three species of prairie wetland birds. Landsc Ecol 14(3): 267-276. https: //doi.org/10.1023/a:1008088429081

Neel MC, McGarigal K, Cushman SA (2004) Behavior of class-level landscape metrics across gradients of class aggregation and area. Landsc Ecol 19(4): 435-455. https: //doi.org/10.1023/B:LAND.0000030521.19856.cb

Newbold T, Hudson LN, Hill SLL, Contu S, Lysenko I, Senior RA, Borger L, Bennett DJ, Choimes A, Collen B, Day J, De Palma A, Diaz S, Echeverria-Londono S, Edgar MJ, Feldman A, Garon M, Harrison MLK, Alhusseini T, Ingram DJ, Itescu Y, Kattge J, Kemp V, Kirkpatrick L, Kleyer M, Correia DLP, Martin CD, Meiri S, Novosolov M, Pan Y, Phillips HRP, Purves DW, Robinson A, Simpson J, Tuck SL, Weiher E, White HJ, Ewers RM, Mace GM, Scharlemann JPW, Purvis A (2015) Global effects of land use on local terrestrial biodiversity. Nature 520(7545): 45. https: //doi.org/10.1038/nature14324

O'Neill RV, Gardner RH, Turner MG (1992) A hierarchical neutral model for landscape analysis. Landsc Ecol 7(1): 55-61. https: //doi.org/10.1007/bf02573957

O'Neill RV, Riitters KH, Wickham JD, Jones KB (1999) Landscape pattern metrics and regional assessment. Ecosyst Health 5(4): 225-233. https: //doi.org/10.1046/j.1526-0992.1999.09942.x

Oliver T, Roy DB, Hill JK, Brereton T, Thomas CD (2010) Heterogeneous landscapes promote population stability. Ecol Lett 13(4): 473-484. https: //doi.org/10.1111/j.1461-0248.2010.01441.x

Ovaskainen O, Sato K, Bascompte J, Hanski I (2002) Metapopulation models for extinction threshold in spatially correlated landscapes. J Theor Biol 215(1): 95-108. https: //doi.org/10.1006/jtbi.2001.2502

Pe'er G, Zurita GA, Schober L, Bellocq MI, Strer M, Muller M, Putz S (2013) Simple processbased simulators for generating spatial patterns of habitat loss and fragmentation: a review and introduction to the G-RaFFe model. PLoS One 8(5): e64968. https: //doi.org/10.1371/journal.pone.0064968

Pettorelli N, Vik JO, Mysterud A, Gaillard JM, Tucker CJ, Stenseth NC (2005) Using the satellitederived NDVI to assess ecological responses to environmental change. Trends Ecol Evol 20 (9): 503-510. https: //doi.org/10.1016/j.tree.2005.05.011

Pfeifer M, Lefebvre V, Peres CA, Banks-Leite C, Wearn OR, Marsh CJ, Butchart SHM, Arroyo-Rodríguez V, Barlow J, Cerezo A, Cisneros L, D'Cruze N, Faria D, Hadley A, Harris SM, Klingbeil BT, Kormann U, Lens L, Medina-Rangel GF, Morante-Filho JC, Olivier P, Peters SL,

Pidgeon A, Ribeiro DB, Scherber C, Schneider-Maunoury L, Struebig M, Urbina-Cardona N, Watling JI, Willig MR, Wood EM, Ewers RM (2017) Creation of forest edges has a global impact on forest vertebrates. Nature 551: 187. https: //doi.org/10.1038/nature24457 https: //www.nature.com/articles/nature24457#supplementary-information

Phalan B, Onial M, Balmford A, Green RE (2011) Reconciling food production and biodiversity conservation: land sharing and land sparing compared. Science 333(6047): 1289-1291. https: //doi.org/10.1126/science.1208742

Pickett STA, Thompson JN (1978) Patch dynamics and design of nature reserves. Biol Conserv 13 (1): 27-37. https: //doi.org/10.1016/0006-3207(78)90016-2

Pinto-Correia T, Mascarenhas J (1999) Contribution to the extensification/intensification debate: new trends in the Portuguese montado. Landsc Urban Plan 46(1-3): 125-131. https: //doi.org/10.1016/s0169-2046(99)00036-5

Polasky S, Nelson E, Camm J, Csuti B, Fackler P, Lonsdorf E, Montgomery C, White D, Arthur J, Garber-Yonts B, Haight R, Kagan J, Starfield A, Tobalske C (2008) Where to put things? Spatial land management to sustain biodiversity and economic returns. Biol Conserv 141 (6): 1505-1524. https: //doi.org/10.1016/j.biocon.2008.03.022

Prugh LR, Hodges KE, Sinclair ARE, Brashares JS (2008) Effect of habitat area and isolation on fragmented animal populations. Proc Natl Acad Sci U S A 105(52): 20770-20775. https: //doi.org/10.1073/pnas.0806080105

Remmel TK, Fortin MJ (2013) Categorical, class-focused map patterns: characterization and comparison. Landsc Ecol 28(8): 1587-1599. https: //doi.org/10.1007/s10980-013-9905-x

Remmel TK, Fortin MJ (2017) What constitutes a significant difference in landscape pattern? (using R). In: Gergel SE, Turner MG (eds) Learning landscape ecology: concepts and techniques for a sustainable world, 2nd edn. Springer, New York

Reynolds C, Fletcher RJ, Carneiro CM, Jennings N, Ke A, LaScaleia MC, Lukhele MB, Mamba ML, Sibiya MD, Austin JD, Magagula CN, Mahlaba T, Monadjem A, Wisely SM, McCleery RA (2018) Inconsistent effects of landscape heterogeneity and land-use on animal diversity in an agricultural mosaic: a multi-scale and multi-taxon investigation. Landsc Ecol 33(2): 241-255. https: //doi.org/10.1007/s10980-017-0595-7

Ries L, Sisk TD (2010) What is an edge species? The implications of sensitivity to habitat edges. Oikos 119(10): 1636-1642. https: //doi.org/10.1111/j.1600-0706.2010.18414.x

Ries L, Fletcher RJ, Battin J, Sisk TD (2004) Ecological responses to habitat edges: mechanisms, models, and variability explained. Annu Rev Ecol Evol Syst 35: 491-522. https: //doi.org/10.1146/annurev.ecolsys.35.112202.130148

Ries L, Murphy SM, Wimp GM, Fletcher RJ Jr (2017) Closing persistent gaps in knowledge about edge ecology. Curr Landsc Ecol Rep 2(1): 30-41

Riitters KH, O'Neill RV, Hunsaker CT, Wickham JD, Yankee DH, Timmins SP, Jones KB, Jackson BL (1995) A factor-analysis of landscape pattern and structure metrics. Landsc Ecol 10(1): 23-39. https: //doi.org/10.1007/bf00158551

Riitters KH, O'Neill RV, Wickham JD, Jones KB (1996) A note on contagion indices for landscape analysis. Landsc Ecol 11(4): 197-202. https: //doi.org/10.1007/bf02071810

Riitters K, Vogt P, Soille P, Estreguil C (2009) Landscape patterns from mathematical morphology on maps with contagion. Landsc Ecol 24(5): 699-709. https: //doi.org/10.1007/s10980-009-9344-x

Rindfuss RR, Walsh SJ, Turner BL, Fox J, Mishra V (2004) Developing a science of land change: challenges and methodological issues. Proc Natl Acad Sci U S A 101(39): 13976-13981. https:

//doi.org/10.1073/pnas.0401545101

Roff DA (1974) Analysis of a population model demonstrating importance of dispersal in a heterogeneous environment. Oecologia 15(3): 259-275. https: //doi.org/10.1007/bf00345182

Saupe D (1988) Algorithms for random fractals. In: Petigen HO, Saupe D (eds) The science of fractal images. Springer, New York, pp 71-113

Saura S, Martinez-Millan J (2000) Landscape patterns simulation with a modified random clusters method. Landsc Ecol 15(7): 661-678. https: //doi.org/10.1023/a: 1008107902848

Schlather M, Malinowski A, Menck PJ, Oesting M, Strokorb K (2015) Analysis, simulation and prediction of multivariate random fields with package random fields. J Stat Softw 63(8): 1-25

Sciaini M, Fritsch M, Scherer C, Simpkins CE (2018) NLMR and landscapetools: an integrated environment for simulating and modifying neutral landscape models in R. Methods Ecol Evol. https: //doi.org/10.1101/307306

Shitov VV, Moskalev PV (2005) Modification of the Voss algorithm for simulation of the internal structure of a porous medium. Tech Phys 50(2): 141-145. https: //doi.org/10.1134/1.1866426

Sisk TD, Haddad NM, Ehrlich PR (1997) Bird assemblages in patchy woodlands: modeling the effects of edge and matrix habitats. Ecol Appl 7(4): 1170-1180

Sodhi NS, Koh LP, Clements R, Wanger TC, Hill JK, Hamer KC, Clough Y, Tscharntke T, Posa MRC, Lee TM (2010) Conserving Southeast Asian forest biodiversity in human-modified landscapes. Biol Conserv 143(10): 2375-2384. https: //doi.org/10.1016/j.biocon.2009.12.029

Suarez AV, Pfennig KS, Robinson SK (1997) Nesting success of a disturbance-dependent songbird on different kinds of edges. Conserv Biol 11(4): 928-935

Temple SA, Cary JR (1988) Modeling dynamics of habitat-interior bird populations in fragmented landscapes. Conserv Biol 2(4): 340-347. https: //doi.org/10.1111/j.1523-1739.1988.tb00198.x

Thornton DH, Wirsing AJ, Roth JD, Murray DL (2013) Habitat quality and population density drive occupancy dynamics of snowshoe hare in variegated landscapes. Ecography 36 (5): 610-621. https: //doi.org/10.1111/j.1600-0587.2012.07737.x

Tilman D, Lehman CL (1997) Habitat destruction and species extinctions. In: Tilman D, Kareiva P (eds) Spatial ecology: the role of space in population dynamics and interspecific interactions. Princeton University Press, Princeton, NJ

Tilman D, Balzer C, Hill J, Befort BL (2011) Global food demand and the sustainable intensification of agriculture. Proc Natl Acad Sci U S A 108(50): 20260-20264. https: //doi.org/10.1073/pnas.1116437108

Tilman D, Clark M, Williams DR, Kimmel K, Polasky S, Packer C (2017) Future threats to biodiversity and pathways to their prevention. Nature 546(7656): 73-81. https: //doi.org/10.1038/nature22900

Tinker DB, Romme WH, Despain DG (2003) Historic range of variability in landscape structure in subalpine forests of the Greater Yellowstone Area, USA. Landsc Ecol 18(4): 427-439

Tscharntke T, Klein AM, Kruess A, Steffan-Dewenter I, Thies C (2005) Landscape perspectives on agricultural intensification and biodiversity - ecosystem service management. Ecol Lett 8 (8): 857-874. https: //doi.org/10.1111/j.1461-0248.2005.00782.x

Tscharntke T, Tylianakis JM, Rand TA, Didham RK, Fahrig L, Batary P, Bengtsson J, Clough Y, Crist TO, Dormann CF, Ewers RM, Frund J, Holt RD, Holzschuh A, Klein AM, Kleijn D, Kremen C, Landis DA, Laurance W, Lindenmayer D, Scherber C, Sodhi N, Steffan-Dewenter I, Thies C, van der Putten WH, Westphal C (2012) Landscape moderation of biodiversity patterns and processes - eight hypotheses. Biol Rev 87(3): 661-685. https: //doi.org/10.1111/j.1469-185X.2011.00216.x

Turner MG (1989) Landscape ecology: the effect of pattern on process. Annu Rev Ecol Syst 20: 171-197. https: //doi.org/10.1146/annurev.ecolsys.20.1.171

Turner MG, Gardner RH (2015) Landscape ecology in theory and practice, 2nd edn. Springer, New York

Turner BL, Lambin EF, Reenberg A (2007) The emergence of land change science for global environmental change and sustainability. Proc Natl Acad Sci U S A 104(52): 20666-20671. https: //doi.org/10.1073/pnas.0704119104

Van Der Wal J, Shoo L, Januchowski S (2010) SDMTools: Species Distribution Modelling Tools: tools for processing data associated with species distribution modelling exercises. R package version 1.1

Vergara PM, Meneses LO, Grez AA, Quiroz MS, Soto GE, Perez-Hernandez CG, Diaz PA, Hahn IJ, Fierro A (2017) Occupancy pattern of a long-horned beetle in a variegated forest landscape: linkages between tree quality and forest cover across spatial scales. Landsc Ecol 32(2): 279-293. https: //doi.org/10.1007/s10980-016-0443-1

Villard MA, Metzger JP (2014) Beyond the fragmentation debate: a conceptual model to predict when habitat configuration really matters. J Appl Ecol 51(2): 309-318. https: //doi.org/ 10.1111/1365-2664.12190

Villard MA, Trzcinski KM, Merriam G (1999) Fragmentation effects on forest birds: relative influence of woodland cover and configuration on landscape occupancy. Conserv Biol 13 (4): 774-783

Vitousek PM (1994) Beyond global warming: ecology and global change. Ecology 75 (7): 1861-1876. https: //doi.org/10.2307/1941591

Vogt P, Riitters KH, Estreguil C, Kozak J, Wade TG (2007) Mapping spatial patterns with morphological image processing. Landsc Ecol 22(2): 171-177. https: //doi.org/10.1007/ s10980-006-9013-2

Voss RF (1985) Random fractal forgeries. In: Earnshaw RA (ed) Fundamental algorithms in computer graphics. Springer, New York, pp 805-883

Walz U, Hoechstetter S, Dragut L, Blaschke T (2016) Integrating time and the third spatial dimension in landscape structure analysis. Landsc Res 41(3): 279-293. https: //doi.org/10.1080/ 01426397.2015.1078455

Wang XL, Blanchet FG, Koper N (2014) Measuring habitat fragmentation: an evaluation of landscape pattern metrics. Methods Ecol Evol 5(7): 634-646. https: //doi.org/10.1111/2041-210x.12198

Watling JI, Orrock JL (2010) Measuring edge contrast using biotic criteria helps define edge effects on the density of an invasive plant. Landsc Ecol 25(1): 69-78. https: //doi.org/10.1007/s10980-009-9416-y

Whitcomb RF, Lynch JF, Opler PA, Robbins CS (1976) Island biogeography and conservation: strategy and limitations. Science 193(4257): 1030-1032

Wiens JA (1976) Population responses to patchy environments. Annu Rev Ecol Syst 7: 81-120

Wiens JA (1995) Landscape mosaics and ecological theory. In: Hansson L, Fahrig L, Merriam G (eds) Mosaic landscapes and ecological processes. Chapman and Hall, London, pp 1-26

Wilcove DS (1985) Nest predation in forest tracts and the decline of migratory songbirds. Ecology 66(4): 1211-1214. https: //doi.org/10.2307/1939174

Wilcove DS, Rothstein D, Dubow J, Phillips A, Losos E (1998) Quantifying threats to imperiled species in the United States. Bioscience 48(8): 607-615

With KA (1997) The application of neutral landscape models in conservation biology. Conserv Biol

11(5): 1069-1080. https: //doi.org/10.1046/j.1523-1739.1997.96210.x

With KA, King AW (1997) The use and misuse of neutral landscape models in ecology. Oikos 79 (2): 219-229. https: //doi.org/10.2307/3546007

Wright CK, Larson B, Lark TJ, Gibbs HK (2017) Recent grassland losses are concentrated around US ethanol refineries. Environ Res Lett 12(4). https: //doi.org/10.1088/1748-9326/aa6446

Wu JG, Loucks OL (1995) From balance of nature to hierarchical patch dynamics: a paradigm shift in ecology. Q Rev Biol 70(4): 439-466. https: //doi.org/10.1086/419172

第4章 空间散布与点数据

4.1 简 介

从 GPS 定位物种发生地到入侵物种的传播源，位于空间的信息点可以描述各种生态过程和保护问题。点数据或那些描述空间不同点位的数据反映了树木个体（Condit et al.，2000）、鸟巢（Bayard and Elphick，2010）、生境斑块（Lancaster et al.，2003）或斑块状干扰（如掘土；Schooley and Wiens，2001）等出现的具体位置。通常，点格局分析的主要目的是量化空间散布格局（聚合、均匀或随机分布；图 4.1），确定其是否以及如何随时空尺度发生变化，并了解这些格局形成的原因（Illian et al.，2008；Wiegand and Moloney，2014；Velazquez et al.，2016）。

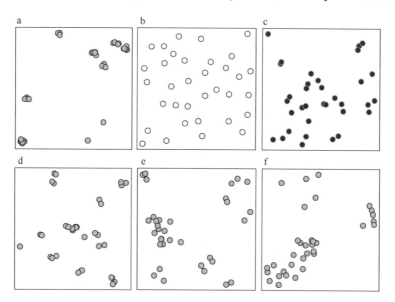

图 4.1 点的空间散布及其尺度依赖性

点的聚集（a）、均质（规则）（b）和随机分布（c）。点在越来越大的空间尺度上出现聚集（d~f），其中，聚集分布基于 Matérn 聚集过程，而规则分布则基于 Matérn 抑制过程

点格局之所以重要，主要原因在于理解这些格局是解释领地性、干扰性竞争和社会行为等生态学问题的核心。长期以来群落生态学家一直假设种内聚集（aggregation）可以促进群落的共存（Ives and May，1985），而个体的空间格局

则有助于解释发生这种聚集的原因（Melles et al., 2009; Lara-Romero et al., 2016）。空间点格局也可帮助我们洞察物种间的相互作用（Andersen, 1992; Rodriguez-Perez et al., 2012）和共存机制（Brown et al., 2011）。从保护学的角度来看，可视为景观中一个点状单元的斑块其聚集预计会降低种群的灭绝率（Ovaskainen et al., 2002）。当使用模型（如物种-面积模型）来预测生境丧失和其他干扰形式对生物多样性的影响时，无论是以空间随机方式还是以聚集方式发生的任何变化都会极大地改变最终的结论（Seabloom et al., 2002; Kallimanis et al., 2005）。此外，把握这些格局的空间尺度还可以让我们更加深入地了解物种分布（Wiegand et al., 2009）、干扰机制（Yang et al., 2008）、物种入侵（Kelly and Meentemeyer, 2002; Deckers et al., 2005; Maheu-Giroux and de Blois, 2007）和种群持久性等（Adler and Nuernberger, 1994）的驱动过程。

在此，我们将对采用空间点格局分析方法解决与物种的空间散布相关的生态和保护问题进行介绍和概述，重点放在通过检视点的格局，确定其所代表的过程中存在的规律性（聚集分布、随机分布或均匀分布）以及格局出现的空间尺度（幅度）。我们首先描述点数据及其相关点格局的共同特征，然后简要总结用于确定空间点格局及其发生尺度的不同类型的统计模型，并用植物分布的数据来说明如何通过这些模型对点数据进行模拟，以便更好地解释点格局在自然界中发生的原因。

4.2　核心概念和方法

4.2.1　点格局的特征

点数据有多种形式，对本章中所采用的方法而言，所有的点数据都是由点位置的 x-y 坐标组成的（图 4.2）。一种固有的假设是，点的空间格局是由某一特定的点过程（point process）在整个研究区域内产生的，因此研究区域的大小和位置的划定非常重要，这将会影响观察到的点格局。研究区域的形状可以是规则的（如矩形），也可以是高度不规则的（如多边形）。点位可以具有某些属性，这些属性可以是定性的（如物种名称）或定量的（生物量、高度等），此类属性数据在空间分析中通常被称为标记（mark）。在某些情况下，我们可能还希望将其他信息或协变量（如高程）整合到我们对点格局的解释中。

点格局产生于点过程（表 4.1）（Illian et al., 2008），点过程是空间和/或时间上（观察到的）点格局的随机过程。常用的最简单的点过程是泊松（Poisson）点过程，该过程基于点在指定区域空间上独立分布的思想，采用点的强度（或密度）对分布进行描述（Diggle, 2003; 见下文）。

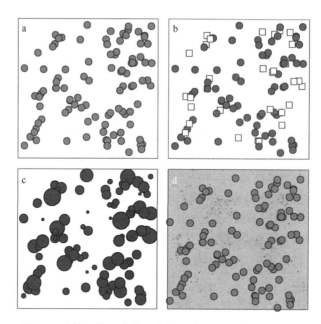

图 4.2　点格局的一些共同特征（彩图请扫封底二维码）

a. 在正方形（边界）中测量的点格局；b. 双变量标记，如描述某一物种在潜在生境中存在与否的标记；c. 连续标记（点的面积）示例；d. 研究对象具有潜在变化趋势（梯度变化用不同的颜色表示）的点格局。该图有助于我们更好地解释点格局

表 4.1　生态学中点数据空间散布的常用术语

术语	描述
聚集	一种散布格局，其单元间的距离比随机散布时的预计值要近，可在不同尺度下运行
边缘效应	点格局分析中的一种效应，缺乏样地外部点位的信息而在样地内部边界附近产生的效应，可能会导致点格局解释中出现偏差
一阶统计	概括整个研究区点格局的全局统计
均质点过程	点的强度（密度）在空间上保持不变
非均质点过程	点的强度（密度）随点位变化而变化
各向同性	点过程不随方向发生变化
标记	点的属性值，可以是定性的，也可以是定量的
点过程	产生空间和/或时间上点格局的随机过程
二阶统计	概括某个位置附近点格局的局部统计信息
稳态	点过程不随空间（或时间）变化，也称为均质点过程
稀疏点过程	从一个潜在的点过程中获取的一个样本

　　点过程通常被描述为均质（homogeneous）或稳态（stationary）的，而不是非均质（inhomogeneous）或非稳态的（Diggle，2003）。当点过程是均质时，其强

度不会随空间（或考虑时空数据时的时间）而变化。相反，非均质点过程在研究区内具有空间（或时间）上的强度变化，在这种情况下，一个核心目标是了解哪些因子可以解释这些变化趋势。

当被观测的点位来自潜在点过程的一个样本时，就会出现稀疏点过程（thinned point process）（Diggle，2003；Illian et al.，2008），这种"稀疏"取样可能是由生物过程（如死亡率差异）或研究设计造成的，会导致强度函数的不均匀性，与潜在的点过程无关。例如，在物种分布模拟中经常使用的（仅）存在（presence-only）数据可视为稀疏点数据（Warton and Shepherd，2010），这些数据通常在道路附近存在着偏差，从而影响了模型的预测结果（Elith et al.，2006；Phillips et al.，2009）。在这种情况下，我们可以通过估计稀疏过程来解释这种取样偏差（Fithian et al.，2015）。在本章中我们采用的数据并非来自一个稀疏点过程，而是对一个研究区内的所有点进行调查，在第 7 章中分析物种分布的机会性数据时，我们将回到这个话题上（Renner et al.，2015）。

4.2.2　点格局的概要统计

为了解释空间点格局，我们对空间格局的各种特征进行了度量。Illian 等（2008）从两个维度对点格局的各种概要统计方法进行了分类：①概要统计是数值的还是函数的；②统计中心是点还是位置（Wiegand and Moloney，2014）。数值概要统计侧重于"全局"统计，即根据相邻取样单元（如样方）的计数数据来说明整个研究区的格局（聚集分布、随机分布或规则分布），这类统计方法在生态学领域的应用有着悠久的历史（Clark and Evans，1954；Lloyd，1967；Velazquez et al.，2016），其重点放在所有点的概要统计数据上，如从取样单元中获取的点计数的均值和方差。例如，聚集分布或规则分布的判定通常来自对简单的均值-方差比的解释，其中预期的空间格局缺失（随机性）遵循泊松分布。如果均值≫方差，则倾向于规则分布，如果均值≅方差，则倾向于随机分布，如果均值≪方差，则倾向于聚集分布（Dale and Fortin，2014）。然而，数值统计仅取决于数据的收集方式（如样方中的计数），并不能为我们提供空间点的尺度或明确的格局信息。由于其所提供的点格局的空间信息较少，我们将不关注这类统计数据。

函数统计采用多种方法来了解局地的空间格局并估计其空间尺度（Diggle，2003；Illian et al.，2008）。如第 2 章所述，函数统计可以潜在地获取点数据中的生态邻域状况（Addicott et al.，1987），这有助于确定格局发生的空间尺度（Gustafson，1998）。在此，我们重点关注函数统计及其在空间生态学中的应用。

以点为中心的统计从各个核心点的角度对格局进行概要统计，例如，可以基于最近邻格局来描述点的格局，即测量一个核心点到下一个最近点的距离。与其相比，以位置为中心的统计会对研究区内（通常是所有）位置的格局进行概要统计，这些位置可能存在或不存在信息点。

有关概要统计的第三个维度包括如何跨点汇总数据。一阶统计（first-order statistics）侧重于单点数据的概要统计，并未明确关注与其他点间的关系，这通常是采用强度函数 $\lambda(x)$ 来实现的，其量化的是位置 x 周围的点的相对密度，这是基于位置的一阶统计，其概要统计了位置 x 处的信息，并未使用点间信息的显式关系数据。二阶统计（second-order statistics）关注的是从点对包含的信息中估计得出的统计关系，例如，量化一个核心点特定距离（r）内的点的数量将是一个基于点和函数的二阶统计，该统计使用了点对（而不是位置）的信息，并且可以在多尺度上进行计算。此外，还有一些更高阶的统计（如使用三个点的信息）（Wiegand and Moloney，2014），但在实践中，绝大多数空间点格局分析都将重点放在一阶统计和二阶统计上。

4.2.2.1 零模型

为了评估观测到的点格局的显著性，我们通常会将其与零模型生成的点格局进行比较（Baddeley et al.，2014），最常用的零模型是完全空间随机（CSR，即均匀泊松过程）零模型（Wiegand and Moloney，2004），完全空间随机格局的假设是：①一个区域内点的数量（n）遵循泊松分布，且单位面积上的均值为 λ（有时称为强度；$\lambda=n/A$，式中 A 是研究区域的面积）；②给定区域内所有点是一个在任何位置都具有相同发生概率的独立随机样本，来自整个区域内的均匀分布（Diggle，2003）。虽然，CSR 实际上很少发生，但却是与观察到的格局进行比较的最简单零模型，可以帮助我们确定观察到的格局是不是非随机的。

要在规则形状的研究区内生成 CSR 格局，我们可以采用一个泊松点过程，简言之，对于给定的点数（n），我们可以多次模拟其 CSR 格局，从而得到置信包络线（Baddeley et al.，2014），这种方法通常被称为蒙特卡罗模拟（Monte Carlo simulation）（Manly，2006）。如果观察到的数据超出置信包络区间，则表明存在与 CSR 显著不同的空间格局。

虽然蒙特卡罗模拟是研究 CSR 下显著性最为常用的方法，但我们也可以考虑采用其他零模型方法。例如，一些点过程会假设存在聚集过程（如 Thomas 或 Matérn 过程），而另一些点过程则可以捕获抑制过程（如 Gibbs 或 Strauss 过程；Illian et al.，2008），这些假定非随机格局的点过程都可用作点格局的零模型（参见 4.3.8 节）。

如果我们知道一个物种利用的潜在资源梯度，那么我们就可以用这个潜在梯度来发展一个零模型。例如，点的位置部分地受环境梯度（如海拔或降水）所驱动，利用这些梯度信息，我们在确定点是聚集还是规则散布的同时还会考虑梯度的影响（Melles et al.，2009），这样的检验将测试物种是否表现出高于或超越潜在资源梯度的特征空间格局。这类检验通常基于非均质点过程，其中非均质性是由环境梯度驱动的，参见 4.3.7 节的例子。

4.2.2.2　非均质点过程模型

非均质点过程模型（inhomogeneous point process model）的开发是点格局分析研究中一个极具影响力的进展，该模型类似于点数据的广义线性模型，其模拟的是研究区内的点强度（Illian et al.，2008，2013；Renner et al.，2015），通常采用一个非常类似于泊松回归的非均质泊松点过程[相对于其他过程，如托马斯过程（Thomas processes）]来表述。这种模拟框架是非均质的，因为它考虑了可能影响点强度的协变量以及点格局存在非稳态的可能性（见下文）。这一点过程模型可定义为

$$\lambda(s) = \exp\left(\alpha + \beta x(s) + \ldots\right) \tag{4.1}$$

式中，$\lambda(s)$是研究区内位置 s 处点过程的强度，$x(s)$是位置 s 处的协变量，α 和 β 是要估计的参数。非均质点过程模型有多种使用方式，既可用于探索性数据分析，也可用于推理，还可用于预测和空间制图（见下文及第 7 章和第 8 章）。

4.2.3　点格局分析常用的统计模型

各种探索性的数据分析方法已被用于解释点格局。对于二阶统计而言，一些常用的方法包括量测给定半径的圆形区域内相邻点间的空间聚集程度或计算一个核心点周围特定距离内点的数量（图 4.3），每种量测方法所提出的问题间存在着细微的不同。Wiegand 等（2013）的研究表明，不同的点过程在某些类型的概要统计中会呈现相似的格局，并指出应采用几种不同的统计方法来全面捕获空间点格局。下面我们将介绍一些最为常见的方法。

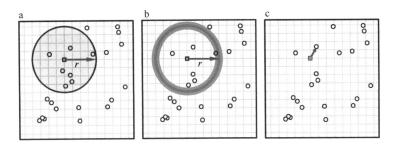

图 4.3　解释空间点格局的二阶统计方法会以不同的方式捕获点的空间信息

a. K（或 L）函数使用核心点（方块）周围特定区域（用半径 r 划定的缓冲区）内所有点的信息；b. g 函数（成对相关函数）使用一个核心点或位置（方块）周围指定半径 r 处环状区域内的点信息，该环状区域通常用一个核带宽来获得，图用半径 r 周围灰线围成的暗影表示，图中的带宽值相对较大，因此包含了一个点在内；c. G 函数采用的是点间最近邻体距离（箭头指向核心点最近邻体）

4.2.3.1 Ripley K（和 L）函数

我们首先介绍 Ripley K 函数（Ripley，1976），因为它是生态学中最为常见的点格局二阶统计函数，该函数可计算半径为 r 的圆内点的空间聚集程度，并将观察到的格局与 CSR 下的预期格局进行比较（图 4.3a），Ripley K 函数可定义为

$$K(r) = \frac{E}{\lambda} \tag{4.2}$$

式中，$\lambda = n/A$，E 为任意选择点周围半径 r 内的点数（不包括该点），因此，如果 $K(r)$ 大于半径 r 内的预期值，则观察到的事件呈聚集分布，如果 $K(r)$ 小于半径 r 内的预期值，则呈规则分布。假设圆的面积为 πr^2，则在 CSR 下半径为 r 的圆内点数的期望值为

$$E_{CSR} = \lambda \pi r^2 \tag{4.3}$$

现在，如果我们重新排列和替换，可得到 CSR 下 Ripley K 函数的期望值为

$$K(r)_{CSR} = \pi r^2 \tag{4.4}$$

上述 CSR 的期望值因 r^2 的存在而呈指数增加，从而表现出了一些不太理想的属性。因此，我们对该函数进行"线性化"，使 CSR 下的期望值等于 r（Ripley，1979）。

$$\hat{L}(r) = \sqrt{\frac{K(r)}{\pi}} = r \tag{4.5}$$

从 $L(r)$ 作为 r 的函数图上看，其 1：1 线（45 度直线）为 CSR 下的预期值，如果 $L(r) > r$，则表示存在空间聚集分布，如果 $L(r) < r$，则表示存在规则分布。另一种流行的线性化方法是将 CSR 下的期望值设置为 0。

$$\hat{L}(r) = \sqrt{\frac{K(r)}{\pi}} - r \tag{4.6}$$

在这种情况下，如果 $L(r) > 0$，则表示存在聚集分布，如果 $L(r) < 0$，则表示存在规则分布。当使用 Ripley K 函数的线性化版本（即 L 函数）时，重要的是要清楚地知道它是线性化为 r 还是 0。

实际上，Ripley K 函数的计算如下。

$$\hat{K}(r) = A \sum_{\substack{i=1 \\ i \neq j}}^{n} \sum_{\substack{j=1 \\ j \neq i}}^{n} \frac{w_{ij} I_r(d_{ij} < r)}{n^2} \tag{4.7}$$

式中，d_{ij} 是事件 i 和 j 间的距离，I_r 是一个指标函数，当 $d_{ij} < r$ 时取 1，否则取 0，w_{ij} 是一个研究区边缘效应校正的权重因子，如果我们忽略边缘校正问题（我们将在下面对此展开讨论），式（4.7）可以简化为

$$\hat{K}(r) = \lambda^{-1} \sum_{\substack{i=1 \\ i \neq j}}^{n} \sum_{\substack{j=1 \\ j \neq i}}^{n} \frac{I_r\left(d_{ij} < r\right)}{n} \qquad (4.8)$$

请注意，式（4.8）与我们最初定义 K 函数的方式非常相似。简言之，该统计是计算距离 r 内的平均点数，按平均强度 λ 进行缩放，然后将其与 CSR（或其他零模型）下的预期值进行比较。

4.2.3.2　成对相关函数

虽然 Ripley K 函数和 L 函数的应用有悠久的历史，但它们对格局出现的尺度的解释可能并不十分清楚。例如，如果在约 5m 的半径处存在一个很强的聚集格局，并不会在更大的尺度上产生影响，但 Ripley K 函数可能会显示聚集格局发生在更大的尺度上，因为 $r>5m$ 计算时仍然使用了 $r<5m$ 的数据。也就是说，Ripley K（和 L）函数是一个累积函数，其使用了所有半径小于 r 的圆内的点。因此，通常建议采用基于距离的分析方法（图 4.3b）来补充或替代基于面积的分析方法（如 Ripley K 函数）（Illian et al.，2008），最为常见的基于距离的统计分析方法是成对相关函数 g，其中：

$$g(r) = \frac{\mathrm{d}K(r)/\mathrm{d}r}{2\pi r} \qquad (4.9)$$

从本质上讲，g 函数计算的是半径 r 处 Ripley K 函数的斜率除以半径为 r 的圆的周长，CSR 下此函数的预期值为 1，如果 $g(r) > 1$，则表明存在聚集分布，$g(r) < 1$ 则表明存在规则分布。请注意，在实践中上述想法有时会通过定义环状带宽（Δr）或面元大小而不是用式（4.9）中的微分形式来实现（Wiegand and Moloney，2004），如果带宽太小，数据稀疏将导致函数中出现假性不规则；但如果带宽太大，则函数开始近似于 Ripley K 函数，我们可以用平滑核而非手动确定带宽来解决这一问题（Penttinen et al.，1992）（见下文；第 6 章）。Wiegand 和 Moloney（2004）还讨论了与成对相关函数有关的 O 环统计函数，其中 $O(r) = \lambda g(r)$。

虽然成对相关函数在生态学中的使用频率不如 Ripley K 函数，但一些科学家认为，它可以更好地对点格局的相关空间尺度进行分离（Illian et al.，2008），比 Ripley K 函数提供了更多的信息。其实 Ripley K 函数可以简单地视为成对相关函数的累积版本（Baddeley，2007；Wiegand and Moloney，2014；Velazquez et al.，2016）。

4.2.3.3　邻体间的距离：G 函数

G 函数用于估计一个指定点最近邻体距离的累积分布，有时又称为"事件到事件间"的分布（图 4.3c），该函数有助于解释在指定距离 r 内发现最近邻体的概率。在生境破碎化研究（见第 3 章）中考虑最近邻体距离度量指标时，该函数也可作为一种解释斑块隔离空间尺度的方法，该函数可以采用下式计算。

$$\hat{G}(r) = \frac{1}{N} \sum_{i=1}^{n} 1(d_i \leqslant r) \qquad (4.10)$$

式中，N 是点的数量，d_i 是观测到的最近邻体间的距离，CSR 下 G 函数的期望值为

$$G(r)_{CSR} = 1 - \exp\left(-\lambda \pi r^2\right) \qquad (4.11)$$

当 $G(r) > G_{CSR}(r)$ 时，最近邻体距离比泊松过程预期值要小，表明存在空间聚集，当 $G(r) < G_{CSR}(r)$ 时，最近邻体距离比泊松过程预期值要大，表明存在均匀散布。此函数对格局的解释较为直观，但忽略了最近邻体以外其他所有点的信息（与 K、L 或 g 函数不同），因此相对于其他概要统计方法，此函数更易于捕获点格局中较小尺度的异质性（Wiegand and Moloney，2014）。此外，还有一些相关的函数关注的是空间位置而不是点[如空间空域函数 $F(r)$]，在此我们不对这些函数进行详细说明。

4.2.3.4　双变量和多变量标记

上述函数均已扩展用于解释两种类型点的空间格局（Andersen，1992），进而将空间点格局分析方法扩展到用于揭示一些重要的生态和保护问题，如种间竞争对物种分布的作用、动物的资源选择以及人类活动如何影响动物产卵行为等，这些思想可以纳入一个标记点格局分析的框架内。标记（mark）指的是事件（点）的某些特定信息，可以是分类的（如捕食者与猎物），也可以是连续的（如树木胸径）。

对于两个不同类别的点（1 和 2），样本双变量（或交叉）Ripley K 函数可以描述为

$$\hat{K}_{12}(r) = A \sum_{\substack{i=1 \\ i \neq j}}^{n_1} \sum_{\substack{j=1 \\ j \neq i}}^{n_2} \frac{I_r\left(d_{ij} < r\right)}{n_1} n_2 \qquad (4.12)$$

我们可以用式（4.12）同样的方法对 K_{21} 进行计算，然后计算两者的加权平均值，该函数的期望值与所研究的潜在问题有关（详见下文）。这种一般性的方法也可扩展用于几种类型点的分析（Condit et al.，2000）。

针对连续标记的点我们通常会使用标记相关函数（Penttinen et al.，1992）。

$$\hat{K}_m(r) = \sum_{\substack{i=1 \\ i \neq j}}^{n} \sum_{\substack{j=1 \\ j \neq i}}^{n} I_r m_i m_j \qquad (4.13)$$

式中，m_i 是位置 i 处的定量标记值，该函数的预期值为

$$K_m(r)_{\mathrm{CSR}} = \sqrt{\frac{\hat{K}_m(r)}{\pi \mu^2}} \qquad (4.14)$$

式中，μ 是标记的平均值。请注意，如果将式（4.13）中的 $m_i m_j$ 替换为 $(m_i - m_j)^2$，则该函数几乎等同于经验变异函数（见第 5 章），因此，标记相关函数确定的是定量标记值间存在正相关还是负相关（如较大的树木与其他较大的树木邻近的可能性是否更大）。

4.2.3.5　边缘效应的校正

上述所有统计方法均考虑边缘效应的问题。在点格局分析中，边缘效应（edge effect）会出现在研究区边界附近，因为此处并未包括研究区外点的相关信息，因此，当在边界附近的某一点考虑一定半径 r 的圆内的点时，一些点可能会出现在研究区之外，那么观测到的点数可能低于该半径圆内的实际点数。不考虑边缘效应的统计方法往往会导致对空间散布状况的有偏估计，因此，我们建议在计算中考虑边缘效应。请注意，在某些情况下，如果边界是点的硬边界（真正的边界），那么就可以不考虑边缘效应的存在（Lancaster and Downes，2004）。

上述统计函数（K、L 和成对相关函数 g 等）均可根据边缘效应进行校正。一些校正方法使用点的权重，一些则使用缓冲区，还有一些使用某种环形（如圆环）来调整边缘效应。Ripley（1988）提出的基于权重的简单校正方法有时也被称为"各向同性校正"。在这种情况下，如果半径为 r 的圆完全处于研究区内，则权重（w）等于 1，如果圆的一部分处于研究区外，则该校正使用处于研究区内的圆周长比例的倒数（如果圆周长的 1/2 处于研究区内，则内部点的 w 等于 2）。这种校正方法是比较直观的，但对于不规则复杂边界的校正效果并不太好。"平移校正（translate correction）"是一种常见的校正方法，适用于所有几何形状的研究区（也称为环面校正），此方法不使用权重，而是像圆环一样将所有点都包裹起来。

4.2.3.6　一般性假设

上述分析都假设点过程是稳态的（stationary，均质的），因此也假设过程是各向同性的（isotropic）。然而，上述函数也可扩展用于非均质点过程

（inhomogeneous point process，即强度随空间变化而变化）。

这些模型还假设对所有点的位置进行全面调查，而非选取一个样本。有人认为，如果观测点是真实分布的一个随机样本，则这些分析方法仍然有效（因为随机/独立稀疏的泊松点过程仍然是泊松点过程），然而，如果观测点的位置是一个有偏样本，那么这种偏差可能会改变点格局的最终结论。

4.3 R 语言示例

4.3.1 R 语言程序包

在 R 语言中有一些程序包可用于空间点格局分析，其中，spatial 程序包（Venables and Ripley，2002）可以完成一部分点格局分析，而 spatstat 程序包则是一个更为全面和灵活的程序包，在此，我们将重点讨论这一程序包的使用方法（Baddeley and Turner，2005）。

在 spatstat 程序包中，基本的数据类型包括点格局（ppp）、窗口（owin）和像元图像（im），其中，点格局是一个数据集，记录在某一区域内观察到的所有"事件"或"个体"的空间位置；窗口是二维空间中的一个区域，通常代表研究区的边界；像元图像是窗口内矩形网格中每个格点值组成的数组，可能是某些协变量数据（如从栅格网格中获取的），也可能是某些计算结果（如核密度平滑函数）。

4.3.2 数据

作为解释点数据及其空间格局的一个实例，我们分析了在奥德韦-斯威舍（Ordway- Swisher）生态站收集的植物分布数据，该站是美国东南部国家生态观测网（NEON）的核心站点（Kampe et al.，2010；Kao et al.，2012）。匐地仙人掌（*Opuntia humifusa*）是一种常见的植物，分布于撂荒地（图 4.4a）和树冠覆盖稀疏的其他高地地区。人们对匐地仙人掌感兴趣主要有三方面原因：第一，它是几种昆虫与脊椎动物觅食和繁殖的一种常用资源（Sauby et al.，2012；Grunwaldt et al.，2015；Lavelle et al.，2015）；第二，世界上一些地区会把某些仙人掌属植物作为农作物进行种植（Lopez，1995；Cruz-Rodriguez et al.，2016）；第三，仙人掌属植物入侵了一些非原生地区，并成为统治这些地区的问题物种（如澳大利亚和南非的一些地区）（Freeman，1992；Novoa et al.，2016）。

这一生态系统非常适合我们展示如何用空间点格局分析来解决生态学中的应用性问题。我们采用一个 50m×50m 样地（图 4.3b）中仙人掌缘蝽（*Chelinidea*

vittiger）点位的数据，作为生境丧失和破碎化调查的一部分，该样地使用高精度
GPS（约 30cm 误差）设置（Fletcher et al.，2018）。研究中对样地内每个点位仙
人掌个体的大小以及食草昆虫仙人掌缘螬的存在状况进行了调查，作为仙人掌属
植物特有的昆虫，仙人掌缘螬在世界某些地区已被用作入侵仙人掌的生物防治措
施

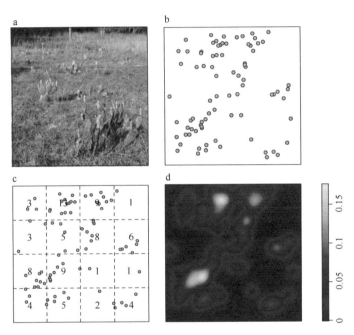

图 4.4　奥德韦-斯威舍生态站的匍地仙人掌（*Opuntia humifusa*）分布图（彩图请扫封底二维码）
a. 匍地仙人掌呈斑块状分布；b. 在一个 50m×50m 样地上观察到的匍地仙人掌的位置点格局；c. 匍地仙人掌的
样地计数；d. 用核密度函数绘制的匍地仙人掌的分布强度图

（DeVol and Goeden，1973）。仙人掌的大小可以用连续标记来描述，而仙人掌缘
螬的存在-缺失则被定性为二元标记。我们分析的目的是揭示仙人掌和生防昆虫是
否存在空间聚集趋势，并确定其格局的空间尺度。

4.3.3　点格局数据的创建与可视化

　　首先，我们加载 spatstat 程序包和数据（cactus.csv），并创建相关的 spatstat
对象。由于该研究区为正方形（50m×50m），我们可以通过在 spatstat 程序包中
提供四个角的坐标（cactus_boundary. csv，如纬度/经度或 UTMs）来描绘分析窗
口的大小。

```
> library(spatstat)
```

```
> cactus <- read.csv('cactus.csv', header = T)
> boundary <- read.csv("cactus_boundary.csv", header = T)
> ppp.window <- owin(xrange = c(boundary$Xmin,
  boundary$Xmax), Yrange = c(boundary$Ymin, boundary$Ymax))
> ppp.cactus <- ppp(cactus$East, cactus$North, window =
  ppp.window)
```

spatstat 程序包还可以用多边形文件（如 shp 文件）来描绘研究区。例如，我们可以用 rgdal 程序包加载样地范围的多边形文件（.shp），并用一种直观的方式从该文件创建一个 win 对象：

```
> library(rgdal)
> boundary.poly <- readOGR("cactus_boundary.shp")
> ppp.window.poly <- as.owin(boundary.poly)
```

一旦数据转为 spatstat 格式，spatstat 程序包就可给出几个探索性图件（图 4.4c）和如下一些概要统计信息：

```
> plot(ppp.cactus) #分布点位图
> plot(density(ppp.cactus, 1)) #密度/强度图
> summary(ppp.cactus)

##
Planar point pattern: 82 points
Average intensity 0.0262668 points per square unit
Coordinates are given to 1 decimal place
i.e. rounded to the nearest multiple of 0.1 units
Window: rectangle = [403368, 403424.6] x [3285673, 3285728]
units
Window area = 3121.81 square units
```

概要统计信息显示有 82 个点位（仙人掌个体），并提供了观察到的强度值（λ）。密度图（图 4.4d）是一个显示图中各点强度的视图，通过这种方式绘制空间强度图，可以让我们了解点的空间分布趋势是否违反均质点过程的假设。

我们还可以根据叠加在图上的样地信息对点进行计数（图 4.4c），为了确定这些样地的点计数是否符合 CSR（即均匀泊松过程），我们进行了一个简单的卡方检验统计：

```
> Q <- quadratcount(ppp.cactus, nx = 4, ny = 4)#12.5mx12.5m
样方
> plot(ppp.cactus)
> plot(Q, add = TRUE)
> quadrat.test(ppp.cactus, nx = 4, ny = 4, method = "Chisq")

##
Chi-squared test of CSR using quadrat counts
Pearson X2 statistic

data: ppp.cactus
X2 = 35.463, df = 15, p-value = 0.004223
alternative hypothesis: two.sided
Quadrats: 4 by 4 grid of tiles
```

　　统计检验结果表明，在我们定义的样地尺度上，存在着一个高度非随机的点格局。请注意，此检验更类似于一阶点格局分析，因为它基于的是取样样地中点的散布信息。

4.3.4 单变量点格局

　　二阶点格局分析可以很容易地在 spatstat 程序包中实现，下面我们将说明 Ripley K 函数和标准化的 L 函数（图 4.5），初始状态下我们将忽略边缘效应（correction = "none"）。

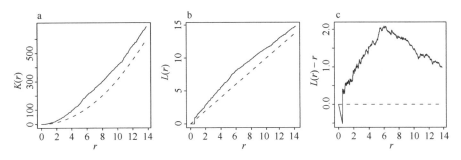

图 4.5 Ripley K 函数和线性化 L 函数

a. Ripley K 函数；b. 通过缩放使期望值为 r；c. 通过缩放使期望值为零。三种函数图中，实线表示观测值，虚线表示完全空间随机（泊松点过程）情况下的期望值。该图并未对边缘效应进行校正

```
> Knone <- Kest(ppp.cactus, correction = "none")
> plot(Knone)
```

```
> Lnone <- Lest(ppp.cactus, correction = "none")
> plot(Lnone)  #标准化为一个 1 : 1 期望值的函数
> plot(Lnone, . - r ~ r)  #标准化为一个 0 期望值的函数
```

请注意，这些函数均会绘制出两条线，其中"L_{pois}"线是一条虚线，表示基于泊松过程（CSR）的期望（理论）值。spatstat 程序包计算 L 函数的方法是将 K 函数线性化，使期望值为 r（或半径）。当我们忽略边缘效应时，实线表示 L 函数的估计值（线性化的 K 函数值）。

以上分析都忽略了边缘效应问题，spatstat 程序包中提供了多种边缘效应校正的方法，我们对两种校正边缘效应的方法——各向同性校正和平移校正进行了比较（图 4.6），各向同性校正方法是在靠近样地边缘的区域采用了一种简单的加权法（Ripley，1988），而平移校正方法则采用了环面移动。我们通过如下代码对潜在的边缘效应进行调整：

```
> Liso <- Lest(ppp.cactus, correction = "isotropic")
> plot(Liso, . - r~r)
> Ltrans <- Lest(ppp.cactus, correction = "translate")
> plot(Ltrans, . - r ~ r)
```

对不考虑和考虑边缘效应的 L 函数图进行比较时我们发现，格局在较大距离处发生了变化，我们预计 L 函数在较大距离处可能会比较小距离处有更大的偏差（因为较大半径的圆自然会与研究区的边界有更多的重叠）。当我们不考虑边缘效应时，实际上在边界附近半径为 r 的圆内被计算的点较少，因此，L 函数或 K 函数的观测值应具有随 r 增加而降低的假象。

目前为止所有的分析都是探索性的，虽然观察到的统计（K，L）似乎与预期有所不同，但我们尚不清楚它们间是否存在实质性（或显著）的不同。为了对点格局是否遵循 CSR 进行正式推断，我们可以使用 envelope 函数中的 Monte Carlo 模拟来计算 CSR 下的置信包络区间，此函数可应用于多种类型的点格局统计方法中。

```
> Lcsr <- envelope(ppp.cactus, Lest, nsim = 99, rank = 1,
  correction = "translate", global = FALSE)
> plot(Lcsr, . - r ~ r, shade=c("hi", "lo"), legend = F)
```

在 envelope 函数中，rank 参数用于指定模拟的 α 值，当 rank=1 时，最大值和最小值被用作包络线，因此对于 99 次模拟，$\alpha=0.01$，而对于 19 次模拟，$\alpha=0.05$。还要注意的是，我们指定了 global=FALSE，这意味着包络线为"逐点包络线"，由于方差稳定的特性，这类包络线在 L 函数中的效果比 K 函数中更好。

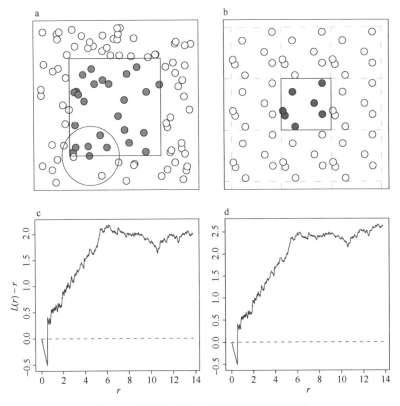

图 4.6　边缘效应校正对点格局推断的影响

a. 为了校正边缘效应，可以使用权重对半径内观察到的点数（灰色点）进行补偿，具体权重取决于半径 r 的圆内落在研究区外的点数；b. 通过点格局移动（如此处所示为环形移动）进行边缘效应校正；c. 使用加权函数（各向同性）的 L 函数点格局分析；d. 使用平移校正（环形移动）的 L 函数点格局分析，在图 4.6c 和图 4.6d 中，实线表示观察值，虚线表示 CSR 下的预期值。我们可以将图 4.6c 和图 4.6d 与图 4.5c 进行对比

　　逐点包络线图显示了任意距离 r 处模拟格局中规定的上下分位数（图 4.7），考虑到分析计算的是多距离包络线，不应使用逐点包络线中某一指定的 α 值来拒绝该水平上的零模型（因为多重检验），因此，我们可以采用多种全局检验的方法。尽管全局检验的方法仍处在努力开发过程中（Baddeley et al.，2014；Wiegand et al.，2016），但 spatstat 程序包还是为我们提供了一个全局检验的选项（在上述模型中使用 global=T）。这种方法估计所有距离 r 上的泊松点过程的最大偏差（即 $D=\max|k(r)-K_{pois}(r)|$），因此被称为同步包络（或临界带）而非逐点包络（图 4.7a），如果观察线在距离 r 处的任意点落在同步包络线之外，我们将拒绝零假设。

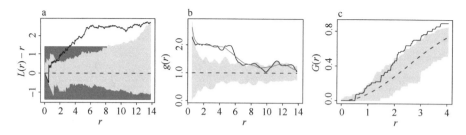

图 4.7　L 函数（a）、成对相关函数 g（b）和 G 函数（c）在完全空间随机下的置信包络区间
a. 显示 99% 逐点包络和全局包络（全局为深灰色）；b. 显示半径 r 周围的两个带宽（默认值为 0.15，黑色；0.4，灰色）；c. 实线表示观测值，虚线表示完全空间随机（泊松点过程）下的期望值

现在，我们更感兴趣的是估计空间格局出现的距离，因此更为合适的方法是使用"环"而不是圆（如 Ripley K 函数）。估计成对相关函数 g 时大多数参数与上述代码中类似，主要的不同在于，此处我们调用的不是 Lest，而是 pcf（pair correlation function，成对相关函数；图 4.7b）。

```
> Ptrans <- pcf(ppp.cactus, correction = "translate")
> plot(Ptrans)
> Penv <- envelope(ppp.cactus, pcf, nsim = 99, rank = 1,
  correction = "translate", global = FALSE)
> plot(Penv, shade = c("hi", "lo"), legend = FALSE)
```

pcf 函数中使用了平滑核，这样我们就不再需要距离箱体，平滑核的默认带宽系数（与高斯核中的 sigma 系数相关；见第 2 章）为 0.15（Stoyan and Stoyan，1994）。我们可以使用 pcf 函数中的 stoyan 命令来调整成对相关函数的平滑过程，提高带宽系数值（如 stoyan=0.4）以产生波动较小的 g 函数（图 4.7b）。

最后，我们可以将上述参数用于 G 函数来估计基于距离的最近邻概率（图 4.7c）。spatstat 程序包采用了与上述类似的方法，但在 Gest 函数中考虑边缘效应的方法略有不同，下面我们将使用 rs 参数（reduced sample correction）来进行校正。我们可以用经验数据累积分布函数（ecdf 函数）对 spatstat 程序包计算出的观测 G 函数进行检查：

```
> Gtrans <- Gest(ppp.cactus, correction = "rs")
> plot(Gtrans, legend = F)
> Genv <- envelope(ppp.cactus, Gest, nsim = 99, rank = 1,
  correction = "rs", global = FALSE)
> plot(Genv, shade = c("hi", "lo"), legend = FALSE)
#每个点的最近邻距离
```

```
> nn.dist <- nndist(ppp.cactus)
> plot(ecdf(nn.dist), add = T)
```

请注意，G 函数的半径比 L 函数或成对相关函数 g 的半径小得多，这是合乎情理的，因为最近邻距离强调的是点间的最短距离。

综上所述，L 函数、g 函数和 G 函数的分析结果为我们提供了仙人掌空间格局一些互补的剖析。对逐点包络而言，L 函数表明聚集格局发生在 2～13m 的尺度上，而成对相关函数表明，L 函数中观察到的大部分效应是在较短的距离（2～6m）上产生的。同样，G 函数表明最近邻距离在非常小的尺度（<2m）上呈随机分布，而在更大尺度上的距离比预期值要小，与聚集的结果保持一致。

4.3.5　标记点格局

上述多种单变量分析方法均可扩展用于提出一些基于标记点格局的有趣且重要的问题。首先，我们在标记点格局的背景下考虑资源利用与可用性的问题（Lancaster and Downes，2004）。有几种食草昆虫会利用匍地仙人掌，我们感兴趣的是如何解释这些食草昆虫的空间散布，我们还想知道在考虑仙人掌潜在分布的情况下食草昆虫的分布状况。为了解决这些复杂的问题，如解释物种间的空间协方差，我们需要使用标记点格局的分析方法。

在此，我们将分析一种食草昆虫——仙人掌缘蝽（*Chelinidea vittiger*）在仙人掌上的空间分布。仙人掌缘蝽是一种昆虫，在澳大利亚曾被用于对仙人掌的生物防控（尽管效果有限）（DeVol and Goeden，1973），它以仙人掌为主食，并在仙人掌的节上进行繁殖，其散布性很差（Fletcher et al.，2011），往往会在仙人掌上呈现聚集分布格局（Miller et al.，2013）。

为了分析仙人掌缘蝽的空间分布，我们采用了一个随机化过程，其中，我们用 rlabel 函数对仙人掌重新标记（将利用过的和未利用过的仙人掌的位置重新排列，称为"随机标记"）来解释观测到的仙人掌缘蝽的格局，也就是说，我们感兴趣的是以仙人掌分布为条件的昆虫散布。在另一种情况下，我们也可能会对两种被标记的过程（如两个物种间的竞争）的联合分布感兴趣，对此，我们可采用一个与 rlabel 函数类似的 rshift 函数，该函数不对标记进行重排列，而是在保持一个标记的点格局不变的情况下对另一个标记的点格局进行环形移动。

首先我们需要创建一个新的包含存在-缺失数据标记值的 spatstat 对象。在研究所提供的数据中，包括了对每个斑块上仙人掌缘蝽数量进行的 6 次调查信息，其次，我们对这些数据进行截取，生成一个仙人掌缘蝽存在-缺失的双变量标记数据：

```
> cactus$CheliPA <-as.factor(ifelse(cactus$chelinidea > 0,
  "presence", "absence"))
```

使用上面这个新变量 CheliPA，我们可以创建如下一个新的 spatstat
对象：

```
> ppp.PA <- ppp(cactus$East, cactus$North, window = ppp.window,
  marks = cactus$CheliPA)
> split(ppp.PA) #标记值的概要统计
> plot(split(ppp.PA)) #分别绘图
```

首先，在不考虑仙人掌分布的情况下，我们对仙人掌缘蝽的空间分布格局进
行解释（图 4.8a）。

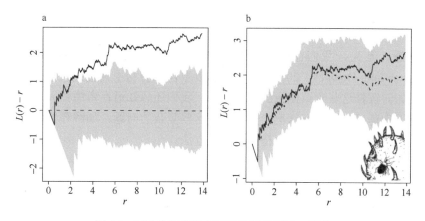

图 4.8　区分空间利用与可用性的双变量 L 函数

a. 未考虑仙人掌分布（可用性）的情况下，对仙人掌缘蝽（*Chelinidea vittiger*）的空间点格局分析显示其呈聚集
分布；b. 考虑仙人掌分布的情况下双变量分析（使用随机标记过程）结果表明仙人掌缘蝽呈随机分布。图中实线
为观察值，虚线为 CSR 下的期望值

```
> cheli.data <- subset(cactus, chelinidea > 0)
> ppp.bug <- ppp(cheli.data$East, cheli.data$North, window =
  ppp.window)
> Lbug <- envelope(ppp.bug, Lest, nsim = 99, rank = 1, i =
  "presence", global = F)
```

然后，我们将上述结果与一个基于随机标记模拟的双变量 K 函数（或双变量
成对相关函数）的分析结果进行对比，用来解释标记的空间格局（图 4.8b）。

```
> Lmulti <- envelope(ppp.PA, Lcross, nsim = 99, rank = 1, i =
  "presence", global = FALSE, simulate =
```

```
expression(rlabel(ppp.PA)))
```

综上所述，如果我们只是在不考虑仙人掌分布的情况下进行分析，将会得出仙人掌缘蝽空间格局呈聚集分布的结论（图 4.8），然而，仙人掌缘蝽的空间格局实际上是由制约其分布的仙人掌空间格局所驱动的。

最后，我们采用标记相关函数对连续标记加以考虑，在本示例中我们将仙人掌个体的面积视为一个连续标记，我们想知道仙人掌在大小上是否趋于聚集，或是有一个抑制过程，即较大的仙人掌往往邻近较小的个体。这可以通过创建一个 spatstat 对象来实现，其中，我们用仙人掌的大小作为定量标记，然后使用 markcorr 函数模拟如下（图 4.9）。

```
> ppp.area <- ppp(cactus$East, cactus$North, window=
  ppp.window, marks = cactus$Area)
> mcf.area <- markcorr(ppp.area)
> MCFenv <- envelope(ppp.area, markcorr, nsim = 99, correction =
  "iso", global = FALSE)
> plot(MCFenv, shade = c("hi", "lo"), legend = F)
```

请注意，在本示例中，如果观测值大于 1，则表明存在正的标记相关，较大的仙人掌个体往往会邻近其他较大的仙人掌个体；如果观测值小于 1，则较大的仙人掌往往会邻近较小的仙人掌。分析表明，整个地块内仙人掌的大小并未呈现出明显的空间格局（即较大的仙人掌不存在聚集分布）。

4.3.6 非均质点过程及点过程模型

当点过程随位置变化（如沿环境梯度）而发生变化时，点过程模型可以帮助我们了解并解读这类非均质点过程。非均质点过程模型类似于点数据的广义线性模型（GLM）（非常类似于泊松回归；参见第 6 章中更多有关 GLM 的内容），此刻，我们是在对研究区内的点强度进行模拟（Renner et al.，2015）。

我们可以用各种协变量来解释非均质点过程，在此我们主要考虑两种类型的协变量。首先，我们从简单的基于 *x-y* 坐标的空间趋势开始（关于空间趋势的更多信息，请参见第 6 章），我们可以拟合不同的点过程模型对拟合状况进行检验。其次，我们导入一个量化样地中草本植被高度（有关这些数据及其解释的更多信息，请参见第 5 章）的栅格图层。由于光照限制（Hicks and Mauchamp，2000）或食草动物变化的间接影响（Burger and Louda，1994），周围植被的高度可能与解释仙人掌属植物的分布有关。为了拟合一个点过程模型，我们使用 ppm 函数。

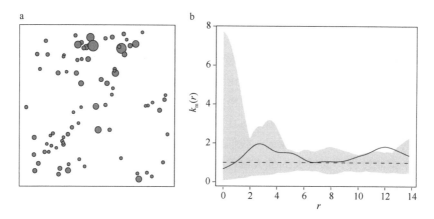

图 4.9　斑块面积（仙人掌个体面积）（a）和仙人掌斑块面积的标记相关分析及 99% 的逐点包络线（b）。值<1 且处于包络线外表示斑块面积与斑块距离 r 间呈负相关，而值>1 表示两者呈正相关

#基于 x, y 坐标的简单截距和趋势模型

```
> pp.int <- ppm(ppp.cactus, ~ 1) #无趋势(均质的)
> pp.xy <- ppm(ppp.cactus, ~ x + y) #线性趋势
> pp.xy2 <- ppm(ppp.cactus, ~ polynom(x, y, 2)) #二次趋势
```

　　在一个点过程模型中添加 x-y 坐标有时会使模型收敛变得困难，因此需要对坐标进行重新缩放。在上述模型中，我们可以手动将 ppp 对象居中（窗口和点的坐标分别减去 x 坐标和 y 坐标的均值；代码未显示）以确保收敛，也可以使用 spatstat 程序包中的 rescale 函数。如要使用栅格图层（图 4.10a），我们必须将其转换为矩阵，再转换为 spatstat 程序包可以读取的图像文件，此外，我们可以拟合模型并用模型选择准则（model selection criteria）AIC 值对模型进行比较。

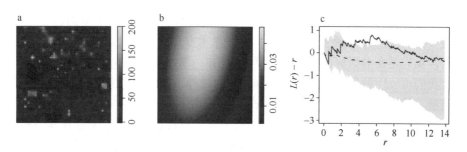

图 4.10　基于点的空间趋势进行的非均匀 L 函数分析（彩图请扫封底二维码）

a. 植被高度协变量；b. 基于核密度函数的最佳拟合空间趋势图；c. 解释空间趋势的非均匀 L 函数

#基于栅格图层中协变量的模型

```
> library(raster)
> veg.height <- raster('cactus_matrix')
```
#创建 spatstat 程序包可以读取的一幅协变量栅格图
```
> veg.height <- data.frame(rasterToPoints(veg.height))①
> veg.height <- veg.height[order(veg.height$x, veg.
  height$y), ]#sort
> veg.height.mat <- matrix(NA, nrow=length(unique
  (veg.height$x)), ncol=length(unique(veg.height$y)))
> veg.height.mat[] <- veg.height$Height
> cov.veg <- im(mat = veg.height.mat,
  Xrange = c(boundary$Xmin, boundary$Xmax),
  Yrange = c(boundary$Ymin, boundary$Ymax))
```

#基于植被协变量的点过程模型
```
> pp.veg <- ppm(ppp.cactus, ~ veg, covariates = list(veg=
  cov.veg))
```
#用 AIC 值进行模型选择
```
> data.frame(model = c("int", "xy", "xy^2", "veg"),
  AIC = c(AIC(pp.int), AIC(pp.xy), AIC(pp.xy2), AIC(pp.veg)))
```

```
##
model      AIC
1    int   762.8697
2    xy    761.0581
3   xy^2   753.3127
4   veg    754.8890
```

　　根据 AIC 值，上述计算结果显示点的强度存在着一定的空间异质性，可以视为一个非均质点过程，其中，支持度最高的模型是二次趋势模型，但包含植被高度协变量的栅格图像也有一定的支持度。我们可以用 predict 函数来描绘这个估计过程。

#对点过程模型进行绘图
```
> plot(predict(pp.xy2, type = "trend"))
> plot(ppp.cactus, add = T)
```

---

① 译者注：此行以上的三行代码展示的是如何将一个栅格图层转换为矩阵的过程，由于原书中所附数据中没有一个名为'cactus_matrix'的栅格图层，在此我们保留这三行代码，以方便读者掌握这一转换过程，感兴趣的读者可参考原书所附代码，或将这三行代码替换为 "veg.height <- read.csv('cactus_matrix.csv', header=T)" 即可

我们也可以在 K 函数中调整这个格局，为此我们首先要制作一个 spatstat 程序包可以使用的预测点过程模型的图像对象（类似于所研究的协变量栅格图），然后，我们用 Linhom 函数来解释空间散布量化时的异质性（图 4.10c）。

```
> pp.xy.pred <- predict.ppm(pp.xy2, type = "trend")
> Lxycsr <- envelope(ppp.cactus, Linhom, nsim = 99, rank = 1,
  correction = "translate", simulate =
  expression(rpoispp(pp.xy.pred)), global = F)
> plot(Lxycsr, . - r ~ r, shade = c("hi", "lo"), legend = F)
```

请注意，当考虑这种不均匀性时，在很大程度上（但不是完全）说明了前面观察到的聚集。这种一般性的方法可用来控制可能影响格局的因素，以探明在控制这些影响后是否会出现聚集或均匀分布。

4.3.7 供选零模型

虽然采用 CSR 作为零模型是一个助力很大的出发点，但在某些情况下，我们可能会对使用其他零模型产生兴趣。泊松聚类过程可衍生出一些零模型，生态学中两种常见的泊松聚类过程是 Matérn 聚类过程和 Thomas 聚类过程（Velazquez et al.，2016）。Matérn 聚类过程中包括两种类型的点，首先是具有泊松分布的"母"点，其次是对应每个"父"点的一些"子"点，这些"子"点在半径 r 范围内独立且均匀地分布在"母"点周围（图 4.11a），因此会产生一个潜在的聚集格局。与此类似，在 Thomas 过程中，"子"点是随着"母"点生成的，具有各向同性高斯分布特征（类似于第 2 章中描述的高斯核），这类过程可以反映某些生物学现象，如种子从亲本植物向外扩散的过程。

我们可以在上述函数（K、L、成对相关函数 g 等）中使用 spatstat 程序包中包含的这些供选零模型。例如，以 Thomas 过程作为零模型的 K 函数可以量化为：

```
> Kthomas <- kppm(ppp.cactus, ~ 1, "Thomas")
```

为了解释这个模型，summary（Kthomas）提供了大量有关模型拟合的信息，例如，平均聚块大小的估计值（4.6 个点）以及该大小的最佳拟合尺度（3.7m）等信息。请注意，在上述的 kppm 函数中，我们还可以对协变量进行说明（"~1"表示不考虑协变量，仅包括模型中的截距；~polynom（x，y，2）将说明上面所说的趋势）。

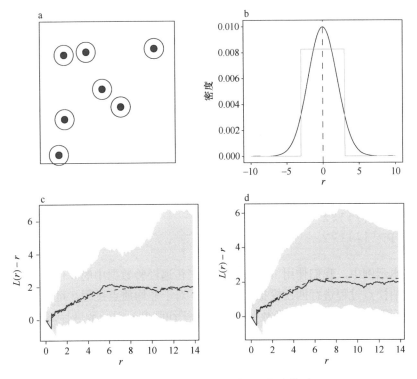

图 4.11 假设一个聚集点过程的供选模型

a. 大多数模型首先假设"母"点来自一个潜在的泊松点过程，而"子"点则聚集在"母"点周围特定半径或缓冲区内，图中所示为"子"点可能是聚集的某一缓冲半径下的泊松过程；b. "子"点的聚集可以基于不同的潜在分布，图中所示为一个 Matérn 聚类过程和一个 Thomas 过程的双变量核的横截面，其中，Matérn 过程假设"子"点基于均匀分布围绕母代聚集（灰线），而 Thomas 过程假设"子"点的聚集基于各向同性正态分布（黑线）；c、d. 基于上述过程对仙人掌数据拟合得到的 L 函数，其中，实线是观测值，虚线为 Thomas（c）和 Matérn（d）过程下的期望值

在此，我们可以使用 envelope 函数来解释点格局。

```
> Kthomas.env <- envelope(Kthomas, Lest, nsim = 99, rank = 1,
  global = F)
> plot(Kthomas.env, . - r ~ r, shade=c("hi", "lo"), legend = F)
```

上述模型表明，观察到的点格局与 Thomas 过程（图 4.11c）或 Matérn 过程（图 4.11d）的期望值并无实质性的差异，这一结果与前面的分析结果一致，说明存在着聚集格局。

4.3.8 模拟点过程

格局模拟通常是一种很有用的方法，可以为我们创造一个已知的"真理"，然后我们可以用它来评估空间生态学和保护中一些感兴趣的潜在假设或模型。事实上，模拟方法越来越多地被用来解释生态模型的准确性和敏感性（Kery and Royle，2016），我们将在整本书中论及空间数据模拟的问题。

我们可以对点过程进行模拟，事实上，上述问题中我们用蒙特卡罗模拟来推断点格局的显著性就是在模拟数据。为了更加形象地说明，我们可以用 rpoispp 函数模拟与我们的经验数据具有相同强度 λ 的均质点过程。

```
> sim.pp <- rpoispp(lambda=intensity(ppp.cactus), nsim = 4,
  win=ppp.window)
#获取第 1 次模拟过程中点的 x-y 坐标
> sim.pp[[1]]$x
> sim.pp[[1]]$y
```

在本示例中，我们使用 intensity 命令来传递经验数据中的 λ 值，并要求用该强度的泊松点过程进行四次模拟（实现）。对于非均质点过程，可以通过传递描述 x-y 平面上非均匀过程的函数关系（而非平均强度）对函数进行调整。

```
#基于 ppm 模型系数创建一个函数
> pp2.fun <- function(x, y) {exp(pp.xy2$coef[1] +
  pp.xy2$coef[2]* x +
  pp.xy2$coef[3] * y + pp.xy2$coef[4] * I(x^2) +
  pp.xy2$coef[5] * x * y + pp.xy2$coef[6] * I(y^2))}[1]
#或采用 xy^2 模型的期望值
> pp2.sim <- rpoispp(pp.xy.pred, nsim = 4)
#模拟 ppm 中的非均质点过程
> pp2.sim <- rpoispp(pp2.fun, nsim = 4, win = ppp.window)
```

最后，我们注意到，类似的方法可以用于模拟其他过程，如上面提到的 Matérn 过程和 Thomas 过程。

4.4　需进一步研究的问题

4.4.1　时空分析

点格局的时空分析是一个蓬勃发展的研究领域（Cressie and Wikle，2011）。

---

① 译者注：原书中遗漏了右侧大括号，已添加

在最简单的例子中，我们可以将事件发生的时间（如在一个巢穴处捕食的儒略日期）视为一个连续的标记来解释其在时间上是否具有空间聚集性（即在时间上捕食发生在局部邻近区域，例如，捕食者在寻找生境斑块时会改变移动路径，使其更符合正弦曲线）。在这种情况下，使用标记相关函数可以提供更多的有用信息。

更广泛地说，上述非均匀的 K 函数和 g 函数模型已被扩展用于时空点过程的分析（Gabriel and Diggle，2009），主要用来确定点过程的时空规律性或聚集性。虽然 spatstat 程序包中提供了一些时空分析的函数，但有关时空点格局分析的更多信息，包括时空数据的模拟，请参见 stpp 程序包（Gabriel et al.，2013）。

4.4.2　重复点格局

本章中所阐述的问题和方法反映了某一景观、区域或样地的状况。在某些情况下，我们可能会设重复样地，我们感兴趣的是通过重复的点格局分析得出一般性的结论。

至少有两种可能出现多个样地的生态情景（Diggle，2003）。第一种情景是当有多个观测点格局的地点且我们假设点可以在不同的地点间扩散时，一种解决方法是同时将所有地点及其所在区域包含在研究的 ppp 窗口内，基于这个 ppp 窗口，我们就可以用上述类似的方法进行分析。第二种情景是当有多个重复观测地点，但我们又不期望点在这些地点间存在扩散时，那么这些地点可以视为不同的实验处理或土地利用状况，在这种情况下，我们可能希望通过重复分析得出结论。使用重复样地可以从几个方面受益，包括了解稀疏点格局（如稀有物种的点格局）和点过程的空间变化（Bagchi and Illian，2015）。这一情景通常是通过分别分析每个地点的点格局，然后对各个地点的概要统计数据进行结合来实现的，有关这方面更为详细的描述，请参见 Wiegand 和 Moloney（2014）的相关论著。

spatstat 程序包最近被进一步扩展以适用于后一种情景，其中，来自重复样地的数据被存储为一个 hyperframe（R 中使用的数据框架对象的泛化）。上述的一些函数（如 ppm）也已被扩展用于重复点格局的分析，这是一个十分活跃的研究领域（Baddeley et al.，2015；Bagchi and Illian，2015）。

4.5　结　　论

空间点格局分析已迅速成为空间生态学的一个前沿研究领域。在过去 15 年里，这一领域有了长足的发展。随着分析方法的增加，我们现在可以采用多种不同的方法来解决空间点格局的问题（Wiegand and Moloney，2014；Velazquez et al.，2016）。

进行空间点格局分析时应考虑以下几个问题（Velazquez et al.，2016）。首先，应采用多种二阶统计分析相结合的方法，因为每种统计函数（K、L、g、G）所捕获的空间点格局的要素是不同的，所以可以提供互补的信息。其次，在大多数情况下，分析中应对边缘（边界）效应进行校正，同时还需要考虑是否要采用非均质点格局分析。最后，应慎重使用逐点包络线，必要时应考虑使用全局包络线（Baddeley et al.，2014；Wiegand et al.，2016）。

目前，与空间点格局分析相关的生态学研究工作大多集中在植物的分布格局上，但也有一些机会应用这些方法来回答动物生态学（如巢穴捕食的空间格局）和保护生物学（如点源污染的空间尺度效应）中的一些关键问题。我们预计，未来几年空间点格局分析的应用范围将继续扩大，以帮助我们解决更多的生态和保护问题。

参 考 文 献

Addicott JF, Aho JM, Antolin MF, Padilla DK, Richardson JS, Soluk DA (1987) Ecological neighborhoods: scaling environmental patterns. Oikos 49(3): 340-346. https: //doi.org/10. 2307/3565770

Adler FR, Nuernberger B (1994) Persistence in patchy irregular landscapes. Theor Popul Biol 45 (1): 41-75

Andersen M (1992) Spatial analysis of two species interactions. Oecologia 91(1): 134-140

Baddeley A (2007) Spatial point processes and their applications. In: Baddeley A, Barany I, Schneider R, Weil W (eds) Stochastic geometry, Lecture notes in mathematics, vol 1892. Springer, Berlin, pp 1-75

Baddeley A, Turner R (2005) Spatstat: an R package for analyzing spatial point patterns. J Stat Softw 12(6): 1-42

Baddeley A, Diggle PJ, Hardegen A, Lawrence T, Milne RK, Nair G (2014) On tests of spatial pattern based on simulation envelopes. Ecol Monogr 84(3): 477-489. https: //doi.org/10.1890/ 13-2042.1

Baddeley A, Rubak E, Turner R (2015) Spatial point patterns: methodology and applications with R. CRC Press, Boca Raton, FL

Bagchi R, Illian JB (2015) A method for analysing replicated point patterns in ecology. Methods Ecol Evol 6(4): 482-490. https: //doi.org/10.1111/2041-210x.12335

Bayard TS, Elphick CS (2010) Using spatial point-pattern assessment to understand the social and environmental mechanisms that drive avian habitat selection. Auk 127(3): 485-494. https: //doi. org/10.1525/auk.2010.09089

Brown C, Law R, Illian JB, Burslem D (2011) Linking ecological processes with spatial and non-spatial patterns in plant communities. J Ecol 99(6): 1402-1414. https: //doi.org/10.1111/j. 1365-2745.2011.01877.x

Burger JC, Louda SM (1994) Indirect versus direct effects of grasses on growth of a cactus (*Opuntia fragilis*) - insect herbivory versus competition. Oecologia 99(1-2): 79-87. https: //doi. org/10. 1007/bf00317086

Clark PJ, Evans FC (1954) Distance to nearest neighbor as a measure of spatial relationships in populations. Ecology 35: 445-453

Condit R, Ashton PS, Baker P, Bunyavejchewin S, Gunatilleke S, Gunatilleke N, Hubbell SP, Foster RB, Itoh A, LaFrankie JV, Lee HS, Losos E, Manokaran N, Sukumar R, Yamakura T (2000) Spatial patterns in the distribution of tropical tree species. Science 288 (5470): 1414-1418. https: //doi.org/10.1126/science.288.5470.1414

Cressie N, Wikle CK (2011) Statistics for spatio-temporal data. Wiley, Chichester

Cruz-Rodriguez JA, Gonzalez-Machorro E, Gonzalez AAV, Ramirez MLR, Lara FM (2016) Autonomous biological control of *Dactylopius opuntiae* (Hemiptera: Dactyliiopidae) in a prickly pear plantation with ecological management. Environ Entomol 45(3): 642-648. https: // doi.org/10.1093/ee/nvw023

Dale MRT, Fortin MJ (2014) Spatial analysis: a guide for ecologists, 2nd edn. Cambridge University Press, Cambridge

Deckers B, Verheyen K, Hermy M, Muys B (2005) Effects of landscape structure on the invasive spread of black cherry *Prunus serotina* in an agricultural landscape in Flanders, Belgium. Ecography 28(1): 99-109. https: //doi.org/10.1111/j.0906-7590.2005.04054.x

DeVol JE, Goeden RD (1973) Biology of *Chelinidea vittiger* with notes on its host-plant relationships and value in biological weed control. Environ Entomol 2: 231-240

Diggle PJ (2003) Statistical analysis of spatial point patterns, 2nd edn. Arnold Press, London

Elith J, Graham CH, Anderson RP, Dudik M, Ferrier S, Guisan A, Hijmans RJ, Huettmann F, Leathwick JR, Lehmann A, Li J, Lohmann LG, Loiselle BA, Manion G, Moritz C, Nakamura M, Nakazawa Y, Overton JM, Peterson AT, Phillips SJ, Richardson K, Scachetti- Pereira R, Schapire RE, Soberon J, Williams S, Wisz MS, Zimmermann NE (2006) Novel methods improve prediction of species' distributions from occurrence data. Ecography 29 (2): 129-151

Fithian W, Elith J, Hastie T, Keith DA (2015) Bias correction in species distribution models: pooling survey and collection data for multiple species. Methods Ecol Evol 6(4): 424-438. https: //doi. org/10.1111/2041-210x.12242

Fletcher RJ, Reichert BE, Holmes K (2018) The negative effects of habitat fragmentation operate at the scale of dispersal. Ecology 99(10): 2176-2186

Fletcher RJ Jr, Acevedo MA, Reichert BE, Pias KE, Kitchens WM (2011) Social network models predict movement and connectivity in ecological landscapes. Proc Natl Acad Sci U S A 108: 19282-19287

Freeman DB (1992) Prickly pear menace in eastern Australia 1880-1940. Geogr Rev 82 (4): 413-429. https: //doi.org/10.2307/215199

Gabriel E, Diggle PJ (2009) Second-order analysis of inhomogeneous spatio-temporal point process data. Statistica Neerlandica 63(1): 43-51. https: //doi.org/10.1111/j.1467-9574.2008.00407.x

Gabriel E, Rowlingson B, Diggle PJ (2013) Stpp: an R package for plotting, simulating and analyzing spatio-temporal point patterns. J Stat Softw 53(2): 1-29

Grunwaldt JM, Guevara JC, Grunwaldt EG (2015) Review of scientific and technical bibliography on the use of Opuntia spp. as forage and its animal validation. J Prof Assoc Cactus Dev 17: 13-32

Gustafson EJ (1998) Quantifying landscape spatial pattern: what is the state of the art? Ecosystems 1(2): 143-156. https: //doi.org/10.1007/s100219900011

Hicks DJ, Mauchamp A (2000) Population structure and growth patterns of *Opuntia echios* var. *gigantea* along an elevational gradient in the Galapagos Islands. Biotropica 32(2): 235-243. https: //

doi.org/10.1111/j.1744-7429.2000.tb00466.x

Illian J, Penttinen A, Stoyan H, Stoyan D (2008) Statistical analysis and modelling of spatial point patterns. Wiley, Chichester

Illian JB, Martino S, Sorbye SH, Gallego-Fernandez JB, Zunzunegui M, Esquivias MP, Travis JMJ (2013) Fitting complex ecological point process models with integrated nested Laplace approximation. Methods Ecol Evol 4(4): 305-315. https: //doi.org/10.1111/2041-210x.12017

Ives AR, May RM (1985) Competition within and between species in a patchy environment: relations between microscopic and macroscopic models. J Theor Biol 115(1): 65-92

Kallimanis AS, Kunin WE, Halley JM, Sgardelis SP (2005) Metapopulation extinction risk under spatially autocorrelated disturbance. Conserv Biol 19(2): 534-546

Kampe TU, Johnson BR, Kuester M, Keller M (2010) NEON: the first continental-scale ecological observatory with airborne remote sensing of vegetation canopy biochemistry and structure. J Appl Remote Sens 4. https: //doi.org/10.1117/1.3361375

Kao RH, Gibson CM, Gallery RE, Meier CL, Barnett DT, Docherty KM, Blevins KK, Travers PD, Azuaje E, Springer YP, Thibault KM, McKenzie VJ, Keller M, Alves LF, Hinckley ELS, Parnell J, Schimel D (2012) NEON terrestrial field observations: designing continental-scale, standardized sampling. Ecosphere 3(12): 1-17. https: //doi.org/10.1890/es12-00196.1

Kelly M, Meentemeyer RK (2002) Landscape dynamics of the spread of sudden oak death. Photogramm Eng Remote Sens 68(10): 1001-1009

Kery M, Royle JA (2016) Applied hierarchical modeling in ecology: analysis of distribution, abundance and species richness in R and BUGS. Academic, San Diego

Lancaster J, Downes BJ (2004) Spatial point pattern analysis of available and exploited resources. Ecography 27(1): 94-102. https: //doi.org/10.1111/j.0906-7590.2004.03694.x

Lancaster J, Downes BJ, Reich P (2003) Linking landscape patterns of resource distribution with models of aggregation in ovipositing stream insects. J Anim Ecol 72(6): 969-978. https: //doi. org/10.1046/j.1365-2656.2003.00764.x

Lara-Romero C, de la Cruz M, Escribano-Avila G, Garcia-Fernandez A, Iriondo JM (2016) What causes conspecific plant aggregation? Disentangling the role of dispersal, habitat heterogeneity and plant-plant interactions. Oikos 125(9): 1304-1313. https: //doi.org/10.1111/oik.03099

Lavelle MJ, Blass CR, Fischer JW, Hygnstrom SE, Hewitt DG, VerCauteren KC (2015) Food habits of adult male white-tailed deer determined by camera collars. Wildl Soc Bull 39 (3): 651-657. https: //doi.org/10.1002/wsb.556

Lloyd M (1967) Mean crowding. J Anim Ecol 36(1): 1-30. https: //doi.org/10.2307/3012

Lopez AD (1995) Review: Use of the fruits and stems of the prickly pear cactus (Opuntia spp) into human food. Food Sci Technol Int 1(2-3): 65-74

Maheu-Giroux M, de Blois S (2007) Landscape ecology of Phragmites australis invasion in networks of linear wetlands. Landsc Ecol 22(2): 285-301. https: //doi.org/10.1007/s10980-006- 9024-z

Manly BFJ (2006) Randomization, bootstrap and Monte Carlo methods in biology, 3rd edn. CRC Press, Boca Raton, FL

Melles SJ, Badzinski D, Fortin MJ, Csillag F, Lindsay K (2009) Disentangling habitat and social drivers of nesting patterns in songbirds. Landsc Ecol 24(4): 519-531. https: //doi.org/10.1007/ s10980-009-9329-9

Miller CW, Fletcher RJ Jr, Gillespie SR (2013) Conspecific and heterospecific cues override resource quality to influence offspring production. PLoS One 8(7): e70268. https: //doi.org/10. 1371/ journal.pone.0070268

Novoa A, Kaplan H, Wilson JRU, Richardson DM (2016) Resolving a prickly situation: involving stakeholders in invasive cactus management in South Africa. Environ Manag 57(5): 998-1008. https: //doi.org/10.1007/s00267-015-0645-3

Ovaskainen O, Sato K, Bascompte J, Hanski I (2002) Metapopulation models for extinction threshold in spatially correlated landscapes. J Theor Biol 215(1): 95-108. https: //doi.org/10.1006/jtbi.2001.2502

Penttinen A, Stoyan D, Henttonen HM (1992) Marked point processes in forest statistics. For Sci 38(4): 806-824

Phillips SJ, Dudik M, Elith J, Graham CH, Lehmann A, Leathwick J, Ferrier S (2009) Sample selection bias and presence-only distribution models: implications for background and pseudoabsence data. Ecol Appl 19(1): 181-197. https: //doi.org/10.1890/07-2153.1

Renner IW, Elith J, Baddeley A, Fithian W, Hastie T, Phillips SJ, Popovic G, Warton DI (2015) Point process models for presence-only analysis. Methods Ecol Evol 6(4): 366-379. https: //doi.org/10.1111/2041-210x.12352

Ripley BD (1976) Second-order analysis of stationary point processes. J Appl Probab 13(2): 255-266. https: //doi.org/10.2307/3212829

Ripley BD (1979) Tests of randomness for spatial point patterns. J R Stat Soc Series B Methodol 41(3): 368-374

Ripley BD (1988) Statistical inference for spatial processes. Cambridge University Press, Cambridge

Rodriguez-Perez J, Wiegand T, Traveset A (2012) Adult proximity and frugivore's activity structure the spatial pattern in an endangered plant. Funct Ecol 26(5): 1221-1229. https: //doi.org/10.1111/j.1365-2435.2012.02044.x

Sauby KE, Marsico TD, Ervin GN, Brooks CP (2012) The role of host identify in determining the distribution of the invasive moth *Cactoblastis cactorum* (Lepidoptera: Pyralidae) in Florida. Fla Entomol 95(3): 561-568

Schooley RL, Wiens JA (2001) Dispersion of kangaroo rat mounds at multiple scales in New Mexico, USA. Landsc Ecol 16(3): 267-277. https: //doi.org/10.1023/a: 1011122218548

Seabloom EW, Dobson AP, Stoms DM (2002) Extinction rates under nonrandom patterns of habitat loss. Proc Natl Acad Sci U S A 99(17): 11229-11234. https: //doi.org/10.1073/pnas.162064899

Stoyan D, Stoyan H (1994) Fractals, random shapes and point fields: Methods of geometrical statistics. New York: Wiley

Velazquez E, Martinez I, Getzin S, Moloney KA, Wiegand T (2016) An evaluation of the state of spatial point pattern analysis in ecology. Ecography 39(11): 1042-1055. https: //doi.org/10.1111/ecog.01579

Venables WN, Ripley BD (2002) Modern applied statistics with S, 4th edn. Springer, New York

Warton DI, Shepherd LC (2010) Poisson point process models solve the "pseudo-absence problem" for presence-only data in ecology. Ann Appl Stat 4(3): 1383-1402. https: //doi.org/10.1214/10-aoas331

Wiegand T, Moloney KA (2004) Rings, circles, and null-models for point pattern analysis in ecology. Oikos 104(2): 209-229. https: //doi.org/10.1111/j.0030-1299.2004.12497.x

Wiegand T, Moloney K (2014) Handbook of spatial point-pattern analysis in ecology. Chapman & Hall, CRC Applied Environmental Statistics, Boca Raton, FL

Wiegand T, Martinez I, Huth A (2009) Recruitment in tropical tree species: revealing complex spatial patterns. Am Nat 174(4): E106-E140. https: //doi.org/10.1086/605368

Wiegand T, He F, Hubbell SP (2013) A systematic comparison of summary characteristics for quantifying point patterns in ecology. Ecography 36(1): 92-103. https: //doi.org/10.1111/j.1600-

0587.2012.07361.x

Wiegand T, Grabarnik P, Stoyan D (2016) Envelope tests for spatial point patterns with and without simulation. Ecosphere 7(6). https: //doi.org/10.1002/ecs2.1365

Yang J, He HS, Shifley SR (2008) Spatial controls of occurrence and spread of wildfires in the Missouri Ozark Highlands. Ecol Appl 18(5): 1212-1225. https: //doi.org/10.1890/07-0825.1

第5章 空间依赖与自相关

5.1 简　　介

空间格局在环境和生态数据中无处不在（Wagner and Fortin，2005）。在第 4章中，我们重点讨论了基于 *x-y* 坐标（如树木位置、动物巢穴位置）的点事件格局来描述其聚集或规则散布的程度及空间尺度。在本章中，我们侧重于用环境样本的量化指标来解释空间格局。

连续变量的空间分析属于空间统计学（spatial statistics）和地统计学（geostatistics）的范畴，传统上前者旨在量化空间格局及其统计学意义，并确定格局的空间尺度（即特征尺度；第 2 章），后者旨在量化空间方差并据此对数据进行空间插值（Oliver and Webster，1991；Cressie，1993；Haining，2003；Dale and Fortin，2014），这些方法将重点放在对空间依赖（spatial dependence）或作为空间位置和/或地理距离函数的变量的相似性量化和解释上。

托布勒（Tobler）的地理学第一定律就是建立在这些问题的基础上的，即"任何事物都与其他事物有关，但邻近事物间比遥远事物间更为相关"（Tobler，1970）。为了落实这一基本理念，空间统计学和地统计学将空间方差或协方差/相关性作为地理距离的函数进行估计。托布勒定律表明，在近距离时，测量值间的协方差或相关性应该很高，但随着距离的增加，协方差或相关性应该会逐渐降低。

作为尺度的函数，空间依赖可以反映驱动生态格局的某些关键过程，如生物体间的空间相互作用以及生物体对包含空间依赖的环境梯度的响应（Wagner and Fortin，2005）（图 5.1）。但空间依赖也会给统计推断带来一些干扰，因为包含空间依赖的数据不符合许多传统统计学中数据独立这一假设（Legendre，1993）。

在此，我们的目标是提供一些关键性概念以完成以下工作：①估计数据中的空间自相关程度和格局的潜在空间尺度；②了解基于空间方差估计值进行空间插值及模拟空间格局的克里金法和相关方法；③使用多尺度分析（如小波和谱分解）确定数据中的空间特征尺度。下面我们将通过对第 4 章中仙人掌例子的进一步分析对这些概念加以详细说明。

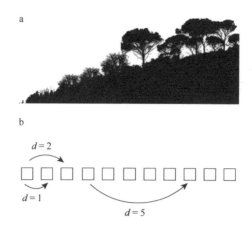

图 5.1　空间依赖问题示例

a. 当考虑跨空间的环境因素时，邻近位置的海拔或冠层盖度等环境因子往往更为相似，相似性随着距离的增加而降低；b. 在对这些环境梯度进行取样时，我们可以根据测量位置间的距离来解释这种空间依赖，图中所示为测量位置间的三种距离（d=1、2、5）

5.2　核心概念和方法

5.2.1　空间依赖的原因

空间依赖和空间自相关（spatial autocorrelation）这两个术语常常互换使用，然而，考虑到空间测量相似性出现的原因，两者的含义存在着细微的差异（表 5.1）。

表 5.1　生态学中空间依赖的常用术语

术语	描述
各向异性	数据具有与方向相关的属性，与各向同性相对应
相关图	作为距离函数的自相关图
内生机制	所研究的有机体或响应变量直接产生的过程，会导致空间依赖格局的出现
外生机制	所研究的生物体或响应变量外部产生的过程，如生物体利用的资源或环境梯度的空间聚集，有时又被称为诱发性空间依赖
各向同性	数据在所有方向上都是一致的，是空间依赖分析中常用的假设
克里金法	一种插值方法，通过从变异函数导出的空间协方差函数进行模拟插值
尺度图	一种小波方差图，是与距离相关的尺度因子的函数
稳态	空间格局不随空间或时间变化（即空间依赖不存在趋势），是空间依赖分析中常用的假设
空间自相关	狭义上指由内生过程产生的空间依赖
空间依赖	作为空间位置/距离函数的响应变量的相似性，由内生过程或外生过程驱动
变异函数	作为距离函数的空间协方差图，可对不同的变异量进行绘制，最常见的是半方差

为了了解这些差异，我们必须区分空间格局是由内生（endogeneous）还是外生（exogeneous）机制驱动的（Bolker，2003）。内生机制是指那些直接发生在所研究的生物体或过程内部导致空间格局的机制，一些常见的例子包括产生生物空间聚集或社会群体行为（如鱼群或有蹄类动物群）的局地性扩散；与此相反，外生机制是指发生在所研究的生物体或过程外部的机制，如生物体利用的资源或环境梯度的空间聚集，有时也被称为"间接"机制和诱发性空间依赖（induced spatial dependence，Peres-Neto and Legendre，2010）。在这种背景下，空间依赖通常被认为是统计空间协方差的一个广义性术语，由外生过程和内生过程驱动，有时也被称为空间遗留效应（spatial legacy，Peres-Neto and Legendre，2010）。与此相比，空间自相关有时被看作是一种特定类型的空间依赖，仅由内生过程驱动（Dale and Fortin，2014）。

5.2.2　空间依赖的重要性

既然空间依赖在自然界中普遍存在，为什么我们还要关注它呢？这个问题有几个答案。首先，一些实际的原因包括：当空间依赖发生时，研究范围内的取样点位间就不再相互独立，这会给我们带来很大麻烦，因为许多常用的统计检验都会假设样本是独立的，例如，在线性回归模型中，常用的表达方式如下。

$$y_i = \alpha + \beta x_i + \varepsilon_i \qquad (5.1)$$

式中，y_i 是位置 i 处的响应变量，α 是截距，β 是 x 与 y 间关系的确定斜率，ε 是误差项。那么独立性假设在哪里？在模型的误差项中，我们假设误差是正态分布的，均值为零，方差 σ^2 为独立同分布（independent and identically distributed，iid），这一假设意味着每个残差（即 i 处的观测值和预测值间的差值）不依赖于其他残差，且都来自相同的潜在分布（详见第 6 章）。可见，空间依赖的问题出现在我们对模型误差的假设中。

那么违背了这一假设会出现什么问题呢？当数据中存在空间依赖而我们却忽略了它时，通常会导致 I 型错误，即我们会推断出数据中实际上并不存在的显著性格局。这与 II 型错误形成了对比，在 II 型错误中，当事实上存在显著性格局时，我们却无法得出一个肯定的结论。I 型错误之所以会出现，是因为我们隐含地假设我们拥有比实际更大的样本量（通常有更大的自由度），这有时被称为假性重复（pseudo-replication，Hurlbert，1984）。这种假设会人为导致对不确定度做出较低的估计（或对精度做出较高的估计），如参数估计的标准误差[SE，如式（5.1）中参数 β 的 SE]或置信区间（CI）。因此，空间依赖主要影响我们对精度的解释，而非点位的估计值（如我们可以准确估计 β 值，但不能准确估计 β 值的 SE 或 CI）。因此，在某些情况下，考虑统计模型（如线性回归）中的空间依赖是必要的（有关做法的示例请参见第 6 章），或者通过确定空间依赖发生的尺度，我们可以更好地设计调查方案，尽量减少空间依赖问题（Oliver and Webster，1991），例如，取样点位间的距离应大于数据中预期的空间依赖的距离范围。

我们关注空间依赖的第二个原因是，描述数据中的空间依赖可以帮助我们了解产生空间格局的关键生物学过程。例如，当空间依赖存在时，这种格局是否揭示了社会行为的尺度、关键资源的环境变化或扩散过程（Brown et al.，1995；Koenig，1998；Fletcher and Sieving，2010；Cohen et al.，2016）。虽然仅仅量化空间依赖并不能为此提供严谨的答案，但可以帮助我们产生进一步的假设或预测，进而分离出空间依赖的原因。

最后，空间依赖可以改变我们以往对多物种面临的威胁及保护策略做出的结论（Carroll and Pearson，2000；Landeiro and Magnusson，2011；Yoo and Ready，2016）。例如，Koenig 和 Liebhold（2016）的研究表明，在过去 50 年内随着气温不断升高，北美洲冬候鸟的空间同步性（一种空间依赖的形式，参见第 10 章）不断增加，这种同步性可能会通过种群援救的减少（即当扩散降低了当地种群灭绝的可能性时）而对种群的持久性产生不利影响。

5.2.3 空间依赖的量化

目前有多种量化空间依赖的方法，本书重点介绍生态学和空间统计学中常用的两种互补的方法：相关图（correlogram）和半变异函数图。

5.2.3.1 相关图

为了了解空间统计学中空间自相关的估计方法，我们有必要首先对相关、方差和协方差的公式做个简单的回顾，在此，我们所介绍的空间统计方法源自这些经典的统计方法。

让我们来看一下两个变量 z_1 和 z_2 间简单的 Pearson 线性相关公式。

$$r(z_1, z_2) = \frac{\sum_{i=1}^{n}(z_{1i} - \overline{z}_1)(z_{2i} - \overline{z}_2)}{\sqrt{\sum_{i=1}^{n}(z_{1i} - \overline{z}_1)^2 \sum_{i=1}^{n}(z_{2i} - \overline{z}_2)^2}} = \frac{\text{Cov}(z_1, z_2)}{\sqrt{\text{Var}(z_1)\text{Var}(z_2)}} \tag{5.2}$$

式中，$r(z_1, z_2)$ 的取值范围为 $-1 \sim 1$。下面我们需要做的是将上述方法扩展到空间上去。

我们可以采用 Moran I 统计检验方法将标准的 Pearson 相关方法扩展到空间上，来定量估计（随距离的增加）变量 z 的空间自相关度，具体的计算公式如式（5.3）。

$$I = \frac{n}{W} \frac{\sum_{i=1}^{n} \sum_{j=1}^{n} w_{ij} (z_i - \bar{z})(z_j - \bar{z})}{\sum_{i=1}^{n} (z_i - \bar{z})^2} \tag{5.3}$$

式中，W 是描述位置 i 和 j 间相关性的权重矩阵，通常为一个邻域指数矩阵，其中，位置 i 和 j 相邻时 w_{ij} 等于 1，否则等于 0。请注意，该矩阵的标准化通常会逐行进行，因此 $\sum_{j} w_{ij}=1$。该统计方法可以对不同的距离类别（或距离箱体）进行计算，以用一个距离的函数来解释空间依赖。

$$I(d) = \frac{n}{W(d)} \frac{\sum_{i=1}^{n} \sum_{j=1}^{n} w_{ij}(d)(z_i - \bar{z})(z_j - \bar{z})}{\sum_{i=1}^{n} (z_i - \bar{z})^2} \tag{5.4}$$

请注意，Moran I 指数与 Pearson 相关系数的相似性在于，Moran $I(d)$ 本质上就是一个 Pearson 相关系数，其计算的是随取样位置间距离（d）的增加，同一变量在距离间的 Pearson 相关系数（图 5.1）。作为距离类别函数的 $I(d)$ 图称为空间相关图，其形状可以帮助我们解释空间格局随距离的变化，并估计格局的空间尺度。当变量 z 为正态分布且每个距离类别有足够的取样位置对（通常超过 20 对）时，$I(d)$ 值将在+1（正值表示正的空间自相关）和-1（负值表示负的空间自相关）间变化，接近 0 时则表示不存在空间格局，可见 Moran I 指数在空间上扮演了 Pearson 相关系数的角色，由于其可以进行直观的解释，故其常被生态学家所使用。然而，当 $I(d)$ 计算的位置对小于 20 时，其值会大于 1 或小于-1。为了避免这种已知的"边界"或"边缘效应"（第 4 章），我们通常只计算取样位置间为最大距离值的 1/2 或 2/3 的相关图，以确保每个距离箱体有足够的样本数量（Dale and Fortin，2014）。请注意，式（5.3）中提供的是一种常用的空间依赖的全局检验方法，而式（5.4）通常只用于生成相关图。我们之所以对相关图产生兴趣，是因为它可以为我们提供更多直观的空间依赖信息。

Moran I 指数是整个研究区范围内每个距离类别上各向同性的空间自相关均值（即所有方向上汇总）。为了检测空间格局中潜在的各向异性（即不同方向上空间自相关的变化），我们可以同时根据距离类别和角度类别（即不同方向）来计算空间自相关的估计值。

由于 Moran I 指数是一个无量纲的值，因此可以在不同的变量间进行比较。Moran I 指数的一个限制因素是其对异常值的敏感性（如一个或几个点的数据异常可能会产生明显错误的自相关），这就是一些研究人员会通过数据转换（如对响应变量的对数转换）来降低异常值影响的原因。为了消除这种敏感性，研究者提出了一个类似的统计指数 Geary c，该指数的取值范围为 0（正空间自相关）到 2（负空间自相关），1 表示不存在空间自相关，然而该指数对异常值仍有些敏感。由于 Geary c 指数本质上是下文所述的半方差的标准化等效体，在此我们不对其做重点讨论（详细信息请参见 Dale and Fortin，2014）。

每个 Moran I 指数的显著性都可通过蒙特卡罗随机过程或正态近似方法进行计算。如果我们采用正态近似方法来评估显著性，那么平稳性假设必须是有效的。平稳性是一个用于描述产生空间格局的过程在整个研究区内没有变化（如整个研究区的均值和方差是相似的）的术语（Haining，2003）。由于在计算下一个距离处的 $I(d)$ 值时使用了与上一个距离处相同的数据，因此 $I(d)$ 值不是独立的，这与之前空间点格局分析（第 4 章）中遇到的统计问题相同，我们需要使用多种方法对其进行校正，如采用 Bonferroni 校正方法（或类似的校正方法）通过改变计算过程中的距离类别数 k 来调整显著性水平（Brunsdon and Comber，2015），对于具有统计显著性的 $I(d)$ 值而言，其概率必须小于或等于 $0.05/k$（例如，当 $k=15$ 时，基于 Bonferroni 校正调整后显著性概率为 $0.05/25=0.002$）。

5.2.3.2 变异函数

地统计学中估计空间依赖的方法与相关图略有不同（Cressie，1993），其计算过程是从样本方差和协方差而非相关系数（即标准化协方差，如 Moran I 指数）开始的。

$$\text{Var}(z) = \frac{1}{n-1} \sum_{i=1}^{n} (z_i - \bar{z})^2 \tag{5.5}$$

$$\text{Cov}(z_1, z_2) = \frac{1}{n-1} \sum_{i=1}^{n} (z_{1,i} - \bar{z}_1)(z_{2,i} - \bar{z}_2) \tag{5.6}$$

半方差 γ 采用式（5.7）计算。

$$\gamma(d) = \frac{1}{2n(d)} \sum_{i}^{n(d)} [z(x_i) - z(x_i + d)]^2 \tag{5.7}$$

式中，z 是位置 x_i 处的变量值，$n(d)$ 是距离类别为 d 的取样位置对的数量，请注意，式（5.7）与方差方程的相似性。

术语"半（semi）"源于我们在公式中将计算值除以 2 这一事实（这有助于稳定度量指标的统计特性），同样，对 $\gamma(d)$ 函数的结果进行绘制会产生半变异函数图，我们通常将其简称为变异函数图，请注意，半方差的单位与所采用的数据单位相同（如 km）。与 Moran I 指数不同但与方差类似的是，$\gamma(d) \geq 0$ 且没有上界。根据半变异函数的形状，较小的值（接近 0）表示较强的空间协方差（即强空间格局），而较大的值表示较弱的空间协方差（即弱空间格局或无空间格局）。一种经验的做法是仅对所考虑距离（范围）的 2/3 部分加以解释，类似于 Moran I

指数（Cressie，1993；Dale and Fortin，2014），距离较大时，$n(d)$ 值通常太小，无法进行可靠推断。

基于观测数据计算出的半方差称为"经验"、"实验"或"观测"变异函数，经验变异函数图简单地将半方差绘制为距离类别 d（空间距离）的函数。我们可以将理论（或基于模型的）变异函数拟合到经验变异函数中，用于对未采样位置处进行空间插值，从而估计格局的空间尺度。

在存在空间格局的情况下，我们可以从拟合出的理论变异函数中估计与解释半方差相关的三个参数：变程、基台和块金（图 5.2）。块金（nugget）是原点处 γ 轴上大于零的截距，它将发生在很短距离内的数据可变性解释为由测量误差、取样偏差或其他随机因素造成的。变程（range）表示空间相关性发生处的距离，超出此变程值后，数据将不再是空间自相关的。基台（sill）是超出估计变程值后的半方差值，即变异不能再归因于空间自相关。请注意，一些理论模型中假设不存在基台（如指数模型；图 5.3），而另一些模型中

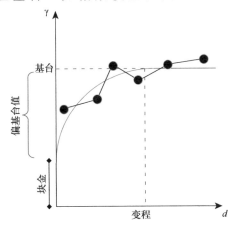

图 5.2 经验变异函数和理论变异函数及相关参数
黑点/黑线代表经验变异函数，灰色渐进曲线代表理论变异函数

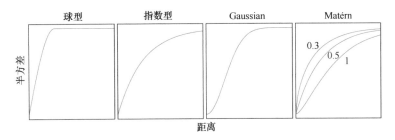

图 5.3 几种常见的变异函数模型
对 Matérn 变异函数而言，图中给出了不同 kappa 参数水平下的模型
（请注意，当 kappa = 0.5 时，Matérn 变异函数等同于指数型变异函数）

则假设不存在块金（即截距为 0）（Dale and Fortin，2014）。如果我们的研究兴趣是空间插值（历史上这是变异函数分析和地统计学的目标），我们需要估计基于模型的半变异函数的相关参数，并使用模型选择方法来确定它们对数据的相对拟合度（Burnham and Anderson，1998）。

5.2.3.3　克里金法

基于数据的空间依赖对一个区域进行空间插值（如生成响应变量的预测图）时，通常会采用克里金法。该方法本质上是一种加权移动平均技术，使用半变异函数（变程、块金和基台）的估计值进行空间插值。更具体地说，该方法是一组线性回归，通过最小化数据中空间协方差的方差，来确定研究区内插值的最佳权重组合，其中，权重来自对变异函数的估计（Dale and Fortin，2014；Oliver and Webster，2014）。

克里金模型的一般形式可以描述如下（Brunsdon and Comber，2015）。

$$z = f(x_i) + v(x_i) + \varepsilon_i \qquad (5.8)$$

式中，$f(x_i)$ 是确定性趋势函数（如响应可能是非稳态的且随纬度或经度而变化），$v(x_i)$ 描述的是基于变异函数相关参数的空间依赖，ε_i 是误差。当数据不存在确定性趋势时，我们仅是基于变异函数的相关参数采用普通克里金法（ordinary Kriging）进行插值，与此相反，假设数据中存在着一个大尺度的确定性趋势 $f(x_i)$（即非稳态）时，则采用泛克里金法（universal Kriging），这种方法有时也被称为趋势面分析，我们将在第 6 章对此进行讨论。不同类型的克里金法的详细数学算法可参考 Cressie（1993）和 Haining（2003）的专著。

Oliver 和 Webster（2014）撰写了一本有关克里金法的实用教程。一般来说，与其他更简单的方法相比，克里金法更适合用于空间插值。例如，一种最为常见的直观方法是反距离加权（inverse distance weighting，IDW）插值方法，该方法采用位置越近权重越大的估计方法对数据进行内插，然而与克里金法不同的是，IDW 不能提供一种客观的方法来确定基于距离的加权大小或加权范围（最大距离/限制半径），也不能提供预测所需的标准误差（SE）或其他不确定性度量指标，而克里金法则已被证明能对未取样位置进行最佳的线性无偏预测，并能提供预测所需的 SE 值。克里金法的可靠性取决于对变异函数模型估计的准确性（Oliver and Webster，2014）。

5.2.3.4　空间依赖分析方法的一些扩展应用

对于二进制数据，我们可以用指标函数对式（5.7）中的 $z(x_i)$ 进行替换，然后计算半方差（Rossi et al.，1992），通常我们会采用蒙特卡罗随机化过程对这种情况下的显著性进行推断。

Moran $I(d)$ 指数和半方差 γ 函数都可以扩展用于分析两个变量间的空间相关性，所绘制的关系图可分别称为"交叉相关图"和"交叉半方差图"（Goovaerts，1994；Wackernagel，2003）。例如，变量 u 和 v 之间的交叉变异函数可以定义为

$$\gamma_{uv}(d) = \frac{1}{2n(d)} \sum_{i}^{n(d)} \left[z_u(x_i) - z_u(x_i + d) \right]\left[z_v(x_i) - z_v(x_i + d) \right] \tag{5.9}$$

像 Moran I 指数一样，半方差也是一个"全局性"统计指标。当然，这些模型也可扩展用于估计局部空间依赖的强度变化，我们称之为空间关联的局部指标（local indicators of spatial association，LISA；Anselin，1995；Boots，2002），这些局部指标可用来确定整个景观中强度的热点所在（Nelson and Boots，2008）。

5.2.3.5　统计干扰

在解决生态学和保护的问题时，空间依赖往往会对最终结果形成更具统计学意义的干扰，需要我们采用多种方式对传统的分析方法（如线性回归）加以调整来应对（Keitt et al.，2002；Beale et al.，2010）。一种方法是对传统的广义线性模型（GLM）加以扩展，通过直接模拟残差的协方差（广义最小二乘法，GLS）来调整空间依赖；另一种常见的方法是在常规分析之后评估空间依赖是否仍然存在，通常可通过计算模型残差的 Moran I 指数进行评估（Dormann et al.，2007），如果有证据表明残差是自相关的，那么就该采用一种正式调整空间依赖的分析方法来取代传统的分析方法，我们将在第 6 章对这些方法进行详细的讨论。

5.3　R 语言示例

5.3.1　R 语言程序包

目前有几种用于量化空间依赖的程序包可供选择，在此我们将重点介绍 geoR（Ribeiro and Diggle，2016）、spdep（Bivand and Piras，2015）、gstat（Pebesma，2004）、pgirmess（Giraudoux，2018）和 ncf（Bjørnstad and Falck，2001）程序包。在安装 R 语言时 spatial 程序包（Venables and Ripley，2002）会与 VR 捆绑在一起安装到计算机上，该程序包可以进行一些常规的地统计学分析（经验相关图和变异函数），spdep 程序包中则提供了更多的相关图和其他空间特征选项（Bivand，2006），geoR 程序包中提供了一种基于最大似然法的变异函数模型分析，gstat 程序包中则包括了几种地统计学特征分析方法，如交叉变异函数。此外，我们还会用 ncf 程序包来拟合样条（平滑/非参数）相关图，同时，该程序包也提供了一

种用于评估统计显著性的 bootstrap 方法。在下面的分析中我们将用 geoR 和 gstat 程序包进行克里金插值。

5.3.2　数据

在此我们仍然采用第 4 章中奥德韦-斯威舍（Ordway-Swisher）生态站弃耕地上的匍地仙人掌（*Opuntia humifusa*）数据作为解释空间依赖的例子。在第 4 章中，我们重点分析了用高分辨率 GPS（误差约 30cm）绘制的一个 50m×50m 样地中的仙人掌点位数据，在此我们重点关注仙人掌点位周围的基底数据，将其作为生境丧失和破碎化研究的一部分。我们采用间距为 2m 的采样网格（图 5.4）对样地中的植被高度进行系统采集（Fletcher et al.，2018），这一参数与第 4 章中所分析的有害昆虫仙人掌缘蝽（*Chelinidea vittiger*）的移动存在着某种关系（Schooley and Wiens，2004；Fletcher et al.，2014；Acevedo and Fletcher，2017）。我们首先用这些采集值对基质中植被的空间依赖加以解释，然后（通过克里金法）创建植被高度图，以了解仙人掌斑块间的连通性（有关连通性的详细信息请参见第 9 章）。

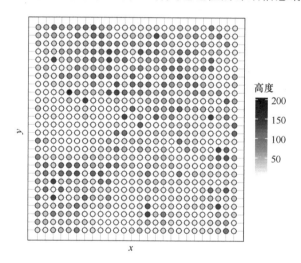

图 5.4　样地中 2m 间距上测量的植被高度（cm）

我们的目标是首先用 Moran I 指数和相关图来解释空间依赖，然后用变异函数来确定空间依赖的尺度，并说明在克里金插值中使用基于模型的变异函数的方法，随后我们将说明如何使用相关的克里金法生成空间图，这与我们在第 3 章中用中性景观模型说明的概念具有一定的相似性，最后我们对多尺度空间依赖的解译方法进行介绍。

5.3.3 相关图

我们首先导入数据（'cactus_matrix.csv'）并对其进行可视化，然后使用两个不同的程序包来计算 Moran *I* 指数和相关图，并对计算结果进行比较。我们之所以这样做是因为两个程序包分别采用了不同的方法来推断潜在空间依赖的统计显著性，且每个程序包计算采用的编码复杂度并不相同，每个程序包在不同的情况下对我们来说都会有所帮助。

```
#将矩阵数据加载到 R 语言环境中:
> matrix <- read.csv(cactus_matrix.csv', header = T)
> head(matrix, 3)

##
x    y    Height
1    0    0       35
2    0    2       65
3    0    4       75
```

数据加载后，我们可以采用几种方法对其进行绘图以便更为直观地加以解读。例如，我们可以基于数据中的 *x-y* 坐标绘制植被高度（height）的变化，使用灰度（用 cut 函数设置 12 个断点）对点位进行填充（设置参数 pch=21，确保填充后的点位可以区分开来），从而对基质中的植被变化进行可视化（图 5.4）。

```
> plot(matrix[, "y"] ~ matrix[, "x"], pch =21, bg =
  gray.colors(12)[cut(matrix[, 3], breaks = 12)])
```

在相关图（和变异图）分析中，我们对所考虑的空间依赖的距离范围进行了截取，大约为观测到的总距离的 1/2 到 2/3，我们可以通过创建一个取样位置的成对距离矩阵来确定这一距离。该图的空间尺度较小，因此我们不需要考虑计算中的投影问题。

```
#计算一个距离矩阵
> coords <- cbind(matrix$x, matrix$y)
> colnames(coords) <- c("x", "y")
> distmat <- as.matrix(dist(coords))
#确定相关图/变异图中的最大距离
```

```
> maxdist <- 2/3 * max(distmat)
```

为了采用 Moran *I* 指数来解释空间依赖，我们先从最简单的 R 语言程序包开始，然后再使用相对复杂但更为灵活的 R 语言程序包。我们采用 spdep 程序包的包装类程序包 pgirmess 进行计算，spdep 程序包中有几个有用的空间分析功能，但与其他一些常见的空间程序包相比，其用户友好性较差，而 pgirmess 程序包的用户友好性较好（但灵活性较差）。在此，我们首先使用 pgirmess 程序包，然后将其与 ncf 程序包和 spdep 程序包生成的不同类型相关图进行比较。在 pgirmess 程序包中，我们使用 correlog 函数来指定每个调查样本的坐标和测量值（即高度）。我们还指定了参数 method = "Moran"（这个程序包也可以用来计算 Geary *c* 指数）及要考虑的距离类别的数量，并且我们要求检验是双侧的（即检验正负空间依赖的可能性）。

```
> library(pgirmess)
#pgirmess 程序包中的 correlog 函数
> correlog.pgirmess <- correlog(coords, matrix$Height, method =
  "Moran",
nbclass = 14, alternative = "two.sided")

#概要统计
> head(round(correlog.pgirmess, 2))

##
     dist.class      coef      p.value        n
[1, ]      4.45      0.19       0.00      21692
[2, ]      9.36      0.08       0.00      37708
[3, ]     14.27     -0.01       0.22      51132
[4, ]     19.18     -0.04       0.00      55500
[5, ]     24.09     -0.02       0.00      61012
[6, ]     28.99     -0.01       0.12      58540
```

在上述代码中，我们发现 correlog 函数创建了一个矩阵，其中包含了所考虑的距离类别（用 dist.class 反映每个距离间隔的中心）、该距离的 Moran 指数值、*p* 值和样本大小（使用的位置对数量）。该程序包采用正态近似方法来检验空间自相关的显著性（即假设响应变量是正态分布的，采用渐近理论来推导 *p* 值），这种近似方法实现起来相对快速且容易，但需要做一些关键性的假设（如响应数据残差的正态性）。我们可以用如下代码绘制相关图。

#绘制相关图
```
> plot(correlog.pgirmess)
> abline(h = 0)
```

　　图 5.5a 对作为距离函数的 Moran I 指数进行了可视化（图 5.5a 是一幅将该方法与下面描述的另外两种方法进行比较的示意图），分析表明，在大约 10m 外正的空间依赖是显著的，而在中等距离处有一些负的空间依赖存在。请注意，该方法默认对观测数据中所有距离的 Moran I 指数进行计算，但实际上我们应该忽略超过最大距离 1/2 到 2/3 处的指数值。

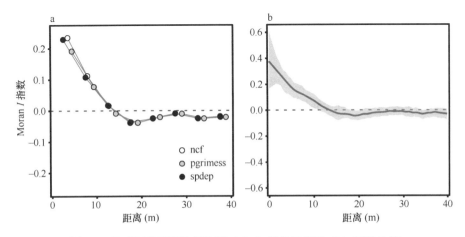

图 5.5　基于距离类别的相关图（a）与样条相关图（b）间的比较

图 a 中显示了从三种 R 语言程序包中获得的不同方法。图 b 中显示了自举置信包络线。pgirmess 和 ncf 程序包分别采用正态近似方法和蒙特卡罗置换方法来推断显著性，而 spdep 程序包最为灵活，既可使用正态近似方法也可采用置换方法来推断显著性

　　第二种方法是使用 ncf 程序包，该程序包不仅可以对相关图的显著性进行非参数检验，还可以绘制样条相关图（Bjørnstad and Falck，2001）。在样条相关图中采用三次样条曲线来估计 Moran I 指数，三次样条曲线提供的是研究变量的一种平滑关系（第 6 章将对此进行详细介绍），这样我们就不需要对距离类别进行划分，这是使用该程序包的一个好处。该程序包包含两种解释相关图潜在显著性的方法，第一种是自举（bootstrap）方法（Efron，1979），用于生成相关图的逐点置信区间，以便在置信区间与零值线不重叠时推断空间依赖。作为一种重采样技术，自举方法主要用于推断样本估计中的不确定性和/或数据中的统计显著性，自举方法用多次替换对数据进行重采样，并计算每个样本中研究变量的值（在本示例中为 Moran I 指数），然后使用估计值的分布来近似计算置信区间。第二种方法是采用蒙特卡罗置换来生成空间相关的一个空包络，类似于我们在第 4 章点

格局中使用的方法。

要使用 ncf 程序包，我们需要卸载 pgrimess 程序包或是以不同的方式来调用该程序包中的相关函数，因为我们将在 ncf 程序包中使用的函数之一 correlog 与 pgrimess 程序包中的函数同名，如果我们不想卸载 pgrimess 程序包，我们可以采用 ncf：：correlog 的方式来调用该函数。

```
> library(ncf)
#用蒙特卡罗置换对相关图进行检验
> correlog.ncf <- ncf：：correlog(x = matrix$x, y = matrix$y,
  z =matrix$Height, increment = 5, resamp = 99)
> plot(correlog.ncf)
> abline(h = 0)
```

通过上述计算，我们发现，采用蒙特卡罗置换对空间依赖的显著性检验结果与上一种方法类似（图 5.5a），然而，在本示例中当采用 pgrimess 程序包中的正态近似方法时，我们会发现正的空间依赖会发生在比观察到的距离稍微远些的距离处。请注意，在这个函数中，同样也考虑了整个距离范围，尽管我们进行推断时应该忽略超过最大距离 1/2 到 2/3 处的指数值。

我们可以将这些结果与采用 spline.correlog 函数绘制的样条相关图进行对比，我们采用自举方法来推断这种情况下的显著性。

```
#计算 95%逐点自举 CI 的样条相关图
> spline.corr <- spline.correlog(x = matrix$x, y = matrix$y,
  z =matrix$Height, xmax = maxdist, resamp = 100, type = "boot")
#绘制 95%逐点自举 CI 的样条相关图
> plot (spline.corr)
```

从图 5.5b 中可以看出，上述方法在中等距离处确定的负的空间依赖太弱，无法用来推断统计格局（即自举置信区间与零值线重叠）。

最后，我们使用 spdep 程序包来绘制相关图，与其他程序包相比，该程序包在绘制相关图方面具有更大的灵活性。例如，我们可以为二进制的（0，1）响应数据绘制一个指数相关图（见上文），我们首先使用该程序包计算一个通用的 Moran I 指数，这一步骤有时被用于对数据的空间依赖进行整体检验（Bivand et al.，2013），然后，我们将展示如何使用类似的方法来创建定制的相关图。

要使用 spdep 程序包来解释空间依赖，我们不得不手动创建空间权重矩阵 W，

如式（5.3）和式（5.4）所示。请注意，spdep 程序包实际上是以列表格式而非矩
阵格式存储 **W**，因为在许多情况下，前者结构更为紧凑，且在计算时占用更少的
存储空间。我们可以使用 knearneigh、dnearneigh 或 cell2nb 函数来计算 **W**，在此
我们选择 dnearneigh 函数来创建一个列表，其中每个元素是样本中邻体 ID 的一个
向量，邻体则是用 dnearneigh 函数中指定的距离确定的，knearneigh 函数可发现 k
个最近邻，k 值会随一些取样设计的距离而变化，而 cell2nb 函数确定的是规则栅
格上的邻体数据，但并不常用，所以我们不对这个函数加以关注。下面我们指定
d1=0（最小距离）和 d2=3（最大距离），用这些数据来产生一个八邻函数（即遵
循八邻规则）（图 5.6）。

```
> library(spdep)
#生成一个邻体列表:
> neigh <- dnearneigh(x = coords, d1 = 0, d2 = 3, longlat = F)
#绘制邻体图
> plot(neigh, coordinates(coords))
```

为了计算 Moran I 指数，我们将对象 neigh 转换为一个空间权重列表，作为此
过程的一部分，我们指定 style='W'，这意味着我们将创建一个逐行标准化的 **W**。

```
> wts <- nb2listw(neighbours = neigh, style = 'W', zero.policy =
  T)
```

利用上述方法获取的空间权重值，我们现在开始计算 Moran I 指数。spdep 程
序包允许我们用 moran.test 函数的正态近似方法（类似于 pgirmess 程序包中采用
的方法）或 moran.mc 函数的蒙特卡罗置换方法（类似于 ncf 程序包中采用的方法）
来推断显著性。

```
> mor.mc <- moran.mc(x = matrix$Height, listw = wts, nsim =
  999, zero.policy = T)
> mor.norm <- moran.test(x = matrix$Height, listw = wts,
  randomisation = F, zero.policy = T)
> mor.mc

##
 Monte-Carlo simulation of Moran I
data: matrix$Height
weights: wts
```

```
number of simulations + 1: 1000
statistic = 0.27366, observed rank = 1000, p-value = 0.001
alternative hypothesis: greater

> mor.norm

##
Moran I test under normality
data: matrix$Height
weights: wts
Moran I statistic standard deviate = 13.819, p-value < 2.2e-16
alternative hypothesis: greater
sample estimates:
Moran I statistic     Expectation          Variance
 0.2736595356      -0.0014814815      0.0003964261
```

在本示例中两种检验方法获得了相同的 Moran *I* 估计值（0.274），并且都提供了一个表明空间依赖在统计上是显著的全局检验。

现在我们采用上述方法计算特定距离类别的 Moran *I* 指数，并为每个类别生成一个置换值，然后组合成一个相关图。我们首先创建一个存储输出结果的数据框，然后给出一个 for 循环，对每个距离类别重复上述计算过程。

```
#首先创建一个储存结果的数据框
> correlog.sp <- data.frame(dist = seq(5, 0.5 * max(distmat),
  by= 5), MoransI = NA, Null.lcl = NA, Null.ucl = NA, Pvalue =
  NA)
#计算每个距离类别的 Moran I 指数
> for (i in 1: nrow(correlog.sp)){
  d.start <- correlog.sp[i, "dist"] - 5
  d.end <- correlog.sp[i, "dist"]
  neigh <- dnearneigh(x = coords, d1 = d.start, d2 = d.end,
  longlat = F)
  wts <- nb2listw(neighbours = neigh, style = 'W', zero.policy
  = T)
  mor.i <- moran.mc(x = matrix$Height, listw = wts, nsim = 99,
  zero.policy = T)
```

```
#对 spdep 程序包的计算结果进行概要统计
 correlog.sp[i, "dist"] <- (d.end + d.start)/2
 correlog.sp[i, "MoransI"] <- mor.i$statistic
 correlog.sp[i, "Null.lcl"] <- quantile(mor.i$res, p = 0.025)
 correlog.sp[i, "Null.ucl"] <- quantile(mor.i$res, p = 0.975)
 correlog.sp[i, "Pvalue"] <- mor.i$p.value
 }
> plot(y = correlog.sp$MoransI, x = correlog.sp$dist)
> abline(h = 0)
> lines(correlog.sp$dist, correlog.sp$Null.lul, col = "red")
> lines(correlog.sp$dist, correlog.sp$Null.ucl, col = "red")
```

我们上面介绍了几种计算并绘制相关图的方法，每种方法都有各自的优缺点，但绘制的相关图还是显示出了大致相似的格局（图 5.6）。使用正态近似方法来解释空间自相关的显著性（pgirmess 程序包和 spdep 程序包）对于大型数据集是有用的，蒙特卡罗检验的计算成本很高，但当数据不是正态分布时，蒙特卡罗检验则是有用的。ncf 程序包提供了一种不依赖于距离类别划分的方法，可以帮助我们采用一种简单的自举过程来推断显著性。spdep 程序包在计算并绘制相关图时有着极大的灵活性，但用户友好性较差。

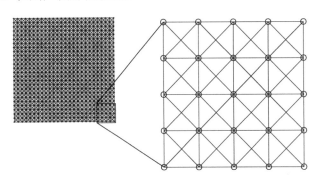

图 5.6　从 d=0 到 d=3 的距离类别的 Moran I 指数邻域矩阵的计算
该矩阵基于八邻规则（见第 3 章）确定邻体

5.3.4　变异函数

我们可以使用 geoR 程序包和 gstat 程序包来说明经验半变异函数与基于模型的半变异函数，在此我们主要介绍 geoR 程序包，因为它可以对基于模型的变异函数进行基于似然性（如 AIC）的比较，这有助于我们确定用于推断和插值的最佳变异函数模型（Oliver and Webster，2014），并且它还为我们提供了一种有趣的蒙特卡罗方法。gstat 程序包也为我们提供了更多不同类型的基于模型的变异函数，并且还可以计算交叉变异函数，因此我们也会简要地说明一下它的用法。我们首先创建一个 geoR 对象，该对象由 *x-y* 坐标值和每个坐标对应的 *z* 值（在本示例中是植被高度）组成。

```
#加载程序包
> library(geoR)
> library(gstat)
#创建一个 geoR 对象
> geo.veg <- as.geodata(matrix)
```

geoR 程序包为原始数据的可视化提供了一个解决方案，即 plot（geo.veg）提供了一幅四个面板的组合图：第一个面板显示取样位置，用渐变色来表示测量值 *z*（本示例中的植被高度），其中低值为蓝色，高值为红色；第二个和第三个面板显示 *z* 值作为 *x-y* 坐标的函数，这些面板有助于我们直观地解释数据中是否存在潜在的各向异性（作为 *x-y* 位置的函数，*z* 值的方向性或趋势）；第四个面板则提供了 *z* 值的直方图（和密度图）。

我们可以用 geoR 程序包中的 variog 函数来计算数据的经验变异函数，我们将根据上述代码来设置所考虑的最大距离。请注意，要计算经验变异函数，需要划分距离类别，geoR 程序包可以自动划分，我们也可以手动定义用于半变异函数距离类别中的间隔点（图 5.7）。

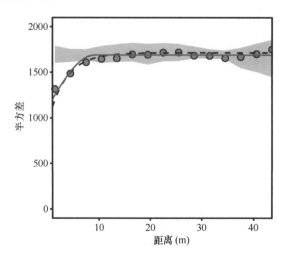

图 5.7 解释植被高度空间依赖的经验变异函数和理论变异函数模型

黑色虚线代表指数模型，灰色实线代表球形模型，阴影区域为 99% 的逐点零包络区间

#经验半方差
```
> emp.geoR <- variog(geo.veg, max.dist = maxdist)
> plot(emp.geoR)
```
#将间隔点标准化为一个最小值为 3m 的距离
```
> emp.geoR <- variog(geo.veg, max.dist = maxdist, breaks =
  c(seq(0, maxdist, by = 3)))
> plot(emp.geoR)
```

在 gstat 程序包中，我们首先创建该程序包可读取的对象（指定数据的坐标），然后使用程序包中的 variogram 函数创建经验变异函数。

```
> gstat.veg <- matrix
> coordinates(gstat.veg) <- ~x + y
> emp.gstat <- variogram(Height ~ 1, cutoff = maxdist, width =
  3, gstat.veg)
> plot(emp.gstat)
```

上述两个程序包计算得出的经验变异函数基本相同。

上述得出的变异函数均假设各向同性（isotropy），即空间依赖没有方向性。我们可以基于方向对数据进行子集划分，以直观考虑是否有证据表明空间相关存在着各向异性，这可以用 geoR 程序包中的 variog4 函数或在 gstat 程序包中的 variogram 函数里添加 alpha 参数来实现。在这两种情况下，数据被划分为子集，以便计算 0°、45°、90°、135°方向上的 4 个变异函数（图 5.8a），其中，0°涵盖了–22.5°～22.5°，45°涵盖了 22.5°～67.5°，以此类推。

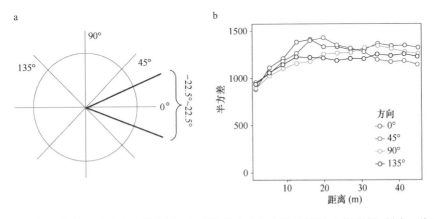

图 5.8　用划分的数据子集来分析空间依赖变化的方向性变异函数图（彩图请扫封底二维码）
a. 通常考虑的方向为 0°、45°、90°和 135°（涵盖范围为±22.5°度），较大的方向值（180°～360°）提供了与前者相同的格局，因为半方差的公式是对称的；b. 样地中植被高度的方向性变异函数

```
#用 geoR 程序包计算方向性变异函数图
> emp4.geoR <- variog4(geo.veg, max.dist = maxdist)
> plot(emp4.geoR)
```
#用 gstat 程序包计算方向性变异函数图
```
> emp4.gstat <- variogram(Height ~ 1, cutoff = maxdist, alpha =
  c(0, 45, 90, 135), gstat.veg)
> plot(emp4.gstat)
```

在图 5.8b 中,不同方向上经验变异函数的差异较大表明可能存在着各向异性,请注意,为了计算这些方向性变异函数,geoR 程序包和 gstat 程序包都将数据划分为 4 个子集,这样每个独立的变异函数中可使用的数据量会变得较少,因此与采用所有数据计算出的变异函数相比方向性变异函数可能有着更大的上下波动。为什么我们只考虑 0°、45°、90° 和 135°?如果我们考虑 180°~360° 的方向,会得出与前面 4 个方向间相同的变异函数,因为变异函数的计算公式是对称的[式(5.7)中的平方项,即 $\left[z(x_i) - z(x_i + d)\right]^2 = \left[z(x_i + d) - z(x_i)\right]^2$]。

我们可以用 geoR 程序包中提供最大似然方法的 likfit 函数来拟合理论变异函数,并用模型选择标准(如 Akaike's Information Criterion,AIC)对不同的变异函数模型进行比较(Oliver and Webster,2014),为此,我们可以根据经验变异函数对需提供的基台(即基台-块金;图 5.2)和变程初始值进行合理的推测。指数变异函数和球形变异函数模型的拟合结果如下(图 5.3)。

#指数变异函数
```
> mlexp <- likfit(geo.veg, cov.model = "exp", ini = c(700, 10))
```
#球形变异函数
```
> mlsph <- likfit(geo.veg, cov.model = "sph", ini = c(700, 10))
> summary(mlexp)
```

```
##
Summary of the parameter estimation
-----------------------------------
Estimation method: maximum likelihood
Parameters of the mean component (trend):
 beta
43.0708
Parameters of the spatial component:
 correlation function: exponential
```

```
(estimated) variance parameter sigmasq (partial sill) =
504.7
(estimated) cor. fct. parameter phi (range parameter) = 5.884
anisotropy parameters:
(fixed) anisotropy angle = 0 ( 0 degrees )
(fixed) anisotropy ratio = 1
Parameter of the error component:
(estimated) nugget = 732
Transformation parameter:
(fixed) Box-Cox parameter = 1 (no transformation)
Practical Range with cor=0.05 for asymptotic range: 17. 62812
Maximised Likelihood:
log.L   n.params      AIC       BIC
"-3298"      "4"      "6603"    "6621"
non spatial model:
log.L   n.params      AIC       BIC
"-3368"       "2"     "6739"    "6748"


Call:
likfit(geodata  =  geoR.veg,  ini.cov.pars  =  c(700,  10),
cov.model = "exp")

> AIC(mlexp, mlsph)

##
        df     AIC
mlexp   4  6603.375
mlsph   4  6603.830
```

上述的模型输出为我们提供了几个关键性的见解。针对我们的目标，我们重点关注两类重要的输出结果。首先，每个模型分别给出了可用于解释模型拟合和模型选择的对数似然、AIC 和 BIC（Bayesian information criterion，贝叶斯信息准则）值，这些值可提供给所考虑的空间模型甚至一个假定方差恒定（即方差不会随距离而变化）的"非空间"模型；其次，输出结果同时提供了所考虑模型的变程、块金和基台的估计值。对于一些理论变异函数而言，输出结果还提供了"实用变程"，其使用近似方法（根据理论变异函数模型而变化）来确定变异函数与基台间显示平滑渐近关系时的有效距离（如指数模型；图 5.3），例如，在指数变异函数中，它通常被定义为方差达到估计基台值 95%时的距离。在本示例中，指数变异函数比基于 AIC 的球形变异函数的拟合结果要好，且这两种模型对数据的拟合都比"非空间"模型更好。我们可以在 gstat 程序包中拟合指数变异函数，代码如下所示。

```
> exp.gstat <- fit.variogram(emp.gstat, vgm("Exp"))
```

请注意，虽然 gstat 程序包并未基于似然技术对模型进行选择，但却比 geoR 程序包提供了更多的基于模型的变异函数，可用 vgm（）和 show.vgm（）函数对可供选择的模型进行查阅。

最后，我们可以将理论变异函数图与经验变异函数图叠加在一起（图 5.7）。

```
> plot(emp.geoR)
> lines(mlexp, col = "blue")
> lines(mlsph, col = "red")
```

我们可以用模型选择方法来比较 likfit 函数输出的空间模型与非空间模型。另一种可行的方法是确定空间随机的置信包络区间（类似于第 4 章中计算的包络区间），然后将零包络区间与经验变异函数和理论变异函数叠加在一起。在 geoR 程序包中，我们可以找到零包络区间的蒙特卡罗置换方法，下面的代码将植被高度在 x-y 坐标间的位置置换 99 次，然后绘制与经验变异函数图相对应的距离处的最大值和最小值。

```
> emp.env <- variog.mc.env(geo.veg, obj.var = emp.geoR)
> plot(emp, envelope = emp.env)
> lines(mlexp, col = " blue ")
```

在考虑给定的基础数据的情况下，这些包络区间将方差描述为空间随机状态下距离的函数。因此，当我们观测的变异函数落在包络区间范围外时，数据显现出显著的空间依赖信号。在本示例中，我们观察到变异函数仅在距离<10m 时会落在零包络区间范围外，这与我们用相关图得出的空间依赖的结论大体上相似（图 5.5）。

5.3.5　克里金法

基于理论变异函数模型，我们可以用克里金法创建插值图。我们可以对观测样本所在位置或覆盖整个样地的栅格网进行克里金预测，在此，我们重点说明后者，我们用 expand.grid 函数创建一组新的栅格点位，请注意，栅格间的距离将作为我们创建插值图的分辨率。我们首先用 geoR 程序包进行克里金插值（图 5.9a）。

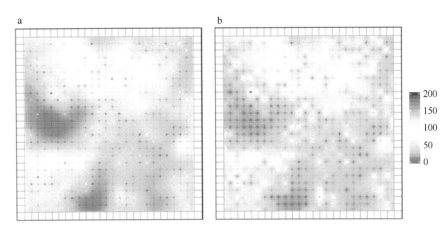

图 5.9　植被高度的克里金插值图（彩图请扫封底二维码）

a. 基于指数模型的插值；b. 基于反距离加权（IDW）的插值。图中还显示了取样网格（2m×2m）的背景信息

```
#用单位间距(1m)创建的栅格
> new.grid.1m <- expand.grid(0: max(matrix$x), 0: max
  (matrix$y))
#kriging: krige.control, cov.pars: partial sill, range
> krig.geoR.exp <- krige.conv(geoR.veg, locations = new.
  grid.1m, krige = krige.control(cov.pars = c(mlexp$cov.
  pars[1], mlexp$cov.pars[2]), nugget = mlexp$nugget,
  cov.model = "exp", type.krige = "OK"))
#获取克里金插值面上的预测值
> image(krig.geoR.exp, main = "kriged estimates")
```

在上面的代码中，我们从指数变异函数中获取参数估计值，并将其应用于普通克里金法（type.krige = "OK"）中进行空间插值。输出结果包括我们用来绘制插值图的预测值以及预测中的不确定性值。在本示例中，我们对初始样本栅格采用高分辨率进行了详细描述，因此不确定性非常低。但还要注意的是，克里金插值图在观测样本所在位置处仍使用我们观测到的 z 值，并且只对栅格图上未观测位置的 z 值进行预测。此外，我们还可以绘制预测过程中的不确定性图。

```
> image(krig.geoR.exp, val = sqrt(krig.geoR.exp $krige.var),
```

```
main = "kriging SE")
```

此模型中并不估计观测点位的方差，而是将其方差固定为零，因此，我们可以从克里金预测的不确定性图中删除这些观测点位，此后这个克里金图会以栅格图的形式用于其他分析。

我们也可以用 gstat 程序包中的 krige 函数进行克里金插值。

```
> new.grid.1m <- expand.grid(x = 0: max(matrix$x), y = 0:
  max(matrix$y))
> gridded(new.grid.1m) <- ~x + y
> krig.gstat <- krige(Height ~ 1, gstat.veg, new.grid.1m, model =
  exp.gstat)
#绘图
> image(krig.gstat, main = "kriging-gstat")
```

在 gstat 程序包中，我们需要为新栅格图中的 *x-y* 坐标设置标签（与 geoR 程序包不同）。此外，用 gstat 程序包中的 idw 函数也很容易实现反距离加权插值（图5.9b）。

```
> idw.gstat <- idw(Height ~ 1, gstat.veg, new.grid.1m)
```

我们可以通过预测结果间的相关性计算来分析 geoR 程序包和 gstat 程序包中的克里金插值以及反距离加权插值结果的相似性，计算代码如下所示。

```
> cor(cbind(geoR.exp = krig.geoR.exp$predict,
  gstat.exp = krig.gstat$var1.pred,
  gstat.idw = idw.gstat$var1.pred))
```

```
##
          geoR.exp  gstat.exp  gstat.idw
geoR.exp    1.000     1.000      0.984
gstat.exp   1.000     1.000      0.984
gstat.idw   0.984     0.984      1.000
```

这两个程序包中所提供的克里金法可以得出相同的预测结果，同时反距离加权插值也得出了与克里金法几乎相同的预测结果。在对样地进行密集规则取样的情况下得到这样的结果并不奇怪。在稀疏和/或不规则间隔取样的情况下，这些方法间的相关性可能会相对较小。

5.3.6　模拟空间自相关数据

一旦估计得出理论变异函数的相关参数，我们就可以用这些值来生成模拟的空间自相关数据，这些模拟数据与使用随机分布函数（Lantuéjoul，2002）中的退火算法（Cressie，1993）或高斯随机场算法得到的空间格局具有相同的统计特性，这些程序通常用于生成零参照分布，以检验生态数据中观察到的空间格局的显著性（Remmel and Fortin，2013）。请注意，在模拟高斯随机场时，默认的均值为零。

我们可以基于变异函数的相关参数用 gstat 程序包或 RandomFields 程序包（Schlather et al.，2015）来模拟空间格局，在此，我们重点介绍 RandomFields 程序包，它在这方面比 gstat 程序包更为灵活。模拟中我们将采用观测植被高度的均值作为随机场模拟的均值（否则，该值近似为零）。

```
#用于模拟的变异函数模型
> library(RandomFields)
> model.exp <- RMexp(var = mlexp$cov.pars[1], scale =
  mlexp$cov.pars[2])+ RMnugget(mlexp$nugget)+
  RMtrend(mean =mean(matrix$Height))
> dimx <- 1: 50
> dimy <- 1: 50
#模拟过程
> sim.exp <- RFsimulate(model = model.exp, x = dimx, y = dimy)
> data.sim <- as.matrix(sim.exp)
#绘制图像
> image(dimx, dimy, data.sim, xlab = "x", ylab = "y")
#用 raster 程序包绘图
> library(raster)
> RMexp.grid <- raster(data.sim)
> plot(RMexp.grid)
```

这些模拟图（图 5.10）被称为"无条件高斯随机场"。如果我们在制图过程中提供了一些样本值（像克里金法中那样），那么生成的模拟图将被称为"条件高斯随机场"。请注意，因为模拟的是一个高斯（正态分布）随机场，即使我们将 RMtrend 函数中的均值调整为植被高度的均值，最终仍会模拟出一些小于零的值，这从生物学的角度来看是不合理的。RandomFields 程序包中提供了模拟过程中避免出现这类问题的选项，但这已超出了本书介绍的范围。

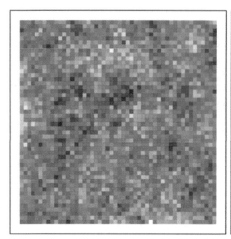

图 5.10　基于指数变异函数模型对植被数据拟合出的相关参数，采用无条件高斯随机场对空间依赖模拟出的两种情景

　　上述方法通常也可用于创建不同程度的空间自相关图，其功能类似于第 3 章中描述的中性景观方法。例如，在下面供选的情景中，我们可以通过改变基台和变程等参数生成不同类型的中性景观图（图 5.11）。

```
> model.exp.ps2r5 <- RMexp(var = 20, scale = 5) + RMnugget
  (var = 2)
> model.exp.ps8r5 <- RMexp(var = 80, scale = 5) + RMnugget
  (var = 2)
> model.exp.ps2r20 <- RMexp(var = 20, scale = 20) + RMnugget
  (var = 2)
```

　　上述情景首先设置了一个基线模型，其变程值、块金值和基台值分别为 5、2 和 20，然后，我们将变程值、基台值分别提高 4 倍，得到另外两个模型。当对这些模型的结果进行绘制时，基台值的变化明显增加了变化的幅度，而变程值的增加则会使图变得更为平滑。然而，当我们采用一种类似于改变中性景观情景中生境或土地覆盖所占比例的方法（第 3 章）对这些图进行截短时，我们发现基台值的改变对图的影响可以忽略不计，而变程值的增加则会导致土地覆盖出现更大程度的聚集（图 5.11）。

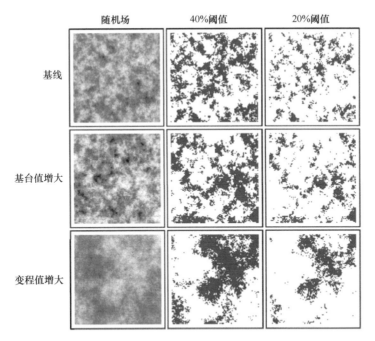

图 5.11　基于一个指数变异函数模型，使用无条件高斯随机场模拟不同空间依赖的中性景观
第一行是基台值、变程值和块金值分别为 20、5 和 2 的基线模型，第二行是基台值增加 4 倍的模型，第三行是变程值增加 4 倍的模型。图中所示为采用连续随机场和两种不同阈值生成的类似于第 3 章中所描述的中性景观图

5.3.7　多尺度分析

随着遥感数据和覆盖大范围区域的大型数据库的普及，所研究的区域通常已足够大，可以包括不同空间尺度上对观测到的空间格局产生影响的若干过程。基于这类多尺度效应的数据，我们可以做的第一件事就是确定格局的关键空间尺度。有两种多尺度分析方法可以从遥感数据或区域数据中解析出关键的空间尺度，即傅里叶谱分解和分层小波分解分析方法（Keitt and Urban，2005）。

5.3.7.1　小波和傅里叶序列

傅里叶技术与小波分析是相互关联的（Dale et al.，2002）。傅里叶技术假设数据是由整个研究区域的稳态过程产生的，这些过程被设想为一系列在不同尺度上运行的正弦波和余弦波，这些正弦波和余弦波结合在一起共同驱动了观察到的变化（图 5.12）。当研究范围相对较大时这项技术具有一定的可用性，但事实上在许多情况下较大范围的线性趋势是不可能存在的（Austin，2002）。

当各类波动信号在研究区内不满足平稳假设时，我们可以使用小波变换，就像我们在下面的例子中描述的那样。小波变换采用了与傅里叶谱分解类似的方法，但仍有两个关键性的差异。首先，小波变换包含了多种形状（Haar、墨西哥帽等；Dale et al.，2002），这样用户不需要只假设正弦/余弦函数来描述空间变化；其次，小波变换并不假设各类波在整个研究范围具有平稳性，而是允许用不同的小波模板基于不同分辨率下的局部变化对观测数据进行拟合。

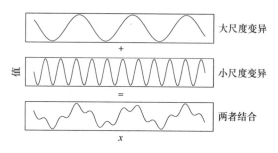

图 5.12　傅里叶变换技术的工作原理

傅里叶变换假设观测到的变化来自于不同尺度上的多个过程，该方法采用不同振幅和周期的正弦波/余弦波来捕捉变化，将这些大小尺度上的波形结合在一起可以解释观测到的变化。与小波变换不同，该方法假设各类波在整个研究范围内的运行具有平稳性

　　这些技术通常会应用二进网格数据，其中，网格的维数是 2 的幂值（如 32×32、128×128），类似于我们在第 3 章中使用的分形算法，这样做的原因是这些方法允许我们对图上的空间变化进行递归式分解，例如，如果我们有一张 64×64 的网格图，可以将其分解为表示不同空间分辨率的连续块（如 4 个 32×32 的块）来解析空间变化。请注意，现在的小波分析方法已扩展到可以处理不符合这类数据要求的图，但这已超出了本书的分析范围。小波可以是离散的，也可以是连续的，在此我们只关注最简单的离散变换，即 Haar 小波（图 5.13）。利用观测数据，我们可以在一系列小波模板尺度（2 的幂）上对每个取样点位或像元进行离散小波变换，然后对小波值进行绘图，并对所有的尺度进行分析。小波方差与尺度因子间的关系图被称为尺度图（scalogram，Dale and Fortin，2014），小波方差值最大时的尺度代表了数据拟合的最佳空间尺度。

　　我们可以用 waveslim 程序包（Whitcher，2015）进行小波变换，在此我们选用 Haar 小波，这是空间分析中最为常用的一种小波类型（图 5.13）。为了计算小波，我们需要传递所考虑的最大尺度，它应该是 2 的幂值（8、16、32、64……）。首先，我们使用 reshape2 程序包中的 acast 函数将数据重新格式化为一个方阵（Wickham，2007）。

```
> library(reshape2)
> matrix.mat <- acast(matrix, x ~ y, value.var = "Height")
> dim(matrix.mat)
```

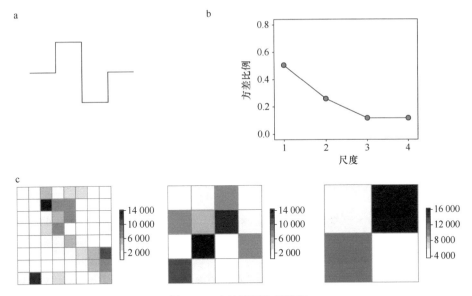

图 5.13　小波模板和尺度图

a. 最常用的离散小波模板——Haar 模板；b. 用 Haar 模板对部分观测数据拟合的尺度图，基于方差与尺度间的关系绘制；c. 用小波分析确定的不同尺度（尺度从 1 到 3）上的空间变异图

```
##
[1]  26  26
```

　　重新格式化后得到的取样网格为 26×26，为满足计算的需要，我们将其截取为 16×16 的二进网格子集。

```
> max.scale <- 4
#DWT：离散小波转换
> library(waveslim)
> x.dwt <- dwt.2d(matrix.mat[1: 16, 1: 16], 'haar', J = max.
  scale)
```

　　上述函数创建了一个新的矩阵来描述不同尺度下的小波方差，为此它还创造了三条标记为 LH、HL 和 HH 的变异频带，我们将这些频带的平方值相加对波方差进行总体量化。然后，我们可以计算每个尺度上的方差比例，并绘制尺度图（图 5.13b）。

```
#小波频带求和
> t.var <- (sum(x.dwt$LH1^2 + x.dwt$HL1^2 + x.dwt$HH1^2)
  + sum(x.dwt$LH2^2 + x.dwt$HL2^2 + x.dwt$HH2^2)
```

```
  + sum(x.dwt$LH3^2 + x.dwt$HL3^2 + x.dwt$HH3^2)
  + sum(x.dwt$LH4^2 + x.dwt$HL4^2 + x.dwt$HH4^2))
#方差比例
> x.lev.1 <- (sum(x.dwt$LH1^2 + x.dwt$HL1^2 + x.dwt$HH1^2))
  / t.var
> x.lev.2 <- (sum(x.dwt$LH2^2 + x.dwt$HL2^2 + x.dwt$HH2^2))
  / t.var
> x.lev.3 <- (sum(x.dwt$LH3^2 + x.dwt$HL3^2 + x.dwt$HH3^2))
  / t.var
> x.lev.4 <- (sum(x.dwt$LH4^2 + x.dwt$HL4^2 + x.dwt$HH4^2))
  / t.var
> var.all.dwt <- c(x.lev.1, x.lev.2, x.lev.3, x.lev.4)
> sum(var.all.dwt)
# 尺度图：绘制全局小波谱带剖面
> plot(var.all.dwt, pch = 21, type = "b", lwd = 1, ylab =
  "AverageVariance", xlab = "Scale")
```

从尺度图中可以看出，大多数空间变化发生在研究区的最小距离尺度上，最后，我们可以用 raster 程序包绘制不同尺度上的小波图（图 5.13c），下面的代码给出了一个尺度为 1 的例子。

```
#基于尺度绘制小波图
> wave.raster1 <- raster((x.dwt$LH1^2 + x.dwt$HL1^2 + x.
  dwt$HH1^2))
> plot(wave.raster1)
```

这些不同尺度上变异的度量值可以作为回归或相关分析中的预测变量，以解释不同尺度上的空间依赖（Keitt and Urban，2005），这样做的关键点在于以分层的方式将子矩阵连接到适宜的响应数据上。

5.3.7.2 特征向量谱分解

当我们以一种连续的方式从不规则的网格或布局数据中取样时，可以用特征向量谱分解的方法来确定与数据相匹配的关键尺度，在此我们采用邻域矩阵主坐标法（principal coordinates of neighborhood matrices，PCNM），这是广义 Moran 特征向量图的一个特例（Dray et al.，2006，2012）。与使用相邻像元空间布局数据的小波分析不同，PCNM 的多尺度分析是针对取样位置的 *x-y* 坐标进行的，因此 PCNM 的空间尺度可能会与取样位置一样多。PCNM 使用了一种主坐标分析

（principal coordinates analysis，PCoA；Gower，1966）方法，该方法有时也被称为度量多维尺度法或经典尺度法（Legendre and Legendre，2012）。PCoA 与更为常见的主成分分析法（PCA）有着一些相似之处，但其侧重于使用距离或相似矩阵（而不是 PCA 中使用的原始数据）在比原始数据更低维的空间中定位对象，重点关注的是欧氏距离空间。邻域矩阵主坐标法为我们提供了能够捕获空间结构的特征向量：随着特征向量的增加，可以捕获到越来越小的空间尺度，这与傅里叶技术中循环周期越来越小的正弦波类似（图 5.14）。

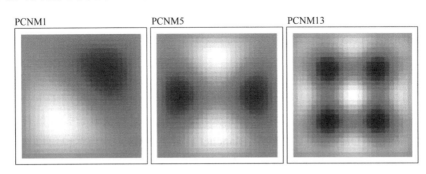

图 5.14　捕获不同尺度上空间变化的特征向量图

前几个特征向量捕获了大尺度上的空间变化，这与分析（如趋势面分析）中考虑 x-y 坐标的线性或多项式项时捕获到的变化类似，而后面的特征向量则越来越多地捕获小尺度上的变化。图中所示为对观测到的植被数据采用前向逐步回归选择出的排在前三的特征向量，像元较暗表示特征向量值较高

一旦我们计算得出邻域矩阵主坐标值，就可将其作为空间预测因子用于多元回归（Dormann et al.，2007）或其他分析（如群落数据的冗余分析，参见第 11 章）中。邻域矩阵主坐标的特征向量数与位置数相同，因此我们需要通过模型选择来减少所考虑的特征向量数，我们也可以在产生数据的过程尺度方面（如大尺度趋势、中尺度斑块化和小尺度斑块化）的知识指导下减少空间尺度的数量。如果我们只考虑排在前面的几个特征向量，那么在功能上可能类似于一种趋势面分析，其中 x 坐标或 y 坐标（及其多项式项，如 x^2 或 x^3）用作回归模型的预测项，从而捕获空间依赖在大尺度上的变化（见第 6 章），相反，后面更多的特征向量可以捕获空间依赖在小尺度上的变化。

我们用上面克里金分析的网格数据来说明特征向量方法，我们首先基于每个样本位置计算得出的距离矩阵用 vegan 程序包（Oksanen et al.，2018）来确定 PCNM 的特征向量。

```
> library(vegan)
#基于坐标的距离矩阵的 PCNM
> xypcnm <- pcnm(dist(coords))
```

```
#特征向量:
> xypcnm$vectors
```

我们可以用多种方法对特征向量进行可视化，在此，我们用 raster 程序包创建特征向量的栅格图（图 5.14）。

```
#创建栅格
pcnm1.raster <- rasterFromXYZ(data.frame(x = matrix$x, y =
matrix$y, z = xypcnm$vectors[, 1]))
plot(pcnm1.raster)
```

一旦我们生成了特征向量，就可以用来预测植被高度。考虑到生成的特征向量的数量较大，常见的方法是用一种选择过程对特征向量取子集用于下一步的分析（Bauman et al., 2018），其中之一是采用前向选择过程来确定最能解释响应变量的特征向量（Dray et al., 2006; Blanchet et al., 2008），当然也可以选择其他方法，如降低模型残差中空间自相关的方法（见第 6 章; Dray et al., 2006; Dormann et al., 2007）。在此，我们简单地将重点放在 Blanchet 等（2008）提出的前向选择过程上，该过程已被证明在某些情况下能够可靠地捕获多尺度的空间依赖（Bauman et al., 2018），并可在 adespatial 程序包中加以实现（Dray et al., 2018）。在这种方法中，我们首先拟合一个以所有特征向量为协变量的完整（全局）模型，从中可以得到根据模型的变量数调整后的 R^2 值，该值反映了完整模型中的特征向量所能解释的变化。Blanchet 等（2008）提出了一种遵循"双停止"规则的前向选择方法，即当拟合模型的 R^2 值达到上述调整后的 R^2 值时，或当新的特征向量在预先指定的 α 值下不再显著时，前向选择将自动终止。考虑到模型拟合中包含了大量的潜在协变量，在下面的例子中我们采用保守值 $\alpha=0.005$ 来实现这种方法。

```
> library(adespatial)
> height <- matrix$Height
> xypcnm.df <- data.frame(xypcnm$vectors)
#拟合完整模型
> xypcnm.full <- lm(height ~ ., data = xypcnm.df)
> R2adj <- summary(xypcnm.full)$adj.r.squared
#用 adespatial 程序包执行前向选择
> xypcnm.for <- forward.sel(height, xypcnm$vectors,
  adjR2thresh =R2adj, alpha = 0.005, nperm = 999)
```

在本示例中，我们发现，在解释植被高度空间变化的线性回归模型中保留了 10 个特征向量（由于所采用的置换检验的随机性，保留的特征向量总数可能会略有变化，三个选定的特征向量图如图 5.14 所示）。在第 6 章中，我们将更加深入地探讨空间回归及其在解释环境关系时是如何对空间依赖加以考虑的。

5.4　需进一步研究的问题

5.4.1　局部空间依赖

在本章中，我们重点讨论了稳态假设下的"全局"空间统计，然而在一个区域内空间依赖的强度往往是不同的，当平稳假设无效时我们可以使用其他统计方法。有两种常见方式可用来揭示局部空间依赖（Brunsdon and Comber，2015）。首先，一些方法中采用对全局指数进行分解的方法来了解不同位置在全局统计中的作用，如空间关联的局部指标（LISA；Anselin，1995；Boots，2002）法采用 Moran I 指数等来确定每个观测值对全局统计的贡献，随后对此进行绘图来了解空间依赖关系的空间变化。本章中给出的 Moran I 指数的计算实例可以扩展用于解析 ncf 程序包和 spdep 程序包中的局部 Moran I 指数。其次，我们可以通过移动窗口分析来掌握所选窗口内的空间依赖，此时全局统计方法仅应用于所考虑的邻域（窗口）内，有关移动窗口分析的示例，请参见第 3 章。

5.4.2　多变量空间依赖

生态学中的数据常常是多变量的，例如，在群落生态学中，我们经常会使用物种发生或多度的矩阵数据。在这些情况下，我们可能会对了解和解释多变量空间依赖产生兴趣（Dray et al.，2012）。本章中介绍的许多方法都可用于分析多变量数据（Wackernagel，2003），当出现两种类型的数据时，我们可以用交叉相关图和交叉变异函数来了解变量间的空间依赖（Wagner，2003），有关这些方法在具空间结构的群落中应用的一些讨论，可参见第 11 章。

5.5　结　论

空间格局的检测、描述及显著性检验是我们了解空间生态数据及其产生过程的第一步。空间依赖通常会出现在生态数据中，未能准确地说明空间依赖将会影响生态学中的一些推断（Legendre，1993；Dormann et al.，2007；Beale et al.，2010）。

在此，我们说明了如何对生态数据中的空间依赖进行诊断，这有助于我们深入了解生态数据中出现格局的原因，以及对生态格局和过程进行推断时是否需要解决空间依赖问题。

相关图和变异函数都是我们了解数据中空间依赖的大小和程度的有效方法，可为我们提供比单一的空间依赖检验[如单一的 Moran I 指数统计检验（式 5.3）]更为丰富的信息。相关图的优点在于提供了一个标准化的度量指标（即相关系数），可以在变量间进行比较，而变异函数的优点在于提供了一种用基于模型的变异函数和估计的空间变程来估算空间依赖尺度的正规方法。基于模型的变异函数也可用于对空间数据进行插值的克里金法中，从而为生态格局的空间预测提供了一种正规方法。

各种各样的技术已被用来推断空间依赖的显著性，其中，蒙特卡罗置换提供了最大的灵活性。多尺度分析还可提供一些有用的信息，特别是当问题和/或数据来自多尺度空间依赖运行的较大范围时。

参 考 文 献

Acevedo MA, Fletcher RJ Jr (2017) The proximate causes of asymmetric movement across heterogeneous landscapes. Landsc Ecol 32: 1285-1297

Anselin L (1995) Local indicators of spatial association: LISA. Geogr Anal 27(2): 93-115

Austin MP (2002) Spatial prediction of species distribution: an interface between ecological theory and statistical modelling. Ecol Model 157(2-3): 101-118

Bauman D, Drouet T, Dray S, Vleminckx J (2018) Disentangling good from bad practices in the selection of spatial or phylogenetic eigenvectors. Ecography 41: 1-12

Beale CM, Lennon JJ, Yearsley JM, Brewer MJ, Elston DA (2010) Regression analysis of spatial data. Ecol Lett 13(2): 246-264. https: //doi.org/10.1111/j.1461-0248.2009.01422.x

Bivand R (2006) Implementing spatial data analysis software tools in R. Geogr Anal 38(1): 23-40. https: //doi.org/10.1111/j.0016-7363.2005.00672.x

Bivand R, Piras G (2015) Comparing implementations of estimation methods for spatial econometrics. J Stat Softw 63(18): 1-36

Bivand RS, Pebesma EJ, Gomez-Rubio V (2013) Applied spatial data analysis with R. Use R! 2nd edn. Springer, New York

Bjørnstad ON, Falck W (2001) Nonparametric spatial covariance functions: estimation and testing. Environ Ecol Stat 8(1): 53-70. https: //doi.org/10.1023/a: 1009601932481

Blanchet FG, Legendre P, Borcard D (2008) Forward selection of explanatory variables. Ecology 89(9): 2623-2632. https: //doi.org/10.1890/07-0986.1

Bolker BM (2003) Combining endogenous and exogenous spatial variability in analytical population models. Theor Popul Biol 64(3): 255-270. https: //doi.org/10.1016/s0040-5809(03)00090-x

Boots B (2002) Local measures of spatial association. Ecoscience 9(2): 168-176

Brown JH, Mehlman DW, Stevens GC (1995) Spatial variation in abundance. Ecology 76 (7): 2028-2043. https: //doi.org/10.2307/1941678

Brunsdon C, Comber L (2015) An introduction to R for spatial analysis and mapping. Sage

Publications, Inc, London

Burnham KP, Anderson DR (1998) Model selection and inference: a practical information-theoretic approach. Springer, New York

Carroll SS, Pearson DL (2000) Detecting and modeling spatial and temporal dependence in conservation biology. Conserv Biol 14(6): 1893-1897. https: //doi.org/10.1046/j.1523-1739. 2000.99432.x

Cohen JM, Civitello DJ, Brace AJ, Feichtinger EM, Ortega CN, Richardson JC, Sauer EL, Liu X, Rohr JR (2016) Spatial scale modulates the strength of ecological processes driving disease distributions. Proc Natl Acad Sci U S A 113(24): E3359-E3364. https: //doi.org/10.1073/pnas. 1521657113

Cressie NAC (1993) Statistics for spatial data. Wiley, Chichester

Dale MRT, Fortin MJ (2014) Spatial analysis: a guide for ecologists, 2nd edn. Cambridge University Press, Cambridge

Dale MRT, Dixon P, Fortin MJ, Legendre P, Myers DE, Rosenberg MS (2002) Conceptual and mathematical relationships among methods for spatial analysis. Ecography 25(5): 558-577. https: // doi.org/10.1034/j.1600-0587.2002.250506.x

Dormann CF, McPherson JM, Araújo MB, Bivand R, Bolliger J, Carl G, Davies RG, Hirzel A, Jetz W, Kissling WD, Kuehn I, Ohlemueller R, Peres-Neto PR, Reineking B, Schroeder B, Schurr FM, Wilson R (2007) Methods to account for spatial autocorrelation in the analysis of species distributional data: a review. Ecography 30(5): 609-628. https: //doi.org/10.1111/j.2007.0906-7590.05171.x

Dray S, Legendre P, Peres-Neto PR (2006) Spatial modelling: a comprehensive framework for principal coordinate analysis of neighbour matrices (PCNM). Ecol Model 196(3-4): 483-493. https: //doi.org/10.1016/j.ecolmodel.2006.02.015

Dray S, Pelissier R, Couteron P, Fortin MJ, Legendre P, Peres-Neto PR, Bellier E, Bivand R, Blanchet FG, De Caceres M, Dufour AB, Heegaard E, Jombart T, Munoz F, Oksanen J, Thioulouse J, Wagner HH (2012) Community ecology in the age of multivariate multiscale spatial analysis. Ecol Monogr 82(3): 257-275. https: //doi.org/10.1890/11-1183.1

Dray S, Bauman D, Blanchet G, Borcard D, Clappe S, Guenard G, Jombart T, Larocque G, Legendre P, Madi N, Wagner HH (2018) adespatial: multivariate spatial analysis. R package version 0.2-0

Efron B (1979) Bootstrap methods - another look at the jackknife. Ann Stat 7(1): 1-26. https: //doi. org/10.1214/aos/1176344552

Fletcher RJ Jr, Sieving KE (2010) Social-information use in heterogeneous landscapes: a prospectus. Condor 112: 225-234

Fletcher RJ Jr, Acevedo MA, Robertson EP (2014) The matrix alters the role of path redundancy on patch colonization rates. Ecology 95(6): 1444-1450

Fletcher RJ, Reichert BE, Holmes K (2018) The negative effects of habitat fragmentation operate at the scale of dispersal. Ecology 99(10): 2176-2186

Giraudoux P (2018) pgirmess: spatial analysis and data mining for field ecologists. R package version 1.6.9

Goovaerts P (1994) Study of spatial relationships between two sets of variables using multivariate geostatistics. Geoderma 62(1-3): 93-107. https: //doi.org/10.1016/0016-7061(94)90030-2

Gower JC (1966) Some distance properties of latent root and vector methods used in multivariate analysis. Biometrika 53(3-4): 325-338

Haining R (2003) Spatial data analysis: theory and practice. Cambridge University Press, Cambridge

Hurlbert SH (1984) Pseudoreplication and the design of ecological field experiments. Ecol Monogr 54(2): 187-211. https: //doi.org/10.2307/1942661

Keitt TH, Urban DL (2005) Scale-specific inference using wavelets. Ecology 86(9): 2497-2504. https: //doi.org/10.1890/04-1016

Keitt TH, Bjørnstad ON, Dixon PM, Citron-Pousty S (2002) Accounting for spatial pattern when modeling organism-environment interactions. Ecography 25(5): 616-625

Koenig WD (1998) Spatial autocorrelation in California land birds. Conserv Biol 12(3): 612-620. https: //doi.org/10.1046/j.1523-1739.1998.97034.x

Koenig WD, Liebhold AM (2016) Temporally increasing spatial synchrony of North American temperature and bird populations. Nat Clim Chang 6(6): 614. https: //doi.org/10.1038/ nclimate 2933

Landeiro VL, Magnusson WE (2011) The geometry of spatial analyses: implications for conservation biologists. Natureza & Conservacao 9(1): 7-19. https: //doi.org/10.4322/natcon.2011.002

Lantuéjoul C (2002) Geostatistical simulation, models, and algorithms. Springer, Berlin

Legendre P (1993) Spatial autocorrelation: trouble or new paradigm? Ecology 74(6): 1659-1673

Legendre P, Legendre L (2012) Numerical Ecology, 3rd Edition. Elsevier, Amsterdam

Nelson TA, Boots B (2008) Detecting spatial hot spots in landscape ecology. Ecography 31 (5): 556-566. https: //doi.org/10.1111/j.0906-7590.2008.05548.x

Oksanen J, Guillaume B, Friendly M, Kindt R, Legendre P, McGlinn D, Minchin PR, O' Hara RB, Simpson GL, Solymos P, Stevens HH, Szoecs E, Wagner H (2018) Vegan: community ecology package. R version 2.4-6

Oliver MA, Webster R (1991) How geostatistics can help you. Soil Use Manag 7(4): 206-217. https: //doi.org/10.1111/j.1475-2743.1991.tb00876.x

Oliver MA, Webster R (2014) A tutorial guide to geostatistics: computing and modelling variograms and kriging. Catena 113: 56-69. https: //doi.org/10.1016/j.catena.2013.09.006

Pebesma EJ (2004) Multivariable geostatistics in S: the gstat package. Comput Geosci 30 (7): 683-691. https: //doi.org/10.1016/j.cargo.2004.03.012

Peres-Neto PR, Legendre P (2010) Estimating and controlling for spatial structure in the study of ecological communities. Glob Ecol Biogeogr 19(2): 174-184. https: //doi.org/10.1111/j.1466-8238.2009.00506.x

Remmel TK, Fortin MJ (2013) Categorical, class-focused map patterns: characterization and comparison. Landsc Ecol 28(8): 1587-1599. https: //doi.org/10.1007/s10980-013-9905-x

Ribeiro PJ, Jr., Diggle PJ (2016) geoR: analysis of geostatistical data. vol R package version 1.7-5.2

Rossi RE, Mulla DJ, Journel AG, Franz EH (1992) Geostatistical tools for modeling and interpreting ecological spatial dependence. Ecol Monogr 62(2): 277-314. https: //doi.org/10. 2307/2937096

Schlather M, Malinowski A, Menck PJ, Oesting M, Strokorb K (2015) Analysis, simulation and prediction of multivariate random fields with package random fields. J Stat Softw 63(8): 1-25

Schooley RL, Wiens JA (2004) Movements of cactus bugs: patch transfers, matrix resistance, and edge permeability. Landsc Ecol 19(7): 801-810

Tobler WR (1970) Computer movie simulating urban growth in Detroit region. Econ Geogr 46 (2): 234-240. https: //doi.org/10.2307/143141

Venables WN, Ripley BD (2002) Modern applied statistics with S, 4th edn. Springer, New York

Wackernagel H (2003) Multivariate geostatistics: an introduction with applications, 3rd edn. Springer, Berlin

Wagner HH (2003) Spatial covariance in plant communities: integrating ordination, geostatistics, and variance testing. Ecology 84(4): 1045-1057. https: //doi.org/10.1890/0012-9658(2003)084[1045: scipci]2.0.co: 2

Wagner HH, Fortin MJ (2005) Spatial analysis of landscapes: concepts and statistics. Ecology 86 (8): 1975-1987. https: //doi.org/10.1890/04-0914

Whitcher B (2015) waveslim: basic wavelet routines for one-, two- and three-dimensional signal processing. R package version 1.7.5

Wickham H (2007) Reshaping data with the reshape package. J Stat Softw 21(12): 1-20

Yoo J, Ready R (2016) The impact of agricultural conservation easement on nearby house prices: incorporating spatial autocorrelation and spatial heterogeneity. J For Econ 25: 78-93. https: //doi. org/10.1016/j.jfe.2016.09.001

第6章 考虑空间依赖的生态数据分析

6.1 简　　介

推断与预测是生态学和保护的基础。然而，由于系统发育和时空变化等诸多原因，数据中存在的依赖性可能会对观测到的格局的统计推断和随后的生态解释产生不利影响（Sokal and Oden，1978；Swihart and Slade，1985；Garland et al.，1992；Lennon，2000；Miller，2012）。在本章中，我们将特别关注空间依赖的存在如何使统计推断和预测的过程变得更为复杂（Legendre，1993），在这方面空间上的原理与时间和系统发育上的原理是类似的（Bauman et al.，2018）。了解具空间结构的数据造成的统计偏差对物种-环境关系及入侵物种扩散的预测结果等一系列广泛生态问题的影响是非常重要的，因此人们越来越将关注点放在正确考虑生态学和保护推断中的空间依赖问题上（Segurado et al.，2006；Dormann et al.，2007；Hooten et al.，2007；Carroll and Johnson，2008；Beale et al.，2010；Crase et al.，2014）。

然而，在生态模拟过程中考虑空间依赖是极具挑战性的，因为数据的空间依赖可能会因各种不同的原因而出现（见第5章）。特别是当对空间数据进行模拟时，空间依赖可能仅仅是由于模型的错误设定而产生的，如一个重要的协变量未包括在模型中或其功能性关系被错误地设定（如效应可能是非线性的）。空间依赖也可能是通过局部扩散或社会行为等过程产生的（Koenig，1999）。在这类情况下，添加环境协变量可能并不足以进行适当的推断。

在此，我们对物种-环境关系的回归类模型中处理空间问题的几种方法进行概述。在生态学和保护中，回归模型常被用于解决各种问题，如从解释生境适宜性到预测气候变化的影响等（Guisan and Zimmermann，2000；Algar et al.，2009）。我们的概述在很大程度上基于目前已有的一些有关该话题的综合性评论和综述（Keitt et al.，2002；Dormann et al.，2007；Miller et al.，2007；Diniz et al.，2009；Bini et al.，2009；Beale et al.，2010），同时，根据一些新的研究进展对其进行了更新（Crase et al.，2012；Rousset and Ferdy，2014；Bardos et al.，2015；Blangiardo and Cameletti，2015；Ver Hoef et al.，2018）。我们的目标有三：首先，我们描述了生态学和保护中推断的空间依赖问题；然后，讨论了如何对这些空间依赖问题进行诊断；最后，介绍了在考虑空间依赖的前提下解决这些问题最常用的统计分析方法。

6.2　核心概念和方法

6.2.1　生态学和保护学中的空间依赖问题

　　Bivand（1980）是最早从相关系数出发探索空间依赖对统计推断重要性的研究者之一，此后，Legendre（1993）明确地说明了在生态学中存在的空间依赖问题，他们在文章中强调了当数据的空间依赖被忽略时，空间相关会产生虚假的推断及生态解释（图 6.1）。取决于空间自相关的大小（见第 5 章），一些空间相关的参数估计可能是错误的，对我们随后了解生态格局和过程的影响是，在空间自相关值较小（如<0.2）时，影响往往可以忽略不计，而当空间自相关值较大（如>0.2）时，这种影响往往变得很重要，将影响到统计推断结果（Bivand，1980）。上述结果出现的原因通常在于不确定度的估计，其中，点位的相关系数（和其他参数）估计值的标准误差和置信区间往往会被人为地缩小，这可以从点位的自由度（degrees of freedom，df）的角度来解释，在不考虑空间依赖时每次观测都会被独立计入自由度值中，然而空间依赖会使观测间并非是相互独立的，因此，不应将每次观测都计入自由度值中，忽略空间依赖实际上导致了空间上"假性重复（pseudo-replication）"这一生态学中众所周知的问题（Hurlbert，1984）。

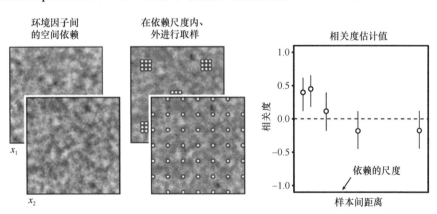

图 6.1　生态推断中的空间依赖问题（彩图请扫封底二维码）

当空间依赖存在但却被忽略时，Ⅰ型错误率增加。图中所示为两个独立获得的环境变量 x_1 和 x_2（由高斯随机场生成；见第 5 章），两者间存在着空间依赖。如果取样发生在空间依赖的范围内且这种依赖被忽略时，就会产生虚假的推断。相反，如果取样超出了空间依赖的范围，则可以获得可靠的推断。图中所示为 5 种取样设计的环境变量间的 Pearson 相关系数，5 种取样设计（具有相同数量的样本）基于距离的空间分布是不同的。当在空间依赖范围内进行取样时，相关度很高，但随着样本间距离的增加，相关度会降低

　　空间依赖问题的存在会对自然保护产生实际的影响。例如，Crase 等（2014）指出，在预测物种对气候变化的响应时，如果忽略了空间依赖会导致对气候变化

影响的估计值变得更大，同时，也会影响自然保护规划结果，以及我们对大范围物种保护中生境适宜性的理解（Carroll and Johnson，2008；Lichstein et al.，2002；Carroll et al.，2010）。

为了在统计分析和模拟过程中考虑空间依赖，目前有几种方法可以使用（Keitt et al.，2002；Dray et al.，2006；Carl and Kuhn，2010）。最简单的方法是我们对数据取子集从而使样本点的分布范围大于我们预估的空间自相关的范围（第 5 章）（Hawkins et al.，2007），或更保守地在统计检验中调整 α 值的水平（Dale and Fortin，2014）。一些最常见的方法则是将重点放在用考虑空间依赖的自协变量（Augustin et al.，1996；Wagner and Fortin，2005；Betts et al.，2006；Melles et al.，2011；表 6.1）或地统计学模型（见第 5 章；Cressie，1993）对线性回归模型加以扩展以适应空间依赖性。此外，我们也可用群落数据排序技术来解析数据中的空间结构（见第 11 章；Wagner，2003，2004；Dray et al.，2012）。下面，我们将对一些常用的方法进行详细介绍，为此，我们首先重新引入第 2 章中简要描述的广义线性模型，并利用该模型框架来构建考虑空间依赖的计算模型。

表 6.1　生态学中空间回归分析的常用术语

术语	描述
面状数据	空间多边形数据，通常是一个区域的详尽镶嵌数据
自协变量	一种预测变量，用于量化周围邻体中响应变量的频率（或相关度量指标）
自回归模型	基于期望值的偏差，用邻体矩阵信息来解释空间依赖的模型
固定效应	样本间恒定的确定性效应
点阵数据	在一组规则空间间隔的点位上构建索引的空间数据
多水平模型	一类采用随机效应捕获系统中层次结构的混合模型
邻体矩阵	量化取样点间关系（如二进制邻体连接或距离加权连接）的正方形矩阵（维数为取样点的数量）
随机效应	来自同一分布且在不同样本间变化的效应
残差	依赖变量的观测值与预测值间的差值
空间过滤	当在回归中加入固定效应协变量时，试图通过包含 x-y 坐标或相关距离度量指标的函数来捕获空间信号
镶嵌	边界重叠或无间隙地紧密结合在一起的多边形排列
趋势面分析	将响应变量的变化表示为取样位置地理坐标的函数的分析方法

6.2.2　广义线性模型及其扩展形式

在开始讨论处理空间依赖问题的方法之前，我们先简要介绍一些重要的背景知识。需要提醒大家的是，线性回归和方差分析（ANOVA）都是线性模型的一种

类型（Nelder and Wedderburn，1972）。一个线性模型通常可以描述为

$$y_i = \alpha + \beta_1 x_i + \varepsilon_i \qquad (6.1)$$

式中，y_i 是取样单元 i 的响应变量（如一个位置上的物种密度），α 是截距，β_1
是斜率（系数），x_i 是在单元 i 处解释变量的测量值，ε_i 是误差。我们假设其来自
正态分布且是独立同分布（independent and identically distributed，iid）的，也就
是说，每个残差不依赖于其他残差，且都来自相同的潜在分布，同时，假定该误
差分布来自一个零均值和一个未知有限方差[表示为 $\varepsilon_i \sim N（0，\sigma^2）$]的正态分布。
对于给定的 x 值（图 6.2），绘制模型的残差或预测值与观测数据间的偏差有助于
我们了解是否满足上述假设。请注意，在这个框架中线性回归和方差分析
（ANOVA）的等价体可以通过将 ANOVA 中分类处理的数据（x_i）作为一个回归模
型中的"哑"变量（如 0，1 变量）来得到。

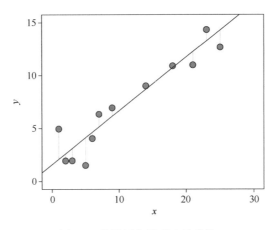

图 6.2　线性回归模型及其残差

在标准回归技术中，残差（对应解释变量的某一给定值，响应变量的观测值与预测值间的差值）被假定为独立的
和同分布的。当模型的残差存在空间自相关时，忽略它会对推断产生影响。图中，点代表观测数据，黑线代表线
性模型的预测结果，垂直的灰线代表残差

　　线性模型可以扩展出两种非常有用的形式。第一种是广义线性模型
（generalized linear model，GLM），它允许响应变量不是正态分布，而是其他供
选的分布，确切地说是来自指数类分布，包括泊松（Poisson）分布、二项式分布、
伯努利（Bernoulli）分布和伽马（gamma）分布。这一扩展极大地增加了这些模
型的灵活性，允许采用一个取样位置上诸如物种存在/缺失数据（伯努利分布）作
为响应变量，McCullagh 和 Nelder（1989）的专著为我们提供了关于广义线性模
型最为经典的教科书。在 GLM 中，我们会指定一个链接函数和一个误差分布。
　　最常见的两种广义线性模型是逻辑（logistic）回归和泊松（Poisson）或对数-
线性（log-linear）回归。逻辑回归的计算公式如式（6.2）。

$$\text{logit}(p_i)=\alpha+\beta_1 x_i \tag{6.2}$$

式中，p_i 是"成功"的预期概率。在式（6.2）中我们采用了一个 "logit"链接函数，即 $\log(\ p_i/(1-p_i))$，并假设了一个误差二项分布，该分布可以看作是由抛硬币产生的分布，如果只有一次抛投（有时称为"试验"），则为伯努利分布；如果多次抛投，则为二项分布，在后一种情况下，我们感兴趣的是试验总次数中"成功"的频率或比例。

泊松回归的计算公式如式（6.3）。

$$\text{logit}(\lambda_i)=\alpha+\beta_1 x_i \tag{6.3}$$

式中，λ_i 是样本 i 的期望计数值。在式（6.3）中我们采用了"log"链接函数并假设了一个误差泊松分布，该分布是一种离散式分布，其值为大于或等于零的整数（即不允许负值），分布中假设均值等于方差，这通常是一个限制性假设，负二项分布则是放宽了这一假设的分布。广义线性模型还包括多种其他类型，但在本书中我们只关注其中的几个，想了解广义线性模型在生态学中更多相关应用的读者可以参考 Bolker（2008）和 Bolker 等（2009）出版的相关专著及发表的文章。

线性模型的第二种扩展是考虑随机效应（random effect），通常可称为随机效应模型，如果固定效应（fixed effect，上述的 β）与随机效应一同考虑，则称为混合模型，我们可以通过几种方式将随机效应与固定效应进行对比。随机效应在适应复杂的数据结构和提供固定效应无法获得的推断方面非常灵活，其主要应用包括：①进行条件推断，即当你想对某一特定的取样单元或点位等（如研究区内某一特定的流域）进行推断时；②适用于实验处理中的区块、裂区、拉丁方和其他结构的处理方法；③从总体上考虑数据中的时空依赖，如时间上的重复测量或空间上的自相关；④实验处理效应在空间或时间上可能会发生变化（类似于在线性模型中包括"相互作用"项时；⑤进行"广义"推断，即基于一个样本对整个地区/种群进行推断（与此相反，"狭义"推断仅对所考虑的特定样本或点位进行推断）（Littell et al.，2006；Gelman and Hill，2007；Zuur et al.，2009）。

在生态学中一种效应何时应被认定为随机的还是固定的，以及一个变量被认定为随机的还是固定的后生态推断会发生怎样的变化，目前仍存在一定争议与混淆。Gelman 和 Hill（2007）评述了大量文献中对随机效应的松散性描述和使用并讨论了由此引发的问题，对此我们不予关注，只是简单地将混合模型作为一种适应数据空间依赖的方法。我们可以将线性混合模型形式化地描述如下。

$$y_i = \alpha + \beta_1 x_i + \gamma + \varepsilon_i \tag{6.4}$$

式中，γ 是一个随机效应，通常假定其分布为$\sim N(0, \sigma^2)$。

当我们把上述两种扩展结合在一起时，就得到了广义线性混合模型（GLMM），这是一种非常强大的模型，在生态、进化和保护学中的应用越来越广泛（Bolker et al.，2009；Thorson and Minto，2015）。请注意，我们还可以用方差-协方差矩阵来模拟方差 σ^2，正如我们下面看到的那样，这就是我们专门对此模型进行扩展以明确考虑空间依赖的方法。

6.2.3 空间模型的一般类型

纷繁复杂的空间回归类模型可以采用多种方式来分类，其中三种重要的分类属性是：①响应数据的类型（定量、计数、存在-缺失）；②样本是连续空间上不规则间隔的样本还是本质上离散的点阵/网格数据（图 6.3）；③模型中考虑空间依赖的方式。

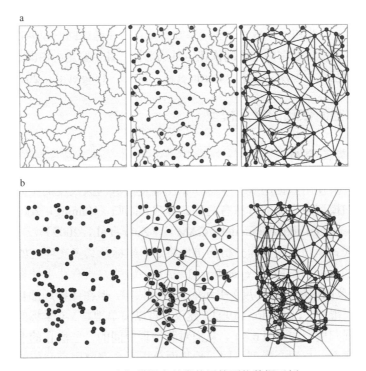

图 6.3 空间模拟中经常使用的面状数据示例

面状数据可以来自多边形信息（如县界图、流域图等）（a），也可以使用 Voronoi 镶嵌从点或线状数据中生成（b）。
在这两种方法中，我们都可以通过空间邻域（权重）矩阵中位置间的连接（右侧图版）来描述空间依赖

模型中使用的响应数据类型最终会影响拟合出的回归模型的类型，不同类型的响应数据适合于 GLM 类模型中所采用的不同分布。总体而言，大多数处理空间依赖的方法都是针对正态分布而不是非正态分布的响应变量开发的（Beale et al.，2010），非正态响应数据的处理通常比正态分布数据的处理更具挑战性。例如，存在-缺失数据（0/1 数据）比正态分布的响应变量提供的信息内容少得多，这会影响模型确定、解释和考虑空间依赖的能力。

在分析过程中数据样本经常会源自考虑邻域的面状数据（或点阵数据），如来自县域或流域的样本。在这种情况下，我们通常采用基于相邻多边形或相关邻域的邻域矩阵（或空间权重矩阵）来考虑空间依赖。与面状数据不同的是，样本也可能来自研究区域内的各个点，在这种情况下，我们可以直接使用（如使用 x 坐标作为预测变量）或间接使用（如计算点之间的距离）x-y 坐标信息。

我们也可以根据考虑空间结构的方法对模型进行分类。对那些通常被称为空间滤波（spatial filtering）的模型（Getis and Griffith，2002）而言，空间被认定为回归中的预测变量，我们试图在回归中包含 x-y 坐标或相关距离度量指标的函数来"过滤"空间信号。在这种情况下，我们认定空间依赖（如环境梯度中的空间依赖）主要由外部驱动因素所主导，并且通常（但并非总是）发生在相对较大的尺度上（Fortin et al.，2012）。与此相反，另外一些模型则将重点放在考虑回归模型误差项中的空间依赖上，这些模型通常假定空间依赖更具局部性，且主要是由内源过程（如局部扩散、物种相互作用）所主导的（Fortin et al.，2012；Teng et al.，2018）。

6.2.4 考虑空间依赖的常见模型

6.2.4.1 趋势面分析

趋势面分析使用数据的 x-y 坐标，试图捕捉区域内大尺度的空间依赖。将坐标添加到回归模型中常见的方法有两种：多项式回归（Haining，2003）和广义加性模型（generalized additive model，GAM）（Zuur et al.，2009）。

基于多项式回归的趋势面分析简单地将 x-y 坐标及其多次项（如 x^2、x^3 等）作为协变量加入到回归中（Legendre，1993），这种方式有助于处理由外源过程（如一个地理范围内的气候梯度）引起的大尺度依赖，但在计算局部自相关时可能存在一定的局限性。Legendre（1993）建议，可以简单地将 x-y 坐标的二次项和三次项添加到回归模型中（图 6.4），从而对跨地理空间的一些潜在的非线性响应加以考虑。请注意，与混合模型不同，趋势面分析不会调整因空间依赖而产生的对固定效应不确定性的估计（见下文），而是考虑了模型残差中存在的依赖。

广义加性模型（GAM）（Hastie and Tibshirani，1986；Wood，2006）的应用方式类似于基于多项式回归的趋势面分析，该模型采用一系列被称为"平滑器（smoother）"的方程，试图通过对分段数据的局部拟合获取完整的平滑曲线（图 6.5），该方法可以更为灵活地捕捉跨地理空间的非线性响应，现已被广泛地用于物种分布的模拟中（见第 7 章）。科学家最熟悉的简单平滑器是滑动平均，即计算一个协变量跨"窗口"的多个数据值的平均，当然也有一些比滑动平均更为有效的平滑法，局部加权回归（locally weighted regression，LOWESS；

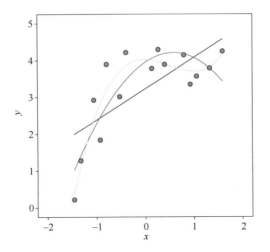

图 6.4 将多次项加入回归模型以说明环境关系中存在的非线性

图中所示为线性模型、添加二次项的模型与同时添加二次项和三次项的模型间的对比

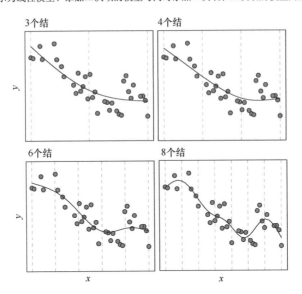

图 6.5 广义加性模型（GAM）和平滑法的概念

图中显示的是基于不同结点数（从 3 个结点到 8 个结点的垂直线）的数据拟合的 GAM。在两个结点间，一个简单的样条曲线（如三次样条曲线；见图 6.4）被拟合，并且样条曲线必须在结点处相连接。随着结点数的增加，平滑函数的复杂度也会增加。改编自 Zuur 等（2009）

Cleveland，1979）是广义加性模型中常用的一种更为有效的平滑法，该方法是沿着单个环境变量对依赖变量（如物种的出现）值，绘制一条平滑曲线，该曲线会尽可能地接近原始数据，同时基于某种标准对其进行简化，用同样的方法对每个变量均拟合出一条平滑曲线，然后将拟合结果相加。广义加性模型通常是将数据

分成若干段，每一段的末端称为"结（knot）"，然后采用低阶多项式或样条函数（样条曲线是多项式关系组合在一起的函数）对每段数据进行拟合，并附加一个约束，即两段数据在共享结处的函数其二阶导数必须相同，这消除了整条曲线中的扭结，确保整条曲线是连续平滑的（图6.5）。

6.2.4.2　特征向量映射

特征向量映射是对第5章中描述的一般特征向量方法的一种扩展，其使用了描述不同尺度空间结构的特征向量作为回归模型中的预测因子（Dray et al.，2006；Griffith and Peres-Neto，2006）。实际上这有点类似于趋势面模型，不同的是用作预测因子的是特征向量值，而不是 *x-y* 坐标。与其他方法相比，该方法相对独特的优势是可以捕获多个尺度上潜在的空间结构。每个特征向量可在不同尺度上捕获空间格局，因此多个特征向量的组合可以潜在地解决空间自相关数据中存在的各向异性和非稳态问题。然而，这种方法和相关技术有时会导致固定效应系数的偏差，并且可能不会改善Ⅰ型错误率（Beale et al.，2010；Emerson et al.，2015）。

空间特征向量通常可采用主坐标分析（PCoA）从样本点位的距离矩阵中导出（见第5章；Dray et al.，2006）。首先，我们计算所有取样点位间的成对距离矩阵，该距离矩阵被转换为一个基于某一距离阈值的二进制连通性（或权重）矩阵，该距离阈值为所有点位间连通性的最小值，例如，确保所有被考虑点位间连接的最小连接集的"最小生成树"，常被用作保证所有被考虑点位间连接的一种简约方法（见下文）。利用这个二进制连通性矩阵可以进行类似于主成分分析的PCoA（也称为经典多维标度），所产生的可以捕获距离矩阵中变化的新组分可用特征值和特征向量来概括（Legendre and Legendre，1998）。然后，我们确定减少或消除模型残差空间自相关的特征向量集，并采用Moran *I* 指数对以特征向量为预测因子的模型的残差进行评估（Dray et al.，2006）。在标准回归模型中，那些对自相关性降低贡献最大的特征向量被用作预测因子，以"滤除"空间依赖。

6.2.4.3　自协变量模型

在自协变量模型及相关的模型中，我们通常会使用"面状"或"点阵"数据，而不是基于点位的样本数据。自协变量回归与线性回归相似，不同的是前者在回归模型中加入了一个自协变量（autocovariate），该变量可以通过多种方式定义，例如，可定义为样本周围位置响应变量的加权平均值（Augustin et al.，1996）。

$$\text{auto}_i = \frac{\sum_{j=1}^{k_i} w_i y_i}{\sum_{j=1}^{k_i} w_i} \tag{6.5}$$

式中，auto_i 是样本 i 周围邻域（用邻域集 k_i 反映所考虑的邻域大小）响应变量 y 的空间加权平均值，该变量通常基于一阶邻域（如相邻多边形或点阵中某点位周围的 8 个单元格）进行计算，但可以扩展到考虑更远的点位，通常基于距离的倒数对这些点位赋权（距离远的点位比邻近点位的权重要小）。这种方法可用于广义线性模型中，例如，在 logistic 回归中加入自协变量（自逻辑回归）是生态学中的一种常见分析方法（Augustin et al.，1996；Wintle and Bardos，2006）。

实际上，这种方法假设如果研究点位附近的位置被占用，那么研究点位被占用的可能性应该更大，这是一种相对简单的方法，尽管在实践中表现并不太好，因为它会导致环境预测变量固定效应系数的偏差（Dormann et al.，2007；Beale et al.，2010），在这种情况下，自协变量模型往往过分强调自协变量的影响，忽略了环境协变量的影响，从而导致对环境协变量的推断出现 Ⅱ 型错误。这一问题至少部分是由这样一个事实驱动的，即自协变量是在拟合可能包含空间依赖的解释变量前根据原始数据计算的，即使这些解释变量中可能包含了可以减少模型残差中空间依赖的因素（Crase et al.，2012）。同时，使用这些模型外插（或外推）到一个新位置存在着一定的困难（见下文）。

Crase 等（2012）提出了一种被称为残差自相关（residual autocorrelation，RAC）的方法，主要是通过模型的残差而不是原始数据对自协变量进行量化，该方法中将原始数据[式（6.5）中的 y_i]替换为 $y_i - q_i$，其中，q_i 是忽略自相关纯粹的环境模型拟合值，这样就产生了一个只捕获解释变量未解释的方差的自协变量。Crase 等（2012）认为，这种方法首先将解释变量与数据进行了拟合，因此比标准的自协变量能更好地捕捉空间依赖。

Bardos 等（2015）对强调自模型偏差的先验分析方法（Dormann et al.，2007；Beale et al.，2010）的有效性表示担忧。他们认为，加权平均的方案式（6.5）对自协变量模型无效，相反应采用加权求和的方案，即：

$$\text{auto}_i = \sum_{j=1}^{k_i} w_i y_i \tag{6.6}$$

这种加权方案尚未像加权平均那样得到全面评估，但 Bardos 等（2015）认为，在捕获自相关和对固定效应的无偏估计方面，这一方案会表现得更好。

6.2.4.4 自回归模型

与自协变量模型类似，自回归模型也适用于面状数据或点阵数据，不同之处在于两者捕获空间依赖的方法上。两种常见的自回归模型（autoregressive model）是同步自回归模型（SAR）和条件自回归模型（CAR）（Lichstein et al.，2002；Ver Hoef et al.，2018），这两种模型都通过类似于自协变量模型的空间邻域权重矩阵来捕获空间依赖，但对依赖的描述基于的是给定协变量期望值的偏差（Keitt et al.，2002）。

SAR 和 CAR 有几个相似的特性。在实际应用中，一个主要的区别是 SAR 可用于分析各向异性的空间依赖，而 CAR 却不能，尽管如此，CAR 还是经常被用到。此外，请注意，一些研究表明，两种模型对规则点阵数据均表现良好，但对不规则点阵数据则表现较差（如县域数据或流域数据）（Wall，2004）。两种模型都使用空间权重矩阵 W 来捕获采样点位周围的邻域，通常，W 是一个用于确定邻体的二进制矩阵，但有时也可以包含非二进制数据。

CAR 通常可以用矩阵表示法写成

$$y = \beta X + \rho W(y - X\beta) + \varepsilon \tag{6.7}$$

式中，ρ 是邻体间的一阶自相关，β 是与"设计矩阵"（即模型拟合中使用的每个数据样本的解释变量值组成的 $N \times K$ 矩阵，其中，N 是样本总数，K 是解释变量总数）描述的解释变量 X 相关的系数向量（即斜率）。在式（6.7）中，βX 与以矩阵形式编写的标准回归[式（6.1）]相同[即式（6.1）可以用矩阵形式重写为 $y=\beta X + \varepsilon$]，该方程与标准广义线性模型（GLM）的唯一区别在于，后者中的 ε 现在被分解为 $\rho W (y-X\beta) + \varepsilon$，$(y-X\beta)$ 捕获的是观测数据与协变量预期值间的偏差，并乘以邻体的相关性（ρW；请注意，这只会捕获邻体，对于所有非邻体，W 为 0）。

不同类型的 SAR 可以捕获不同类型的空间依赖，模型可以分别假设依赖发生在响应变量、预测变量或误差中（Dormann et al.，2007），SAR 通常可以用矩阵表示法写成

$$y = \beta X + \rho W y + \varepsilon \tag{6.8}$$

虽然 SAR 有许多不同的种类，但 Ver Hoef 等（2018）并不推荐在生态数据中使用特定的 SAR，如"滞后 SAR"或"SAR 混合模型"，更多详细信息请参见 Kissling 和 Carl（2008）、Dale 和 Fortin（2014）以及 Ver Hoef 等（2018）的文献。

6.2.4.5 多水平模型

空间依赖的潜在影响也可通过"多水平（multilevel）"或"分层

（hierarchical）"模拟来处理，这类模拟是从广义线性模型自然延伸发展出来的，其中，我们指定随机效应对数据中的依赖（相关性和分层结构）加以考虑，因此，多水平模型可看作是广义线性混合模型（GLMM）的一种类型，Gelman 和 Hill（2007）出版了一本介绍该方法的精品教科书，Keitt 等（2002）在比较解决空间依赖的"区组设计（blocking）"与其他方法时也提到了这种方法。

当所使用的数据具有自然分层结构时，多水平模型的应用价值就会变得更高（Fortin et al.，2012）。例如，在网格中或沿着样带采集（在一个区域内使用重复的网格或样带）的点样本可以嵌套到县域或流域的样本中，甚至可以进一步嵌套到更大的区域（如州中）。如果缺少这样的取样结构，多水平模型对考虑空间依赖就不会有帮助。用多水平模型分析空间数据的理由在于：①当一些区组的样本量较小时，该模型可以使用所有区组中的数据来进行推断；②该模型可对回归参数进行更有效的推断；③该模型可在层次结构中适当地包含一种以上水平的预测值（如斑块内、斑块间和景观的预测值）；④该模型可以准确地估计不确定性（标准误差、置信区间等）（Gelman and Hill，2007）。例如，如果我们在多个斑块内采集了多个样本，同时在不同的景观或区域内也采集了多个样本，那么我们就可以建立如下一个多水平回归。

$$Y_{i,p,l} = \alpha + \beta_1 x_i + \gamma_p + \delta_l + \varepsilon_i \qquad (6.9)$$

式中，γ_p 是斑块的随机效应，δ_l 是景观或区域的随机效应。在回归过程中，式（6.9）认定每个区域内的观测值具有一定的相关性/相似性。

6.2.4.6　广义最小二乘模型和空间混合模型

广义最小二乘（generalized least squares，GLS）模型和相关的空间混合模型在应用范围上与多水平模型相似，主要的概念性差异在于我们通过对空间方差-协方差矩阵的模拟，明确指定了两种模型的随机效应（GLMM）或残差（GLS）中的空间相关结构。

在空间 GLS 模型中，我们采用了一种典型回归方法，并用方差-协方差矩阵 $\varepsilon \sim N（0，\Sigma）$ 来代替误差项方差 [$y_i = \alpha + \beta_1 x_i + \varepsilon_i$，式中，$\varepsilon$ 为 $\sim N（0，\sigma^2）$]（Keitt et al.，2002）。在空间 GLMM 中我们也采用了类似的方法，将方差-协方差矩阵而不是残差添加为随机效应（$\gamma \sim N（0，\Sigma）$）（Littell et al.，2006）。在这两种情况下，我们指定基于模型的相关结构（类似于我们在第 5 章中描述的基于模型的变异函数结构）来拟合参数相关函数以解释方差-协方差矩阵，这些相关结构有时也被称为高斯随机场（Thorson and Minto，2015）。例如，在 GLS 中，我们拟合了一种空间指数协方差（见第 5 章）。

$$\sum = \sigma^2 \begin{bmatrix} 1 & \exp\left(-\dfrac{d_{ij}}{\alpha}\right) \\ \exp\left(-\dfrac{d_{ij}}{\alpha}\right) & 1 \end{bmatrix} \quad\quad (6.10)$$

式中，σ^2 是非空间方差的估计值，d_{ij} 是两个观测值 i 和 j 间的距离，α 是要估计的参数（与变程有关）。对于混合效应，我们可以指定仅解释随机效应所对应的区域/组内空间自相关的模型。例如，Fletcher（2005）使用这种方法分析了斑块内物种分布的空间依赖，并假设斑块间的依赖可以忽略不计。与 CAR 和 SAR 类似，GLS 模型对于正态分布的响应变量有着很强的应用潜力，但用于非正态分布数据时则更具挑战性（Rousset and Ferdy，2014）。请注意，GLS 模型的效用可能取决于其所考虑的环境关系的尺度。例如，Diniz 等（2003）发现，GLS 模型倾向于刻意淡化在较大空间尺度上的协变量，而过分强调在局部尺度上的协变量。

6.2.5　推断与预测

一个并未明确说明但又普遍存在的问题是，本书所介绍的空间回归和其他模拟方法是用于推断还是用于预测。当我们研究的目标是推断时，我们会对影响响应变量的因素估计感兴趣（Stephens et al.，2007），相反，如果研究的目标是预测，那么我们就要构建准确预测的时空模型（Boyce et al.，2002），包括样本点位间的插值和对新区域的预测（即模型的可转移性；更多信息请参见第 7 章）。生态学家和保护生物学家经常会用模型进行推断与预测，但由于最终的目标不同，模型的构建和评估也将（或应该）有所不同。

空间回归模型有助于推断，此时我们的兴趣在于了解空间上的环境关系，如与物种分布和多度有关的一些因素，这些模型可为我们提供更可靠的参数估计和不确定性的推断，以及更可靠的统计假设检验。然而，用这些模型进行预测或插值有时会存在一些困难，难度取决于所采用的模型类型。例如，对自协变量模型而言，预测时需要获取整个预测区域内响应变量（如物种发生）的信息，因为模型需要在自协变量中包含这些信息（Augustin et al.，1996），与此相比，趋势面及相关的空间滤波模型则可直接用于预测，因为模型中用作预测因子的只有自然点位信息。在某些情况下，空间回归模型被用于忽略依赖项的预测（如仅使用混合效应模型中的固定效应）。空间模拟目标不同，上述方法的效用可能也会有所不同。

6.3　R 语言示例

6.3.1　R 语言程序包

在 R 语言中有一些程序包可以用于构建空间回归模型，在此，我们用 mgcv 程序包拟合广义加性模型（Wood，2006），用 lme4 程序包拟合多水平模型（Bates et al.，2015），用 vegan 程序包（Oksanen et al.，2018）和 spdep 程序包（Bivand and Piras，2015）拟合特征向量图，用 spdep 程序包处理需要点阵数据的模型（自协变量、SAR 和 CAR），并解释模型残差中的自相关，用 MASS 程序包（Venables and Ripley，2002）和 spaMM 程序包（Rousset and Ferdy，2014）拟合空间 GLS 模型和混合模型。当然，我们也可以使用其他一些程序包，特别是贝叶斯模拟的程序包（如 spBayes）（Finley et al.，2015）。

6.3.2　数据

监测项目通常在结构上是分层次的且数据中的时空依赖无处不在，美国北部地区的陆鸟监测项目就是一个很好的例子（Hutto and Young，2002）。该项目在蒙大拿州和爱达荷州美国林务局所属的林区内随机设置样带（样带长约 3km），并沿样带布设采样点（通常为 10 点/样带，每个采样点由半径为 100m 的圆组成）（图 6.6），训练有素的观察者在每个采样点进行 10min 的点计数，记录所有看到或听到的鸟类。随着时间的推移，这些点会被重复采样，尽管在此我们不考虑这些时间上的重复调查。

为了清楚地解释空间回归模型，我们考虑了物种沿海拔梯度分布这一简单的环境关系，海拔通常被认为是与物种分布相关的一个重要因素（尽管往往是间接的），在此，我们主要关注在美国西部繁殖的候鸟——杂色鸫（*Ixoreus naevius*）的分布状况（图 6.6）。根据以往的繁殖鸟类调查数据（Sauer et al.，2017），在过去几十年中,杂色鸫的数量在美国西部有所下降,每年下降 2%～3%（1966～2015 年为 2.47%，95%置信区间为 1.79%～3.19%；2005～2015 年为 3.32%，95%置信区间为 1.56%～5.14%）。杂色鸫通常被认为是一种原始的内陆物种（Brand and George，2001；Betts et al.，2018），一直以来都是鸟类保护学家重点关注的物种之一。

我们拟合逻辑回归（logistic regression）模型及其空间扩展形式以海拔为预测变量，推断并预测该山区杂色鸫的分布格局，在此，我们将重点放在对杂色鸫检测到/未检测到（0/1 数据）的模拟上，海拔数据由 30m 分辨率的数字高程模型（DEM）得出。在分析前对所有的 GIS 图层进行处理，将其统一到准确反映采样单元粒度（100m 半径的点计数）的 200m 分辨率上。

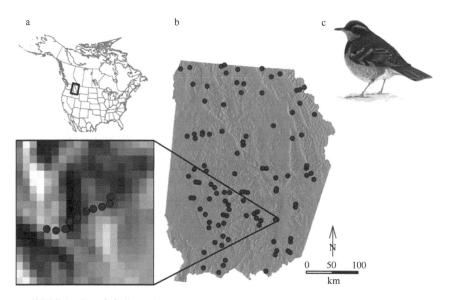

图 6.6 美国北部地区陆鸟监测项目（The Northern Region Landbird Monitoring Program）中采用一种分层抽样设计对鸟类群落进行调查（彩图请扫封底二维码）

a. 该监测项目区包括爱达荷州北部和蒙大拿州西部；b. 样带分布在不同的流域，每条样带通常有 10 个调查点；c. 在此我们主要关注杂色鸫的分布状况（杂色鸫图片的使用得到了 Matthew Dodder 的许可，http: //www. birdguy.net/）

采用上述采样设计对杂色鸫进行检测可能会存在着观测误差，因此，那些明确考虑了不完全检测的模型对我们来说是十分有用的（McCarthy et al.，2012）。据 Rota 等（2011）的估计，上述采样设计对杂色鸫的检测概率相对较高（$P=0.87$/计数），这可能是杂色鸫独特而响亮的鸣叫声所致。我们在这里不考虑采样误差，而是专门关注空间相关性问题，请参见 6.4 节对采样误差的进一步讨论。

6.3.3 未考虑空间依赖的模型

首先，我们使用 raster 程序包导入一个高程的栅格图层，并用该图层得出与高程相关的其他关键变量，如坡度和坡向（图 6.7）。

```
> library(raster)
> elev <- raster("elev.gri")
#从海拔数据层中创建坡向和坡度层
> elev.terr <- terrain(elev, opt = c("slope", "aspect"), unit = "radians")
```

图 6.7　所用栅格数据都来自数字高程模型，包括海拔（km）、坡向（弧度）和坡度（彩图请扫封底二维码）

请注意，为了可视化我们对坡度进行了双平方根变换

raster 程序包中的 terrain 函数可使用高程图层（如 DEM）计算得出相关的地形栅格图层，包括坡度、坡向、地形位置指数、地形崎岖指数（TRI）、粗糙度和流向等（Wilson et al.，2007）（表 6.2），在此，我们只计算坡度和坡向（图 6.7）。请注意，此函数必须在栅格图层上设置投影后才能实现，函数中默认使用 Horn（1981）的算法，以弧度为单位计算坡向。

表 6.2　raster 程序包使用高程数据计算得出的相关地形指标

指标	描述
坡向[a]	一个坡面在罗盘仪上所对的方向
（径流）流向	核心单元到其 8 个相邻单元间高程下降最大（或上升最小）的方向，用 2 的幂值编码（从核心单元的东部相邻单元开始顺时针方向移动，即 1、2、4、8、16、32、64 和 128）
粗糙度	核心单元及 8 个相邻单元的最大值与最小值间的差值
坡度	高程的变化，为两点间的高程差除以距离
地形崎岖指数	核心单元值与 8 个相邻单元值间绝对差值的均值（八邻规则）
地形位置指数	核心单元值与 8 个相邻单元均值间的差值（八邻规则）

[a] 可以用度和弧度来测量

我们可以将坡度和坡向层合并到一个包含所有栅格层的栅格堆栈中，下面我们用 stack 函数创建一个保存所有栅格数据的对象：

```
#创建一个可提取数据的多层文件
> layers <- stack(elev, elev.terr)
> names(layers) <- c("elev", "slope", "aspect")
```

我们首先构建一个非空间的逻辑回归模型，为此，我们用 extract 函数从上面创建的 layers 文件中获取与调查数据中样本点位对应的协变量值，然后，用 cbind 函数将协变量与杂色鸫的发生数据合并。

```
> point.data <- read.csv("vath_2004.csv", header=T)
> coords <- cbind(point.data$EASTING, point.data$NORTHING)
> land.cov <- extract(x = layers, y = coords)
> point.data <- cbind(point.data, land.cov)
```

下面我们考虑一组简单的逻辑回归模型，我们认为，高程会有助于解释杂色鸫的出现状况，杂色鸫最大可能会出现在低海拔或中海拔，为了表达杂色鸫出现的非线性，我们在逻辑回归模型中采用了二次项（图 6.4），同时，我们还将坡度和坡向作为环境条件局部变化的变量。首先，我们将解释变量转换为均值为 0 方差为 1 的变量（有时称为 z 变换或"居中和缩放"）。数据的居中和缩放处理有助于提高模型的收敛性，并便于对不同参数的系数进行比较。

```
> point.data$elevs <- scale(point.data$elev, center = T, scale =
  T)
> point.data$slopes <- scale(point.data$slope, center = T,
  scale = T)
> point.data$aspects <- scale(point.data$aspect, center = T,
  scale = T)
```

请注意，scale 函数的默认设置为居中和缩放，但在此我们还是对此进行了明确的设定，现在，我们可以拟合出如下复杂程度不同的逻辑回归模型。

```
> VATH.elev <- glm(VATH ~ elevs, family = "binomial", data =
  point.data)
> VATH.all <- glm(VATH ~ elevs + slopes + aspects, family =
  "binomial", data = point.data)
> VATH.elev2 <- glm(VATH ~ elev + I(elev^2), family = "binomial",
  data= point.data)
```

请注意，在 R 语言中要指定一个二次项，我们将其写成 I（elev^2），当然这也可以通过 poly（）来实现（见下文）。下面我们用 AIC 对模型的拟合结果进行比较。

```
> round(AIC(VATH.elev, VATH.all, VATH.elev2), 2)
```

```
##
          df    AIC
VATH.elev   2   583.10
VATH.all    4   584.84
VATH.elev2  3   566.54

> summary(VATH.elev2)
```

```
##
Call:
glm(formula = VATH ~ elev + I(elev^2), family = "binomial",
data = point.data)
Deviance Residuals:
Min          1Q   Median      3Q        Max
-0.6088  -0.5787  -0.5032  -0.3231   3.0804
Coefficients:
               Estimate  Std. Error   z value     Pr(>|z|)
(Intercept)     -7.984       1.990     -4.012    6.01e-05 ***
elev            10.698       3.227      3.316    0.000915 ***
I(elev^2)       -4.476       1.281     -3.494    0.000475 ***
---
Signif. codes: 0 '***' 0.001 '**' 0.01 '*' 0.05 '.' 0.1
' ' 1
(Dispersion parameter for binomial family taken to be 1)
Null deviance: 584.34 on 804 degrees of freedom
Residual deviance: 560.54 on 802 degrees of freedom
AIC: 566.54
Number of Fisher Scoring iterations: 6
```

对上述每个模型，我们都可以用 summary 函数来查看模型和相关诊断过程中的系数估计值。虽然这一小的候选模型集合远未形成一个完整的集合，但从比较中我们可以看出，杂色鸫在中海拔地区的出现概率有所增加，之所以得出这样的结论是因为线性的高程项为正值，而二次项为负值（基于 p 值两者都是显著的，或 Pr（>|z|)，这将导致出现率与高程呈现驼峰状关系，我们可以生成一个新的数据集来预测这种关系，然后用 predict 函数对其进行绘图（图 6.8）。

```
> elev <- seq(min(point.data$elev), max(point.data$elev),
  length = 15)
```

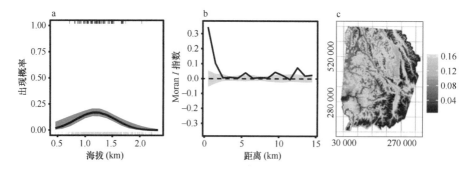

图 6.8　杂色鸫出现概率的预测结果图（彩图请扫封底二维码）

a. 基于标准逻辑回归模型的杂色鸫出现概率与海拔间的预测关系（95%预测区间）；b. 采用原始响应数据的相关
图，其中灰色区域显示置换检验的 99%零包络；c. 基于模型绘制的相关预测图

```
> newdata <- data.frame(elev = elev)
> glm.pred <- predict(VATH.elev2, newdata = newdata, type =
  "link", se = T)
> ucl <- glm.pred$fit + 1.96*glm.pred$se.fit
> lcl <- glm.pred$fit - 1.96*glm.pred$se.fit
```

```
#创建数据框并反向转换到概率尺度上
> glm.newdata <- data.frame(newdata, pred = plogis
  (glm.pred$fit), lcl = plogis(lcl), ucl = plogis(ucl))
> plot(glm.newdata$elev, glm.newdata$pred, ylim = c(0, 0.5))
> lines(glm.newdata$elev, glm.newdata$lcl)
> lines(glm.newdata$elev, glm.newdata$ucl)
```

　　我们还可以采用栅格堆栈层的数据进行预测，并在整个研究区域内绘制该模型的预测图，此时，raster 程序包默认在链接尺度上进行预测，但我们可以将栅格上的预测结果反向转换到概率尺度上（图 6.8c）。

```
> glm.raster <- predict(model = VATH.elev2, object = layers)
> glm.raster <- exp(glm.raster) / (1 + exp(glm.raster))
> plot(glm.raster, xlab = "Longitude", ylab = "Latitude")
```

　　在上述模型和随后的模型中，我们一般会关注两个问题。第一，模型的残差中是否存在空间自相关的证据？第二，系数和标准误差（SE）间关系的估计值如何随模型而变化？

　　我们可以通过考虑模型残差中是否存在空间依赖来确定其是否会对推断产生影响（Dormann et al.，2007；Beale et al.，2010）。我们首先考虑响应变量是否存在空间自相关。当我们使用 spdep 程序包时，为了解释空间自相关，我们将使用第 5 章中描述的相关图函数，我们对该函数进行了修改，允许用户指定距离箱体的大小和最大距离。这是一个很有用的函数，我们可以很容易地用来分析二进制数据（0/1 响应数据）和其他响应变量（如残差）的分布，尽管其他函数，如 ncf 程序包中的 correlog 函数（Bjørnstad and Falck，2001）也可以做到这一点。我们将此函数称为 icorrelogram，并用 source 函数将其添加到我们的数据框中，然后我们们可以根据结果绘制出相关图（图 6.8b）。

```
#输入函数
> source('icorrelogram.r')
```

为了查看该函数，我们可以简单地键入：

```
> icorrelogram
```

```
##
function(locations, z, binsize, maxdist){
distbin <- seq(0, maxdist, by=binsize)
Nbin <- length(distbin)-1
moran.results  <-  data.frame(dist  =  rep(NA,  Nbin),
Morans.i=NA,
null.lcl=NA, "null.ucl"=NA)

for (i in 1: Nbin){
  d.start <- distbin[i]
  d.end <- distbin[i+1]
  neigh  <-  dnearneigh(x=locations,  d1=d.start,  d.end,
  longlat=F)
  wts <- nb2listw(neighbours=neigh, style='B', zero.policy=T)
  mor.i   <-   moran.mc(x=z,   listw=wts,   nsim=200,
  alternative="greater", zero.policy=T)
  moran.results[i, "dist"]<-(d.end+d.start)/2
  moran.results[i, "Morans.i"]<-mor.i$statistic
  moran.results[i, "null.lcl"]<-quantile(mor.i$res, probs =
  0.025, na.rm = T)

  moran.results[i, "null.ucl"]<-quantile(mor.i$res, probs =
  0.975, na.rm = T)
```

```
}
return(moran.results)
}
```

对于不同的距离类别，该函数中采用 dnearneigh 函数来确定点位间的相邻状态，然后将所创建的对象重新格式化为与空间邻体矩阵 **W** 相关的列表，并用 moran.mc 函数来计算基于置换过程的 Moran *I* 指数，距离类别、Moran *I* 指数及来自置换的零包络值均存储在数据框中，我们可以用该函数对观测数据进行分析并绘图（图 6.8）。

```
#运行相关图函数
> VATH.cor <- icorrelogram(locations = coords, z=
  point.data$VATH, binsize = 1000, maxdist = 15000)
> head(VATH.cor)

##
Dist  Morans.i  Null.lcl  Null.ucl
1   500     0.34     -0.04     0.05
2  1500     0.10     -0.03     0.03
3  2500     0.01     -0.02     0.02
#绘制相关图
> plot(VATH.cor$Dist, VATH.cor$Morans.i, ylim = c(-0.5, 0.5))
> abline(h=0, lty = "dashed")
> lines(VATH.cor$Dist, VATH.cor$Null.lcl)
> lines(VATH.cor$Dist, VATH.cor$Null.ucl)
```

然后，我们考虑逻辑回归模型中的残差是否存在空间自相关。

```
#二次项高程模型的残差
> VATH.elev2.res <- residuals(VATH.elev2, type = "deviance")
```

请注意，这里我们设定的残差是基于偏差的残差，对 GLM 类型的模型而言，我们可以计算几种相关的残差，但默认为基于偏差的残差。对于二次项或 Bernoulli GLM 模型，其残差的计算公式为

$$d_i = s_i \sqrt{-2\left(y_i \log(\hat{y}_i)\right) + (1-y_i)\log(1-\hat{y}_i)} \text{[①]} \tag{6.11}$$

---

① 译者注：原书中根号内的第一项漏掉了右侧大括号，已予以补充

式中，d_i 是第 i 个观测值的偏差，y_i 是第 i 个观测值，$\hat{y}$ 是预测值，$s_i=1$（当 $y_i=1$ 时）或 $s_i=-1$（当 $y_i=0$ 时）。基于偏差的残差在 GLM 模型中比其他残差更有用，因为它与模型的总体偏差（和似然度）直接相关，其中，基于偏差的残差总和等于模型的偏差（$-2\log$ 似然度）。我们可以通过制图在空间上对残差进行可视化，更严格地说，我们可以使用 icorrelogram 函数对此进行正式评估。

\#残差的相关图
```
> corr.res <- icorrelogram(locations = coords, z =VATH.
  elev2.res, binsize = 1000, maxdist = 15000)
```

到此为止，我们在模型的残差中发现了空间自相关的证据（图 6.9）。请注意，我们还可以使用残差的半方差函数而非相关图来解读残差中的空间自相关（Beguin et al.，2012）。

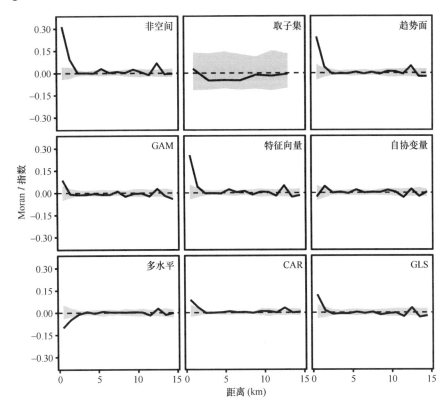

图 6.9　不同模型的残差相关图

请注意，由于取子集后数据量较少，我们计算了更宽距离箱体的相关图与使用原始数据相比，此分析中使用残差对空间自相关进行解读非常重要。例如，我们拟合一个截距（均值）模型，并将用原始数据和用该模型的残差绘制的相关图进行对比。

```
> VATH.int <- glm(VATH ~ 1, family = "binomial", data =
  point.data)
> VATH.int.res <- residuals(VATH.int, type = "deviance")
> corr.int.res <- icorrelogram(locations = coords, z =
  VATH.int.res, binsize = 1000, maxdist = 15000)
> cor(VATH.cor$Morans.i, corr.int.res$Morans.i)

##
[1] 1
```

我们发现，两者的 Moran I 指数是相同的（$r=1$），这说明，在用原始数据但未考虑预测因子的情况下绘制的相关图与考虑回归模型残差的情况下绘制的相关图是等效的（Bivand et al.，2013）。

由于残差间的空间依赖，我们可以基于空间自相关的近似范围对数据取子集，或是选择那些考虑空间自相关的回归类模型。首先，我们对数据取子集。考虑到取样设计和相关图的形状（图 6.8b），只需在每条样带上考虑一个点位。请注意，我们也可以对每条样带上的所有点位进行汇总，然而这会增大分析的空间粒度，可能并非一种理想的方法。下面我们用一个函数从每条样带上随机选取一个点位。

```
#样带上的置换点位
> rand.vector <- with(point.data, ave(POINT, as.factor
  (TRANSECT), FUN=function(x) {sample(length(x))}))①
#从样带上随机选取一个点位并移除其余点位
> point.datasub <- point.data[rand.vector == 1, ]
#数据子集中的坐标集
> coords.sub <- cbind(point.datasub$EASTING, point.
  datasub$NORTHING)
```

我们可以利用这个数据子集重新拟合逻辑回归模型。

```
> VATH.sub <- glm(VATH ~ elev + I(elev^2), family = "binomial",
```

---

① 译者注：原书中漏掉了右边的大括号，译者已根据原书作者提供的源代码进行了修改

```
  data = point.datasub)
> summary(VATH.sub)

##
Call:
glm(formula = VATH ~ elev + I(elev^2), family = "binomial",
data = point.datasub)
Deviance Residuals:
Min      1Q   Median     3Q     Max
-0.5673  -0.5408  -0.4677  -0.3022  2.6507
Coefficients:
             Estimate   Std. Error   z value   Pr(>|z|)
(Intercept)   -6.158      4.498      -1.369     0.171
elev           8.254      7.519       1.098     0.272
I(elev^2)     -3.860      3.076      -1.255     0.209
(Dispersion parameter for binomial family taken to be 1)
Null deviance: 109.89 on 166 degrees of freedom
Residual deviance: 105.18 on 164 degrees of freedom
AIC: 111.18
Number of Fisher Scoring iterations: 6
```

当我们对数据取子集时，样本量会大大减少。上例中从 805 个点位减少到 167 个点位，毫不奇怪的是，参数估计的标准误差（SE）显著增加，且不再有海拔效应的强有力证据。我们可以解读一下上述取子集的过程是否移除了模型残差中的空间自相关。请注意，对于这个子集，我们需要使用大于 1km 的距离，因为我们不再包括小于 1km 的数据点位（或作为一种选择我们只增加前几个距离箱体的大小）。我们使用 2km 的距离来计算相关图。

```
> VATH.sub.res <- residuals(VATH.sub)
#残差相关图
> corr.sub.res <- icorrelogram(locations = coords.sub, z =
  VATH.sub.res, binsize = 2000, maxdist = 15000)
```

上述取子集的处理表明空间自相关已不再成为问题（图 6.9），但这种降低数据量的方法是有一定代价的。因此，选择使用所有数据并考虑空间依赖的回归模型可能是一种更为明智的做法。

6.3.4 考虑空间依赖的模型

在此我们介绍几种考虑空间依赖的模型，包括趋势面模型、基于特征向量的模型、自协变量（自逻辑回归）模型、自回归模型（CAR）、多水平模型、广义最小二乘法模型和空间 GLMM。

6.3.4.1 趋势面模型

在此我们考虑两种类型的趋势面模型。一种模型是用 I()函数对逻辑回归模型进行简单扩展，将 *x-y* 坐标及其二次和三次多项式纳入模型中。

```
> VATH.trend <- glm(VATH ~ elev + I(elev^2) + EASTING + NORTHING
  +I(EASTING^2) + I(EASTING^3) + I(NORTHING^2) +
  I(NORTHING^3), family = "binomial", data = point.data)
> summary(VATH.trend)

##
Call:
glm(formula = VATH ~ elev + I(elev^2) + EASTING + NORTHING +
I(EASTING^2) + I(EASTING^3) + I(NORTHING^2) + I(NORTHING^3),
family = "binomial", data = point.data)
Deviance Residuals:
Min      1Q   Median     3Q      Max
-1.0301  -0.5425  -0.2959  -0.1743  2.8718
Coefficients:
                Estimate    Std. Errorz value  Pr(>|z|)
(Intercept)    -9.861e+00   6.332e+00  -1.557   0.11943
elev            8.795e+00   3.138e+00   2.803   0.00507 **
I(elev^2)      -3.195e+00   1.248e+00  -2.559   0.01049 *
EASTING         2.208e-04   4.769e-05   4.631   3.65e-06 ***
NORTHING       -8.018e-05   5.076e-05  -1.580   0.11420
I(EASTING^2)   -1.263e-09   2.806e-10  -4.502   6.72e-06 ***
I(EASTING^3)    2.090e-15   5.122e-16   4.081   4.48e-05 ***
I(NORTHING^2)   2.296e-10   1.366e-10   1.681   0.09275 .
I(NORTHING^3)  -2.049e-16   1.179e-16  -1.738   0.08216 .
---
Signif. codes: 0 '***' 0.001 '**' 0.01 '*' 0.05 '.' 0.1
' ' 1
```

```
(Dispersion parameter for binomial family taken to be 1)
Null deviance: 584.34 on 804 degrees of freedom
Residual deviance: 486.89 on 796 degrees of freedom
AIC: 504.89
Number of Fisher Scoring iterations: 6
```

在上述模型中，二次项和三次项均为手动添加的，我们也可使用 poly 函数自动完成这项工作，如 poly（EASTING，3）将会添加线性、二次项和三次项。请注意，该函数还将多项式标准化为正交多项式，从而消除了各项间的相关性（在许多情况下这是首选）。虽然上述模型很容易实现，但在捕获空间变化方面存在一定的限制。另一种模型是广义加性模型（GAM），该模型可以通过样条函数捕获空间变化，mgcv 程序包中提供了一种使用广义交叉验证过程自动选择样条变化的方法，该模型可以运行如下。

```
> library(mgcv)
> VATH.gam <- gam(VATH ~ elev + I(elev^2) + s(EASTING,
  NORTHING), family = "binomial", data = point.data)
```

该模型中对高程的考虑方式与上一个模型类似，但用 Easting（x）和 Northing（y）坐标通过 s 命令计算样条，此语法默认自动选择结数，当然，我们也可以通过在 s 命令中添加参数来手动调整结数（图 6.5），我们将在第 7 章中更为详细地介绍 GAM 模型。在本例中，我们用 GAM 模型降低了残差中的空间自相关（图 6.9），然而似乎并未能完全消除空间依赖。

6.3.4.2　特征向量映射模型

用特征向量映射模型考虑空间依赖有 3 个步骤。首先，我们用 spdep 程序包创建一个邻域权重矩阵，这可以通过多种方法来创建，在此我们用最小生成树所需的最大距离来计算邻域权重矩阵，其中，最小生成树是整个景观中的点位完全连接时所需的最小连接集，最小生成树所需的距离可以用 vegan 程序包中的 spantree 函数确定（注：此距离也可用 pcnm 函数在得到阈值的基础上确定，如第 5 章所述）。

```
> library(vegan)
> spantree.em <- spantree(dist(coords), toolong = 0)
> max(spantree.em$dist)
```

```
##
```

```
[1] 41351.09
```

　　然后，我们将此距离用于 dnearneigh 函数中来确定邻域，并用 nbdists 函数提取这些邻域间的距离，最后，用 lapply 函数（因为 nbdists 对象是列表形式）将其转换成 Dormann 等（2007）建议的距离，并用 nb2listw 函数创建与 *W* 矩阵相关的列表。

```
> dnn <- dnearneigh(coords, 0, max(spantree.em$dist))
> dnn_dists <- nbdists(dnn, coords)
> dnn_sims <- lapply(dnn_dists, function(x) (1 - ((x / 4)^2)))
> ME.weight <- nb2listw(dnn, glist = dnn_sims, style = "B",
  zero.policy = T)
```

　　基于 *W* 矩阵，我们用 spdep 程序包中的 ME 函数[①]对 Moran *I* 的残差进行置换自举检验（Griffith and Peres-Neto，2006），以确定降低空间依赖最重要的特征向量。在该函数中我们不但在模型公式中包含了相关的协变量，还（以列表的形式）添加了邻域矩阵。

```
> VATH.ME <- ME(VATH ~ elev + I(elev^2), family = "binomial",
  listw =ME.weight, data = point.data)
> VATH.ME$selection

##
  Eigenvector    ZI   pr(ZI)
0          NA    NA     0.01
1         796    NA     0.01
2         804    NA     0.03
3         805    NA     0.20
> head(fitted(VATH.ME), 2)
##
vec796        vec804        vec805
[1, ] -0.003042641   -0.008629250   0.01187249
[2, ] -0.003088077   -0.008737222   0.01196633
```

　　ME 函数提供了所选特征向量的输出值，但我们还需要用这个特征向量作为协变量来重新拟合逻辑回归模型。

---

① 译者注：ME 函数已从 spdep 程序包中移到了 spatialreg 程序包中，读者要使用该函数，需安装 spatialreg 程序包

\#包含 ME 协变量的新的 glm

```
> VATH.evm <- glm(VATH ~ elev + I(elev^2) + fitted(VATH.ME),
  family ="binomial", data = point.data)
> summary(VATH.evm)

##
Call:
glm(formula = VATH ~ elev + I(elev^2) + fitted(VATH.ME),
family = "binomial", data = point.data)
Deviance Residuals:
Min    1Q    Median    3Q    Max
-1.5359  -0.5175  -0.4027  -0.1416  2.7454
Coefficients:


          Estimate  Std. Error   z value  Pr(>|z|)
(Intercept) -8.401  1.948  -4.312  1.62e-05 ***
elev 8.776  3.029  2.898  0.00376 **
I(elev^2)  -3.112  1.168  -2.664  0.00773 **
fitted(VATH.ME)vec796   -14.742   3.198   -4.610   4.03e-06
***fitted(VATH.ME)vec804  -8.644  3.242  -2.666  0.00767 **
fitted(VATH.ME)vec805  38.110  8.789  4.336  1.45e-05 ***
---
Signif. codes: 0 '***' 0.001 '**' 0.01 '*' 0.05 '.' 0.1
' ' 1
(Dispersion parameter for binomial family taken to be 1)
   Null deviance: 584.34 on 804 degrees of freedom
Residual deviance: 499.73 on 799 degrees of freedom
AIC: 511.73
Number of Fisher Scoring iterations: 7
```

在本示例中，该方法将三个特征向量纳入到模型中，每个特征向量都在一定程度上解释了物种发生，然而包含这些特征向量并不会消除模型残差中的空间自相关（图 6.9）。

总体而言，与趋势面模型相比，该方法的主要不同在于创建了特征向量协变量，并确定了包含在最终逻辑回归模型中的协变量。

6.3.4.3 自协变量模型

为了拟合自协变量模型，我们计算了新的自协变量，并在标准的逻辑回归模型中加以使用，这些新的自协变量可用 spdep 程序包中的 autocov_dist 函数进行计算。残差中的显著自相关大部分发生在<1km 处（图 6.8b），因此我们将在这个尺度内计算自协变量。

```
> auto1km <- autocov_dist(point.data$VATH, coords, nbs = 1000,
  type ="one", style = "B", zero.policy = T)
```

"Type="参数设置为我们提供了加权方案，如果指定设为"inverse"，则通过核心点位和相邻点位间距离的倒数对点位进行加权；如果指定设为" one"，则距离（nbs）内的所有点位的权重相同。style 参数描述了如何计算协变量，其中，"B"表示二进制编码，Bardos 等（2015）声称用 style="B"可为自协变量模型提供有效的加权方案。

然后，我们将这些协变量纳入进来，拟合出了标准逻辑回归模型。

```
> VATH.auto1km <- glm(VATH ~ elev + I(elev^2) + auto1km,
  family ="binomial", data = point.data)
> summary(VATH.auto1km)

##
Call:
glm(formula = VATH ~ elev + I(elev^2) + auto1km, family =
"binomial", data = point.data)
Deviance Residuals:
Min     1Q    Median    3Q     Max
-2.0314  -0.4131  -0.3809  -0.2902  2.9077
Coefficients:
             Estimate   Std. Error   z value    Pr(>|z|)
(Intercept)  -6.6518      1.9660     -3.383    0.000716 ***
elev          6.9046      3.1222      2.211    0.027006 *
I(elev^2)    -2.8061      1.2106     -2.318    0.020450 *
auto1km       0.8665      0.1008      8.596    < 2e-16 ***
---
Signif. codes: 0 '***' 0.001 '**' 0.01 '*' 0.05 '.' 0.1
' ' 1

(Dispersion parameter for binomial family taken to be 1)
```

```
Null deviance: 584.34 on 804 degrees of freedom
Residual deviance: 470.99 on 801 degrees of freedom
AIC: 478.99
Number of Fisher Scoring iterations: 6
```

在本示例中，将自协变量纳入模型中是十分重要的，高程效应的系数会相应减小，此外，自协变量的纳入也移除了残差中的空间自相关（图 6.9）。

6.3.4.4　自回归模型

用非正态数据拟合自回归模型具有一定的挑战性，一种可用的方法是贝叶斯模拟，虽然一些程序包可以用贝叶斯模拟拟合空间自回归模型（如 spBayes 程序包；Finley et al.，2015），但采用贝叶斯方法进行空间回归通常计算量很大。另一种可供选择的新方法是用"综合嵌套拉普拉斯近似"（integrated nested Laplace approximation，INLA；Blangiardo and Cameletti，2015），该方法的优点是可以大大降低贝叶斯模拟对计算量的需求，但只适用于某些类型的贝叶斯模型。例如，我们可以基于 INLA 方法用二进制数据来拟合 CAR，为此我们需要创建一个"dgTMatrix"形式的邻域权重矩阵，这是一种稀疏矩阵（稀疏矩阵是指观测值非常少且基本上用零填充的矩阵，R 语言中有一些方法可以高效存储和操作这类矩阵）。我们首先用 deldir 和 dismo 程序包从点位数据创建 thiessen 多边形来构建邻域矩阵（thiessen 多边形又被称为 Voronoi 多边形，是基于 Delaunay 的三角剖分）（图 6.3），这些多边形将一个区域分为多个小的凸多边形，使得每个凸多边形中正好包含一个点位。

```
> library(INLA)
> library(deldir)
> library(dismo)
> thiessen <- voronoi(coords)
#绘制 thiessen 多边形
> plot(thiessen)
> points(coords, col = "red")
> point.poly <- poly2nb(thiessen)
#绘制邻域矩阵
> plot(point.poly, coords, col = "red", add = T)
#格式化邻域矩阵
> adj <- nb2mat(point.poly, style = "B")
> adj <- as(adj, "dgTMatrix")
```

　　我们可以用这个邻域矩阵拟合 CAR，基于 INLA 方法，我们首先需指定模型拟合的类型，包括所考虑的协变量，然后在数据框（id）中添加一个观察水平协变量，并为 CAR 指定" besag"，最后我们用 inla 函数来拟合模型。

```
> point.data$id <- 1: nrow(point.data)
> VATH.inla <- inla(VATH ~ elev + I(elev^2) + f(id, model =
  "besag", graph = adj), family = "binomial", data = point.data,
  control.predictor = list(compute = TRUE))
> summary(VATH.inla)
```

```
##
Call:
c("inla(formula  =  form,  family  =  \"binomial\",  data  =
point.data, ", "
control.predictor = list(compute = TRUE))")
Time used:
Pre-processing   Running inla   Post-processing     Total
2.8085           3.2775         0.5343              6.6203
Fixed effects:
mean     sd  0.025quant   0.5quant   0.975quant   mode     kld
(Intercept)    -8.0537   1.9683      -12.1721                -7.9648
-4.4301 -7.7824    0
elev           10.8093   3.1908       4.9396      10.6618     17.4881
10.3574  0
I(elev^2)      -4.5148   1.2666      -7.1800                 -4.4519
-2.1971 -4.3222    0
Random effects:
Name Model
ID Besags ICAR model
Model hyperparameters:
mean     sd   0.025quant  0.5quant  0.975quant     mode
Precision for ID 18537.90  18336.86    1248.75     13131.81
66833.34   3386.31
Expected   number   of   effective   parameters(std   dev):
2.993(0.0029)
Number of equivalent replicates : 268.99
Marginal log-Likelihood: -899.24
Posterior marginals for linear predictor and fitted values
computed
```

该方法允许我们拟合一个二项式 CAR（请注意，如果我们的响应数据是正态分布的，可以用 spdep 程序包中的 spautolm 函数），spaMM 程序包也能拟合二项式 CAR，但拟合上述模型需要的时间要比 INLA 方法长 50 倍以上。此外，INLA 方法在计算方面比其他贝叶斯模拟方法要快得多，这是 inla 程序包的一个主要优点。使用 inla 程序包，我们必须手动计算残差来解释空间自相关。

```
#手动偏差残差计算：
> VATH.inla.fit <- VATH.inla$summary.fitted.values$mean
> si <- ifelse(point.data$VATH==1, 1, -1)
> VATH.inla.res <- si * (-2 * (point.data$VATH *
  log(VATH.inla.fit)+ (1 -point.data$VATH) *
  log(1 - VATH.inla.fit)))^0.5
#残差变异函数
> cor.inla.res <- icorrelogram(locations = coords, z =
  VATH.inla.res, binsize = 1000, maxdist = 15000)
```

在本示例中，我们发现 CAR 去除了残差中的大部分（并非全部）自相关（图6.9）。这可能是因为 CAR 仅使用了一阶邻域，因此仅捕获相邻点位（相距约 300m）间的依赖关系。观测到的残差间的空间依赖延伸至 1～2km 处（图 6.8b），因此本示例中这种较小的尺度无法完全去除空间依赖。

6.3.4.5 多水平模型

我们也可以用一个简单的多水平模型对数据进行拟合，在模型中我们将样带视为随机效应。为此，我们将样带有效地划分为"区块"，样带内点位的处理具有潜在的空间依赖（Keitt et al.，2002），这种结构在空间上并不明确，因此我们假设样带内的依赖是恒定的（即相邻点位与样带两端的点位具有相同的空间依赖）。这类模型可以用 lme4 程序包来拟合，在拟合之前，我们需要将样带视为一个因子，然后用 glmer 函数对模型进行拟合。

```
> library(lme4)
#随机效应作为一个因子
> str(point.data)
> point.data$TRANSECT <- as.factor(point.data$TRANSECT)
#应用 lme4 程序包中的 glmm 函数
> VATH.glmm <- glmer(VATH ~ elev + I(elev^2) + (1|TRANSECT),
```

```
    family ="binomial", data = point.data)
> summary(VATH.glmm)


##
Generalized linear mixed model fit by maximum likelihood
(Laplace Approximation) ['glmerMod']
Family: binomial ( logit )
Formula: VATH ~ elev + I(elev^2) + (1 | TRANSECT)
Data: point.data
AIC BIC    logLik deviance df.resid
498.4 517.2 -245.2  490.4     801
Scaled residuals:
Min    1Q   Median   3Q     Max
-1.3520 -0.1755 -0.1541 -0.1129 5.7688
Random effects:
Groups Name    Variance   Std.Dev.
TRANSECT (Intercept)   4.456     2.111
Number of obs: 805, groups: TRANSECT, 167
Fixed effects:
            Estimate  Std. Error  z value   Pr(>|z|)
(Intercept)  -8.470    3.262    -2.596   0.00942 **
elev          9.459    5.155     1.835   0.06653 .
I(elev^2)    -4.043    1.979    -2.043   0.04106 *
---
Signif. codes: 0 '***' 0.001 '**' 0.01 '*' 0.05 '.' 0.1
' ' 1


Correlation of Fixed Effects:
(Intr)    elev
elev      -0.981
I(elev^2)  0.946   -0.988
```

　　我们在拟合随机效应时指定了（1|TRANSECT），表示我们将样带视为随机截距，在第 11 章中我们会看到更多随机效应及其参数设置的用法。在本示例中我们发现，通过向模型结构中添加随机样带效应，残差中的正空间依赖已经消失（图6.9），尽管在短距离内的残差中仍存在一些轻微的负自相关。此外请注意，标准误差增加且海拔效应仅表现出弱的显著性（图 6.10）。

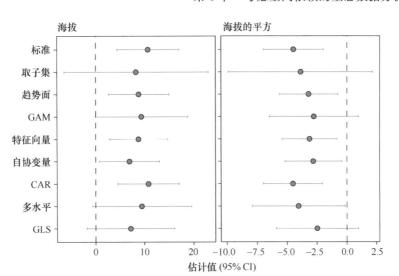

图 6.10　不同的空间模型对高程效应的估计值

6.3.4.6　GLS 模型和混合模型

对于非正态的响应数据，GLS 模型和空间显式混合模型都难以实施。对于正态响应的数据，nlme 程序包可以顾及模型残差中的空间相关结构（有时称为"R-side"相关结构）或随机效应中的空间相关结构（有时称为"G-side"相关结构）（Littell et al.，2006）。

考虑到数据的层次结构，我们可以拟合在样带内或整个区域内计算空间相关性的空间混合模型，MASS 程序包中的 glmmPQL 函数可用于拟合 GLS 模型和空间混合模型，然而这种方法中使用了惩罚拟似然（penalized "quasi-likelihood"，PQL）法，现已证明其性能较差（Rousset and Ferdy，2014）。因为没有使用最大似然法，所以我们不能将模型选择方法用于此函数。尽管如此，我们仍然可以对考虑空间依赖性的环境关系进行估计，在此，我们将样带确定为随机效应并用 corExp 命令在样带内拟合指数相关函数。

```
> library(MASS)
> library(nlme)
> VATH.pql <- glmmPQL(VATH ~ elev + I(elev^2), random = ~
  1|TRANSECT, correlation = corExp(form = ~ EASTING +
  NORTHING), family = "binomial", data = point.data)
```

考虑整个区域内（不仅仅是在样带内）的空间依赖，我们可以拟合出一个类似的模型，该模型需要相当长的时间来运行，但我们还是将其作为一个例子加以说明。为此，我们创建了一个观察水平的因子，然后将该因子作为一种随机效应拟合到模型中（Dormann et al.，2007）。

```
> GROUP <- factor(rep("obs", nrow(point.data)))
> VATH.gls <- glmmPQL(VATH ~ elev + I(elev^2), random = ~1|
  GROUP, correlation = corExp(form = ~ EASTING + NORTHING),
  family = "binomial", data = point.data)
```

惩罚拟似然法有其一定的局限性，包括在估计随机和固定效应时的潜在偏差，以及无法使用模型选择方法等，因此，在拟合类似模型时不使用惩罚拟似然法可能会规避其中的一些限制（Rousset and Ferdy，2014）。spaMM 程序包中使用最大似然法对一个采用拉普拉斯近似的空间 GLMM 进行估计，我们可以用此程序包中的 corrHLfit 函数来拟合一个与上述类似的公式。

```
> library(spaMM)
> VATH.spamm.ml <- corrHLfit(VATH ~ elev + I(elev^2) + Matern
  (1|EASTING+NORTHING), HLmethod = "ML", data = point.data,
  family = binomial(), ranFix =list(nu=0.5)))
```

在这个函数中，我们指定了一个通用的 Matérn 空间相关结构，上面使用的负指数函数是 Matérn 相关结构的一种特定形式，在本示例中，我们可以通过在 randFix 语句中设置 nu=0.5 来调用该结构（见第 5 章）。总的来说，在这种情况下该模型提供了与 GLS 模型相似的估计结果。在对整个区域的空间相关函数进行拟合时，两种模型都不会从残差中移除空间自相关（图 6.9），然而，当只在样带内用惩罚拟似然法进行函数拟合时，我们发现残差中的空间自相关被移除。

6.4　需进一步研究的问题

6.4.1　捕获空间依赖的一般性贝叶斯模型

对非正态数据中的空间依赖进行适当的解释存在一定的困难，在本章中，我们重点介绍了解决这一问题的各种方法，但每种方法都有其局限性，其中，贝叶斯模型是一种较为灵活的捕捉空间依赖的方法。INLA 程序包提供了一种简单的模拟空间依赖的方法，但仅限于某类回归模型，使用 bugs 语言（通过 Winbugs 或 Jags）来模拟空间依赖则具有更大的灵活性（Kery and Royle，2016）。在这些方法中，我们可以拟合 CAR/SAR 类型的模型，也可以拟合 GLS 和混合类型的模型，其通常是通过一个多变量正态分布的空间依赖的层次化表达来实现的，通常认为这类模型有助于解释空间依赖性，尽管拟合起来可能十分困难（Beale et al.，2010）。

6.4.2　误差检测与空间依赖

在本章中，我们忽略了取样误差的问题，如不完全的物种检测，只是简单地关注了空间自相关的解释问题。然而在数据集中常常存在观测误差，这些误差经常需要加以解释（MacKenzie et al.，2002）。有几种模型可以用来解释不完全检测产生的假正和假负误差（Miller et al.，2011），其中，假负误差更为常见，我们经常无法检测到某一区域存在的物种或个体，解决这一问题的常用方法包括占用模型、N 混合模型和距离取样模型等（Kery and Royle，2016）。我们在确定一个物种时会产生假性正误差，即我们记录到一个物种出现在某一区域，但实际情况并非如此。假性正误差相对更难解释，但仍有一些可以用来分析的模型（Miller et al.，2011），有若干权威著作详细介绍了这些模型，包括其在 R 语言中的实现方法（Royle and Dorazio，2008；Kery and Royle，2016），因此本书在此不作赘述。

近来有人对上述模型加以扩展来解释空间自相关问题（Hines et al.，2010；Johnson et al.，2013），最初是尝试使用本章中介绍的自协变量来解释空间依赖（Royle and Dorazio，2008），最近也开发出了一些地统计学模型（Johnson et al.，2013；Broms et al.，2014）。大多数模型都需要定制的代码并通过 R 语言调用 WinBug 或 JAG 程序来实现（Carroll and Johnson，2008；Rota et al.，2011），基于这种联系，一些专门的 R 语言程序包中也包含了空间依赖分析方法，其中，hSDM 程序包和 stocc 程序包都提供包含空间依赖的占用模拟方法（Johnson et al.，2013）。

6.5　结　　论

托布勒（Tobler）地理学第一定律强调，空间依赖性在自然界是普遍存在的，忽略这一事实可能会导致虚假的推断（Bivand，1980；Legendre，1993），因此，我们通常需要考虑生态数据中的空间依赖，然而对我们来说这样做具有一定的挑战性。在此我们举例说明了多种考虑空间依赖的方法，比较了这些方法在使用二进制响应数据时的效用。在上面的例子中，趋势面及相关的环境过滤方法（GAM，特征向量映射）并未能消除残差中的空间依赖；CAR 也未能消除空间依赖，原因可能是考虑的邻域范围太小；自协变量和多水平模型通过恰当地捕获数据中依赖的空间尺度，的确消除了残差中的空间依赖。与 Beale 等（2010）和 Dormann 等

（2007）的结论类似，我们发现，相对于其他方法自协变量模型倾向于缩小环境的影响。一般来说，我们建议使用混合模型和 CAR，这些模型可以解释局部空间依赖并调整环境关系的不确定性（SEs/CIs）。这个例子说明对指定好的空间模型来说，适当地捕获模型结构中空间依赖的尺度是十分重要的。

在上述讨论过程中，我们用地理坐标和距离来推断空间依赖，并在理解环境关系时对其进行适当调整。然而，在许多情况下，捕获环境复杂性（如购物中心作为生物体移动和资源获取的障碍）的有效距离可能是更切合实际的，空间权重矩阵在必要时可以捕获到这种复杂性（Dray et al.，2006）。Ver Hoef 等（2018）也强调在自回归模型中用空间邻域可捕获到一些与使用网络模拟对连通性进行评估时相类似的内容（见第 9 章），这无疑是一个十分有趣且重要的联系，预计在未来几年将会受到更多的关注。

应用空间模型时应特别小心，尤其是对于那些非正态响应变量来说。有关如何利用不同的模拟方法来解释空间依赖目前仍存在争议（Dormann et al.，2007；Betts et al.，2009；Dormann，2009）。此外，虽然几个证据链表明空间自相关用于传统的回归模拟是有问题的，但也有些研究者并不赞同这种观点（Diniz et al.，2003；Hawkins et al.，2007）。这一领域的进一步发展无疑会为空间生态学家和保护生物学家提供一系列有用的工具。

参 考 文 献

Algar AC, Kharouba HM, Young ER, Kerr JT (2009) Predicting the future of species diversity: macroecological theory, climate change, and direct tests of alternative forecasting methods. Ecography 32(1): 22-33. https: //doi.org/10.1111/j.1600-0587.2009.05832.x

Augustin NH, Mugglestone MA, Buckland ST (1996) An autologistic model for the spatial distribution of wildlife. J Appl Ecol 33(2): 339-347

Bardos DC, Guillera-Arroita G, Wintle BA (2015) Valid auto-models for spatially autocorrelated occupancy and abundance data. Methods Ecol Evol 6(10): 1137-1149. https: //doi.org/10.1111/2041-210x.12402

Bates D, Machler M, Bolker BM, Walker SC (2015) Fitting linear mixed-effects models using lme4. J Stat Softw 67(1): 1-48

Bauman D, Drouet T, Dray S, Vleminckx J (2018) Disentangling good from bad practices in the selection of spatial or phylogenetic eigenvectors. Ecography 41: 1-12

Beale CM, Lennon JJ, Yearsley JM, Brewer MJ, Elston DA (2010) Regression analysis of spatial data. Ecol Lett 13(2): 246-264. https: //doi.org/10.1111/j.1461-0248.2009.01422.x

Beguin J, Martino S, Rue H, Cumming SG (2012) Hierarchical analysis of spatially autocorrelated ecological data using integrated nested Laplace approximation. Methods Ecol Evol 3 (5): 921-929. https: //doi.org/10.1111/j.2041-210X.2012.00211.x

Betts MG, Diamond AW, Forbes GJ, Villard MA, Gunn JS (2006) The importance of spatial autocorrelation, extent and resolution in predicting forest bird occurrence. Ecol Model 191 (2): 197-224

Betts MG, Ganio LM, Huso MMP, Som NA, Huettmann F, Bowman J, Wintle BA (2009) Comment on "Methods to account for spatial autocorrelation in the analysis of species distributional data: a review". Ecography 32(3): 374-378. https: //doi.org/10.1111/j.1600-0587.2008. 05562.x

Betts MG, Phalan B, Frey SJK, Rousseau JS, Yang ZQ (2018) Old-growth forests buffer climate-sensitive bird populations from warming. Divers Distrib 24(4): 439-447. https: // doi.org/10. 1111/ddi.12688

Bini LM, Diniz JAF, Rangel T, Akre TSB, Albaladejo RG, Albuquerque FS, Aparicio A, Araujo MB, Baselga A, Beck J, Bellocq MI, Bohning-Gaese K, Borges PAV, Castro-Parga I, Chey VK, Chown SL, de Marco P, Dobkin DS, Ferrer-Castan D, Field R, Filloy J, Fleishman E, Gomez JF, Hortal J, Iverson JB, Kerr JT, Kissling WD, Kitching IJ, Leon-Cortes JL, Lobo JM, Montoya D, Morales-Castilla I, Moreno JC, Oberdorff T, Olalla-Tarraga MA, Pausas JG, Qian H, Rahbek C, Rodriguez MA, Rueda M, Ruggiero A, Sackmann P, Sanders NJ, Terribile LC, Vetaas OR, Hawkins BA (2009) Coefficient shifts in geographical ecology: an empirical evaluation of spatial and non-spatial regression. Ecography 32(2): 193-204. https: //doi.org/10.1111/j.1600-0587.2009.05717.x

Bivand R (1980) A Monte Carlo study of correlation coefficient estimation with spatially autocorrelated observations. Quaestionies Geographicae 6: 5-10

Bivand R, Piras G (2015) Comparing implementations of estimation methods for spatial econometrics. J Stat Softw 63(18): 1-36

Bivand RS, Pebesma EJ, Gomez-Rubio V (2013) Applied spatial data analysis with R. Use R! 2nd edn. Springer, New York

Bjørnstad ON, Falck W (2001) Nonparametric spatial covariance functions: estimation and testing. Environ Ecol Stat 8(1): 53-70. https: //doi.org/10.1023/a: 1009601932481

Blangiardo M, Cameletti M (2015) Spatial and spatio-temporal Bayesian models with R-INLA. Wiley, Chichester

Bolker B (2008) Ecological models and data in R. Princeton University Press, Princeton, NJ Bolker BM, Brooks ME, Clark CJ, Geange SW, Poulsen JR, Stevens MHH, White JSS (2009) Generalized linear mixed models: a practical guide for ecology and evolution. Trends Ecol Evol 24(3): 127-135. https: //doi.org/10.1016/j.tree.2008.10.008

Boyce MS, Vernier PR, Nielsen SE, Schmiegelow FKA (2002) Evaluating resource selection functions. Ecol Model 157(2-3): 281-300. https: //doi.org/10.1016/s0304-3800(02)00200-4

Brand LA, George TL (2001) Response of passerine birds to forest edge in coast redwood forest fragments. Auk 118(3): 678-686. https: //doi.org/10.1642/0004-8038(2001)118[0678: Ropbtf]2. 0.Co; 2

Broms KM, Johnson DS, Altwegg R, Conquest LL (2014) Spatial occupancy models applied to atlas data show Southern Ground Hornbills strongly depend on protected areas. Ecol Appl 24 (2): 363-374. https: //doi.org/10.1890/12-2151.1

Carl G, Kuhn I (2010) A wavelet-based extension of generalized linear models to remove the effect of spatial autocorrelation. Geogr Anal 42(3): 323-337

Carroll C, Johnson DS (2008) The importance of being spatial (and reserved): assessing Northern Spotted Owl habitat relationships with hierarchical Bayesian Models. Conserv Biol 22 (4): 1026-1036. https: //doi.org/10.1111/j.1523-1739.2008.00931.x

Carroll C, Johnson DS, Dunk JR, Zielinski WJ (2010) Hierarchical Bayesian spatial models for multispecies conservation planning and monitoring. Conserv Biol 24(6): 1538-1548. https: //doi. org/10.1111/j.1523-1739.2010.01528.x

Cleveland WS (1979) Robust locally weighted regression and smoothing scatterplots. J Am Stat

Assoc 74(368): 829-836. https: //doi.org/10.2307/2286407

Crase B, Liedloff AC, Wintle BA (2012) A new method for dealing with residual spatial autocorrelation in species distribution models. Ecography 35(10): 879-888. https: //doi.org/ 10.1111/j. 1600-0587.2011.07138.x

Crase B, Liedloff A, Vesk PA, Fukuda Y, Wintle BA (2014) Incorporating spatial autocorrelation into species distribution models alters forecasts of climate-mediated range shifts. Glob Chang Biol 20(8): 2566-2579. https: //doi.org/10.1111/gcb.12598

Cressie NAC (1993) Statistics for spatial data. Wiley, Chichester

Dale MRT, Fortin MJ (2014) Spatial analysis: a guide for ecologists, 2nd edn. Cambridge University Press, Cambridge

Diniz JAF, Bini LM, Hawkins BA (2003) Spatial autocorrelation and red herrings in geographical ecology. Glob Ecol Biogeogr 12(1): 53-64. https: //doi.org/10.1046/j.1466-822X.2003.00322.x

Diniz JAF, Nabout JC, Telles MPD, Soares TN, Rangel T (2009) A review of techniques for spatial modeling in geographical, conservation and landscape genetics. Genet Mol Biol 32(2): 203-211. https: //doi.org/10.1590/s1415-47572009000200001

Dormann CF (2009) Response to Comment on "Methods to account for spatial autocorrelation in the analysis of species distributional data: a review". Ecography 32(3): 379-381. https: //doi.org/ 10.1111/j.1600-0587.2009.05907.x

Dormann CF, McPherson JM, Araújo MB, Bivand R, Bolliger J, Carl G, Davies RG, Hirzel A, Jetz W, Kissling WD, Kuehn I, Ohlemueller R, Peres-Neto PR, Reineking B, Schroeder B, Schurr FM, Wilson R (2007) Methods to account for spatial autocorrelation in the analysis of species distributional data: a review. Ecography 30(5): 609-628. https: //doi.org/10.1111/j.2007. 0906-7590.05171.x

Dray S, Legendre P, Peres-Neto PR (2006) Spatial modelling: a comprehensive framework for principal coordinate analysis of neighbour matrices (PCNM). Ecol Model 196(3-4): 483-493. https: //doi.org/10.1016/j.ecolmodel.2006.02.015

Dray S, Pelissier R, Couteron P, Fortin MJ, Legendre P, Peres-Neto PR, Bellier E, Bivand R, Blanchet FG, De Caceres M, Dufour AB, Heegaard E, Jombart T, Munoz F, Oksanen J, Thioulouse J, Wagner HH (2012) Community ecology in the age of multivariate multiscale spatial analysis. Ecol Monogr 82(3): 257-275. https: //doi.org/10.1890/11-1183.1

Emerson S, Wickham C, Ruzicka KJ (2015) Rethinking the linear regression model for spatial ecological data: comment. Ecology 96(7): 2021-2025. https: //doi.org/10.1890/14-0879.1

Finley AO, Banerjee S, Gelfand AE (2015) spBayes for large univariate and multivariate point-referenced spatio-temporal data models. J Stat Softw 63(13): 1-28

Fletcher RJ Jr (2005) Multiple edge effects and their implications in fragmented landscapes. J Anim Ecol 74(2): 342-352

Fortin MJ, James PMA, MacKenzie A, Melles SJ, Rayfield B (2012) Spatial statistics, spatial regression, and graph theory in ecology. Spatial Stat 1: 100-109. https: //doi.org/10.1016/j. spasta.2012.02.004

Garland T, Harvey PH, Ives AR (1992) Procedures for the analysis of comparative data using phylogenetically independent contrasts. Syst Biol 41(1): 18-32. https: //doi.org/10.2307/ 2992503

Gelman A, Hill J (2007) Data analysis using regression and multilevel/hierarchical models. Cambridge University Press, New York

Getis A, Griffith DA (2002) Comparative spatial filtering in regression analysis. Geogr Anal 34 (2):

130-140. https: //doi.org/10.1111/j.1538-4632.2002.tb01080.x

Griffith DA, Peres-Neto PR (2006) Spatial modeling in ecology: the flexibility of eigenfunction spatial analyses. Ecology 87(10): 2603-2613. https: //doi.org/10.1890/0012-9658(2006)87[2603: smietf]2.0.co; 2

Guisan A, Zimmermann NE (2000) Predictive habitat distribution models in ecology. Ecol Model 135(2-3): 147-186

Haining R (2003) Spatial data analysis: theory and practice. Cambridge University Press, Cambridge

Hastie T, Tibshirani R (1986) Generalized additive models. Stat Sci 1: 297-310

Hawkins BA, Diniz JAF, Bini LM, De Marco P, Blackburn TM (2007) Red herrings revisited: spatial autocorrelation and parameter estimation in geographical ecology. Ecography 30 (3): 375-384. https: //doi.org/10.1111/j.2007.0906-7590.05117.x

Hines JE, Nichols JD, Royle JA, MacKenzie DI, Gopalaswamy AM, Kumar NS, Karanth KU (2010) Tigers on trails: occupancy modeling for cluster sampling. Ecol Appl 20(5): 1456-1466. https: // doi.org/10.1890/09-0321.1

Hooten MB, Wikle CK, Dorazio RM, Royle JA (2007) Hierarchical spatiotemporal matrix models for characterizing invasions. Biometrics 63(2): 558-567. https: //doi.org/10.1111/j.1541-0420. 2006.00725.x

Horn BKP (1981) Hill shading and the reflectance map. Proc IEEE 69: 14-47

Hurlbert SH (1984) Pseudoreplication and the design of ecological field experiments. Ecol Monogr 54(2): 187-211. https: //doi.org/10.2307/1942661

Hutto RL, Young JS (2002) Regional landbird monitoring: perspectives from the Northern Rocky Mountains. Wildl Soc Bull 30(3): 738-750

Johnson DS, Conn PB, Hooten MB, Ray JC, Pond BA (2013) Spatial occupancy models for large data sets. Ecology 94(4): 801-808

Keitt TH, Bjørnstad ON, Dixon PM, Citron-Pousty S (2002) Accounting for spatial pattern when modeling organism-environment interactions. Ecography 25(5): 616-625

Kery M, Royle JA (2016) Applied hierarchical modeling in ecology: analysis of distribution, abundance and species richness in R and BUGS. Academic, San Diego

Kissling WD, Carl G (2008) Spatial autocorrelation and the selection of simultaneous autoregressive models. Glob Ecol Biogeogr 17(1): 59-71. https: //doi.org/10.1111/j.1466-8238. 2007.00334.x

Koenig WD (1999) Spatial autocorrelation of ecological phenomena. Trends Ecol Evol 14 (1): 22-26. https: //doi.org/10.1016/s0169-5347(98)01533-x

Legendre P (1993) Spatial autocorrelation: trouble or new paradigm? Ecology 74(6): 1659-1673

Legendre P, Legendre L (1998) Numerical ecology. Elsevier, Amsterdam

Lennon JJ (2000) Red-shifts and red herrings in geographical ecology. Ecography 23(1): 101-113. https: //doi.org/10.1034/j.1600-0587.2000.230111.x

Lichstein JW, Simons TR, Shriner SA, Franzreb KE (2002) Spatial autocorrelation and autoregressive models in ecology. Ecol Monogr 72(3): 445-463

Littell RC, Millien GA, Stroup RD, Schabenberger O (2006) SAS for mixed models. SAS Institute Inc., Cary, NC

MacKenzie DI, Nichols JD, Lachman GB, Droege S, Royle JA, Langtimm CA (2002) Estimating site occupancy rates when detection probabilities are less than one. Ecology 83(8): 2248-2255

McCarthy KP, Fletcher RJ, Rota CT, Hutto RL (2012) Predicting species distributions from samples collected along roadsides. Conserv Biol 26(1): 68-77. https: //doi.org/10.1111/j.1523-1739.2011.01754.x

McCullagh P, Nelder JA (1989) Generalized linear models. Chapman and Hall, London

Melles SJ, Fortin MJ, Lindsay K, Badzinski D (2011) Expanding northward: influence of climate change, forest connectivity, and population processes on a threatened species' range shift. Glob Chang Biol 17(1): 17-31. https: //doi.org/10.1111/j.1365-2486.2010.02214.x

Miller JA (2012) Species distribution models: spatial autocorrelation and non-stationarity. Prog Phys Geogr 36(5): 681-692. https: //doi.org/10.1177/0309133312442522

Miller J, Franklin J, Aspinall R (2007) Incorporating spatial dependence in predictive vegetation models. Ecol Model 202(3-4): 225-242. https: //doi.org/10.1016/j.ecolmodel.2006.12.012

Miller DA, Nichols JD, McClintock BT, Grant EHC, Bailey LL, Weir LA (2011) Improving occupancy estimation when two types of observational error occur: non-detection and species misidentification. Ecology 92(7): 1422-1428. https: //doi.org/10.1890/10-1396.1

Nelder JA, Wedderburn RW (1972) Generalized linear models. J R Stat Soc Series A General 135 (3): 370. https: //doi.org/10.2307/2344614

Oksanen J, Guillaume B, Friendly M, Kindt R, Legendre P, McGlinn D, Minchin PR, O'Hara RB, Simpson GL, Solymos P, Stevens HH, Szoecs E, Wagner H (2018) Vegan: community ecology package. R version 2.4-6

Rota CT, Fletcher RJ Jr, Evans JM, Hutto RL (2011) Does accounting for detectability improve species distribution models. Ecography 34: 659-670

Rousset F, Ferdy JB (2014) Testing environmental and genetic effects in the presence of spatial autocorrelation. Ecography 37(8): 781-790. https: //doi.org/10.1111/ecog.00566

Royle JA, Dorazio RM (2008) Hierarchical modeling and inference in ecology: the analysis of data from populations, metapopulations, and communities. Academic, San Diego

Sauer JR, Niven DK, Hines JE, Ziolkowski DJ, Pardieck KL, Fallon JE, LinkWA(2017) The North American Breeding Bird Survey, results and analysis 1966-2015, Version 2.07.2017. USGS Patuxent Wildlife Research Center, Laurel, MD

Segurado P, Araújo MB, Kunin WE (2006) Consequences of spatial autocorrelation for niche-based models. J Appl Ecol 43(3): 433-444. https: //doi.org/10.1111/j.1365-2664.2006.01162.x

Sokal RR, Oden NL (1978) Spatial autocorrelation in biology II: Some biological implications and four applications of evolutionary and ecological interest. Biol J Linn Soc 10(2): 229-249. https: // doi.org/10.1111/j.1095-8312.1978.tb00014.x

Stephens PA, Buskirk SW, del Rio CM (2007) Inference in ecology and evolution. Trends Ecol Evol 22(4): 192-197. https: //doi.org/10.1016/j.tree.2006.12.003

Swihart RK, Slade NA (1985) Testing for independence of observations in animal movements. Ecology 66(4): 1176-1184. https: //doi.org/10.2307/1939170

Teng SN, Xu C, Sandel B, Svenning JC (2018) Effects of intrinsic sources of spatial autocorrelation on spatial regression modelling. Methods Ecol Evol 9(2): 363-372

Thorson JT, Minto C (2015) Mixed effects: a unifying framework for statistical modelling in fisheries biology. ICES J Mar Sci 72(5): 1245-1256. https: //doi.org/10.1093/icesjms/fsu213

Venables WN, Ripley BD (2002) Modern applied statistics with S, 4th edn. Springer, New York

Ver Hoef JM, Peterson EE, Hooten MB, Hanks EM, Fortin MJ (2018) Spatial autoregressive models for statistical inference from ecological data. Ecol Monogr 88(1): 36-59. https: //doi.org/ 10.1002/ecm.1283

Wagner HH (2003) Spatial covariance in plant communities: integrating ordination, geostatistics, and variance testing. Ecology 84(4): 1045-1057. https: //doi.org/10.1890/0012-9658(2003)084[1045: scipci]2.0.co; 2

Wagner HH (2004) Direct multi-scale ordination with canonical correspondence analysis. Ecology

85(2): 342-351. https: //doi.org/10.1890/02-0738

Wagner HH, Fortin MJ (2005) Spatial analysis of landscapes: concepts and statistics. Ecology 86: 1975-1987. https: //doi.org/10.1890/04-0914

Wall MM (2004) A close look at the spatial structure implied by the CAR and SAR models. J Stat Plan Inference 121(2): 311-324. https: //doi.org/10.1016/s0378-3758(03)00111-3

Wilson MFJ, O'Connell B, Brown C, Guinan JC, Grehan AJ (2007) Multiscale terrain analysis of multibeam bathymetry data for habitat mapping on the continental slope. Mar Geod 30: 3-35

Wintle BA, Bardos DC (2006) Modeling species-habitat relationships with spatially autocorrelated observation data. Ecol Appl 16(5): 1945-1958. https: //doi.org/10.1890/1051-0761(2006)016 [1945: msrwsa]2.0.co; 2

Wood SN (2006) Generalized additive models: an introduction with R. Chapman and Hall and CRC, Boca Raton, FL

Zuur AF, Ieno EN, Walker NJ, Saveliev AA, Smith GM (2009) Mixed effects models and extensions in ecology with R. Springer, New York

第 二 部 分

空间格局与保护的生态响应

第7章 物种分布

7.1 简　　介

　　了解并预测物种分布是生态学的核心。在基础生态学和应用生态学中，预测物种分布的模型越来越多地被用于预测未来气候变化的影响（Thomas et al.，2004）、土地利用变化（Feeley and Silman，2010；Martin et al.，2013）、物种入侵（Peterson，2003；Elith et al.，2010；Jimenez- Valverde et al.，2011）、评估农业适宜性（Evans et al.，2010；Plath et al.，2016）、物种再引入的最佳地点（Hirzel et al.，2004；Martinez-Meyer et al.，2006）、新建保护区的位置确定（Wilson et al.，2005）及生物多样性清单的完善（Raxworthy et al.，2003）等诸多领域。在过去 20 年中，预测物种分布模型的应用更是有了突飞猛进的发展（Guisan and Zimmermann，2000；Elith and Leathwick，2009；Renner et al.，2015）。物种分布模型（species distribution model，SDM）、生态位模型（ecological niche model，ENM）、气候包络模型（climate envelope model）和生境适宜性模型（habitat suitability model，HSM）等都是描述通过量化响应面来建立物种分布与环境变量间关系的模型（Guisan and Zimmermann，2000；Guisan et al.，2017）（图 7.1），其他相关模型包括资源选择函数模型、占用模型和 GAP 模型（Scott et al.，1993；Manly et al.，2002；Rodrigues et al.，2004；MacKenzie et al.，2006），这些模型既用于推断也用于预测环境关系，其中，估计得出的函数可用于绘制时空分布图。这类模型是在不同的学科中开发出来的，每一种模型对所解决问题的类型、问题的尺度以及所使用的特定数据类型都有各自独特的要求，但其强调的都是物种分布与环境间的关系。

　　在此，我们给出了与预测物种分布相关的一些核心概念、常用的数据类型以及常见的模拟算法，并对模型评估时常用的方法进行了介绍，我们的目的是说明如何使用这些概念、数据和模型来绘制物种分布图，以帮助我们解决生态和保护问题。有关物种分布概念的更多信息，请参阅 Franklin（2009）、Peterson 等（2011）及 Guisan 等（2017）出版的几本精品书籍。

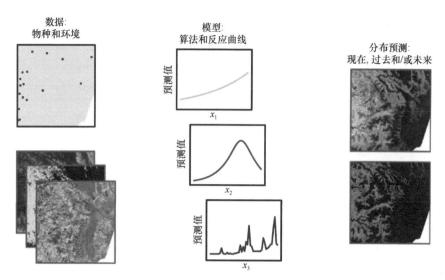

图 7.1　物种分布模拟的总体框架（彩图请扫封底二维码）

物种定位数据与环境空间数据可通过定量模型联系起来，这些模型在物种对环境梯度响应方面所作的
假设存在着很大不同。利用对响应曲线的估计，我们可以绘制物种的时空分布图。本图是在
Guisan 等（2017）的基础上修改而成的

7.2　一些核心概念和方法

7.2.1　生态位的概念

在生态学中，没有一个概念比"生态位"的定义更为多样且更易混淆。尽管如此，这一概念已成为整个生态学领域的象征性符号。

Real 和 Brown（1991）

物种分布模拟通常基于生态位的概念来开发模型（Austin，2002，2007；Hirzel and Le Lay，2008）。大多数生态位理论的应用都是启发式的，也就是说，科学家倾向于使用生态位理论中产生的一般性思想，了解生态位多种概念间的相关性对于构建、解释和应用分布模型来解决生态、进化和保护问题来说至关重要。其他理论，如生境选择理论（Fretwell and Lucas，1970）和集合种群理论等（Pulliam，1988；Hanski and Ovaskainen，2003）的发展也被用于预测物种的分布，但在此我们关注的是与生态位相关的理论发展。

7.2.1.1　纷繁复杂的生态位概念发展简史

20 世纪初，约瑟夫·格林内尔（Joseph Grinnell）对鸟类的生物地理分布及其限制因素产生了浓厚的兴趣，并特别关注了加州矢嘲鸫（*Toxostoma redivivum*）这一物种的分布在空间上的重叠问题（Grinnell，1917），故此提出了生态位（niche）一词，他对生态位的解释很大程度上是基于物种与环境间的关系，强调了生境和行为适应是物种生态位的关键组成部分。例如，他所研究的加州矢嘲鸫能很好地适应所处的环境，会选择在灌木丛中觅食，并具有降低被捕食风险的适应性行为（如伪装）。

20 世纪 20～30 年代，埃尔顿（Elton）从一个不同的视角发展了生态位的概念，他强调了物种在其所处环境中与食物和天敌有关的功能性作用，其中包括物种可以通过营养互作影响环境（Elton，1927）。埃尔顿关注的是物种的行为而不是物种的发生，他既关注物种对环境的响应，也关注物种对环境的影响，这一观点与格林内尔的观点截然不同。

20 世纪 50 年代，哈钦森（Hutchinson）采取定量的方法对生态位进行了描述，他认为，生态位是"一个物种可以持续生存的 N 维超体积空间（N-dimensional hypervolume）"（Hutchinson，1957），这一 N 维超体积空间反映了物种持续生存需要 N 个环境变量，每个环境变量都可视为环境空间中的一个维度，生态位正是这 N 个变量值的适当交集所形成的超体积空间（Blonder et al.，2014）。这一定量描述方法强调了生态位的可测度量性或多维度性，从而推动了生态位概念的应用，包括生态位宽度、生态位重叠和生态位划分等。哈钦森还对基础生态位（fundamental niche）和实际生态位（realized niche）加以区分，其中，基础生态位是物种可能存在的环境超体积空间（有时也称为生理生态位或潜在生态位），而实际生态位则是物种在超体积空间中实际存在的一部分（图 7.2）。他认为，由于物种间的相互作用，特别是竞争的存在，实际生态位会小于基础生态位。在物种分布模型的开发过程中，经常会做出上述区分（Guisan and Thuiller，2005）。Hutchinson（1957）将生态位定义为物种的属性，而非环境的属性，因此对哈钦森来说，自然界中不存在"空生态位"。

Pulliam（2000）以及 Chase 和 Liebold（2003）在其出版的开创性专著中进一步发展了生态位的概念。Pulliam（2000）强调扩散限制可能会导致许多环境条件属于某一物种生态位的地方但并未被该物种所占用。他还强调，在物种汇集的生境区，实际生态位会大于基础生态位（见第 10 章）。Chase 和 Liebold（2003）将埃尔顿学派（Eltonian）和哈钦森学派（Hutchinsonian）的观点整合到一个共同的框架中，试图对生态位的概念加以统一，他们将生态位定义为："对满足某一物种的最低要求且当地种群的出生率大于等于其死亡率的环境条件，以及该物种的个体对这些环境条件产生影响的联合描述"（表 7.1）。

由哈钦森定义并由 Pulliam（2000）、Chase 和 Liebold（2003）以及其他人发展的生态位的概念中一个重要内容是物种的适合度（fitness，物种生长到具有繁

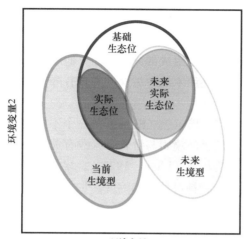

图 7.2　环境梯度与生态位

图中显示了两个与物种的基础生态位和实际生态位相关的环境变量。当前群落生境型限制了一个物种的观察生态位，而当前生境型并未包括基础生态位的所有条件，环境变化引起的生境型的变化会导致生态位的移动。改编自 Franklin（2009）和 Williams and Jackson（2007）

表 7.1　物种分布模拟中常用的术语及定义

术语	定义
生境型	（独立于物种的）群落环境
相关性分布模型	基于物种分布与环境因子间响应函数的预测模型
基础生态位	一个物种能潜在持续存在的超体积环境空间
机理性分布模型	基于实验或物种与关键限制因子（如耐热性）间已知关系的预测模型
生态位	对满足一个物种的最低要求且当地种群的出生率大于等于其死亡率的环境条件，以及该物种个体对这些环境条件产生影响的联合描述
实际生态位	一个物种所处的超空间环境，或互惠生物发生相互作用的基础生态位的一个子集
样本选择偏差	与潜在分布相比，物种分布样本非随机时可能产生的偏差，在偶然收集的数据中很常见
物种流行度	一个物种在所考虑范围内的常见程度

殖能力时的保存率），从他们的角度上来看，生态位体现了种群正增长的状况，与此相反，物种分布模型通常只使用物种出现或多度的信息（见下文），这类信息与资源的质量或种群的正增长无关（Van Horne，1983；Schlaepfer et al.，2002；Robertson and Hutto，2006），仅用这类信息可能不足以对生态位进行模拟。尽管在某些情况下这种细微差别可能并不明显，但却清楚地表明预测物种分布与预测生态位是完全不同的，事实上，有关物种分布模型究竟能预测什么内容及其与生态位概念间的关系一直都存在着很多争论（Franklin，2009；Araújo and Peterson，2012；Peterson and Soberón，2012）。

7.2.1.2　地理空间与环境空间

在将生态位的概念转化为空间模型时，关键在于地理空间与环境空间的差别。哈钦森有关生态位的观点强调了这一差别，他将生态位与包含环境变异的地理空间或群落生境区分开来（Whittaker et al.，1973；Colwell and Rangel，2009）（图 7.2），这样做的结果是，生态位代表了某一物种或种群的某种属性（不能有"空生态位"），这有助于我们理解生态位与生境间的差异（参见第 8 章）。我们的目标通常是对环境空间进行推断（如描述物种对环境条件的响应函数），希望在地理空间中绘制相应的响应图以预测物种的分布（图 7.1）。

现在与未来的群落生境间可能会存在很大的差异，我们对生态位的理解受到目前物种所处群落生境的限制（图 7.2）。例如，当使用生态位概念来理解和预测气候变化的影响时，物种生态位的现有数据可能不够充分，因为在当前条件下，基础生态位的部分内容可能无法表达出来（Williams and Jackson，2007）。类似的问题也出现在利用入侵物种原生范围内的环境信息来预测其扩散时（Peterson，2003；Broennimann et al.，2007），一些实验可以部分地帮助我们解决这一问题（Buckley and Kingsolver，2012）。

7.2.1.3　限制因素和生态位

生态位的维度受多种因素的限制（Araújo and Guisan，2006），Soberón 将其分为三类，即非生物性、生物性和与移动相关的因素（Soberón，2007，2010；Soberón and Peterson，2005），并采用维恩图和集合论对这些限制因素进行了可视化和解译。在这一所谓的"BAM"图（Biotic-Abiotic-Mobility diagram，生物-非生物-移动图；图 7.3）中，三个因素的交叉区域决定了某一物种当前的地理分布：A 代表了有利的非生物条件和非交互变量（"情景变量"）的区域，其中，物种的内在增长率为正值，因此被称为格林内尔学派（Grinnellian）基础生态位（James et al.，1984）；B 代表了生物间的相互作用[有时称为埃尔顿因子（Eltonian factor）]允许种群正增长的区域；M 代表了生物体可到达的区域，即可定植区域（Barve et al.，2011）。在此背景下，实际生态位的地理表达为 B 与 A 的交叉区，该区的条件对物种的出现是适宜的，但移动限制（不）可能会阻止这种出现（Peterson et al.，2011；Soberón and Peterson，2005）。Soberón 认为，生物因素通常只与小尺度的空间粒度相关，因此在预测物种的大尺度分布范围时可能会被忽略（Soberón，2010；Busby，1991），这通常被称为埃尔顿噪声假说（Eltonian noise hypothesis，Soberón and Nakamura，2009），尽管这一结论经常会引发争议（Wisz et al.，2013）。

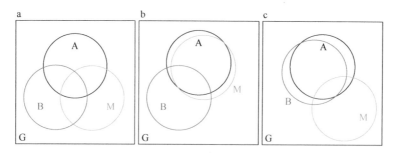

图 7.3 BAM 图描述了研究区域（或群落生境）G 内与生态位相关的生物、
非生物和与移动相关的限制因子间的交叉状况

在这个框架中，A 代表 Grinnellian 基础生态位，取决于生物的相互作用和移动限制，
A 可能被占用，也可能未被占用。

a. 限制因素间发生了类似的交叉；b. 在一个高精度（细粒度和小范围）的空间尺度上，基础生态位是完全可达的，但由于生物间的相互作用，可能不会完全被占用；c. 在低精度（粗粒度和大范围）的空间尺度上，移动限制可能会阻止物种在基础生态位的某些部位定植，且生物间的相互作用对物种分布的影响很小。改编自 Soberón and Peterson（2005）

　　一般来说，这些限制因素的相对重要性会因物种和空间尺度的不同而不同（Pearson and Dawson，2003；Soberón and Peterson，2005）。例如，Lira-Noriega 等（2013）发现，与扩散相关的限制对肉穗寄生（*Phoradendron californicum*）分布的重要性随模型空间分辨率的变化而变化，在较高空间分辨率时会显得更为重要。有人认为，这有助于阐明模拟物种分布时在方法和理念上的差异（Soberón and Nakamura，2009）。

7.2.2 预测的是物种分布还是生态位？

　　物种分布的预测和制图过程中产生了大量描述此类模拟和预测的术语，相关模型通常被称为"生态位模型"、"环境生态位模型"、"生境适宜性模型"或"物种分布模型"（Franklin，2009；Peterson et al.，2011；Guisan et al.，2017）。在这种情况下会出现一个共同的问题，即这些模型是否真的模拟了生态位（Peterson and Soberón，2012）？一种观点认为，如果我们关注的是环境空间，而不是地理空间，那么这些模型更符合生态位模拟的脉络（Peterson and Soberón，2012）。然而，正如所有现代生态位的概念中所强调的物种可以持续存在的环境空间那样（Holt，2009），我们建议在模型构建时如果只有分布信息（没有种群统计信息）就不要将其称为生态位模型，虽然这些模型也可以提供有关生态位的假设，但最好将其视为模拟物种分布的模型。

7.2.3 机理性分布模型与相关性分布模型

　　庞杂多样的物种分布模型可以用多种方式加以组织和分类，其中一种分类考虑模型是相关性的（如现象学的）还是机理性的（即基于过程的），而另一种分类则考虑模型所使用的响应数据类型。

相关性分布模型（correlative distribution model）基于某种相关关系将物种分布的信息（如存在记录）与环境协变量联系起来，这类模型是典型的现象学模型，只描述或解释格局而不考虑潜在的机制；与此相比，机理性分布模型（mechanistic distribution model）通常基于实验或物种与关键限制因子（如物种的热耐受性）间的已知关系（Buckley，2008；Kearney and Porter，2009）。通常认为，当将模型预测结果外推到新的点位或时间时，机理性分布模型更有价值，然而，对相关性分布模型和机理性分布模型的正式比较显示，两者在某些情况下的表现是相似的（Buckley et al.，2010）。此外，两种模型各有其优点和局限性，甚至有人认为这种分类是描述模型特征时的一种错误的二分法（Dormann et al.，2012）。

7.2.4 相关性分布模型的数据

相关性分布模型可以根据所使用的数据类型是存在（presence-only）、存在-缺失（presence-absence，检测到-未检测到；MacKenzie et al.，2002）或计数（多度）[count （abundance）]数据（Brotons et al.，2004；Lutolf et al.，2006；Potts and Elith，2006；Aarts et al.，2012）加以分类，其中，存在数据或只有存在位置的样本数据（没有关于缺失或多度的信息可用）通常用于相关性分布模拟（Elith et al.，2006）。这类数据的来源很多，包括博物馆和标本馆的标本、公民科学项目提供的信息以及地图集等（Graham et al.，2004）。存在数据可以单独使用或与有时被称为"假性缺失（pseudo-absence）"的背景点位进行比较来构建分布模型，后者比前者能更为精确地模拟物种分布（Elith et al.，2006）。使用背景点位的价值在于，它提供了有关生境型以及存在点位是否反映了生物体可利用的潜在环境的非随机分布的相关信息（图7.4）。使用背景点位所面临的挑战是如何确定背景点位的数量及其空间分布（VanDerWal et al.，2009；Barbet-Massin et al.，2012）。一些研究试图基于某些规则来选择更可能被视为缺失的背景点位，例如，只在距离存在点位最小距离处创建背景点位；然而，更常见的是简单地生成随机分布的背景点位。Renner 等（2015）在描述非均质点过程模型对背景点使用的基础上，提出应该生成比目前文献中所用到的背景点数更多的背景点（见下文）。

存在数据的优点在于我们可以从广泛的地理区域内获取到大量的数据，此外有人认为，这能在一定程度上规避存在-缺失数据中的假阴性问题（即物种确实存在时被记录为缺失）（Guisan et al.，2007）。尽管如此，这类数据的主要局限性包括：机会性的存在数据往往出现样本选择偏差（sample selection bias），且物种的普遍性是未知的，这两个问题都是值得关注的。当样本是对研究区域的非随机

取

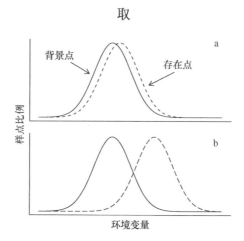

图 7.4　使用存在数据进行模拟时加入背景点或假性缺失点可以让我们通过比较存在点位与背景点位间的环境差异，获取该区域生境型的相关信息

a. 存在点位与背景点位的环境值分布相似，表明两者相对于环境梯度表现为随机分布；b. 存在点位表现为非随机分布，表明物种更可能出现在环境梯度较高的区域

样时，就会出现样本选择偏差，例如，当观察数据更可能从易达的区域（如道路或城市区域附近）记录到时，在存在数据中就会出现这种偏差（Kadmon et al.，2004；Loiselle et al.，2008；Phillips et al.，2009；McCarthy et al.，2012）。这种偏差会导致不真实的环境关系和不准确的分布预测，其中，模型可能是对抽样偏差而不是潜在分布的预测，因为存在数据不能提供研究范围内物种常见程度的信息，我们并不清楚存在样本是否反映了潜在分布的比例大小，因此会出现物种普遍性未知的状况。例如，在一个较大的研究区域内，一个物种可能有 30 个存在记录，这可能是因为该物种很稀有，该数字反映了稀有物种的普遍性，但也可能是该物种很常见，只是我们取样不充分。这种不确定性导致了这样一个结论，即在没有做出强有力假设的情况下（Royle et al.，2012；Hastie and Fithian，2013），发生概率不能用存在数据直接进行估计（Yackulic et al.，2013），相反，这些模型对假定与发生概率真实值成比例的发生概率相对值进行了预测，类似于对与资源选择概率函数相关的资源选择函数的解读（见第 8 章）。

此外，存在-缺失数据通常来自有计划的标准化调查，这类数据允许对物种的发生概率进行正式模拟（并且可以在估计发生概率时潜在地解释观测误差和不完全检测），且受样本选择偏差的影响较小，其基本原理是，即使采样在空间或时间上存在偏差，因为模型将物种发生的观测值与缺失值（或未检测到的观测值）进行了比较，样本选择偏差对环境关系估计的影响是有限的。有人认为，缺失数据可能来自观测误差（假阴性误差），因此仅使用其中的存在数据可能会有效地帮助我们规避该问题（Guisan et al.，2007）。然而，在大多数情况下，不完全的缺失数据仍然是有用的，可以用来改善模型的预测和解读（Brotons et al.，2004；Rota et al.，2011）。

通常有计划调查的计数数据有时也用于分布模拟（Guisan and Harrell，2000；Potts and Elith，2006），这些数据具有提供多度或密度估计值的潜力。计数数据为潜在的物种-环境关系分析提供了更多的信息和更高的分辨率（Cushman and McGarigal，2004），然而获取计数数据通常需要更大的取样强度，实际工作中使用计数数据构建分布模型的概率较低，因此在本章的剩余部分中，我们主要介绍存在数据和存在-缺失数据两类。

7.2.5　常用的分布模拟技术

在此我们概述了物种分布常用的模拟方法，我们并非对所有的方法做全面的介绍，而是将重点放在模拟算法完全不同的技术上。我们将举例说明包络模型（Pearson and Dawson，2003）、广义线性模型和广义加性模型（Guisan et al.，2002）、回归树和随机森林（Prasad et al.，2006；Elith et al.，2008）以及 Maxent 模型（Phillips et al.，2006）。简言之，这些模型大多可以作为非均质点过程模型导出 （Renner et al.，2015），这将有助于我们更好地解释模型技术间的关系。

这些模拟算法基本上可分成三类，即轮廓法（profile method）、统计方法（statistical method）和机器学习技术（machine-learning technique）。轮廓法是一类比较简单的方法，使用环境距离或基于相似性的度量值，将物种存在点位的环境变化与研究区域内的其他点位关联起来，如包络模型（如 BIOCLIM）、Mahalonobis 距离模型和 DOMAIN 模型（Carpenter et al.，1993；Rotenberry et al.，2006）。统计方法通常为线性模型，如广义线性模型和广义加性模型（Guisan and Zimmermann，2000，见第 6 章）的变体，该方法通常会指定一个模型，然后通过最大似然法或相关技术（如最小二乘法）对数据进行拟合，该方法中通常侧重于参数估计和不确定性的度量。机器学习技术重点是对复杂数据中的结构进行识别（和分类），通常针对预期会发生非线性和交互作用的情况，目的是进行准确的预测或分类（Olden et al.，2008）。然而，这些方法间的区别并不清晰，因为有些算法可以同时从统计和机器学习的角度进行描述（Phillips et al.，2006；Elith et al.，2011）。

7.2.5.1　包络模型

包络模型是一种使用存在数据的模型，主要是采用存在点位环境变化的分布创建一个适宜性的"包络"范围。例如，我们可以用环境协变量的上下分位数（如海拔值的 5%～95%）来创建一个包络范围，高于或低于这些分位数的环境条件均被视为包络范围外的点位（图 7.5）。该方法有多个变体，但总的来说均假定所考虑的所有环境变量都是相关的，因此对应的点位必须在所有变量的包络范围内。

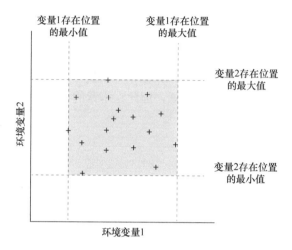

图 7.5　用存在位置观察到的环境因素的最小值/最大值或分位数
（如 5%和 95%分位数）确定包络范围

加号表示物种的存在位置，灰色框表示包络范围

这种方法最早被应用于气候变量和大尺度的地理范围模拟上，Busby（1991）据此开发出了 BIOCLIM 软件，该软件在地理信息系统支持下采用气候变量来确定包络，近来包络方法更多地用于通过变量间的多元关系以及相似性或核密度度量，来获得适宜性的相对度量信息。

7.2.5.2　广义线性模型和广义加性模型

在前面的章节中，我们已经对广义线性模型（GLM）和广义加性模型（GAM）的应用做过介绍，这是两种常用于解决物种分布问题的模拟方法。分布模拟通常采用的是基于二进制响应数据的逻辑（logistic）模型，然而这类模型具有较大的灵活性，也可采用多度响应变量进行分析（Potts and Elith，2006）。对于存在数据类型来说，存在点位通常与背景点位形成对比（Elith et al.，2006）。尽管该方法的最初应用略显随意，但这种形式的逻辑回归与理论驱动的非均质点过程模型更为相似（见下文），有关这些方法更为详细的讨论可参见第 6 章。

尽管广义线性模型已经得到了广泛应用，但一个主要不足在于分布模拟无法充分捕捉在生态位理论中经常强调的非线性响应函数（Austin，2007），广义加性模型可以用样条函数来适应非线性，因此逻辑上常被用作广义线性模型的扩展方法。尽管如此，广义加性模型所能捕捉到的非线性类型（见第 6 章）还是不如其他一些方法（如 Maxent 和回归树）那么普遍。

7.2.5.3　回归树和随机森林

一种替代广义线性（和加性）模拟框架的方法是分类和回归树（classification and regression tree，CART），也称为分类树分析（classification tree analysis，CTA）或递归分区（recursive partitioning，RP），分类树主要用于处理离散型的响应变量，而回归树则用于分析连续型的响应变量。像广义加性模型一样，它们并不依赖于自变量与因变量间关系的先验假设。该方法将预测值递归划分为尽可能均质的响应组（图 7.6），树状结构是基于对单个解释变量的一种简单规则定义，通过反复的数据拆分来构建的，每次拆分时，数据都被分为互斥两组，且组内尽可能保持均质。一种常见的方法是首先构建一株大型分类树，然后通过交叉验证和各种指数（如"基尼"指数；Breiman et al.，1984）来找到最薄弱的环节对其进行"修剪"（即降低其大小/复杂性），结果可以想象形成了一个二叉分支的树状结构，据此我们可以对物种发生的点位进行分类。当树状结构较短时，我们可以通过视觉直观地描述用来解释分布的因子，随着树状结构复杂度的增加，对分布的解释也会变得更加困难。

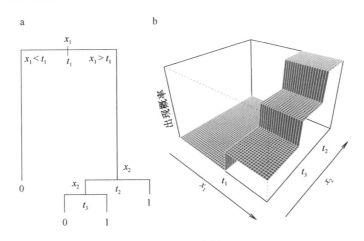

图 7.6　分类树

a. 树状分支；b. 分支是如何导致物种对环境梯度响应的，修改自 Elith 等（2008）

这种方法的优点在于能够轻松地处理非线性关系和交互作用，结果不受单调变换的影响，树状结构对异常值不敏感，且可以通过使用替代项来接纳预测变量中的缺失数据（Breiman et al.，1984；De'ath and Fabricius，2000）。尽管如此，与 GLM、GAM 和其他物种分布模型相比，CTA 通常表现不佳（Elith et al.，2008），部分原因是该方法难以模拟平滑函数，且对模型构建中训练数据的微小变化非常敏感（Hastie et al.，2009；Guisan et al.，2017）。然而，CTA 的两种扩展方法——增强回归树（boosted regression tree）和随机森林（random forest）因具有很高的预测性能正得到广泛应用，下面我们将重点介绍这两种方法。

随机森林和增强回归树之所以广受欢迎，主要是因为相对于 CTA 和其他一些 SDM 算法而言两者都具有较高的预测精度（Elith et al.，2006；Prasad et al.，2006；Cutler et al.，2007）。这两种方法并非生成一个单一的分类树，而是采用"装袋（bagging）"或"增强（boosting）"的方法对多个模型中的信息进行汇编。装袋法是一种自举过程，通过对数据的自举抽样（即放回抽样）来创建多个模型，并将模型的预测结果以某种方式结合在一起。增强法则使用顺序建模策略（一种前向分步过程），每次迭代（顺序）都更多地强调了那些难以分类的训练观察结果。

在增强回归树中，通常采用较小的简约树状结构来拟合训练数据，较小的回归树则会按顺序添加到现有的回归树中（Friedman，2002）。这种方法是分阶段的（而不是分步的），这意味着在每次添加新树的迭代中，现有的树会保持不变。最终的模型是许多树的线性组合，类似于一个多元回归模型，其中，每一项都是一株简约树（Elith et al.，2008）。在拟合增强回归树时，有两个关键参数需要注意：一是学习率（或收缩率参数），它量化了每一株树对模型的贡献；二是树的复杂性，它控制了所考虑的交互作用类型。这些参数组合在一起决定了用于预测的树的数量。增强法已被证明可以提高模型的预测能力（Elith et al.，2006），减少偏差，降低估计方差，即使在复杂的环境关系发生时仍然有很好的表现。有关增强回归树的更多信息，请参见 Elith 等（2008）的文章。

随机森林是装袋或自举聚合的一种形式，从数据的自举样本中产生出来的许多树组成了一个"森林"（Breiman，2001；Cutler et al.，2007），森林里的每一棵树都有自己的预测结果。每棵树都给出了一个分类，并参与对分类的"投票"，然后森林会选择出（所有树中）票数最多的分类。每棵树都是按照以下步骤产生的：首先，对训练数据进行放回抽样（即对数据进行自举），此样本将被用于产生树的训练集；其次，对于树中的每个结点，从 N 个总变量中随机选择 n 个变量（通常 $n \ll N$），用于拆分树中的结点，n 在森林生长过程中保持不变，每棵树都尽最大可能地生长（Breiman，2001）。该方法使用"袋外（out-of-bag）"样本（自举时未使用的样本）计算每个样本的准确度和误差率，然后在所有预测中取平均值。随机森林的优点在于：①可以高效运行在大型数据集上；②可以处理许多解释变量及其潜在相互作用；③未对数据过度拟合；④可以用于解决几种不同类型的问题（如分类、生存分析、聚类、缺失值插补）（Cutler et al.，2007）。

7.2.5.4　最大熵

Maxent 是一种广泛使用的物种分布模拟方法，该方法主要基于最大熵的概念（Phillips et al.，2006）。Elith 等（2006）全面分析了不同模拟算法对存在数据的效用，得出了 Maxent 是最有效算法之一的结论，加上现有的相对简单且易于操作的软件，该方法得到了广泛应用。此外，人们注意到，Maxent 是专门为存在数据设计的一种分布模拟算法，它不像 GLM、GAM 和回归树等采用存在-背景数据时的标准用法那样假设背景点是物种不存在的点位（即不假设背景点是物种缺失的）（见 Ward et al.，2009），因此特别适用于存在数据的分析。

Maxent 的模拟框架可以从多个角度进行描述（Merow et al.，2013）。一般来说，Maxent 可看作是一个对数线性模型（Elith et al.，2011），其参数化过程更可概括性地描述为一个非均质点过程模型（Renner and Warton，2013；Phillips et al.，2017）。最大熵的概念表明，对一个未知分布的最佳近似是在某些类型的约束下最为分散（或均匀）的分布（Franklin，2009），约束来自据存在数据估计得出的分布期望值。在最初的公式中，Phillips 等（2006）从地理学的角度确定了 Maxent 概率分布，即该分布等同于最大化吉布（Gibb）概率分布的似然性，具体的公式可写成

$$p\big(z(s_i)\big) = \frac{\exp\big(z(s_i)\lambda\big)}{\sum\limits_i \exp\big(z(s_i)\lambda\big)} \tag{7.1}$$

式中，z 是位置 s_i 处 J 个环境变量的向量，λ 是一个系数向量（Phillips et al.，2006）。式（7.1）中的分子为对数线性模型，分母为归一化常数，即 $\Sigma p = 1$，请注意，后者会导致单个点位的预测值非常小，但是我们可以通过对 p 的缩放，使其相对于其他模拟算法来说更易于解释（Elith et al.，2011；Phillips et al.，2017）。

我们通常使用的 Maxent 程序包还包括了其他方面的模拟，但这些模拟并非基于最大熵的思想，而是基于机器学习模拟中使用的一般性技术，如模型的正则化以及用"基础"函数或"特征"来创建非线性响应函数等（Phillips et al.，2006；Phillips and Dudik，2008）。在统计学中，模型的正则化（model regularization）是一种将参数系数收缩为零的方法，从而减少模型的潜在过度拟合（Tibshirani，1996）。基础函数（basis function）或特征类似于 GAM 中使用的样条函数，其中特征（feature）是原始协变量变换的扩展集（Elith et al.，2011；Hefley et al.，2017）。Maxent 中使用的特征与 GAM 中样条函数的实际区别在于 Maxent 可以考虑一些并非多项式平滑的函数（如三次样条曲线；见下文）。Maxent 采用了 6 种类型的特征：线性、二次方、乘积、阈值、铰链和分类（图 7.7）。

Maxent 程序的这些组件给我们带来的困惑是，到底是因为最大熵的概念还是其他一些方面的模拟能力使得 Maxent 成为一个十分有用的程序？例如，Gaston 和 Garcia-Vinas（2011）发现，与 Maxent 一样使用了模型正则化技术的逻辑回归（即"lasso"-最小绝对收缩和选择算子）其表现与 Maxent 基本相同，而没有使用正则化技术的逻辑回归则表现不佳。一个重要提示是：虽然 Maxent 也可使用存在

-缺失数据来运行，但其算法的理论基础是基于存在数据，因此不应被用于物种分布的存在-缺失分析（Guillera-Arroita et al.，2014）。

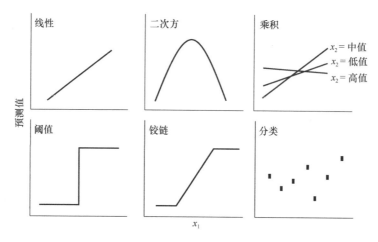

图 7.7　Maxent 中所考虑的特征

7.2.5.5　点过程模型

最近的研究表明，上述几个侧重于存在数据的模拟框架（包括 Maxent、GLM、GAM 和增强回归树）通常可以导出为空间点过程模型（point process model，PPM）（Aarts et al.，2012；Fitian and Hastie，2013；Renner and Warton，2013；Renner et al.，2015；Phillips et al.，2017）。前面我们已经在介绍空间点格局时讨论过点过程模型（第 4 章），在此，我们的想法是，存在数据可以看作是一个研究边界明确的区域内的点位，据此，非均质点过程模型可以对该区域内物种的强度（密度）λ 进行描述。上述许多 SDM 算法均可视为非均质点过程模型，这为我们对不同的模拟框架加以统一提供了可能，同时有助于我们解决分布模拟中一些反复出现的问题（Warton and Shepherd，2010；Renner and Warton，2013；Phillips et al.，2017）。

当一个区域内点位的强度存在变化时，点过程是非均质的。我们可利用对数线性关系的强度模拟，以空间显式协变量的形式得到强度的变化。

$$\log \lambda(s) = \alpha + \beta z(s) \tag{7.2}$$

式中，s 是物种所处的点位。虽然点过程模型类似于泊松回归（一种广义线性模型；见第 6 章），但重点关注的是物种发生的空间点位，而不是物种发生本身（Fithian and Hastie，2013）。在点过程模型的似然性中，有一个组分专门用于估计环境背景条件，该组分可以用背景点来近似（Berman and Turner，1992），我们称之为"正交点"（因为这些点近似估计了描述背景环境的函数）。Fithian 和 Hastie（2013）

指出，通过给背景点位赋予较大权重，逻辑回归可以对非均质点过程模型加以近似，并找出可靠的环境关系参数估计值。

伦纳和他的同事（Renner and Warton，2013；Renner et al.，2015）采用了一种相关的方法向我们展示了 Maxent 和其他模型是如何在这个框架下导出点过程模型的。为什么这种做法是有用的？通过展示一种共同的导出过程，该框架更好地说明了这些技术间的关系，并更为准确地分离出各种技术间的不同之处以及隐含的相似方式（如一些被认为与 Maxent 无关但与 GLM 有关的假设可能需要重新考虑）。此外，这种导出过程在物种分布模拟的一些关键方面也为我们提供了重要的见解。例如，Warton 和 Shepherd（2010）与 Renner 等（2015）就点过程模型如何帮助我们弄清背景点位的作用以及存在数据分析中应包含的背景点位的数量进行了有趣的讨论。Renner 等（2015）强调，应用更多的背景点位来估计点过程，而不是通常在物种分布模拟中所做的那样；同样选择背景点位的关键应该是它们能够充分地捕捉环境信息，因此他们建议采用规则的网格点而不是随机生成点位会更有帮助。将点过程模型框架应用于物种分布模拟时通常只需在模型的开发中稍作修改，Renner 等（2015）与 Fithian 和 Hastie（2013）为我们提供了几个如何实施这些模型的示例说明。一般来说，点过程模型的拟合方式与其他模型相似，但通常会用到更多的背景点位，且存在点位和背景点位的权重可能会有所不同（Fithian and Hastie，2013；Renner et al.，2015）。

7.2.6 模型集成

由于模拟算法间在假设上的巨大差异及其应用情况的多变性，生态学家开始越来越多地使用"集成"方法进行模拟（Araújo and New，2007）。简言之，模型集成通常是对不同模型的预测结果进行（加权）平均或相关的概要统计（图 7.8）。例如，在飓风预报中，经常会用对飓风路径的集成预测来获得"一致"的结果。

进行模型集成时，我们可以从一组模型中获取中值概率或一个加权平均值，其中，权重来自对预测精度的度量（如 AUC 或 TSS），我们通常认为，集成预测结果比单一模型预测结果更准确（Marmion et al.，2009）。尽管如此，在使用和解译集成结果时仍应十分小心，因为一些模拟算法从根本上说预测的是与其他算法（如包络法、GLM）完全不同的内容。例如，轮廓法通常预测的是环境相似性，而 GLM 类模型预测的则是（相对）发生概率。

7.2.7 模型评估

我们可以采用几种方法对模型进行评估，在相关的野生动物文献中非常关注

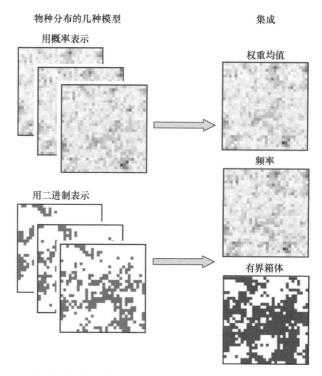

图 7.8   综合几个模型对物种分布（如发生率）进行集成预测（彩图请扫封底二维码）
集成预测可以采用多种方法来实现，图中所示为用（加权）模型预测权重均值、基于模型预测二进制的发生频率，
以及采用有界箱体法进行预测，其中至少有一个模型预测了发生率

模型的选择（如 AIC）（Burnham and Anderson，1998），模型选择可以很好地利用模型中数据的拟合度对假设进行比较，但其本身并不能提供模型预测性能方面的明确信息（即模型对新点位的时空预测能力），而这通常是分布模拟的关注点（Hijmans，2012）。模型的预测结果以这种方式被用于空间插值（如绘制物种分布图）、推断（如评估气候变化预期的替代方案）和预测（如对新时间或新地点的物种分布进行概率预测）。

对模型进行评估的主要方法是用一部分数据（有时称为"训练"数据）构建模型，然后用该模型预测模型构建时未用到点位的观测值（有时称为"测试数据"或"验证数据"）。这种方法通常被称为外部验证（external validation）或交叉验证（cross validation），以区别于内部验证（internal validation）或重新代入（resubstitution，见 Fielding and Bell，1997），后者基于用于模型构建的数据对模型进行评估，一般来说，前者比后者更准确地评估了模型的性能。用来对模型构建和测试的数据进行划分的方法有几种，其中，前瞻性（独立）取样可能是最可靠的方法，即在获取模型训练数据的不同地点或时段收集新的数据，这需要付出更大的努力（Fielding and Bell，1997）。在没有进行前瞻性取样的情况下，我们

经常会对数据采用 K 组（K-fold）分割方法（Boyce et al.，2002），该方法将数据分成 K 个组，每次取出一个组，用剩余的 K–1 个组的数据对模型进行训练并据此预测取出组的结果，从而在 K 个模型的建立和评估中每组数据都会作为验证数据使用一次，这是一种十分有效的数据分割方法。验证数据组通常是从每组数据中随机抽取样本（不放回抽样）来创建的，尽管这可能会导致验证和训练数据在空间上的离散（对响应变量可能存在空间依赖而言；见第 6 章）。创建分组数据的其他方法包括确定数据的空间区块（"K 组区块验证"）（Wenger and Olden，2012）或对随机样本进行分层，以确保每组中存在点位的数量相同，以便训练数据和验证数据间具有相似的空间分布特征（Hijmans，2012）。

完成模型构建并据此对新数据进行预测后，我们通常会采用概要指标来评估模型的预测性能。概要指标的类型及其效用取决于模型评估中使用的响应变量和评估数据的类型，下面我们将简要地概述存在-缺失数据模型、存在数据模型和多度模型中的一些常用的评估方法。

7.2.7.1　存在-缺失数据模型的评估

为了评估基于存在-缺失数据（或检测-非检测数据）模型的预测结果，我们可以采用模型判别（model discrimination）或模型校准（model calibration）方法（Pearce and Ferrier，2000）。模型判别评价的是模型在多大程度上可以从验证数据集中将存在与缺失（或背景点）区分开来，而模型校准方法则试图量测预测的发生概率与验证数据集中观测到的占用点位的比例间的一致程度。

模型判别。为了解释模型判别，我们通常将重点放在从混淆矩阵（confusion matrix）中得出的指标或是相对于存在-缺失观测值的预测结果概要表（表 7.2）上。通常，该矩阵是通过选择一个预测阈值对概率预测结果进行截取后产生的 0/1 型数据而获得的，然而，我们注意到 Lawson 等（2014）的研究表明，使用混淆矩阵时并不需要对预测结果进行截取。我们可以从混淆矩阵中获得几个指标（Fielding and Bell，1997），包括那些重点反映预测中某些错误类型（如假阳性或假阴性错误）或整体模型预测准确性（如正确分类率）的指标。在此，我们重点关注两个在分布模拟中常用的指数，即 Kappa 指数和真实技能统计（true skill statistic，TSS）指数。

表 7.2　混淆矩阵

预测	观测	
	存在	缺失
存在	a	b
缺失	c	d

注：表中，a 为真正值（或存在），b 为假正值（或存在），c 为假负值（或缺失），d 为真负值（或缺失）

Kappa 指数是一种常用指数，表示两个定性变量间非随机获得的一致性。作为一个十分流行的指数，它同时考虑了漏判误差和误判误差（表 7.3）。与从混淆矩阵中获取的一些更简单的指数[如正确分类率（correct classification rate，CCR）]相比（表 7.3），该指数的问题要小得多，因为，当采用模型分别预测常见或稀有物种的所有存在或缺失时，可能会出现较高 CCR 值。

表 7.3   从混淆矩阵中得出的常用指数

指数	方程*
假正率（误判误差）	$b/(b+d)$
假负率（漏判误差）	$c/(a+c)$
灵敏度（真正率）	$a/(a+c)$
特异性（真负率）	$d/(b+d)$
正确分类率	$(a+d)/N$
流行率	$(a+c)/N$
Kappa 系数	$[(a+d)-(((a+c)(a+b)+(b+d)(c+d))/N)]/[N-(((a+c)(a+b)+(b+d)(c+d))/N)]$
真实技能统计	$a/(a+c)+d/(b+d)-1$

* 方程中字母的意义同表 7.2

真实技能统计（TSS）指数有时也称为汉森-柯伊伯（Hanssen-Kuipers）技能得分，传统上用来评估天气预报的准确性。TSS 通常定义为：敏感性+特异性–1。和 Kappa 指数一样，TSS 指数考虑了漏判误差和误判误差，以及随机猜测的成功率，其取值范围从–1 到+1，其中，+1 表示完全一致，值为零或更小则表示性能并不优于随机。然而，与 Kappa 相比，TSS 受物种流行率的影响较小（Alouche et al.，2006）。同时，TSS 不受验证数据集大小的影响。当验证数据集中存在和缺失的比例相等时，TSS 可看作是 Kappa 的一个特例。

一个常见的问题是应该如何通过设置阈值来确定混淆矩阵，目前常用的方法有几种，可以基于一般性的截断值（如预测概率=0.5）和训练数据中物种的流行率，或者更复杂的方法，例如，寻找 kappa 指数最大化的阈值或其他一些评估指数的阈值（Liu et al.，2005，2013）。一些简单的量测方法，如流行率（即训练数据集中物种存在所占点位的比例）可能是一个很有用的指数（Liu et al.，2005）。Liu 等（2013）建议寻找使特异性与敏感性之和最大化的值。在某些情况下，误差类型可能也是十分重要的（例如，假阳性率或假阴性率在应用中可能是很大的问题），在决策过程中应加以考虑（Fielding and Bell，1997）。

模型判别的另一个常用指标是受试者操作特征（receiver operating characteristic，ROC）曲线下的面积（AUC），该曲线表示一系列阈值范围内的假阳性部分（1–特异性）与敏感性（真阳性率）间的关系，模型的良好表现可以通过低值（1–特异性）区敏感性最大的那条曲线来描述，也就是说，当该曲线接近绘图的左上角时，该曲线下的面积（AUC）可用于模型判别。AUC 值为 0.5 可以解释为模型的表现并不比随机预测要好，随着该值接近 1，模型的表现逐步趋好。AUC 值为 0.8 则意味着在 80%的模拟过程中，从存在点位随机选择的预测值将大于从缺失点位随机选择的预测值（Fielding and Bell，1997）。因此，AUC 是一个基于秩的判别指数，与 Wilcoxon 符号检验有关。该指数之所以广泛应用，部分原因是它不依赖于某一单一的阈值，但并非没有批评的声音（Lobo et al.，2008；Peterson et al.，2008）。AUC 表现出的一些问题是，它会随所考虑的空间范围的变化而变化，空间范围变大往往会导致 AUC 值的提高。由于这种敏感性的存在，当采用绝对值进行比较时可能会产生一定的误导（尽管在一次调查中，其在模型算法中具有可比性），这种批评也与其他的模型表现指标有关。也有人认为 AUC 所考虑的整个范围在生物学上没有意义（Lobo et al.，2008）。最后，AUC 是针对存在-缺失数据类型开发的，对存在数据类型应谨慎使用。

模型校准。模型校准是评价存在-缺失模型的一种重要方法，它将预测的发生概率与验证数据集中观察到的存在比例（或观察到的概率）进行对比。例如，一个模型可以有很好的判别能力，但却始终过低（或过高）地预测了发生概率，在将模型应用于保护学问题时，这种偏差可能会产生一些问题。

模型校准可以通过两种方法来完成。首先，解释模型校准效果的常用方法是使用校准图。在这种方法中，主要是对预测的发生概率与观察到的占用点位比例进行对比。为此，通常基于预测概率对验证数据进行汇集，通过汇集来自验证数据的观察结果，可以计算占用点位的比例（而不是仅仅依赖于二进制数据）。这类似于统计学中的某些类型的拟合优度检验。这些曲线可以定性或更为定量地进行比较，例如，通过不同校准图拟合的回归线（如截距、斜率）间的比较（Guisan et al.，2017）。其次，除了校准图外，我们还可以使用其他一些指标，如侧重于解释变化、误差和似然性的指标（Lawson et al.，2014）。特别是我们可以将交叉验证的对数似然和/或偏差（–2×对数似然）作为模型校准的指数进行计算（Lawson et al.，2014；Fithian et al.，2015），这在统计学上具有很强的理论基础。在这种情况下，交叉验证的对数似然（LL$_{cv}$）可定义为

$$LL_{cv} = \sum_i \log\big(p_i y_i + (1-p_i)(1-y_i)\big) \qquad (7.3)$$

式中，p_i 是观测点 i 的预测概率，y_i 是验证数据中观察到的物种存在或缺失状况。

7.2.7.2　存在数据模型的评估

存在数据模型的评估具有一定的挑战性。当验证数据为存在-缺失类型时，尽管在模型训练和验证数据上存在的细微差异，需要我们谨慎行事，但通常还是可

以采用上面介绍的方法（Elith et al.，2006；Hijmans，2012）。然而，当验证数据为存在类型的数据时，就不能使用存在-缺失数据所采用的方法。在这种情况下，评估基于的仅仅是存在点位（而不是背景或伪缺失点位）（Hirzel et al.，2006）。一个常用的评估指数是 Boyce 指数（Boyce et al.，2002），该指数的基本原理是在研究区域内，将一个 b 类（b 类为适宜性箱体范围；如 0.0～0.2，0.21～0.4 等）中评估点位的适宜性值的预测频率与各点位的一个随机分布的期望频率进行比较，该方法改进后可以降低箱体类别对观察结果的敏感性（Hirzel et al.，2006）。此外，Phillips 和 Elith（2010）还对校准图方法做了进一步扩展用于存在类型的数据。

7.2.7.3　多度（计数）响应变量模型的评估

非二进制数据（如多度数据）模型的评估在许多方面比二进制数据模型更为直接，我们不需要对预测进行转换。这类方法通常关注的是模型的校准程度，而不是判别。常用的统计系数包括均方根误差（root mean squared error，RSME）、决定系数（R^2）和相关系数等（Potts and Elith，2006）。均方根误差可定义为

$$RMSE = \sqrt{\frac{1}{n}\sum_{i=1}^{n}\left(p_i - y_i\right)^2} \qquad (7.4)$$

式中，p_i 为第 i 个观测的预测值，y_i 为其观测值。此外，我们还可以使用偏差或交叉验证对数似然等统计系数。

7.3　R 语言应用示例

下面我们对采用存在数据拟合物种分布模型的全过程进行描述，通过与常见的模拟技术对比，说明如何对模型进行解译和评估，同时，我们还说明了不同类型的模型评估如何改变与物种分布模型应用有关的结论。

7.3.1　R 语言程序包

R 语言中用于物种分布模拟的程序包有很多，其中，常见的 4 种"封装"程序包为 dismo（Hijmans et al.，2017）、sdm（Naimi and Araújo，2016）、ecospat（Di Cola et al.，2017）和 biomod2（Thuiller et al.，2016），这些程序包通过调用上面提到的所有模型和其他几种程序包来执行各种物种分布模型的分析。dismo程序包和 biomod2 程序包中所包括的每个模型都可与 R 语言中的其他程序包结合在一起工作。为了便于说明，在此我们将主要使用单独的程序包，因为这为模型开发提供了更大的灵活性和透明度。我们还将使用 Dismo 程序包来执行其他程序包中

没有的一些模型。最后，我们采用包括了一套综合模型评估指标的 PresenceAbsence 程序包对模型进行评估（Freeman and Moisen，2008），当然其他的几个程序包也可以用来完成这一任务。

7.3.2　数据

我们用第 6 章中空间回归分析的数据（即美国北部地区陆地鸟类监测计划的数据）来说明物种分布的模拟技术（Hutto and Young，2002）。这项监测计划在蒙大拿州和爱达荷州的美国林务局所属的森林区域内随机选取样带，每条样带长约 3km，分别设置 10 个调查点位，沿样带上的各点位采用计数法（半径 100m 内）进行调查取样，随着时间的推移对这些点位重复取样（时间上重复调查），尽管在此我们并不考虑这些重复调查的数据。我们从数据中提取存在类型的观测子集来说明基于存在数据的模拟，但我们将使用存在-缺失数据对模型进行评估，类似于对存在数据模拟技术的先验性综合检验（Elith et al.，2006）。

我们再次将关注点放在杂色鸫上。McCarty 等（2012）对该地区几个物种的出现状况进行了模拟，其中包括了杂色鸫。作为一个"古老的"内陆物种（Brand and George，2001；Betts et al.，2018），过去 30 年里杂色鸫的数量在这一地区已大大减少（见第 6 章），因而成为一个需要保护的物种。McCarty 等（2012）在模拟过程中主要考虑的协变量包括冠层盖度、湿生森林状况、海拔高度和年平均降水量（George，2000），在此，我们也会考虑所有这些因素。冠层盖度和湿生森林状况的原始 GIS 层来自美国林务局北部地区植被制图计划（USFS R1-VMP）中用 Landsat TM 图像和航空摄影开发出的 15m 分辨率的数字土地覆盖图（Brewer et al.，2004），McCarty 等（2012）使用主成分分析（PCA）将冠层盖度的变量从 3 个减少到 2 个，其中一个主成分反映了冠层盖度的线性梯度，我们在这里加以使用，而另一个主成分则反映了一个非线性梯度（冠层盖度分类中中间类别的高因子荷载）。我们考虑了 1km 缓冲区内的混交林比例，1km 的景观尺度是根据该地区的其他调查结果确定的，调查表明在该尺度上鸟类的分布具有很强的相关性（Tewksbury et al.，2006；Fletcher and Hutto，2008），尽管在其他尺度上可能会更好地确定尺度效应（见第 2 章）。高程由 30m 分辨率的数字高程模型导出。在分析前，我们将所有的 GIS 层聚合到 200m 分辨率上来反映取样单元的粒度（100m 半径内的点计数）。年平均降水量数据来自俄勒冈州立大学的 PRISM 气候小组的数据（http: //www.prismclimate.org）。

7.3.3 数据准备

根据数据源的不同，模拟分布的数据准备包含几个步骤，尤其是使用机会性数据时通常需要对观察结果进行审查和整理，以创建模拟所需的相关数据框架，想要了解更多这方面的信息可参见 Di Cola 等（2017）的文章。

我们首先加载响应数据，并根据存在-缺失数据及其点位的 *x-y* 坐标将其划分为不同的子集，以便在模拟中可以很容易地提取。我们用到的数据源分为两类，第一类为 2004 年收集的整个地区的数据（vath.data），第二类作为独立的（前瞻性抽样的）验证数据（vath.val）是 2007~2008 年在 2004 年该地区数据收集的子集点位上收集的。

```
> vath.data <- read.csv(file = "vath_2004.csv", header = T)
> vath.val <- read.csv(file = "vath_VALIDATION.csv",
  header = T)
```

```
#对仅存在/仅缺失数据分别取子集
> vath.pres <- vath.data[vath.data$VATH == 1, ]
> vath.abs <- vath.data[vath.data$VATH == 0, ]
> vath.pres.xy <- as.matrix(vath.pres[, cbind("x", "y")])
> vath.abs.xy <- as.matrix(vath.abs[, cbind("x", "y")])
```

```
#验证
> vath.val.pres <- as.matrix(vath.val[vath.val$VATH ==
  1, cbind("x", "y")])
> vath.val.abs <- as.matrix(vath.val[vath.val$VATH ==
  0, cbind("x", "y")])
> vath.val.xy <- as.matrix(vath.val[, cbind("x", "y")])
```

下一步我们将加载包含我们所考虑的协变量的相关空间信息的栅格数据（图 7.9）。

```
> library(raster)
> elev <- raster("elev.gri")  #海拔图层(km)
> canopy <- raster("cc2.gri")  #从主成分分析(PCA)获取的线性梯度
> mesic <- raster("mesic.gri")  #湿生森林分布状况
> precip <- raster("precip.gri")  #平均降水量(cm)
```

\#检查图层
```
> compareRaster(elev, canopy)
```

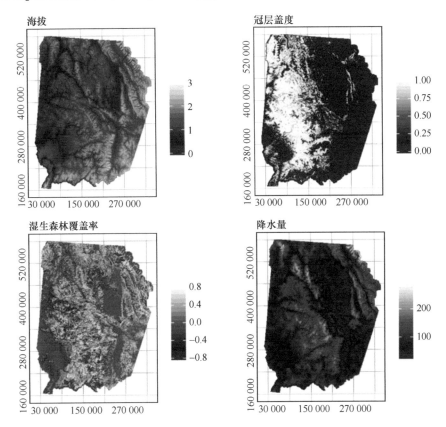

图 7.9　模型构建中所考虑的解释变量，包括海拔（km）、冠层盖度（彩图请扫封底二维码）（从主成分分析中得出的指标）、1km 范围内的湿生森林覆盖率和平均降水量（cm）

```
##
[1] TRUE

> compareRaster(elev, mesic)

##
Error in compareRaster(elev, precip) : different extent
```

　　在这种情况下，这些栅格图的分辨率和范围稍有不同，其中，湿生森林的分辨率为 210m×210m，而其他图的分辨率为 200m×200m；海拔图和冠层图的范围相同，但其他图则略有不同，因此我们无法创建这些数据栅格的堆栈（stack）或垄块（brick）。为了解决这个问题，我们对降水量图层和湿生森林图层重采样，使其分辨率与海拔图和冠层图一致。请注意，我们使用"最邻近（nearest neighbor, ngb）" 距离方法对湿生森林这一分类（二进制）变量（mesic）重采样，用"双线性（bilinear）"方法对降水量这一连续变量（precip）重采样。

```
#通过重采样使图层的分辨率相互匹配
> mesic <- resample(x = mesic, y = elev, "ngb")
> precip <- resample(x = precip, y = elev, "bilinear")
```

```
#用海拔图层对湿生森林和降水量图层进行裁剪，确保所有图层范围相同
> mesic <- mask(mesic, elev)
> precip <- mask(precip, elev)
> compareRaster(elev, precip, canopy, mesic)
```

```
##
[1] TRUE
```

我们通过重采样和掩膜处理使所有栅格数据层间相互匹配。在创建栅格堆栈之前，我们还为湿生森林变量（mesic）添加了一个更大尺度的协变量，即 1km 范围内湿生森林的比例（mesic1km）。

```
#生成1km范围内的湿生森林图层
> fw.1km <- focalWeight(mesic, 1000, 'circle')
> mesic1km <- focal(mesic, w = fw.1km, fun = "sum", na.rm = T)
```

我们现在可以创建一个环境协变量的栅格堆栈（图7.9）。

```
> layers <- stack(canopy, elev, mesic, mesic1km, precip)
> names(layers) <- c("canopy", "elev", "mesic", "mesic1km",
  "precip")
```

```
> plot(layers)
> pairs(layers, maxpixels = 1000)
```

因为变量 mesic 与 mesic1km 间高度相关，在随后的模拟中我们只考虑 mesic1km，我们可以用 dropLayer 函数从栅格堆栈中移除 mesic 图层。

```
> layers <- dropLayer(layers, 3)
```

　　我们可以采用几种方法生成背景点位。dismo 程序包中包含一个 randomPoints 函数，可用于生成未对原始值进行替换的随机点位。对分布模拟而言，我们希望生成未替换值的点位，因为对原始值进行替换的抽样可能会创建重复的记录（Renner et al.，2015）。此外，raster 程序包中包括有 sampleRandom 函数和 sampleRegular 函数，它们也可生成可用点位（未替换值）。randomPoints 函数和 sampleRandom 函数是相似的，但在模拟分布时有一个关键的区别，即 randomPoints 函数也允许用户提供存在的点位，在这些点位上将不会生成可用点位。下面我们将通过生成 2000 个背景点位来演示一下这个程序包的使用，选择这个数字只是为了计算的目的，实际上我们可以大幅度提高这个值（Renner et al.，2015），在此 2000 个点已足以说明问题了。

```
> library(dismo)
> back.xy <- randomPoints(layers, p = vath.pres.xy, n = 2000)
> colnames(back.xy) <- c("x", "y")
```

　　利用这些随机点位和上面确定的存在数据和验证数据的点位，我们使用 extract 函数提取每个点位的协变量值，去除潜在的缺失值（NA）（随机点位上并非所有环境变量都有数据），并将它们链接到一个数据框中。

```
> pres.cov <- extract(layers, vath.pres.xy)
> back.cov <- extract(layers, back.xy)
> val.cov <- extract(layers, vath.val.xy)

#链接数据
> pres.cov <- data.frame(vath.pres.xy, pres.cov, pres = 1)
> back.cov <- data.frame(back.xy, back.cov, pres = 0)
> val.cov <- data.frame(vath.val, val.cov)

#移出任何潜在的缺失值
> pres.cov <- pres.cov[complete.cases(pres.cov), ]
> back.cov <- back.cov[complete.cases(back.cov), ]
> val.cov <- val.cov[complete.cases(val.cov), ]
> all.cov <- rbind(pres.cov, back.cov)  # 将所有数据结合在一起
```

　　到此为止，上面准备的这些数据已经可以用于各种模型的模拟技术中了。

7.3.4 各种模型间的比较

7.3.4.1 包络模型

在 dismo 程序包中我们可以只使用物种存在点位的数据很容易地拟合包络模型。为了创建包络线,用 dismo 程序包中的 bioclim 函数计算了所有存在点位环境协变量的百分位数,并将图上每个点位的协变量值与其进行比较,协变量值越接近所有存在点位协变量中值的点位被看作是越适宜的点位,然后我们采用协变量间的最小相似性值(类似于 Liebig 最小值定律;Austin,2007)。我们可以用如下算法来计算数据集中的包络。

```
> bioclim.vath <- bioclim(layers, vath.pres.xy)
```

在此,该模型将考虑图层堆栈中的所有协变量,我们可以绘制存在点位处的环境变化(接近包络线),并根据模型生成预测图。

```
#包络范围图
> plot(bioclim.vath, a = 1, b = 2, p = 0.85) #冠层-海拔 85%
> plot(bioclim.vath, a = 1, b = 2, p = 0.95) #冠层-海拔 95%
> plot(bioclim.vath, a = 1, b = 3, p = 0.85) # 冠层-湿生 85%
```

```
#绘图
> bioclim.map <- predict(layers, bioclim.vath)
> plot(bioclim.map, axes = F, box = F, main = "bioclim")
```

图 7.10 反映了不同点位与物种所有存在点位环境协变量间的相似性。尺度转换后 1 将代表所有协变量中值的点位,而 0 则代表至少有一个协变量处于存在点位环境协变量范围之外。

虽然这个模型在形式上较为简单,但却说明了某一点位在多大程度上处于存在点位环境变量的范围内,值得注意的是,这样做可能会对分布做出过度预测。

7.3.4.2 广义线性模型和广义加性模型

广义线性模型(GLM)和广义加性模型(GAM)是分布模拟中常用的两种模型,通常使用存在-缺失数据或存在-背景数据(Fithian and Hastie, 2013),下面我们拟合一个简单的 GLM(有关 GLM 和空间回归模型的更多信息,请参见第 6 章）。

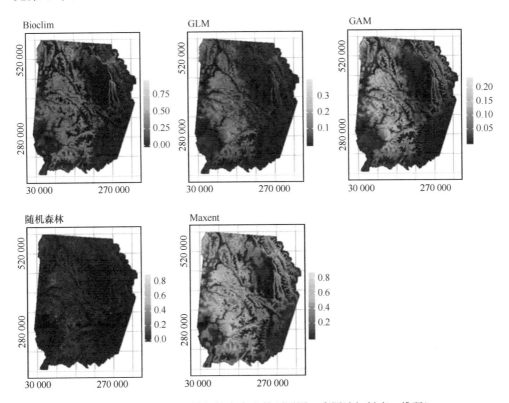

图 7.10　几种物种分布模拟技术生成的预测图（彩图请扫封底二维码）

```
> glm.vath <- glm(pres ~ canopy + elev + I(elev^2) + mesic1km
  +precip, family = binomial(link = logit), data = all.cov)
> summary(glm.vath)


##
Call:
glm(formula = pres ~ canopy + elev + I(elev^2) + mesic1km +
precip, family = binomial(link = logit), data = all.cov)

Deviance Residuals:
Min    1Q    Median    3Q    Max
-0.8053  -0.3377  -0.2130  -0.1274  3.5746
Coefficients:
             Estimate  Std. Error  z value  Pr(>|z|)
(Intercept)  -12.186128  2.001925  -6.087  1.15e-09 ***
```

```
canopy        0.655128  0.282635   2.318   0.02045 *
elev         13.207998 3.251465    4.062   4.86e-05 ***
I(elev^2)    -5.477279 1.293859  -4.233  2.30e-05 ***
mesic1km      1.127415 0.376421  2.995  0.00274 *
precip        0.011051 0.004529  2.440  0.01468 **
- - -
Signif. codes: 0 '***' 0.001 '**' 0.01 '*' 0.05 '.' 0.1 ' ' 1

(Dispersion parameter for binomial family taken to be 1)

Null deviance: 773.28 on 2093 degrees of freedom
Residual deviance: 667.91 on 2088 degrees of freedom
AIC: 679.91

Number of Fisher Scoring iterations: 8
```

在这个模型中，我们考虑海拔变量为非线性（二次）的（I（elev^2）），因为我们预计加州矢嘲鸫最有可能出现在中海拔地区（见第 6 章），而其他所有协变量为线性的，在此我们没有考虑模型选择，但模型选择可以用多种程序包手动执行，如 MuMIn 程序包（Barton，2018）。该模型表明，海拔的非线性效应很强，周围 1km 范围内的湿生森林表现为一个线性正效应，而其他两个协变量则显示较弱的线性正效应。

我们可以采用下面的命令生成一幅预测图。

```
> glm.map <- predict(layers, glm.vath, type = "response")
```

在本示例中，我们指定 type = 'response' 从概率尺度上进行预测，否则预测将在链接尺度上（这里是 logit 尺度）进行。

我们可以用一些程序包来拟合广义加性模型，在此，我们主要介绍 mgcv 程序包（Wood，2006）。mgcv 程序包中的缺省方法是通过广义交叉验证来优化结点数，并使用薄板样条法作为平滑器。在此语法中，s（）函数指定的一个样条线将被用作协变量。

```
> library(mgcv)
> gam.vath <- gam(pres ~ s(canopy) + s(elev) + s(mesic1km)
  +s(precip), family = binomial(link = logit), data = all.cov,
  method = "ML")
> summary(gam.vath)
```

```
##
Family: binomial
Link function: logit
Formula:
pres ~ s(canopy) + s(elev) + s(mesic1km) + s(precip)
Parametric coefficients:
Estimate  Std. Error  z value  Pr(>|z|)
(Intercept)   -4.068     0.252   -16.14    <2e-16 ***
- - -
Signif. codes: 0 '***' 0.001 '**' 0.01 '*' 0.05 '.' 0.1 ' '
1

Approximate significance of smooth terms:
                edf     Ref.df   Chi.sq   p-value
s(canopy)     1.000    1.000     4.373    0.03651 *
s(elev)       3.157    3.997    23.796    9.28e-05 ***
s(mesic1km)   1.000    1.000     1.550    0.21316
s(precip)     4.403    5.226    19.671    0.00158 **
- - -
Signif. codes: 0 '***' 0.001 '**' 0.01 '*' 0.05 '.' 0.1 ' '
1
R-sq.(adj) = 0.0709  Deviance explained = 17.3%
-ML = 335.55  Scale est. = 1  n = 2094
```

这一缺省设置的GAM结果与GLM结果相似。我们可以通过手动设置结数(参见第6章,图6.5)、采用不同类型的平滑函数或允许预测变量间的潜在交互作用对 GAM 进行调整,并对每种调整方法举例说明。另外,请注意,我们可以通过移除"s"命令,使模型中包含的协变量为线性项而非平滑项。首先,我们手动指定采用的结数,例如:

```
> gam.vath.knot3 <- gam(pres ~ s(canopy, k = 3) + s(elev,
  k = 3)+s(mesic1km, k = 3) + s(precip, k = 3), method = "ML",
  family =binomial(link = logit), data = all.cov)
> gam.vath.knot6 <- gam(pres ~ s(canopy, k = 6) + s(elev,
  k = 6)+s(mesic1km, k = 6)+ s(precip, k = 6), method = "ML",
  family =binomial(link = logit), data = all.cov)
```

随着结数的增加,平滑的复杂性也会相应增加。请注意,我们还要求模型拟合过程中均采用最大似然法(method= "ML"),从而允许我们使用模型选择原则对模型进行正式比较。我们采用"张量"积项来考虑平滑器间的潜在相互作用，张量积平滑器解决了捕捉变量间相互作用时测量单位可能存在不同的问题（Wood，2006），据此我们可以将变量整合为：

```
> gam.vath.tensor <- gam(pres ~ te(canopy, elev, precip,
  mesic1km), family = binomial(link = logit), method =
  "ML", data = all.cov)
```

最后，我们可以将薄板样条平滑器（mgcv 程序包中的缺省设置）与其他平滑函数[如三次样条（'cr'）]进行对比：

```
> gam.vath.cr <- gam(pres ~ s(canopy, bs = "cr") + s(elev,
  bs ="cr") + s(mesic1km, bs = "cr") + s(precip, bs = "cr"),
  family =binomial(link = logit), method = "ML", data = all.cov)
```

在本示例中，当改变结数和平滑函数时模拟关系并没有太大的变化（图 7.11）。总的来说，这个模型加深了我们对 GLM 结果的理解，即除海拔外，加州矢嘲鸫

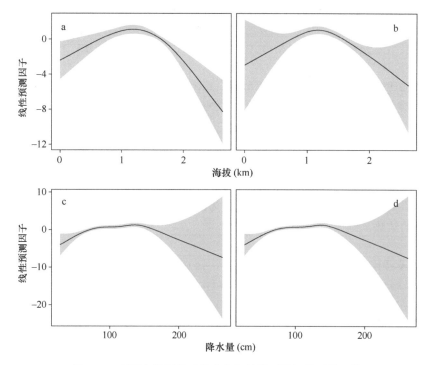

图 7.11 不同参数调整后的广义加性模型模拟结果的比较

图的上半部分（a，b）对采用不同结数（3 与 6）的模型对加州矢嘲鸫发生与海拔间关系的模拟结果进行比较，下半部分对采用薄板样条（c）和三次样条（自动选择结点）（d）平滑函数模型对加州矢嘲鸫发生与降水量间关系的模拟结果进行比较

对降水梯度的响应也是非线性的。上述对模型的调整结果可使用模型选择标准（如AIC）进行评价。

```
> AIC(gam.vath, gam.vath.knot3, gam.vath.knot6, gam.
  vath.tensor, gam.vath.cr)
```

```
##
                        df      AIC
gam.vath              12.2   663.9
gam.vath.knot3         7.7   670.3
gam.vath.knot6        10.4   662.0
gam.vath.tensor       25.8   658.1
gam.vath.cr           12.9   663.9
```

在本示例中，我们发现采用 6 个结点的平滑器和使用张量积设定具有一定的合理性，基于此，我们可以采用与上述类似的方式来绘制模型。

```
> gam.map <- predict(layers, gam.vath.knot6, type =
  "response")
```

7.3.4.3　回归树和随机森林

在此我们将重点放在randomForest程序包中随机森林模型的应用上（Liaw and Wiener，2002），关于增强回归模型，请参阅 gbm 程序包和 Elith 等（2008）的教程。randomForest 程序包可以对分类（分类方法）和连续（回归方法）响应变量进行模拟。在此我们构建一个分类模型，模型的缺省函数可通过如下命令来实现。

```
> library(randomForest)
> rf.vath <- randomForest(as.factor(pres) ~ canopy + elev +
  mesic1km + precip, data = all.cov, na.action = na.omit)
```

模型校正过程中经常调整的两个参数是 mtry 和 ntree，mtry 是每个分支树中解释变量的抽样数，而 ntree 是为了生成森林而构建的分支树数量，我们用 tuneRF 函数来确定 mtry 的最佳值。

```
> rf.vath.tune <- tuneRF(y = as.factor(all.cov$pres), x =
  all.cov[, c(3: 6)], stepFactor = 0.5, ntreeTry = 500)
```

这里我们指定 ntreeTry=500，这是函数中的缺省值。一般认为，预测结果对 mtry 的敏感性比 ntree 要高。tuneRF 函数用不同间隔（stepFactor）对 mtry 进行调整，确定预测误差（袋外误差）最小时的 mtry 值。在此，我们可以基于袋外误差，采用 mtry=1 对上述模型进行更新。

```
> rf.vath <- randomForest(as.factor(pres) ~ canopy +
  elev +mesic1km + precip, data = all.cov, mtry = 1, ntree =
  500, na.action = na.omit)
```

然后，我们可以像其他模型那样，对随机森林的预测结果进行制图（图 7.10）。

```
> rf.map <- predict(layers, rf.vath, type = "prob", index =
  2)
> plot(rf.map)
```

在此主要的区别是我们指定了'index=2'，因为预测函数将对每个分级（≥2）进行预测，在本示例中我们将对 0 和 1 级进行预测，其中，1 来自预测对象的第二列（因此，我们设定 index=2 来绘制预测图）。

7.3.4.4 最大熵

最大熵方法在物种分布模型中的应用主要是基于 Maxent 程序，这是一个独立的可免费下载的 Java 软件（http: //biodiversityinformatics.amnh.org/open_source/maxent/），我们可以通过 dismo 程序包在 R 语言中调用该程序。请注意，Phillips 等（2017）还发布了 maxnet 程序包，该程序包基于其与非均质点过程模型间的关系在 R 语言中拟合 Maxent 模型（详见 7.2.5.5 节）。在许多情况下，该程序包是首选，因为它不需要与独立的 Maxent 程序进行链接。在此，我们首先关注的是用 dismo 程序包调用 Maxent 程序，因为该程序已得到了广泛使用并提供了用于跨模型比较的接口，在 7.2.5.5 节中我们已对 maxnet 程序包进行了简要说明。

为了能够在 R 语言环境中调用独立的 Maxent 程序，必须预先在计算机上安装 Java（https: //www.oracle.com/java/index.html）。请注意，如果在 64 位平台上运行 R 语言，则需安装 64 位 Java。此外，还需要安装 rJava 程序包（Urbanek，2017）并将其加载到 R 语言环境中。一旦下载了 Maxent 程序，那么 maxent.jar 文件必须放在 dismo 程序包的 java 文件夹中，该文件的位置可通过以下命令发现。

```
> system.file("java", package = "dismo")
```

我们可以用 maxent 函数调用 Maxent 程序来拟合模型。

#缺省设置

```
> max.vath <- maxent(layers, p = vath.pres.xy)
```

maxent 函数的缺省设置为接受存在点位的数据（vath.pres.xy）并生成 10 000 个背景点与其进行比较，该函数可根据背景点位和存在点位提取环境数据。用户也可以手动提供背景点，这有助于比较模拟技术时精确控制所使用背景点的数量和位置。

缺省设置，提供了背景点位

```
> max.vath <- maxent(layers, p = vath.pres.xy, a = back.xy)
```

我们可以采用多种方法对 Maxent 模型进行调整（Merow et al.，2013），两种常见的方法是：①调整模型的正则化参数；②调整所考虑的特征类型（图 7.12）。下面我们将举例说明这两种调整方法。

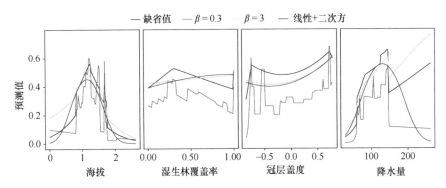

图 7.12　Maxent 模型的调整结果（彩图请扫封底二维码）

图中所示为缺省状态、不同正则化参数（0.3 和 3）以及仅考虑线性+二次方的响应曲线

首先，我们可以手动改变正则化参数，在这种情况下，Maxent 模型采用套索技术进行正则化，使得不能解释存在点位变化的系数受到处罚并向零收缩，据此，正则缺省值与存在点位数量及相应的环境协变量的可变性成比例存在（Elith et al.，2011）。参数 β 是一个与正则化缺省值相乘的常数，随着 β 值的增加，施加的处罚相应增大，我们可以通过调整 β 系数并绘制响应曲线的变化对此进行检验（图 7.12）。

```
> maxent.beta3 <- maxent(layers, p = vath.pres.xy, a = back.xy,
  args = c("betamultiplier=3"))
```

在上面的模型中，我们将 β 的乘数指定为 3。该乘数的缺省值为 1，由于考虑到对环境关系的潜在过度拟合，通常会将其设置为大于 1，但在图 7.12 中为了对不同设置值的结果进行比较，我们将其设置为小于 1。我们还可以根据所考虑的特征类型来改变模型的复杂性。

```
> maxent.features <- maxent(layers, p = vath.pres.xy, a =
  back.xy, args = c("noproduct", "nohinge", "nothreshold"))
```

在上面的模型中，我们并未考虑 Maxent 模型中的乘积（交互）、铰链或阈值特征，只是考虑了线性和二次方特征，这类似于一个简单的 GLM 模型，从而降低了该模型的复杂度。我们可以解读这种调整对 dismo 程序包中偏相关的影响（参见下文中自定义的偏相关图，图 7.12）。

```
> response(max.vath, expand = 0)
> response(maxent.beta3, expand = 0)
> response(maxent.features, expand = 0)
```

在上面的响应函数中，我们指定 expand=0 将响应图限制在所考虑数据范围内。我们还可用 dismo 程序包中的 evaluate 函数对每个模型进行评估，以获得 AUC 统计信息，此函数需要传入存在点位和缺失点位的验证数据，在此我们使用验证样本（输出结果未显示）。

```
> evaluate(p = vath.val.pres, a = vath.val.abs, max.vath,
  layers)
> evaluate(p = vath.val.pres, a = vath.val.abs, maxent.beta3,
  layers)
> evaluate(p = vath.val.pres, a = vath.val.abs,
  maxent.features, layers)
```

上述比较表明，就 AUC 而言调整后的模型结果是相似的，更详细的评估方法可参见 7.2.7 节"模型评估"，最后，我们可以像上面那样对模型的模拟结果进行绘图（图 7.10）。

```
> max.map <- predict(layers, max.vath)
```

请注意，Maxent 模型的预测值往往比 GLM、GAM 和随机森林模型（图 7.10）要高得多，其原因是该模型提供了多种不同的绘制和解释预测结果的方法。该预测函数中缺省的方法是"逻辑（logistic）"输出，而隐含的 Maxent 模型输出称为

"原始"输出。在原始输出中，整个区域的概率和为 1，以至于任何一个给定点位的概率值都非常低，实际上就是一个概率密度值，有时也称为相对发生率（ROR；Merow et al.，2013），在 predict 函数中我们可以定义如下。

```
> max.raw.map <- predict(layers, max.vath, args =
  "outputformat= raw")
```

逻辑输出是对原始输出的一种转换，旨在提供更接近发生概率的值（Elith et al.，2011），这样做使得存在点位逻辑输出的平均预测值接近 0.5。一种可替代逻辑输出和原始输出的方法是累积对数（cloglog）输出（Fithian et al.，2015），它更好地植根于概率理论，是独立的 Maxent 程序目前所采用的缺省输出方法（Phillips et al.，2017）。这些不同的响应输出应该不会改变模型适用性的排序，但会改变其绝对值，因此，在实施和解释输出结果时应该十分小心。

7.3.4.5　点过程模型

我们注意到，上述模型中的大多数都可改写为非均质点过程（inhomogeneous point process，IPP）模型，这样做可为我们提供一种更好地理解所需背景点位的数量和理解空间依赖的作用以及解释拟合优度和相关模型诊断的方法（Fithian and Hastie，2013；Phillips et al.，2017）。

为了用点过程模型来实现上述模型，Renner 等（2015）建议应考虑更多的背景点位，因为它们被解释为"正交"点，用于描述背景环境的点过程函数中的近似积分。Warton 和 Shepherd（2010）认为，通过创建背景点（而不是随机生成点）栅格可以很自然地做到这一点，该栅格可以用 raster 程序包中的 sample Regular 函数来创建。基于这些点可以用各种程序包来拟合点过程模型。采用点过程公式对上述的广义线性模型（GLM）和广义加性模型（GAM）进行简单更新如下（Renner et al.，2015）。

```
> glm.ppm <- glm(pres ~ canopy + elev + I(elev^2) + mesic1km +
  precip, family = binomial(link=logit), weights =
  1000^(1-pres), data = all.cov)
> gam.ppm <- gam(pres ~ s(canopy) + s(elev) + s(mesic1km) +
  s(precip), family = binomial(link = logit), weights =
  1000^(1-pres), data = all.cov)
```

在上述模型中，我们采用了加权回归来近似非均质点过程，其中，我们主观地为背景点提供了很大的权重。需要注意的是，在实施这个模型时，我们应该包括比这里所显示的更多的背景点，可以在一个规则的栅格中进行采样来获取这些点。在这种情况下，我们可以通过改变背景点数量直到模型的似然性稳定下来，从而正式确定背景点的数量（Renner and Warton，2013；Renner et al.，2015）。

我们还可以使用 dismo 程序包中的 maxent 函数拟合一个包含点过程公式的 Maxent 模型。

```
> maxent.ppm <- maxent(layers, p = vath.pres.xy, a = back.xy,
  args = c("noremoveduplicates"))
```

上述模型的关键不同在于，在 maxent 函数中我们不移除重复记录（地图上一个单元格内有多个存在点位），如果我们未传递我们自己的背景点位，就需要添加 "noaddsamplestobackground" 参数并增加生成的背景点位数量（如 "maximumbackground=50 000" 表示 50 000 点位）。

最后，我们还可以使用 maxnet 程序包，该程序包调用 glmnet 程序包（Friedman et al.，2010）采用与独立的 Maxent 程序相同的正则化和特征，拟合了一个 Maxent 表达方式的非均质点过程模型（基于 "无限加权逻辑回归" 的思想）（Fithian and Hastie，2013）。在本示例中，maxnet 要求的数据格式与 dismo 程序包中的 maxent 函数有所不同，我们提供了一个包含存在点位和背景点位的向量以及这些点位上协变量的数据框或矩阵。

```
> library(maxnet)
> library(glmnet)
> max.cov <- all.cov[, c("canopy", "elev", "mesic1km",
  "precip")]
> maxnet.ppm <- maxnet(all.cov$pres, max.cov)
```

在该函数中，我们可以按以下方式来指定特征并调整正则化常数。

```
> maxnet.beta3.linquad <- maxnet(all.cov$pres, max.cov,
  regmult=3, maxnet.formula(all.cov$pres, max.cov, classes =
  "lq"))
```

classes 语句提供了模型中特征选择的方法，所有特征采用简写的 "lqhpt"（linear，quadratic，hinge，product，threshold）来表示。下面我们不会关注这些 IPP 模型的表达方式，感兴趣的读者可参阅 Renner 等（2015）的相关文献。

7.3.5 解译环境相关性

上述分布模型中的算法都基于某种物种分布与环境因子间的函数关系，我们面临的挑战是如何跨模型解释这些函数的真正含义。

应对这一挑战的一种常见方法是使用部分响应图（或"部分图"）。在这些图中，我们在观察到的变化范围内改变某一环境协变量，同时将所有其他环境协变量设置为常数，通常为其平均值或中位数，然后我们对这个新的数据集进行预测，以解释模型是如何将物种发生与环境因子联系起来的。请注意，如果我们想在模型中考虑变量间的潜在交互作用（如在广义加性模型或随机森林模型中使用张量积），这种方法并不足以达到这一目的，但仍然有助于解释每种算法预测结果背后的模式。Elith 等（2005）将这一想法推广到一些模型算法中，这些算法仅用他们称为"评估条带（evaluation strip）"的栅格数据进行预测，或是将数据添加到一个栅格数据中，其作用类似于用部分响应图对新数据进行预测。

一些程序包中提供了计算部分响应图的函数（如上面在 dismo 程序包中使用的响应函数），而有些封装的程序包（如 biomod2）中则提供了一些通用函数，在此，我们将详细说明如何手动完成这项工作，这为改变图形或预测细节提供了一种方法（如在预测中加入不确定性）。下面的代码重点放在创建高程协变量的部分响应图上，所有协变量的部分响应图如图 7.13 所示。我们首先生成一个用于预测的新数据集（elev.partial.data）。

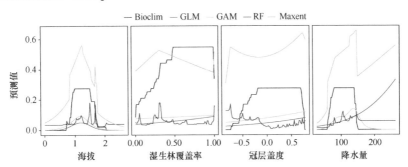

图 7.13　海拔（km）、1km 范围内的湿生林比例、林冠覆盖（基于主成分分析法的相对单元）和降水量（cm）模型的部分响应图（彩图请扫封底二维码）
当分析某一协变量时，所有其他协变量均设置为中值

```
> canopy.median <- median(back.cov$canopy)
> precip.median <- median(back.cov$precip)
> mesic1km.median <- median(back.cov$ mesic1km)
> elev.range <- seq(min(back.cov$elev), max(back.cov$Elev),
```

```
length = 100)
```

我们将这些协变量放入一个数据框中，并使用 expand.grid 函数将数据扩充到所有可能的组合中。

```
> elev.partial.data <- data.frame(expand.grid(Elev =
  elev.range, Canopy = canopy.median,
  precip = precip.median, mesic1km =mesic1km.median))
```

然后，我们基于新的数据集采用上述模型进行预测。

```
> bio.pred.elev <- predict(bioclim.vath, elev.partial.data)
> glm.pred.elev <- predict(glm.vath, elev.partial.data,
  type = "response")
> gam.pred.elev <- predict(gam.vath, elev.partial.data,
  type = "response")
> rf.pred.elev <- predict(rf.vath, elev.partial.data, type =
  "prob")
> rf.pred.elev <- rf.pred.elev[, 2]
> max.pred.elev <- predict(max.vath, elev.partial.data)
```

最后，我们可以用 plot 函数或 ggplot2 程序包（Wickham，2009）创建一个部分预测图，在此，我们展示了用 plot 函数绘制的 Bioclim、GLM 和随机森林预测图。

```
#创建数据框
> part.elev.df <- data.frame(elevation = elev.range,
  bioclim = bio.pred.elev, glm = glm.pred.elev, gam =
  gam.pred.elev, rf = rf.pred.elev, max = max.pred.elev)
#绘图
> plot(part.elev.df$elevation, part.elev.df $bioclim,
  type = 'l')
> lines(part.elev.df$elevation, part.elev.df$glm, type =
  'l', col = "red")
> lines(part.elev.df$elevation, part.elev.df$rf, type =
  'l', col = "blue")
```

这些部分响应图说明了在模拟杂色鸫发生的过程中，我们通过不同算法确定了存在很大差异的环境函数（图 7.13）。总的来说，随机森林的部分响应图是高

度复杂和非线性的，而其他算法的部分响应图则是平滑和不复杂的。我们注意到
绝对预测值也会发生变化，这种状况发生在模拟算法间，因为它们的模拟过程是
不同的。Bioclim 是对相似性进行模拟，Maxent 的预测则是基于逻辑输出，这会
使得存在点位的平均预测值约为 0.5（Elith et al.，2011）。相比之下，GLM、GAM
和随机森林则是判别存在点位与背景点位，因此，随着背景点位数量的增加，y
轴上的概率将会相应降低（因为增加背景点位会减少模型中的截距值）。例如，
如果我们生成的背景点位数量与存在点位数量相同，那么这些模型的截距将在局
部响应图上生成均值接近 0.5 的预测结果。

7.3.6 模型评估

我们可以采用多种方法对上述的模型进行评估，R 语言中包含了几个可以用
于模型评估的程序包，其中，dismo 程序包中包含有模型评估功能，但在此我们
选用包含一组更全面评估指标的 PresenceAbsence 程序包（Freeman and Moisen，
2008），为此，我们首先创建一个数据框，其结构（按顺序）如下：①验证（评
估）数据点位的 ID；②验证数据中响应变量的观测值；③这些数据点位的模型预
测结果。这个数据框可以包括 N 个模型的预测结果，从第 3 列到第 N+3 列。我们
首先采用 3～4 年后的前瞻性抽样数据集来描述模型评估过程，然后，进一步说明
如何通过模型评估中的一种通用方法——K 折验证（K-fold validation）完成对模
型的评估（Boyce et al.，2002）。

基于前瞻性抽样验证数据集，我们简单地采用上述每个模型对新的点位进行
预测。

```
> val.cov.pred <- val.cov[, cbind("canopy", "elev",
  "mesic1km", "precip")]
> bio.val <- predict(bioclim.vath, val.cov.pred)
> glm.val <- predict(glm.vath, val.cov.pred, type =
  "response")
> gam.val <- predict(gam.vath, val.cov.pred, type =
  "response")
> rf.val <- predict(rf.vath, val.cov.pred, type = "prob")
> rf.val <- rf.val[, 2]
> max.val <- predict(max.vath, val.cov.pred)
```

基于这些预测结果，我们可以创建一个符合 PresenceAbsence 程序包数据格式
要求的数据框，以及一个用于存储模型评估结果的数据框。

```
> val.data <- data.frame(siteID = 1: nrow(vath.val), obs =
vath.val$VATH, bio = bio.val, glm = glm.val, gam = gam.val,
rf = rf.val, max = max.val)
> summary.eval <- data.frame(matrix(nrow = 0, ncol = 9))
> names(summary.eval)<-c("model", "auc", "corr", "ll",
"threshold", "sens", "spec", "tss", "kappa")
```

对模型评估而言，我们将计算三个连续性的指标，即 AUC、二列相关系数和交叉验证的对数似然（Lawson et al.，2014）。我们还将从混淆矩阵中计算 4 个二进制指标：敏感性、特异性、kappa 值和真实技能统计。PresenceAbsence 程序包可以基于诸如验证数据或训练数据的流行率、kappa 系数最大化或特异性与敏感性之和最大化（参见 optimal.thresholds）等各种标准来确定阈值。在此，我们将重点放在 Liu 等（2013）推荐使用的一个确保特异性与敏感性之和最大化的阈值（在 optimal.thresholds 函数中 opt.methods=3）。在下面的 for 循环中，我们对每个模型的上述所有指数进行计算，并用输出命令将其填充到我们的汇总数据框中。我们首先加载 PresenceAbsence 程序包并同时移除 glmnet 程序包，因为后者也包含一个计算 AUC 的函数。

```
> library(PresenceAbsence)
> detach("package: glmnet")
> nmodels <- ncol(val.data)-2
> for(i in 1: nmodels){
  auc.i <- auc(val.data, which.model = i)
  kappa.opt <- optimal.thresholds(val.data, which.model = i,
  opt.methods = 3)
  sens.i  <-  sensitivity(cmx(val.data,  which.model  =  i,
  threshold= kappa.opt[[2]]))
  spec.i  <-  specificity(cmx(val.data,  which.model  =  i,
  threshold= kappa.opt[[2]]))
  tss.i <- sens.i$sensitivity + spec.i$specificity-1
  kappa.i <- Kappa(cmx(val.data, which.model = i, threshold =
  kappa.opt[[2]]))
  corr.i <- cor.test(val.data[, 2], val.data[, i +2])$estimate
  ll.i <- sum(log(val.data[, i+2] * val.data[, 2] + (1-
  val.data[, i+2]) * (1-val.data[, 2])))
  ll.i <- ifelse(ll.i == "-Inf", sum(log(val.data[, i+2] +0.01)
  * val.data[, 2]
  +log((1-val.data[, i+ 2])) * (1-val.data[, 2])), ll.i)
```

```
summary.i <- c(i, auc.i$AUC, corr.i, ll.i, kappa.opt[[2]],
sens.i$sensitivity, spec.i$specificity, tss.i, kappa.i[[1]])
summary.eval <- rbind(summary.eval, summary.i)
}
```

请注意，在上述代码中我们在对数似然计算中添加了一个小常数，因为 log（0）是未定义的（即预测值为 0，在 Bioclim 模型中会出现这种情况）。从这些概要统计数据来看，这些模型似乎都不能很好地对前瞻性抽样数据集进行预测（表 7.4），尽管在模型中具有明确的环境相关性[参见 summary（glm.vath）和 summary（gam.vath）]。这一结果说明，构建能够随时间推移进行精准预测的物种分布模型仍面临着潜在的挑战（Eskildsen et al.，2013；Vallecillo et al.，2009）。在本示例中，基于模型判别方法的 Bioclim 和随机森林模型的表现是最差的，基于交叉验证对数似然（一种模型校准指数）的 Maxent 模型其逻辑输出的预测结果也较差。我们之所以包括交叉验证的对数似然，是因为它是一种有用的验证指标 （Lawson et al.，2014），然而它更适用于使用存在-缺失数据而非存在数据为训练样本的模型。

表 7.4　基于外部验证数据（3～4 年后收集的存在-缺失数据）
对模拟算法进行评估的结果

模型	AUC	LLcv	TSS	Kappa
Bioclim	0.586	−685	0.136	0.027
GLM	0.673	−519	0.287	0.106
GAM	0.651	−528	0.237	0.092
随机森林（RF）	0.625	−607	0.182	0.039
Maxent	0.669	−971	0.259	0.164

我们也可以采用验证图对模型进行评估，PresenceAbsence 程序包可以轻松地生成验证图。对于上述模型，我们采用 calibration.plot 函数，下面的代码是针对 Maxent 模型的一个例子。

```
> calibration.plot(val.data, which.model = 5, N.bins = 5,
  xlab ="Predicted", ylab = "Observed", main = "maxent")
```

请注意，此函数要求用户定义用于收集二进制数据的存储箱数。

一种更为常用的方法是 K 折验证法（Boyce et al.，2002），在这种方法中，我们将训练数据集分成若干子集，然后在模型训练时使用 K–1 个子集来拟合模型，并重复这一过程 K 次。上面的评估代码可以很容易地应用于每一个子集，然后通过子集的结果进行概要统计，在此，我们将模型训练所用的存在-背景数据集分为

5 个子集。dismo 程序包中有一个 kfold 函数，该函数会根据随机分组的方式创建一个 K 组向量，并确保每组的大小相等。

在下面的 K 折验证的例子中，我们使用存在-背景数据对模型进行评估。一般来说，使用这些数据进行模型评估是有一定局限性的，因为评估中并未包括缺失数据。在这种情况下，通常建议使用那些适用于存在点位信息的评估指标（Guisan et al.，2017），在此，我们采用 Boyce 指数，这是一个仅对存在点位预测结果（不依赖缺失数据）进行评估的常用指标（Boyce et al.，2002），我们可用 ecospat 程序包对其进行计算（Broennimann et al.，2018）。为了比较说明，我们也对上述的一些指标进行了计算，但在实践中，应将重点放在 Boyce 指数和其他专门针对存在数据的预测结果进行评估的指标上（Engler et al.，2004；Hirzel et al.，2004）。想了解更多信息可参见 Guisan 等（2017）的专著。

```
#所考虑的 K 折子集数
> folds <- 5
#创建 K 折子集
> kfold_pres <- kfold(pres.cov, k = folds)
> kfold_back <- kfold(back.cov, k = folds)
```

上面我们采用 kfold 函数分别对存在数据和背景数据进行了子集划分，这样可以确保每个子集中包含相同数量的存在点位，然后我们可以用 for 循环或类似的方法对每个子集进行重复计算，在此，我们不提供完整的 for 循环语句，只是对如何将数据划分成 K 个子集加以说明。

```
#基于每个 K 折子集对数据进行划分
> kfolds <- 1
> val.pres.k <- pres.cov[kfold_pres == kfolds, ]
> val.back.k <- back.cov[kfold_back == kfolds, ]
> val.k <- rbind(val.pres.k, val.back.k)

> train.pres.k <- pres.cov[kfold_pres != kfolds, ]
> train.back.k <- back.cov[kfold_back != kfolds, ]
> train.k <- rbind(train.pres.k, train.back.k)
```

我们将这些新数据集中的每一个子集（train.k，或训练数据集的每个组分，取决于模型算法）用于上述的模型算法，对验证数据（val.k）进行预测。基于这种数据格式，上述外部验证时 for 循环中的某一模型的 Boyce 指数可采用下面的代码计算。

```
> library(ecospat)
> boyce.i <- ecospat.boyce(fit = val.data[, i + 2],
  obs =val.data[1: nrow(val.pres.k), i + 2], res = 100,
  PEplot = F)
```

请注意，Biomod2 和 sdm 程序包中都包含有内置的交叉验证函数，考虑到有人对 *K* 折的划分方法提出了批评（Hijmans，2012），在此，我们重点说明用户如何采用自定义的方式手动完成 *K* 折验证（有关交叉验证的函数请参见 ecospat 程序包）。在上面的代码中，我们随机选择了各子集中的点位，然而这些点位不太可能在空间上是独立的。另一种方法是使用"区块" *K* 折验证，其中，随机选择的是空间区块而非样本点位（Wenger and Olden，2012），在本示例中，我们可以随机选择样带或流域作为区块进行验证，用样带代替点位更容易完成上述验证。

基于 *K* 折验证结果，我们对这些模型的效用有了不同的认识（表 7.5），其中，概要统计方法往往优于前瞻性抽样。我们还发现，更复杂的模型往往更受青睐，其中随机森林模型在采用 *K* 折验证时可得到较好的预测结果。

表 7.5 采用 *K* 折验证对模拟算法进行评估的结果

模型	Boyce	AUC	TSS	Kappa
Bioclim	0.525	0.737	0.440	0.080
GLM	0.737	0.781	0.473	0.156
GAM	0.798	0.802	0.462	0.135
随机森林	0.791	0.839	0.572	0.211
Maxent	0.851	0.803	0.500	0.154

7.3.7 模型集成

基于生成的预测图，我们可以直接对模型进行集成，一种常见的集成方法是根据每个模型的 AUC 或其他一些评估指标对模型的预测结果进行加权平均（Marmion et al.，2009）。然而，我们要强调的是，由于不同的算法模拟的计算流程各不相同，因此我们建议只对那些相同计算流程的模型预测结果进行平均。在此，我们演示了如何基于 GLM 和 GAM 模型（图 7.14）创建一个集成模型，与 Bioclim 和 Maxent 不同的是，两者均预测了相同的响应量，因此具有相似的流程，但其所考虑的环境功能是不同的。

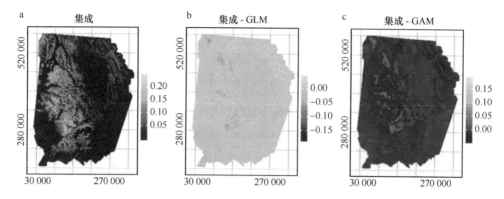

图 7.14　GLM-GAM 加权集成模型的优化与预测性能对比分析（彩图请扫封底二维码）

a. 基于 K 折验证的 AUC 值对 GLM 和 GAM 的预测结果进行加权平均得到的集成预测结果；b.集成预测与 GLM 预测结果间的差异；c. 集成预测与 GAM 预测结果间的差异

```
> models <- stack(glm.map, gam.map)
> names(models) <- c("glm", "gam")

# 基于前瞻性抽样的 AUC 值的加权平均
> AUC.glm <- summary.eval[summary.eval$model == "glm", "auc"]
> AUC.gam <- summary.eval[summary.eval$model == "gam", "auc"]
> auc.weight <- c(AUC.glm, AUC.gam)

> ensemble.auc <- weighted.mean(models, auc.weight)
> plot(ensemble.auc)
```

　　其他模拟方法的集成包括对存在/缺失的二进制信息进行截取预测,然后以各种方式对获取的信息进行汇总。当对差异比较大的模拟技术进行集成时,这种截取的方法可能是首选。例如,获取到信息后,我们可以通过以下方式来整合模型:①量化预测发生的一个明确边界,或至少一种模型算法预测到的物种发生的区域;②对不同模型算法预测到的物种的发生频率进行制图（Araújo and New，2007）（图 7.8）。

7.4　需进一步研究的问题

7.4.1　将扩散纳入模拟中

　　对物种分布模型的一种常见批评是，它们常常忽略了与扩散相关的约束条件（Barve et al.，2011），其中一些方法只是在制图过程中简单地应用了一些约束条件（Cardador et al.，2014），或是采用时间序列数据来模拟定植过程（参见第 10 章）（Bled et al.，2013；Yackulic et al.，2015），而另一些方法则将分布模型与扩散过程的模拟联系起来（Smolik et al.，2010）。总的来说，将扩散过程纳入物种分布的预测中是十分必要的，这已成为目前一个十分活跃的研发领域（Miller and Holloway，2015；Boulangeat et al.，2012），MigClim 程序包提供了一些将扩散作为约束条件纳入到分布模拟中的函数（Engler et al.，2012）。

7.4.2　多源数据整合

考虑到存在数据类型的局限性但较为广泛的可获取性，将其与偏差较小的其他数据结合在一起使用是一种极具吸引力的想法。最近的一些模拟工作通过在模型开发过程中同时使用多源数据（称为综合物种分布模型），将机会性的存在数据与存在-缺失数据、占用数据或多度数据相结合，力求做出更为可靠的预测（Fithian et al.，2015；Koshkina et al.，2017；Pacifici et al.，2017）。这种数据整合有助于最大限度地减少偏差，并提供了一种将物种流行性纳入模拟中的手段，有助于预测物种的发生概率。现已证明，基于数据整合的模拟工作可以减少潜在偏差，提高模型的预测精度（Dorazio，2014；Fithian et al.，2015；Fletcher et al.，2016）。

7.4.3　动态模型

当我们可以获取到分布点位上的时间序列数据时，就可以对分布的动态进行模拟，模拟的重点通常是了解物种的局地灭绝-定植动态（MacKenzie et al.，2003；Yackulic et al.，2015）。在这一框架下，物种分布（如占有率）随时间的变化是从灭绝-定植动态估计中衍生出来的参数。动态模拟的好处在于，它为我们提供了一种更好地了解不同约束因子（如扩散约束）对物种分布影响的方法（Broms et al.，2016），无论点位处的物种发生情况是否反映了潜在生境质量（Pulliam，2000），模拟结果都会帮助我们确定物种分布是否趋于平衡（预测分布时的一个突出假设）（Yackulic et al.，2015），同时，会允许我们对分布范围的动态进行预测（Guillera-Arroita，2017），我们将在第 10 章讨论这些动态模型。

7.4.4　多物种模型

同时对多物种分布进行模拟也越来越受到人们的关注（Ferrier and Guisan，2006），且重点通常放在物种的共存上（Dorazio et al.，2006；Ferrier et al.，2007；Ovaskainen et al.，2010；Araújo et al.，2011），这可以通过多种方式来完成。同

时对多个物种进行模拟的好处在于：首先，它可以增加我们对物种潜在的相互作用及其随时空变化的了解；其次，一个物种可能成为另一个物种很好的预测者，这不一定是因为物种间的相互作用，而是因为该物种是环境条件的一个间接指征，我们将在第 11 章讨论与此相关的一些技术。

7.4.5　取样误差和分布模型

在本章中，我们忽略了取样误差的问题，如物种的不完全检测，而将关注点简单地放在模型算法和模型评估上。然而，观测误差在数据集中是常见的，在模拟中考虑观测误差可以对物种与环境间的关系做出更可靠的估计。有几种模型可以用来解释物种的不完全检测，包括假阳性和假阴性误差（Miller et al.，2011；Guillera-Arroita et al.，2017），其中，假阴性误差更为常见，即一个物种或个体出现在某个区域内，但我们却无法检测到。一些研究表明，考虑假阴性误差可以提高分布模型的预测性能（Rota et al.，2011；Lahoz-Monfort et al.，2014；Guillera-Arroita，2017）。然而，对模拟结果进行解译时面临的一个主要挑战是，模型预测的是整个地理区域内的物种占用状况，而评估数据却通常是检测-未检测的（通常无法获得真实的占用数据来评估模型）。考虑物种不完全检测的分布模型可以用多种 R 语言程序包来拟合，包括 unmarked（Fiske and Chandler，2011）、hSDM（Vielledent et al.，2014）及 stocc 程序包（Johnson，2015）。

7.5　结　　论

了解、预测和推断物种分布为我们回答生态学中的主要问题提供了一种手段，并可以为许多自然保护工作提供决策支持（Gill et al.，2001；Norris，2004；Wiens et al.，2010；Guisan et al.，2013）。物种分布模型在生态、进化和保护学中的应用有着悠久的传统（Rotenberry and Wiens，1980；Austin，1987；Donovan et al.，1987），在过去 15 年里，随着新的模拟算法的发展和有关物种分布的位置和环境因素等新的地理空间数据源的增加，物种分布模型呈现出"爆炸式"的发展（Graham et al.，2004；Dickinson et al.，2010；Fick and Hijmans，2017）。

目前，所采用的许多物种分布模拟技术都可以描述为非均质点过程模型，这一认识对物种分布模型的实施和解释产生了一定的影响（Renner and Warton，2013；Renner et al.，2015），我们建议将这一框架普遍用于指导与物种分布相关的模拟。

我们的例子说明，可靠地应用和评估物种分布模型具有一定的挑战性。在预测气候变化的影响时经常出现的一个问题是，对模型构建所采用的环境条件范围进行外推预测可能会很困难（Thomas et al., 2004），因为，可用的有关物种与环境间关系的信息很少。使用常用技术（如 K 折验证）对模型进行评估有时也会让我们对模型的表现产生错觉（Wenger and Olden, 2012），从而会建议采用更为复杂的模型，事实上较为简单的模型可能就足以在时空上进行可靠的预测（参见表 7.4 和表 7.5）。

尽管物种分布模型的应用正在不断增加，但这些模型仍存在着一定的局限性，使用的过程中应相当谨慎。更多地关注机理性模拟并借鉴导致物种分布随时空变化的信息，可能会进一步加深我们对物种分布的理解，并提高我们预测物种分布随着环境变化的能力。

参 考 文 献

Aarts G, Fieberg J, Matthiopoulos J (2012) Comparative interpretation of count, presence-absence and point methods for species distribution models. Methods Ecol Evol 3(1): 177-187. https: // doi.org/10.1111/j.2041-210X.2011.00141.x

Alouche O, Tsoar A, Kadmon R (2006) Assessing the accuracy of species distribution models: prevalence, kappa and the true skill statistic (TSS). J Appl Ecol 43(6): 1223-1232

Araujo MB, Guisan A (2006) Five (or so) challenges for species distribution modelling. J Biogeogr 33(10): 1677-1688

Araújo MB, New M (2007) Ensemble forecasting of species distributions. Trends Ecol Evol 22 (1): 42-47. https://doi.org/10.1016/j.tree.2006.09.010

Araújo MB, Peterson AT (2012) Uses and misuses of bioclimatic envelope modeling. Ecology 93 (7): 1527-1539

Araújo MB, Rozenfeld A, Rahbek C, Marquet PA (2011) Using species co-occurrence networks to assess the impacts of climate change. Ecography 34(6): 897-908. https: //doi.org/10.1111/ j.1600-0587.2011.06919.x

Austin MP (1987) Models for the analysis of species response to environmental gradients. Vegetatio 69(1-3): 35-45. https://doi.org/10.1007/bf00038685

Austin MP (2002) Spatial prediction of species distribution: an interface between ecological theory and statistical modelling. Ecol Model 157(2-3): 101-118

Austin M (2007) Species distribution models and ecological theory: a critical assessment and some possible new approaches. Ecol Model 200(1-2): 1-19

Barbet-Massin M, Jiguet F, Albert CH, Thuiller W (2012) Selecting pseudo-absences for species distribution models: how, where and how many? Methods Ecol Evol 3(2): 327-338. https: // doi.org/10.1111/j.2041-210X.2011.00172.x

Barton K (2018) MuMIn: multi-model inference. R package version 1.40.4

Barve N, Barve V, Jimenez-Valverde A, Lira-Noriega A, Maher SP, Peterson AT, Soberon J, Villalobos F (2011) The crucial role of the accessible area in ecological niche modeling and species distribution modeling. Ecol Model 222(11): 1810-1819. https: //doi.org/10.1016/ j.ecolmodel.2011.02.011

Berman M, Turner TR (1992) Approximating point process likelihoods with GLIM. J R Stat Soc C Appl Stat 41(1): 31-38

Betts MG, Phalan B, Frey SJK, Rousseau JS, Yang ZQ (2018) Old-growth forests buffer climate-sensitive bird populations from warming. Divers Distrib 24(4): 439-447. https: //doi.org/10.1111/ddi.12688

Bled F, Nichols JD, Altwegg R (2013) Dynamic occupancy models for analyzing species' range dynamics across large geographic scales. Ecol Evol 3(15): 4896-4909. https: //doi.org/10.1002/ece3.858

Blonder B, Lamanna C, Violle C, Enquist BJ (2014) The n-dimensional hypervolume. Glob Ecol Biogeogr 23(5): 595-609. https: //doi.org/10.1111/geb.12146

Boulangcat I, Gravel D, Thuiller W (2012) Accounting for dispersal and biotic interactions to disentangle the drivers of species distributions and their abundances. Ecol Lett 15(6): 584-593. https: //doi.org/10.1111/j.1461-0248.2012.01772.x

Boyce MS, Vernier PR, Nielsen SE, Schmiegelow FKA (2002) Evaluating resource selection functions. Ecol Model 157(2-3): 281-300. https: //doi.org/10.1016/s0304-3800(02)00200-4

Brand LA, George TL (2001) Response of passerine birds to forest edge in coast redwood forest fragments. Auk 118(3): 678-686. https: //doi.org/10.1642/0004-8038(2001)118[0678: Ropbtf] 2.0.Co; 2

Breiman L (2001) Random forests. Mach Learn 45(1): 5-32. https: //doi.org/10.1023/a: 1010933404324

Breiman L, Friedman J, Stone CJ, Olshen RA (1984) Classification and regression trees. Chapman and Hall/CRC, Boca Raton, FL

Brewer CK, Berglund D, Barber JA, Bush R (2004) Northern region vegetation mapping project summary report and spatial datasets, version 42. Northern Region USFS

Broennimann O, Treier UA, Muller-Scharer H, Thuiller W, Peterson AT, Guisan A (2007) Evidence of climatic niche shift during biological invasion. Ecol Lett 10(8): 701-709. https: //doi.org/10.1111/j.1461-0248.2007.01060.x

Broennimann O, Di Cola V, Guisan A (2018) ecospat: spatial ecology miscellaneous methods. R package version 3.0

Broms KM, Hooten MB, Johnson DS, Altwegg R, Conquest LL (2016) Dynamic occupancy models for explicit colonization processes. Ecology 97(1): 194-204. https: //doi.org/10.1890/15-0416.1

Brotons L, Thuiller W, Araujo MB, Hirzel AH (2004) Presence-absence versus presence-only modelling methods for predicting bird habitat suitability. Ecography 27(4): 437-448. https: //doi.org/10.1111/j.0906-7590.2004.03764.x

Buckley LB (2008) Linking traits to energetics and population dynamics to predict lizard ranges in changing environments. Am Nat 171(1): E1-E19. https: //doi.org/10.1086/523949

Buckley LB, Kingsolver JG (2012) Functional and phylogenetic approaches to forecasting species' responses to climate change. Annu Rev Ecol Evol Syst 43: 205-226. https: //doi.org/10.1146/annurev-ecolsys-110411-160516

Buckley LB, Urban MC, Angilletta MJ, Crozier LG, Rissler LJ, Sears MW (2010) Can mechanism inform species' distribution models? Ecol Lett 13(8): 1041-1054. https: //doi.org/10.1111/j.1461-0248.2010.01479.x

Burnham KP, Anderson DR (1998) Model selection and inference: a practical information-theoretic approach. Springer, New York

Busby JR (1991) BIOCLIM: a bioclimate analysis and prediction system. In: Margules CR, Austin MP (eds) Nature conservation: cost effective biological surveys and data analysis. CSIRO, Canberra, Australia, pp 64-68

Cardador L, Sarda-Palomera F, Carrete M, Manosa S (2014) Incorporating spatial constraints in different periods of the annual cycle improves species distribution model performance for a highly mobile bird species. Divers Distrib 20(5): 515-528. https: //doi.org/10.1111/ddi.12156

Carpenter G, Gillison AN, Winter J (1993) DOMAIN - a flexible modeling procedure for mapping potential distributions of plants and animals. Biodivers Conserv 2(6): 667-680. https: // doi.org/10.1007/bf00051966

Chase JM, Leibold MA (2003) Ecological niches: linking classical and contemporary approaches. University of Chicago Press

Colwell RK, Rangel TF (2009) Hutchinson's duality: the once and future niche. Proc Natl Acad Sci U S A 106: 19651-19658. https: //doi.org/10.1073/pnas.0901650106

Cushman SA, McGarigal K (2004) Patterns in the species-environment relationship depend on both scale and choice of response variables. Oikos 105(1): 117-124

Cutler DR, Edwards TC, Beard KH, Cutler A, Hess KT (2007) Random forests for classification in ecology. Ecology 88(11): 2783-2792. https: //doi.org/10.1890/07-0539.1

De'ath G, Fabricius KE (2000) Classification and regression trees: a powerful yet simple technique for ecological data analysis. Ecology 81(11): 3178-3192. https: //doi.org/10.1890/0012-9658 (2000)081[3178: Cartap]2.0.Co; 2

Di Cola V, Broennimann O, Petitpierre B, Breiner FT, D'Amen M, Randin C, Engler R, Pottier J, Pio D, Dubuis A, Pellissier L, Mateo RG, Hordijk W, Salamin N, Guisan A (2017) ecospat: an R package to support spatial analyses and modeling of species niches and distributions. Ecography 40(6): 774-787. https: //doi.org/10.1111/ecog.02671

Dickinson JL, Zuckerberg B, Bonter DN (2010) Citizen science as an ecological research tool: challenges and benefits. Annu Rev Ecol Evol Syst 41: 149-172. https: //doi.org/10.1146/ annurev-ecolsys-102209-144636

Donovan ML, Rabe DL, Olson CE (1987) Use of geographic information systems to develop habitat suitability models. Wildl Soc Bull 15(4): 574-579

Dorazio RM (2014) Accounting for imperfect detection and survey bias in statistical analysis of presence-only data. Glob Ecol Biogeogr 23(12): 1472-1484. https: //doi.org/10.1111/geb.12216

Dorazio RM, Royle JA, Soderstrom B, Glimskar A (2006) Estimating species richness and accumulation by modeling species occurrence and detectability. Ecology 87(4): 842-854. https: //doi.org/10.1890/0012-9658(2006)87[842: esraab]2.0.co; 2

Dormann CF, Schymanski SJ, Cabral J, Chuine I, Graham C, Hartig F, Kearney M, Morin X, Roemermann C, Schroeder B, Singer A (2012) Correlation and process in species distribution models: bridging a dichotomy. J Biogeogr 39(12): 2119-2131. https: //doi.org/10.1111/j.1365-2699.2011.02659.x

Elith J, Leathwick JR (2009) Species distribution models: ecological explanation and prediction across space and time. Annu Rev Ecol Evol Syst 40: 677-697. https: //doi.org/10.1146/annurev. ecolsys.110308.120159

Elith J, Ferrier S, Huettmann F, Leathwick J (2005) The evaluation strip: a new and robust method for plotting predicted responses from species distribution models. Ecol Model 186(3): 280-289. https: //doi.org/10.1016/j.ecolmodel.2004.12.007

Elith J, Graham CH, Anderson RP, Dudik M, Ferrier S, Guisan A, Hijmans RJ, Huettmann F, Leathwick JR, Lehmann A, Li J, Lohmann LG, Loiselle BA, Manion G, Moritz C, Nakamura M, Nakazawa Y, Overton JM, Peterson AT, Phillips SJ, Richardson K, Scachetti-Pereira R, Schapire RE, Soberon J, Williams S, Wisz MS, Zimmermann NE (2006) Novel methods improve prediction of species' distributions from occurrence data. Ecography 29 (2): 129-151

Elith J, Leathwick JR, Hastie T (2008) A working guide to boosted regression trees. J Anim Ecol 77 (4): 802-813. https://doi.org/10.1111/j.1365-2656.2008.01390.x

Elith J, Kearney M, Phillips S (2010) The art of modelling range-shifting species. Methods Ecol Evol 1(4): 330-342. https://doi.org/10.1111/j.2041-210X.2010.00036.x

Elith J, Phillips SJ, Hastie T, Dudik M, Chee YE, Yates CJ (2011) A statistical explanation of MaxEnt for ecologists. Divers Distrib 17(1): 43-57. https://doi.org/10.1111/j.1472-4642.2010.00725.x

Elton C (1927) Animal ecology. Sedgwick and Jackson, London

Engler R, Guisan A, Rechsteiner L (2004) An improved approach for predicting the distribution of rare and endangered species from occurrence and pseudo-absence data. J Appl Ecol 41 (2): 263-274

Engler R, Hordijk W, Guisan A(2012) The MIGCLIM R package - seamless integration of dispersal constraints into projections of species distribution models. Ecography 35(10): 872-878. https://doi.org/10.1111/j.1600-0587.2012.07608.x

Eskildsen A, le Roux PC, Heikkinen RK, Hoye TT, Kissling WD, Poyry J, Wisz MS, Luoto M (2013) Testing species distribution models across space and time: high latitude butterflies and recent warming. Glob Ecol Biogeogr 22(12): 1293-1303. https://doi.org/10.1111/geb.12078

Evans JM, Fletcher RJ Jr, Alavalapati J (2010) Using species distribution models to identify suitable areas for biofuel feedstock production. Glob Change Biol Bioenergy 2(2): 63-78. https://doi.org/10.1111/j.1757-1707.2010.01040.x

Feeley KJ, Silman MR (2010) Land-use and climate change effects on population size and extinction risk of Andean plants. Glob Chang Biol 16(12): 3215-3222. https://doi.org/10.1111/j.1365-2486.2010.02197.x

Ferrier S, Guisan A (2006) Spatial modelling of biodiversity at the community level. J Appl Ecol 43 (3): 393-404. https://doi.org/10.1111/j.1365-2664.2006.01149.x

Ferrier S, Manion G, Elith J, Richardson K (2007) Using generalized dissimilarity modelling to analyse and predict patterns of beta diversity in regional biodiversity assessment. Divers Distrib 13(3): 252-264. https://doi.org/10.1111/j.1472-4642.2007.00341.x

Fick SE, Hijmans RJ (2017) WorldClim 2: new 1-km spatial resolution climate surfaces for global land areas. Int J Climatol 37(12): 4302-4315. https://doi.org/10.1002/joc.5086

Fielding AH, Bell JF (1997) A review of methods for the assessment of prediction errors in conservation presence/absence models. Environ Conserv 24(1): 38-49

Fiske IJ, Chandler RB (2011) Unmarked: an R package for fitting hierarchical models of wildlife occurrence and abundance. J Stat Softw 43(10): 1-23

Fithian W, Hastie T (2013) Finite-sample equivalence in statistical models for presence-only data. Ann Appl Stat 7(4): 1917-1939. https://doi.org/10.1214/13-aoas667

Fithian W, Elith J, Hastie T, Keith DA (2015) Bias correction in species distribution models: pooling survey and collection data for multiple species. Methods Ecol Evol 6(4): 424-438. https://doi.org/10.1111/2041-210x.12242

Fletcher RJ Jr, Hutto RL (2008) Partitioning the multi-scale effects of human activity on the occurrence of riparian forest birds. Landsc Ecol 23: 727-739

Fletcher RJ, McCleery RA, Greene DU, Tye CA (2016) Integrated models that unite local and regional data reveal larger-scale environmental relationships and improve predictions of species distributions. Landsc Ecol 31(6): 1369-1382. https://doi.org/10.1007/s10980-015-0327-9

Franklin J (2009) Mapping species distributions: spatial inference and prediction. Cambridge University Press, Cambridge, UK

Freeman EA, Moisen G (2008) PresenceAbsence: an R package for presence absence analysis. J Stat Softw 23(11): 1-31

Fretwell SD, Lucas HL Jr (1970) On territorial behavior and other factors influencing habitat distribution in birds. I. Theoretical development. Acta Biotheor 19: 16-36

Friedman JH (2002) Stochastic gradient boosting. Comput Stat Data Anal 38(4): 367-378. https: // doi.org/10.1016/s0167-9473(01)00065-2

Friedman J, Hastie T, Tibshirani R (2010) Regularization paths for generalized linear models via coordinate descent. J Stat Softw 33(1): 1-22

Gaston A, Garcia-Vinas JI (2011) Modelling species distributions with penalised logistic regressions: a comparison with maximum entropy models. Ecol Model 222(13): 2037-2041. https: //doi.org/ 10.1016/j.ecolmodel.2011.04.015

George TS (2000) Varied thrush (*Ixoreus naevius*). In: Poole A (ed) The birds of North America Online. Cornell University, Ithaca, NY

Gill JA, Norris K, Potts PM, Gunnarsson TG, Atkinson PW, Sutherland WJ (2001) The buffer effect and large-scale population regulation in migratory birds. Nature 412(6845): 436-438

Graham CH, Ferrier S, Huettman F, Moritz C, Peterson AT (2004) New developments in museum-based informatics and applications in biodiversity analysis. Trends Ecol Evol 19(9): 497-503. https: //doi.org/10.1016/j.tree.2004.07.006

Grinnell J (1917) The niche-relationships of the California Thrasher. Auk 34: 427-433

Guillera-Arroita G (2017) Modelling of species distributions, range dynamics and communitis under imperfect detection: advances, challenges and opportunities. Ecography 40(2). https: // doi.org/10.1111/ecog.02445

Guillera-Arroita G, Lahoz-Monfort JJ, Elith J (2014) Maxent is not a presence-absence method: a comment on Thibaud et al. Methods Ecol Evol 5(11): 1192-1197. https: //doi.org/10.1111/ 2041-210x.12252

Guillera-Arroita G, Lahoz-Monfort JJ, van Rooyen AR, Weeks AR, Tingley R (2017) Dealing with false-positive and false-negative errors about species occurrence at multiple levels. Methods Ecol Evol 8(9): 1081-1091. https: //doi.org/10.1111/2041-210x.12743

Guisan A, Harrell FE (2000) Ordinal response regression models in ecology. J Veg Sci 11 (5): 617-626

Guisan A, Thuiller W (2005) Predicting species distribution: offering more than simple habitat models. Ecol Lett 8(9): 993-1009

Guisan A, Zimmermann NE (2000) Predictive habitat distribution models in ecology. Ecol Model 135(2-3): 147-186

Guisan A, Edwards TC, Hastie T (2002) Generalized linear and generalized additive models in studies of species distributions: setting the scene. Ecol Model 157(2-3): 89-100

Guisan A, Zimmermann NE, Elith J, Graham CH, Phillips S, Peterson AT (2007) What matters for predicting the occurrences of trees: techniques, data, or species' characteristics? Ecol Monogr 77(4): 615-630

Guisan A, Tingley R, Baumgartner JB, Naujokaitis-Lewis I, Sutcliffe PR, Tulloch AIT, Regan TJ, Brotons L, McDonald-Madden E, Mantyka-Pringle C, Martin TG, Rhodes JR, Maggini R, Setterfield SA, Elith J, Schwartz MW, Wintle BA, Broennimann O, Austin M, Ferrier S, Kearney MR, Possingham HP, Buckley YM (2013) Predicting species distributions for conservation decisions. Ecol Lett 16(12): 1424-1435. https: //doi.org/10.1111/ele.12189

Guisan A, Thuiller W, Zimmermann NE (2017) Habitat suitability and distribution models: applications with R. Cambridge University Press, Cambridge, UK

Hanski K, Ovaskainen O (2003) Metapopulation theory for fragmented landscapes. Theor Popul Biol 64(1): 119-127. https://doi.org/10.1016/s0040-5809(03)00022-4

Hastie T, FithianW(2013) Inference from presence-only data: the ongoing controversy. Ecography 36(8): 864-867. https://doi.org/10.1111/j.1600-0587.2013.00321.x

Hastie T, Tibshirani R, Friedman J (2009) The elements of statistical learning: data mining, inference, and prediction, 2nd edn. Springer, New York

Hefley TJ, Broms KM, Brost BM, Buderman FE, Kay SL, Scharf HR, Tipton JR, Williams PJ, Hooten MB (2017) The basis function approach for modeling autocorrelation in ecological data. Ecology 98(3): 632-646. https://doi.org/10.1002/ecy.1674

Hijmans RJ (2012) Cross-validation of species distribution models: removing spatial sorting bias and calibration with a null model. Ecology 93(3): 679-688

Hijmans RJ, Phillips S, Leathwick J, Elith J (2017) dismo: species distribution modeling. R package version 1.1.-4

Hirzel AH, Le Lay G (2008) Habitat suitability modelling and niche theory. J Appl Ecol 45 (5): 1372-1381. https://doi.org/10.1111/j.1365-2664.2008.01524.x

Hirzel AH, Posse B, Oggier PA, Crettenand Y, Glenz C, Arlettaz R (2004) Ecological requirements of reintroduced species and the implications for release policy: the case of the bearded vulture. J Appl Ecol 41(6): 1103-1116. https://doi.org/10.1111/j.0021-8901.2004.00980.x

Hirzel AH, Le Lay G, Helfer V, Randin C, Guisan A (2006) Evaluating the ability of habitat suitability models to predict species presences. Ecol Model 199(2): 142-152. https://doi.org/10.1016/j.ecolmodel.2006.05.017

Holt RD (2009) Bringing the Hutchinsonian niche into the 21st century: ecological and evolutionary perspectives. Proc Natl Acad Sci U S A 106: 19659-19665. https://doi.org/10.1073/pnas.0905137106

Hutchinson GE (1957) Concluding remarks. Population studies: animal ecology and demography. Cold Spring Harb Symp Quant Biol 22: 415-427

Hutto RL, Young JS (2002) Regional landbird monitoring: perspectives from the Northern Rocky Mountains. Wildl Soc Bull 30(3): 738-750

James FC, Johnston RF, Wamer NO, Niemi GJ, Boecklen WJ (1984) The grinnellian niche of the wood thrush. Am Nat 124(1): 17-30. https://doi.org/10.1086/284250

Jimenez-Valverde A, Peterson AT, Soberon J, Overton JM, Aragon P, Lobo JM (2011) Use of niche models in invasive species risk assessments. Biol Invasions 13(12): 2785-2797. https://doi.org/10.1007/s10530-011-9963-4

Johnson DS (2015) stocc: fit a spatial occupancy model via Gibbs sampling. R package version 1.30

Kadmon R, Farber O, Danin A (2004) Effect of roadside bias on the accuracy of predictive maps produced by bioclimatic models. Ecol Appl 14(2): 401-413

Kearney M, Porter W (2009) Mechanistic niche modelling: combining physiological and spatial data to predict species' ranges. Ecol Lett 12(4): 334-350. https://doi.org/10.1111/j.1461-0248.2008.01277.x

Koshkina V, Wang Y, Gordon A, Dorazio RM, White M, Stone L (2017) Integrated species distribution models: combining presence-background data and site-occupancy data with imperfect detection. Methods Ecol Evol 8(4): 420-430. https://doi.org/10.1111/2041-210x.12738

Lahoz-Monfort JJ, Guillera-Arroita G, Wintle BA (2014) Imperfect detection impacts the performance of species distribution models. Glob Ecol Biogeogr 23(4): 504-515. https://doi.org/10.1111/geb.12138

Lawson CR, Hodgson JA, Wilson RJ, Richards SA (2014) Prevalence, thresholds and the performance of presence-absence models. Methods Ecol Evol 5(1): 54-64. https: //doi.org/ 10.1111/2041-210x.12123

Liaw A, Wiener M (2002) Classification and regression by randomforest. R News 2(3): 18-22

Lira-Noriega A, Soberon J, Miller CP (2013) Process-based and correlative modeling of desert mistletoe distribution: a multiscalar approach. Ecosphere 4(8): 99. https: //doi.org/10.1890/ es13-00155.1

Liu CR, Berry PM, Dawson TP, Pearson RG (2005) Selecting thresholds of occurrence in the prediction of species distributions. Ecography 28(3): 385-393

Liu C, White M, Newell G (2013) Selecting thresholds for the prediction of species occurrence with presence-only data. J Biogeogr 40(4): 778-789. https: //doi.org/10.1111/jbi.12058

Lobo JM, Jimenez-Valverde A, Real R (2008) AUC: a misleading measure of the performance of predictive distribution models. Glob Ecol Biogeogr 17(2): 145-151. https: //doi.org/10.1111/ j.1466-8238.2007.00358.x

Loiselle BA, Jorgensen PM, Consiglio T, Jimenez I, Blake JG, Lohmann LG, Montiel OM (2008) Predicting species distributions from herbarium collections: does climate bias in collection sampling influence model outcomes? J Biogeogr 35(1): 105-116. https: //doi.org/10.1111/ j.1365-2699.2007.01779.x

Lutolf M, Kienast F, Guisan A (2006) The ghost of past species occurrence: improving species distribution models for presence-only data. J Appl Ecol 43(4): 802-815. https: //doi.org/10.1111/ j.1365-2664.2006.01191.x

MacKenzie DI, Nichols JD, Lachman GB, Droege S, Royle JA, Langtimm CA (2002) Estimating site occupancy rates when detection probabilities are less than one. Ecology 83(8): 2248-2255

MacKenzie DI, Nichols JD, Hines JE, Knutson MG, Franklin AB (2003) Estimating site occupancy, colonization, and local extinction when a species is detected imperfectly. Ecology 84 (8): 2200-2207

MacKenzie DI, Nichols JD, Royle JA, Pollock KH, Bailey LL, Hines JE (2006) Occupancy estimation and modeling: inferring patterns and dynamics of species occurrence. Elsevier, Amsterdam

Manly BFJ, McDonald LL, Thomas DL, McDonald TL, Erickson WP (2002) Resource selection by animals: statistical design and analysis for field studies. Kluwer Academic Publishers, Dordrecht, the Netherlands

Marmion M, Parviainen M, Luoto M, Heikkinen RK, Thuiller W (2009) Evaluation of consensus methods in predictive species distribution modelling. Divers Distrib 15(1): 59-69. https: // doi.org/10.1111/j.1472-4642.2008.00491.x

Martin Y, Van Dyck H, Dendoncker N, Titeux N (2013) Testing instead of assuming the importance of land use change scenarios to model species distributions under climate change. Glob Ecol Biogeogr 22(11): 1204-1216. https: //doi.org/10.1111/geb.12087

Martinez-Meyer E, Peterson AT, Servin JI, Kiff LF (2006) Ecological niche modelling and prioritizing areas for species reintroductions. Oryx 40(4): 411-418. https: //doi.org/10.1017/ s0030605306001360

McCarthy KP, Fletcher RJ, Rota CT, Hutto RL (2012) Predicting species distributions from samples collected along roadsides. Conserv Biol 26(1): 68-77. https: //doi.org/10.1111/j.1523-1739. 2011.01754.x

Merow C, Smith MJ, Silander JA (2013) A practical guide to MaxEnt for modeling species' distributions: what it does, and why inputs and settings matter. Ecography 36(10): 1058-1069. https://doi.org/10.1111/j.1600-0587.2013.07872.x

Miller JA, Holloway P (2015) Incorporating movement in species distribution models. Prog Phys Geogr 39(6): 837-849. https: //doi.org/10.1177/0309133315580890

Miller DA, Nichols JD, McClintock BT, Grant EHC, Bailey LL, Weir LA (2011) Improving occupancy estimation when two types of observational error occur: non-detection and species misidentification. Ecology 92(7): 1422-1428. https: //doi.org/10.1890/10-1396.1

Naimi B, Araújo MB (2016) sdm: a reproducible and extensible R platform for species distribution modelling. Ecography 39(4): 368-375. https: //doi.org/10.1111/ecog.01881

Norris K (2004) Managing threatened species: the ecological toolbox, evolutionary theory and declining-population paradigm. J Appl Ecol 41(3): 413-426

Olden JD, Lawler JJ, Poff NL (2008) Machine learning methods without tears: a primer for ecologists. Q Rev Biol 83(2): 171-193. https: //doi.org/10.1086/587826

Ovaskainen O, Hottola J, Siitonen J (2010) Modeling species co-occurrence by multivariate logistic regression generates new hypotheses on fungal interactions. Ecology 91(9): 2514-2521. https: // doi.org/10.1890/10-0173.1

Pacifici K, Reich BJ, Miller DAW, Gardner B, Stauffer G, Singh S, McKerrow A, Collazo JA (2017) Integrating multiple data sources in species distribution modeling: a framework for data fusion. Ecology 98(3): 840-850. https: //doi.org/10.1002/ecy.1710

Pearce J, Ferrier S (2000) Evaluating the predictive performance of habitat models developed using logistic regression. Ecol Model 133(3): 225-245

Pearson RG, Dawson TP (2003) Predicting the impacts of climate change on the distribution of species: are bioclimate envelope models useful? Glob Ecol Biogeogr 12(5): 361-371. https: // doi.org/10.1046/j.1466-822X.2003.00042.x

Peterson AT (2003) Predicting the geography of species' invasions via ecological niche modeling. Q Rev Biol 78(4): 419-433. https: //doi.org/10.1086/378926

Peterson AT, Soberon J (2012) Species distribution modeling and ecological niche modeling: getting the concepts right. Natureza & Conservacao 10(2): 102-107. https: //doi.org/10.4322/natcon. 2012.019

Peterson AT, Papes M, Soberon J (2008) Rethinking receiver operating characteristic analysis applications in ecological niche modeling. Ecol Model 213(1): 63-72. https: //doi.org/10.1016/ j.ecolmodel.2007.11.008

Peterson AT, Soberon J, Pearson RG, Anderson RP, Martinez-Mery E, Nakamura M, Araújo MB (2011) Ecological niches and geographic distributions. Princeton University Press, Princeton, NJ

Phillips SJ, Dudik M (2008) Modeling of species distributions with Maxent: new extensions and a comprehensive evaluation. Ecography 31(2): 161-175. https: //doi.org/10.1111/j.0906-7590. 2008.5203.x

Phillips SJ, Elith J (2010) POC plots: calibrating species distribution models with presence-only data. Ecology 91(8): 2476-2484. https: //doi.org/10.1890/09-0760.1

Phillips SJ, Anderson RP, Schapire RE (2006) Maximum entropy modeling of species geographic distributions. Ecol Model 190(3-4): 231-259. https: //doi.org/10.1016/j.ecolmodel.2005.03.026

Phillips SJ, Dudik M, Elith J, Graham CH, Lehmann A, Leathwick J, Ferrier S (2009) Sample selection bias and presence-only distribution models: implications for background and pseudo-absence data. Ecol Appl 19(1): 181-197

Phillips SJ, Anderson RP, Dudik M, Schapire RE, Blair ME (2017) Opening the black box: an open-source release of Maxent. Ecography 40(7): 887-893. https: //doi.org/10.1111/ecog.03049

Plath M, Moser C, Bailis R, Brandt P, Hirsch H, Klein AM, Walmsley D, von Wehrden H (2016) A novel bioenergy feedstock in Latin America? Cultivation potential of *Acrocomia aculeata* under current and future climate conditions. Biomass Bioenergy 91: 186-195. https: //doi.org/10.1016/j.biombioe.2016.04.009

Potts JM, Elith J (2006) Comparing species abundance models. Ecol Model 199(2): 153-163. https: //doi.org/10.1016/j.ecolmodel.2006.05.025

Prasad AM, Iverson LR, Liaw A (2006) Newer classification and regression tree techniques: bagging and random forests for ecological prediction. Ecosystems 9(2): 181-199. https: //doi.org/10.1007/s10021-005-0054-1

Pulliam HR (1988) Sources, sinks, and population regulation. Am Nat 132(5): 652-661

Pulliam HR (2000) On the relationship between niche and distribution. Ecol Lett 3(4): 349-361

Raxworthy CJ, Martinez-Meyer E, Horning N, Nussbaum RA, Schneider GE, Ortega-Huerta MA, Peterson AT (2003) Predicting distributions of known and unknown reptile species in Madagascar. Nature 426(6968): 837-841. https: //doi.org/10.1038/nature02205

Real LA, Brown JH (eds) (1991) Foundations of ecology: classic papers with commentaries. University of Chicago Press, Chicago

Renner IW, Warton DI (2013) Equivalence of MAXENT and poisson point process models for species distribution modeling in ecology. Biometrics 69(1): 274-281. https: //doi.org/10.1111/j.1541-0420.2012.01824.x

Renner IW, Elith J, Baddeley A, Fithian W, Hastie T, Phillips SJ, Popovic G, Warton DI (2015) Point process models for presence-only analysis. Methods Ecol Evol 6(4): 366-379. https: //doi.org/10.1111/2041-210x.12352

Robertson BA, Hutto RL (2006) A framework for understanding ecological traps and an evaluation of existing evidence. Ecology 87(5): 1075-1085

Rodrigues ASL, Akcakaya HR, Andelman SJ, Bakarr MI, Boitani L, Brooks TM, Chanson JS, Fishpool LDC, Da Fonseca GAB, Gaston KJ, Hoffmann M, Marquet PA, Pilgrim JD, Pressey RL, Schipper J, Sechrest W, Stuart SN, Underhill LG, Waller RW, Watts MEJ, Yan X (2004) Global gap analysis: priority regions for expanding the global protected area network. Bioscience 54(12): 1092-1100. https: //doi.org/10.1641/0006-3568(2004)054[1092: ggaprf]2.0.co; 2

Rota CT, Fletcher RJ Jr, Evans JM, Hutto RL (2011) Does accounting for detectability improve species distribution models. Ecography 34: 659-670

Rotenberry JT, Wiens JA (1980) Habitat structure, patchiness, and avian communities in North-American steppe vegetation: a multivariate-analysis. Ecology 61(5): 1228-1250. https: //doi.org/10.2307/1936840

Rotenberry JT, Preston KL, Knick ST (2006) GIS-based niche modeling for mapping species' habitat. Ecology 87(6): 1458-1464

Royle JA, Chandler RB, Yackulic C, Nichols JD (2012) Likelihood analysis of species occurrence probability from presence-only data for modelling species distributions. Methods Ecol Evol 3 (3): 545-554. https: //doi.org/10.1111/j.2041-210X.2011.00182.x

Schlaepfer MA, Runge MC, Sherman PW (2002) Ecological and evolutionary traps. Trends Ecol Evol 17(10): 474-480

Scott JM, Davis F, Csuti B, Noss R, Butterfield B, Groves C, Anderson H, Caicco S, Derchia F, Edwards TC, Ulliman J, Wright RG (1993) GAP analysis: a geographic approach to protection of biological diversity. Wildl Monogr (123): 1-41

Smolik MG, Dullinger S, Essl F, Kleinbauer I, Leitner M, Peterseil J, Stadler LM, Vogl G (2010) Integrating species distribution models and interacting particle systems to predict the spread of an invasive alien plant. J Biogeogr 37(3): 411-422. https: //doi.org/10.1111/j.1365-2699.2009.

02227.x

Soberón J (2007) Grinnellian and Eltonian niches and geographic distributions of species. Ecol Lett 10(12): 1115-1123. https: //doi.org/10.1111/j.1461-0248.2007.01107.x

Soberón JM (2010) Niche and area of distribution modeling: a population ecology perspective. Ecography 33(1): 159-167. https: //doi.org/10.1111/j.1600-0587.2009.06074.x

Soberón J, Nakamura M (2009) Niches and distributional areas: concepts, methods, and assumptions. Proc Natl Acad Sci U S A 106: 19644-19650. https: //doi.org/10.1073/pnas.0901637106

Soberón J, Peterson AT (2005) Interpretation of models of fundamental ecological niches and species' distributional areas. Biodivers Inform 2: 1-10

Tewksbury JJ, Garner L, Garner S, Lloyd JD, Saab V, Martin TE (2006) Tests of landscape influence: nest predation and brood parasitism in fragmented ecosystems. Ecology 87 : 759-768

Thomas CD, Cameron A, Green RE, Bakkenes M, Beaumont LJ, Collingham YC, Erasmus BFN, de Siqueira MF, Grainger A, Hannah L, Hughes L, Huntley B, van Jaarsveld AS, Midgley GF, Miles L, Ortega-Huerta MA, Peterson AT, Phillips OL, Williams SE (2004) Extinction risk from climate change. Nature 427(6970): 145-148. https: //doi.org/10.1038/nature02121

Thuiller W, Georges D, Engler R, Breiner F (2016) biomod2: ensemble platform for species distribution modeling. R package version 3.3.-7

Tibshirani R (1996) Regression shrinkage and selection via the Lasso. J R Stat Soc Series B Methodol 58(1): 267-288

Urbanek S (2017) rJava: low-level R to Java interface. R package 0.9-9

Vallecillo S, Brotons L, Thuiller W (2009) Dangers of predicting bird species distributions in response to land-cover changes. Ecol Appl 19(2): 538-549. https: //doi.org/10.1890/08-0348.1

Van Horne B (1983) Density as a misleading indicator of habitat quality. J Wildl Manag 47: 893-901

VanDerWal J, Shoo LP, Graham C, William SE (2009) Selecting pseudo-absence data for presence-only distribution modeling: how far should you stray from what you know? Ecol Model 220 (4): 589-594. https: //doi.org/10.1016/j.ecolmodel.2008.11.010

Vielledent G, Merow C, Guelat J, Latimer AM, Kery M, Gelfand AE, Wilson AM, F. Mortier, Silander Jr JA (2014) hSDM: hierachical Bayesian species distribution models. R package version 1.4

Ward G, Hastie T, Barry S, Elith J, Leathwick JR (2009) Presence-only data and the EM algorithm. Biometrics 65(2): 554-563. https: //doi.org/10.1111/j.1541-0420.2008.01116.x

Warton DI, Shepherd LC (2010) Poisson point process models solve the "pseudo-absence problem" for presence-only data in ecology. Ann Appl Stat 4(3): 1383-1402. https: //doi.org/ 10.1214/10-aoas331

Wenger SJ, Olden JD (2012) Assessing transferability of ecological models: an underappreciated aspect of statistical validation. Methods Ecol Evol 3(2): 260-267. https: //doi.org/10.1111/ j.2041-210X.2011.00170.x

Whittaker RH, Levin SA, Root RB (1973) Niche, habitat, and ecotope. Am Nat 107(955): 321-338. https: //doi.org/10.1086/282837

Wickham H (2009) ggplot2: elegant graphics for data analysis. Springer-Verlag, New York

Wiens JJ, Ackerly DD, Allen AP, Anacker BL, Buckley LB, Cornell HV, Damschen EI, Davies TJ, Grytnes JA, Harrison SP, Hawkins BA, Holt RD, McCain CM, Stephens PR (2010) Niche conservatism as an emerging principle in ecology and conservation biology. Ecol Lett 13 (10): 1310-1324. https: //doi.org/10.1111/j.1461-0248.2010.01515.x

Williams JW, Jackson ST (2007) Novel climates, no-analog communities, and ecological surprises. Front Ecol Environ 5(9): 475-482. https: //doi.org/10.1890/070037

Wilson KA, Westphal MI, Possingham HP, Elith J (2005) Sensitivity of conservation planning to different approaches to using predicted species distribution data. Biol Conserv 122(1): 99-112. https: //doi.org/10.1016/j.biocon.2004.07.004

Wisz MS, Pottier J, Kissling WD, Pellissier L, Lenoir J, Damgaard CF, Dormann CF, Forchhammer MC, Grytnes JA, Guisan A, Heikkinen RK, Hoye TT, Kuhn I, Luoto M, Maiorano L, Nilsson MC, Normand S, Ockinger E, Schmidt NM, Termansen M, Timmermann A, Wardle DA, Aastrup P, Svenning JC (2013) The role of biotic interactions in shaping distributions and realised assemblages of species: implications for species distribution modelling. Biol Rev 88 (1): 15-30. https: //doi.org/10.1111/j.1469-185X.2012.00235.x

Wood SN (2006) Generalized additive models: an introduction with R. Chapman and Hall and CRC, Boca Raton, FL

Yackulic CB, Chandler R, Zipkin EF, Royle JA, Nichols JD, Grant EHC, Veran S (2013) Presence-only modelling using MAXENT: when can we trust the inferences? Methods Ecol Evol 4 (3): 236-243. https: //doi.org/10.1111/2041-210x.12004

Yackulic CB, Nichols JD, Reid J, Der R (2015) To predict the niche, model colonization and extinction. Ecology 96(1): 16-23. https: //doi.org/10.1890/14-1361.1

第 8 章 空间利用与资源选择

8.1 简 介

了解生境和资源选择机制是野生动物生态学研究与应用的基础（Morrison et al.，2006），已成为生态学理论的一个重要关注点（Rosenzweig，1981；Pulliam and Danielson，1991；Morris，2003），并与空间生态和保护高度相关（Battin，2004；Resetarits，2005；Fagan and Lutscher，2006），因为，生境选择常被看作是在不同的时空尺度上进行的（Johnson，1980；Orians and Wittenberger，1991；Rettie and Messier，2000），确定关键生境对濒危物种的保护规划和恢复标准制定至关重要（Thompson and McGarigal，2002；Turner et al.，2004；Taylor et al.，2005）。

生境选择、资源选择和空间利用是空间生态学和保护学中相互关联的概念，在此，我们首先对这些概念进行了区分，简要介绍了空间利用和生境选择的相关理论，然后概述了利用无线电遥测数据量化空间利用和资源选择的常用方法。在本章中，我们将重点放在对无线电遥测数据的分析上，作为解决应用问题的常用技术，无线电遥测可以为我们提供一种解释上述概念和问题的方法。然而，我们也可以通过并非基于个体活动轨迹（如无线电遥测数据）的物种分布数据来了解资源选择和生境选择，有关方法可参见第 7 章。自始至终，我们强调的是，这些概念如何在空间上发挥作用，以及空间尺度在理解生境选择和资源选择时所扮演的角色。

8.2 核心概念和方法

8.2.1 与生境相关的概念和术语：多样性与分异

多年来，各种各样的概念与术语被用于描述和了解生境选择及资源选择（resource selection），但术语的使用通常比较松散。生境（habitat）[①]一词有两种不同的用法。首先，它可以针对某一特定物种，此时，生境是指一个有机体生存所必需的环境特征（如庇护所）和资源（如食物）的集合，这一定义与生态位的概念有许多相似之处（第 7 章）；其次，生境有时也会包含一组特定的环境特征，代

[①] 译者注："habitat"一词有多种中文译法，最为常见的是"生境"或"栖息地"，其中，前者泛指所有生物，而后者则常指动物，在本书的翻译文本中，我们选择使用"生境"一词

表着某种植被类型、植物群落或覆盖类型等,是独立于特定的生物或物种的。Hall 等(1997)认为,只有第一种定义是正确的,对于是否应该只使用狭义的生境定义,以及该定义与生境利用(habitat use)、生境选择(habitat selection)和生境偏好(habitat preference)等相关概念间的交叉关系目前仍存在争议(表 8.1;Lele et al.,2013)。在此,我们对这些术语不做详细讨论,只是强调在考虑这些主题时,有必要更为明确地使用生境一词。

表 8.1　资源选择及空间利用调查中常用的术语和定义

术语	定义
生态陷阱	当劣质生境比优质生境更受欢迎时,就会出现一个"有吸引力的陷阱"
生境	一种生物体生存所必需的环境特征和资源的集合,或一组代表某种植被、植物群落或覆盖类型的特定环境特征
生境利用	某一消费者在固定的时段内所使用的某一组分(食物/资源)的数量
生境可获取性	某一消费者对某一生存组分的可达性和可得性
生境选择	一只动物选择生存组分的过程
生境优先性	在平等提供的基础上,某一特定的生境组分更常被选择
生境质量	某一生境通过较高的存活率和/或繁殖率促进种群正增长的程度
资源	种群生长、维持和/或繁殖所需的某一环境特征,是(不)可以被消费的
资源选择	相对于资源可获取性而言对资源的不均衡利用
资源选择概率函数	估计不同类型资源单元的利用概率的函数
资源选择函数	一种资源选择概率函数乘以一个任意常数,使其与资源选择概率函数成正比
家域	个体在食物获取、交配和照顾幼崽过程中正常的活动区域
利用分布	动物在平面上的点位分布
领地	个体防御的区域

"生境"和"资源"两个术语有时可以互换使用。资源是一个比生境更笼统的术语,其反映的是个体生长、维持或繁殖所需的环境特征,包括生境、食物和配偶等;而"生境"通常既不包括配偶,也不包括食物(如猎物通常不被视为捕食者的生境;Crowder and Cooper,1982;Underwood et al.,2004;Keim et al.,2011)。

8.2.2　生境选择理论

生境选择理论和资源选择理论是从行为生态学发展而来的,在 20 世纪 60~80 年代已得到了很大的发展,在此之前,人们虽然对生境选择的直接原因和最终原因有了一定的了解(Lack,1933;Svärdson,1949),但是并未发展出生境选择的一般性理论。进入 20 世纪 60 年代和 70 年代,人们开始强调最优化,并借鉴经济学的思想来探讨行为生态学中的一些问题。早期的生境选择理论中的一些关键见解的确与行为生态学的相关发展有着很高的相似性,也关注于最优化问题,如一夫多妻制阈值模型（Orians，1969）。从生境选择理论中衍生出的模型通常能准确反映某些物种的分布格局（Krivan et al.，2008；Hache et al.，2013），即使常常会违反一些假设（Kennedy and Gray，1997；Hugie and Grand，1998）。

8.2.2.1 理想自由分布模型及其扩展

随着 Fretwell 和 Lucas（1970）对理想自由分布（ideal free distribution，IFD）模型的描述，生境选择理论有了一个根本性的发展，该理论的目的是了解生境选择的变化以及在生境质量和种群密度不同的情况下产生的适应性后果。这一理论假设个体行为（如繁殖）是理想化的，可以自由选择适应度最高的生境，并假设适应度随着种群密度的增加而下降（图 8.1；Fretwell and Lucas，1970），这些假设是 IFD 生境选择模型及其后续扩展的关键组成部分（Fretwell and Lucas，1970；Morris，2003）。模型的后续扩展放宽了这些基本假设，包括了非理想行为（Shochat et al.，2005）以及防止"自由"定居的专制行为和先发制人的行为（Fretwell and Lucas，1970；Pulliam，1988；Rodenhouse et al.，1997），并考虑了 Allee 效应（Fretwell and Lucas，1970）或种群规模较小时的正向密度依赖（Stephens and Sutherland，1999）。该理论进一步发展，包括了物种相互作用和捕食风险（Rosenzweig，1981；Moody et al.，1996）、知觉限制（Abrahams，1986）、社会行为（Beauchamp et al.，1997；Nocera et al.，2009）和随机性（Morris，2003）等。

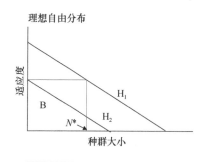
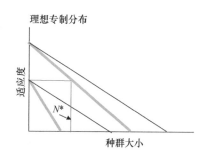

图 8.1 理想自由分布和理想专制分布下的两个生境的质量变化（H$_1$ 和 H$_2$）

在左图中，适应度随着种群大小的增加而下降，生境 H$_2$ 仅在种群大小大于 N^* 时才被利用，B 表示低质量生境；在右图中，主要的竞争对手出现改变了适应度与种群大小的关系，并降低了 N^* 值（图中以粗体显示）

从生境选择理论中研究者发展出了一些与解释跨景观的空间利用和资源选择有关的一般性原则，即高质量生境在时空上会被优先利用，且更快地被优势个体（如年长的或体型较大的个体）所选择（Robertson and Hutto，2006；McLoughlin et al.，2010），即便这些个体的分布并非处于理想状态，但如果它们能够采集到可靠的环境信息的话，那么上述期望通常也是成立的（Pulliam and Danielson，1991）。生境选择理论还表明，物种的分布可能会呈现一定的空间格局，如该生境容纳不下而扩展到邻近生境所导致的分布格局的空间自相关（McLoughlin et al.，2010）。一些理论上的发展，如生境选择中依赖于地点的种群调节思想（Rodenhouse et al.，1997），可以用来阐明密度依赖和种群增长变化的机制。

近来，理论上的发展更多地集中在环境变化如何影响生境选择上。重点强调了物种的密度或多度并非是衡量生境质量（habitat quality）的一个很好的指标（Van Horne，1983），采用该指标会引发一个生态陷阱（ecological trap），即质量差的生境比质量好的生境更受欢迎（Schlaepfer et al.，2002），从而导致非理想的生境选择（Arlt and Part 2007）。生态陷阱的概念之所以引发了人们的极大兴趣，部分是因为它可能会对种群产生不利影响（Donovan and Thompson，2001；Kokko and Sutherland，2001；Fletcher et al.，2012；Hale et al.，2015），尽管在实践中生态陷阱出现的概率相对较低（Sergio and Newton，2003；Bock and Jones，2004；Robertson and Hutto，2006）。

8.2.2.2 家域的概念与空间利用

家域（home range）的概念可以追溯到 20 世纪初，作为第一个正式提出家域概念的研究者，Burt（1943）将其定义为"个体在其食物获取、交配和照顾幼崽过程中的正常活动区域"（图 8.2），进而将其与领地或个体防御其他同种或异种个体的区域进行了对比（Nice，1941）。他强调，在个体的整个生命周期中，家域的范围不一定限定在同一区域内；也就是说，家域会随时间的推移而变化，并且在空间上是可以分开的，如繁殖期和非繁殖期的家域。通常情况下，家域的范围会比领地更大，并且会随环境条件（如资源数量）、个体特征（如年龄、性别）和种群特征（如种群密度）的变化而变化。

大多数有关家域的理论都集中在理解家域形成的原因和过程机理上（Borger et al.，2008；Moorcroft and Barnett，2008；Nabe-Nielsen et al.，2013；Potts and Lewis，2014）。对于围绕中心位置觅食的动物（如筑巢的鸟类）来说（Orians and Pearson，1979），繁殖过程明显会限制其移动范围，从而导致家域的形成。在缺乏此类约束的情况下稳定家域的形成原因尚不清楚，一些简单的移动模型，如扩散和随机漫步模型（见下文）都无法产生稳定的家域（Borger et al.，2008）。然而几个因素可能会导致稳定家域的形成，如空间记忆、多尺度资源选择、在熟悉的环境中移动

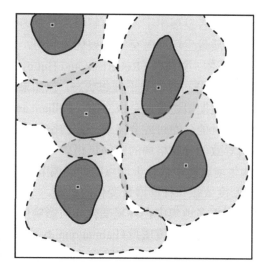

图 8.2　家域的概念（改编自 Burt，1943）

图中显示的是家域（浅灰色区域，用虚线表示）与领地（深灰色区域，用实线表示）间的关系，其中关键点位（如正方形表示筑巢点位）也已标识出来

学习的获益、移动时间与资源获取间的权衡以及核心点吸引等（Stamps，1995；Mitchell and Powell，2004；Gautestad and Mysterud，2005；Gautestad，2011；Merkle et al.，2014；Riotte-Lambert et al.，2015）。

　　了解家域内和家域间空间利用的变化是理解不同尺度上关键生境所涉及的诸多问题的核心（Johnson，1980）。解释家域内空间的利用强度通常要对个体在空间（可能还有时间）上的利用分布进行量化。利用分布是一种动物在确定时段内相对频率的二维分布（Van Winkle，1975），可以看作是对家域利用的概率表达，且与第 2 章中讨论的生态邻域的一些应用相关。因此，利用分布为我们提供了利用强度的空间显式表达，可以与解释利用强度的关键环境特征联系起来（Marzluff et al.，2004；Hooten et al.，2013）。

8.2.2.3　移动的概念和理论

　　个体移动产生了资源选择和空间利用，同时对连通度而言也是至关重要的（见第 9 章）。近年来，个体移动与资源选择在原则上已逐渐趋同（Mueller and Fagan，2008；Schick et al.，2008；Zheng et al.，2009；Morales et al.，2010；Zeller et al.，2016；Hooten et al.，2017），下面我们简要地讨论移动生态学中的相关思想和进展。

　　在生态学中，移动被定义为一种随机漫步或扩散过程，Skellam（1951）开创性地在种群动力学模型中加入扩散性移动过程，该过程假定移动是随机的，并提供了一种量化在环境中随机移动的粒子在某一时间点处于特定位置概率的方法，概率的期望值可以从潜在的连续时空过程中推导出来（Kareiva，1982）。扩散模型可以扩展用于说明平流扩散，即某些环境会增加移动速率（Skalski and Gilliam，2003；Reeve et al.，2008）。相比之下，随机漫步通常是通过离散时空过程来推导的（图 8.3），尽管总的想法是一样的，即个体移动是随机的，但由于模型的离散性，计算公式还是有所不同的。随机漫步已经有了多种扩展形式（Codling et al.，2008），其中，最常见的是包含移动方向的相关随机漫步（CRW）（Kareiva and Shigesada，1983），其假设个体在时间 t 时的行进方向取决于时间 $t-1$ 时的行进方向，一般来说，这种方法会产生更具方向性的移动，表面上看更类似于自然界中观察到的移动（图 8.3）。随机漫步方法也被用于解释记忆、社会交往和其他问题上（Codling et al.，2008；Gautestad and Mysterud，2010；Smouse et al.，2010；Delgado et al.，2014）。

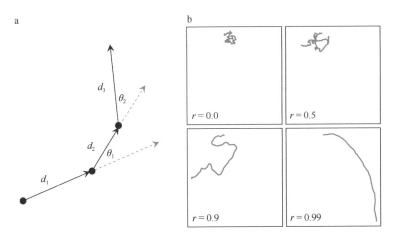

图 8.3　生物个体的移动轨迹与相应的随机漫步移动模式示意图

a. 用步长 d 和相对角（即转角）θ 描述的个体移动轨迹；b. 随机漫步移动模式，图中显示的是简单随机漫步（$r=0$）和相关随机漫步（$r>0$），r 为相关度

在移动生态学中通常会区分关注的核心是个体（拉格朗日观点，Lagrangian perspective）还是种群（欧拉观点，Eulerian perspective）（Nathan et al.，2008）。一般而言，扩散模型通常用于种群水平，而随机漫步模型则通常用于个体水平（Borger et al.，2008）。随着 GPS 遥测数据可用性的增加（Tomkiewicz et al.，2010），拉格朗日观点经常会被用来解释空间利用和资源选择（Horne et al.，2007；Avgar et al.，2016）。

Nathan 等（2008）概述了一个将不同方法统一起来来理解移动生态学的框架，他们强调了个体移动的 4 种常见驱动因素，即个体的内在状态、移动能力、导航能力和外部环境。内在状态反映的是个体间的差异，比如生理状态和个体特征（Zera and Denno，1997；Harrison et al.，2015），这会影响移动的可能性及方向；

移动能力则是指移动的生物力学特征（Damschen et al., 2008; Turlure et al., 2016）；导航能力关注的是生物体获取影响移动决策的方式和尺度方面信息的能力，如个体的感知约束和感知范围（Zollner and Lima, 1997; Fletcher et al., 2013）；外部环境包含了大量可能影响移动的外部问题，如土地利用等（Doherty and Driscoll, 2018）。这 4 个因素间存在着相互反馈，例如，外部环境可以影响个体的内在状态和导航能力。

8.2.3 生境利用和选择数据的常见类型

多年来人们采用不同的方式来考虑生境利用和资源选择问题，主要是设定不同时空尺度上的选择机制，并使用不同类型的数据对其进行推断。

生境和资源选择通常是分层次的（Johnson, 1980; Orians and Wittenberger, 1991; Rettie and Messier, 2000），Johnson（1980）在一篇经典的文章中将其分为 4 个层级，其中，一级选择定义为某一物种对地理范围的选择，二级选择是指个体的家域选择，三级选择是指在某一家域或领地范围内对不同生境组分的选择利用，四级选择则与食物的实际获取有关，这种层次结构显然是在不同的时空尺度上运作的。

上述的层次结构与资源和空间利用的评估方式间具有很强的相关性。目前，资源选择和偏好的评估方法有几种，如选择实验和利用时序分析（Robertson and Hutto, 2006），这些方法大多将重点放在生境或资源利用与某种可用性衡量指标间的对比上（Beyer et al., 2010; Aarts et al., 2013）。根据所考虑的层次结构，分析中会使用不同的资源利用及可用性数据集。

Thomas 和 Taylor（1990, 2006）对科学家用来解释资源利用及可用性的方法进行了调查分析。他们确定了 4 类常用的研究设计（Manly et al., 2002）：在设计 I 中，数据是在种群水平上收集的，不识别个体，重点放在某一资源梯度上的种群密度、多度或占用率变化等信息上，在此我们不关注该设计，因为它与物种分布模拟模型间重叠度很大（见第 7 章）；设计 II 主要量化了个体的利用，并与种群水平上（并非针对某一个体）量测的可用性信息进行比较；设计 III 则对每一个体的使用数据及可用性数据进行量化；设计 IV 则是在某一时段内对每一个体的资源利用及可用性以成对的方式进行重复量测，从而考虑了个体的资源选择在时空尺度上的变化（Arthur et al., 1996; Thomas and Taylor, 2006）。

8.2.4 家域和空间利用方法

家域分析在动物生态学中有着悠久的历史，其目标通常是估计（和绘制）个体的利用分布（utilization distribution，UD）并了解其变化。利用分布则是对空间利用的一种定量描述，可以与环境梯度、关键生境和保护相关的问题联系在一起。

　　近年来，利用更为详细的 GPS 遥测数据的分析方法大幅度增加（Kie et al.，2010；Tomkiewicz et al.，2010；Kays et al.，2015），在此，我们对一些常见的方法进行概述，请注意这些方法中的每一种都以不同的方式得以扩展，此外也还存在着其他一些分析方法，更详细的评论可参见 Moorcroft 和 Lewis（2006）及 Worton（1987）的文献。

　　最简单的家域估计方法是最小凸多边形（minimum convex polygon，MCP；Mohr，1947）法，即通过最外层点位间的连接形成一种向外凸起的"壳"（图 8.4）。在创建凸壳时我们可以考虑所有的点位或一部分点位（95%、90% 等）以消除异常点带来的影响，虽然该方法已应用了几十年，但几个原因限制了其量化利用分布的能力，首先，MCP 法不能对利用分布做正式的估计，因为它并未估计利用的相对强度；其次，这种有界的凸壳通常会将个体不适宜的区域包含在内，因此会高估空间使用。

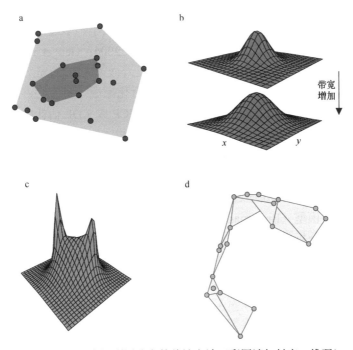

图 8.4　家域和空间利用分布的估计方法（彩图请扫封底二维码）

a. 最小凸多边形法采用凸壳来描绘利用的外部边界，图中所示为 100% 和 50% 最小凸多边形；b. 核密度估计方法采用概率分布对已知利用点位周围的预期利用进行平滑处理，图中所示为一个双变量正态分布的例子，说明了单点位核带宽的变化；c. 布朗桥估计方法假设了沿轨迹点间的随机移动，图中所示为两个点位间的预期利用（反映在分布模式中），请注意，两点位间的期望值高于其他点位的值；d. 局部凸壳法获取点位并利用相邻点位的子集创建了一系列的最小凸多边形，这些点位被连接在一起估计家域，图中所示为采用 4 个最近邻体的例子

核密度估计（kernel density estimation，KDE）方法在空间利用和家域估计方面的应用也有着悠久的历史（Worton，1989；Seaman and Powell，1996；Benhamou and Cornelis，2010）。核密度家域估计方法采用不同类型的概率密度函数（类似于我们在第 2 章到第 4 章中使用的方法）对空间利用进行插值，这种常规的方法可以捕获到整个空间的利用强度，因此对我们来说是十分有用的。就 KDE 方法而言，我们基本上是围绕着每个点位基于核函数进行插值的（图 8.4），插值的高度和范围则主要基于核分布的带宽（或称"平滑参数"或"窗口宽度"；Seaman and Powell，1996）。目前已开发出应用固定带宽和自适应带宽的 KDE 方法（Worton，1989），其中，固定带宽是指所有点位均采用相同的带宽，而自适应带宽则是指带宽根据点位的不同会产生适应性变化，我们通常认为自适应带宽会导致家域估计出现偏差，估计值往往会大于真实值，而固定带宽则会表现得更好些（Seaman and Powell，1996）。对于 KDE 方法而言，我们通常假设点位间是相互独立的（Worton，1989），然而由于时间自相关的存在（Swihart and Slade，1985），特别是当点位的时间分辨率较高（如使用了 GPS 遥测数据）时，就会违反这种独立性假设，从而造成带宽估计时出现问题（Gitzen et al.，2006）。

局部凸壳（local convex hull，LoCoH）法是对最小凸多边形法的一种概化。作为一种非参数的 KDE 方法（Getz and Wilmers，2004；Getz et al.，2007），局部凸壳法采用最近邻（用不同的标准进行定义；见下文和 Getz et al.，2007）的方式创建连续点位的凸壳，并把它们合并在一起来量化家域（图 8.4），这种非参数方法去除了动物不可能利用的硬边界和点位（在 MCP 或 KDE 估计中可能会包括），因此具有一定的潜在应用价值，因为，LoCoH 使用了连续的位置，可以捕获一些与时间相关的隐含信息，因此已经被扩展用于明确地解释时间尺度上的问题（T-LoCoH；Lyons et al.，2013）。感兴趣的读者可从 Benhamou 和 Cornelis（2010）的文章中了解 KDE 方法处理边界问题的另一种方式。

布朗桥移动模型（Brownian bridge movement model；Horne et al.，2007）为我们提供了家域分析的另一种方法，该方法通过明确地将移动轨迹纳入家域的解释中，从而提供了更多移动在家域估计中所起作用的机理性观点（与 KDE 方法相比）。该方法将连续点位间的条件随机漫步（图 8.4）或以点位间的时间和距离为条件的随机漫步与布朗运动方差（"布朗"是一个从物理学中借用过来描述简单扩散过程的术语）相结合。该模型应用范围很广，但仅就家域分析来说也是具有一定应用价值的，因为它估计了个体在给定时段内出现在某一区域的概率（Horne et al.，2007）。与 KDE 方法相比，该模型通过随机漫步过程对连续点位间的利用进行估计，因此可以更好地对相互连通的家域进行分析，更重要的是，该模型并未假设点位间是相互独立的。

最后，我们注意到有人也在尝试应用机理性家域模型（Moorcroft et al.，1999；

Mitchell and Powell，2004；Moorcroft and Barnett，2008），这种尝试侧重于产生家域格局的过程，而上述方法往往只关注家域格局本身的量化（而不考虑这些格局出现的原因）。这类模型通常是对相关随机漫步（CRW）模型的扩展，目的是获取产生家域格局的关键机制，如对同种气味标记的响应、朝向家域中心的移动偏差、避开陡峭地形或记忆等（Moorcroft et al.，1999，2006；Hooten et al.，2017）。这类模型通常依赖于微分方程，使用者需对微积分有更为深入的了解，本章对这类方法不做详细讨论（更多细节可参见 Moorcroft and Lewis，2006）。

8.2.5　不同尺度上的资源选择函数

资源选择函数（resource selection function，RSF）是一组量化动物资源利用变化的统计模型，可定义为与资源单元利用概率成比例的函数（Boyce and McDonald，1999；Manly et al.，2002；Lele et al.，2013），这些函数的表达方式各不相同（Manly et al.，2002），部分取决于所采用的数据类型和资源选择的尺度。资源选择函数与物种分布模型间存在着许多共同点（见第 7 章），甚至一些资源选择函数可以视为物种分布模型的一种类型（Franklin，2009；Aarts et al.，2012）。

资源选择函数与资源选择概率函数（resource selection probability function，RSPF）间存在着一定的区别（Boyce and McDonald，1999），前者通常将资源的利用与可用性进行对比，侧重于对与利用概率成比例的相对度量指标进行模拟，后者则是对利用概率进行模拟，或是通过利用与未利用间的对比，或是通过加权分布理论，对相对利用与利用概率间的关系进行分布假设（Lele and Keim，2006；Lele et al.，2013），当样本量相对较大时（>500 个使用点；Rota et al.，2013），采用加权分布的模拟能可以更为可靠地估计函数的所有参数。两种函数间的对比类似于模拟发生概率的物种分布模型与采用存在数据模拟相对概率的物种分布模型间的对比（第 7 章）。

在此，我们根据所采用的数据类型（如利用点位的集合或个体利用的轨迹）对资源选择函数进行分类，这种分类方式源于其在空间生态学理论与应用中的具体实施需求。例如，在空间生态学文献中，"点位选择"不同于"步长选择"和"路径选择"（Zeller et al.，2012），因为不同类型的资源选择函数会以不同的方式捕获移动或分散过程中的资源选择信息（见第 9 章）。下面，我们将对每种选择进行简要的描述，要获得更为全面的概述请参阅 Manly 等（2002）和 Hooten 等（2017）的相关论著。

8.2.5.1　点位选择

点位选择通常是确定资源利用的位置，并将其与可用性信息进行比较，但并未参考已发生的使用位置或移动轨迹（图 8.5），该方法在资源选择和空间利用的模拟方面有着悠久的历史。针对分类数据的简单点选择函数称为"选择比率"函数，可以描述如下。

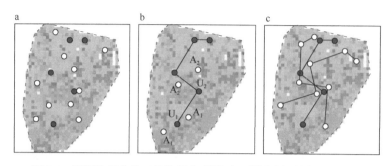

图 8.5　资源选择中的三类选择方式图示（彩图请扫封底二维码）

a. 点位选择；b. 步长选择；c. 路径选择。图中所示为无线电追踪某一个体的最小凸多边形，填充点表示利用点位，白色点表示可用点位。图 b 中只显示了前两个利用点位（U）的本地可用性（A）

$$w_i = o_i / \pi_i \tag{8.1}$$

式中，w_i 是与可用比例相关的第 i 类资源单元的比例，o_i 是第 i 类资源单元中已利用单元的比例，$\pi_i = a_i / a$，表示第 i 类资源单元中可用单元的比例，其中，a_i 是第 i 类资源单元的数量或面积，a 是所有类别的总数（或面积）。因此，w_i 通常被看作是对第 i 类资源偏好的衡量标准，这种选择比率称为"Manly 选择性指标"，该指标有几种变体（Manly et al.，2002），其总体框架可追溯到早期的资源利用及可用性研究（Savage，1931）。

另一种基于分类数据的方法是组成分析（compositional analysis）法（Aebischer et al.，1993），该方法在 20 世纪 90 年代和 21 世纪初已成为一种较为流行的方法，因为它解决了选择比率函数中的一些基本限制，如某一个体的资源利用样本（将个体视为样本单元）间缺乏独立性和单元和的约束，从而避免了一种类型资源单元会导致对另一种类型资源单元的最终选择的问题（Johnson，1980）。组成分析是多元方差分析（MANOVA）的一种形式，适用于资源选择设计 Ⅱ 和 Ⅲ（Manly et al.，2002）。虽然这种方法目前十分流行，但也受到了一些批评，因为它既假设了多变量的正态性，又假设了来自不同个体的数据间是相互独立的，且在某些情况下，必须在数据中添加任意常数（因为该方法采用的是对数比率）。

一种更为常见的点位选择的方法是逻辑回归资源选择函数，其可应用于不同类型的（如连续的和分类的）协变量，并可扩展用于考虑时空依赖和重复量测（Manly et al.，2002；Aarts et al.，2008），在此可定义为

$$w_x = \frac{\exp(\beta_0 + \beta_1 x_1 + \beta_2 x_2 + \cdots + \beta_k x_k)}{1 + \exp(\beta_0 + \beta_1 x_1 + \beta_2 x_2 + \cdots + \beta_k x_k)} \tag{8.2}$$

式中，k 为研究中的协变量数，β_k 为与第 k 类资源中单位变化相关联的对数差异比，因此提供了对第 k 类资源利用的度量，x 为点位。我们可以基于利用量（即对数-线性资源选择函数）或时间显式利用（如比例风险模型）来构建类似的资源选择函数。式（8.2）中的分子与式（8.1）直接相关，想了解更多细节请参见下文和 Manly 等（2002）的相关论著。

上述资源选择函数与使用 GLM 预测物种分布有许多相似之处（第 7 章），请注意，与第 6 章中描述的存在数据的模型类似，当采用利用-可用类数据时，截距 β_0 是不可识别的（因为它取决于所使用的可用点数量）。此外，在某些情况下，逻辑回归资源选择函数可能会产生有偏估计（Keating and Cherry，2004）。尤其值得关注的是，当采用利用-可用类数据进行逻辑回归时，可能会出现数据"污染"，即当逻辑回归中使用的 0 值是实际利用的位置时。然而，对于受污染的可用性数据与真实数据相比是否真的存在问题仍有一些争论（Johnson et al.，2006；Beyer et al.，2010）。

最近，研究者开始使用非均质点过程模型来解释资源选择（Aarts et al.，2012；Johnson et al.，2013；Northrup et al.，2013；Hooten et al.，2017），类似于其在模拟物种分布中的应用（见第 7 章）。Aarts 等（2012）说明了各种资源选择函数如何实现对非均质点过程模型的近似，重点放在如何在环境空间[如式（8.1）]或地理空间中对资源选择函数进行量化上。例如，基于地理空间的资源选择函数会把空间中的每个位置视为一种不同的资源或生境，这种利用基于的是物种在地理空间中出现的位置，而不是环境条件的利用频率。他们还强调，一些模型在获取利用和资源数据时对环境或地理空间进行了离散化处理，而其他模型则将其视为连续的，例如，计数数据和存在-缺失数据是在一个离散区域进行采样或汇总，而点位数据可以表示为无限小的区域（即可以视为连续的）。资源选择的非均质点过程模型重点放在连续的地理空间上，我们可以用环境或地理空间中资源点位的离散数据对这种空间做近似。Aarts 等（2012）展示了逻辑回归和泊松回归如何对非均质点过程模型做近似，回归模型中通常会使用权重，以反映可用点（或"正交"点；见第 7 章）样本的面积或体积。与物种分布模拟类似，采用点过程框架可使数据（如可用点）的角色更为清晰，并突出显示以往认为差异性较高的模型间的相似性。

Johnson 等（2013）提倡使用时空点过程模型对事件（利用的点位）随时间的变化进行明确的模拟。考虑时空点过程的模型可以很容易地解释影响资源的利用及可用性的环境条件随时间的变化，目前已经形成了一种更为通用和更为灵活的资源选择函数框架（Hooten et al.，2017）。请注意，许多点过程模型都可用标准化的软件来实施（如第 7 章所示）。

8.2.5.2 步长选择

随着高分辨率 GPS 遥测技术的飞速发展，研究者开始更为频繁地使用步长选择函数对时间 t 的利用与可用性进行对比（Fortin et al.，2005；Thurfjell et al.，2014；图 8.5），可用性可以存在于不同的空间尺度上并随时间的变化而变化。我们通常采用移动轨迹来量化步长（即时间 $t-1$ 与 t 间的移动距离）和连续点位间的转向角，然后以某种方式使用该信息来解释时间 $t-1$ 时的个体点位在时间 t 时的可用性（图 8.5）。这种数据格式会产生匹配的数据或"选择集"，其中一个利用点位与一个或多个可用点位配对，这种匹配数据被泛称为匹配个案对照设计。统计模型，如离散选择及相关的条件 logit 模型，经常被用来解释这种情况下的资源选择，因为这类模型遵循匹配样本设计（Cooper and Millspaugh，1999；Fortin et al.，2005；Duchesne et al.，2010）。虽然，这类模型在很大程度上可以为逻辑资源选择函数提供同义推理，但所模拟的选择概率却略有不同（Lele et al.，2013），该类模型模拟了一个时间 t 的选择序列中的资源选择单元 i 的概率。这些模型有助于将资源选择与跨空间的移动联系起来（Forester et al.，2009；Duchesne et al.，2015），因此已被广泛应用于空间生态学的研究中（Thurfjell et al.，2014；Zeller et al.，2016）。

虽然研究者越来越多地使用步长选择函数，但其模型构建过程中仍有一些关键的问题需要解决，且目前对此几乎未达成任何共识（Thurfjell et al.，2014）。第一，大多数步长选择函数将重点放在每个步长（及可用步长）终点处的资源上，但也有一些研究会考虑整个步长线段上的资源（Zeller et al.，2012）。第二，当生成可用的点位或步长时，一些人简单地在时间 t 的利用点位周围进行缓冲，在不考虑与时间 $t+1$ 时的利用点位距离的情况下在缓冲区内随机选择点位，这会在选择系数中产生偏差，因此不推荐使用（Forester et al.，2009）；与此相反，可用点位应遵循观察到的步长分布（观测分布中的步长抽样），或是对观测步长进行参数分布拟合。第三，对一个步长选择函数而言，重复的时间步长通常具有时间依赖性，在估计资源选择时需要加以考虑，一些研究者采用基于广义估计方程的方法以适应这种时空依赖（Fortin et al.，2005；Prima et al.，2017），而另一些研究者则采用混合模型（Duchesne et al.，2010）。

8.2.5.3 路径选择

一种可以替代步长选择的方法是考虑个体在景观中移动的完整路径或轨迹（图 8.5），考虑完整路径或其相关组分[如日路径、季节路径等，有时统称为"轨迹（bursts）"]的效用在于，可以为我们提供移动过程中在选择方面的更多有用信息，并且可以帮助我们减少数据分析和解释过程中的时间自相关问题（Cushman et al.，2011）。路径选择函数已在多种情况下得以应用，如估计景观基质对移动的阻力（Zeller et al.，2016），以及解释扩散生物学中的个体差异等（Elliot et al.，2014）。

在一个路径选择函数中，会对利用路径进行定义并将其与随机路径进行对比，随机路径可以采用多种方式生成，如简单地在原点位置对利用路径进行旋转，这保留了观察路径的拓扑结构，与此相对应，观察路径也可在研究区内进行旋转和移动。我们也可通过利用路径分量估计（如步长和转角的分布）来生成随机路径，类似于一个步长选择函数，但推断是在完整路径水平上进行的。后一种方法通常会用于空间生态学的模拟中（Beyer et al.，2013），在资源选择模拟中应用较少。

8.3 R 语言示例

8.3.1 R 语言程序包

R 语言中用于资源和生境选择模拟的程序包有几种，在此我们重点介绍 adehabitat 程序包（Calenge，2006），它又分为 3 个程序包，即 adehabitatHR、adehabitatHS 和 adehabitatLT，其中，adehabitatHR 程序包用于家域分析，adehabitatHS 程序包用于生境选择分析，而 adehabitatLT 程序包则为解释和分析移动轨迹提供了一个平台。

8.3.2 数据

为了进一步了解资源选择和生境利用，我们选用佛罗里达南部佛罗里达豹（*Puma concolor coryi*）的无线电遥测数据进行分析。佛罗里达豹是分布在佛罗里达南部的一种极度濒危的哺乳动物，在过去的 30 年里人们通过无线电遥测技术对其空间利用、家域和资源选择进行了深入的研究（Maehr and Cox，1995；Cox et al.，2006；Land et al.，2008；Onorato et al.，2011；Frakes et al.，2015；McCarthy and Fletcher，2015），研究期间，每隔 1～3 天使用固定翼飞机对佛罗里达豹进行定位，定位估计精度为 489m（Cox et al.，2006）。97% 的遥测位置是在 07：00 到 15：59 的时段收集的，其中，88% 是在 07：00 到 11：59 的时段收集的（Cox et al.，2006），这会将推断限定在一天中的早些时候（豹正在休息的时候）。Land 等（2008）对比了白天与夜间（豹活动更多的时候）采集点的 VHF 和 GPS 遥测数据的推断结果，发现这两个数据源的资源选择基本上是相似的。

在此，我们选用佛罗里达豹无线电遥测 VHF 数据中的一小部分来说明资源选择和空间利用。我们的数据包含了 6 只豹（3 只亚成体和 3 只成体），每只都有不同数量的移动（图 8.6）。在本示例中我们的目标有两个方面。首先，通过各种可以提供互补信息的方法来量化利用分布，我们详细说明了如何使用这些数据进行分析。其次，考虑到不同的资源选择方法在捕获时空尺度的方式上存在着显著不同，我们对这些方法进行了对比分析。

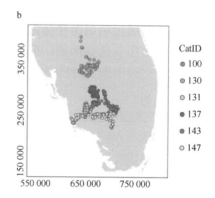

c

CatID	性别	年龄	位置数	监测的月数
100	雄性	成体	127	11
131	雄性	成体	118	11
137	雄性	成体	131	11
130	雄性	亚成体	85	9
143	雄性	亚成体	129	11
147	雄性	亚成体	123	9

图 8.6 佛罗里达中南部佛罗里达豹的遥测数据（彩图请扫封底二维码）

a. 一只佛罗里达豹；b. 研究区内每只豹的利用位置图；c. 豹的数量和每只豹利用位置的数量

8.3.3 数据准备

我们首先加载研究区土地覆盖类型的栅格图层（panther_landcover. grd）和豹遥测点位的 shp 格式文件，并将基于栅格的土地覆盖类型图的分辨率聚合到 500m（反映遥测误差的近似粒度），该图由佛罗里达州鱼类和野生动物保护委员会于 2003 年绘制，原始图中包含了 43 种土地覆盖类型，分辨率为 15m。虽然近期进行了更多的土地覆盖测绘工作，但该图仍是豹数据收集时（2006 年）可获取的最佳图件。同时，我们还导入豹点位的 shp 格式文件，并将两类数据叠加在一起。

```
> library(raster)
> library(rgdal)

#土地覆盖
> land <- raster("panther_landcover.grd")
> projection(land)
```

\#添加豹的点位数据
```
> panthers <- readOGR("panthers.shp")
> projection(panthers)
```

　　这两幅图的 CRS 是相同的，因此，在数据可视化和分析过程中不需要对其进行修改（我们将 CRS 存储为 crs.land 供以后使用）。我们简单地浏览数据，并通过绘图来了解数据的变化（图 8.6）。

\#检视豹数据
```
> summary(panthers)
> unique(panthers$CatID) #the unique cat IDs
> panthers$CatID <- as.factor(panthers$CatID)
```

\#绘图
```
> plot(land)
> points(panthers, col = panthers$CatID)
```

　　为了简化分析，我们使用 raster 程序包中的 reclassify 函数将土地覆盖类型数据重分类为较少的类别。

\#将图中的土地覆盖类型重分类为较少的类别
```
> classification <- read.table("landcover reclass.txt", header = T)
> head(classification)
```

```
##
    Landcover   Description       ChangeTo   Description2
1   1           CoastalStrand     0          coastalwetland
2   2           Sand              0          coastalwetland
3   23          saltmarsh         0          coastalwetland
4   24          mangroveswamp     0          coastalwetland
5   25          scrubmangrove     0          coastalwetland
6   26          tidalflat         0          coastalwetland
```

　　上表描述了初始分类方案和重新分类方案，新的分类类别可以通过以下方式查看。

```
> levels(classification$Description2)
```

```
##
[1] "barrenland" "coastalwetland" "cropland" "cypressswamp"
"dryprairie"
[6] "exotics" "freshwatermarsh" "hardwoodswamp" "openwater"
[12]    "pasture/grassland"    "pinelands"    "scrub/shrub"
"uplandforest" "urban"
```

然后，我们可以使用 reclassify 函数，但首先需要将数据框转换为矩阵格式。

```
> class <- as.matrix(classification[, c(1, 3)])
> land_sub <- reclassify(land, rcl = class)
```

我们对两种森林类型（山地森林和湿地森林）进行移动窗口分析（方法见第3 章）从而创建了一些新的图层，这为我们提供了佛罗里达豹利用的关键土地覆盖类型的连续协变量，这两种森林类型也已被证明对佛罗里达豹的资源选择十分重要（Kautz et al.，2006；McCarthy and Fletcher，2015）。在移动窗口分析中，我们对半径 5km 范围内的森林进行计算，这大致可以反映该数据集中连续移动距离的中值。

```
#湿地森林
> wetforest <- land_sub
> values(wetforest) <- 0
> wetforest[land_sub == 9 | land_sub == 11] <- 1

#山地森林
> dryforest <- land_sub
> values(dryforest) <- 0
> dryforest[land_sub == 10 | land_sub == 12] <- 1

#用移动窗口获取邻体比例
> fw <- focalWeight(land_sub, 5000, 'circle')
> dry.focal <- focal(dryforest, w = fw, fun = "sum", na.rm = T)
> wet.focal <- focal(wetforest, w = fw, fun = "sum", na.rm = T)

#栅格数据的融合
> layers <- stack(land_sub, wet.focal, dry.focal)
> names(layers) <- c("landcover", "wetforest", "dryforest")
> plot(layers)
```

对数据进行绘图后显示，湿地森林生境主要位于佛罗里达州西南部，而山地森林则散布在整个研究区域内（图 8.7）。有了这些数据，我们可以通过家域分析对资源的空间利用进行估计。

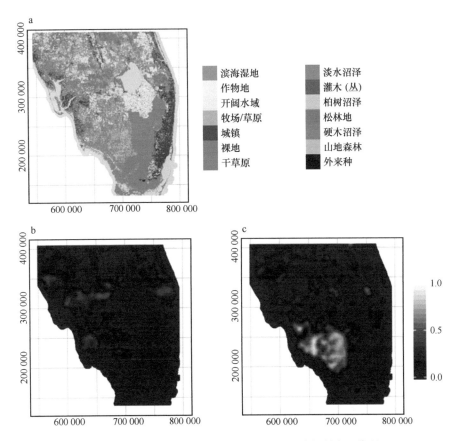

图 8.7　资源选择分析中采用的协变量（彩图请扫封底二维码）

a. 一个重分类的土地覆盖图层；b. 5km 范围内湿地森林的比例；c. 5km 范围内山地森林的比例

8.3.4　家域分析

动物家域有多种估计方法，在此我们对其中的几种加以演示。基于 adehabitatHR 程序包，我们采用 panthers 数据框，从中选择包含动物识别号（CatID）的列，用 mcp 函数计算最小凸多边形（minimum convex polygon，MCP）。

```
> library(adhabitatHR)
> mcp95 <- mcp(panthers[, "CatID"], percent = 95)
> mcp50 <- mcp(panthers[, "CatID"], percent = 50)
```

```
> plot(land_sub)
> plot(panthers, col = panthers$CatID, add = T)
```

上面我们绘制了佛罗里达豹的分布点位，并将 100%、95%和 50%的 MCP 图叠加上去（图 8.8），后者有时被称为利用的"核心区域"（Seaman and Powell，1996）。mcp 函数创建的对象是空间多边形，我们可以从分析中提取更多的信息，如 MCP 的面积（见下文）。

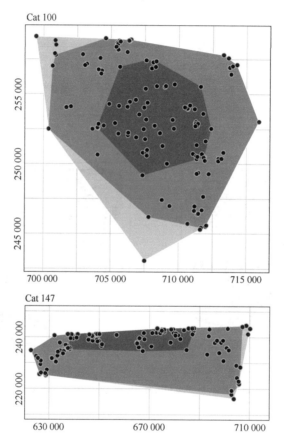

图 8.8　基于最小凸多边形的两只佛罗里达豹的家域

图中显示的是一只成体豹（Cat 100）和一只亚成体豹（Cat 147）的原始点位以及 50%、95%和 100%最小凸多边形

另一种常用的家域分析方法是核密度估计（KDE）方法。在第 4 章的空间点格局分析中，我们简单地介绍了核函数，在第 2 章和第 3 章中则讨论了尺度问题，在此我们采用了一种类似的方法。对于核密度估计来说，两个关键性问题需要加以考虑。第一，可供应用的核有几种不同类型，其中一种经典的核在 x 和 y 维上

均考虑正态分布，因此称为双变量正态分布核（又名高斯核），另一种常见的非正态方法则包括了 Epanechnikov 核（Epanechnikov，1969）。第二，有多种方法可用来确定适宜的带宽，从而改变核的平滑度和插值范围（Worton，1995）。估计平滑带宽的缺省方法是简单地基于点位数量和 x-y 坐标方差，我们称为 h_{ref}。下面我们用 h_{ref} 来计算双变量正态分布核和 Epanechnikov 核（图 8.9）：

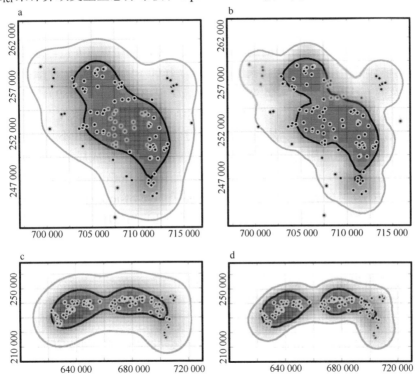

图 8.9 用核密度估计方法估计佛罗里达豹的家域范围

图中显示了 Cat 100（a、b）和 Cat 147（c、d）的原始点位、用双变量正态分布核（a、c）和
Epanechnikov 核（b、d）量化的利用分布结果以及 50% 和 95% 的等值线

```
> kernel.href.bivar <- kernelUD(panthers[, "CatID"], h =
  "href", kern = "bivnorm")
> kernel.href.epa <- kernelUD(panthers[, "CatID"], h = "href",
  kern = "epa")

> image(kernel.href.bivar)
> image(kernel.href.epa)
```

上面创建的是一个 estUD 对象，其中以列表的形式存储了每个个体的信息。我们基于第一个个体的双变量正态分布核提取的其利用分布的信息如下。

```
> kernel.href.bivar[[1]]@data
```

请注意，此信息为矢量格式，其值为图上每个被利用的像元值，并不包括图上所有的像元值[即长度不等于 ncell（land_sub）]。我们还可以提取每只豹的 h 值（示例中是编号为 2 的佛罗里达豹的 h 值）：

```
> kernel.href.bivar[[2]]@h
```

h_{ref} 值有时会导致利用分布的过度平滑，我们可以手动更改 h 值，将其设置为低于 h_{ref} 的估计值（在本示例中，该值的范围为 1600～9000）。另一种推荐用于估计可靠带宽的方法是最小二乘交叉验证（h_{LSCV}）法（Worton，1989），但该方法（及相关方法）有时并不收敛。我们可以在上述函数中通过 h="LSCV" 调用 h_{LSCV}来估计家域，在本示例中对于某些佛罗里达豹个体来说，h_{LSCV} 并不收敛。

我们也可以使用局部凸壳（LoCoH）法来估计家域。生成局部凸壳的方法有多种，Getz 等（2007）认为，相对于固定影响范围的 r-LoCoH 方法或固定点位数的 k-LoCoH 方法，"自适应影响范围（adaptive sphere-of-influence）"的 a-LoCoH 方法是一种更好的方法，所有这些方法都可以用 adehabitatHR 程序包来实现。

我们采用编号为 Cat 147 的佛罗里达豹的数据对 a-LoCoH 和 k-LoCoH 两种方法进行比较说明。在每种方法中，我们首先需要搜索描述局部外壳邻体的最佳参数，一般可通过提高用于外壳创建的参数（k、a 和 r）值并计算家域面积的变化来实现，在这种情况下，k 表示从最近邻体数中减去创建外壳的某一个体后的值，a 是创建凸外壳时的一个参数，使得凸外壳与最大最近邻体数间的距离之和≤a。通常，随着 k、a 或 r 值的增加，未被利用的区域（或孔）将减少，从而使家域多边形的范围变得更大（Getz et al.，2007），一旦家域内的所有伪孔被完全覆盖时，家域范围估计值的增加可能趋于平缓，当一个或多个实际利用的孔被覆盖时，家域范围会再次增大（Getz et al.，2007）。Getz 等（2007）建议将 k 的初始值设置为 $N^{0.5}$（N 为一个个体所利用的点位数），a 的初始值为点对间的最大距离，下面我们采用这些经验参数进行计算。

```
#对编号为 147 的佛罗里达豹的数据取子集
> panther147 <- panthers[panthers$CatID == 147, ]

#初始化
> k.int <- round(nrow(coordinates(panther147))^0.5, 0)
> a.int <- round(max(dist(coordinates(panther147))), 0)

> k.search <- seq(k.int, 10*k.int, by = 5)  #点位数
```

```
> a.search <- seq(a.int, 2*a.int, by = 3000) #距离(m)

> LoCoH.a.range <- LoCoH.a.area(SpatialPoints
  (coordinates(panther147)), arange = a.search)
> LoCoH.k.range <- LoCoH.k.area(SpatialPoints
  (coordinates(panther147)), krange = k.search)

> plot(LoCoH.a.range)
> plot(LoCoH.k.range)
```

　　在上面的搜索过程中，我们评估了随 k 值和 a 值的增加家域范围的变化。在本示例中，我们从图中选择那些家域面积趋于渐近线的参数估计值，然后根据这些值来计算家域范围（图 8.10 的上部图版），请注意，图 8.10 中并没有出现一条明显的渐近线，我们只需简单地选择变化率减缓位置的值。

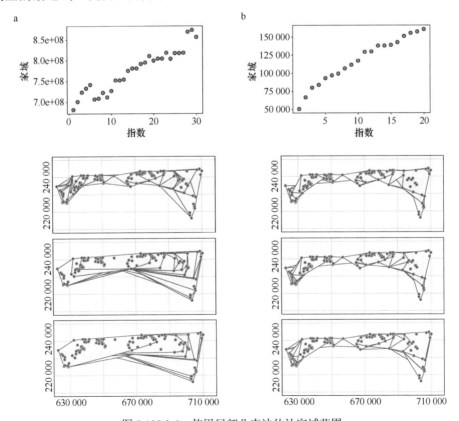

图 8.10 8.3.4　使用局部凸壳法估计家域范围

a. 采用 k 最近邻法划定凸壳的 k-LoCoH 方法；b. 采用一个自适应半径来划定邻体的 a-LoCoH 方法。对每种方法而言，上部图版显示用于确定 k 和 a 最佳值的搜索过程。下部图版显示随着 k 值（a）和 a 值（b）（从上到下）的增加家域范围的变化

```
> a.search[5]
> k.search[11]

> LoCoH.a.124062 <-
  LoCoH.a(SpatialPoints(coordinates(panther147)), a =
  a.search[5])
> plot(LoCoH.a.124062)

> LoCoH.k.61 <-
  LoCoH.k(SpatialPoints(coordinates(panther147)), k =
  k.search[11])
> plot(LoCoH.k.61)
```

通过改变 LoCoH.a.area 和 LoCoH.k.area 图中的参数，我们发现，a-LoCoH 方法对参数 a 的敏感度低于 k-LoCoH 方法对参数 k 的敏感度（图 8.10 中的下部图版）。总体而言，与最小凸多边形方法（以及在较小范围内的核密度估计方法）不同，LoCoH方法似乎可以充分捕获到编号 Cat 147 的佛罗里达豹对极端不规则空间的利用。

我们也可以用 adehabitatHR 程序包来估计布朗桥模型，Horne 等（2007）提出的一般性方法可以用该程序包中的 kernelbb 函数来实现，这些模型需要不同格式的个体轨迹数据，我们可以将定位数据用 adehabitatLT 程序包转换成轨迹数据，为了将其应用于布朗桥模型，我们必须确保轨迹数据中包含有时间信息（如日期；下面代码中 typeⅡ=TRUE）。为了获得这样的轨迹数据，我们将日期信息格式化为 R 语言中的 POSIXct 对象，这是一种基于日期进行计算的格式，也是创建轨迹数据所需的格式。

```
#将 Juldate 重新格式化为一个具有日期的 POSIXct 对象
> substrRight <- function(x, n){
  substr(x, nchar(x)-n+1, nchar(x))
}

> panthers$Juldate <- as.character(panthers$Juldate)
> panther.date <- as.numeric(substrRight(panthers$Juldate,
  3))
> panthers$Date <- as.Date(panther.date,
  origin=as.Date("2006-01-01"))

#创建 POSIXct 对象
> panthers$Date <- as.POSIXct(panthers$Date, "%Y-%m-%d")
```

```
> panther.ltraj <- as.ltraj(xy = coordinates(panthers),
  date = panthers$Date, id = panthers$CatID, typeII = T)
```

```
> plot(panther.ltraj)
```

以上述方式存储的数据为我们提供了一种从无线电遥测数据中可视化轨迹（图 8.11）及量化轨迹方位（参见 8.3.5.2 节中的步长选择）的方法。根据这些轨迹数据来拟合一个布朗桥模型时必须指定两个参数。首先，我们必须估计参数 sig1，此参数与个体的移动速度有关，随着该参数值的增加，路径的假定弯曲度相应增加；其次，我们必须量化参数 sig2，该参数与 KDE 方法中的 h 有关，可以反映定位数据中的误差，随着该参数的增加，平滑度增加。

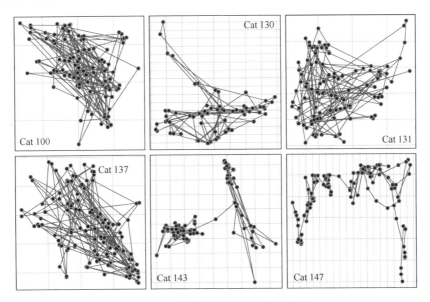

图 8.11　不同佛罗里达豹的移动轨迹
背景线为 10km×10km 的网格

我们使用最大似然法（liker 函数）来估计第一个参数（Horne et al., 2007）。

```
#遥测数据的误差
> sigma2 <- 450
> sigma1 <- liker(panther.ltraj, sig2 = sigma2, rangesig1 =
  c(2, 100))
> sigma1
```

```
##
Maximization of the log-likelihood for parameter
```

```
sig1 of brownian bridge
100 : Sig1 = 13.7718   Sig2 = 450
130 : Sig1 = 18.0881   Sig2 = 450
131 : Sig1 = 13.968    Sig2 = 450
137 : Sig1 = 15.1451   Sig2 = 450
143 : Sig1 = 10.8288   Sig2 = 450
147 : Sig1 = 7.1992    Sig2 = 450
```

考虑到 sig1 估计值的变化，我们需要对每个个体分别进行布朗桥模型拟合，我们对编号为 Cat 147 的佛罗里达豹的布朗桥模型拟合如下（图 8.12）。

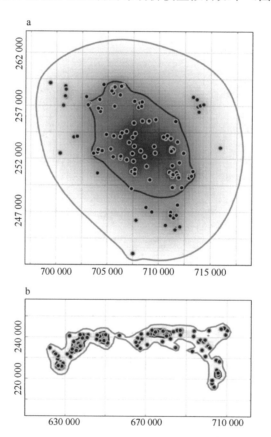

图 8.12　使用布朗桥模型估计佛罗里达豹的家域范围

a. Cat 100；b. Cat 147。图中显示的是 50%和 95%的利用分布

```
> bb.147 <- kernelbb(panther.ltraj[6], sig1 = 7.2, sig2 =
  sigma2, grid =100)
```

其中，grid 指定需要估计的网格大小，是对分析粒度的设置。随着网格数量的增加，计算时间增加，但这有助于利用分布的可视化，如果研究的重点只是估计家域范围，则不需要较细的粒度（尽管这可以提高估计的精度）。Kernelbb 函数创建的对象是一个 estUDm 对象，我们可以从中提取各种所需的信息。

除了简单的绘图外，我们还可以采用多种方式对家域进行概要分析。下面我们对 MCP、核密度估计方法和布朗桥模型（输出未显示）得出的家域面积估计值进行比较。

```
# 95%的家域面积估计
> kernel.95 <- getverticeshr(kernel.href.bivar, percent = 95)
> bb.95 <- getverticeshr(bb.147, percent = 95)
```

```
#面积比较
> mcp95$area
> kernel.95$area
> bb.95$area
```

虽然家域估计方法在解释空间利用及其分布中的作用已得到了很好的证明，但大多数应用程序并未直接提供对资源选择和生境偏好的推断方法，因此我们转向利用资源选择函数。

8.3.5　资源选择函数

利用上述数据，我们采用资源选择函数来解释生境利用格局，这可以通过多种方式来实现。下面我们举例说明几种基于点位选择函数、步长选择函数和路径选择函数的方法。

8.3.5.1　点位选择函数

估计资源选择函数最常用的方法是对比使用点位与可用点位的"点位选择"分析，可用点位可以通过多种方式生成，具体取决于所解释的资源选择的尺度。

我们首先考虑对土地覆盖（或植被）类型分类变量的选择比率进行估计，然后将一般性概念扩展为适用于分类和连续协变量的模型。

在资源选择设计 II（Design II）中，我们对整个研究区域范围内的利用点位和可用点位的变量进行对比。首先，我们将利用点位的数据格式转换为 adehabitatHS 程序包的适用格式，该程序包要求数据框中的每一行代表一个个体，每一列代表一种土地覆盖类型。我们使用 raster 程序包中的 *extract* 函数提取利用点位的土地覆盖类型，然后使用 reshape2 程序包（Wickham，2007）将提取到的数据转换为 adehabitatHS 程序包的适用格式。

```
> library(reshape2)
> use <- extract(layers, panthers)
> use <- data.frame(use)
> use$CatID <- as.factor(panthers$CatID)
```

```
#用 reshape2 程序包中的 dcast 函数：
> useCatID <- dcast(use, CatID ~ landcover, length,
  value.var = "CatID")
> newclass.names <- unique(classification[, 3: 4])
> names(useCatID) <- c("CatID",
  as.character(newclass.names[1: 13, 2]))
```

我们随机生成 1000 个点位（尽管在实践中，可能需要更多的点位；Northrup et al.，2013），并通过 sampleRandom 函数提取这些点位的土地覆盖类型，以获得整个研究范围内可用点位上的信息。

```
#用 raster 程序包中的 sampleRandom 函数创建可用点位
> set.seed(8)
> rand.II <- sampleRandom(landcover, size = 1000)
> rand.II.land <- data.frame(rand.II)
```

```
#对每类土地覆盖类型求和
> table(rand.II.land)
```

我们对这些可用点位重新组织以便包含利用点位：

```
#对每类土地覆盖数求和
> avail.II <- tapply(rand.II.land, rand.II.land, length)
```

```
> names(avail.II) <- as.character(newclass.names[1: 14, 2])
> avail.II
```

```
#移出那些在利用样本中未观测到的外来值
> avail.II <- avail.II[c(-14)]
```

　　在资源选择设计Ⅲ（Design Ⅲ）中，我们在个体家域范围内确定可用点位，一种常见的方法是通过对一个最小凸多边形进行取样来实现，尽管其他方法也是可行的（Rota et al.，2014）。我们从每个个体的 99%MCP 划定的家域范围内采集 200 个样本，在此我们使用 for 循环，首先计算每个个体的家域，然后使用 sp 程序包中的 spsample 函数在创建的多边形家域范围内生成随机点位（上面使用的 raster 程序包中的 sampleRandom 函数不会将采样限制在 MCP 多边形内）。

```
> library(sp)
> cat.unique <- unique(panthers$CatID)
> samples <- 200
> rand.III <- matrix(nrow = 0, ncol = 2)
```

```
#对所有个体进行循环计算
> for(i in 1: length(cat.unique)){
  id.i <- cat.unique[i]
  cat.i <- panthers[panthers$CatID == id.i, ]
  mcp.i <- mcp(SpatialPoints(coordinates(cat.i)), percent = 99)
  rand.i <- spsample(mcp.i, type = "random", n = samples)
  rand.i.sample <- extract(land_sub, rand.i)

  #生成一个包含 CatID 和 rand 样本的矩阵
  cat.i <- rep(cat.unique[i], length(rand.i))
  rand.cat.i <- cbind(cat.i, rand.i.sample)
  rand.III <- rbind(rand.III, rand.cat.i)
}
```

　　我们用 reshape2 程序包中的 dcast 函数对数据进行重新组织。

```
> rand.III <- data.frame(rand.III)
> rand.III$cat.i <- as.factor(rand.III$cat.i)
> colnames(rand.III)=c("cat.i", "landcover")
> avail.III <- dcast(rand.III, cat.i ~ landcover, length,
  value.var ="cat.i")
> names(avail.III) <- c("CatID", as.character
  (newclass.names[1: 13, 2]))
> avail.III
```

　　对于资源选择设计Ⅱ和设计Ⅲ的格式化数据，我们采用 adehabitatHS 程序包来计算选择比率（式 8.1）。设计 II 中的选择比率（所有个体的可用点位数据集；图 8.13）计算过程如下。

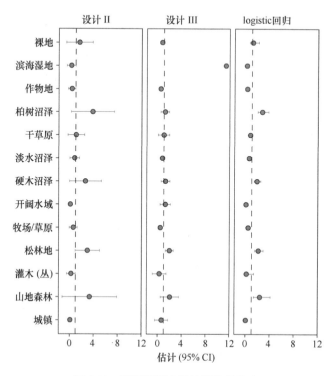

图 8.13　采用不同方法计算选择比率

a. Manly 选择性量测的设计 II 分析；b. Manly 选择性量测的设计 III 分析；c. logistic 回归（设计 II 分析）。请注意，对于 logistic 回归，我们显示了对数线性函数的优势比，$w = \exp(\beta_1)$

```
> library(adehabitatHS)
> sel.ratioII <- widesII(u = useCatID[, c(2: ncol(useCatID))],
  a = as.vector(avail.II), avknown = F, alpha = 0.05)
> summary(sel.ratioII)
> sel.ratioII
> sel.ratioII$wi #选择比率
> sel.ratioII$se.wi #选择比率的 SE
> plot(sel.ratioII)
```

　　在上述方法中，我们提供了利用样本和可用样本，我们注意到可用性的假设是未知的（avknown=F），可通过样本可用点位进行估计。在本示例中，虽然我们可以从地理信息系统的数据中提取一定的可用点位比例（或抽取任意多个可用点位）并设置 avknown=T，但在此我们采用一种随机抽样方法以确保与下面描述的其他资源选择方法一致。设计Ⅲ中的选择比率（每个个体的可用性不同）计算过程如下。

```
> sel.ratioIII <- widesIII(u = useCatID[, c(2: ncol
  (useCatID))], a = avail.III[, 2: 14], avknown = FALSE,
  alpha = 0.05)
> summary(sel.ratioIII)
> sel.ratioIII
> sel.ratioIII$wi #选择比率
> sel.ratioIII$se.wi #选择比率的 SE
> plot(sel.ratioIII)
```

当研究的协变量为分类变量时，这些选择比率是有用的。测试通常假设个体为独立样本，且个体间的选择（偏好）是相同的（Manly et al.，2002），这些假设可以用混合效应模型加以解决（Thomas et al.，2006）。

当研究的协变量是连续变量时，上述方法并不适用。一种更为常见的方法是使用基于回归的资源选择函数模型（及相关的扩展方法）来推断资源选择（Manly et al.，2002；Keating and Cherry，2004；Johnson et al.，2006），逻辑资源选择函数可以用 R 语言中的标准函数如 glm 函数来拟合，这种方法非常类似于用存在数据拟合 GLM 模型（第 7 章），在此我们用设计Ⅱ的分析来简要加以说明。

逻辑资源选择函数模型可以用多种方式拟合，就设计Ⅱ的分析而言，我们指定如下两个逻辑资源选择函数模型。

```
#创建数据框
> use.cov <- data.frame(use[, 1: 3], use = 1)
> back.cov <- data.frame(rand.II, use = 0)
> all.cov <- data.frame(rbind(use.cov, back.cov))
```

```
#运行两个模型
> rsf.all <- glm(use ~ landcover + wetforest + dryforest,
  family= binomial(link = logit), data = all.cov)
> rsf.forest <- glm(use ~ wetforest + dryforest,
  family = binomial(link = logit), data = all.cov)
```

在第一个模型中，我们包括了土地覆盖类型分类数据（利用点位和可用点位），以及周围景观中干燥森林和湿生森林所占比例的连续数据（见上文），在第二个模型中，我们移除土地覆盖类型变量，因为多种土地覆盖类型的存在要求模型有多个自由度（13），我们可以使用模型选择标准（如赤池信息量准则）或似然比检验来判断是否有必要将土地覆盖类型包括在内。

```
> anova(rsf.forest, rsf.all, test = "LRT")
```

在本示例中，似然比检验以及模型选择标准（包含土地覆盖类型时 AIC=1706.7；移除土地覆盖类型时 AIC=1795.4）均显示模型中应包括土地覆盖类型。我们注意到，这个逻辑资源选择函数中假设所有点都是相互独立的，这可能是不必要的，GLM 框架可以扩展用于处理点位间的非独立性（见第 5 章）（Aarts et al.，2008）。我们可以对比使用逻辑回归框架的结果与上文计算的设计 II 的选择比率，该比率通过拟合土地覆盖模型并对 β 系数指数化得到 w 值（如山地森林的选择比率 $w = \exp\left(\beta_{\text{uplandforest}}\right)$；图 8.13），有时也称为逻辑回归中的优势比（Manly et al.，2002）。在本示例中，逻辑回归的优势比与设计 II 的选择比率（$r=1$）几乎相同，然而在使用逻辑回归时，估计值往往存在更大的不确定性（图 8.13）。

最后，我们注意到，一个非均质点过程模型可以近似为 logistic 模型来解释资源选择（Aarts et al.，2012），从这个角度进行资源选择的一个有效方法是在研究区域中采用规则的可用点位栅格，然后根据采样面积（如栅格的粒度）赋予权重。Aarts 等（2012）以这种方式将权重用于泊松回归近似而不是 logistic 回归中；Fithian 和 Hastie（2013）则使用加权逻辑回归来近似非均质点过程模型。资源选择的非均质点过程模型可用加权逻辑回归近似为：

```
> library(sp)

#获取研究区的多边形边界
> raster.extent <- land > -Inf
> studyregion <- rasterToPolygons(raster.extent,
  dissolve=TRUE)

#创建规则的栅格
> rand.grid <- spsample(studyregion, cellsize = 1000,
  type="regular")
> grid.1km <- SpatialPoints(rand.grid, proj4string =
  CRS(crs.land))
> grid.area <- 1000 * 1000
```

```
#提取协变量
> rand.cov.grid <- extract(layers, grid.1km)
> use.cov.grid <- data.frame(use[, 1: 3], use = 1,
  grid.area = 1)
> back.cov.grid <- data.frame(rand.cov.grid, use =
  0, grid.area = grid.area)
> all.cov.grid <- data.frame(rbind(use.cov.grid,
  back.cov.grid))
```

```
#对非均质点过程的logistic近似
> rsf.ipp.forest <- glm(use ~ wetforest + dryforest,
  weight = grid.area, family = binomial(link = logit),
  data = all.cov.grid)
```

　　我们使用 sp 程序包生成了一个规则的点位栅格，粒度为 1km。spsample 函数需要在一个多边形的范围内进行采样，我们用 rasterToPolygons 函数创建了这一研究边界。然后，我们提取协变量并创建一个包含权重的数据框。总的来说，该模型对山地森林的估计值与上述的 logistic 模型相似，但对湿地森林的估计值则稍高。

8.3.5.2　步长选择函数

　　对于使用步长和轨迹路径信息的资源选择函数，我们将使用 adehabitatLT 程序包，该程序包适用于个体的轨迹数据，并可从这类数据中获取一些有用的汇总统计数据。上面用来为布朗桥创建 panther.ltraj 对象的 as.ltraj 函数可为每个轨迹创建一个列表文件（在此基于 cat 水平进行概要统计，换言之每个 cat 为一个轨迹）。每个列表文件包含以下几个有用的概要统计信息：①初始的 x-y 位置（注意，ltraj 对象中的行数与点数是相同的）；② x-y 坐标的变化（从时间 t 到 $t+1$ 在 x-y 方向上移动的距离）；③从 t 到 $t+1$ 的移动距离；④ 时间上的变化（连续位置间的时间间隔）；⑤均方位移；⑥绝对角变化；⑦相对角变化。绝对角变化是相对于 x 轴的移动角度，而相对角变化则是不同移动间的旋转角度（如 0 表示个体朝着同一方向前进）。请注意，这些角度以弧度（0～2π）而不是度（0°～360°）表示。上述创建的对象可以用多种方式进行可视化。

```
#绘制轨迹
> plot(panther.ltraj)
> plot(panther.ltraj, id = "147")
```

然后，我们利用这个信息来计算个体的平均步长和转角。例如，我们可以分别以直方图和玫瑰图的形式来显示步长与转角的变化（图未显示）。

```
#第二个 CatID 的距离
> panther.ltraj[[2]][, 6]
> hist(panther.ltraj[[2]][, 6], main = "Second CatID")
```

```
#绘制第二个 CatID 的相对移动角
#相对角：对应前一时间的方向变化
> rose.diag(na.omit(panther.ltraj[[2]][, 10]), bins =
  12, prop = 1.5)
> circ.plot(panther.ltraj[[2]][, 10], pch = 1)
```

步长选择函数可以根据步长和潜在转向角信息，通过时间 t 时个体的选择位置与可用位置间的对比来生成。在本示例中，针对每个利用点位我们生成了 3 个可用点位，并对其生境的可用性进行取样。在实践中，我们可能希望生成更多的可用点位（Northrup et al.，2013）。

```
> stepdata <- data.frame(coordinates(panthers))
> stepdata$CatID <- as.factor(panthers$CatID)
> names(stepdata) <- c("X", "Y", "CatID")
> n.use <- dim(stepdata)[[1]]
> n.avail <- n.use * 3
```

我们根据观察到的分布随机生成步长和相对转角。

```
#将轨迹数据转换成数据框以便于操作
> traj.df <- ld(panther.ltraj)
```

```
# 可替代的步长/角度
> avail.dist <- matrix(sample(na.omit(traj.df$dist), size =
  n.avail, replace = T), ncol = 3)
> avail.angle <- matrix(sample(na.omit(traj.df$rel.angle),
  size= n.avail, replace = T), ncol =3)
```

```
#给各列命名
> colnames(avail.dist) <- c("a.dist1", "a.dist2", "a.dist3")
> colnames(avail.angle) <- c("a.angle1", "a.angle2",
  "a.angle3")
```

```
#可用的距离与角度间的连接
> traj.df <- cbind(traj.df, avail.dist, avail.angle)
```

　　在此，我们基于观察到的数据创建了步长和相对转角的可用数据，当考虑多种动物时，我们通常会从观察到的所有个体（除了焦点动物）数据中得出相对转角和步长，以减少潜在的循环问题（Thurfjell et al.，2014）。

　　根据这些可用的步长距离和相对转角，我们可以计算出可用点位的 x-y 坐标，为此，我们需要清楚地了解在轨迹数据框中如何存储时间 t 时和 $t+1$ 时与点位相关的信息。我们要做的是在时间 t 时选取一个点位，采用可用距离和转角生成时间 $t+1$ 时的可用坐标，并与 $t+1$ 时的利用点位做对比。在我们的数据框中，每个利用点位的 x-y 坐标是基于时间 t 的，该行中的步长和转角可以生成时间 $t+1$ 时（下一行数据）的 x-y 位置。例如，我们可以获取第 2 行的 x-y 坐标，并使用三角法计算第 3 行中的 x-y 坐标，以及绝对角或相对角（输出未显示）。

```
# 用绝对角计算时间 t+1 时的坐标：
> traj.df[2, "x"]+traj.df[2, "dist"] * cos(traj.df[2,
  "abs.angle"])
> traj.df[2, "y"]+traj.df[2, "dist"] * sin(traj.df[2,
  "abs.angle"])
```

```
#用相对角计算时间 t+1 时的坐标：
> traj.df[2, "x"]+traj.df[2, "dist"] *cos(traj.df[1,
  "abs.angle"]+traj.df[2, "rel.angle"])
> traj.df[2, "y"]+traj.df[2, "dist"] * sin(traj.df[1,
  "abs.angle"]+traj.df[2, "rel.angle"])
```

```
#检查
> traj.df[3, c("x", "y")]
```

　　请注意，使用相对角时，我们需要时间 t–1 时的绝对角信息。考虑到这个结构，我们在数据框中创建新值，即创建可用的 x-y 坐标并将其连接到适当的使用坐标上，我们在数据框中创建了一个包含时间 t–1 时绝对角的新列。在前一行数据源自不同个体的情况下，时间 t–1 时绝对角的值应为 NA，我们并不希望获得这一绝对角值，因此，我们使用 for 循环计算如下。

```
> traj.df$abs.angle_t_1 <- NA
> for(i in 2: nrow(traj.df)){
```

```
traj.df$abs.angle_t_1[i] <- ifelse(traj.df$id[i] ==
traj.df$id[i - 1], traj.df$abs.angle[i - 1], NA)
}
```

或者，我们在不使用 for 循环的情况下应用相同的逻辑计算如下。

```
> traj.df$abs.angle_t_1 < - c(NA, traj.df$abs.angle
  [1: nrow(traj.df)-1])
> traj.df[!duplicated(traj.df$id), "abs.angle_t_1"] <- NA
```

然后，我们用三角法计算新的 *x-y* 坐标。为了简洁起见，在此我们只展示计算一个可用点位的代码。

#计算时间 *t*+1 时的利用坐标
```
> traj.df$x_t1 <- traj.df[, "x"]+traj.df[, "dist"] * cos
  (traj.df[, "abs.angle"])
> traj.df$y_t1 <- traj.df[, "y"]+traj.df[, "dist"] * sin
  (traj.df[, "abs.angle"])
```

#计算时间 *t*+1 时的可用坐标
```
> traj.df$x_a1 <- traj.df[, "x"]+traj.df[, "a.dist1"] *cos
  (traj.df[, "abs.angle_t_1"]+traj.df[, "a.angle1"])
> traj.df$y_a1 <- traj.df[, "y"] + traj.df[, "a.dist1"] *sin
  (traj.df[, "abs.angle_t_1"]+traj.df[, "a.angle1"])
```

基于这些新坐标，我们将用于步长选择的数据重组为一组长格式数据，在此，我们只显示一组可用点位的数据，但在数据添加时我们会将所有数据合并在一起。

#重新格式化数据用于步长选择
```
> traj.df <- traj.df[complete.cases(traj.df), ] # 移除 NA 值
> traj.use <- data.frame(use = rep(1, nrow(traj.df)),
  traj.df[, c("id", "pkey", "date", "x_t1", "y_t1")])
> traj.a1 <- data.frame(use = rep(0, nrow(traj.df)),
  traj.df[, c("id", "pkey", "date", "x_a1", "y_a1")])
> names(traj.use) <- c("use", "id", "pair", "date", "x", "y")
> names(traj.a1) <- c("use", "id", "pair", "date", "x", "y")
```

#将利用数据和可用数据添加在一起
#traj.a2/a3 的创建应采用与 traj.a1 相同的方式

```
> stepdata.final <- rbind(traj.use, traj.a1, traj.a2,
  traj.a3)
```

　　这个新的数据框基于每个个体 cat（id）成对（pkey）存储了一个使用/可用点位选择数据集。利用这些信息，我们可以使用 raster 程序包中的 extract 函数来获取成对的使用/可用点位上的环境协变量信息。

```
#创建一个空间点位数据框
> step.coords <- SpatialPoints(stepdata.final[, c("x", "y")],
  proj4string = CRS("crs.land"))
```

```
#从图层中提取协变量
> cov <- extract(layers, step.coords)
```

```
#添加协变量到利用/可用数据框中
> stepdata.final <- data.frame(cbind(stepdata.final, cov))
```

　　最后，我们拟合了两类条件 logit 模型，并将其与传统的 logistic 回归资源选择函数进行比较，虽然条件 logit 模型与标准的 logistic 回归相关，但却是通过包含识别每个选择数据集的层次来接受匹配数据的。在第一个模型中，我们简单地用 pair 作为我们感兴趣的层，在第二个模型中，我们将个体类别（CatID）作为一个簇加入进来（Fortin et al.，2005），后者有时用于解释个体间缺少独立性，类似于使用广义估计方程解释空间或时间依赖性（Fieberg et al.，2009）。

```
> library(survival)
#条件逻辑
> logit.ssf <- clogit(use ~ wetforest + dryforest +
  strata(pair), data = stepdata.final)
```

```
#包括 CatID 作为簇(~GEE)
> logit.cat.ssf <- clogit(use ~ wetforest + dryforest +
  strata(pair) + cluster(id), method = "approximate", data =
  stepdata.final)
```

```
#忽略数据中局部成对结构的逻辑回归
> logit.rsf <- glm(use ~ wetforest + dryforest, family =
  "binomial", data = stepdata.final)
```

在本示例中，基于步长选择函数的条件 logit 资源选择函数提供了与生境-利用间关系相类似的定性结论（表 8.2；请注意，由于随机选择了少量可用点位，函数值可能会略有变化）。主要的差异在于，条件 logit 模型中确定将湿地森林选择出来，而基于 95%置信区间的标准 logistic 回归并未确定与该土地覆盖类型间的显著关系（尽管点估计是正的）。重要的是，标准的资源选择函数与相匹配的对照数据的资源选择函数在解释系数方面存在着细微的不同（见 8.2.5.2 节；Lele et al.，2013）。很明显，在本示例中不同方法的定量值间存在着差异，其中，条件 logit 模型的系数往往会更大（表 8.2）。

表 8.2　资源选择函数模型中的系数

模型	湿地森林		山地森林	
	β(SE)	95% CI	β(SE)	95% CI
Logistic	0.32（0.20）	$-0.08\sim0.68$	1.24（0.49）	$0.27\sim2.19$
条件 logistic	0.72（0.34）	$0.06\sim1.40$	2.18（0.70）	$0.81\sim3.55$
条件 logistic（GEE）	0.71（0.27）	$0.20\sim1.24$	2.18（1.11）	$0.00\sim4.37$

8.3.5.3　路径选择函数

上面用于实现步长选择函数的轨迹数据可以很容易扩展用于路径选择函数中。在一个路径选择函数中，我们将观察到的路径与可用路径上的资源利用进行对比，我们只需将轨迹在不同方向上随机移位来计算可用路径，这一过程可用 adehabitatLT 程序包中的 NMs.randomShiftRotation 函数来实现，该函数允许在不改变轨迹形状的情况下改变轨迹的角度或位置。下面，我们用一条轨迹来演示这个过程，然后可以将其扩展到类似于上面描述的路径选择函数中来生成一个资源选择函数。

我们将重点放在编号为 147 的佛罗里达豹（panther 147）的数据上，通过如下代码对每条路径做一次随机移位（nrep=1）。

```
> panther147.traj <- panther.ltraj[6]
> path.model <- NMs.randomShiftRotation(panther147.traj,
  rshift = F, rrot = T, nrep = 1)
```

请注意，在此我们设置了 rshift=F 和 rrot=T，这意味着，轨迹将沿路径的质心随机旋转，但不会移动到不同位置上。另一种供选用的方法是使用 spdep 程序包中的 Rotation 函数（Bivand，2006）。

上面的设置构建了模型，要用其模拟真实的状况，我们可以调用如下代码。

```
> path.avail <- testNM(path.model)
```

#对列表数据重新格式化以便于绘图：

```
> path.avail.df <- data.frame(path.avail[[1]])
> path.avail.ltraj <- as.ltraj(xy = path.avail.df[, c("x",
  "y")], date =path.avail.df[, "date"],
  id =rep(147, nrow(path.avail.df)))
```

#通过绘图进行比较
```
> plot(path.avail.ltraj)
> plot(panther.ltraj, id = "147")
```

从图 8.14 中我们可以看出，轨迹大致是沿着其近似中心旋转的。

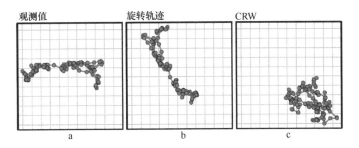

图 8.14　展示路径选择方法的一个实例

a. 美洲豹 147 的观测轨迹；b. 作为"可用路径"的随机旋转轨迹；c. 美洲豹 147 轨迹的一个相关随机漫步（CRW）示例。背景线条为 10km×10km 的网格

除了简单地移动轨迹外，我们还可以考虑整个路径的相关随机漫步（图 8.3），我们可以基于观测数据估计相关随机漫步的参数并生成轨迹，并将其与观察到的轨迹进行对比，这一模拟过程可以通过 NMs.randomCRW 函数来实现。

```
> CRW.model <- NMs.randomCRW(panther147.traj, rangles = T,
  rdist= T, nrep = 1)
> CRW.avail <- testNM(CRW.model)
```

这一对象的数据结构与上面的结果相同，我们对其重新格式化来绘制 CRW 轨迹。

```
> CRW.avail.df <- data.frame(CRW.avail[[1]])
> CRW.avail.ltraj <- as.ltraj(xy = CRW.avail.df[, c("x",
```

```
  "y")], date = CRW.avail.df[, "date"], id =
  rep(147, nrow(CRW.avail.df)))

> plot(panther.ltraj, id = "147")
> plot(CRW.avail.ltraj)
```

对上述模拟图的比较清楚地表明，在这个零模型中基于观察轨迹估计得到的 CRW 参数，我们获得了一个不同形状的轨迹，请注意，本示例中的 CRW 是从观测轨迹的原点开始的（图 8.14）。

上述两种方法均可针对不同个体的轨迹或"突然爆发"的轨迹（个体内突然发生的不同轨迹，如春季和秋季的迁徙移动）进行重复模拟。有了这些信息，我们可以很容易地从利用轨迹和随机轨迹上提取土地覆盖数据，并将其与条件 logit 模型进行对比，就像我们前面所描述的步长选择函数那样（第 8.3.5.2 节）。

8.4　需进一步研究的问题

8.4.1　机理模型与隐藏状态识别

研究者对使用"机理"模型来解释家域越来越感兴趣。Benhamou 和 Cornelis（2010）对布朗桥模型进行了扩展，提出了有偏随机桥（biased random bridge）模型，该模型不像布朗桥模型那样假设简单扩散，而是引入了一个平流项，从而使得从一个位置移动到另一个位置的假定过程具有了方向性，这类模型可以用 adehabitatHR 程序包中的 BRB 函数来实现。

基于轨迹数据，我们可以对动物在不同时期的行为状态进行分类（Gurarie et al.，2016）。许多动物的行为状态都可以根据轨迹数据中的转角和步长变化进行推断。例如，觅食状态反映了较短的步长和较大的转角变化，而分散开或相关的状态则反映了较长的步长和较小的转角变化。识别隐藏状态的重点往往在于对移动轨迹的了解（Patterson et al.，2009），这种识别对于我们更为概括地解释资源选择和空间利用的变化是十分有用的。

人们已经开发了多种解译隐藏状态的方法，Gurarie 等（2016）将其分为指数法、分类和分割法、现象学的时间序列分析，以及机理性移动模拟。在指数法中，指数（如分形维数或首次通过的时间）的变化被用来定性地理解移动的变化（Fauchald and Tveraa，2003）。在分类和分割法中，我们采用了分区和/或聚类算法（Calenge，2006）。在现象学的时间序列分析中，是通过时间自相关函数或时间变化点分析来推断随时间的变化的（Gurarie et al.，2009）。最后，机理性移动模拟通常采用"隐马尔可夫（hidden Markov）"方法，用随机漫步模型假设不同的潜在行为状态（Jonsen et al.，2005；Morales et al.，2004；Beyer et al.，2013），一般来说，如果不同的行为状态导致了不同的步长和转角分布时这类方法是有用的（Beyer et al.，2013），但其对数据收集中的错误识别和偏差是非常敏感的（Gurarie et al.，2016）。上述这些方法中的绝大多数都可在 R 语言中实现。例如，隐马尔可夫模型可以用最新的程序包 moveHMM（Michelot et al.，2016）来拟合，变化点分析则可用 bcpa 程序包来实现。

8.4.2　生物间相互作用

近年来，资源选择分析也被扩展用于解释潜在的生物间相互作用，无论是同种还是异种间的相互作用，捕食者-被捕食者的资源选择一直是人们关注的焦点（Hebblewhite et al.，2005）。此外，人们对同种个体在移动和资源选择中的驱动作用越来越感兴趣（Fletcher，2006；Campomizzi et al.，2008；McLoughlin et al.，2010）。当多个同种或异种个体相互邻近时，我们可以利用遥测数据拟合潜在相互作用同步模型（Delgado et al.，2014；Perez-Barberia et al.，2015），然而，这类方法通常会受到可用数据的限制，在推断其他未标记个体对移动和资源选择的影响时也是如此。

8.4.3　取样误差与资源选择模型

在使用无线电遥测数据时，一种常见的误差形式是测量误差（即定位误差）。当误差为空间上的偏差时，定位误差可能是最可能的类型（Frair et al.，2010）。例如，在海拔起伏较大的地区或某些可能干扰 GPS 定位的植被类型中，定位误差会更大（Frair et al.，2004）。

定位误差可用多种方法加以解决。一种方法是使用多个 GPS 定位采样的空间加权方案（Frair et al.，2004），另一种方法则是使用状态空间模型（Patterson et al.，2008；Breed et al.，2012），模型中对观测过程和生态过程分别定义，其中，观测过程中包含有取样误差和/或偏差的信息，这些信息既可基于以往的研究，也可直接用数据进行估计。状态空间模型可采用贝叶斯技术进行拟合，详情请参阅 R 语言中的 bsam 程序包。

8.5　结　　论

生境选择和资源选择是动物生态学的基础，资源选择的模拟通常与更广泛的物种分布模拟密切相关（Franklin，2009；Dorazio，2012）。在过去的 15 年里，资源选择模拟技术取得了重大进展，总的来说，通过 GPS 和相关传感器的遥测技术可将高时空分辨率的动物移动与资源的空间利用结合起来，从而解决资源选择和空间利用方面的新问题（Cagnacci et al.，2010；Kays et al.，2015；Wilmers et al.，2015），这些进展已经并将继续在跨景观和跨区域的关键生境保护中起到必不可少的作用（Kautz et al.，2006；Hebblewhite and Haydon，2010；Colchero et al.，2011；Costa et al.，2012；Queiroz et al.，2016）。

随着这些模拟技术的进步，动物移动与资源选择间的交叉研究也受到了越来越多的关注（Moorcroft and Barnett，2008；Van Moorter et al.，2016），步长选择函数和路径选择函数的使用充分表现了生物体在陆地（或海洋）环境中移动时对资源的选择过程（Cushman et al.，2011；Thurfjell et al.，2014）。我们期望资源选择与动物移动间的融合研究持续深化，这将有助于这些概念的统一，并将其与种群动态和连通性联系起来（Morales et al.，2010；Vasudev et al.，2015）。

参 考 文 献

Aarts G, MacKenzie M, McConnell B, Fedak M, Matthiopoulos J (2008) Estimating space-use and habitat preference from wildlife telemetry data. Ecography 31(1): 140-160. https://doi.org/10.1111/j.2007.0906-7590.05236.x

Aarts G, Fieberg J, Matthiopoulos J (2012) Comparative interpretation of count, presence-absence and point methods for species distribution models. Methods Ecol Evol 3(1): 177-187. https://doi.org/10.1111/j.2041-210X.2011.00141.x

Aarts G, Fieberg J, Brasseur S, Matthiopoulos J (2013) Quantifying the effect of habitat availability on species distributions. J Anim Ecol 82(6): 1135-1145. https://doi.org/10.1111/1365-2656.12061

Abrahams MV (1986) Patch choice under perceptual constraints: a cause for departures from an ideal free distribution. Behav Ecol Sociobiol 19(6): 409-415. https://doi.org/10.1007/bf00300543

Aebischer NJ, Robertson PA, Kenward RE (1993) Compositional analysis of habitat use from animal radio-tracking data. Ecology 74(5): 1313-1325

Arlt D, Part T (2007) Nonideal breeding habitat selection: a mismatch between preference and fitness. Ecology 88(3): 792-801

Arthur SM, Manly BFJ, McDonald LL, Garner GW (1996) Assessing habitat selection when availability changes. Ecology 77(1): 215-227

Avgar T, Potts JR, Lewis MA, Boyce MS (2016) Integrated step selection analysis: bridging the gap between resource selection and animal movement. Methods Ecol Evol 7(5): 619-630. https://doi.org/10.1111/2041-210x.12528

Battin J (2004) When good animals love bad habitats: ecological traps and the conservation of animal populations. Conserv Biol 18(6): 1482-1491

Beauchamp G, Belisle M, Giraldeau LA (1997) Influence of conspecific attraction on the spatial distribution of learning foragers in a patchy habitat. J Anim Ecol 66(5): 671-682

Benhamou S, Cornelis D (2010) Incorporating movement behavior and barriers to improve kernel home range space use estimates. J Wildl Manag 74(6): 1353-1360. https://doi.org/10.2193/

2009-441

Beyer HL, Haydon DT, Morales JM, Frair JL, Hebblewhite M, Mitchell M, Matthiopoulos J (2010) The interpretation of habitat preference metrics under use-availability designs. Phil Trans R Soc B 365(1550): 2245-2254. https://doi.org/10.1098/rstb.2010.0083

Beyer HL, Morales JM, Murray D, Fortin MJ (2013) The effectiveness of Bayesian state-space models for estimating behavioural states from movement paths. Methods Ecol Evol 4 (5): 433-441. https://doi.org/10.1111/2041-210x.12026

Bivand R (2006) Implementing spatial data analysis software tools in R. Geogr Anal 38(1): 23-40. https://doi.org/10.1111/j.0016-7363.2005.00672.x

Bock CE, Jones ZF (2004) Avian habitat evaluation: should counting birds count? Front Ecol Environ 2(8): 403-410

Borger L, Dalziel BD, Fryxell JM (2008) Are there general mechanisms of animal home range behaviour? A review and prospects for future research. Ecol Lett 11(6): 637-650. https://doi.org/10.1111/j.1461-0248.2008.01182.x

Boyce MS, McDonald LL (1999) Relating populations to habitats using resource selection functions. Trends Ecol Evol 14(7): 268-272

Breed GA, Costa DP, Jonsen ID, Robinson PW, Mills-Flemming J (2012) State-space methods for more completely capturing behavioral dynamics from animal tracks. Ecol Model 235: 49-58. https://doi.org/10.1016/j.ecolmodel.2012.03.021

Burt WH (1943) Territoriality and home range concepts as applied to mammals. J Mammal 24 (3): 346-352

Cagnacci F, Boitani L, Powell RA, Boyce MS (2010) Animal ecology meets GPS-based radiotelemetry: a perfect storm of opportunities and challenges. Phil Trans R Soc B 365 (1550): 2157-2162. https://doi.org/10.1098/rstb.2010.0107

Calenge C (2006) The package "adehabitat" for the R software: a tool for the analysis of space and habitat use by animals. Ecol Model 197(3-4): 516-519. https://doi.org/10.1016/j.ecolmodel. 2006.03.017

Campomizzi AJ, Butcher JA, Farrell SL, Snelgrove AG, Collier BA, Gutzwiller KJ, Morrison ML, Wilkins RN (2008) Conspecific attraction is a missing component in wildlife habitat modeling. J Wildl Manag 72(1): 331-336. https://doi.org/10.2193/2007-204

Codling EA, Plank MJ, Benhamou S (2008) Random walk models in biology. J R Soc Interface 5 (25): 813-834. https://doi.org/10.1098/rsif.2008.0014

Colchero F, Conde DA, Manterola C, Chavez C, Rivera A, Ceballos G (2011) Jaguars on the move: modeling movement to mitigate fragmentation from road expansion in the Mayan Forest. Anim Conserv 14(2): 158-166. https://doi.org/10.1111/j.1469-1795.2010.00406.x

Cooper AB, Millspaugh JJ (1999) The application of discrete choice models to wildlife resource selection studies. Ecology 80(2): 566-575

Costa DP, Breed GA, Robinson PW (2012) New insights into pelagic migrations: implications for ecology and conservation. Annu Rev Ecol Evol Syst 43: 73-96. https://doi.org/10.1146/annurev-ecolsys-102710-145045

Cox JJ, Maehr DS, Larkin JL (2006) Florida panther habitat use: new approach to an old problem. J Wildl Manag 70(6): 1778-1785. https://doi.org/10.2193/0022-541x(2006)70[1778: fphuna]2.0.co; 2

Crowder LB, Cooper WE (1982) Habitat structural complexity and the interaction between bluegills and their prey. Ecology 63(6): 1802-1813. https://doi.org/10.2307/1940122

Cushman SA, Raphael MG, Ruggiero LF, Shirk AS, Wasserman TN, O'Doherty EC (2011) Limiting factors and landscape connectivity: the American marten in the Rocky Mountains. Landsc Ecol 26(8): 1137-1149. https://doi.org/10.1007/s10980-011-9645-8

Damschen EI, Brudvig LA, Haddad NM, Levey DJ, Orrock JL, Tewksbury JJ (2008) The movement ecology and dynamics of plant communities in fragmented landscapes. Proc Natl Acad Sci U S A 105(49): 19078-19083. https://doi.org/10.1073/pnas.0802037105

Delgado MD, Penteriani V, Morales JM, Gurarie E, Ovaskainen O (2014) A statistical framework for inferring the influence of conspecifics on movement behaviour. Methods Ecol Evol 5 (2): 183-189

Doherty TS, Driscoll DA (2018) Coupling movement and landscape ecology for animal conservation in production landscapes. Proc R Soc B 285(1870). https://doi.org/10.1098/rspb.2017.2272

Donovan TM, Thompson FR (2001) Modeling the ecological trap hypothesis: a habitat and demographic analysis for migrant songbirds. Ecol Appl 11(3): 871-882

Dorazio RM (2012) Predicting the geographic distribution of a species from presence-only data subject to detection errors. Biometrics 68(4): 1303-1312. https://doi.org/10.1111/j.1541-0420.2012.01779.x

Duchesne T, Fortin D, Courbin N (2010) Mixed conditional logistic regression for habitat selection studies. J Anim Ecol 79(3): 548-555. https://doi.org/10.1111/j.1365-2656.2010.01670.x

Duchesne T, Fortin D, Rivest LP (2015) Equivalence between step selection functions and biased correlated random walks for statistical inference on animal movement. PLoS One 10(4). https://doi.org/10.1371/journal.pone.0122947

Elliot NB, Cushman SA, Macdonald DW, Loveridge AJ (2014) The devil is in the dispersers: predictions of landscape connectivity change with demography. J Appl Ecol 51(5): 1169-1178. https://doi.org/10.1111/1365-2664.12282

Epanechnikov VA (1969) Non-parametric estimation of a multivariate probability density. Theory Probab Appl 14(1): 153-158

Fagan WF, Lutscher F (2006) Average dispersal success: linking home range, dispersal, and metapopulation dynamics to reserve design. Ecol Appl 16(2): 820-828. https://doi.org/10.1890/1051-0761(2006)016[0820: adslhr]2.0.co; 2

Fauchald P, Tveraa T (2003) Using first-passage time in the analysis of area-restricted search and habitat selection. Ecology 84(2): 282-288. https://doi.org/10.1890/0012-9658(2003)084[0282: Ufptit]2.0.Co; 2

Fieberg J, Rieger RH, Zicus MC, Schildcrout JS (2009) Regression modelling of correlated data in ecology: subject-specific and population averaged response patterns. J Appl Ecol 46 (5): 1018-1025. https://doi.org/10.1111/j.1365-2664.2009.01692.x

Fithian W, Hastie T (2013) Finite-sample equivalence in statistical models for presence-only data. Ann Appl Stat 7(4): 1917-1939. https://doi.org/10.1214/13-aoas667

Fletcher RJ Jr (2006) Emergent properties of conspecific attraction in fragmented landscapes. Am Nat 168(2): 207-219

Fletcher RJ Jr, Orrock JL, Robertson BA (2012) How the type of anthropogenic change alters the consequences of ecological traps. Proc R Soc B 279(1738): 2546-2552. https://doi.org/10.1098/rspb.2012.0139

Fletcher RJ Jr, Maxwell CW Jr, Andrews JE, Helmey-Hartman WL (2013) Signal detection theory clarifies the concept of perceptual range and its relevance to landscape connectivity. Landsc Ecol 28(1): 57-67. https://doi.org/10.1007/s10980-012-9812-6

Forester JD, Im HK, Rathouz PJ (2009) Accounting for animal movement in estimation of resource selection functions: sampling and data analysis. Ecology 90(12): 3554-3565. https://doi.org/

10.1890/08-0874.1

Fortin D, Beyer HL, Boyce MS, Smith DW, Duchesne T, Mao JS (2005) Wolves influence elk movements: behavior shapes a trophic cascade in Yellowstone National Park. Ecology 86 (5): 1320-1330. https://doi.org/10.1890/04-0953

Frair JL, Nielsen SE, Merrill EH, Lele SR, Boyce MS, Munro RHM, Stenhouse GB, Beyer HL (2004) Removing GPS collar bias in habitat selection studies. J Appl Ecol 41(2): 201-212. https://doi.org/10.1111/j.0021-8901.2004.00902.x

Frair JL, Fieberg J, Hebblewhite M, Cagnacci F, DeCesare NJ, Pedrotti L (2010) Resolving issues of imprecise and habitat-biased locations in ecological analyses using GPS telemetry data. Phil Trans R Soc B 365(1550): 2187-2200. https://doi.org/10.1098/rstb.2010.0084

Frakes RA, Belden RC, Wood BE, James FE (2015) Landscape analysis of adult Florida panther habitat. PLoS One 10(7). https://doi.org/10.1371/journal.pone.0133044

Franklin J (2009) Mapping species distributions: spatial inference and prediction. Cambridge University Press, Cambridge, UK

Fretwell SD, Lucas HL Jr (1970) On territorial behavior and other factors influencing habitat distribution in birds. I. Theoretical development. Acta Biotheor 19: 16-36

Gautestad AO (2011) Memory matters: influence from a cognitive map on animal space use. J Theor Biol 287: 26-36. https://doi.org/10.1016/j.jtbi.2011.07.010

Gautestad AO, Mysterud I (2005) Intrinsic scaling complexity in animal dispersion and abundance. Am Nat 165(1): 44-55. https://doi.org/10.1086/426673

Gautestad AO, Mysterud I (2010) The home range fractal: from random walk to memory-dependent space use. Ecol Complex 7(4): 458-470. https://doi.org/10.1016/j.ecocom.2009.11.005

Getz WM, Wilmers CC (2004) A local nearest-neighbor convex-hull construction of home ranges and utilization distributions. Ecography 27(4): 489-505. https://doi.org/10.1111/j.0906-7590.2004.03835.x

Getz WM, Fortmann-Roe S, Cross PC, Lyons AJ, Ryan SJ, Wilmers CC (2007) LoCoH: nonparameteric Kernel methods for constructing home ranges and utilization distributions. PLoS One 2(2). https://doi.org/10.1371/journal.pone.0000207

Gitzen RA, Millspaugh JJ, Kernohan BJ (2006) Bandwidth selection for fixed-kernel analysis of animal utilization distributions. J Wildl Manag 70(5): 1334-1344. https://doi.org/10.2193/0022-541x(2006)70[1334: bsffao]2.0.co; 2

Gurarie E, Andrews RD, Laidre KL (2009) A novel method for identifying behavioural changes in animal movement data. Ecol Lett 12(5): 395-408. https://doi.org/10.1111/j.1461-0248.2009.01293.x

Gurarie E, Bracis C, Delgado M, Meckley TD, Kojola I, Wagner CM (2016) What is the animal doing? Tools for exploring behavioural structure in animal movements. J Anim Ecol 85 (1): 69-84. https://doi.org/10.1111/1365-2656.12379

Hache S, Villard MA, Bayne EM (2013) Experimental evidence for an ideal free distribution in a breeding population of a territorial songbird. Ecology 94(4): 861-869. https://doi.org/10.1890/12-1025.1

Hale R, Treml EA, Swearer SE (2015) Evaluating the metapopulation consequences of ecological traps. Proceedings of the Royal Society B: Biological Sciences 282 (1804): 20142930-20142930

Hall LS, Krausman PR, Morrison ML (1997) The habitat concept and a plea for standard terminology. Wildl Soc Bull 25(1): 173-182

Harrison PM, Gutowsky LFG, Martins EG, Patterson DA, Cooke SJ, Power M (2015) Personality-dependent spatial ecology occurs independently from dispersal in wild burbot (*Lota*

lota). Behav Ecol 26(2): 483-492. https://doi.org/10.1093/beheco/aru216

Hebblewhite M, Haydon DT (2010) Distinguishing technology from biology: a critical review of the use of GPS telemetry data in ecology. Phil Trans R Soc B 365(1550): 2303-2312. https://doi.org/10.1098/rstb.2010.0087

Hebblewhite M, Merrill EH, McDonald TL (2005) Spatial decomposition of predation risk using resource selection functions: an example in a wolf-elk predator-prey system. Oikos 111 (1): 101-111. https://doi.org/10.1111/j.0030-1299.2005.13858.x

Hooten MB, Hanks EM, Johnson DS, Alldredge MW (2013) Reconciling resource utilization and resource selection functions. J Anim Ecol 82(6): 1146-1154. https://doi.org/10.1111/1365-2656.12080

Hooten MB, Johnson DS, McClintock BT, Morales JM (2017) Animal movement: statistical models for telemetry data. CRC Press, Boca Raton, FL

Horne JS, Garton EO, Krone SM, Lewis JS (2007) Analyzing animal movements using Brownian bridges. Ecology 88(9): 2354-2363. https://doi.org/10.1890/06-0957.1

Hugie DM, Grand TC (1998) Movement between patches, unequal competitors and the ideal free distribution. Evol Ecol 12(1): 1-19

Johnson DH (1980) The comparison of usage and availability measurements for evaluating resource preference. Ecology 61(1): 65-71

Johnson CJ, Nielsen SE, Merrill EH, McDonald TL, Boyce MS (2006) Resource selection functions based on use-availability data: theoretical motivation and evaluation methods. J Wildl Manag 70(2): 347-357. https://doi.org/10.2193/0022-541x(2006)70[347: Rsfbou]2.0.Co; 2

Johnson DS, Hooten MB, Kuhn CE (2013) Estimating animal resource selection from telemetry data using point process models. J Anim Ecol 82(6): 1155-1164. https://doi.org/10.1111/1365-2656.12087

Jonsen ID, Flemming JM, Myers RA (2005) Robust state-space modeling of animal movement data. Ecology 86(11): 2874-2880. https://doi.org/10.1890/04-1852

Kareiva P (1982) Experimental and mathematical analyses of herbivore movement: quantifying the influence of plant spacing and quality on foraging discrimination. Ecol Monogr 52(3): 261-282. https://doi.org/10.2307/2937331

Kareiva PM, Shigesada N (1983) Analyzing insect movement as a correlated random walk. Oecologia 56(2-3): 234-238

Kautz R, Kawula R, Hoctor T, Comiskey J, Jansen D, Jennings D, Kasbohm J, Mazzotti F, McBride R, Richardson L, Root K (2006) How much is enough? Landscape-scale conservation for the Florida panther. Biol Conserv 130(1): 118-133. https://doi.org/10.1016/j.biocon.2005.12.007

Kays R, Crofoot MC, Jetz W, Wikelski M (2015) Terrestrial animal tracking as an eye on life and planet. Science 348(6240). https://doi.org/10.1126/science.aaa2478

Keating KA, Cherry S (2004) Use and interpretation of logistic regression in habitat selection studies. J Wildl Manag 68(4): 774-789. https://doi.org/10.2193/0022-541x(2004)068[0774: uaiolr]2.0. co; 2

Keim JL, DeWitt PD, Lele SR (2011) Predators choose prey over prey habitats: evidence from a lynx-hare system. Ecol Appl 21(4): 1011-1016. https://doi.org/10.1890/10-0949.1

Kennedy M, Gray RD (1997) Habitat choice, habitat matching and the effect of travel distance. Behaviour 134: 905-920. https://doi.org/10.1163/156853997x00223

Kie JG, Matthiopoulos J, Fieberg J, Powell RA, Cagnacci F, Mitchell MS, Gaillard JM, Moorcroft PR (2010) The home-range concept: are traditional estimators still relevant with modern telemetry technology? Phil Trans R Soc B 365(1550): 2221-2231. https://doi.org/10.1098/rstb.2010.0093

Kokko H, Sutherland WJ (2001) Ecological traps in changing environments: ecological and evolutionary consequences of a behaviourally mediated Allee effect. Evol Ecol Res 3 (5): 537-551

Krivan V, Cressman R, Schneider C (2008) The ideal free distribution: a review and synthesis of the game-theoretic perspective. Theor Popul Biol 73(3): 403-425. https://doi.org/10.1016/j.tpb.2007.12.009

Lack D (1933) Habitat selection in birds - with special reference to the effects of afforestation on the Breckland avifauna. J Anim Ecol 2: 239-262. https://doi.org/10.2307/961

Land ED, Shindle DB, Kawula RJ, Benson JF, Lotz MA, Onorato DP (2008) Florida panther habitat selection analysis of concurrent GPS and VHF telemetry data. J Wildl Manag 72 (3): 633-639. https://doi.org/10.3193/2007-136

Lele SR, Keim JL (2006) Weighted distributions and estimation of resource selection probability functions. Ecology 87(12): 3021-3028. https://doi.org/10.1890/0012-9658(2006)87[3021:wdaeor]2.0.co; 2

Lele SR, Merrill EH, Keim J, Boyce MS (2013) Selection, use, choice and occupancy: clarifying concepts in resource selection studies. J Anim Ecol 82(6): 1183-1191. https://doi.org/10.1111/1365-2656.12141

Lyons AJ, Turner WC, Getz WM (2013) Home range plus: a space-time characterization of movement over real landscapes. Movement Ecol 1(2): 1-14

Maehr DS, Cox JA (1995) Landscape features and panthers in Florida. Conserv Biol 9 (5): 1008-1019. https://doi.org/10.1046/j.1523-1739.1995.9051008.x

Manly BFJ, McDonald LL, Thomas DL, McDonald TL, Erickson WP (2002) Resource selection by animals: statistical design and analysis for field studies. Kluwer Academic, Dordrecht, the Netherlands

Marzluff JM, Millspaugh JJ, Hurvitz P, Handcock MS (2004) Relating resources to a probabilistic measure of space use: forest fragments and Steller's Jays. Ecology 85(5): 1411-1427. https://doi.org/10.1890/03-0114

McCarthy KP, Fletcher RJ Jr (2015) Does hunting activity for game species have indirect effects on resource selection by the endangered Florida Panther? Anim Conserv 18: 138-145

McLoughlin PD, Morris DW, Fortin D, Vander Wal E, Contasti AL (2010) Considering ecological dynamics in resource selection functions. J Anim Ecol 79(1): 4-12. https://doi.org/10.1111/j.1365-2656.2009.01613.x

Merkle JA, Fortin D, Morales JM (2014) A memory-based foraging tactic reveals an adaptive mechanism for restricted space use. Ecol Lett 17(8): 924-931. https://doi.org/10.1111/ele.12294

Michelot T, Langrock R, Patterson TA (2016) moveHMM: an R package for the statistical modelling of animal movement data using hidden Markov models. Methods Ecol Evol 7 (11): 1308-1315. https://doi.org/10.1111/2041-210x.12578

Mitchell MS, Powell RA (2004) A mechanistic home range model for optimal use of spatially distributed resources. Ecol Model 177(1-2): 209-232. https://doi.org/10.1016/ j.ecolmodel.2004.01.015

Mohr CO (1947) Table of equivalent populations of North American small mammals. Am Midl Nat 37(1): 223-249. https://doi.org/10.2307/2421652

Moody AL, Houston AI, McNamara JM (1996) Ideal free distributions under predation risk. Behav Ecol Sociobiol 38(2): 131-143. https://doi.org/10.1007/s002650050225

Moorcroft PR, Barnett A (2008) Mechanistic home range models and resource selection analysis: a reconciliation and unification. Ecology 89(4): 1112-1119. https://doi.org/10.1890/06-1985.1

Moorcroft PR, Lewis MA, Crabtree RL (1999) Home range analysis using a mechanistic home range model. Ecology 80(5): 1656-1665. https://doi.org/10.1890/0012-9658(1999)080[1656: hrauam] 2.0.co; 2

Moorcroft P, Lewis MA (2006) Mechanistic home range analysis. Princeton Monograph in Population Biology

Moorcroft PR, Lewis MA, Crabtree RL (2006) Mechanistic home range models capture spatial patterns and dynamics of coyote territories in Yellowstone. Proc R Soc B 273 (1594): 1651-1659. https://doi.org/10.1098/rspb.2005.3439

Morales JM, Haydon DT, Frair J, Holsiner KE, Fryxell JM (2004) Extracting more out of relocation data: building movement models as mixtures of random walks. Ecology 85(9): 2436-2445. https://doi.org/10.1890/03-0269

Morales JM, Moorcroft PR, Matthiopoulos J, Frair JL, Kie JG, Powell RA, Merrill EH, Haydon DT (2010) Building the bridge between animal movement and population dynamics. Phil Trans R Soc B 365(1550): 2289-2301. https://doi.org/10.1098/rstb.2010.0082

Morris DW (2003) Toward an ecological synthesis: a case for habitat selection. Oecologia 136 (1): 1-13

Morrison ML, Marcot BG, Mannan RW (2006) Wildlife-habitat relationships: concepts and applications. Island Press, Washington, DC

Mueller T, Fagan WF (2008) Search and navigation in dynamic environments - from individual behaviors to population distributions. Oikos 117(5): 654-664. https://doi.org/10.1111/j.0030-1299.2008.16291.x

Nabe-Nielsen J, Tougaard J, Teilmann J, Lucke K, Forchhammer MC (2013) How a simple adaptive foraging strategy can lead to emergent home ranges and increased food intake. Oikos 122(9): 1307-1316. https://doi.org/10.1111/j.1600-0706.2013.00069.x

Nathan R, Getz WM, Revilla E, Holyoak M, Kadmon R, Saltz D, Smouse PE (2008) A movement ecology paradigm for unifying organismal movement research. Proc Natl Acad Sci U S A 105 (49): 19052-19059. https://doi.org/10.1073/pnas.0800375105

Nice MM (1941) The role of territory in bird life. Am Midl Nat 26(3): 441-487

Nocera JJ, Forbes GJ, Giraldeau L-A (2009) Aggregations from using inadvertent social information: a form of ideal habitat selection. Ecography 32: 143-152

Northrup JM, Hooten MB, Anderson CR, Wittemyer G (2013) Practical guidance on characterizing availability in resource selection functions under a use-availability design. Ecology 94 (7): 1456-1463. https://doi.org/10.1890/12-1688.1

Onorato DP, Criffield M, Lotz M, Cunningham M, McBride R, Leone EH, Bass OL, Hellgren EC (2011) Habitat selection by critically endangered Florida panthers across the diel period: implications for land management and conservation. Anim Conserv 14(2): 196-205. https://doi.org/10.1111/j.1469-1795.2010.00415.x

Orians GH (1969) On evolution of mating systems in birds and mammals. Am Nat 103(934): 589. https://doi.org/10.1086/282628

Orians GH, Pearson NE (1979) On the theory of cental place foraging. In: Horn DJ, Mitchell RD, Stairs GR (eds) Analysis of ecological systems. The Ohio State University Press, Columbus, pp 154-177

Orians GH, Wittenberger JF (1991) Spatial and temporal scales in habitat selection. Am Nat 137: S29-S49. https://doi.org/10.1086/285138

Patterson TA, Thomas L, Wilcox C, Ovaskainen O, Matthiopoulos J (2008) State-space models of individual animal movement. Trends Ecol Evol 23(2): 87-94. https://doi.org/10.1016/

j.tree.2007.10.009

Patterson TA, Basson M, Bravington MV, Gunn JS (2009) Classifying movement behaviour in relation to environmental conditions using hidden Markov models. J Anim Ecol 78 (6): 1113-1123. https://doi.org/10.1111/j.1365-2656.2009.01583.x

Perez-Barberia FJ, Small M, Hooper RJ, Aldezabal A, Soriguer-Escofet R, Bakken GS, Gordon IJ (2015) State-space modelling of the drivers of movement behaviour in sympatric species. PLoS One 10(11). https://doi.org/10.1371/journal.pone.0142707

Potts JR, Lewis MA (2014) How do animal territories form and change? Lessons from 20 years of mechanistic modelling. Proc R Soc B 281(1784). https://doi.org/10.1098/rspb.2014.0231

Prima MC, Duchesne T, Fortin D (2017) Robust inference from conditional logistic regression applied to movement and habitat selection analysis. PLoS One 12(1). https://doi.org/10.1371/journal.pone.0169779

Pulliam HR (1988) Sources, sinks, and population regulation. Am Nat 132(5): 652-661

Pulliam HR, Danielson BJ (1991) Sources, sinks, and habitat selection: a landscape perspective on population dynamics. Am Nat 137: S50-S66

Queiroz N, Humphries NE, Mucientes G, Hammerschlag N, Lima FP, Scales KL, Miller PI, Sousa LL, Seabra R, Sims DW (2016) Ocean-wide tracking of pelagic sharks reveals extent of overlap with longline fishing hotspots. Proc Natl Acad Sci U S A 113(6): 1582-1587. https://doi.org/10.1073/pnas.1510090113

Reeve JD, Cronin JT, Haynes KJ (2008) Diffusion models for animals in complex landscapes: incorporating heterogeneity among substrates, individuals and edge behaviours. J Anim Ecol 77 (5): 898-904. https://doi.org/10.1111/j.1365-2656.2008.01411.x

Resetarits WJ (2005) Habitat selection behaviour links local and regional scales in aquatic systems. Ecol Lett 8(5): 480-486

Rettie WJ, Messier F (2000) Hierarchical habitat selection by woodland caribou: its relationship to limiting factors. Ecography 23(4): 466-478. https://doi.org/10.1034/j.1600-0587.2000.230409.x

Riotte-Lambert L, Benhamou S, Chamaille-Jammes S (2015) How memory-based movement leads to nonterritorial spatial segregation. Am Nat 185(4): E103-E116. https://doi.org/10.1086/680009

Robertson BA, Hutto RL (2006) A framework for understanding ecological traps and an evaluation of existing evidence. Ecology 87(5): 1075-1085

Rodenhouse NL, Sherry TW, Holmes RT (1997) Site-dependent regulation of population size: a new synthesis. Ecology 78(7): 2025-2042

Rosenzweig ML (1981) A theory of habitat selection. Ecology 62: 327-335

Rota CT, Millspaugh JJ, Kesler DC, Lehman CP, Rumble MA, Jachowski CMB (2013) A re-evaluation of a case-control model with contaminated controls for resource selection studies. J Anim Ecol 82 (6): 1165-1173. https://doi.org/10.1111/1365-2656.12092

Rota CT, Rumble MA, Millspaugh JJ, Lehman CP, Kesler DC (2014) Space-use and habitat associations of Black-backed Woodpeckers (*Picoides arcticus*) occupying recently disturbed forests in the Black Hills, South Dakota. For Ecol Manag 313: 161-168. https://doi.org/10.1016/j.foreco.2013.10.048

Savage RE (1931) The relation between the feeding of the herring off the east coast of England and the plankton of the surrounding waters. Fishery Investigation, Ministry of Agriculture, Food and Fisheries, Series 2, 12: 1-88

Schick RS, Loarie SR, Colchero F, Best BD, Boustany A, Conde DA, Halpin PN, Joppa LN, McClellan CM, Clark JS (2008) Understanding movement data and movement processes: current and emerging directions. Ecol Lett 11(12): 1338-1350. https://doi.org/10.1111/

j.1461-0248.2008.01249.x

Schlaepfer MA, Runge MC, Sherman PW (2002) Ecological and evolutionary traps. Trends Ecol Evol 17(10): 474-480

Seaman DE, Powell RA (1996) An evaluation of the accuracy of kernel density estimators for home range analysis. Ecology 77(7): 2075-2085. https://doi.org/10.2307/2265701

Sergio F, Newton I (2003) Occupancy as a measure of territory quality. J Anim Ecol 72(5): 857-865

Shochat E, Patten MA, Morris DW, Reinking DL, Wolfe DH, Sherrod SK (2005) Ecological traps in isodars: effects of tallgrass prairie management on bird nest success. Oikos 111(1): 159-169

Skalski GT, Gilliam JF (2003) A diffusion-based theory of organism dispersal in heterogeneous populations. Am Nat 161(3): 441-458. https://doi.org/10.1086/367592

Skellam JG (1951) Random dispersal in theoretical populations. Biometrika 28: 196-218

Smouse PE, Focardi S, Moorcroft PR, Kie JG, Forester JD, Morales JM (2010) Stochastic modelling of animal movement. Phil Trans R Soc B 365(1550): 2201-2211. https://doi.org/10.1098/rstb.2010.0078

Stamps J (1995) Motor learning and the value of familiar space. Am Nat 146(1): 41-58. https://doi.org/10.1086/285786

Stephens PA, Sutherland WJ (1999) Consequences of the Allee effect for behaviour, ecology and conservation. Trends Ecol Evol 14(10): 401-405

Svärdson G (1949) Competition and habitat selection in birds. Oikos 1: 157-174

Swihart RK, Slade NA (1985) Testing for independence of observations in animal movements. Ecology 66(4): 1176-1184. https://doi.org/10.2307/1939170

Taylor MFJ, Suckling KF, Rachlinski JJ (2005) The effectiveness of the endangered species act: a quantitative analysis. Bioscience 55(4): 360-367. https://doi.org/10.1641/0006-3568(2005)055[0360: teotes]2.0.co; 2

Thomas DL, Taylor EJ (1990) Study designs and tests for comparing resource use and availability. J Wildl Manag 54(2): 322-330. https://doi.org/10.2307/3809050

Thomas DL, Taylor EJ (2006) Study designs and tests for comparing resource use and availability II. J Wildl Manag 70(2): 324-336. https://doi.org/10.2193/0022-541x(2006)70[324: sdatfc]2.0.co; 2

Thomas DL, Johnson D, Griffith B (2006) A Bayesian random effects discrete-choice model for resource selection: population-level selection inference. J Wildl Manag 70(2): 404-412

Thompson CM, McGarigal K (2002) The influence of research scale on bald eagle habitat selection along the lower Hudson River, New York (USA). Landsc Ecol 17(6): 569-586. https://doi.org/10.1023/a: 1021501231182

Thurfjell H, Ciuti S, Boyce MS (2014) Applications of step-selection functions in ecology and conservation. Movement Ecol 2: 4

Tomkiewicz SM, Fuller MR, Kie JG, Bates KK (2010) Global positioning system and associated technologies in animal behaviour and ecological research. Phil Trans R Soc B 365 (1550): 2163-2176. https://doi.org/10.1098/rstb.2010.0090

Turlure C, Schtickzelle N, Van Dyck H, Seymoure B, Rutowski R (2016) Flight morphology, compound eye structure and dispersal in the bog and the cranberry fritillary butterflies: an inter and intraspecific comparison. PLoS One 11(6). https://doi.org/10.1371/journal.pone.0158073

Turner JC, Douglas CL, Hallam CR, Krausman PR, Ramey RR (2004) Determination of critical habitat for the endangered Nelson's bighorn sheep in southern California. Wildl Soc Bull 32 : 427-448. https://doi.org/10.2193/0091-7648(2004)32[427: dochft]2.0.co; 2

Underwood AJ, Chapman MG, Crowe TP (2004) Identifying and understanding ecological preferences for habitat or prey. J Exp Mar Biol Ecol 300(1-2): 161-187. https://doi.org/10.1016/

j.jembe.2003.12.006

Van Horne B (1983) Density as a misleading indicator of habitat quality. J Wildl Manag 47: 893-901

Van Moorter B, Rolandsen CM, Basille M, Gaillard JM (2016) Movement is the glue connecting home ranges and habitat selection. J Anim Ecol 85(1): 21-31. https://doi.org/10.1111/1365-2656.12394

Van Winkle W (1975) Comparison of several probabilistic home-range models. J Wildl Manag 39: 118-123

Vasudev D, Fletcher RJ Jr, Goswami VR, Krishnadas M (2015) From dispersal constraints to landscape connectivity: lessons from species distribution modeling. Ecography 38: 967-978. https://doi.org/10.1111/ecog.01306

Wickham H (2007) Reshaping data with the reshape package. J Stat Softw 21(12): 1-20

Wilmers CC, Nickel B, Bryce CM, Smith JA, Wheat RE, Yovovich V (2015) The golden age of bio-logging: how animal-borne sensors are advancing the frontiers of ecology. Ecol 96 (7): 1741-1753. https://doi.org/10.1890/14-1401.1

Worton BJ (1987) A review of models of home range for animal movement. Ecol Model 38 (3-4): 277-298. https://doi.org/10.1016/0304-3800(87)90101-3

Worton BJ (1989) Kernel methods for estimating the utilization distribution in home-range studies. Ecology 70(1): 164-168. https://doi.org/10.2307/1938423

Worton BJ (1995) Using Monte-Carlo simulation to evaluate kernel-based home-range estimators. J Wildl Manag 59(4): 794-800. https://doi.org/10.2307/3801959

Zeller KA, McGarigal K, Whiteley AR (2012) Estimating landscape resistance to movement: a review. Landsc Ecol 27(6): 777-797. https://doi.org/10.1007/s10980-012-9737-0

Zeller KA, McGarigal K, Cushman SA, Beier P, Vickers TW, Boyce WM (2016) Using step and path selection functions for estimating resistance to movement: pumas as a case study. Landsc Ecol 31(6): 1319-1335. https://doi.org/10.1007/s10980-015-0301-6

Zera AJ, Denno RF (1997) Physiology and ecology of dispersal polymorphism in insects. Annu Rev Entomol 42: 207-230. https://doi.org/10.1146/annurev.ento.42.1.207

Zheng C, Pennanen J, Ovaskainen O (2009) Modelling dispersal with diffusion and habitat selection: analytical results for highly fragmented landscapes. Ecol Model 220 (12): 1495-1505. https://doi.org/10.1016/j.ecolmodel.2009.02.024

Zollner PA, Lima SL (1997) Landscape-level perceptual abilities in white-footed mice: perceptual range and the detection of forested habitat. Oikos 80(1): 51-60

第 9 章 连 通 性

9.1 简 介

空间对生态和保护的重要性取决于连通性。众所周知，连通性可以通过各种机制影响种群和群落，包括种群救助、规避近亲繁殖、未用生境的定植、质量效应以及疾病传播等（Hanski，1998；Chisholm et al.，2011；Rudnick et al.，2012）。因此，连通性可以增强我们对物种当前和潜在分布格局、种群统计特征、遗传变异性、进化过程以及物种在异质景观中总体生存能力的理解，并加深我们对集合群落动态的了解（Leibold et al.，2004；Carrara et al.，2012），同时，其对维持关键的生态系统过程和服务也是至关重要的（Margosian et al.，2009；Mitchell et al.，2013）。连通性对于减轻人类引起的环境变化对物种长期存续和生物多样性的负面影响的保护策略而言变得越来越重要（Crooks and Sanjayan，2006；Heller and Zavaleta，2009），因此，在过去的 20 年里，我们对连通性的理解和量化发生了巨大的变化。

在本章中，我们对连通性的概念及其与应用生态学间的关联性进行了综述。我们首先解读了连通性及其重要性发展的各种理论，并从不同的角度对连通性进行概化，分析了不同观点间的相似性和差异性，然后，我们阐述了连通性量化的三种方法，并以两个濒危物种为例对这些方法的实现过程加以说明。

9.2 核心概念和方法

9.2.1 连通性的多重含义

"连通性（connectivity）"一词在生态学、进化学和保护学中已得到了广泛应用，尽管其应用领域较为宽泛，但始终强调两个问题，即陆景（或海景）的结构和有机体、物质或能量在其中的移动或流动。在连通性研究中，我们经常会区分捕获的是连通性的结构性概念还是功能性概念。结构性概念只强调景观的配置和连续性，隐含地假设物理邻接性是连通性的关键，并未试图捕获物种或过程所特有的变异性；而功能性概念明确地尝试捕获移动或流动过程，并将此过程与景观结构相结合，以解释和量化连通性（图 9.1）。

景观邻接性　　　　基于景观的　　　　景观影响下的
　　　　　　　　潜在移动路径　　　　观测移动路径

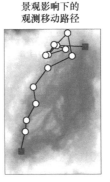

图 9.1　景观连通性的层次关系（彩图请扫封底二维码）
景观结构可以描述结构连通性，当景观结构与物种的移动能力（如运动能力、导航能力）或其他过程相联系时，就出现了潜在连通性。现实连通性或实际连通性量化了观测到的跨越景观的移动，这种移动会影响多种生物格局和过程（如遗传连通性、个体统计连通性）

　　连通性的术语可以用三种方式加以组织，即度量方法（如结构连通性与功能连通性）、度量尺度，以及捕获过程。Calabrese 和 Fagan（2004）根据连通性的度量方法将其分为三类：结构连通性（structural connectivity）、潜在连通性（potential connectivity）和实际连通性（realized connectivity）（图 9.1），其中，结构连通性侧重于通过简单量化景观连续性来解释连通性；潜在连通性是功能性连通性的一种，主要量化的是个体如何在景观中移动，以及景观如何改变个体的移动，通常使用与物种或过程所特有的移动和流动相关的间接辅助信息；实际（即观察到的）连通性或现实连通性是另一种功能连通性，通过度量移动和流动直接量化或估计景观连通性（表 9.1）。

表 9.1　连通性的不同类型

术语	定义
个体统计连通性	景观间扩散对种群增长的影响程度，对扩散在局地补充中的相对贡献最为敏感
有效连通性	包含了个体移动后成功繁殖在内的连通性，是对景观尺度上有效扩散的一种扩展
功能连通性	包含了某一生物个体观察到的或潜在的移动特性信息的连通性
遗传连通性	基于基因流的本地种群间的联系，需要有效的扩散过程，是种群连通和有效连通的一种形式，对扩散的绝对数量最为敏感
水文连通性	以水为媒介的物质、能量和/或生物个体在景观中的转移
景观连通性	常被定义为景观对移动的影响程度
迁移连通性	个体在不同地点间（如繁殖与非繁殖区域间）的年度或季节移动
种群连通性	景观中通过扩散形成的局地种群间的联系
潜在连通性	功能连通性的一种类型，关注个体的移动区域以及景观如何改变移动，但在各种行为（如繁殖偏好）和种群（如密度依赖性）过程上与现实连通性或实际连通性不同
现实连通性	功能连通性的一种类型，直接关注景观中个体的移动范围以及景观如何改变观察到的移动，有时也称为"实际连通性"
结构连通性	只考虑生境连续性的连通性

连通性可在不同尺度上进行度量。集合种群生物学长期以来关注的是斑块隔离度（或与其相对的术语——斑块连通性），而景观生态学则常常量化的是整个景观的连通性（Tischendorf and Fahrig，2000；Moilanen and Hanski，2001），大于斑块但小于景观的中尺度连通性有时也会受到关注（Bodin and Noberg，2007；Fletcher et al.，2013b）。当保护措施在局地或站点层面上实施时，那么令人感兴趣的则常是斑块尺度上的连通性（Acevedo et al.，2015；Rubio et al.，2015）；当相邻斑块间的移动（如跨越间隙；Bélisle and Desrochers，2002；Richard and Armstrong，2010）是常见的过程时，中尺度上的连通性则是非常重要的。在斑块水平以外的尺度上，连通性受到了更多的限制，景观尺度上的连通性与区域和大陆性保护规划关系最为密切（Minor and Lookingbill，2010）。

除了量化格局外，连通性这一术语也会随着所研究过程的不同而发生变化，常见的例子包括个体统计连通性、遗传连通性、迁移连通性和水文连通性（表 9.1）（Pringle，2001；Webster et al.，2002；Lowe and Allendorf，2010），其中，所考虑的移动或流动的组分应与研究的总体过程相互关联。例如，Lowe 和 Allendorf（2010）认为，遗传学常常被用来推断个体统计连通性或种群连通性，集中在生态时间尺度上扩散对种群增长的相对贡献上（Kool et al.，2013），但基因数据几乎无法提供任何有关移动对种群增长影响的信息。遗传连通性中所谓的移动强调的是，即使不频繁的移动在生态时间尺度上对种群增长率的作用不大，但对基因混合来说已经足够了。

9.2.2 连通性的概念

在过去的几十年里，人们在理解和预测连通性的理论方面有了长足的进步，在此，我们简要地总结了不同组织水平（个体、种群、群落）上的发展情况，并重点关注两个方面。首先，空间（或陆景/海景）该如何考虑？其次，移动的作用是什么？如何预测移动对跨空间的生物格局和过程的影响？

在个体水平上，主要进展是将觅食理论及相关的行为生态学理论（如信息理论）应用于景观中（Ims，1995；Bélisle，2005；Fletcher et al.，2013a），这类理论通常侧重于个体近距离短期移动对景观结构的响应，例如，个体感知生境的尺度以及不同类型的决策对景观中扩散和/或搜索行为的作用，强调了这些决策对个体适应性的后续影响（Zollner and Lima，1999；Fletcher，2006；Pe'er and Kramer-Schadt，2008）。早期的觅食理论简单地把重点放在资源斑块间的距离上，用斑块间移动时间来解释预期的停留时间（Charnov，1976）。从那时起，该理论利用对个体进行明确的空间模拟来捕获生境聚集和连通性等景观结构问题，以解释个体扩散的成功与否（Tyler and Hargrove，1997；Fletcher，2006；Pe'er and

Kramer-Schadt，2008）。这一理论的发展表明，一些生物和非生物因素可能会改变现实连通性，例如，局地生境质量会导致个体在结构连通性高的景观中很少移动（Bélisle，2005）。

在种群水平上，集合种群生态学和种群遗传学理论都有了很大的发展，对此我们做一个简要的概述（更多信息请参见第 10 章）。早期的集合种群理论预测得出斑块间的距离不仅会影响未占用生境的定植率，也会影响救助效果（Hanski，1998），近期的集合种群理论则将景观结构的一些方面，如斑块聚集（Hiebeler，2000）、基质效应（Moilanen and Hanski，1998）、干扰（Johst and Drechsler，2003；Kallimanis et al.，2005）、不对称阻抗（Vuilleumier et al.，2010）以及演替等（Verheyen et al.，2004）纳入定植动态中。集合种群理论表明，连通性处于中间水平时对种群的持久性益处较大，连通性太低时，与定植间失衡的局地灭绝会频发，而连通性太高时则会产生种群同步性，从而增加了集合种群面对全球灭绝的脆弱性（Heino et al.，1997；Matter，2001），而与此相关的源-汇理论则通过移入率和移出率的变化将连通性的影响纳入其中（Pulliam，1988；Thomas and Kunin，1999），其中，景观结构常被简单地强调为景观中源生境和汇生境所占比例（Pulliam and Danielson，1991；Runge et al.，2006）。在这两套理论的发展中，会间接通过斑块大小的变化（假设更大的斑块可容纳更多作为扩散的繁殖个体）或是直接通过种群多度估计来强调区域种群大小。以种群为重点的相关景观生态学理论也强调了基质在斑块边界附近扩散个体的死亡和移动中所起到的作用（Fahrig，1998；Bender and Fahrig，2005）。

就种群遗传学而言，早期的理论把迁移，或者说一个种群局地的基因被迁移过来的等位基因所取代的程度，作为亚种群间的一个概率过程。在有效扩散（即扩散后繁殖成功）的前提下，繁殖个体的移动成为迁移的关键组成部分（Pfluger and Balkenhol，2014）。地理距离和生境构型的某些方面也被纳入该理论早期模型的发展过程中，如预测较短距离内遗传同质化增加的脚踏石模型（stepping-stone model；Wright，1943；Kimura and Weiss，1964）。迁移的作用已被证明会对成对遗传距离（遗传分化）产生直接影响，在这种情况下，除非迁移率非常低，否则种群间的遗传距离不会太大（Larson et al.，1984）。这一结果强调，即使在并不频繁的有效扩散水平上，也可以维持较小的遗传距离（Lowe and Allendorf，2010）。最近的景观遗传学理论则强调了景观基质的作用，如阻抗隔离关系（McRae，2006）和与环境隔离关系有关的景观异质性（Sexton et al.，2014；Wang and Bradburd，2014），人们越来越重视将种群水平和个体水平的遗传变异与空间统计相结合，以便更好地捕获复杂的景观结构，并分离出移动对遗传结构的影响，尽管普遍缺乏理论上的发展（Guillot et al.，2009）。

在群落水平上，许多有关连通性影响的理论基础源自岛屿生物地理学和集合群落生态学（另见第 11 章）。在岛屿生物地理学中，MacArthur 和 Wilson（1967）

确定了影响物种迁移率的景观要素（岛屿构型），包括到大陆的距离、岛屿的聚集度以及廊道和脚踏石的存在等，这些要素在解释景观连通性时具有高度的相关性（Saura et al., 2014）。经典的岛屿生物地理学理论忽略了景观基质在连通性预测中的作用，尽管近来一些理论正在尝试对此加以考虑（Cook et al., 2002）。目前的大多数理论是在特定类型相互作用的背景下发展起来的（Roy et al., 2004），很少会专门关注连通性对物种相互作用的影响。

这些聚焦不同组织水平上的理论尽管有着共同的主题，然而由于其对移动的作用及对景观的考虑方式存在不同，人们对连通性的理解往往也是不同的。这些理论中会以不同的方式捕获移动过程，其中一些（如种群遗传学理论）会要求移动过程能确保个体补充到一个新的繁殖种群中，即所谓的有效连通性（effective connectivity; Robertson et al., 2018）。此外，研究者常常会从不同的时空尺度上对移动过程加以解读（Lowe and Allendorf, 2010）。从捕获景观结构复杂性和解读连通性的尺度来看，景观结构对这一多样化理论发展的影响也是多变的（Tischendorf and Fahrig, 2000; Moilanen and Hanski, 2001）。虽然，近期的理论倾向于强调基质在阻抗（resistance）中的作用（表9.2），但其他一些与基质有关的问题（如硬屏障的作用）在理论发展中并未得到同样的重视，例如，在遗传学中经常会强调产生种群结构的物理和生态屏障，然而种群生态学在理解连通性时却很少强调这种硬屏障的作用（例外的研究可参照 McRae et al., 2012; Fletcher et al., 2013b）。

表9.2   连通性研究中常用的术语及定义

术语	描述
导度	对某一点位移动渗透性的量度，通常为阻抗值的倒数 （1/阻抗）
廊道	一种相对线性的生境（通常假定为低质量的），从结构上连接了整个景观中的生境
成本层	描述景观中个体在每个单元移动困难程度（渗透度的倒数）的空间数据（如栅格数据）层
环路理论	将随机漫步的概念应用于网络（电路）中的模型，主要用于连通度绘图
扩散陷阱	景观中对个体移动不会产生巨大的空间或内在限制的点位，但环境因素却使处于这些点位的个体具有很高的死亡风险
有效距离	考虑非地理（环境）因素时的距离度量
最小成本分析	一种连通性分析方法，基于潜在移动的最小累计成本来确定潜在路径
图形理论	应用数据关联算法来解释连通性的模型。通常用于斑块网络，其中斑块被看作是节点，节点间的连接表示实际或潜在的移动
生境可用性	基于可达生境的连通性，除斑块间的连接外，斑块本身也是一种连通的空间
连接	景观中可用于在生境或斑块间移动的位置。廊道是连接的一种方式，有时也被用于描述某一种群内斑块间的扩散或流动（即种群连接）
网络	某一景观中通过物质、能量或有机体的运动或流动而连接在一起的斑块集合
狭点	在潜在或实际连通性中出现瓶颈的位置，在此，个体会呈漏斗状鱼贯而过
阻抗	某一点位上对个体移动产生阻碍的量度，通常是导度（或渗透度）的倒数
被低估的扩散途径	从空间位置和环境属性的角度考虑景观中可用于扩散和促进连通性的位置，但受扩散内在限制因素的影响很少被个体利用

9.2.3 连通性的限制因素

传统上在评估连通性时强调空间是观测到的连通性的主要限制因素，例如，在种群遗传学中主要关注的是距离隔离关系。近年来，人们越来越意识到其他因素也会限制观测到的连通性，有关基质对移动速率的影响方面的许多工作都属于研究连通性限制因素的领域。

Vasudev 等（2015）借鉴生态位理论，将观察到的连通性的限制因素分为三类，即空间约束、环境约束和内在约束（图 9.2）。空间约束主要将位置间的物理距离作为限制因素。环境约束是指环境变化以多种方式限制连通性，包括生物体外可以改变个体移动的所有非生物和生物因素。内在约束是指在不同生物组织水平上限制连通性的内部约束，例如，在个体水平上，生理条件或表型特征（如性别）可能会影响移动的可能性、距离和方向（Turlure et al., 2011），从而影响现实连通性（Baguette et al., 2013）；在种群水平上，密度相关的扩散或扩散模式的变化等都会影响连通性；在物种水平上，移动能力和物种特有的一些性状会影响移动，从而影响连通性（Nathan et al., 2008）。约束间的重叠如基于基质阻抗对有效距离（effective distance）的量化（见下文）则代表了这些约束（如空间约束和环境约束）的一个交集。对连通性限制因素的系统分析表明，连通性可能会因各种原因而受到限制，即使对于高度移动的物种也是如此。因此，了解扩散和连通性的限制因素对于准确预测和维持连通性是必要的。

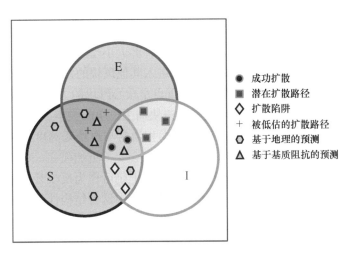

图例：
- ● 成功扩散
- ■ 潜在扩散路径
- ◇ 扩散陷阱
- + 被低估的扩散路径
- ⬡ 基于地理的预测
- △ 基于基质阻抗的预测

图 9.2　基于空间（S）约束、环境（E）约束及内在（I）约束对成功扩散和
现实连通性的限制因素进行图示
这些限制因素在地理空间中的重叠说明了扩散陷阱、被低估的扩散路径和潜在扩散路径等扩散特征。
修改自 Vasudev 等（2015）

9.2.4 连通性的三种常见量化方法

生态学中连通性的量化有三种常见的方法。第一，基于景观的结构特征，用 Fragstats 等程序来计算与邻近度相关的度量指标（McGarigal et al., 2002），一直以来都是量化结构连通性的主要方法（见第 3 章）；第二，基于景观阻抗的空间显式度量方法越来越多地被用于绘制景观间的潜在功能连通性图，并对潜在廊道保护等做出推断（Zeller et al., 2012）；第三，基于斑块的网络分析或图形理论（graph theory）方法越来越多地被用于度量结构连通性和潜在连通性（Urban and Keitt, 2001；Fall et al., 2007；Urban et al., 2009；Rayfield et al., 2011），该方法中的许多度量指标可以看作是对集合种群概念的延伸，试图从多角度更好地捕获景观构型。

9.2.4.1 土地覆盖的结构连通性量化方法

土地覆盖连通性的量化有着悠久的历史，指标通常侧重于景观中斑块或单元间的距离、斑块或土地覆盖的面积及其排列组合，因此，这些连通性指标通常被认为是对景观构型的度量，或是景观构型与组成的组合（见第 3 章）。斑块间的距离（如最近邻距离）是对相邻斑块的简单度量，虽然直观，但往往不能很好地预测移动和分布（Moilanen and Nieminen, 2002；Winfree et al., 2005）。使用与斑块面积相匹配的多距离度量指标（如邻近度指数；第 3 章）可以捕获更为真实的复杂性（Gustafson and Parker, 1994）。斑块面积作为一个有用的测算指标纳入连通性评估的原因有二：①目标效应（即面积较大的斑块可能截获更多的繁殖体，从而影响迁移/定植）（Lomolino, 1990）；②种群大小/繁殖体压力，较大的斑块往往会有更多的个体或繁殖体，并可能成为进入其他斑块的定植者的来源（Hanski, 1999）。对目标效应而言，连通性度量的重点是核心斑块的大小（更准确地说是周长），对繁殖体压力而言，重点则是核心斑块周围斑块的大小。

Fahrig（2003）认为，景观中的生境面积通常与斑块隔离度指标成反比。随着某一斑块周围生境数量的减少，该斑块肯定会变得更加孤立，尽管生境面积在潜在过程（如种群规模）中会发生一些变化，但仍可作为反映某一斑块周围连通性的一个有用的替代指标，目前尚不清楚在实践中这种结构性的度量方法能否将连通性的作用分离出来。

9.2.4.2 基于景观（基质）阻抗的量化方法

另一种连通性量化的方法侧重于绘制潜在廊道和/或移动在景观中的渗透性，采用空间显式地图（通常为栅格层）来量化景观中的潜在流动路径（图 9.3）。我们首先将土地覆盖及相关的栅格图转换为"阻抗"或"摩擦力"图，图中的栅格值描述了单元间移动（或无法移动）的可能性，然后使用图中的阻抗值创建一个转换矩阵，即一个基于相邻单元间局地连接的稀疏矩阵（通常使用四邻规则或八邻规则；图 9.4）。该方法中确定阻抗值是一个关键的步骤，可基于专家意见、生境利用数据或个体移动数据等加以确定（Zeller et al.，2012），现已证明一些分析技术对阻抗值是敏感的（Rayfield et al.，2010）。

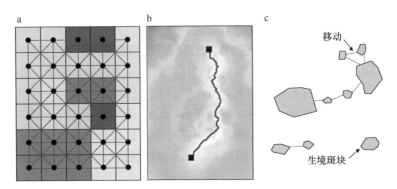

图 9.3　生态学中基于阻抗和基于网络（图形理论）的连通性（彩图请扫封底二维码）

a. 基于网络理论将整个景观的栅格图转换为稀疏网络，其中单元（像素）间的连接是基于移动"阻抗"的；b. 绘制基于网络的连通性图（红色=最小成本路径）；c. 基于斑块的网络重点关注生境斑块（如森林碎片）及个体在斑块间的潜在移动

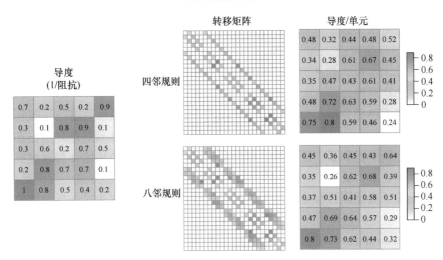

图 9.4　从土地覆盖渗透度到转移矩阵（彩图请扫封底二维码）

左图版显示了一个土地覆盖栅格层，单元值的增加反映了个体移动渗透性的增加（导度=1/阻抗）；中图版显示了基于四邻规则或八邻规则连接的单元对间的均值创建的稀疏转换矩阵（较暗的值代表较大的导度）；右图版显示了新创建的栅格层及每个单元的平均导度

我们可以使用物种分布、生境利用或个体移动的信息来估计阻抗值。在处理

物种分布的经验数据（而非专家意见）时，我们可以采用点位选择及相关方法（见第 8 章），这些方法基于物种存在点位的生境利用指标的倒数来量化阻抗，例如，可以使用点选择函数，其本质上与生境偏好的选择比率有关（见第 8 章）。然而采用生境利用数据量化阻抗的方法受到批评的原因是多样的。例如，Vasudev 等（2015）认为，从定义的角度看，个体在基质单元间的移动处于物种的生态位之外（见第 7 章），而生境利用的信息则是从物种的生态位内获取的。

与物种分布和生境利用的信息不同，基于无线电遥测数据或标记-再捕获的移动数据可用于解释阻抗，对无线电遥测数据来说，我们通常使用步长选择函数和路径选择函数（见第 8 章）。步长选择函数重点放在从一个点位到下一个点位（如连续的无线电遥测点位）的步长以及土地覆盖对步长变化的影响上；路径选择函数重点放在整条路径的土地覆盖类型上，并将其与相同长度和形状的替代路径上的土地覆盖类型进行对比。这两种方法都有一定的应用价值，但理想情况应是在正在发生扩散的个体和路径上实施，而不是将重点放在个体在领地或家域内移动的步长和路径上（Harju et al.，2013）。标记-再捕获数据（如空间捕获-再捕获或多状态捕获-再捕获；Brownie et al.，1993；Royle et al.，2018）很少用于估计阻抗，但在基于假设的移动过程（如随机漫步、最小成本移动）拟合位置间观察到的移动以优化阻抗值时还是会用到（Hanks and Hooten，2013；Royle et al.，2013；Graves et al.，2014；Peterman，2018）。Howell 等（2018）采用类似的方法展示了如何用定植-灭绝动态数据来估计阻抗值，这类数据可能比标记-再捕获数据更容易获得。

利用阻抗图来确定点位间潜在路径的方法有几种，如最小成本分析（least-cost analysis）或环路理论（circuit theory）（Bunn et al.，2000；McRae et al.，2008；Etherington，2016），这些方法通常将阻抗图转换为转移矩阵，并利用网络分析来解释潜在的连通性。

最小成本路径分析主要是确定两个或多个点位间阻抗最小的路径（或廊道），通常会采用 Dijkstra（1959）提出的确定最短路径的算法来实现，该算法已在廊道和连通性分析中得到了广泛应用，部分原因是它与其他算法相比计算速度更快，而且可以确定出"最佳"路径。尽管如此，最小成本路径分析方法一直饱受批评，原因在于基于点位间目标定向搜索的隐含假设，动物会在移动时选择最优的最小成本路径，且该路径是唯一的（Sawyer et al.，2011），后者已通过最小成本廊道（least-cost corridor）分析方法得以解决，作为对最小成本路径方法的扩展，该方法试图确定较宽的低阻抗廊道（而非路径）（Pinto and Keitt，2009）。此外，被称为因子最小成本路径（factorial least-cost path）的分析方法也可以解决其中的一部分问题（Rudnick et al.，2012），该方法可在景观中多个点位（如点位所在的某一栅格）间确定多条最小成本路径，并对整个景观的最小成本路径进行求和。

环路理论（circuit theory）通过假设点位间的随机漫步过程来计算阻抗距离

（McRae，2006）。在随机漫步理论中加入阻抗变化会导致有偏的随机漫步过程，从而移动的平均概率被假定为随阻抗的变化而变化。通过假定移动遵循随机漫步过程而非最小阻抗路径，我们可以预测整个景观中个体的流动过程，该方法考虑了连通性中的路径冗余并具有识别景观中可能出现"狭点"或瓶颈的能力，因而被认为是一种十分有用的分析方法（McRae et al.，2008；Fletcher et al.，2014），对该方法的一些批评包括：动植物可能并不会以类似于简单随机漫步的方式移动，其计算成本比最低成本路径分析要高得多，而且大型景观间的流动往往会被预测为扩散，结果有时很难解释。我们注意到，就像在环路理论中一样，在非常大的图形上随机漫步过程会变得不那么好用，因为在单元水平上阻抗距离收敛于某一局地特性上（即节点度数或连接强度；见下文）（von Luxburg et al.，2014），这一问题在生态学文献中一直被忽视，而在网络学文献中却得到了广泛认可。

Saerens 等（2009）基于上述理论正式将最小成本路径的想法与沿某一连续体移动可能性的阻抗距离联系起来，他们提出了一个调节参数 θ，该参数可通过他们称为随机最短路径（randomized shortest-path）的方法来耦合，当 $\theta=0$ 时，模型可简化为随机漫步（相当于环路理论方法）；随着 θ 的增加，该模型则趋近于一条最小成本路径。请注意，θ 的绝对值会随研究区域的范围而变化。

9.2.4.3　基于斑块的图形理论的量化方法

在过去的二十年里，图形理论越来越多地被用于量化连通性（Urban and Keitt，2001；Urban et al.，2009；Galpern et al.，2011；Albert et al.，2017；Drake et al.，2017；Haase et al.，2017；Martensen et al.，2017）。图形理论是一种广泛应用于计算机科学、运筹学和信息技术的数学框架，主要处理对象（有时也指关系数据）间的有效信息流或连通性。图形理论与网络分析是相关的，传统上图形理论更多的是基础数学中的一门学科，侧重于关系数据间的证明，而网络分析则更侧重于应用，强调使用谱分析方法和线性代数来解释网络中的流（Strogatz，2001）。

图形理论及相关的网络分析在空间生态学中应用的优势至少包含 4 个方面（Proulx et al.，2005；Fall et al.，2007；Urban et al.，2009）：第一，这些方法为我们提供了一种正式捕获潜在间接联系的方法，这对连通性（如脚踏石）分析而言十分重要（Saura et al.，2014）；第二，这些方法通常有助于量化不同空间尺度上的连通性；第三，这些方法通常有助于对潜在连通性的时空可视化；第四，这些方法往往计算效率很高，允许对景观中存在的大量联系和斑块进行分析和可视化。

从概念上讲，一个图形是由线段互连的点的集合（Dale and Fortin，2010），这些点被称为顶点（vertices）[有时称为节点（nodes）]，顶点间的连接称为边（edges）[有时称为连接（links）或弧（arcs）]。就连通性而言，斑块可以看作是节点，而节点间的连接则描述了与个体移动有关的信息，网络（network）或图形则代表了所有斑块以及它们之间的连接（图 9.2）。因此，这种方法需要划定斑块，并将重点放在斑块间的连通性以及基于这些斑块的整个景观连通性的概要统计上，创建图形的关键步骤是量化反映运动或流间的连接（见下文）。

从数学的角度来说，大多数图形都可用邻接矩阵（adjacency matrix，有时也称为转移矩阵）A 的形式来表示，矩阵中的指数表示图形的顶点（图 9.5）。例如，如果图中有 7 个斑块，那么 A 就是一个 7×7 的矩阵（邻接矩阵为"正方形"矩阵），如果 i 和 j 分别代表邻接矩阵中的行和列，矩阵 A 中的要素 A_{ij} 则代表顶点 i 和 j 间的关系（图 9.5）。那么：

$$A_{ij} \begin{cases} =1 & \text{如果} i \text{和} j \text{间存在连接} \\ =0 & \text{否则} \end{cases} \tag{9.1}$$

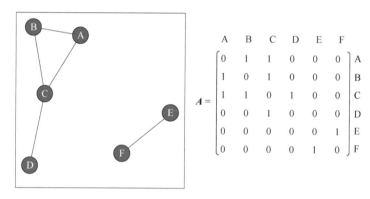

图 9.5　一个基于斑块和二进制连接的图形示意及其相应的邻接矩阵

请注意，邻接矩阵中对角线上的值通常设置为零，表示在移动和景观连通性背景下自连接的数据保真度。要素 $A_{3,2}=1$ 则意味着 v_3 和 v_2 间存在着连接（分别为图 9.5 中的顶点 C 和 B）。

在上例中，我们关注的是一种最简单的图形，我们称之为无方向无加权的图形，无方向意味着如果 v_1 与 v_2 间存在连接，那么 v_2 与 v_1 间也必然存在连接；无加权意味着连接是二进制的（0，1），而加权图形中的连接则是非二进制的（整数、连续值或概率）。有向图是表示顶点间关系的另一种方法，其中，v_1 与 v_2 间存在连接并不一定意味着 v_2 与 v_1 间存在连接，在此，我们通常使用箭头来表示顶点间的方向关系。显然，有向加权图能够包含大量的移动和连通性方面的信息。然而，我们感兴趣的常常是简化的邻接矩阵，因为，有向加权图可能更难可视化，权重信息有时也会成为限制因子，计算上的要求比简单的无加权图要高。然而我们强调当权重信息可获取时，通常可对连通性进行更好的推断。

通常我们会抛开观察到的移动数据，预先假定斑块间具有潜在连通的可能性（Fletcher et al.，2016）。一种常见的定义潜在连通性的方法是使用物种已知的最大

扩散距离 h（Urban and Keitt，2001），如果斑块间的距离小于 h，则表示两个斑块间存在潜在的连通性。另一种方法是使用扩散核信息对连接进行参数化，在这种情况下，斑块间的距离（或有效距离，如最小成本距离）被用来量化潜在移动的概率。例如，在集合种群生物学中，我们经常会采用如下负指数核。

$$A_{ij} = \exp\left(-ad_{ij}\right) \tag{9.2}$$

式中，a 是物种平均扩散距离的倒数。如果我们已经观察到了扩散事件，就可以根据 i 与 j 间观察到的扩散事件的数量对矩阵 A 进行参数化（Fletcher et al.，2011）。

基于这一总体框架，几十个度量指标已被用来量化不同尺度上（从斑块尺度到整个景观）的连通性（Rayfield et al.，2011）。Rayfield 等（2011）从两个维度对这些度量指标进行了分类，即捕获连通性的尺度（如斑块、景观）和被捕获连通性的特征，相应的特征包括：特定路径通量、路径冗余、路径脆弱性和连通的生境面积。其中，特定路径通量强调通过某一斑块的（相对）移动量或流量；路径冗余反映的是对景观中斑块间移动的供选路径的捕获程度；路径脆弱性说明了景观中潜在移动在狭窄处（狭点或瓶颈）汇集的程度；连通的生境面积重点放在所有的移动路径上，从物种的角度量化有效的可定植（或可达）面积。由于应用方式（如生境恢复或保护规划）的不同，连通性特征间可能存在着或多或少的相关性。

在此，我们并不想对所有这些度量指标进行说明，而是把重点放在一些已被有效用于捕获不同空间尺度上连通性的度量指标上，其中一些指标与基于集合种群理论的连通性度量指标有着很强的相似性（见第 10 章）。事实上，在最初将图形理论用于量化连通性时，许多基本原理及其发展都直接源于集合种群生态学的思想（Urban and Keitt，2001），这些方法对集合种群生态学加以扩展，可以更容易地捕获不同尺度上的连通性以及可能被集合种群方法掩盖的间接联系（Saura and Rubio，2010）。

9.3 R 语言示例

我们通过分析两个濒危物种在景观中的移动过程来说明预测和绘制连通性的常用方法。在示例中，我们首先展示如何将景观阻抗结合到连通性模拟中，然后比较了绘制连通性与确定连通性保护优先斑块方法间的相似性和差异性，并将重点放在对不同类型的连通性指标捕获不同空间尺度上连通性特征方法的介绍上。

9.3.1 R 语言程序包

在 R 语言中，用于连通性分析的程序包有多个，其中，gdistance 程序包允许计算最小成本路径和基于距离的相关指标（van Etten，2012）；对基于斑块的连通性而言，igraph（Csardi and Nepusz，2006）程序包和 statnet（Handcock et al.，2008）程序包提供了全面的基于网络和基于图形的度量指标。对基于斑块图形的连通性（移动）数据来说（Snijders，2011），ergm 程序包和 latentnet 程序包作为 statnet 平台的一部分提供了十分有用但尚未被充分利用的统计模拟方法，此外，还有几个程序包也提供了用于评估遗传学数据中连通显著性的（部分）Mantel 检验方法。SDMTools 程序包为我们提供了一些类似 fragstat 软件中结构连通性的概要统计（VanDerWal et al.，2010），尽管其中并不包括该软件中的一些通用指标（见第 3 章；McGarigal et al.，2002）。最后，MetaLandSim 程序包（Mestre et al.，2016）可以用来计算一些最近衍生出的基于斑块的网络连通性度量指标（Pascual-Hortal and Saura，2006；Saura and Pascual-Hortal，2007），这些指标并未包括在更为通用的 igraph 程序包和 statnet 程序包中。在此，我们重点介绍 gdistance 程序包和 igraph 程序包的使用。

9.3.2 数据

我们用两个数据集来说明量化功能连通性的不同方法（参见第 3 章结构连通性的量化）。为了对连通性的方法和推论进行比较，我们将重点放在基于基质阻抗的连通性绘图和基于斑块图形的连通性优先级排序上。

在第一个例子中，我们仍然采用第 8 章中用到的濒临灭绝的佛罗里达豹的数据。在本章中，我们将分析佛罗里达州南部保护地的连通性和潜在的廊道。佛罗里达豹是生活在佛罗里达州南部极度濒危的哺乳动物。为了恢复该物种，美国鱼类和野生动物管理局（US Fish and Wildlife Service）正在努力促成该种群从目前的分布区向北扩展，这引起了人们在确定佛罗里达豹潜在廊道和了解保护区连通性方面的极大兴趣（Kautz et al.，2006）。已有的工作已经使用无线电遥测数据对基于点和家域选择函数的景观阻抗进行了分析（Kautz et al.，2006），在此，我们利用这些结果来量化佛罗里达州南部保护区间的潜在连通性。

第二个例子中我们采用濒危食螺鸢沼泽亚种（*Rostrhamus sociabilis plumbeus*）的发生和标记-重捕获数据来重点介绍基于斑块的网络方法。在美国，食螺鸢仅分布在佛罗里达州中部和南部斑块状分布的湿地内（Reichert et al.，2015）。对该物种的长期标记-重定位监测可为我们提供随时间推移个体在湿地中的扩散信息，因此，基于斑块的图形方法为我们提供了根据这些数据中观测和潜在移动信息来解释湿地（节点）间连通性的一个自然框架（Fletcher et al.，2011；Reichert et al.，2016）。在本例中，我们使用了 1997～2013 年食螺鸢繁殖季内（3～6 月）的数据，这些数据基于标准化重定位调查，间隔为 18～21 天（Reichert et al.，2016），我们

假定这些移动反映了食螺鸢在连续的潜在繁殖点间的移动（即季节内繁殖扩散）
（Fletcher et al.，2011）。

9.3.3 佛罗里达豹保护区间的功能连通性

为了分析保护区间的功能连通性，我们使用了两个空间数据图层（图 9.6）。
一个是由佛罗里达州鱼类和野生动物保护委员会开发的植被栅格层，这在很大程
度上与 Kautz 等（2006）使用的信息一致。该图层在第 8 章中使用过，在此我们
对其进行重新分类，以解释土地覆盖层对移动的阻抗。另一个数据图层为佛罗里
达州南部一些保护区的矢量文件（.shp 格式）。我们首先用 raster 程序包 和 rgdal
程序包导入这些数据，并查看数据的一些属性。

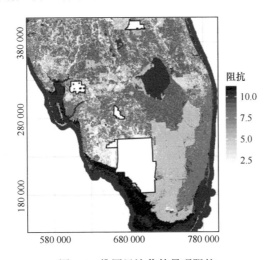

图 9.6　佛罗里达豹的景观阻抗

众所周知，佛罗里达豹主要在佛罗里达州南部活动，让其从佛罗里达州南部扩散到中部和北部是这一濒危物种恢
复计划的一部分，为了实现这一目标，我们基于最小成本路径进行了景观连通性分析，图中显示的是佛罗里达豹
的景观阻抗层，是对 Kautz 等（2006）的点选择分析结果的参数化。图中的多边形显示了 5 个保护区，佛罗里达
豹通常利用的是南方保护区

```
> library(raster)
> library(rgdal)
> land <- raster("panther_landcover")
> projection(land)

##
[1] "+proj=aea+lat_1=24+lat_2=31.5+lat_0=24+lon_0=-84
+x_0=400000+y_0=0 +ellps=GRS80 +units=m +no_defs"
```

```
> res(land)
```

```
##
[1] 500 500
```

```
#连通所需要的公共面积
> public <- readOGR("panther_publicland.shp")
> proj4string(public)
```

```
##
[1] "+proj=aea+lat_1=24+lat_2=31.5+lat_0=24+lon_0=-84
+x_0=400000+y_0=0+ellps=GRS80+units=m+no_defs"
```

我们发现，上面两个栅格图层的投影相同，分辨率均为 500m。我们还可以用 public@data 命令来查看 public 文件（.shp）的属性表。在连通性分析中，我们将重点放在从保护区的质心建立连接上，我们可以使用 rgeos 程序包中的 gCentroid 函数来计算质心。

```
#获取保护区的质心
> library(rgeos)
> public_centroids <- gCentroid(public, byid = T)
```

我们对土地覆盖图重新分类以创建成本（或阻抗）图（图 9.6），为此我们导入了一个包括 4 列的重分类表：①当前土地覆盖分类值；②当前土地覆盖类别描述；③新土地覆盖分类值（阻抗值）；④新土地覆盖类别描述。这一重分类标准来自 Kautz 等（2006）对佛罗里达豹遥测数据进行资源选择分析时参数化一个成本层（cost layer）的分类。导入重分类表后，我们可以用 raster 程序包中的重分类功能来创建一幅成本图。

```
> classification <- read.table("resistance reclass.txt",
  header = T)
> class <- as.matrix(classification[, c(1, 3)])
> land_cost <- reclassify(land, rcl = class)
```

9.3.3.1 有效距离

基于这个成本层，我们可以计算出保护区间的距离，目前，有多种用于度量距离的方法，在此我们采用其中的 4 种。第一，我们计算点位间的欧氏距离或"直线"距离，这种距离度量忽略了景观阻抗。第二，我们计算点位间的最小成本距离，最小成本距离是基于点位间最短路径的最短距离（即包含最小成本之和的路径），对于点位间路径的度量，要么使用最小成本距离（累计成本），要么使用最小成本路径长度（即路径的物理长度），Etherington 和 Holland（2013）认为，最小成本距离通常比最小成本路径长度更为适用。第三，我们根据环路理论计算有效距离，在此，我们假设了随机漫步，承认了替代路径改变有效距离计算结果的可能性。我们计算了往返距离，量化了个体从一个点位到另一个点位然后返回的预期时间。该度量指标与分析中更常用的"阻抗距离"（一种描述两个点位间有效阻抗的度量指标）略有不同，但往往与阻抗距离呈高度线性相关（McRae et al.，2008；Marrotte and Bowman，2017）。第四，我们考虑一个随机最短路径算法（Saerans et al.，2009；Panzacchi et al.，2016），通过改变模型中的参数 θ，提供类似于最小成本路径和环路理论的计算结果。这里，我们采用 gdistance 程序包首先创建一个过渡层，然后据此计算这些距离度量指标。

```
> library(gdistance)
#创建一个"导度"过渡层:
> land_cond <- transition(1 / land_cost, transitionFunction =
  mean, 8)
```

```
#对对角线连通(八邻规则)进行校正
> land_cond <- geoCorrection(land_cond, type = "c", multpl = F)
```

　　上述创建的过渡层是什么？这是一个基于节点对间的导度均值（参见 TransitionFunction=mean），并将节点（栅格单元）转换成连接的稀疏网络的图层（参见图 9.4 中的示例），虽然，使用导度均值是构建过渡层的最常用方法，但也可用其他函数来构建（Etten and Hijmans，2010）。例如，在某些情况下，环境中的地形坡度等变量（第 6 章）可能会对阻抗产生影响，然而影响程度取决于生物体的移动方向（向坡上移动比向坡下移动阻抗值更大）。请注意，我们还对该过渡层进行了校正以说明对角线连通，我们推荐在最小成本分析时，设置 type="c"，而在环路理论分析时，设置 type="r"（Etten and Hijmans，2010）。在本例中，这两种设置的校正结果相同，因此我们只需用 type="c" 进行简单校正。下面，我们计算每种距离的度量值并查看相互间的相关性。

```
#欧氏距离
> geo.dist <- pointDistance(public_centroids, lonlat = F)
> geo.dist <- as.dist(geo.dist)
```

\#最小成本距离

```
> lc.dist <- costDistance(land_cond, public_centroids)
```

\#往返距离(与阻抗距离成比例)

```
> circuit.dist <- commuteDistance(land_cond, public_
  centroids)
```

\#随机化最短路径距离

```
> rSP.dist_t001 <- rSPDistance(land_cond, from =public_
  centroids, to = public_centroids, theta = 0.001)
```

我们在计算随机化最短路径时，设置了 θ=0.001，我们通过探索替代值来确定一个最小成本和环路分析中间环节的预测模型，然后得出这个值（要了解更多细节请参见 9.3.3.4 节）。在这种情况下，有效距离的度量指标都与欧氏距离呈高度相关（图 9.7）。尽管这种相关性很常见，但可能会是非线性的（Marrotte and

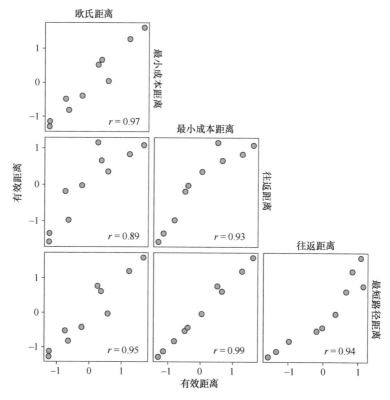

图 9.7 根据欧氏距离、最小成本距离、往返距离（随机行走/环路理论）和随机化最短路径（θ=0.001）方法计算得出的保护区间有效距离（按均值为 0 方差为 1 缩放）的相关性

Bowman，2017）。此外，我们注意到，这些距离的计算显示了环路理论方法对计算时间的要求：在作者的计算机上，commuteDistance 和 rSPDistance 函数的计算时间远比 costDistance 函数要长得多（costDistance<1s；commuteDistance～400s；rSPDistance～747s）。

9.3.3.2　最小成本路径

我们现在将重点放在绘制两个保护区间潜在连通性指标上，即佛罗里达豹野生动物保护区（佛罗里达豹种群的关键区域）和附近的奥克劳库奇齐沼泽国家森林（Okaloacoochee Slough State Forest）保护区。我们可以用上述方法来绘制计算有效距离连通性的潜在路径，首先我们计算最小成本路径。为了加快计算速度，我们对栅格层进行裁剪，以便将重点放在这对保护区的范围内。

```
#对图层进行剪切以加快计算速度，对剪切出的部分放大后加以解译
> fpwr_ossf_extent <- extent(642000, 683000, 237000, 298000)
> land_sub <- crop(land, fpwr_ossf_extent)
> land_cost_sub <- crop(land_cost, fpwr_ossf_extent)
> land_cond_sub <- transition(1 / land_cost_sub,
  transitionFunction =mean, 8)
> land_cond_sub <- geoCorrection(land_cond_sub, type = "c",
  multpl = F)

> fpwr_ossf_lcp <- shortestPath(land_cond,
  public_centroids@coords[5, ],public_centroids@coords[3, ],
  output = "SpatialLines")
> plot(land_cost_sub, axes = F)
> plot(public, add = T)
> points(public_centroids, col = "grey30")
> lines(fpwr_ossf_lcp, col = "red")
```

本例的结果说明了最小阻抗的路径并不等于欧氏距离（图 9.8），相反，景观阻抗的存在使其包含了一些环路。然而，该路径基于景观图中的粒度宽度只标识出了一条线段，我们可以通过最小成本廊道的方法来消除这种潜在的限制。

9.3.3.3　最小成本廊道

对最小成本路径的一种批评是它们只关注单一的路径，长期来看这种连通性可能并不可靠。一种潜在的解决方案是绘制一条最小成本廊道（least-cost corridor）或两个（或更多）区域间一个成本较低的带状区域（Pinto and Keitt，2009）。绘制

最小成本廊道的方法很简单，仅需要几个步骤。首先，我们分别计算两个点位的累计成本/阻抗并创建两幅图（图9.9a，b）。

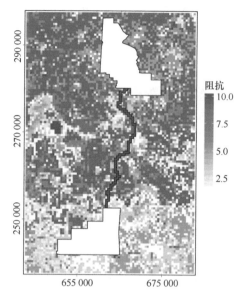

图9.8 景观阻抗和最小成本路径

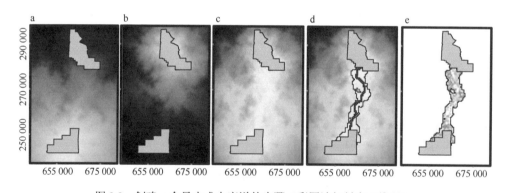

图9.9 创建一个最小成本廊道的步骤（彩图请扫封底二维码）

a、b. 以保护区质心为中心的累计阻抗；c. 两个保护区的累计阻抗之和；d. 基于最低10%的阻力分位数确定的最小成本廊道；e. 最小成本廊道区的土地覆盖类型

```
> fpwr.cost <- accCost(land_cond_sub,
  public_centroids@coords[5, ])
> ossf.cost <- accCost(land_cond_sub,
  public_centroids@coords[3, ])
```

然后，我们将两个图层相加形成一个成本层（图 9.9c），并根据一个特定的成本分位数对其进行裁剪，在此，我们选用最低 10% 的成本分位数（图 9.9d），我们可以改变这个分位数来增减廊道宽度（增加分位数将增加廊道宽度）。

```
> leastcost_corridor <- overlay(fpwr.cost, ossf.cost, fun =
  function(x, y){return (x + y)})
```

#获取累计成本的较低分位数
```
> quantile10 <- quantile(leastcost_corridor, probs = 0.10,
  na.rm = TRUE)

> leastcost_corridor10 <- leastcost_corridor
> values(leastcost_corridor10) <- NA
> leastcost_corridor10[leastcost_corridor < quantile10] <- 1

> plot(leastcost_corridor10, legend = F, axes = F)
> points(public_centroids, col = "grey30")
> lines(fpwr_ossf_lcp, col = "red")
```

最后，我们想知道这些保护规划中预测路径沿线的土地覆盖类型（或相关属性，如所有权），我们可以用 raster 程序包沿最小成本路径或最小成本廊道直接提取这些信息（图 9.9e）。

#沿 lcp 确定土地覆盖
```
> lcp.land <- extract(land, fpwr_ossf_lcp)

> table(lcp.land)

##
lcp.land
7 8 9 10 12 15 17 18 19 20 27 30 31 32 35 41
1 11 19 6 19 4 16 1 17 14 1 5 5 2 2 1
```

#沿最小成本廊道确定土地覆盖
```
> corridor.land <- crop(land, leastcost_corridor10)
> corridor.land <- mask(corridor.land, leastcost_corridor10)
> plot(corridor.land, axes = F, legend = F)
> table(as.vector(corridor.land))
```

```
##
6 7 8 9 10 12 15 17 18 19 20 27 30 31 32 34 35 37 41 42
40 4 33 143 16 137 36 220 11 97 76 16 41 72 6 15 26 4 6 1
```

在这两个例子中，我们发现，沿最小成本路径和最小成本廊道确定的最常见土地覆盖类型是淡水沼泽（ID=12）和柏树沼泽（ID=17；参见 classification），这两种类型均有利于佛罗里达豹的迁移（Kautz et al.，2006）。

9.3.3.4 通量绘图

我们将上述的最小成本路径和最小成本廊道与随机最短路径（randomized shortest-path）模型进行对比，并通过改变调整参数 θ 对其加以解释。我们可以用 gdistance 程序包来实现该模型，并对得到的预测通量图进行可视化。

我们用 passage 函数来绘制潜在通量图，其本质上类似于环路理论中的流量图（McRae et al.，2008），此函数确定了从源位置到目标位置间潜在移动时通过的单元数（van Etten，2012），在此，我们只关注在绘制最小成本路径和最小成本廊道时所考虑的庇护所间的通量图（图 9.10）。

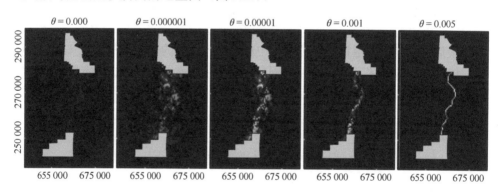

图 9.10　基于随机最短路径的通过概率图（彩图请扫封底二维码）

当 θ=0.000 时，模型收敛为一个简单的随机漫步（类似于环路理论），随着 θ 值的增大，模型收敛为一条最小成本路径

```
#随机漫步(类似于 Circuitscape 中的一幅流量图)
> passage.map_t0 <- passage(land_cond_sub,
  origin = public_centroids@coords[3, ],
  goal = public_centroids@coords[5, ], theta = 0)

#在一个 lcp 上将 theta 改为收敛
> passage.map_t001 <- passage(land_cond_sub,
  origin = public_centroids@coords[3, ],
  goal = public_centroids@coords[5, ], theta = 0.001)
```

当我们把通过概率作为调整参数 θ 的函数进行绘图时，会得到一些有趣的结论。首先，当 $\theta=0$ 时，我们正在绘制一个有偏的随机漫步，景观中每个单元的移动概率都非常低，这表明移动非常分散，并且这部分景观中不存在移动的硬边界（即存在较高的路径冗余和较低的路径脆弱性；Rayfield et al.，2011）。随 θ 值的增加，通过概率更为清晰地围绕着最小成本廊道和最小成本路径而增大。这些图间的比较说明了随机漫步和环路理论与最小成本路径间的关系。

9.3.4 基于斑块的网络和图形理论

我们现在转向用基于斑块的图形（网络）来解读连通性，将濒危食螺鸢的现实连通性与一些常用的量化潜在连通性的指标进行对比。

在本例中，我们考虑了几种类型的图形，构建了三种网络，即基于移动距离观察均值的二进制网络、基于负指数函数的概率网络（采用平均移动距离）和观察到的食螺鸢在繁殖季节内的移动次数网络（图 9.11）（Reichert et al.，2016）。食螺鸢在其地理分布范围内会选择适宜的湿地条件进行繁殖，因此我们关注的重点是其在繁殖季内的扩散过程。

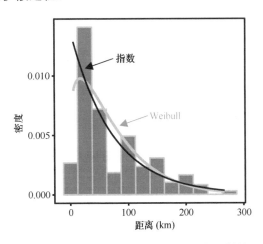

图 9.11　食螺鸢繁殖季内移动观察值的扩散核

图中显示的是指数核、Weibull 核以及食螺鸢繁殖季内的移动观察值（柱状图）。请注意，基于平均或最大移动距离的斑块尺度上的填充图意味着分散核中存在分段（阈值）关系

igraph 程序包可以采用多种类型的数据格式来创建一幅图形，在此，我们简单地将邻接矩阵传递到 igraph 程序包中。首先，我们将移动观察值矩阵（kite_movement.csv）以及坐标和斑块面积等一些节点属性导入，然后使用这些数据创建一个新的邻接矩阵。

```
> A.obs <- read.csv("kite_movement.csv", header = T)
> nodes <- read.csv("kite_nodes.csv", header = T)
> area <- nodes$area #in km^2
```

#创建距离矩阵
```
> coords <- cbind(nodes$XCoord, nodes$YCoord)
> distmat <- pointDistance(coords, lonlat = F)
> distmat <- distmat / 1000 #将单位转换为 km
```

9.3.4.1 扩散核

在创建表达移动的图形前，我们先要说明扩散核的构建过程。扩散核将扩散概率量化为原始位置（如向外扩散的出生地或繁殖地）间距离的函数（Greenwood，1980；Greenwood and Harvey，1982）。在本例中，我们从季节内的移动中产生扩散核，扩散核可以用多种方式量化，在此我们只提供一个简单的例子。我们首先对移动观察矩阵重新格式化来表示斑块间的移动数量，并将其作为距离的函数。

```
> link.loc <- which(A.obs > 0, arr.ind = T)
> within_disp <- cbind(distmat[link.loc], A.obs[link.loc])
```

#基于观察频率对距离进行重复
```
> within_disp <- rep(within_disp[, 1], within_disp[, 2])
> names(within_disp) <- "distance"
```

基于重新格式化的数据，我们采用 fitdistrplus 程序包和 fdrtool 程序包拟合了各种潜在分散核函数（Delignette-Muller and Dutang，2015；Klaus and Strimmer，2015）。fitdistrplus 程序包可以用数据拟合多种核密度。我们使用 fdrtool 程序包拟合 1Dt 分布，这是一种常用的捕获"肥尾"扩散核潜力的分布，换言之，在这种情况下会出现罕见的远距离扩散（Clark et al.，1999），我们将该分布与其他通常假定的扩散核[包括对数正态分布、指数分布和威布尔（Weibull）分布]进行了对比。

```
> library(fitdistrplus)
> library(fdrtool)
> disp.lnorm <- fitdist(data = within_disp,
  distr = "lnorm", method = "mle")
> disp.exp <- fitdist(data = within_disp,
  distr = "exp", method = "mle")
```

```
> disp.weib <- fitdist(data = within_disp,
  distr = "weibull", method = "mle")
> disp.1dt <- fitdist(data = within_disp, distr ="halfnorm",
  start = list(theta = 0.01), method = "mle")

> disp.AIC <- gofstat(list(disp.exp, disp.lnorm, disp.weib,
  disp.1dt), fitnames = c("exponential", "lognormal",
  "Weibull", "1Dt"))
> disp.AIC$aic

##
exponential   lognormal   Weibull          1Dt
4110.798      4111.573    4093.400    4103.977
```

从模型的 AIC 值来看，威布尔分布对数据的拟合度最佳（图 9.11），但考虑到指数分布在集合种群生态学和景观连通性中应用的普遍性，下面我们将选用指数分布（Hanski，1994；Saura and Pascual-Hortal，2007）。指数分布常常被使用的原因是它只需要一个参数 α，即描述某一物种的平均移动（或扩散）距离的倒数，该参数在连通度模拟的文献中更易于获取（Calabrese and Fagan，2004）。

9.3.4.2 创建一个网络或图形

有了以上扩散方面的信息，我们基于不同的过渡矩阵 A 来创建图形。

```
#用平均距离创建邻接矩阵
> A.mean.dist <- mean(within_disp)
> A.mean.dist

##
[1] 72.32945
> A.mean <- matrix(0, nrow = nrow(A.obs), ncol = ncol(A.obs))
> A.mean[distmat < A.mean.dist] <- 1
> diag(A.mean) <- 0

#用负指数创建邻接矩阵
> A.prob <- matrix(0, nrow = nrow(A.obs), ncol = ncol(A.obs))
> alpha <- 1 / A.mean.dist #平均距离取逆
> A.prob <- exp(-alpha * distmat)
> diag(A.prob) <- 0
```

上面我们基于平均扩散距离（72km）创建了一个二进制矩阵，但在连通性模拟中也经常采用最大扩散距离（Urban and Keitt，2001）。利用上述矩阵，我们可以创建用于可视化和分析的 igraph 对象（图 9.12）。请注意，每个矩阵给我们提供了不同类型的信息，其中，A.mean 是无向未加权网络，A.prob 是无向加权网络，A.obs 是有向加权网络。基于这些矩阵我们用 graph.adjacency 函数创建了 igraph 对象。

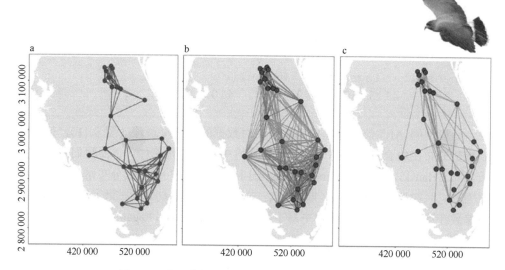

图 9.12　基于食螺鸢繁殖季内移动联系假设的网络图
a. 基于平均移动距离的无向二元图；b. 基于负指数扩散核的无向加权图；
c. 从标记-再观察数据中观察到的移动网络（一幅加权有向图）

```
> graph.Amean <- graph.adjacency(A.mean, mode = "undirected")
> graph.Aprob <- graph.adjacency(A.prob, mode = "undirected",
 weighted = T)
> graph.Aobs <- graph.adjacency(A.obs, mode = "directed",
 weighted = T)
```

在 igraph 程序包中，我们可以通过多种方式得到有关网络结构的信息。例如，要得到节点/顶点的信息，我们可用 V 函数，而对于线段/连接的信息，我们可使用 E 函数。

```
V(graph.Aobs) #顶点标签

##
+ 29/29 vertices:
```

```
[1] 1 2 3 4 5 6 7 8 9 10 11 12 13 14 15 16 17 18 19 20 21 22
23 24 25 26 27 28 29
```

```
head(E(graph.Aobs)) #线段对(线段列表)
```

```
##
+ 6/95 edges:
[1] 3->5 3->26 3->27 4->9 4->10 4->14
```

```
head(E(graph.Aobs)$weight) #线段权重
```

```
##
[1] 1 1 1 2 11 2
```

在此，我们用 R 语言中标准的 plot 函数对基于斑块的图形可视化。请注意，我们采用斑块的坐标对节点（斑块）进行空间定位。

```
#可视化
> plot(graph.Amean, layout = coords, vertex.label = NA)
> plot(graph.Aprob, layout = coords, edge.width =E
  (graph.Aprob)$weight, vertex.label = NA)
```

在 igraph 程序包中，可通过多种方式调用 plot 函数来制作绝妙的网络图形。我们可以首先绘制相关的栅格或矢量 GIS 图层，并确保函数中设置了"add=T"（假设这些图层都基于相同的 CRS），然后将基于斑块的图形叠加在这些图层上。此外，我们还可以使用 ggplot2 程序包（Wickham，2009）进行绘图（已被用于绘制图 9.12）。在此我们对此不做详细介绍。

9.3.4.3　斑块尺度的连通性

连通性指标常常用于描述节点水平或斑块尺度上的连通性，这些度量有时被称为中心性（centrality）度量。在社会科学中，Borgatti 和 Everett（2006）根据流动类型（如随机漫步）以及是对"径向（radial）"还是"居间（medial）"节点的度量对这些指标进行了分类。其中，径向度量量化的是从某一斑块开始或到某一斑块结束的流量，而居间度量量化的是流经某一斑块的路径数，后者与"脚踏石"的概念高度相关（Gilpin，1980），而前者则与斑块连通性的经典度量指标相关（Hanski，1994）。一些常见的径向中心性指标包括度、力度（与度类似，但用于加权图）、特征向量中心度和贴近中心度。度简单地描述了连接的数量，而力度是

到/从斑块 i 到所有其他直接连接的斑块间的连接权重和，对于有向图可定义为

$$w_i = \sum_j A_{ij} \tag{9.3}$$

式中，w_i 是采用一个加权邻接矩阵时的力度（当采用一个二元邻接矩阵时，该式计算的结果为度）。对无向图来说，我们只对矩阵 $\boldsymbol{A}$ 的上三角求和，即 $w_i = \sum_{j>i} A_{ij}$。特征向量中心度试图捕捉邻体斑块的连接（间接连接），因此，如果一个邻体斑块直接连接到较多的其他斑块，则该斑块将比连接较少其他斑块的邻体斑块具有更高的特征向量中心度，其基于的是邻接矩阵的主特征向量（可与第 10 章中的集合种群的一些概念进行比较）。贴近中心度是从斑块 i 到网络中所有其他相连接的斑块间平均最短路径距离的倒数。贴近中心度也被扩展到随机漫步而不是最短路径中。特别是"信息中心度"已被证明是基于最短路径的贴近中心度的随机漫步等价物（请注意，igraph 程序包不能计算信息中心度，但可以用 statnet 程序包计算）。因此，与度或力度不同，当考虑整个网络的间接连接（最短路径）时，贴近中心度会在更大的尺度上捕获斑块的连通性。这些度量方法都可扩展用于有向图中。我们注意到，对加权图而言，igraph 程序中的贴近性和居间性的算法基于的都是成本/阻抗，而不是导度/移动（如连接值的倒数）。也就是说，当使用 igraph 程序时，我们将重点放在反映移动的连接上，较高的值表示更大的流量；然而，对于贴近性和居间性来说，我们使用反映更高成本或更低移动概率的连接值。

最常见的居间度量指标是居间中心度（betweenness centrality）。斑块 k 的居间中心度量化的是网络中所有的斑块 i 和 j 间通过斑块 k 连接的最短路径数量。这一度量也被扩展纳入随机漫步而不是最短路径中（Carroll et al.，2012；Newman，2005）。这些中心度度量指标都可直接在 igraph 程序中计算，例如：

```
> Amean.degree <- degree(graph.Amean)
> Amean.eigen <- evcent(graph.Amean)
> Amean.close <- closeness(graph.Amean)
> Amean.between <- betweenness(graph.Amean)
```

在整个环境中绘制这些度量指标时显示（图 9.13），这些基于斑块的度量指标捕获的是连接的不同方面。要计算一幅加权图的居间性（或贴近性），我们将连接更改如下。

```
> Aprob.between <- betweenness(graph.Aprob, weights = 1 /
  E(graph.Aprob)$weight)
```

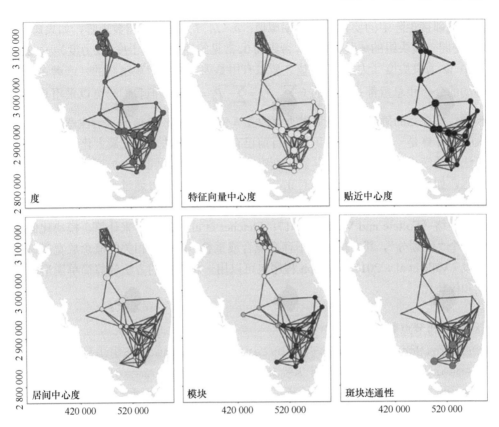

图 9.13 基于斑块和中尺度的食螺鸢连通性度量指标图（彩图请扫封底二维码）

对于度、特征向量中心度、贴近中心度、dPC 和居间中心度而言，点的大小与斑块连通性成正比。
在模块图中，点的颜色表示不同的模块

面积也可以纳入基于斑块的连通性指标计算中。事实上，大多数集合种群的连通性度量都明确地将面积包括在计算中，一些相关的图形度量更是如此（Urban and Keitt，2001）。关于集合种群的概念和度量指标的更多细节，可参见第 10 章。

9.3.4.4 中尺度的连通性

在中尺度上，我们可以计算组团（或集群）或模块化。组团 c 是一系列子图（或集群），同一组团中任意两个顶点可通过路径相互连接，但不同的组团间并不相连。模块化 Q 基于的是类似的思想，其中，模块由确定的节点组成，模块内节点间的连接比基于偶然的预期值要多。

$$Q = \frac{1}{2m} \sum_{ij} \left(A_{ij} - P_{ij} \right) \delta \left(I_i, I_j \right) \tag{9.4}$$

式中，m 是一个无向网络中可能存在的连接总数；A_{ij} 是描述斑块 i 和 j 间移动/基因流的邻接矩阵中的要素；P_{ij} 是期望值；δ（I_i，I_j）是一个指数矩阵，如果斑块 i 和 j 是同一模块组的成员，则为 1，否则为 0。常见的期望值基于度（或力度）$w_i w_j / 2m$，式中 w 为斑块度（力度），该值之所以有用是因为网络中观察到的（或潜在的）移动的分布和总量都是守恒的（$\sum_{ij} A_{ij} = \sum_{ij} P_{ij} = 2m$）；但我们也可以采用其他零模型。模块化的确定通常是通过重复改变 δ 值来最大化 Q 值的（请注意，这种最大化的计算是一项很困难的工作，目前已有几十种算法可用来最大化 Q 值），该算法能适应权重和方向性，并能识别组团内部的结构，同时也扩展用于说明空间问题，如局地扩散（Fletcher et al.，2013b）。模块化也可通过观察到的移动数据（Reichert et al.，2016）、基因流数据（Fortuna et al.，2009）或使用基于潜在连通性的网络（Foltete and Vuidel，2017；Fletcher et al.，2018）来计算。模块化假定了一个"硬划分"，其中模块间不存在混合或重叠，但一些相关的概念放宽了这一假设（Valle et al.，2017）。igraph 程序包可以用一种直接的方法计算简单图形的组团和模块化。

\#组团数和节点数
```
> Amean.Ncomponents <- clusters(graph.Amean)$组团数
> Amean.Membcomponents <- clusters(graph.Amean)$节点数
```

对组团来说，我们发现整个网络是连接的时只有一个组团。然而，连通性中可能仍存在可以通过模块化来揭示的空间结构。

\#模块化
```
> Amean.modularity <- cluster_louvain(graph.Amean)
> modularity(Amean.modularity)

##
[1] 0.4559035
> membership(Amean.modularity)

##
[1] 1 2 1 3 1 2 1 1 3 3 2 3 3 3 3 1 3 2 3 3 1 1 1 3 1 1 1 1 1
```

上述的 cluster_louvain 函数中采用"louvain"方法来实现最大模块化和确定模块，该方法在精度和计算速度方面都表现良好，特别是对非常大的图形而言（Blondel et al.，2008）。在 igraph 程序包中，该函数不能用于有向图中，有向图的模块化最好是通过定制模块化函数来明确考虑零模型中的方向性（Fletcher et al.，

2013b)。最后，请注意，我们可以通过量化基于斑块的连通性指标来说明模块式结构。也就是说，我们可以确定模块内与模块间的斑块连通性（Fletcher et al.，2013b）。当我们将模块化函数应用于食螺鸢的邻接矩阵时，我们发现模块化从一个组团中识别出了三个子模块（图 9.13）。

9.3.4.5 景观尺度的连通性

有几种基于图形的度量指标可用于量化整个网络的连通性，一些常用的度量指标包括连接性、景观重合概率、连通性积分指数和连通性概率。连接性是对未加权（二元）图形的一个简单度量指标，可定义为可能的连接总数中实际观察到的连接数。基于我们对景观中组团连通性的理解，景观重合概率可定义为

$$\mathrm{LCP} = \sum_{i=1}^{\mathrm{NC}} \left(\frac{c_i}{A_{\mathrm{L}}} \right)^2 \tag{9.5}$$

式中，NC 是组团的数量；c_i 是每个组团的总面积；A_{L} 是所考虑的景观总面积（生境或节点的面积加上非生境的面积）。该度量指标不仅可用于组团，也可用于模块。在 R 语言中，该指标可计算为：

```
#连接性
> connectance <- graph.density(graph.Amean)

#LCP
> ci <- tapply(area, clusters(graph.Amean)$membership, sum)
> AL <- 63990 #从研究区的多边形(未显示)中获取的近似研究面积(km²)
> LCP <- sum((ci / AL)^2)
```

连通性的积分指数（IIC）和连通性概率（PC）已被证明具有量化景观尺度上连通性的功能（Pascual-Hortal and Saura，2006；Saura and Pascual-Hortal，2007）。基于二进制网络的 IIC 可描述如下。

$$\mathrm{IIC} = \frac{\sum_{i=1}^{n} \sum_{j=1}^{n} \dfrac{a_i a_j}{1 + nl_{ij}}}{A_{\mathrm{L}}^2} \tag{9.6}$$

式中，a_i 和 a_j 分别是斑块 i 和 j 的面积；nl_{ij} 是从斑块 i 到 j 的最短路径中的连接数，A_{L} 是所考虑的景观总面积。在 R 语言中很容易对此进行计算。首先，我们需要创建一个最短路径矩阵，然后用斑块面积的一个向量来计算 IIC。

```
> nl.mat <- shortest.paths(graph.Amean)
```

#用较大的值替换无限值(在有隔离斑块的情况下的值)

```
> nl.mat[is.infinite(nl.mat)] <- 1000
> IICmat <- outer(area, area) / (1 + nl.mat)
> IIC <- sum(IICmat) / AL^2
```

PC 指数（Saura and Pascual-Hortal，2007）是目前最常用的景观尺度的连通性指标之一，基于加权矩阵而非二进制矩阵的该指数与集合种群容量有一些相似之处（Hanski and Ovaskainen，2000；见第 10 章；Saura and Rubio，2010），可定义为

$$PC = \frac{\sum_{i=1}^{n} \sum_{j=1}^{n} a_i a_j p_{ij}^*}{A_L^2} \tag{9.7}$$

式中，p_{ij}^* 是斑块间的最大乘积概率，是根据概率转移矩阵计算的，通常与式（9.2）中的 $\exp(-\alpha d_{ij})$ 有一定的联系。该指数与 Hanski 的相邻生境面积指数 H_n（Hanski，1999）直接相关，唯一的区别是使用了从 $\exp(-\alpha d_{ij})$ 得到的 p_{ij}^* 而不是直接使用 $\exp(-\alpha d_{ij})$，H_n 中的分母是斑块面积之和而非总面积（生境+非生境）。确切地说，p_{ij}^* 源于网络可靠性的理论发展，最大乘积概率反映了这样一种观点：两个位置 i 和 j 间的最短路径可能反映的并非两个斑块间的直接路径，而是需要经过位置 k 进行中转。Hock 和 Mumby（2015）详细描述了这种度量的原理及其与最小成本路径的关系。如果我们将连接视为概率连接（而非阻力），那么可以预期两个斑块间的移动概率可用沿路径的概率乘积来反映，假设每个过渡（步骤）是独立的。然而，使用最小成本算法基于连接之和而非乘积来确定路径可能会导致所得出的潜在最小成本路径（或距离；图 9.14）是不适宜的。如果我们取这些概率的负对数，就可以使用传统的最小成本（或最短路径）算法来量化 p_{ij}^*，我们可以利用上面创建的加权概率图在 R 语言中完成此操作。

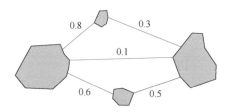

图 9.14　说明网络最大乘积概率路径的想法示例（据 Hock and Mumby，2015 调整）

图中显示了两个斑块及其间的三条潜在路径，并标出了连接间的移动概率。在本例中两大斑块间通过包含脚踏石的上下两条路径的成本距离是相等的（即成本之和相同），两者间的相似性大于斑块间直接连接的概率（0.1）。然而，最大乘积概率路径通过的是下部脚踏石（0.6×0.5＝0.3），而非上部脚踏石（0.8×0.3＝0.24）。这可以使用基于连接概率负对数的最小成本路径的算法来量化

```
#基于负对数转换权重的最短路径
> pstar.mat <- shortest.paths(graph.Aprob, weights = log
  (E(graph.Aprob)$weight))
> pstar.mat <- exp(-pstar.mat)  #对概率的反向转换

# PC 指数的分子值
> PCnum <- outer(area, area) * pstar.mat

#连通性的概率
> PC <- sum(PCnum)/AL^2
```

请注意，基于斑块的度量指标 dPC 与 PC 具有相关性（Saura and Pascual-Hortal，2007），该指标描述了 PC 在斑块水平上的重要性，并基于移除某一斑块后 PC 的变化进行计算，我们可以简单地通过顺序移除斑块来计算 PC 的变化（Saura and Pascual-Hortal，2007），因此，dPC 描述的是斑块对 PC 的贡献比例。dPC 可进一步分解为三个部分（Bodin and Saura，2010；Saura and Rubio，2010）：dPC$_{intra}$ 表示某一斑块在斑块内连通性中所扮演的角色；dPC$_{flux}$ 表示该斑块作为与其他斑块间连接的起（终）点时的扩散流；dPC$_{connector}$ 表示该斑块在其他斑块连接中所扮演的角色，如充当脚踏石，具体可描述为

$$dPC = dPC_{intra} + dPC_{flux} + dPC_{connector} \qquad (9.8)$$

dPC$_{intra}$ 表示斑块越大可供生物体活动（在斑块内扩散的机会）的生境就越多，可定义为

$$dPC_{intra,i} = \frac{a_i^2}{\sum_{i=1}^{n}\sum_{j=1}^{n} a_i a_j p_{ij}^*} \times 100 \qquad (9.9)$$

dPC$_{flux}$ 与其他捕捉面积加权流的辐射连通性指标相关，该指标类似于集合种群生态学中使用的其他一些基于斑块的连通性度量指标。

$$dPC_{flux,i} = \frac{\sum_{i=1}^{n}\sum_{j=1}^{n} a_i a_j p_{ij}^* - a_i^2}{\sum_{i=1}^{n}\sum_{j=1}^{n} a_i a_j p_{ij}^*} \times 100 \qquad (9.10)$$

dPC$_{connector}$ 是一种基于居间连通性的度量指标，该指标描述了某一斑块在充当其他斑块间脚踏石或连接器的贡献，可根据上述指标很容易量化为

$$dPC_{connector} = dPC - dPC_{intra} - dPC_{flux} \qquad (9.11)$$

计算 PC、dPC 及其相关分量的函数如下：

```
> prob.connectivity <-function(prob.matrix, area, landarea){
  pc.g <- graph.adjacency(prob.matrix, mode = "undirected",
  weighted = T)
  pstar.mat <- shortest.paths(pc.g, weights =
  -log(E(pc.g)$weight))
  pstar.mat <- exp(-pstar.mat) #back-transform
  PCmat <- outer(area, area) * pstar.mat
  PC <- sum(PCmat) / landarea^2
  N <- nrow(prob.matrix)
  dPC <- rep(NA, N)
  for (i in 1: N) {
  prob.mat.i <- prob.matrix[-i, -i]
  area.i <- area[-i]
  pc.g.i <- graph.adjacency(prob.mat.i, mode = "undirected",
  weighted = T)
  pstar.mat.i <- shortest.paths(pc.g.i,
  weights = -log(E(pc.g.i)$weight))
  pstar.mat.i <- exp(-pstar.mat.i)
  PCmat.i <- outer(area.i, area.i) * pstar.mat.i
  PC.i <- sum(PCmat.i) / landarea^2
  dPC[i] <- (PC-PC.i) / PC * 100
}
#分数
dPCintra <- area^2 / sum(PCmat) * 100
dPCflux <- 2*(rowSums(PCmat) - area^2)/sum(PCmat) * 100
dPCconn <- dPC - dPCintra - dPCflux

patch.metrics <- data.frame(dPC, dPCintra, dPCflux, dPCconn)
pc.list <- list(PC = PC, patch = patch.metrics)
return(pc.list)
    }
```

　　基于食螺鸢的数据，我们比较了斑块水平上连通性度量指标间的关系（图 9.15）。当使用概率邻接矩阵时，这些度量指标捕获的连通性元素明显不同。斑块力度和特征向量中心度间高度相关（与贴近中心度相关性较低）。dPC 与斑块面积高度相关，而居间度与其他斑块指标间的相关性较低。

9.3.5　连通性制图与图形理论相结合

　　基于斑块的图形分析方法可以应用于栅格图（Carroll et al., 2012），为了对此

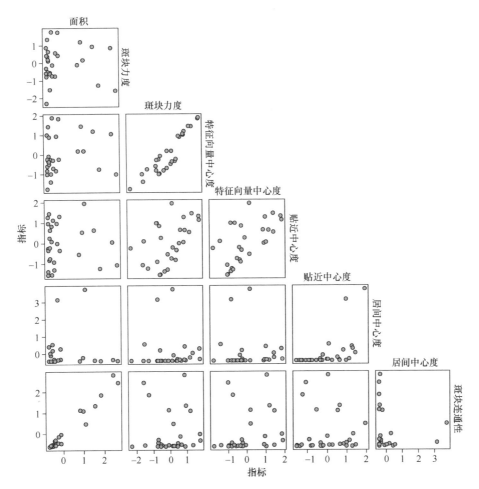

图 9.15 采用食螺鸢数据计算出的基于斑块的连通性度量指标间的相关性
图中所示为基于概率邻接矩阵的斑块水平的指标值，同时也包括了斑块面积

加以说明，我们可以对佛罗里达豹的例子进行重新分析，在这个例子中我们计算了最小成本路径，但我们现在计算的是景观中每个单元的居间中心度，此度量指标与栅格图间的关系非常密切（并非所有的图形度量方法都可用于栅格数据），因为，当应用于阻抗或成本表面时，它可以识别出通过景观的最小成本路径的位置。也就是说，针对图上的每一个单元格，该指标可确定通过该单元格的最小成本路径的数量（基于景观中的单元对）。

为此，我们首先将佛罗里达豹例子中所使用的栅格层转换成一个转移矩阵。请注意，在这个分析中我们使用成本栅格层，而不是像之前那样将其转换为导度层。然后，我们使用 igraph 程序包来计算图中每个像元的居间性值。最后，我们将这些居间性度量指标重新投影到栅格图上。

\#创建一个 igraph 程序包中使用的转换矩阵

```
> land_cost_subt <- transition(land_cost_sub,
  transitionFunction = mean, 8)
> land_cost_subt <- geoCorrection(land_cost_subt, type = "c")

> land.matrix <- transitionMatrix(land_cost_subt)#sparse
  matrix
```

\#取稀疏矩阵后用 igraph 程序进行分析

```
> land.graph <- graph.adjacency(land.matrix, mode =
  "undirected", weighted = T)
> land.between <- betweenness(land.graph)
```

\#对居间性制图

```
> land.between.map <- setValues(land_cost_sub, land.between)
> plot(land.between.map)
```

　　当我们将居间中心度与最小成本路径分析进行对比时，会产生一些有趣的相似之处（图 9.16）。居间性制图不仅显示了先前确定的最小成本路径（图 9.8），同时也显示了景观中另一条可能与连通性相关的路径。

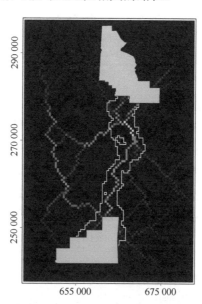

图 9.16　采用居间中心度制图解释包含两个保护区的景观连通性（彩图请扫封底二维码）
较亮的值表示景观中的居间中心度较大。图中用白色勾勒出最小成本路径以供比较

请注意，居间中心度制图与因子最小成本路径的思路有很多相似之处（Rudnick et al.，2012；Elliot et al.，2014），后者是在景观上放置一个网格，计算网格上所有点间的最小成本路径，并将这些路径叠加以生成连通图，该方法通过 raster 程序包中的 sampleRegular 函数可以很容易地在 R 语言中实现。因子最小成本路径和居间中心度制图的主要区别在于分析的粒度：居间中心度采用的是所使用图层的粒度，而因子最小成本路径采用的则是所用网格的粒度。

9.4 需进一步研究的问题

9.4.1 时空连通性

尽管在连通性模拟中强调了空间在潜在和现实移动中的作用，但连通性可能会在各种因素的影响下随时间发生变化（Zeigler and Fagan 2014），例如，影响可移动个体数量的种群趋势、季节性的影响以及气候或土地利用变化的影响等，这种变化也会改变我们对连通性的解译结果（Reichert et al.，2016），更为重要的是，连通性总是包含一个时间组分，尽管在模拟中该维度通常是隐式的而非显式的。例如，在使用基于斑块的图形时，关联基于的是长期的还是短期的（如季节内或年度内）潜在移动？

网络分析中一个较为活跃的领域是时间网络，即网络结构随时间的变化（Holme and Saramaki，2012），相应的发展虽已将标准的度量指标和模型扩展用于明确地模拟网络流随时间的变化中，但尚未很好地整合到连通性模拟中（Martensen et al.，2017）。然而，这些方法对于解释正在发生的环境变化所产生的影响是具有一定的价值的。

9.4.2 基于个体的模型

本章中所提出的方法的一种替代方法是应用基于个体（基于主体）的模拟模型来预测和解译连通性，这些方法对于正确捕获移动中的个体差异、个体行为（如感知范围）对连通性的影响（Pe'er and Kramer-Schadt，2008）、景观变化对个体移动的影响方式以及连通性对种群生存力和群落动态的影响（Schumaker et al.，2014）等是十分有用的，然而，这需要我们对所研究的过程有非常详细的了解，因此，与本章所述的网络方法相比，这些方法的使用频率要低得多（Fletcher et al.，2016），但在许多情况下，这些方法对我们来说仍然会有很大帮助。

9.4.3 扩散模型

扩散模型有时也被用于解释连通性（Reeve et al.，2008；Ovaskainen et al.，2008），这类模型通常关注的是种群动态和个体通过扩散过程的传播，类似于采用随机漫步过程的分析（Ferrari et al.，2014），相应的扩展包括在扩散过程中增加平流或方向，并考虑特定生境的扩散速率（Reeve et al.，2008）。这类模型可以十分简洁地模拟连通性多方面的特征，但在适用数据的获取上仍有一定的难度。

9.4.4 空间捕获-再捕获

捕获-再捕获模拟已被扩展用于基于采样网格的标记-再捕获数据的空间显式模拟中（Royle et al.，2014），虽然模拟的重点通常放在密度估计上，但也已被扩展用于估计连通性的各项指标，如最小成本路径和阻抗估计（Royle et al.，2013，2018；Sutherland et al.，2015）。对于某些类型的数据，如相机捕获的网格数据，这类方法可能是特别有价值的。

9.5 结　论

我们对连通性的了解和量化在很大程度上源于人们对不断变化的环境中连通性保护的日益关注（Crooks and Sanjayan，2006；Lawler et al.，2013），连通性正被纳入解决应用问题的过程中，包括种群生存力分析（Stevens and Baguette，2008）、入侵物种管理（Drake et al.，2017；Minor and Gardner，2011）、害虫控制（Margosian et al.，2009）以及气候和土地利用变化的保护规划（Albert et al.，2017）。我们现在知道，连通性对种群和群落的积极影响是始终不变的（Gilbert-Norton et al.，2010；Haddad et al.，2003，2015，2014；Fletcher et al.，2016），连通性保护经常被推荐作为环境变化下促进可持续生物多样性保护的一种手段（Heller and Zavaleta，2009）。

在对连通性的理解和应用上，未来需要更加重视估计连通性对野生种群和群落的影响，特别是在采用明确的移动与扩散数据来了解移动对种群和群落的影响方面，同时需要更好地将尺度问题以及连通性如何随时空尺度而变化的问题结合进来（Pascual-Hortal and Saura，2007）。此外，将连通性效应从影响生物多样性的其他相关因素中分离出来，将有助于我们了解连通性在种群和群落一些已知问题（如生境数量）中的重要性（Hodgson et al.，2011）。通过这些问题的解决，我们可以更好地理解连通性对生物多样性保护的重要性并制定更为有效的保护策略。

参 考 文 献

Acevedo MA, Sefair JA, Smith JC, Reichert B, Fletcher RJ Jr (2015) Conservation under uncertainty: optimal network protection strategies for worst-case disturbance events. J Appl Ecol 52: 1588-1597. https://doi.org/10.1111/1365-2664.12532

Albert CH, Rayfield B, Dumitru M, Gonzalez A (2017) Applying network theory to prioritize multispecies habitat networks that are robust to climate and land-use change. Conserv Biol 31 (6): 1383-1396. https://doi.org/10.1111/cobi.12943

Baguette M, Blanchet S, Legrand D, Stevens VM, Turlure C (2013) Individual dispersal, landscape connectivity and ecological networks. Biol Rev 88(2): 310-326. https://doi.org/10.1111/brv. 12000

BélisleM(2005) Measuring landscape connectivity: the challenge of behavioral landscape ecology. Ecology 86(8): 1988-1995

Bélisle M, Desrochers A (2002) Gap-crossing decisions by forest birds: an empirical basis for parameterizing spatially-explicit, individual-based models. Landsc Ecol 17(3): 219-231

Bender DJ, Fahrig L (2005) Matrix structure obscures the relationship between interpatch movement and patch size and isolation. Ecology 86(4): 1023-1033. https://doi.org/10.1890/03-0769

Blondel VD, Guillaume J-L, Lambiotte R, Lefebvre E (2008) Fast unfolding of communities in large networks. J Stat Mech Theory Exp. https://doi.org/10.1088/1742-5468/2008/10/p10008

Bodin O, Norberg J (2007) A network approach for analyzing spatially structured populations in fragmented landscape. Landsc Ecol 22(1): 31-44. https://doi.org/10.1007/s10980-006-9015-0

Bodin O, Saura S (2010) Ranking individual habitat patches as connectivity providers: integrating network analysis and patch removal experiments. Ecol Model 221(19): 2393-2405. https://doi.org/10.1016/j.ecolmodel.2010.06.017

Borgatti SP, Everett MG (2006) A graph-theoretic perspective on centrality. Soc Networks 28 (4): 466-484. https://doi.org/10.1016/j.socnet.2005.11.005

Brownie C, Hines JE, Nichols JD, Pollock KH, Hestbeck JB (1993) Capture-recapture studies for multiple strata including non-markovian transitions. Biometrics 49(4): 1173-1187

Bunn AG, Urban DL, Keitt TH (2000) Landscape connectivity: a conservation application of graph theory. J Environ Manag 59(4): 265-278

Calabrese JM, Fagan WF (2004) A comparison-shopper's guide to connectivity metrics. Front Ecol Environ 2(10): 529-536

Carrara F, Altermatt F, Rodriguez-Iturbe I, Rinaldo A (2012) Dendritic connectivity controls biodiversity patterns in experimental metacommunities. Proc Natl Acad Sci U S A 109 (15): 5761-5766. https://doi.org/10.1073/pnas.1119651109

Carroll C, McRae BH, Brookes A (2012) Use of linkage mapping and centrality analysis across habitat gradients to conserve connectivity of gray wolf populations in western North America. Conserv Biol 26(1): 78-87. https://doi.org/10.1111/j.1523-1739.2011.01753.x

Charnov EL (1976) Optimal foraging: marginal value theorem. Theor Popul Biol 9(2): 129-136. https://doi.org/10.1016/0040-5809(76)90040-x

Chisholm C, Lindo Z, Gonzalez A (2011) Metacommunity diversity depends on connectivity and patch arrangement in heterogeneous habitat networks. Ecography 34(3): 415-424. https://

doi.org/10.1111/j.1600-0587.2010.06588.x

Clark JS, Silman M, Kern R, Macklin E, HilleRisLambers J (1999) Seed dispersal near and far: patterns across temperate and tropical forests. Ecology 80(5): 1475-1494

Cook WM, Lane KT, Foster BL, Holt RD (2002) Island theory, matrix effects and species richness patterns in habitat fragments. Ecol Lett 5(5): 619-623. https://doi.org/10.1046/j.1461-0248.2002.00366.x

Crooks KR, Sanjayan M (eds) (2006) Connectivity conservation. Cambridge University Press, New York

Csardi G, Nepusz T (2006) The igraph software package for complex network research. InterJournal Complex Syst 1695(5): 1-9

Dale MRT, Fortin MJ (2010) From graphs to spatial graphs. Annu Rev Ecol Evol Syst 41: 21-38

Delignette-Muller ML, Dutang C (2015) fitdistrplus: an R package for fitting distributions. J Stat Softw 64(4): 1-34

Dijkstra EW (1959) A note on two problems in connexion with graphs. Numer Math 1: 269-271

Drake JC, Griffis-Kyle KL, McIntyre NE (2017) Graph theory as an invasive species management tool: case study in the Sonoran Desert. Landsc Ecol 32(8): 1739-1752. https://doi.org/10.1007/s10980-017-0539-2

Elliot NB, Cushman SA, Macdonald DW, Loveridge AJ (2014) The devil is in the dispersers: predictions of landscape connectivity change with demography. J Appl Ecol 51(5): 1169-1178. https://doi.org/10.1111/1365-2664.12282

Etherington TR (2016) Least-cost modelling and landscape ecology: concepts, applications, and opportunities. Curr Landsc Ecol Rep 1: 40-53

Etherington TR, Holland EP (2013) Least-cost path length versus accumulated-cost as connectivity measures. Landsc Ecol 28(7): 1223-1229. https://doi.org/10.1007/s10980-013-9880-2

Etten J, Hijmans RJ (2010) A geospatial modelling approach integrating archaeobotany and genetics to trace the origin and dispersal of domesticated plants. PLoS One 5: e12060. https://doi.org/10.1371/journal.pone.0012060

Fahrig L (1998) When does fragmentation of breeding habitat affect population survival? Ecol Model 105(2-3): 273-292

Fahrig L (2003) Effects of Habitat Fragmentation on Biodiversity. Ann Rev Ecol Evol Syst 34 (1): 487-515. https://doi.org/10.1146/annurev.ecolsys.34.011802.132419

Fall A, Fortin MJ, Manseau M, O'Brien D (2007) Spatial graphs: principles and applications for habitat connectivity. Ecosystems 10(3): 448-461. https://doi.org/10.1007/s10021-007-9038-7

Ferrari JR, Preisser EL, Fitzpatrick MC (2014) Modeling the spread of invasive species using dynamic network models. Biol Invasions 16(4): 949-960. https://doi.org/10.1007/s10530-013-0552-6

Fletcher RJ Jr (2006) Emergent properties of conspecific attraction in fragmented landscapes. Am Nat 168(2): 207-219

Fletcher RJ, Reichert BE, Holmes K (2018) The negative effects of habitat fragmentation operate at the scale of dispersal. Ecology 99(10): 2176-2186

Fletcher RJ Jr, Acevedo MA, Reichert BE, Pias KE, Kitchens WM (2011) Social network models predict movement and connectivity in ecological landscapes. Proc Natl Acad Sci U S A 108: 19282-19287

Fletcher RJ Jr, Maxwell CW Jr, Andrews JE, Helmey-Hartman WL (2013a) Signal detection theory clarifies the concept of perceptual range and its relevance to landscape connectivity. Landsc Ecol

28(1): 57-67. https://doi.org/10.1007/s10980-012-9812-6

Fletcher RJ Jr, Revell A, Reichert BE, Kitchens WM, Dixon JD, Austin JD (2013b) Network modularity reveals critical scales for connectivity in ecology and evolution. Nat Commun 4: 2572. https://doi.org/10.1038/ncomms3572

Fletcher RJ Jr, Acevedo MA, Robertson EP (2014) The matrix alters the role of path redundancy on patch colonization rates. Ecology 95(6): 1444-1450

Fletcher RJ Jr, Burrell N, Reichert BE, Vasudev D (2016) Divergent perspectives on landscape connectivity reveal consistent effects from genes to communities. Curr Landsc Ecol Rep 1 (2): 67-79

Foltete JC, Vuidel G (2017) Using landscape graphs to delineate ecologically functional areas. Landsc Ecol 32(2): 249-263. https://doi.org/10.1007/s10980-016-0445-z

Fortuna MA, Albaladejo RG, Fernandez L, Aparicio A, Bascompte J (2009) Networks of spatial genetic variation across species. Proc Natl Acad Sci U S A 106(45): 19044-19049. https://doi.org/10.1073/pnas.0907704106

Galpern P, Manseau M, Fall A (2011) Patch-based graphs of landscape connectivity: a guide to construction, analysis and application for conservation. Biol Conserv 144(1): 44-55. https://doi.org/10.1016/j.biocon.2010.09.002

Gilbert-Norton L, Wilson R, Stevens JR, Beard KH (2010) A meta-analytic review of corridor effectiveness. Conserv Biol 24(3): 660-668. https://doi.org/10.1111/j.1523-1739.2010.01450.x

Gilpin ME (1980) The role of stepping-stone islands. Theor Popul Biol 17(2): 247-253. https://doi.org/10.1016/0040-5809(80)90009-x

Graves T, Chandler RB, Royle JA, Beier P, Kendall KC (2014) Estimating landscape resistance to dispersal. Landsc Ecol 29(7): 1201-1211. https://doi.org/10.1007/s10980-014-0056-5

Greenwood PJ (1980) Mating systems, philopatry and dispersal in birds and mammals. Anim Behav 28(NOV): 1140-1162. https://doi.org/10.1016/s0003-3472(80)80103-5

Greenwood PJ, Harvey PH (1982) The natal and breeding dispersal of birds. Annu Rev Ecol Syst 13: 1-21. https://doi.org/10.1146/annurev.es.13.110182.000245

Guillot G, Leblois R, Coulon A, Frantz AC (2009) Statistical methods in spatial genetics. Mol Ecol 18(23): 4734-4756. https://doi.org/10.1111/j.1365-294X.2009.04410.x

Gustafson EJ, Parker GR (1994) Using an index of habitat patch proximity for landscape design. Landsc Urban Plan 29(2-3): 117-130. https://doi.org/10.1016/0169-2046(94)90022-1

Haase CG, Fletcher RJ, Slone DH, Reid JP, Butler SM (2017) Landscape complementation revealed through bipartite networks: an example with the Florida manatee. Landsc Ecol 32 (10): 1999-2014. https://doi.org/10.1007/s10980-017-0560-5

Haddad NM, Bowne DR, Cunningham A, Danielson BJ, Levey DJ, Sargent S, Spira T (2003) Corridor use by diverse taxa. Ecology 84(3): 609-615. https://doi.org/10.1890/0012-9658(2003)084[0609: cubdt]2.0.co; 2

Haddad NM, Brudvig LA, Damschen EI, Evans DM, Johnson BL, Levey DJ, Orrock JL, Resasco J, Sullivan LL, Tewksbury JJ, Wagner SA, Weldon AJ (2014) Potential negative ecological effects of corridors. Conserv Biol 28(5): 1178-1187. https://doi.org/10.1111/cobi.12323

Haddad NM, Brudvig LA, Clobert J, Davies KF, Gonzalez A et al (2015) Habitat fragmentation and its lasting impact on Earth. Sci Adv 1: e1500052

Handcock M, Hunter D, Butts C, Goodreau S, Morris M (2008) Statnet: software tools for the representation, visualization, analysis and simulation of network data. J Stat Softw 24(1): 1-11

Hanks EM, Hooten MB (2013) Circuit theory and model-based inference for landscape connectivity.

J Am Stat Assoc 108(501): 22-33. https://doi.org/10.1080/01621459.2012.724647

Hanski I (1994) A practical model of metapopulation dynamics. J Anim Ecol 63(1): 151-162

Hanski I (1998) Metapopulation dynamics. Nature 396(6706): 41-49

Hanski I (1999) Metapopulation ecology. Oxford University Press, Oxford

Hanski I, Ovaskainen O (2000) The metapopulation capacity of a fragmented landscape. Nature 404 (6779): 755-758

Harju SM, Olson CV, Dzialak MR, Mudd JP, Winstead JB (2013) A flexible approach for assessing functional landscape connectivity, with application to greater sage grouse (*Centrocercus urophasianus*). PLoS One 8(12). https://doi.org/10.1371/journal.pone.0082271

Heino M, Kaitala V, Ranta E, Lindstrom J (1997) Synchronous dynamics and rates of extinction in spatially structured populations. Proc R Soc B 264(1381): 481-486. https://doi.org/10.1098/rspb.1997.0069

Heller NE, Zavaleta ES (2009) Biodiversity management in the face of climate change: a review of 22 years of recommendations. Biol Conserv 142(1): 14-32. https://doi.org/10.1016/j.biocon.2008.10.006

Hiebeler D (2000) Populations on fragmented landscapes with spatially structured heterogeneities: landscape generation and local dispersal. Ecology 81: 1629-1641

Hock K, Mumby PJ (2015) Quantifying the reliability of dispersal paths in connectivity networks. J Royal Soc Int 12(105). https://doi.org/10.1098/rsif.2015.0013

Hodgson JA, Moilanen A, Wintle BA, Thomas CD (2011) Habitat area, quality and connectivity: striking the balance for efficient conservation. J Appl Ecol 48(1): 148-152. https://doi.org/10.1111/j.1365-2664.2010.01919.x

Holme P, Saramaki J (2012) Temporal networks. Phys Rep Rev Sect Phys Lett 519(3): 97-125. https://doi.org/10.1016/j.physrep.2012.03.001

Howell PE, Muths E, Hossack BR, Sigafus BH, Chandler RB (2018) Increasing connectivity between metapopulation ecology and landscape ecology. Ecology 99(5): 1119-1128

Ims RA (1995) Movement patterns related to spatial structures. In: Hansson L, Fahrig L, Merriam G (eds) Mosaic landscapes and ecological processes. Chapman & Hall, London, UK, pp 85-109

Johst K, Drechsler M (2003) Are spatially correlated or uncorrelated disturbance regimes better for the survival of species? Oikos 103(3): 449-456

Kallimanis AS, Kunin WE, Halley JM, Sgardelis SP (2005) Metapopulation extinction risk under spatially autocorrelated disturbance. Conserv Biol 19(2): 534-546

Kautz R, Kawula R, Hoctor T, Comiskey J, Jansen D, Jennings D, Kasbohm J, Mazzotti F, McBride R, Richardson L, Root K (2006) How much is enough? Landscape-scale conservation for the Florida panther. Biol Conserv 130(1): 118-133. https://doi.org/10.1016/j.biocon.2005.12.007

Kimura M, Weiss GH (1964) Stepping stone model of population structure and decrease of genetic correlation with distance. Genetics 49(4): 561

Klaus B, Strimmer K (2015) fdrtool: estimation of (local) false discovery rates and higher criticism. R package version 1.2.15

Kool JT, Moilanen A, Treml EA (2013) Population connectivity: recent advances and new perspectives. Landsc Ecol 28(2): 165-185. https://doi.org/10.1007/s10980-012-9819-z

Larson A, Wake DB, Yanev KP (1984) Measuring gene flow among populations having high levels of genetic fragmentation. Genetics 106(2): 293-308

Lawler JJ, Ruesch AS, Olden JD, McRae BH (2013) Projected climate-driven faunal movement routes. Ecol Lett 16(8): 1014-1022. https://doi.org/10.1111/ele.12132

Leibold MA, Holyoak M, Mouquet N, Amarasekare P, Chase JM, Hoopes MF, Holt RD, Shurin JB, Law R, Tilman D, Loreau M, Gonzalez A (2004) The metacommunity concept: a framework for multi-scale community ecology. Ecol Lett 7(7): 601-613. https://doi.org/10.1111/j.1461-0248.2004.00608.x

Lomolino MV (1990) The target area hypothesis: the influence of island area on immigration rates of non-volant mammals. Oikos 57(3): 297-300. https://doi.org/10.2307/3565957

Lowe WH, Allendorf FW (2010) What can genetics tell us about population connectivity? Mol Ecol 19(15): 3038-3051. https://doi.org/10.1111/j.1365-294X.2010.04688.x

MacArthur RH, Wilson EO (1967) The theory of island biogeography. Princeton University Press, Princeton, NJ

Margosian ML, Garrett KA, Hutchinson JMS, With KA (2009) Connectivity of the American agricultural landscape: assessing the national risk of crop pest and disease spread. Bioscience 59 (2): 141-151. https://doi.org/10.1525/bio.2009.59.2.7

Marrotte RR, Bowman J (2017) The relationship between least-cost and resistance distance. PLoS One 12(3). https://doi.org/10.1371/journal.pone.0174212

Martensen AC, Saura S, Fortin MJ (2017) Spatio-temporal connectivity: assessing the amount of reachable habitat in dynamic landscapes. Methods Ecol Evol 8(10): 1253-1264. https://doi.org/10.1111/2041-210x.12799

Matter SF (2001) Synchrony, extinction, and dynamics of spatially segregated, heterogeneous populations. Ecol Model 141(1-3): 217-226. https://doi.org/10.1016/s0304-3800(01)00275-7

McGarigal K, Cushman SA, Neel MC, Ene E (2002) FRAGSTATS: Spatial pattern analysis program for categorical maps. Computer software program produced by the authors at the University of Massachusetts, Amherst. Available at the following web site: http://www.umass.edu/landeco/research/fragstats/fragstats.html

McRae BH (2006) Isolation by resistance. Evolution 60(8): 1551-1561

McRae BH, Dickson BG, Keitt TH, Shah VB (2008) Using circuit theory to model connectivity in ecology, evolution, and conservation. Ecology 89(10): 2712-2724

McRae BH, Hall SA, Beier P, Theobald DM (2012) Where to restore ecological connectivity? Detecting barriers and quantifying restoration benefits. PLoS One 7(12). https://doi.org/10.1371/journal.pone.0052604

Mestre F, Canovas F, Pita R, Mira A, Beja P (2016) An R package for simulating metapopulation dynamics and range expansion under environmental change. Environ Model Softw 81: 40-44. https://doi.org/10.1016/j.envsoft.2016.03.007

Minor ES, Gardner RH (2011) Landscape connectivity and seed dispersal characteristics inform the best management strategy for exotic plants. Ecol Appl 21: 739-749. https://doi.org/10.1890/10-0321.1

Minor ES, Lookingbill TR (2010) A multiscale network analysis of protected-area connectivity for mammals in the United States. Conserv Biol 24(6): 1549-1558. https://doi.org/10.1111/j.1523-1739.2010.01558.x

Mitchell MGE, Bennett EM, Gonzalez A (2013) Linking landscape connectivity and ecosystem service provision: current knowledge and research gaps. Ecosystems 16(5): 894-908. https://doi.org/10.1007/s10021-013-9647-2

Moilanen A, Hanski I (1998) Metapopulation dynamics: effects of habitat quality and landscape structure. Ecology 79(7): 2503-2515

Moilanen A, Hanski I (2001) On the use of connectivity measures in spatial ecology. Oikos 95 (1):

147-151

Moilanen A, Nieminen M (2002) Simple connectivity measures in spatial ecology. Ecology 83 (4): 1131-1145

Nathan R, Getz WM, Revilla E, Holyoak M, Kadmon R, Saltz D, Smouse PE (2008) A movement ecology paradigm for unifying organismal movement research. Proc Natl Acad Sci U S A 105 (49): 19052-19059. https://doi.org/10.1073/pnas.0800375105

Newman MEJ (2005) A measure of betweenness centrality based on random walks. Soc Networks 27(1): 39-54. https://doi.org/10.1016/j.socnet.2004.11.009

Ovaskainen O, Luoto M, Ikonen I, Rekola H, Meyke E, Kuussaari M (2008) An empirical test of a diffusion model: predicting clouded apollo movements in a novel environment. Am Nat 171 (5): 610-619. https://doi.org/10.1086/587070

Panzacchi M, Van Moorter B, Strand O, Saerens M, Ki IK, St Clair CC, Herfindal I, Boitani L (2016) Predicting the continuum between corridors and barriers to animal movements using Step Selection Functions and Randomized Shortest Paths. J Anim Ecol 85(1): 32-42. https://doi.org/10.1111/1365-2656.12386

Pascual-Hortal L, Saura S (2006) Comparison and development of new graph-based landscape connectivity indices: towards the priorization of habitat patches and corridors for conservation. Landsc Ecol 21(7): 959-967. https://doi.org/10.1007/s10980-006-0013-z

Pascual-Hortal L, Saura S (2007) Impact of spatial scale on the identification of critical habitat patches for the maintenance of landscape connectivity. Landsc Urban Plan 83(2-3): 176-186. https://doi.org/10.1016/j.landurbplan.2007.04.003

Pe'er G, Kramer-Schadt S (2008) Incorporating the perceptual range of animals into connectivity models. Ecol Model 213(1): 73-85. https://doi.org/10.1016/j.ecolmodel.2007.11.020

Peterman WE (2018) ResistanceGA: an R package for the optimization of resistance surfaces using genetic algorithms. Methods Ecol Evol. https://doi.org/10.1111/2041-210x.12984

Pfluger FJ, Balkenhol N (2014) A plea for simultaneously considering matrix quality and local environmental conditions when analysing landscape impacts on effective dispersal. Mol Ecol 23 (9): 2146-2156. https://doi.org/10.1111/mec.12712

Pinto N, Keitt TH (2009) Beyond the least-cost path: evaluating corridor redundancy using a graph-theoretic approach. Landsc Ecol 24(2): 253-266. https://doi.org/10.1007/s10980-008-9303-y

Pringle CM (2001) Hydrologic connectivity and the management of biological reserves: a global perspective. Ecol Appl 11(4): 981-998. https://doi.org/10.2307/3061006

Proulx SR, Promislow DEL, Phillips PC (2005) Network thinking in ecology and evolution. Trends Ecol Evol 20(6): 345-353

Pulliam HR (1988) Sources, sinks, and population regulation. Am Nat 132(5): 652-661

Pulliam HR, Danielson BJ (1991) Sources, sinks, and habitat selection: a landscape perspective on population dynamics. Am Nat 137: S50-S66

Rayfield B, Fortin MJ, Fall A (2010) The sensitivity of least-cost habitat graphs to relative cost surface values. Landsc Ecol 25(4): 519-532. https://doi.org/10.1007/s10980-009-9436-7

Rayfield B, Fortin M-J, Fall A (2011) Connectivity for conservation: a framework to classify network measures. Ecology 92(4): 847-858. https://doi.org/10.1890/09-2190.1

Reeve JD, Cronin JT, Haynes KJ (2008) Diffusion models for animals in complex landscapes: incorporating heterogeneity among substrates, individuals and edge behaviours. J Anim Ecol 77 (5): 898-904. https://doi.org/10.1111/j.1365-2656.2008.01411.x

Reichert BE, Cattau CE, Fletcher RJ Jr, Sykes PW Jr, Rodgers JA Jr, Bennetts RE (2015) Snail kite (*Rostrhamus sociabilis*). In: Poole A (ed) The birds of North America online. Cornell Lab of Ornithology, Ithaca

Reichert BE, Fletcher RJ Jr, Cattau CE, Kitchens WM (2016) Consistent scaling of population structure despite intraspecific variation in movement and connectivity. J Anim Ecol 85: 1563-1573

Richard Y, Armstrong DP (2010) Cost distance modelling of landscape connectivity and gap-crossing ability using radio-tracking data. J Appl Ecol 47(3): 603-610. https://doi.org/10.1111/j.1365-2664.2010.01806.x

Robertson EP, Fletcher RJ Jr, Cattau CE, Udell BJ, Reichert BE, Austin JD, Valle D (2018) Isolating the roles of movement and reproduction on effective connectivity alters conservation priorities for an endangered bird. Proc Natl Acad Sci U S A 115(34): 8591-8596

Roy M, Pascual M, Levin SA (2004) Competitive coexistence in a dynamic landscape. Theor Popul Biol 66(4): 341-353. https://doi.org/10.1016/j.tpb.2004.06.012

Royle JA, Chandler RB, Gazenski KD, Graves TA (2013) Spatial capture-recapture models for jointly estimating population density and landscape connectivity. Ecology 94(2): 287-294

Royle JA, Chandler RB, Sollmann R, Gardner B (2014) Spatial capture-recapture. Elsevier, Amsterdam

Royle JA, Fuller AK, Sutherland C (2018) Unifying population and landscape ecology with spatial capture-recapture. Ecography 41(3): 444-456. https://doi.org/10.1111/ecog.03170

Rubio L, Bodin O, Brotons L, Saura S (2015) Connectivity conservation priorities for individual patches evaluated in the present landscape: how durable and effective are they in the long term? Ecography 38(8): 782-791. https://doi.org/10.1111/ecog.00935

Rudnick DA, Ryan SJ, Beier P, Cushman SA, Dieffenbach F, Epps CW, Gerber LR, Hartter J, Jenness JS, Kintsch J, Mernlender AM, Perkl RM, Preziosi DV, Trombulak SC (2012) The role of landscape connectivity in planning and implementing conservation and restoration priorities. Issues Ecol 16: 1-20

Runge JP, Runge MC, Nichols JD (2006) The role of local populations within a landscape context: defining and classifying sources and sinks. Am Nat 167(6): 925-938. https://doi.org/10.1086/503531

Saerens M, Achbany Y, Fouss F, Yen L (2009) Randomized shortest-path problems: two related models. Neural Comput 21(8): 2363-2404. https://doi.org/10.1162/neco.2009.11-07-643

Saura S, Pascual-Hortal L (2007) A new habitat availability index to integrate connectivity in landscape conservation planning: comparison with existing indices and application to a case study. Landsc Urban Plan 83(2-3): 91-103. https://doi.org/10.1016/j.landurbplan.2007.03.005

Saura S, Rubio L (2010) A common currency for the different ways in which patches and links can contribute to habitat availability and connectivity in the landscape. Ecography 33(3): 523-537. https://doi.org/10.1111/j.1600-0587.2009.05760.x

Saura S, Bodin O, Fortin MJ (2014) Stepping stones are crucial for species' long-distance dispersal and range expansion through habitat networks. J Appl Ecol 51(1): 171-182. https://doi.org/10.1111/1365-2664.12179

Sawyer SC, Epps CW, Brashares JS (2011) Placing linkages among fragmented habitats: do least-cost models reflect how animals use landscapes? J Appl Ecol 48(3): 668-678. https://doi.org/10.1111/j.1365-2664.2011.01970.x

Schumaker NH, Brookes A, Dunk JR, Woodbridge B, Heinrichs JA, Lawler JJ, Carroll C, LaPlante D

(2014) Mapping sources, sinks, and connectivity using a simulation model of northern spotted owls. Landsc Ecol 29(4): 579-592. https://doi.org/10.1007/s10980-014-0004-4

Sexton JP, Hangartner SB, Hoffmann AA (2014) Genetic isolation by environment or distance: which pattern of gene flow is most common? Evolution 68(1): 1-15. https://doi.org/10.1111/evo.12258

Snijders TAB (2011) Statistical models for social networks. Annu Rev Sociol 37: 131-153. https://doi.org/10.1146/annurev.soc.012809.102709

Stevens VM, Baguette M (2008) Importance of habitat quality and landscape connectivity for the persistence of endangered natterjack toads. Conserv Biol 22(5): 1194-1204. https://doi.org/10.1111/j.1523-1739.2008.00990-x

Strogatz SH (2001) Exploring complex networks. Nature 410(6825): 268-276

Sutherland C, Fuller AK, Royle JA (2015) Modelling non-Euclidean movement and landscape connectivity in highly structured ecological networks. Methods Ecol Evol 6(2): 169-177. https://doi.org/10.1111/2041-210x.12316

Thomas CD, Kunin WE (1999) The spatial structure of populations. J Anim Ecol 68(4): 647-657. https://doi.org/10.1046/j.1365-2656.1999.00330.x

Tischendorf L, Fahrig L (2000) How should we measure landscape connectivity? Landsc Ecol 15 (7): 633-641

Turlure C, Baguette M, Stevens VM, Maes D (2011) Species- and sex-specific adjustments of movement behavior to landscape heterogeneity in butterflies. Behav Ecol 22(5): 967-975. https://doi.org/10.1093/beheco/arr077

Tyler JA, Hargrove WW (1997) Predicting spatial distribution of foragers over large resource landscapes: a modeling analysis of the Ideal Free Distribution. Oikos 79(2): 376-386

Urban D, Keitt T (2001) Landscape connectivity: a graph-theoretic perspective. Ecology 82 (5): 1205-1218

Urban DL, Minor ES, Treml EA, Schick RS (2009) Graph models of habitat mosaics. Ecol Lett 12 (3): 260-273. https://doi.org/10.1111/j.1461-0248.2008.01271.x

Valle D, Cvetojevic S, Robertson EP, Reichert BE, Hochmair HH, Fletcher RJ (2017) Individual movement strategies revealed through novel clustering of emergent movement patterns. Sci Rep 7. https://doi.org/10.1038/srep44052

van Etten J (2012) gdistance: distances and routes on geographical grids. R package version 1.1-4. http://CRAN.R-project.org/package=gdistance

VanDerWal J, Shoo L, Januchowski S (2010) SDMTools: species distribution modelling tools: tools for processing data associated with species distribution modelling exercises. R package version 1.1

Vasudev D, Fletcher RJ Jr, Goswami VR, Krishnadas M (2015) From dispersal constraints to landscape connectivity: lessons from species distribution modeling. Ecography 38: 967-978. https://doi.org/10.1111/ecog.01306

Verheyen K, Vellend M, Van Calster H, Peterken G, Hermy M(2004) Metapopulation dynamics in changing landscapes: a new spatially realistic model for forest plants. Ecology 85 (12): 3302-3312

von Luxburg U, Radl A, Hein M (2014) Hitting and commute times in large random neighborhood graphs. J Mach Learn Res 15: 1751-1798

Vuilleumier S, Bolker BM, Leveque O (2010) Effects of colonization asymmetries on metapopulation persistence. Theor Popul Biol 78(3): 225-238. https://doi.org/10.1016/j.tpb.2010.06.007

Wang IJ, Bradburd GS (2014) Isolation by environment. Mol Ecol 23(23): 5649-5662. https://

doi.org/10.1111/mec.12938

Webster MS, Marra PP, Haig SM, Bensch S, Holmes RT (2002) Links between worlds: unraveling migratory connectivity. Trends Ecol Evol 17(2): 76-83. https://doi.org/10.1016/s0169-5347(01)02380-1

Wickham H (2009) ggplot2: elegant graphics for data analysis. Springer-Verlag, New York

Winfree R, Dushoff J, Crone EE, Schultz CB, Budny RV, Williams NM, Kremen C (2005) Testing simple indices of habitat proximity. Am Nat 165(6): 707-717

Wright S (1943) Isolation by distance. Genetics 28(2): 114-138

Zeigler SL, Fagan WF (2014) Transient windows for connectivity in a changing world. Movement Ecol 2(1): 1-1. https://doi.org/10.1186/2051-3933-2-1

Zeller KA, McGarigal K, Whiteley AR (2012) Estimating landscape resistance to movement: a review. Landsc Ecol 27(6): 777-797. https://doi.org/10.1007/s10980-012-9737-0

Zollner PA, Lima SL (1999) Search strategies for landscape-level interpatch movements. Ecology 80(3): 1019-1030

第 10 章　种群空间动态

10.1　简　介

几个世纪以来，种群及其动态问题已吸引了众多科学家的关注（Malthus，1798）。种群生物学最初主要关注单一地点种群数量的变化，以及种群持续存在或灭绝的原因（Gause，1932；Lotka，1927）。在解释种群动态及其进化时，重点强调了种群与物种间生活史变化的相关性（Cole，1954；Pianka，1970）。

种群生物学一直处在不断发展的过程中，20 世纪 50～70 年代的实验和理论发展表明，空间变异可能是种群持续性维持及变化的重要机制（Huffaker，1958；Roff，1974），这些研究在很大程度上强调了移动和扩散在种群动态变化中的作用（Skellam，1951；Levin，1976）。20 世纪 80 年代，对资源空间异质性及其对种群出生率和死亡率影响的关注推动了种群生物学的进一步发展（Keddy，1981），并提出了源-汇动力学的概念（Keddy，1981；Holt，1985；Pulliam，1988），从那时起，人们对空间种群生物学及其与环境变化影响间的关系产生了浓厚的兴趣。

种群生物学在自然资源保护和管理中占据着十分重要的地位（Ehrlich and Daily，1993；Caughley，1994；Reed et al.，2002；Carroll et al.，2003；Traill et al.，2010），防止种群灭绝已成为全球性政策制定的核心（Mace et al.，2008；Schwartz，2008）。恢复策略通常强调的是种群恢复，而旨在减少有害生物和入侵物种影响的管理措施则将重点放在限制种群的增长和扩散上（Sakai et al.，2001；McKay et al.，2005；Schrott et al.，2005）。在过去几十年中，空间在种群动态和变化趋势中的作用已得到了充分的阐述（Hanski et al.，1996；Channell and Lomolino，2000；Wilson et al.，2004），空间结构性的种群动态也已成为保护和管理策略的一个重要组成部分（Lundberg et al.，2000；Chan et al.，2006）。

本章的总体目标是着眼于与保护相关的问题，概述空间对种群的作用。为此，我们首先讨论了了解和保护具空间结构性种群的常用框架，在此，我们将空间结构性种群（spatially structured population）这一术语作为包含一定数量空间异质性种群的广义总括术语（表 10.1），该术语涵括了许多种群生物学中以空间为重点的概念，随后我们用多度的空间变异和定植-灭绝动态的数据对其中的一些概念加以说明。

表 10.1　空间种群模拟中常用的术语

术语	定义
面积-隔离范式	集合种群生物学中的一种常见框架，在框架中通常假设用斑块面积来解释局部灭绝率，用斑块隔离度来解释局部定植率
定植	一个物种通过扩散在以前未被占用的生境上建植（殖）
封闭种群	在某一特定时段内未发生变化的种群（即种群中既无流入或流出，也无出生或死亡）
灭绝	某一物种从以前占用的斑块或区域中消失，这种灭绝可以是"局地的"或"区域的"，抑或是整个物种灭绝
灭绝债务	在一次扰动事件和/或土地清理之后，濒临灭绝但尚未灭绝的物种数量
种群统计学	研究种群大小、结构和分布的学科，重点放在改变这些格局的生死率（出生或死亡）上
迁入亏	在一次干扰事件和/或土地清理之后最终迁入的物种数量
景观种群统计学	研究多尺度的种群统计特征及其驱动因素的学科
局地种群	地理上可与其他个体区分开的一群个体，类似于一个"种群"，通常是与集合种群相对应的一个术语
集合种群	通过扩散而联系在一起的一组局地种群
开放种群	在某一时期内会发生出生、死亡、迁入或移出的种群，与封闭种群相对应
种群	在遗传学或地理学上可与其他个体群组区分开的某一物种的组合
种群预测模型	预测一个种群未来状况的模型，通常用于种群生存力分析
种群生存力分析	评估一个种群或物种在一定时间范围内灭绝风险的方法，包括预测不同环境情景下种群结构随时间的变化
假性汇	一种具有汇的特征但高于种群承载能力的局地生境，但当局地种群规模降低到承载能力以下时，该生境不再类似于一个汇
救助效应	较高的连通性使更多的个体迁入斑块，从而减少了当地物种的灭绝风险，提升了局地种群的规模
筛网	出生率高于死亡率且迁出率远高于迁入率的局地生境或种群，由于过高的迁出率，种群不太可能持续维持下去
汇	死亡率高于出生率且迁入率高于迁出率的局地生境或种群，在缺少迁入的情况下，种群很难持续维持（或持续维持较低的种群规模）
源	出生率高于死亡率且迁出率高于迁入率的局地生境或种群，种群中的一些个体可以迁入其他种群
空间同步性	种群间在时间尺度上相互关联的波动，相关度通常随地理距离的变化而变化
具空间结构的种群	在个体分布和/或种群统计比率变化上具有某种空间异质性的种群
随机斑块占用模型	重点采用马尔可夫链模拟离散生境斑块上物种存在-缺失的一种空间模拟方法

10.2　核心概念和方法

10.2.1　种群的基本概念

　　了解空间种群生物学需要我们深入细致地理解种群的基本概念，这已超出了本书的范围，感兴趣的读者可以参考 Gotelli（2008）、Begon 等（2009）或 Rockwood（2009）的相关专著，在此，我们只介绍与解释具空间结构的种群相关的一些关键性的概念和问题。

我们可以从生态和进化学的角度用多种方式来定义种群（Waples and Gaggiotti，2006）。所有有关种群的定义通常都会假设种群中个体间的相互作用是同等的（在遗传学文献中，这种假设通常被称为随机交配），种群的定义也会随着空间尺度的变化而变化，这是集合种群生物学中强调的一个问题（参见 10.2.2.1）。

种群（population）通常被描述为"开放的"或"封闭的"，开放种群（open population）是指在特定时段内可能发生动态变化的种群，如种群中个体的迁入或迁出，或通过出生或死亡过程产生的数量变化；相反，封闭种群（closed population）是指种群中个体数量在某一特定时段内未发生变化的种群。显然，随着研究时间的不断延长，一个以前的封闭种群可能会变为开放种群，可见时间尺度对于解释种群及其动态十分重要。在空间生态学中开放种群与封闭种群间具有很大的区别，因为，前者会受到移动等相关过程的影响，这是具空间结构的种群生物学中的一个关键问题。

10.2.2 空间种群的概念

空间种群的概念在生态学和保护学中有着悠久的历史，一般来说，相应的理论通常是基于两种不同的种群范式组织的。首先，一个较大的理论和经验分支主要研究的是斑块占用、灭绝和定植动态（图 10.1），忽略了种群的繁殖率或生存率等关键因素，且通常在较大的时空尺度上进行（在不同时间对多个点位进行采样），这类研究一直是经典集合种群生物学的重点（Levins，1969；Hanski，1999）。与此相反，空间种群统计学或景观种群统计学（Gurevitch et al.，2016）则侧重于研究种群统计特征的时空变化，对多个点位的种群统计特征进行估计具有一定的难度，因此研究主要在相对较小的时空尺度上进行（Norris，2004），通常是在一些小的斑块或点位上对种群的统计特征进行测量和解译（表 10.2）。

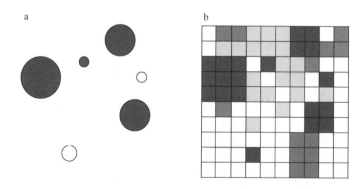

图 10.1　通过不同空间透镜观察到的空间种群动态

a. 重点放在斑块动态上的一种集合种群方法，其中空心圆表示未占用斑块，实心圆表示占用斑块；b. 重点放在空间种群统计学和/或个体示踪上的空间显式方法，图中所示为存在土地覆盖梯度的一个元胞自动机模型

表 10.2　具空间结构的种群范式

特性	集合种群	空间种群统计学
状态变量 [a]	占用、定植、灭绝	种群统计率、种群生长
斑块或点位数量	许多	少量
捕获个体变异的能力	否	是
扩散组分	定植、救助效应	迁入、迁出
生境质量和基质的空间异质性	限于中度变化	高度变化
模型类型	随机斑块占用，具空间结构的 Levins 模型	基质模型、元胞自动机模型、基于个体的模型

[a] 模型的主要组分，其变化率可用微分或差分方程给出

10.2.2.1　集合种群

集合种群理论。集合种群的概念和理论是空间种群生物学发展的基础，其重点放在区分斑块水平上的局地动态与区域（或集合种群）动态上，例如，即便区域灭绝的可能性很低，但斑块上发生局部灭绝的概率也可能会很高。

下面我们用简单的概率过程对集合种群的重要性加以说明（Gotelli and Kelley，1993）。例如，我们假设一年内局地灭绝的概率为 p_e，且该概率在时间尺度上是独立的，那么两年内持续存在的概率为

$$(1-p_e)(1-p_e) \tag{10.1}$$

以此类推，t 年内持续存在的概率为

$$(1-p_e)^t \tag{10.2}$$

如果我们考虑了 N 个灭绝概率为 p_e 的斑块的话，那么集合种群在一年内持续存在的概率为

$$1-(p_e)^N \tag{10.3}$$

从上述简单的公式中我们可以看出，集合种群中各斑块的重要性是十分清晰的（图 10.2），根据上述公式得出结论的前提假设是每个斑块独立运行，不存在空间同步性，实际上计算的是至少有一个斑块没有局地灭绝时的概率（因此，用 1 减去每个斑块灭绝概率的乘积）。我们可以通过计算不同数量斑块上持续存在的概率来说明"分散风险"对种群生存的重要性（den Boer，1968）。

Levins（1969）率先在其经典的集合种群模型中发展了集合种群动力学的思想，在模型中，他对局地种群（local population）和集合种群（metapopulation）进行了区分，其中，局地种群类似于上述的种群概念，而集合种群则是一个"包含多个种群的种群"。Levins 在模型中假设局地斑块是否被占用取决于当地种群的

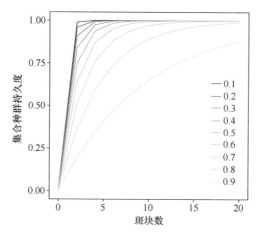

图 10.2　一年内集合种群持续存在的概率与集合种群中斑块数量间的函数关系
图中每条线代表一个局地斑块上的灭绝概率

灭绝率（E，灭绝点位的比例/时间）与迁入率（I，定植点位的比例/时间）间的平衡关系，单位时间内被占用斑块比例 f 的变化可以用微分方程表示如下：

$$\frac{\mathrm{d}f}{\mathrm{d}t} = I - E \tag{10.4}$$

因此，当集合种群处于平衡状态（即 f 没有变化）时，我们将式（10.4）的左侧设为零，那么 $E=I$。

Levins 采用这一观点，假设迁入率是被占用点位（提供繁殖体）比例（f）和未被占用但可以成为定植点位的比例（$1-f$）的函数，即：

$$I = cf(1 - f) \tag{10.5}$$

式中，c 为从被占用斑块迁出的个体比例。因此，I 为所有被占用斑块（不同于岛屿生物地理学的基本模型，允许斑块内部定植；参见第 11 章）迁出的个体总比例（c 与 f 的乘积）乘以可被定植的点位比例（$1-f$）。随后 Levins 假设：

$$E = ef \tag{10.6}$$

式中，e 是局地灭绝概率。因此，整个集合种群的灭绝率（E）为 e 与被占用点位比例（f）的乘积（因为只有被占用的点位才会发生灭绝），综上所述，Levins 模型可以用式（10.7）表达：

$$\frac{\mathrm{d}f}{\mathrm{d}t} = cf(1 - f) - ef \tag{10.7}$$

基于该模型我们设置了 $\mathrm{d}f/\mathrm{d}t=0$ 对方程求解，以确定被占用点位的平衡比例（f^*），其计算公式如式（10.8）。

$$f^* = 1 - \frac{e}{c} \tag{10.8}$$

根据该模型的预测结果，当 $c>e$ 时，集合种群将会持续存在（$f^*>0$）。

这个经典的集合种群模型中有几个假设，包括斑块特征（如面积、质量、隔离度）是同质的且不存在空间结构，斑块在动态上是不同步的（即具有独立的定植和灭绝动态），模型中 c 和 e 的值是恒定的且不存在时间滞后，有大量的局地斑块存在（Gotelli 2008）。该模型有几种变体，例如，通过公式的改变可以考虑救助效果或周期性迁入率低于灭绝率时的效果，以及只关注外部繁殖体的压力（类似于岛屿生物地理学；Gotelli，1991）等。

上述假设中一个备受关注的假设是局地种群在动态上并不同步（Ranta et al.，1997；Koenig，1998；Bjørnstad et al.，1999；Liebhold et al.，2004；Koenig and Liebhold，2016；Walter et al.，2017），多方面原因激发了我们了解空间同步性（存在或缺乏）的兴趣。首先，较高的空间同步性可能会使物种更容易受环境随机性的影响，并可能增加局地种群和集合种群灭绝的可能性（Heino et al.，1997；Matter，2001）；其次，人们想知道是什么导致了空间同步的发生（Bjørnstad et al.，1999），是局地扩散，营养间相互作用的空间依赖性，抑或是限制种群动态的非生物因子（如天气）的变化（称为 Moran 效应）。

研究者也从个体层面上重新构建了集合种群的框架。例如，Tilman 和 Lehman（1997）考虑了这样一种状况，即"局地种群"被看作是某一景观中只能容纳某一个体的离散点位，类似于某一鸟类的领地或某一附生个体所占用的点位，优先效应和先占权会阻止其他个体占据这一点位。

在对上述模型中的一些假设放宽的基础上，Hanski（1994）采用一种被称为关联函数模型的随机斑块占用模型（Caswell and Etter，1993；Moilanen，1999），开发出了将集合种群思想应用于实际数据的模型框架。在关联函数模型（incidence function model，IFM）中，定植率与灭绝率被假定为斑块大小和隔离度的函数，从而放宽了对斑块的同质性、无空间结构以及 c 和 e 为常数等假设。这种一般性的假设关系在定植-灭绝动力学中经常会被称为面积-隔离范式（Hanski，1998；Fleishman et al.，2002）。

汉斯基（Hanski）假设局地灭绝率取决于种群规模，面积为 A 的斑块 i 上的灭绝率函数可定义为

$$E_i = \frac{z}{A_i^x} \qquad (10.9)$$

式中，z 和 x 为常数。根据这个方程，随着斑块面积的增加，灭绝的可能性会下降，但下降函数会随 z 和 x 值的变化而变化，当 x 很小时（<1），即便是较大的斑块也会发生灭绝；z 可视为一个参数，用于反映斑块上灭绝时环境随机性的大小（图10.3）。总的来说，种群生物学中通常会假定存在着灭绝-面积关系，这种关系存在的原因至少有三：①面积越大，个体的数量越多（即种群的规模越大）；②面积越

大，资源的空间异质性越大，即使条件发生了变化，斑块内某处仍会存在某些可获取的资源；③较大的面积会允许斑块内存在类似于集合种群的动态（Connor and McCoy，1970；Holt，1992；Hanski，1999）。该框架常见的一种扩展是，如果斑块在生境质量和/或边缘效应方面发生了变化，我们可以通过"有效面积"的度量对斑块面积进行调整（Moilanen and Hanski，1998）。

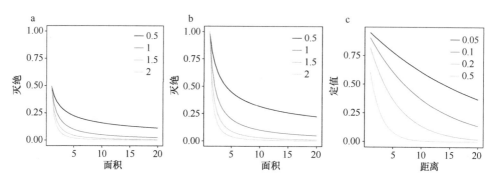

图 10.3　关联函数模型及相关的随机斑块占用模型中假设的函数关系

灭绝关系通常表示为 $E_i = z/A_i^x$，式中，z 和 x 是用于调整灭绝关系（E）与斑块面积（A）间关系的形状常数。a. z 变化时的灭绝关系；b. x 变化时的灭绝关系，对于定植的变异，经常使用负指数 $\exp(-\alpha d_{ij})$，式中，d_{ij} 是斑块 i 和 j 间的距离，α 是物种平均扩散距离的倒数；c. 不同 α 值下负指数扩散核的变化

关联函数模型中斑块 i 的定植率（C_i）通常基于的是空间隔离，可量化为潜在迁入数量（M_i）的函数。

$$C_i = \frac{M_i^2}{M_i^2 + y^2} \qquad (10.10)$$

式中，y 为常数，其决定了定植率随迁入数量增加的速度，M 可通过式（10.11）加以量化。

$$M_i = \beta S_i \qquad (10.11)$$

$$S_i = \sum_j p_j \exp\left(-\alpha d_{ij}\right) A_j \qquad (10.12)$$

式中，p_j 为反映斑块 j 是否被占用的指数变量；α 为物种平均扩散距离的倒数；β 为待估计的常数，随着 α 的增大，距离的影响也相应增大（图 10.3c）；S_i 是基于被占用斑块与核心斑块 j 间距离进行加权的被占用斑块面积之和（权重由扩散距离来描述），常被用作潜在的连通性度量指标（Moilanen and Nieminen，2002）；d_{ij} 有时可用有效的距离度量指标来代替，如捕获矩阵阻抗的最小成本距离（见第9章）。

上述公式强调了定植过程中的负指数扩散核（图 10.3）。Hanski（1999）认为，扩散核的确切位置在集合种群动态中往往并不那么重要，因为这种动态通常是由相对较短距离的扩散事件所驱动的, 对于范围扩张和入侵种扩散等一些问题来说, 这一函数可能并不合理, 特别是当扩散具有 "肥尾效应", 即偶尔会发生非常远距离的定植事件时 (见第 9 章)。研究者已经提出了多种 "肥尾效应" 关系 (Clark et al., 1999), 其中一种方法是对上述负指数函数作了一定程度的扩展 (Shaw, 1995; Moilanen, 2002)。

$$\frac{1}{1+\alpha d_{ij}^{\gamma}} \tag{10.13}$$

式中, γ 为常数。

基于对灭绝率和定植率的描述, Hanski 进一步确定了一个计算发生率的平衡度量指标 (J_i), 其表达式如下。

$$J_i = \frac{C_i}{C_i + E_i} \tag{10.14}$$

(可参见 Diamond, 1972 提出的岛屿生物地理学中的类似方法)。最后这一点会引起一定的争议, 从这个意义上讲, 这种关系可用于获取瞬时的发生数据, 进而对 C_i 和 E_i 进行估计。然而, 这样做的前提假设是集合种群处于长期准平衡状态且具有持久性 (Moilanen, 2000), 移除这一假设则意味着任何观察到的集合种群占用率的趋势都是真实的 (而不仅是一个处于准平衡状态的种群的随机实现), 当然每种情况都会产生各自不同的结果。这一总体思路已被用于解决各种以保护为重点的问题, 如解释森林砍伐的长期影响 (Ferraz et al., 2007) 以及金雕 (*Aquila chrysaetos*) 的占用动态 (Martin et al., 2009) 等。

这一集合种群框架已被应用于多个物种和生态系统中。例如, Hokit 等 (2001) 用这种方法对佛罗里达灌丛蜥蜴 (*Sceloporus woodi*) —— 一种存在于佛罗里达州斑块状分布高地上的濒危蜥蜴进行了研究, 通过关联函数模型和种群预测模型的分析 (见 10.2.4.3 节), 他们发现, 两种方法对该物种分布的预测结果大体上相似。

集合种群理论中的另一个主题与集合种群容量的概念相关 (Adler and Nuernberger, 1994; Hanski and Ovaskainen, 2000), 集合种群容量是对 Levins 模型的扩展, 用于解释不规则景观中集合种群的持久性。Hanski 和 Ovaskainen (2000) 对这一概念加以推广, 为我们展示了如何基于一个适宜的景观矩阵评估集合种群的生存能力, 他们将这一景观连通矩阵 $\boldsymbol{M}$ 定义为

$$\boldsymbol{M} = A_i A_j \left(\exp(-\alpha d_{ij}) \right) \tag{10.15}$$

且 $M_{ii} = 0$。

集合种群容量则被定义为矩阵 $\boldsymbol{M}$ 的主导特征值 λ_M, 斑块对集合种群容量的重要性 (P) 可用矩阵 $\boldsymbol{M}$ 的主导特征向量 x 来近似:

$$P = x^2 \lambda_M \qquad (10.16)$$

请注意，这一斑块重要性度量指标与第 9 章（使用连通性矩阵的特征向量中心性）中所述的度量指标间存在一定的相似性。此外，必须强调的是，集合种群容量与第 9 章（Saura and Pascual-Hortal，2007）中描述的连通性概率以及 Hanski (1999)提出的邻域生境面积度量指标具有相似的函数形式,具体内容可参见 Saura 和 Rubio（2010）有关这些度量指标间相似性和相异性的讨论。集合种群容量针对的是斑块位置和大小已知且存在 α 估计值的任何景观，可用于评估生境损失和破碎化（图 10.4）以及潜在生境的恢复（Hanski and Ovaskainen，2000；Ovaskainen et al.，2002）。

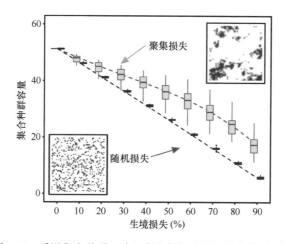

图 10.4　采用集合种群理论研究生境损失和破碎化的示意图

图中为生境发生随机损失和聚集损失的例子。相对于聚集损失，随机损失预期会对集合种群的能力产生负面影响。在本例中，我们使用高斯随机场（见第 5 章）生成景观，集合种群容量是在两种生境损失的情景下计算得出的。图中显示了 20 种实现方式（箱线图和 lowess 带显示了不同实现方式的变化），在这种情况下，通过假设相对于景观大小和单元（而不是斑块）而言较小的平均扩散距离对扩散加以限制，进而量化集合种群容量（斑块面积保持不变）。如果对扩散不加以限制的话，则聚集损失和随机损失的预测结果趋于汇集

另一种解释集合种群生存力的方法是采用集合种群平均寿命的量化指标（Frank and Wissel，2002），该指标要达成与集合种群容量相似的目标，但却是一个假设灭绝是随机的而非确定的绝对指标。集合种群的平均寿命是由一个随机集合种群模型导出的，该模型旨在对集合种群的生存能力加以近似。该模型最初由 Frank 和 Wissel(2002)开发,后来扩展用于分析复杂网络中的集合种群（Drechsler，2009；Drechsler and Johst，2010；Kininmonth et al.，2010；Johst et al.，2011）。该模型对面积-隔离关系对灭绝和定植概率产生影响的集合种群容量作了类似的假设，且包含了更多的参数来描述灭绝-定植动态和环境变异的影响，目前已被用于分析各种保护学问题（Drechsler and Johst，2010；Johst et al.，2011）。

集合种群理论中的保护学经验。集合种群理论认为，目前未被占用的斑块对于集合种群的长期持久性至关重要（Hanski，1998）。集合种群理论捕捉到的定植-灭绝动态强调了未被占用的斑块可能在未来被定植。这一问题在理解物种分布（Barve et al.，2011）、生境质量（Mortelliti et al.，2010）和保护策略（Bulman et al.，2007）方面十分重要。

集合种群理论还表明了可能会出现最小生存集合种群（Hanski et al.，1996）以及维持其长期持久性所需的最小斑块数量，这一总体思路是对保护生物学中维持长期持久性所需最小生存种群论点的扩展（Flather et al.，2011；Traill et al.，2007）。

集合种群网络的多种空间特征对于集合种群的持久性及其管理是十分重要的。例如，Frank 和 Wissel（1998）强调了局地灭绝过程中相关性长度（灭绝中的相关性）对集合种群动力学中物种扩散范围的重要性。从其模型开发过程来看，如果扩散范围小于灭绝过程的相关性长度，那么集合种群的长期生存能力可能会很低。

各类集合种群模型都将重点放在生境损坏的格局分析上，以确定集合种群持久存在的临界损失阈值（Bascompte and Sole，1996），许多模型也表明这种损坏格局的分析具有十分重要的意义，随机损失通常比非随机（通常是聚集）损失对集合种群持久性的损害更大（图 10.4）（Dytham，1995；Moilanen and Hanski，1995）。此外，一些集合种群模型也考虑了斑块损失和斑块面积减小对集合种群持久性的影响，斑块损失最终会影响定植率，而斑块面积减小会增加局地灭绝率并降低定植率（Hanski，1999），因此，在损失量确定的情况下，斑块面积减小可能比斑块移除的影响更大（Hanski and Ovaskainen，2000）。模型中也充分考虑了生境扰动（而非破坏）的影响，影响的大小因其产生的时空格局而异（Johst and Drechsler，2003；Kallimanis et al.，2005）。在上述应用中经常会强调灭绝债务（extinction debt）的发生，物种会因扰动或生境破坏而濒临灭绝（但尚未灭绝）（Tilman et al.，1994；Hanski and Ovaskainen，2002；Kuussaari et al.，2009；Hylander and Ehrlen，2013）。与保护策略相关的迁入亏（immigration credit）也可能会发生，物种最终可能在扰动或恢复事件后迁入（或定居于）某一地区（Jackson and Sax，2010；Talluto et al.，2017）。

集合种群理论的局限性。虽然集合种群理论已经得到了广泛应用，但其与许多系统间相关性的问题仍会反复出现（Harrison，1991；Baguette，2004）。Hanski（1999，2004）认为，当满足如下三个原则时，可以应用集合种群的方法。第一，空间上是离散的（如斑块状分布的生境）；第二，过程至少在两个尺度上运行，即局地种群尺度和集合种群尺度；第三，生境面积大且具持久性，足以让局地繁殖的种群持续多代。

10.2.2.2　空间种群统计学

与定植-灭绝动态有关的集合种群观点可与解释种群统计学的空间变化及相关的生命率[如出生率（B）、死亡率（D）、迁出率（E）和迁入率（I）]进行对比，重点放在与源-汇动力学（Holt，1985）、平衡扩散模型（Diffendorfer，1998）以及所谓的"结构化集合种群模型"（Diekmann，1993）相关的核心内容上。

源-汇动力学。Ron Pulliam（1988）在一篇开创性的文章中提出了源-汇动力学的概念，但早期的工作主要源自 Holt（1985）和 Paul Keddy（1981，1982）。Pulliam 将关注点放在如何用生命率解释时间 t 时的种群大小（N）上。

$$N_t = N_{t-1}(B + I - D - E) \qquad (10.17)$$

进而：

$$\lambda_t = N_t / N_{t-1} = B + I - D - E \qquad (10.18)$$

式中，λ_t 是有限增长率（或粗略地称为种群增长率）。Pulliam 将 $\lambda_t > 1$ 时定义为源，$\lambda_t < 1$ 时定义为汇，因此，$B > D$ 和 $E > I$ 时是源，而 $B < D$ 和 $E < I$ 时是汇。然而，在定义了源和汇后，他却只关注了出生和死亡过程的变化，而忽略了迁出和迁入的作用，重心的偏移导致空间种群统计学中出现了一些混乱的状况（Runge et al.，2006）。源和汇有时也被分别称为"净输出区"和"净输入区"（即重点放在 E 和 I 两部分上），从而进一步混淆了这一概念。与此相关的两个概念是伪汇（pseudo-sink，即看似是汇但实际上已超出承载能力的点位）和筛网（sieve，迁出率非常高，即便是出生率很高的种群也会因迁出率过高而在局地灭绝，Cronin，2007）。

Thomas 和 Kunin（1999）将上述观点推广用于具有空间结构的种群，并指出大多数种群可以沿着两个维度来描述，即流动轴和补偿轴，其中，流动轴与种群如何参与与局地种群动态（出生和死亡）相关的区域过程（迁入和迁出）相关，而补偿轴则描述了种群是在输出个体（如源和筛网）还是输入个体（如汇和伪汇），这一框架无疑强调了生命率动态及相互关系的连续性。

总的来说，源-汇的概念为我们深入了解种群生物学和保护学提供了大量的理论基础，Pulliam（1988）据此提出了一些较为新颖的见解。第一，源-汇概念认为，当个体处在汇中时，该物种的实际生态位就会大于其基础生态位（Pulliam，2000）。第二，源-汇动态会使物种间潜在相互作用的解释变得复杂，例如，如果一个生境是一个物种的源，同时也是另一种物种的汇，那么人们可能会得出不恰当的结论，即物种间正在发生不对称的种间竞争。第三，当源发生时，不太可能遵循经典的集合种群动态，因为，源的局地灭绝可能很少见，这种情况更类似于"岛屿-大陆"的集合种群（Gotelli 1991）。第四，在确定生境保护优先次序时，源-汇的概念非常重要，因为，从业人员可能并不太愿意将汇作为优先生境加以保护（Liu et al.，2011）。

　　平衡扩散。空间种群统计学中的平衡扩散模型与源-汇模型虽有一些相似之处，但假设是不同的（Diffendorfer，1998）。在平衡扩散模型中，点位的承载能力各不相同，但并不存在汇（McPeek and Holt，1992）。扩散率（从斑块中迁出）与局地承载力呈负相关，即低承载力点位的扩散率高，高承载力点位的扩散率低，因此，在斑块间扩散的个体数量会变得"平衡"（Diffendorfer，1998）。这个模型本质上是对理想自由分布模型（见第 8 章）的一个扩展。多年来该模型已经得到了一些实证支持（Doncaster et al.，1997）。

　　景观种群统计学。有关源-汇动态及相关问题的想法最近已被整合到景观种群统计学的概念中（Gurevitch et al.，2016）。景观种群统计学是"在多尺度上研究种群及其驱动因素的种群统计特征，以及在一个尺度上研究种群及其驱动因素间的关系如何影响其他尺度上的种群"的科学（Gurevitch et al.，2016）。种群统计学中的尺度问题早就得到了学界的认可（Thomas and Kunin，1999），尽管相关的经验性工作积累进展较为缓慢（Cavanaugh et al.，2014）。

10.2.3　种群生存力分析

　　在保护学语境中，种群生存力分析（population viability analysis，PVA）通常用于解释种群（准）灭绝的可能性（Morris and Doak，2002；Reed et al.，2002）。多年来已经发展出了多种种群生存力的分析方法，分别采用不同类型的数据和信息进行模拟。有关种群生存力分析的效用问题一直存在着争议，然而，PVA 以一种相对的方式比较未来变化下的替代方案，在不对生存能力进行绝对预测时还是一种很有用的方法（Beissinger and Westphal，1998；Reed et al.，2002）。此外，种群生存力分析已被证明可以准确预测多种系统中的种群生存力（Brook et al.，2000）。

　　对于具空间结构的种群，一般可采用 4 种方法进行分析（Morris and Doak，2002）：首先，采用不同点位种群多度变化的时间序列数据；其次，采用随机斑块占用模型；再次，采用特定点位的种群统计数据，如特定点位出生率或死亡率的变化；最后，采用基于个体的空间显式模型。

　　不同点位种群多度变化的时间序列数据通常可从监测项目中获得，这些数据可以用来了解和预测种群多度随时间的变化。如果点位可以看成是独立的，那么可以采用标准的非空间方法对每个种群的变化进行定量估计（Morris and Doak，2002），基于这些估计值，所有点位灭绝的可能性都可以用概率理论进行计算。如果不同区域的种群动态间是相关的，那么就需要对相关性加以解释，因为它会对种群生存力产生强烈的影响。例如，如果点位间存在着很强的相关性，那么一连串的"坏年份"将在不同的空间点位上发生，从而增加了种群灭绝的可能性。相比之下，时间上自相关的环境有时会导致一连串"好年份"的出现，从而促进了种群增长，我们称之为"通胀效应"（Gonzalez and Holt，2002；Roy et al.，2005；Matthews and Gonzalez，2007）。由于扩散过程或非生物和生物条件下空间依赖性的存在，我们预计不同点位间会呈现出不同的相关性。

随机斑块占用模型（stochastic patch occupancy model，SPOM）与多度分析方法具有一些相似之处，但采用的是发生数据的稀疏信息，该方法将重点放在集合种群的过程，特别是局地定植和灭绝动态上（Moilanen，2004），采用发生或占用的时间序列数据来估计定植和灭绝动态，估计结果可以用来预测动态过程，从而解释种群的生存能力。上文中提到的关联函数模型（Hanski，1994）就是 SPOM 的一个例子，该方法的优点在于能够处理在一个区域多个点位上收集的相对有限的数据。

第三种方法是采用种群生存力统计分析方法，这类方法通常会使用种群矩阵模型（Caswell，2001）。种群矩阵模型广泛应用于种群生态学中，用来估计有限增长率（种群增长率），并通过敏感性和弹性分析及生命表反应实验（life table response experiment，de Kroon et al.，2000）等各种方法来了解限制种群增长的种群统计参数（如幼年个体生存率）。利用这些矩阵可以及时预测种群动态，以解释种群生存力，此外，也可解释渐近（即长期）和瞬态（Ezard et al.，2010）。这些方法可用于推断与移动（迁入和移出）相关的局地种群统计对不同尺度上种群动态的影响（Runge et al.，2006）。

最后，基于个体的空间显式模型也常用于种群生存力分析（Dunning et al.，1995；DeAngelis and Mooij，2005），这类模型通常会将空间显式图（如栅格）与基于个体（或基于主体）的扩散、繁殖和生存算法相耦合（Grimm et al.，2005）。基于个体的方法允许我们在种群过程中直接包含个体差异（如扩散或繁殖过程中的个体差异）以及生境在组成、配置和质量方面的空间差异（Fahrig，1997，2001；Wiegand et al.，2005）。然而，这类方法非常复杂，通常需要详细的数据，并且都是针对具体问题的，因此，结果很难扩展用于解释普遍性的格局和过程（Norris，2004）。

10.2.4 多种常用的空间种群模型

10.2.4.1 随机斑块占用模型

目前已开发出了多种形式的随机斑块占用模型（stochastic patch occupancy

model，SPOM）（Moilanen，2004），其中，关联函数模型是首个模型（Hanski，1994），此后的空间显式 Levins 模型（Hanski，1999）也是一个很好的随机斑块占用模型，动态占用模型（MacKenzie et al.，2003）更是如此。

SPOM 是一种时间上离散的一阶马尔可夫链模型，既然该模型在时间上是离散的，那么通常应用于跨年份或跨季节的个体发生数据分析。一阶马尔可夫链模型为时间 t 时状态仅依赖于时间 $t-1$ 时状态的模型（二阶马尔可夫链则依赖于时间 $t-1$ 和 $t-2$ 时的状态）。马尔可夫链有 2^N 种可能的状态，其中，N 是斑块的数量，之所以是 2^N，是因为每个斑块中都有两种可能的状态（即占用或未占用），因此产生了总数为 2^N 的组合。在对状态进行模拟时，历史上一直关注的是面积-隔离范式，但同时也会考虑其他因素（Moilanen and Hanski，1998）。一旦对 SPOM 的参数进行了估计，我们就可以通过模拟来预测潜在的集合种群动态。

这类模型存在三个主要限制（Moilanen，2002）：首先，模型要求对所有的点位进行取样，否则对定植的估计可能会产生偏差，往往会高估定植率；其次，模型假设对斑块面积已经做了准确的测量，如果测量过程中存在误差，那么占用率及相应面积的预测精度将会降低；最后，模型假设对点位进行了精确调查，不存在观测误差（即取样误差），当出现假阴性误差率（即被占用的点位被估计为未被占用）时，用 SPOM 模拟可能会产生较大的误差（Moilanen，2002）。下面介绍的动态占用模型则很好地解决了后一个问题。

10.2.4.2　动态占用模型

我们可以采用状态-空间模型（state-space model）将随机斑块占用框架推广用于解决采样误差问题，状态-空间模型将生态过程（状态）与站点观测过程（空间）区分开来，站点观测过程虽与状态相关，但可能会产生误差和/或偏差。由于某一物种在 i 点位上的占有状态 z_i 通常只能部分地观察到，所以我们将其视为潜在变量，即我们在估计过程中感兴趣的未测量（或间接测量）变量。更广泛地说，$z_i \sim \text{Bernoulli}(\psi_i)$，其中，$\psi_i$ 是物种在 i 点位发生的概率（Bernoulli 分布是一种二项式分布，即只进行了一次试验）。这种在灭绝-定植动态背景下的一般性框架被称为动态占用模拟框架（MacKenzie et al.，2003），是从以前将重点放在定植和灭绝估计的方法中发展而来的，但并未考虑可检测性问题（Erwin et al.，1998；Clark and Rosenzweig，1994；Erwin et al.，1998）。在此，我们不太关注观测误差的问题，因为在其他方法中已经广泛涉及这一问题（MacKenzie et al.，2003，2006；Royle and Kery，2007）；相反，我们使用这个一般性框架主要是考虑其在基于生态数据进行推断时的灵活性。

我们可以假设一种一阶马尔可夫过程，用时间序列数据来描述和估计物种的占用动态，其中，时间 t 时的 z_i 值取决于时间 $t-1$ 时的 z_i 值，以及局地定植率（γ）

和局地灭绝率（ε）。如果我们定义 $\phi = 1 - \varepsilon$，那么：

$$z_{i,t} = \text{Bernoulli}\left(z_{i,t-1}\phi_{i,t-1} + \left(1 - z_{i,t-1}\right)\gamma_{i,t-1}\right) \tag{10.19}$$

在式（10.19）中，当 $z_{i,t-1} = 0$ 时，方程右侧的第一项为零，$z_{i,t}$ 值则来自概率为 $\gamma_{i,t-1}$ 的 Bernoulli 分布；当 $z_{i,t-1} = 1$ 时，方程右侧的第二项为零，$z_{i,t}$ 值则来自概率为 $1 - \varepsilon_{i,t-1}$ 或 1 减去局部灭绝概率的 Bernoulli 分布。在式（10.19）中，观测过程表明，我们可能没有根据可检测性 p 值对 z 值做出完全的估计，因此，我们的观测数据 Y 是可检测性 p 的函数，即 $Y \sim z_t p$，可检测性可随时间和/或地点的不同而变化。

为了实施这一模型，我们需要估计 $t+1$ 时的 z 值以及相应的定植和灭绝参数。我们可以将 z、γ 和 ε（和 p）作为协变量包含在模型中，这可以让我们更为灵活地对定植-灭绝动态进行模拟和解释。该框架也已被用来概化关联函数模型（Risk et al., 2011）。

10.2.4.3 空间种群矩阵模型

有关种群矩阵模型的文献有很多，感兴趣的读者可以参考 Caswell（2001）书中的介绍，在此，我们简要介绍将这类模型应用于具空间结构种群的一些方法。首先，我们考虑一个单点位的两阶段模型（这里一个阶段为一个物种生命周期中的一级，其中我们假设个体间的种群统计率是相似的），该模型包含了一个幼年（j）和一个成年（a）生命阶段，可用矩阵表示为

$$N_{t+1} = \binom{N_{j,t}}{N_{a,t}}\begin{pmatrix} \beta S_j & \beta S_a \\ S_j & S_a \end{pmatrix} \tag{10.20}$$

式中，N_{t+1} 是时间 $t+1$ 时的个体数；S_j 是幼年个体的存活率；S_a 是成年个体的存活率，β 是成年个体的繁殖力（即个体在时间 t 时生产的幼体数，重点通常放在成年雌性生产的幼年雌性个体数量上）。式（10.20）中的 2×2 种群转移矩阵通常称为 A，该式基于"繁殖前普查"的数据，即在繁殖前对种群进行调查。请注意，对于某些物种，"状态"会表现得更为连续（如植物的大小），可以通过积分投影模型来实现。为了更好地解读矩阵模型的工作原理，式（10.20）中的矩阵可以重写为如下一组差分方程。

$$N_{j,t+1} = N_{j,t}\left(\beta S_j\right) + N_{a,t}\left(\beta S_a\right)$$
$$N_{a,t+1} = N_{j,t}\left(S_j\right) + N_{a,t}\left(S_a\right) \tag{10.21}$$

该模型的一种简单扩展可以捕获到某一物种处于一个具有源-汇动态的双斑块系统中的情况，具体描述如下（Stevens, 2009）。

$$N_{t+1} = \begin{pmatrix} N_t^1 \\ N_t^2 \end{pmatrix} \begin{pmatrix} S_a^1 + \beta^1 S_j^1 & M_{12} \\ M_{21} & S_a^2 + \beta^2 S_j^2 \end{pmatrix} \quad （10.22）$$

式中，M_{12} 是个体从点位 2 到点位 1 的迁移量（图 10.5）。在上述矩阵中，我们假设进行了一次繁殖前的普查。

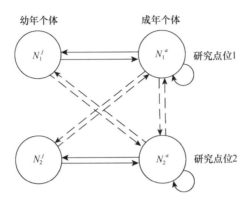

图 10.5　空间种群统计学中两个点位上的具阶段性结构（由幼年和成年两个龄级组成）的种群生命周期简图

图中实线表示局地的个体补充和存活，虚线表示研究点位 1 与研究点位 2 间迁移/移动的效果。
请注意，对于成年个体来说会发生（自我循环的）生存和繁殖过程

通过将上述的矩阵记法扩展为四个子矩阵，我们可以用该模型来描述多个点位间的移动过程（Caswell，2001）。在上述示例中，当点位 1 和点位 2 间不存在移动过程时，我们可以以将矩阵模型重写为

$$A = \begin{pmatrix} \beta_1 S_1^j & \beta_1 S_1^a & 0 & 0 \\ S_1^j & S_1^a & 0 & 0 \\ 0 & 0 & \beta_2 S_2^j & \beta_2 S_2^a \\ 0 & 0 & S_2^j & S_2^a \end{pmatrix} \quad （10.23）$$

当点位间存在移动时则可表示为

$$A = \begin{pmatrix} \beta_1 S_{11}^j & \beta_1 S_{11}^a & \beta_2 S_{21}^j & \beta_2 S_{21}^a \\ S_{11}^j & S_{11}^a & S_{21}^j & S_{21}^a \\ \beta_1 S_{12}^j & \beta_1 S_{12}^a & \beta_2 S_{22}^j & \beta_2 S_{22}^a \\ S_{12}^j & S_{12}^a & S_{22}^j & S_{22}^a \end{pmatrix} \quad （10.24）$$

在后一种参数化过程中，我们追踪的是个体是存活并停留在其点位（S_{ii}）上还是存活并在点位间移动（S_{ij}）。与此同时，研究者也已开始对一些具空间结构的矩阵模型进行参数化，包括那些将矩阵分解为局地动态和移动的模型、描述不同类型移动（如扩散和斑块特定移动速率）的模型，以及直接包含扩散核的模型等

（Lebreton，1996；Lebreton et al.，2000；Neubert and Caswell，2000；Caswell et al.，2003；Ozgul et al.，2009）。

空间种群矩阵模型是解释具空间结构的种群动态及其影响因素的一种有效方法。例如，Cattau 等（2016）用这类模型分析了非本地猎物入侵对美国濒危食螺鸢（*Rostrhamus sociabilis*）的种群增长率的影响，研究发现，入侵的猎物提高了食螺鸢的存活率并改变了其移动，促进了其种群的增长。这类模型也被成功地用于解释入侵物种的传播过程（Jongejans et al.，2011）。尽管具有一定的实用性，但这类模型参数化所需的信息量很大，因此与其他空间模型相比，使用频率较低。

10.3　R 语言示例

10.3.1　R 语言程序包

在 R 语言中，有一些程序包可用于分析空间种群动态，其中，popbio 程序包和 popdemo 程序包可以构建非空间种群统计模型（Stubben and Milligan，2007；Stott et al.，2018），MetaLandSim 程序包中包含拟合某类随机斑块占用模型并进行预测的函数（Mestre et al.，2016），secr 程序包提供了构建空间捕获-再捕获模型的函数（Efford, 2018），unmarked 程序包则提供了估计灭绝-定植动态的函数（Fiske and Chandler 2011），ncf 程序包或 synchrony 程序包可用于估计种群的同步性（Bjørnstad and Falck，2001；Gouhier and Guichard，2014）。

10.3.2　数据

我们采用风散兰花（*Lepanthes rupestris*）斑块动态的 5 年期时空数据序列（Acevedo et al.，2015）来描述空间种群动态的分析过程。该物种的动态可以放在集合种群的背景下加以分析，因为风散兰花主要是短暂分布在空间上离散的生境斑块上，在此我们可以观察到其定植-灭绝动态（Tremblay et al.，2006；Kindlmann et al.，2014）。此外，由于种群规模较小且随机繁殖成功率部分地受到扩散和传粉者的限制，许多附生和表生的兰花物种会受到定植-灭绝动态的影响（Ackerman et al.，1996；Tremblay，1997；Tremblay and Ackerman，2001）。

风散兰花是一种植株较小随风飘散的兰花（叶长 1.3～4.3cm，株高约 15cm，花朵小于 6mm），常见于波多黎各卢基洛山脉中的河床上，其根固定附生在树木上或溪流旁巨大岩石表面的苔藓斑块中，岩石往往比树木有着更大的种群规模和更高的占用率（Tremblay et al.，2006），其种子的平均散布距离约为 4.8m（Tremblay，1997）。

1999 年，研究人员在卢基洛实验林的 Quebrada Sonadora（18°18′ N，65°47′ W）

建立了一个永久性样地，用于研究风散兰花的集合种群动态（Tremblay et al.，2006），该样地由 1000 个已占用与未占用的巨石和树干组成（下文统称为斑块；Tremblay et al.，2006），只要斑块上有一个活着的兰花个体存在，则认为该斑块已被占用，据此，该研究共确定了 250 个初始被占用的斑块（165 块巨石和 85 棵树），然后在初始被占用斑块的半径（5m）范围内随机选择三个适生但没有任何生长阶段兰花个体存在的斑块，确定为未占用斑块（Tremblay et al.，2006）。这些斑块沿河流地貌的陡峭海拔梯度在空间上形成了一个线性网络（图 10.6）。研究中使用金属尺、精准罗盘和倾斜仪在 10cm（x、y、z）的误差精度下测量每个斑块的位置，并绘制出大部分斑块（975 个）的分布图（图 10.6），每年两次（年初和夏季）调查斑块中有无风散兰花存在，研究采用 150cm^2 的网格测量苔藓植物的总面积作为斑块大小的估计值。在此，我们主要采用 2000～2004 年的数据，其所有的空间信息（即坐标、斑块大小）都是可获取的。

图 10.6　用于分析定植-灭绝动态的风散兰花（*Lepanthes rupestris*）空间分布示意图（彩图请扫封底二维码）

a. 风散兰花（*Lepanthes rupestris*）照片；b. 一条河流沿线的调查斑块分布图，其中 841 个斑块上出现了风散兰花，我们观察到在一年内风散兰花至少在 266 个斑块出现了一次（Cancel et al.，2014）

在取样设计中，主取样周期为年（2000～2004 年，$n=5$），次取样周期为每年两次，第一次在年初的 1～2 月，第二次在夏季的 7～8 月，这一取样设计允许系统在雨季时对植物的定植和灭绝过程是开放的。在雨季，常见的热带风暴一方面会导致山洪暴发，这可能是大多数局地灭绝的原因；另一方面会导致异常强风的发生，这可能会增加扩散事件的规模进而导致更多的局地定植（Acevedo et al.，2015）。

我们首先导入数据，分析植物多度和发生率的时间变化，orchid.csv 文件包含

10 次调查中 841 个斑块上的种群数量。

```
> surveys <- read.csv("orchid.csv")
> names(surveys)

##
[1] "siteID" "x" "y" "z" "area" "phorophyte"
[7] "primary_period" "secondary_period" "survey_number"
"date"
[11] "N"
```

此文件中包含了斑块坐标、斑块大小（"面积"）以及 10 次调查的长格式数据，数据共包括 5 个主取样期，每个主取样期又包括两个次取样期（即每个斑块共进行 10 次调查）。我们假设在主取样期内种群是封闭的，而在主取样期的间隔期内种群对定植-灭绝动态是开放的，这种取样设计通常被称为"稳健设计"或"Pollock 稳健设计"（Pollock，1982）。

首先，我们创建一个新列，将多度数据截短为 0-1 数据格式。

```
> surveys$presence <- ifelse(surveys$N > 0, 1, 0)
```

然后，我们使用 reshape2 程序包（Wickham，2007）将数据重新格式化为宽格式，因为宽格式数据有利于解释定植-灭绝动态和种群同步性。我们分别对所有取样期和仅对主取样期（年）的多度及检测未检测数据进行概要分析。

```
> library(reshape2)
#重新格式化所有取样期/次取样期
> surveys.occ <- dcast(surveys, siteID + x + y + z +
  phorophyte + area ~ survey_number, value.var = "presence")
> surveys.ab <- dcast(surveys, siteID + x + y + z +
  phorophyte + area ~ survey_number , value.var = "N")
#重新格式化主周期
> surveys.pri.occ <- dcast(surveys, siteID + x + y + z +
  phorophyte + area ~ primary_period, value.var =
  "presence", max, fill = 0)
> surveys.pri.ab <- dcast(surveys, siteID + x + y + z +
  phorophyte + area ~ primary_period, value.var =
  "N", max, fill = 0)
```

请注意，基于主取样期进行重新格式化的过程中，聚合数据时会取最大值。如果我们没有指定 fill 选项，则会出现按最大值进行聚合的提示（尽管聚合结果仍是正确的）；另一种选择则是取平均数；求和是没有意义的，因为我们会对每个个体重复计算两次。

下面我们来绘制网络图，我们首先确定哪些斑块在时段内至少被占用了一次，然后在图上将被占用斑块突出显示出来（图 10.6）。

```
#获取整个周期的被占用斑块
> occ.total <- apply(surveys.occ[, 7: 16], 1, max)
> Nsites <- length(occ.total)
> Noccupied <- sum(occ.total)
#绘图
> occ.color <- c("white", "red")
> plot(surveys.occ$x, surveys.occ$y,
pch = 21, bg = occ.color[as.factor(occ.total)],
cex = log(surveys.occ$area + 1) / 4)
```

上述代码创建了一幅斑块分布图，图中点的大小与斑块面积的对数值成比例，至少被占用一次的斑块为红色，而其他斑块为白色。概要统计结果显示，841 个斑块中有 266 个至少被占用过一次。

10.3.3　空间相关性和同步性

对于具空间结构的种群来说，了解种群参数中的空间相关性无论是从机理上理解种群空间动态发生的原因，还是评估种群的生存能力都至关重要（Bjørnstad et al.，1999；Koenig，1999；Walter et al.，2017）。对成对点位或特定感兴趣点位间的空间依赖性进行量化足以解释种群的生存能力（Morris and Doak，2002），为了理解和预测种群空间动态，我们需要将空间依赖性量化为距离或其他地理因子的函数。

我们同时也考虑了时间序列数据的空间同步性，该同步性可通过把种群规模、发生率或种群统计比率的时空相关性作为地理距离或有效距离的函数来加以考虑，有时也称为空间相关性函数（Bjørnstad and Bascompte，2001）。通常，空间同步性分析的重点在种群规模的时间序列[如 $\log(N_t)$]或空间种群增长率[如 $\log(N_{t+1}/N_t)$ 或 $\log(N_{t+1})$–$\log(N_t)$]上（Bjørnstad et al.，1999），将种群变化列为响应变量有利于降低种群趋势对空间同步性估计的影响。此外，我们还考虑了其他过程中（如定植率和灭绝率）的空间同步性（Sutherland et al.，2012）。

虽然我们注意到最近的应用更多地集中在更为广泛且灵活的模型上（如小波；

Walter et al.，2017），但还是经常采用相关图对空间同步进行量化（Bjørnstad et al.，1999）。ncf 程序包中提供了一个相关图函数 Sncf，专门用于解释时间序列数据的空间同步性（Bjørnstad and Falck，2001），该方法使用了 Mantel 相关图，即一种类似于单变量相关图的多元相关图（见第 5 章）（Borcard and Legendre，2012）。我们可以使用前面介绍的每个距离类别 d 的 Moran I 相关系数来描述相关图。

$$I(d) = \frac{n}{W(d)} \frac{\sum_{i=1}^{n}\sum_{j=1}^{n} w_{ij}(d)(z_i - \bar{z})(z_j - \bar{z})}{\sum_{i=1}^{n}(z_i - \bar{z})^2} \qquad (10.25)$$

式中，W 是描述点位 i 和 j 间依赖关系（两个点位是否在指定的距离类别内）的权重矩阵；z 是响应变量。利用 Mantel 相关性可以将上述方法用于多变量数据（如时间序列），Mantel 相关性侧重于量化两个距离矩阵间的相关性（Dale and Fortin，2014），距离类别 d 的 Mantel 相关性定义为

$$r_M(d) = \frac{1}{\frac{n(n-1)}{2}} \sum_{i=1}^{n-1}\sum_{j=i+1}^{n} \left(\frac{x_{ij} - \bar{x}}{s_x}\right)\left(\frac{y_{ij} - \bar{y}}{s_y}\right) \qquad (10.26)$$

式中，s_x 是矩阵 x 的标准偏差；n 是矩阵中的观测数。请注意，不应将 Mantel 相关性值解读为等同于 Pearson 相关值，而应重点关注相关图数值随距离变化的趋势特征（Borcard and Legendre，2012）。对这些相关图的解释是，当 r_M 显著为正时，距离 d 处时间序列的相似性值会高于随机期望值，而当 r_M 显著为负时，相似性值则低于随机期望值。

在这种情况下，我们传递的是斑块的 x-y 坐标以及按时间划分的每个点位多度/发生观测值的矩阵，在此，我们将重点放在概述主调查期时间尺度上的原始多度数据上。我们首先对所有斑块取子集，去除在整个时段内未观测到的斑块，然后对数据进行对数转换，以稳定方差并解释种群变化[$\lambda = \log(N_{t+1}/N_t) = \log(N_{t+1}) - \log(N_t)$]。

```
> surveys.log.ab <- surveys.pri.ab
> surveys.log.ab$Total <- rowSums(surveys.log.ab[, 7: 11])
> surveys.log.ab <- subset(surveys.log.ab, Total > 0)
> surveys.log.ab[, 7: 11] <- log(surveys.log.ab[, 7: 11] + 1)
#种群变化
> surveys.log.ab$g2001 <- surveys.log.ab$y2001 -
    surveys.log.ab$y2000
> surveys.log.ab$g2002 <- surveys.log.ab$y2002 -
    surveys.log.ab$y2001
```

```
> surveys.log.ab$g2003 <- surveys.log.ab$y2003 -
  surveys.log.ab$y2002
> surveys.log.ab$g2004 <- surveys.log.ab$y2004 -
  surveys.log.ab$y2003
```

利用上述信息我们对空间相关性进行了量化，我们用单变量样条相关图（见第 5 章）来考虑时间序列中第一年的空间依赖，然后考虑整个时间序列中的对数多度和种群增长。

```
> library(ncf)
> abund.synchrony1 <- spline.correlog(x = surveys.log.ab$x,
  y = surveys.log.ab$y,
  z = surveys.log.ab[, 7], xmax =200, resamp = 200)
#时间序列：对数多度
> abund.synchrony <- Sncf(x = surveys.log.ab$x, y =
  surveys.log.ab$y,z = surveys.log.ab[, 7: 11], xmax =
  200, resamp = 200)
#时间序列：种群增长
> growth.synchrony <- Sncf(x = surveys.log.ab$x, y =
  surveys.log.ab$y,z = surveys.log.ab[, 13: 16], xmax =
  200, resamp = 200)
> summary(abund.synchrony)$Regional.synch

##
[1] 0.05048885

> summary(abund.synchrony)$Squantile

##
0% 2.5% 25% 50% 75% 97.5% 100%
0.01418591  0.01829298  0.03760531  0.04755823  0.06126896
0.08696007 0.10989193
```

在时间序列数据的缺省图中，水平线表示区域平均相关性（点划线）和零同步性（虚线）。上述分析结果表明，多度（r=0.05，95%CI：0.02～0.09）与种群增长（r=0.04，95%CI：0.01～0.07）间存在显著但较弱的空间同步性，相关图也显示了只存在非常微弱空间同步的证据（图 10.7）。我们还可以采用 Sncf2D 函数来检查空间同步中存在的潜在各向异性（方向性）。

上述结果会令人感到吃惊吗？在植物界和动物界中我们经常可以观察到空间

同步性，然而其运行尺度通常相对较大（如跨越了一个物种的范围）。尽管如此，这个例子仍然为我们提供了有关如何以及为何对空间同步进行模拟的见解。除了对空间同步性进行一般性估计外，人们越来越注重去了解空间同步性中的显式变化，这种变化可能是由景观和区域的空间异质性引起的，空间异质性改变了与同步性相关的扩散及环境变化（Defriez and Reuman，2017a，b；Walter et al.，2017）。

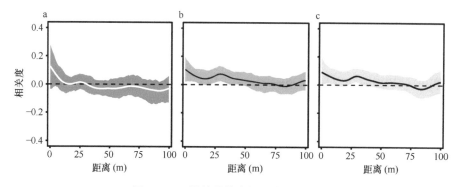

图 10.7　风散兰花的空间依赖和同步性

a. 第一年丰度取样的 Moran 相关图；b. 基于斑块尺度的对数丰度值的空间同步性随时间变化的 Mantel 相关检验图；c. 基于斑块尺度的对数丰度变化值 λ 的空间同步性随时间变化的 Mantel 相关检验图

10.3.4　集合种群的度量指标

我们分析了集合种群面积-隔离范式中的一些经典指标和斑块水平特征的相关指标（Moilanen and Nieminen，2002），以解释种群的时空变化，重点放在量化斑块面积以及斑块隔离的方法上。下面我们用 surveys.occ 数据框中的 *x-y* 坐标和斑块面积来创建这些度量指标。

```
#斑块面积
> area <- surveys.occ$area
#距离矩阵
> dist.matrix <- as.matrix(dist(cbind(surveys.occ$x,
    surveys.occ$y, surveys.occ$z)))
```

请注意，dist 函数可以很容易地获取计算距离所需的三维坐标数据，我们可以考虑结合第 9 章中所描述的矩阵或其他因子（如风向）的有效距离度量指标（Acevedo et al.，2015），但在此我们只计算欧氏距离，用每个斑块的 S 值作为斑块连通性的度量指标[式（10.12）]。在下面的代码中，我们设置 α 值等于前面风散兰花研究中得出的平均扩散距离。

```
#定义 α
> meandist <- 4.8
> alpha <- 1/meandist
# S 为忽略的占用率
> g <- exp(-alpha * dist.matrix)
> diag(g) <- 0
> g.sweep <- sweep(g, 2, area, "*")
> S <- rowSums(g.sweep)
```

上述代码将 S 分解为不同的组分：我们首先从距离矩阵创建一个新矩阵，其连接是 $\exp(-\alpha d_{ij})$，对角线是 $d_{ij}=0$；然后，利用 sweep 函数（类似于 apply 函数）将每个值乘以斑块 j 的面积；最后，利用 rowSums 函数对每个通过斑块 j 的斑块 i 的面积求和。

上述函数忽略了占用信息，在无法获得每个斑块占用率信息的情况下，这可能会有所帮助，然而这一指标最初的设想是从附近地区获取潜在的迁入信息，因此应该忽略的是未占用斑块。为了将占用信息纳入进来，我们可以使用一种对占用状况"原始的"度量方法（未正式考虑观测误差的度量方法）来计算特定时间的 S 值。为此，我们采用 abund.primary 矩阵且仅考虑每个主调查期中多度值大于 0 的斑块，然后我们仅考虑占用斑块对 S 值重新求和，那么第一年的计算过程如下。

```
> Socc1 <- rowSums(g.sweep[, surveys.pri.occ$y2000 > 0])
```

在本例中，使用原始占用信息的斑块连通度指数在该时段内高度相关（$r \geqslant 0.93$）。

景观生态学中一个更为简单常用的指标是周围景观中的生境数量，该指标是 Fahrig（2013）生境数量假说的核心。在本例中，我们可以使用平均扩散距离来定义景观背景值的相关尺度（Moilanen and Nieminen，2002），并用一个缓冲度量指标来计算周围景观中生境所占比例。为此，我们首先创建一个二进制矩阵来描述斑块间距离是否小于或大于平均扩散距离，请注意，我们用编码 0 表示斑块间距离大于平均扩散距离，1 表示斑块间距离小于平均扩散距离，那么，我们就可用该矩阵作为风散兰花扩散距离内斑块对的指数矩阵。

```
> dist.binary <- ifelse(dist.matrix > meandist, 0, 1)
> diag(dist.binary) <- 0
> buffer <- rowSums(sweep(dist.binary, 2, area, "*"))
```

采用上述代码计算的基本原理与 S 值的计算方法相似，在此我们只是简单地使用 rowSums 来计算每个斑块 i 的平均扩散距离内的斑块面积。通过这些度量指标，我们可以更好地了解基于面积-隔离范式的空间动态。为了进一步分析我们将这些协变量组合成一个数据框。

```
> site.cov <- data.frame(siteID = surveys.occ$siteID,
  area, S, buffer)
```

在下面的分析中，我们使用 scale 函数对 S 值和缓冲变量进行居中和缩放（见第 6 章），同时对面积值取对数，采用面积对数值不仅可以提高模型与数据间的匹配能力（像居中和缩放那样），更重要的是该值具有一定的生物学意义。我们期望，在 $10cm^2$ 的苔藓斑块上增加 1 个单位对占用和定植-灭绝动态的影响远比在 $1000cm^2$ 的斑块上增加 1 个单位的影响更大。

10.3.5　估计定植-灭绝动态

当我们确定了一个稳健的设计框架后，就可以用 R 语言的 unmarked 程序包中的 colext 函数来拟合定植-灭绝动态的一阶马尔可夫模型（Pollock，1982）。在标记-再捕获分析中，我们通常会采用一个稳健的设计框架，框架中会区分主取样期和次取样期。我们假设种群在主取样期之间是开放的，这样就可能会发生定植和灭绝，但在主取样期内（即次级调查取样）则是封闭的，这通常是对定植-灭绝动态中可检测性进行正式核算的必要条件（Dail and Madsen，2013）。例如，虽然我们每年（主取样期）都会进行调查以监测种群趋势，但在年内还要进行重复调查（次级调查取样）。

在考虑定植-灭绝动态之前，我们可以用这些数据通过"隐式动态"的方法将重点完全放在占用信息上（MacKenzie et al.，2006），在该方法中我们忽略了定植-灭绝动态，侧重于估计随时间变化的协变量对平均斑块占用的影响，请注意，这类似于对重复占用度量的模拟。理想状况下，我们可以通过随机效应或其他方法（如广义估计方程，见第 6 章）正式进行重复量测；然而，unmarked 程序包无法很好地用于随机效应，对这种时间依赖的分析通常可采用贝叶斯推理（Rota et al.，2011），但这超出了我们示例的范围，因此，我们假设每年的点位占用数据都是独立样木，然后谨慎地对其进行处理。请注意，我们还可以将主取样期设定为固定效应，而非随机影响，我们在下面所做的分析至少部分地解决了这个问题。

要使用隐式动态方法对占用进行模拟，需要将数据格式化为长格式，从时间上对主取样期加以重复。

```
> surveys.sec.occ <- dcast(surveys, siteID + x + y + z +
```

```
phorophyte +primary_period ~ secondary_period,
value.var ="presence")
```
#与点位的协变量进行融合
```
> surveys.sec.occ <- merge(site.cov, surveys.sec.occ,
by ="siteID")
```

在上述的模型中，我们可以包括点位水平的协变量（如斑块面积）和观测水平的协变量（如调查日期），请注意，后者只能合并到调查过程而不是占用过程中（因为占用在主取样期内不会发生变化），我们需要创建与调查数据具有类似长格式的协变量。

对特定调查检测而言，我们将重点放在某一年中的某一天。要对日期信息进行操作，最好是将日期对象转换为 POSIX 对象。下面我们将转换我们的日期信息，获取某一年中的某一天（一个 POSIX 对象中的 yday）的信息，对变量进行居中并缩放处理，并将数据重新格式化为检测历史记录的格式。

```
> surveys$day <- as.POSIXlt(strptime(surveys$date,
"%m/%d/%Y"))
> surveys$julian <- scale(surveys$day$yday)[, 1]
> date <- dcast(surveys, siteID +
primary_period ~secondary_period, value.var = "julian")
```

基于这些数据，我们创建一个 unmarked 程序包可以调用的占用数据的数据框。

```
> occ.data <- unmarkedFrameOccu(y = surveys.sec.occ
[, 10: 11], siteCovs = surveys.sec.occ[, c(2: 4, 8)],
obsCovs = list(date=date[, 3: 4]))
```

我们可以用 summary 函数对创建的数据对象进行检查，以确保 unmarked 程序包可以正确地进行读取。有了这个数据框，我们可以运行各种模型来解释平均占用率。在此，我们首先考虑日期和面积信息是否能解释检测性能。

```
> occ.p.int <- occu(~ 1 ~ 1, occ.data)
> occ.p.date <- occu(~ date ~ 1, occ.data)
> occ.p.area <- occu(~ area ~ 1, occ.data)
> occ.p.datearea <- occu(~ date + area ~ 1, occ.data)
```

在上述代码中，第一个波浪号（~）描述了检测过程，第二个波浪号描述了占用过程。我们可以用模型选择准则对模型进行对比，并用 summary 函数对参数估计进行检索。我们首先将模型对象传递到列表中，然后用 unmarked 程序包中的 modSel 函数创建一个模型选择表。

```
> model.p.list <- fitList( "p.null" = occ.p.int, "p.area" =
  occ.p.area, "p.date" = occ.p.date, "p.datearea" =
  occ.p.datearea)
> modSel(model.p.list)
```

```
##
             nPars    AIC        delta      AICwt       cumltvWt
p.datearea   4        6435.15    0.00       1.0e+00     1.00
p.area       3        6449.43    14329      7.9e-04     1.00
p.date       3        6523.12    87.97      7.9e-20     1.00
p.null       2        6542.74    107.59     4.3e-24     1.00
```

从 AIC 值来看，日期和面积在解释检测性方面都获得了强有力的支持。

```
> summary(occ.p.datearea)
```

```
##
Call:
occu(formula = ~date + area ~ 1, data = occ.data)
Occupancy (logit-scale):
 Estimate    SE      z      P(>|z|)
 -0.797   0.0414   -19.3    1.19e-82


Detection (logit-scale):
                Estimate     SE       z      P(>|z|)
 (Intercept)    -1.100    0.1753    -6.27    3.58e-10
date             0.229    0.0577     3.97    7.09e-05
area             0.704    0.0458    15.37    0.74e-53
AIC: 6373.148
Number of sites: 4205
optim convergence code: 0
optim iterations: 30
Bootstrap iterations: 0
```

上述估计结果表明，随着日期推移和面积的增加，可检测性相应增加。使用有关可检测性的信息，我们进一步考虑面积和隔离度是否可以很好地解释占用率。

```
> occ.area.p.datearea <- occu(~ date + area ~ area, occ.data)
> occ.S.p.datearea <- occu(~ date + area ~ S, occ.data)
> occ.buffer.p.datearea <- occu(~ date + area ~ buffer,
  occ.data)
> occ.areaS.p.datearea <- occu(~ date + area ~ area + S,
  occ.data)
> occ.areabuffer.p.datearea <- occu(~ date + area ~ area +
  buffer, occ.data)
> model.occ.list <- fitList( "null" = occ.p.datearea, "area" =
  occ.area.p.datearea, "S" = occ.S.p.datearea,
  "buffer" = occ.buffer.p.datearea, "area+S" =
  occ.areaS.p.datearea, "area+buffer" =
  occ.areabuffer.p.datearea)
> modSel(model.occ.list)

##
             nPars  AIC       delta     AICwt     cumltvWt
area+S       6      6064.64   0.00      1.0e+00   1.00
area+buffer  6      6082.49   17.86     1.3e-04   1.00
area         5      6088.34   23.70     7.1e-06   1.00
S            5      6425.41   360.77    4.6e-79   1.00
buffer       5      6429.92   365.28    4.8e-80   1.00
null         4      6435.15   370.51    3.5e-81   1.00
phoro        5      6436.89   372.25    1.5e-81   1.00
```

上面的模型中我们首先添加面积的对数值来解释占用率，然后添加 S 和生境面积的度量指标（缓冲区），支持度最高的模型同时包括了斑块面积和反映斑块隔离效应的度量指标 S（随着 S 增加，斑块连通性增加），我们对其进行概要统计如下：

```
> summary(occ.areaS.p.datearea)

##
Call:
occu(formula = ~date + area ~ area + S, data = occ.data)
Occupancy (logit-scale):
```

```
                Estimate      SE         z       P(>|z|)
(Intercept)     -2.899    0.1187    -24.42    9.99e-132
area             0.562    0.0307     18.31     6.58e-75
S                0.185    0.0365      5.09     3.68e-07
Detection (logit-scale):
                Estimate      SE       z      P(>|z|)
(Intercept)      1.303    0.2184    5.97    2.39e-09
date             0.300    0.0660    4.55    5.46e-06
area             0.137    0.0544    2.52    1.19e-02
AIC: 6064.639
Number of sites: 4205
optim convergence code: 0
optim iterations: 48
Bootstrap iterations: 0
```

我们可以看到几个有趣的结果。首先，随着斑块面积和连通性的增加，占用率增加（图 10.8）。根据估计值与 SE（z 值）的比值，斑块面积的影响似乎比斑块隔离的影响更大。请注意，此时斑块面积对可检测性的影响要比以前研究其单独影响时小得多，斑块面积仍可解释可检测性的一些变化，但我们最初观察到的变化实际上更多的是由斑块占用引起的。这并不奇怪，虽然协变量对可检测性和占用率的影响通常不会被混淆，但在估计过程中该模型确实使用了一些共享信息。因此，我们需要小心地解释与可检测性和占用率相关的协变量效应。

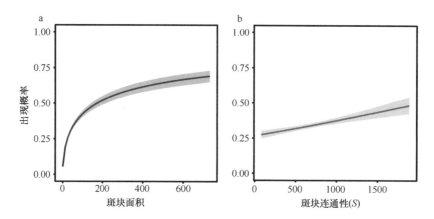

图 10.8 一种"隐式动态"占用模型的预测结果

其中未对定植和灭绝做正式估计，图中显示了斑块面积（a）和斑块连通性（b）
对风散兰花发生概率影响的偏相关关系

虽然上述模拟有助于我们了解点位占用率的变化，但尚不清楚这种变化是斑块面积增加导致了较低的灭绝率还是更高的定植率（或两者兼而有之）造成的。为了了解这些动态，我们可以用动态占用模型来明确模拟这些影响。

在动态占用模型中，我们可以加入协变量来解释时间 1 的占用率变化以及随后的定植、灭绝和可检测性。协变量可以在不考虑时间变化的点位/斑块水平上定义（unmarked 程序包中的 siteCovs 参数），或在考虑时间变化的年度（或主取样期）水平上定义（yearlySiteCovs 参数），抑或在斑块内个体调查水平上定义（调查水平上的时间变化；obsCovs 参数）。在这种情况下，点位协变量包括斑块面积、缓冲区面积和（发生率被忽略时的）S 值；yearlySiteCovs 参数包括了考虑发生率时的时间依赖的 S 值；对于观察水平的协变量，我们简单地使用一个时间分类（即每次调查）。

我们首先用 unmarkedMultFrame 函数创建一个包含所有相关数据的数据框。

```
#格式化
> Nprimary <- length(levels (surveys$primary_period))
> date.wide <- dcast(surveys, siteID ~ survey_number,
  value.var= "julian")
> primary.cov <- data.frame(Socc = scale(c(Socc1, Socc2,
  Socc3, Socc4, Socc5))[, 1])
# 创建非标记对象
> DO.data <- unmarkedMultFrame(y = occ.matrix, siteCovs =
  site.cov, obsCovs = list(date =date.wide[, 2: 11]),
  yearlySiteCovs = primary.cov, numPrimary = Nprimary)
```

从 summary 函数显示的结果我们可以看到，数据里的 841 个斑块中，检测到的次数为 1969 次，未检测到的次数为 6641 次，其中，266 个斑块在检测期内至少被检测到一次。为了进行简单的比较，我们考虑了几个不同的模型。首先，我们对比了一个参数中不含协变量的简单模型与一个将日期和面积作为协变量的模型在检测概率方面的差异。

```
> DO.psi.int.col.int.eps.int.p.int <- colext(psiformula =
  ~1, gammaformula = ~ 1,epsilonformula = ~ 1, pformula =
  ~ 1, DO.data)
> DO.psi.int.col.int.eps.int <- colext(psiformula =
  ~1, gammaformula = ~ 1, epsilonformula = ~ 1, pformula =
  ~ date +area, DO.data)
```

比较结果再次表明，日期和面积是有效估计检测概率变异时的协变量。请注意，在概要统计中，所有参数都是链接函数（即 logit 转换）的尺度，我们可以用 plogis 函数将其反向转换为概率尺度，unmarked 程序包中也有一个函数可以完成这一转换。

```
> backTransform(DO.psi.int.col.int.eps.int.p.int, type = "det")

##
Backtransformed    linear    combination(s)    of    Detection
estimate(s)
Estimate        SE   Lin  Comb (Intercept)
0.843   0.00814  1.68            1
Transformation: logistic
```

总的来说，估计结果表明，该物种的可检测性在特定调查中是很高的（虽然并不完美：p=0.843+0.008 SE）。因为，在本研究中我们进行了两次调查，所以在次取样期的可检测概率为 1–（1–0.843）^{2}=0.98。定植率和灭绝率也可以采用这个函数进行反向变换（分别使用 type= "col" 和 type="ext"），此外，定植率和灭绝率的均值较低，斑块尺度上的灭绝率略高于定植率。

利用这种一般性的方法，我们探究了几种面积和隔离对定植-灭绝动态产生影响的模型（代码未显示），这些模型的概要统计结果如下。

```
> modSel(model.DO.list)

##
                        nPars AIC      delta  AICwt   cumltvWt
psi-area+S, ext-area      9    3504.27 0.00   5.1e-01 0.51
psi-area+S, ext-area+S   10    3505.57 1.30   2.6e-01 0.77
psi-area+S, ext-area, col-S10  3505.88 1.61   2.3e-01 1.00
psi-area+S, null          8    3520.49 16.23  1.5e-04 1.00
psi-area+S, col-S         9    3522.08 17.81  6.9e-05 1.00
psi-constant, ext-area    7    3590.02 85.76  1.2e-19 1.00
psi-constant, ext-area+S8      3591.29 87.02  6.4e-20 1.00
psi-constant, ext-area, col-S8 3591.39 87.12  6.1e-20 1.00
psi-constant, null        6    3606.40 102.13 3.4e-23 1.00
psi-constant, col-S       7    3607.71 103.45 1.8e-23 1.00
psi-constant, p-null      4    3631.58 127.32 1.1e-28 1.00

> summary(DO.psi.areaS.col.int.eps.area)
```

```
##
Call:
colext(psiformula = ~area + S, gammaformula = ~1,
epsilonformula = ~area, pformula = ~date + area, data = DO.data)
Initial (logit-scale):
              Estimate     SE       z      P(>|z|)
(Intercept)   -2.881    0.2610   -11.04   2.59e-28
area           0.560    0.0676     8.28   1.24e-16
S              0.189    0.0809     2.33   1.98e-02
Colonization (logit-scale):
Estimate    SE      z     P(>|z|)
-4.14    0.176   -23.5   3.65e-122
Extinction (logit-scale):
              Estimate    SE        z    P(>|z|)
(Intercept)   -1.21     0.439    -2.75   6.01e-03
area          -0.62     0.136    -4.56   5.19e-06
Detection (logit-scale):
              Estimate     SE      z      P(>|z|)
(Intercept)   1.278     0.2004   6.38    1.81e-10
date          0.257     0.0606   4.24    2.21e-05
area          0.111     0.0492   2.25    2.44e-02
AIC: 3504.267
Number of sites: 841
optim convergence code: 0
optim iterations: 97
Bootstrap iterations: 0
```

　　上述的模型比较结果表明,斑块面积和斑块连通性(S)对时间 1 时的占用率有着很强的正向影响,这与隐式动态模型的结果类似。初始占用率不变的假设(此时斑块面积和连通性的影响在定植和灭绝参数中可以完全获得)并未得到很好的支持,斑块面积对灭绝率也有着很大的负面影响(图 10.9),斑块连通性(S)并非一个很强的定植预测因子。我们可以创建新的预测数据集并使用 predict 函数,采用与前几章(如第 7 章)类似的方式来绘制这些模型预测出的偏相关关系。下面我们给出一个关于斑块面积对灭绝率影响的例子(图 10.9)。

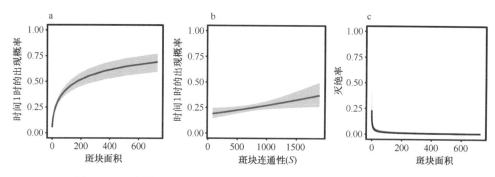

图 10.9   对定植和灭绝进行正式估计的一种动态占用模型的预测结果
图中显示了斑块面积（a）和斑块连通性（b）对时段 t1 内风散兰花发生率的影响，
以及斑块面积对灭绝率（c）影响的偏相关关系

```
#创建新的数据序列
> Smean <- mean(site.cov$S)
> Srange <- seq(min(site.cov$S), max(site.cov$S), length = 20)
> Arearange <- seq(min(site.cov$area), max(site.cov$area),
  length = 20)

> Areamean <- mean(site.cov$area)
> Datemean <- mean(as.matrix(date.wide[, 2: 11]))
> newdata.iso <- expand.grid(area = Areamean, S = Srange,
  date =Datemean)
> newdata.area <- expand.grid(area = Arearange, S = Smean,
  date =Datemean)

#灭绝率
> ext.pred <- predict(DO.psi_areaS.col_int.eps_area,
  newdata.area, type = 'ext')
> newdata.ext <- cbind(newdata.area, ext.pred)
> newdata.ext$areaback <- exp(newdata.ext$area) - 1

> plot(newdata.ext$areaback, newdata.ext$Predicted,
  ylim = c(0, 0.5))
> lines(newdata.ext$areaback, newdata.ext$lower)
> lines(newdata.ext$areaback, newdata.ext$upper)
```

将上述结果与隐式动态方法的结果进行对比显示，面积对平均占用率的部分影响是由灭绝动态所驱动的。鉴于面积同时也解释了时间 1 时的占用率，调查前的动态（2000 年之前）可能会因灭绝率的变化而对占用率有所贡献。

10.3.6　动态预测

定植-灭绝动态的估计方法可用于预测潜在动态（见 10.2.3 节）。尽管目前已经开发出能够追踪适度不确定性的贝叶斯模型（Chandler et al.，2015），但对这些不确定性的解读远比模型本身要复杂得多。在此，我们举一个简单的例子对预测过程加以说明。

基于特定斑块的定植和灭绝概率，我们从斑块占用率的初始估计值开始向前预测。回想一下，时间 t 时的占用率可以通过定植和灭绝概率以及时间 $t–1$ 时的占用率来预测，在此，我们传递的是初始占用率向量，感兴趣的预测时段，以及从动态占用模型中获得的特定斑块的定植和灭绝概率的估计值。

```
#预测点位的协变量以获取特定点位的 col-ext
> newdata.fit <- data.frame(site.cov, date = Datemean)
> ext.fit <- predict(DO.psi.areaS.col.int.eps.area,
  newdata.fit, type = 'ext')
> col.fit <- predict(DO.psi.areaS.col.int.eps.area,
  newdata.fit, type = 'col')
> psi.fit <- predict(DO.psi.areaS.col.int.eps.area,
  newdata.fit, type = 'psi')

> col.pred <- col.fit$Predicted
> ext.pred <- ext.fit$Predicted
> psi.pred <- psi.fit$Predicted


#参数模拟
> timeframe <- 100 #模拟的时间步长
> reps <- 20 #实现
```

基于这些参数，我们使用一个从定植和灭绝率中得出的二项式实现的函数来创建模拟场景的输出数组。此函数创建了一个用于输出的三维数组，其中，第一维为实现，第二维为点位，第三维为时间。

```
#用于模拟的函数
> colext.sim <- function(occ.int, col, ext, timeframe, reps)
{
Nsite <- length(occ.int)
```

```
colext.out <- array(NA, dim = c(reps, Nsite, timeframe))
# z: 时间 1
colext.out[, , 1] <- rbinom(Nsite, prob = occ.int, size = 1)

#z: 时间 2-T
for(j in 1: reps){
for(t in 2: timeframe){
prob.jt <- colext.out[j, , t-1] * (1-ext) + (1-colext.out[j, ,
t-1]) * col
colext.out[j, , t] <- rbinom(Nsite, prob = prob.jt, size = 1)
}#i 循环结束
}#j 循环结束

return(colext.out)
}
```

　　基于这个函数，我们可以模拟时间尺度上的动态，并用多种方式对其进行概要统计，例如，对时间尺度上特定斑块的轨迹或占用点位比例的可视化。

```
> colext.proj <- colext.sim(occ.int = psi.pred, col = col.pred,
  ext = ext.pred, timeframe = timeframe, reps = reps)
```

```
#特定点位均值的实现
> colext.patch.mean <- apply(colext.proj, 1: 2, mean)
> colext.patch.mean <- t(colext.patch.mean)
```

```
#时间尺度上的景观均值
> colext.land.mean <- apply(colext.proj, 1, mean)
```

　　有趣的是，尽管我们的模拟结果显示斑块灭绝率往往会高于定植率，但这些预测结果表明，在时间尺度上斑块占用比例会略有增加（图 10.10），怎么会出现这样的结果呢？

　　回想一下，在 Levins 模型中，当 $c>e$ 时，持久性是唯一可能的形式。在本例中，$\gamma<\varepsilon$。然而，灭绝率和定植率估计值的不同至少源于两种原因。首先，估计值因斑块而异，而 Levins 模型则假设不同斑块间的灭绝率和定植率间不存在差异；其次，更重要的是，Levins 模型中的参数与这里的定植-灭绝参数并不等同。在 Levins 模型中，c 是个体从被占用斑块中迁出的速率，而在动态占用模型中，γ 是

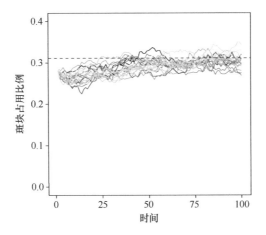

图 10.10　基于动态占用模型对风散兰花定植-灭绝动态的估计预测

图中虚线表示占用处于平衡状态时的估计值

一个空白斑块在一个主取样期内的定植率。总的来说，这种状态下一个斑块的长期平均占用率应收敛于平衡状态下占用率的预测值（MacKenzie et al.，2003；Ferraz et al.，2007）。

$$\psi_i^* = \frac{\gamma_i}{\gamma_i + \varepsilon_i} \qquad (10.27)$$

当采用定植率和灭绝率的估计值时，我们发现 ψ^*=0.31，这与上述模拟得出的长期预测结果相当程度上是一致的。

10.3.7　集合种群的生存能力及环境变化

解释集合种群潜在生存能力的一个常用指标是集合种群容量（metapopulation capacity，Hanski and Ovaskainen，2000），该指标可作为对比不同景观和/或景观经历环境变化时的相对指标。集合种群容量仅与斑块面积和隔离度的变化相关，可采用如下函数计算。

```
> meta.cap <- function(A, distmat)
{
M <- outer(A, A) * distmat
tmp <- eigen(M)
vector.M <- Re(tmp$vector[, 1]^2) #特定斑块的特征向量
lambda.M <- Re(tmp$value[1]) #集合种群容量
return(list(lambda.M, vector.M))
}
```

我们将一个斑块面积向量和斑块间的平方距离矩阵传递给该函数，然后该函数会计算连通度矩阵 M，并将矩阵的主特征值作为集合种群容量，将矩阵的主特征向量作为斑块对总的集合种群容量贡献的度量指标。

基于上述度量指标，我们开始解释生境丧失、破碎化及恢复对集合种群容量的潜在影响（图 10.4）。例如，我们可以随机移除风散兰花网络中的斑块，并计算每一个斑块移除时的集合种群容量，为此，我们在每次迭代过程中移除10%的斑块。

```
> reps <- 20
> Npatches <- length(surveys.occ$siteID)
> metacap.rand <- matrix(0, 10, reps)

> for (z in 1: reps){
rand <- sample(surveys.occ$siteID) #斑块置换
#随机移除斑块，10%/时间步长
for (i in 1: 9){
removal <- i * 10
N.removal <- round(removal * length(rand) / 100, 0)
remove <- rand[1: N.removal]
patch.i <- surveys.occ[!(surveys.occ$siteID%in%remove), ]
area.i <- patch.i$area
dist.i <- as.matrix(dist(cbind(patch.i$x, patch.i$y, patch.i$z)))
metacap.i <- meta.cap(A = area.i, distmat = dist.i)
metacap.rand[i, z] <- metacap.i[[1]]
} #i 循环
print(z)
} #z 循环
```

本例中我们模拟的是随机且累加地移除斑块，并计算每次移除一定百分比（%）斑块后的集合种群容量。为此，我们对斑块 ID 进行随机排序，然后从斑块面积向量中累加移除一些斑块并重新计算每个斑块移除时的距离矩阵。平均而言，这种情况下集合种群容量的下降几乎呈线性（即在集合种群容量迅速下降的情况下，并未出现明显的阈值或临界点）（图 10.11）。这种一般性的框架可用于处理各种扰动，如斑块面积、隔离度及恢复状态的变化（Hanski and Ovaskainen，2000）。

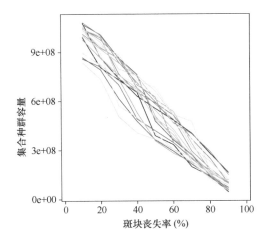

图 10.11　风散兰花的集合种群容量随着斑块丧失率的增加而降低
图中所示为随机斑块丧失的 20 种情景

10.4　需进一步研究的问题

10.4.1　空间种群矩阵模型

空间种群矩阵模型通常用于回答景观种群统计学中的问题，然而这些模型拟合起来可能比较难，因为需要空间上明确且详细的种群比率信息（Ozgul et al.，2009；Cattau et al.，2016）。当我们可以获取到标记-再捕获数据时，空间矩阵模型中的移动和生存组分的一种量化方法是多状态标记-再捕获模型（multistate mark-recapture model；Hestbeck et al.，1991；Bailey et al.，2010），此外，逆时标记-再捕获模型（reverse-time mark-recapture model）也可用于划分不同点位的生存、补充和移动过程（Nichols et al.，2000；Sanderlin et al.，2012）。这种模拟框架也可用于有效地解释各种问题，如源-汇动态（Runge et al.，2006）。

10.4.2　扩散与空间动态

在种群生态学中，用基于扩散的模型来表达空间动态有着悠久的历史（Skellam，1951），扩散模型已被广泛应用于研究入侵扩散问题（Neubert et al.，2000；Fagan et al.，2002），此外，扩散模型还被扩展用于捕捉空间异质性（如边缘效应或边界效应）和预测种群动态中的连通性（Ovaskainen，2004，2008；Ovaskainen et al.，2008；Reeve et al.，2008）。这类模型的实用性在于，随机扩散可采用一种精巧的方式集成到模型中，从而提供了有关空间动态的一般性结论。这类模型的构建需要坚实的微积分基础，并且需要针对特定的问题对模型进行定制。

10.4.3　基于主体的模型

在空间生态学和保护学中，基于主体/个体的空间显式模型应用越来越广泛，这类模型需要有关环境和物种如何利用环境的详细信息，模拟结果有助于情景模拟和解释种群对管理及相关土地利用变化的具体影响（Pulliam et al.，1992）。这类复杂模型的开发和报告有着自己的标准协议（Grimm et al.，2005），R 语言在处理这类模型时存在着一定的计算限制，因此很少会直接在 R 语言中构建。可用于拟合某类基于个体的模型 simecol 程序包很明显是一个例外（Petzoldt and Rinke，2007）。可供选择的是，R 语言中提供了一些与其他建模软件间建立接口的程序包，其中，RNetlogo 程序包（Thiele et al.，2012）就是与流行的基于主体的模拟软件NetLogo 建立接口的程序包（Sklar，2007）。此外，采用其他编程语言（如 C++）来编写模型也是一种解决方案。

10.4.4　综合种群模型

种群比率与空间移动相结合的另一种方法是使用综合种群模型。在这类模型中，不同类型的数据（如标记-再捕获数据、计数数据和繁殖数据）被耦合在一起来估计种群参数（Schaub et al.，2007；Abadi et al.，2010；Zipkin and Saunders，2018），这种方法在提高种群模拟精度和降低偏差方面特别有效。这类模型的复杂性和细节通常需要采用定制的贝叶斯方法，这种方法可以通过不同的封装程序包在 R 语言中运行。

10.5　结　　论

空间问题一直是种群生物学家关注的重点，同时也是集合种群生态学和种群遗传学理论发展的关键（Wright，1943，1951；Hanski，1999），有关物种分布、定植、扩散和连通性的许多研究（第 7 章～第 9 章）也属于具空间结构的种群的范畴。此外，掌握具空间结构的种群动态对于许多保护学问题，包括源-库动态、生境管理和种群生存力分析等，也是非常重要的。

了解具空间结构种群的两类主要范式是集合种群范式和空间种群统计（或景观种群统计）范式（Hanski，1999；Gurevitch，2016），这些范式所涉及的问题因所捕获的时空尺度及所研究的状态变量的不同而有所不同。了解和量化定植-灭绝动态有助于我们掌握较大时空尺度上集合种群的生存能力和动态。空间种群统计学通常用于了解较小空间尺度上的动态，重点是种群生命率（如生存和繁殖参数）的变化，这是估计种群规模和增长率空间变化的核心。这两类范式中的每种都采用了不同的定量模拟方法，我们期望随着数据可获取性的增加及数据融合和集成模拟方法的使用，范式种类也会逐步增加。

参 考 文 献

Abadi F, Gimenez O, Arlettaz R, Schaub M (2010) An assessment of integrated population models: bias, accuracy, and violation of the assumption of independence. Ecology 91(1): 7-14. https://doi.org/10.1890/08-2235.1

Acevedo MA, Fletcher RJ Jr, Tremblay RL, Melendez-Ackerman EJ (2015) Spatial asymmetries in connectivity influence colonization-extinction dynamics. Oecologia 179(2): 415-424. https://doi.org/10.1007/s00442-015-3361-z

Ackerman JD, Sabat A, Zimmerman JK (1996) Seedling establishment in an epiphytic orchid: an experimental study of seed limitation. Oecologia 106(2): 192-198. https://doi.org/10.1007/bf00328598

Adler FR, Nuernberger B (1994) Persistence in patchy irregular landscapes. Theor Popul Biol 45 (1): 41-75

Baguette M (2004) The classical metapopulation theory and the real, natural world: a critical appraisal. Basic Appl Ecol 5(3): 213-224. https://doi.org/10.1016/j.baae.2004.03.001

Bailey LL, Converse SJ, Kendall WL (2010) Bias, precision, and parameter redundancy in complex multistate models with unobservable states. Ecology 91(6): 1598-1604

Barve N, Barve V, Jimenez-Valverde A, Lira-Noriega A, Maher SP, Peterson AT, Soberon J, Villalobos F (2011) The crucial role of the accessible area in ecological niche modeling and species distribution modeling. Ecol Model 222(11): 1810-1819. https://doi.org/10.1016/j.ecolmodel.2011.02.011

Bascompte J, Sole RV (1996) Habitat fragmentation and extinction thresholds in spatially explicit models. J Anim Ecol 65(4): 465-473

Begon M, Mortimer M, Thompson DJ (2009) Population ecology: a unified study of animals and plants, 3rd edn. Blackwell Science Ltd., Oxford, UK

Beissinger SR, Westphal MI (1998) On the use of demographic models of population viability in endangered species management. J Wildl Manag 62(3): 821-841

Bjørnstad ON, Bascompte J (2001) Synchrony and second-order spatial correlation in host-parasitoid systems. J Anim Ecol 70(6): 924-933. https://doi.org/10.1046/j.0021-8790.2001.00560.x

Bjørnstad ON, Falck W (2001) Nonparametric spatial covariance functions: estimation and testing. Environ Ecol Stat 8(1): 53-70. https://doi.org/10.1023/a: 1009601932481

Bjørnstad ON, Ims RA, Lambin X (1999) Spatial population dynamics: analyzing patterns and processes of population synchrony. Trends Ecol Evol 14(11): 427-432. https://doi.org/10.1016/s0169-5347(99)01677-8

Borcard D, Legendre P (2012) Is the Mantel correlogram powerful enough to be useful in ecological analysis? A simulation study. Ecology 93(6): 1473-1481

Brook BW, O'Grady JJ, Chapman AP, Burgman MA, Akcakaya HR, Frankham R (2000) Predictive accuracy of population viability analysis in conservation biology. Nature 404 (6776): 385-387. https://doi.org/10.1038/35006050

Bulman CR, Wilson RJ, Holt AR, Bravo LG, Early RI, Warren MS, Thomas CD (2007) Minimum viable metapopulation size, extinction debt, and the conservation of a declining species. Ecol Appl 17(5): 1460-1473. https://doi.org/10.1890/06-1032.1

Cancel JGG, Meléndez-Ackerman EJ, Olaya-Arenas P, Merced A, Flores NP, Tremblay RL (2014) Associations between *Lepanthes rupestris* orchids and bryophyte presence in the Luquillo Experimental Forest, Puerto Rico. Caribb Nat 6: 1-14

Carroll C, Noss RE, Paquet PC, Schumaker NH (2003) Use of population viability analysis and reserve selection algorithms in regional conservation plans. Ecol Appl 13(6): 1773-1789. https://doi.org/10.1890/02-5195

Caswell H (2001) Matrix population models: construction, analysis, and interpretation. Sinauer, Sunderland, MA

Caswell H, Etter RJ (1993) Ecological interactions in patchy environments: from patch-occupancy models to cellular automata. In: Levin SA (ed) Patch dynamics. Springer, New York

Caswell H, Lensink R, Neubert MG (2003) Demography and dispersal: life table response experiments for invasion speed. Ecology 84(8): 1968-1978. https://doi.org/10.1890/02-0100

Cattau CE, Fletcher RJ Jr, Reichert BE, Kitchens WM (2016) Counteracting effects of a non-native prey on the demography of a native predator culminate in positive population growth. Ecol Appl 26: 1952-1968

Caughley G (1994) Directions in conservation biology. J Anim Ecol 63(2): 215-244

Cavanaugh KC, Siegel DA, Raimondi PT, Alberto F (2014) Patch definition in metapopulation analysis: a graph theory approach to solve the mega-patch problem. Ecology 95(2): 316-328. https://doi.org/10.1890/13-0221.1

Chan KMA, Shaw MR, Cameron DR, Underwood EC, Daily GC (2006) Conservation planning for ecosystem services. PLoS Biol 4(11): 2138-2152. https://doi.org/10.1371/journal.pbio.0040379

Chandler RB, Muths E, Sigafus BH, Schwalbe CR, Jarchow CJ, Hossack BR (2015) Spatial occupancy models for predicting metapopulation dynamics and viability following reintroduction. J Appl Ecol 52(5): 1325-1333. https://doi.org/10.1111/1365-2664.12481

Channell R, Lomolino MV (2000) Dynamic biogeography and conservation of endangered species. Nature 403(6765): 84-86. https://doi.org/10.1038/47487

Clark CW, Rosenzweig ML (1994) Extinction and colonization processes: parameter estimates from sporadic surveys. Am Nat 143(4): 583-596. https://doi.org/10.1086/285621

Clark JS, Silman M, Kern R, Macklin E, HilleRisLambers J (1999) Seed dispersal near and far: patterns across temperate and tropical forests. Ecology 80(5): 1475-1494

Cole LC (1954) The population consequences of life history phenomena. Q Rev Biol 29 (2): 103-137. https://doi.org/10.1086/400074

Connor EF, McCoy ED (1979) Statistics and biology of the species-area relationship. Am Nat 113 (6): 791-833. https://doi.org/10.1086/283438

Cronin JT (2007) From population sources to sieves: the matrix alters host-parasitoid source-sink structure. Ecology 88(12): 2966-2976

Dail D, Madsen L (2013) Estimating open population site occupancy from presence-absence data lacking the robust design. Biometrics 69(1): 146-156. https://doi.org/10.1111/j.1541-0420.2012.01796.x

Dale MRT, Fortin MJ (2014) Spatial analysis: a guide for ecologists, 2nd edn. Cambridge University Press, Cambridge

de Kroon H, van Groenendael J, Ehrlen J (2000) Elasticities: a review of methods and model limitations. Ecology 81(3): 607-618. https://doi.org/10.1890/0012-9658(2000)081[0607: earoma]2.0.co; 2

DcAngclis DL, Mooij WM (2005) Individual-based modeling of ecological and evolutionary processes. Annu Rev Ecol Evol Syst 36: 147-168. https://doi.org/10.1146/annurev.ecolsys.36. 102003.152644

Defriez EJ, Reuman DC (2017a) A global geography of synchrony for marine phytoplankton. Glob Ecol Biogeogr 26(8): 867-877. https://doi.org/10.1111/geb.12594

Defriez EJ, Reuman DC (2017b) A global geography of synchrony for terrestrial vegetation. Glob Ecol Biogeogr 26(8): 878-888. https://doi.org/10.1111/geb.12595

den Boer PJ (1968) Spreading of risk and stabilization of animal numbers. Acta Biotheor 18: 165-194

Diamond JM (1972) Biogeographic kinetics: estimation of relaxation times for avifaunas of southwest pacific islands. Proc Nat Aca Sci USA 69(11): 3199-3203

Diekmann O (1993) An invitation to structured (meta)population models. In: Levin SA (ed) Patch dynamics. Springer, New York

Diffendorfer JE (1998) Testing models of source-sink dynamics and balanced dispersal. Oikos 81 (3): 417-433

Doncaster CP, Clobert J, Doligez B, Gustafsson L, Danchin E (1997) Balanced dispersal between spatially varying local populations: an alternative to the source-sink model. Am Nat 150 : 425-445. https://doi.org/10.1086/286074

Drechsler M(2009) Predicting metapopulation lifetime from macroscopic network properties. Math Biosci 218(1): 59-71. https://doi.org/10.1016/j.mbs.2008.12.004

Drechsler M, Johst K (2010) Rapid viability analysis for metapopulations in dynamic habitat networks. Proc R Soc B 277(1689): 1889-1897. https://doi.org/10.1098/rspb.2010.0029

Dunning JB, Stewart DJ, Danielson BJ, Noon BR, Root TL, Lamberson RH, Stevens EE (1995) Spatially explicit population models: current forms and future uses. Ecol Appl 5(1): 3-11. https:// doi.org/10.2307/1942045

Dytham C (1995) The effect of habitat destruction pattern on species persistence: a cellular model. Oikos 74(2): 340-344. https://doi.org/10.2307/3545665

Efford MG (2018) secr: spatially explicit capture-recapture models. R package version 3.1.6

Ehrlich PR, Daily GC (1993) Population extinction and saving biodiversity. Ambio 22(2-3): 64-68

Erwin RM, Nichols JD, Eyler TB, Stotts DB, Truitt BR (1998) Modeling colony-site dynamics: a case study of gull-billed terns (Sterna nilotica) in coastal Virginia. Auk 115(4): 970-978

Ezard THG, Bullock JM, Dalgleish HJ, Millon A, Pelletier F, Ozgul A, Koons DN (2010) Matrix models for a changeable world: the importance of transient dynamics in population management. J Appl Ecol 47(3): 515-523. https://doi.org/10.1111/j.1365-2664.2010.01801.x

Fagan WF, Lewis MA, Neubert MG, van den Driessche P (2002) Invasion theory and biological control. Ecol Lett 5(1): 148-157. https://doi.org/10.1046/j.1461-0248.2002.0_285.x

Fahrig L (1997) Relative effects of habitat loss and fragmentation on population extinction. J Wildl Manag 61(3): 603-610

Fahrig L (2001) How much habitat is enough? Biol Conserv 100(1): 65-74

Fahrig L (2013) Rethinking patch size and isolation effects: the habitat amount hypothesis. J Biogeogr 40(9): 1649-1663. https://doi.org/10.1111/jbi.12130

Ferraz G, Nichols JD, Hines JE, Stouffer PC, Bierregaard RO, Lovejoy TE (2007) A large-scale deforestation experiment: effects of patch area and isolation on Amazon birds. Science 315 (5809): 238-241. https://doi.org/10.1126/science.1133097

Fiske IJ, Chandler RB (2011) Unmarked: an R Package for fitting hierarchical models of wildlife occurrence and abundance. J Stat Softw 43(10): 1-23

Flather CH, Hayward GD, Beissinger SR, Stephens PA (2011) Minimum viable populations: is there a 'magic number' for conservation practitioners? Trends Ecol Evol 26(6): 307-316. https://doi.org/10.1016/j.tree.2011.03.001

Fleishman E, Ray C, Sjogren-Gulve P, Boggs CL, Murphy DD (2002) Assessing the roles of patch quality, area, and isolation in predicting metapopulation dynamics. Conserv Biol 16(3): 706-716

Frank K, Wissel C (1998) Spatial aspects of metapopulation survival - from model results to rules of thumb for landscape management. Landsc Ecol 13(6): 363-379. https://doi.org/10.1023/ a: 1008054906030

Frank K, Wissel C (2002) A formula for the mean lifetime of metapopulations in heterogeneous landscapes. Am Nat 159(5): 530-552. https://doi.org/10.1086/338991

Gause GF (1932) Experimental studies on the struggle for existence. J Exp Biol 9: 389-402

Gonzalez A, Holt RD (2002) The inflationary effects of environmental fluctuations in source-sink systems. Proc Natl Acad Sci U S A 99(23): 14872-14877

Gotelli NJ (1991) Metapopulation models: the rescue effect, the propagule rain, and the core-satellite hypothesis. Am Nat 138(3): 768-776. https://doi.org/10.1086/285249

Gotelli NJ (2008) A primer of ecology, 4th edn. Sinauer Associates, Inc, Sunderland, MA

Gotelli NJ, Kelley WG (1993) A general model of metapopulation dynamics. Oikos 68(1): 36-44. https://doi.org/10.2307/3545306

Gouhier TC, Guichard F (2014) Synchrony: quantifying variability in space and time. Methods Ecol Evol 5(6): 524-533. https://doi.org/10.1111/2041-210x.12188

Grimm V, Revilla E, Berger U, Jeltsch F, Mooij WM, Railsback SF, Thulke HH, Weiner J, Wiegand T, DeAngelis DL (2005) Pattern-oriented modeling of agent-based complex systems: lessons from ecology. Science 310(5750): 987-991. https://doi.org/10.1126/science.1116681

Gurevitch J, Fox GA, Fowler NL, Graham CH (2016) Landscape demography: population change and its drivers across spatial scales. Q Rev Biol 91(4): 459-485

Hanski I (1994) A practical model of metapopulation dynamics. J Anim Ecol 63(1): 151-162

Hanski I (1998) Metapopulation dynamics. Nature 396(6706): 41-49

Hanski I (1999) Metapopulation ecology. Oxford University Press, Oxford

Hanski I (2004) Metapopulation theory, its use and misuse. Basic Appl Ecol 5: 225-229

Hanski I, Ovaskainen O (2000) The metapopulation capacity of a fragmented landscape. Nature 404 (6779): 755-758

Hanski I, Ovaskainen O (2002) Extinction debt at extinction threshold. Conserv Biol 16 (3): 666-673

Hanski I, Moilanen A, Gyllenberg M (1996) Minimum viable metapopulation size. Am Nat 147 (4): 527-541. https://doi.org/10.1086/285864

Harrison S (1991) Local extinction in a metapopulation context: an empirical evaluation. Biol J Linn Soc 42(1-2): 73-88

Heino M, Kaitala V, Ranta E, Lindstrom J (1997) Synchronous dynamics and rates of extinction in spatially structured populations. Proc R Soc B 264(1381): 481-486. https://doi.org/10.1098/ rspb.1997.0069

Hestbeck JB, Nichols JD, Malecki RA (1991) Estimates of movement and site fidelity using mark resight data of wintering Canada geese. Ecology 72(2): 523-533

Hokit DG, Stith BM, Branch LC (2001) Comparison of two types of metapopulation models in real and artificial landscapes. Conserv Biol 15(4): 1102-1113. https://doi.org/10.1046/j.1523-1739.

2001.0150041102.x

Holt RD (1985) Population dynamics in 2-patch environments: some anomalous consequences of an optimal habitat distribution. Theor Popul Biol 28(2): 181-208. https://doi.org/10.1016/0040-5809(85)90027-9

Holt RD (1992) A neglected facet of island biogeography: the role of internal spatial dynamics in area effects. Theor Popul Biol 41(3): 354-371. https://doi.org/10.1016/0040-5809(92)90034-q

Huffaker CB (1958) Experimental studies on predation: dispersion factors and predator-prey oscillations. Hilgardia 27: 343-383

Hylander K, Ehrlen J (2013) The mechanisms causing extinction debts. Trends Ecol Evol 28 (6): 341-346. https://doi.org/10.1016/j.tree.2013.01.010

Jackson ST, Sax DF (2010) Balancing biodiversity in a changing environment: extinction debt, immigration credit and species turnover. Trends Ecol Evol 25(3): 153-160. https://doi.org/10.1016/j.tree.2009.10.001

Johst K, Drechsler M (2003) Are spatially correlated or uncorrelated disturbance regimes better for the survival of species? Oikos 103(3): 449-456

Johst K, Drechsler M, van Teeffelen AJA, Hartig F, Vos CC, Wissel S, Watzold F, Opdam P (2011) Biodiversity conservation in dynamic landscapes: trade-offs between number, connectivity and turnover of habitat patches. J Appl Ecol 48(5): 1227-1235. https://doi.org/10.1111/j.1365-2664.2011.02015.x

Jongejans E, Shea K, Skarpaas O, Kelly D, Ellner SP (2011) Importance of individual and environmental variation for invasive species spread: a spatial integral projection model. Ecology 92(1): 86-97. https://doi.org/10.1890/09-2226.1

Kallimanis AS, Kunin WE, Halley JM, Sgardelis SP (2005) Metapopulation extinction risk under spatially autocorrelated disturbance. Conserv Biol 19(2): 534-546

Keddy PA (1981) Experimental demography of the sand-dune annual, *Cakile edentula*, growing along an environmental gradient in Nova Scotia. J Ecol 69(2): 615-630. https://doi.org/10.2307/2259688

Keddy PA (1982) Population ecology on an environmental gradient: Cakile edentula on a sand dune. Oecologia 52(3): 348-355. https://doi.org/10.1007/bf00367958

Kindlmann P, Melendez-Ackerman EJ, Tremblay RL (2014) Disobedient epiphytes: colonization and extinction rates in a metapopulation of *Lepanthes rupestris* (Orchidaceae) contradict theoretical predictions based on patch connectivity. Bot J Linn Soc 175(4): 598-606. https://doi.org/10.1111/boj.12180

Kininmonth S, Drechsler M, Johst K, Possingham HP (2010) Metapopulation mean life time within complex networks. Mar Ecol Prog Ser 417: 139-149. https://doi.org/10.3354/meps08779

Koenig WD (1998) Spatial autocorrelation in California land birds. Conserv Biol 12(3): 612-620. https://doi.org/10.1046/j.1523-1739.1998.97034.x

Koenig WD (1999) Spatial autocorrelation of ecological phenomena. Trends Ecol Evol 14 (1): 22-26. https://doi.org/10.1016/s0169-5347(98)01533-x

Koenig WD, Liebhold AM (2016) Temporally increasing spatial synchrony of North American temperature and bird populations. Nat Clim Chang 6(6): 614. https://doi.org/10.1038/nclimate2933

Kuussaari M, Bommarco R, Heikkinen RK, Helm A, Krauss J, Lindborg R, Ockinger E, Partel M, Pino J, Roda F, Stefanescu C, Teder T, Zobel M, Steffan-Dewenter I (2009) Extinction debt: a challenge for biodiversity conservation. Trends Ecol Evol 24(10): 564-571

Lebreton JD (1996) Demographic models for subdivided populations: the renewal equation approach. Theor Popul Biol 49(3): 291-313. https://doi.org/10.1006/tpbi.1996.0015

Lebreton JD, Khaladi M, Grosbois V (2000) An explicit approach to evolutionarily stable dispersal strategies: no cost of dispersal. Math Biosci 165(2): 163-176. https://doi.org/10.1016/s0025-5564(00)00016-x

Levin SA (1976) Population dynamic models in heterogeneous environments. Annu Rev Ecol Syst 7: 287-310. https://doi.org/10.1146/annurev.es.07.110176.001443

Levins R (1969) Some demographic and genetic consequences of environmental heterogeneity for biological control. Bull Entomol Soc Am 15: 237-240

Liebhold A, Koenig WD, Bjørnstad ON (2004) Spatial synchrony in population dynamics. Annu Rev Ecol Evol Syst 35: 467-490. https://doi.org/10.1146/annurev.ecolsys.34.011802.132516

Liu JG, Hull V, Morzillo AT, Wiens JA (eds) (2011) Sources, sinks and sustainability. Cambridge University Press, Cambridge

Lotka AJ (1927) Fluctuations in the abundance of a species considered mathematically. Nature 119: 12-12

Lundberg P, Ranta E, Ripa J, Kaitala V (2000) Population variability in space and time. Trends Ecol Evol 15(11): 460-464

Mace GM, Collar NJ, Gaston KJ, Hilton-Taylor C, Akcakaya HR, Leader-Williams N, Milner-Gulland EJ, Stuart SN (2008) Quantification of extinction risk: IUCN's system for classifying threatened species. Conserv Biol 22(6): 1424-1442. https://doi.org/10.1111/j.1523-1739.2008.01044.x

MacKenzie DI, Nichols JD, Hines JE, Knutson MG, Franklin AB (2003) Estimating site occupancy, colonization, and local extinction when a species is detected imperfectly. Ecology 84 (8): 2200-2207

MacKenzie DI, Nichols JD, Royle JA, Pollock KH, Bailey LL, Hines JE (2006) Occupancy estimation and modeling: inferring patterns and dynamics of species occurrence. Elsevier, Amsterdam

Malthus TR (1798) An essay on the principle of population. Annoynmous

Martin J, Nichols JD, McIntyre CL, Ferraz G, Hines JE (2009) Perturbation analysis for patch occupancy dynamics. Ecology 90(1): 10-16. https://doi.org/10.1890/08-0646.1

Matter SF (2001) Synchrony, extinction, and dynamics of spatially segregated, heterogeneous populations. Ecol Model 141(1-3): 217-226. https://doi.org/10.1016/s0304-3800(01)00275-7

Matthews DP, Gonzalez A (2007) The inflationary effects of environmental fluctuations ensure the persistence of sink metapopulations. Ecology 88(11): 2848-2856. https://doi.org/10.1890/06-1107.1

McKay JK, Christian CE, Harrison S, Rice KJ (2005) "How local is local?" — a review of practical and conceptual issues in the genetics of restoration. Restor Ecol 13(3): 432-440. https://doi.org/10.1111/j.1526-100X.2005.00058.x

McPeek MA, Holt RD (1992) The evolution of dispersal in spatially and temporally varying environments. Am Nat 140(6): 1010-1027. https://doi.org/10.1086/285453

Mestre F, Canovas F, Pita R, Mira A, Beja P (2016) An R package for simulating metapopulation dynamics and range expansion under environmental change. Environ Model Softw 81: 40-44. https://doi.org/10.1016/j.envsoft.2016.03.007

Moilanen A (1999) Patch occupancy models of metapopulation dynamics: efficient parameter estimation using implicit statistical inference. Ecology 80(3): 1031-1043. https://doi.org/10.

2307/177036

Moilanen A (2000) The equilibrium assumption in estimating the parameters of metapopulation models. J Anim Ecol 69(1): 143-153

Moilanen A (2002) Implications of empirical data quality to metapopulation model parameter estimation and application. Oikos 96(3): 516-530

Moilanen A (2004) SPOMSIM: software for stochastic patch occupancy models of metapopulation dynamics. Ecol Model 179(4): 533-550. https://doi.org/10.1016/j.ecolmodel.2004.04.019

Moilanen A, Hanski I (1995) Habitat destruction and coexistence of competitors in a spatially realistic metapopulation model. J Anim Ecol 64(1): 141-144. https://doi.org/10.2307/5836

Moilanen A, Hanski I (1998) Metapopulation dynamics: effects of habitat quality and landscape structure. Ecology 79(7): 2503-2515

Moilanen A, Nieminen M (2002) Simple connectivity measures in spatial ecology. Ecology 83 (4): 1131-1145

Morris WF, Doak DF (2002) Quantitative conservation biology: theory and practice of population viability analysis. Sinauer Associates, Inc, Sunderland, MA

Mortelliti A, Amori G, Boitani L (2010) The role of habitat quality in fragmented landscapes: a conceptual overview and prospectus for future research. Oecologia 163(2): 535-547. https://doi.org/10.1007/s00442-010-1623-3

Neubert MG, Caswell H (2000) Demography and dispersal: calculation and sensitivity analysis of invasion speed for structured populations. Ecology 81(6): 1613-1628. https://doi.org/10.1890/0012-9658(2000)081[1613: Dadcas]2.0.Co；2

Neubert MG, Kot M, Lewis MA (2000) Invasion speeds in fluctuating environments. Proc R Soc B 267(1453): 1603-1610. https://doi.org/10.1098/rspb.2000.1185

Nichols JD, Hines JE, Lebreton JD, Pradel R (2000) Estimation of contributions to population growth: a reverse-time capture-recapture approach. Ecology 81(12): 3362-3376

Norris K (2004) Managing threatened species: the ecological toolbox, evolutionary theory and declining-population paradigm. J Appl Ecol 41(3): 413-426

Ovaskainen O (2004) Habitat-speclfic movement parameters estimated using mark-recapture data and a diffusion model. Ecology 85(1): 242-257

Ovaskainen O (2008) Analytical and numerical tools for diffusion-based movement models. Theor Popul Biol 73(2): 198-211. https://doi.org/10.1016/j.tpb.2007.11.002

Ovaskainen O, Sato K, Bascompte J, Hanski I (2002) Metapopulation models for extinction threshold in spatially correlated landscapes. J Theor Biol 215(1): 95-108. https://doi.org/10.1006/jtbi.2001.2502

Ovaskainen O, Luoto M, Ikonen I, Rekola H, Meyke E, Kuussaari M (2008) An empirical test of a diffusion model: predicting clouded apollo movements in a novel environment. Am Nat 171 (5): 610-619. https://doi.org/10.1086/587070

Ozgul A, Oli MK, Armitage KB, Blumstein DT, Van Vuren DH (2009) Influence of local demography on asymptotic and transient dynamics of a yellow-bellied marmot metapopulation. Am Nat 173(4): 517-530. https://doi.org/10.1086/597225

Petzoldt T, Rinke K (2007) simecol: an object-oriented framework for ecological modeling in R. J Stat Softw 22(9): 1-31

Pianka ER (1970) R-selection AND K-selection. Am Nat 104(940): 592. https://doi.org/10.1086/282697

Pollock KH (1982) A capture-recapture design robust to unequal probability of capture. J Wildl

Manag 46(3): 752-757. https://doi.org/10.2307/3808568

Pulliam HR (1988) Sources, sinks, and population regulation. Am Nat 132(5): 652-661

Pulliam HR (2000) On the relationship between niche and distribution. Ecol Lett 3(4): 349-361

Pulliam HR, Dunning JB, Liu JG (1992) Population dynamics in complex landscapes: a case study. Ecol Appl 2(2): 165-177. https://doi.org/10.2307/1941773

Ranta E, Kaitala V, Lundberg P (1997) The spatial dimension in population fluctuations. Science 278(5343): 1621-1623. https://doi.org/10.1126/science.278.5343.1621

Reed JM, Mills LS, Dunning JB, Menges ES, McKelvey KS, Frye R, Beissinger SR, Anstett MC, Miller P (2002) Emerging issues in population viability analysis. Conserv Biol 16(1): 7-19

Reeve JD, Cronin JT, Haynes KJ (2008) Diffusion models for animals in complex landscapes: incorporating heterogeneity among substrates, individuals and edge behaviours. J Anim Ecol 77 (5): 898-904. https://doi.org/10.1111/j.1365-2656.2008.01411.x

Risk BB, de Valpine P, Beissinger SR (2011) A robust-design formulation of the incidence function model of metapopulation dynamics applied to two species of rails. Ecology 92(2): 462-474

Rockwood LL (2009) Introduction to population ecology. Wiley, Chichester

Roff DA (1974) Analysis of a population model demonstrating importance of dispersal in a heterogeneous environment. Oecologia 15(3): 259-275. https://doi.org/10.1007/bf00345182

Rota CT, Fletcher RJ Jr, Evans JM, Hutto RL (2011) Does accounting for detectability improve species distribution models. Ecography 34: 659-670

Roy M, Holt RD, Barfield M (2005) Temporal autocorrelation can enhance the persistence and abundance of metapopulations comprised of coupled sinks. Am Nat 166(2): 246-261

Royle JA, Kery M (2007) A Bayesian state-space formulation of dynamic occupancy models. Ecology 88(7): 1813-1823. https://doi.org/10.1890/06-0669.1

Runge JP, Runge MC, Nichols JD (2006) The role of local populations within a landscape context: defining and classifying sources and sinks. Am Nat 167(6): 925-938. https://doi.org/10.1086/503531

Sakai AK, Allendorf FW, Holt JS, Lodge DM, Molofsky J, With KA, Baughman S, Cabin RJ, Cohen JE, Ellstrand NC, McCauley DE, O'Neil P, Parker IM, Thompson JN, Weller SG (2001) The population biology of invasive species. Annu Rev Ecol Syst 32: 305-332. https://doi.org/10.1146/annurev.ecolsys.32.081501.114037

Sanderlin JS, Waser PM, Hines JE, Nichols JD (2012) On valuing patches: estimating contributions to metapopulation growth with reverse-time capture-recapture modelling. Proc R Soc B 279 (1728): 480-488. https://doi.org/10.1098/rspb.2011.0885

Saura S, Pascual-Hortal L (2007) A new habitat availability index to integrate connectivity in landscape conservation planning: comparison with existing indices and application to a case study. Landsc Urban Plan 83(2-3): 91-103. https://doi.org/10.1016/j.landurbplan.2007.03.005

Saura S, Rubio L (2010) A common currency for the different ways in which patches and links can contribute to habitat availability and connectivity in the landscape. Ecography 33(3): 523-537. https://doi.org/10.1111/j.1600-0587.2009.05760.x

Schaub M, Gimenez O, Sierro A, Arlettaz R (2007) Use of integrated modeling to enhance estimates of population dynamics obtained from limited data. Conserv Biol 21(4): 945-955. https://doi.org/10.1111/j.1523-1739.2007.00743.x

Schrott GR, With KA, KingAW(2005) Demographic limitations of the ability of habitat restoration to rescue declining populations. Conserv Biol 19(4): 1181-1193. https://doi.org/10.1111/j.1523-1739.2005.00205.x

Schwartz MW (2008) The performance of the endangered species act. Annu Rev Ecol Evol Syst 39: 279-299. https://doi.org/10.1146/annurev.ecolsys.39.110707.173538

ShawMW(1995) Simulation of population expansion and spatial pattern when individual dispersal distributions do not decline exponentially with distance. Proc R Soc B 259(1356): 243-248. https://doi.org/10.1098/rspb.1995.0036

Skellam JG (1951) Random dispersal in theoretical populations. Biometrika 28: 196-218

Sklar E (2007) Software review: NetLogo, a multi-agent simulation environment. Artif Life 13 (3): 303-311. https://doi.org/10.1162/artl.2007.13.3.303

Stevens MHH (2009) A primer of ecology with R. Springer, New York

Stott I, Hodgson D, Townley S (2018) popdemo: demographic modelling using projection matrices. R package version 1.3-0

Stubben C, Milligan B (2007) Estimating and analyzing demographic models using the popbio package in R. J Stat Softw 22(11): 1-23

Sutherland C, Elston DA, Lambin X (2012) Multi-scale processes in metapopulations: contributions of stage structure, rescue effect, and correlated extinctions. Ecology 93(11): 2465-2473

Talluto MV, Boulangeat I, Vissault S, Thuiller W, Gravel D (2017) Extinction debt and colonization credit delay range shifts of eastern North American trees. Nat Ecol Evol 1(7). https://doi.org/10.1038/s41559-017-0182

Thiele JC, Kurth W, Grimm V (2012) RNetLogo: an R package for running and exploring individual-based models implemented in NetLogo. Methods Ecol Evol 3(3): 480-483. https://doi.org/10.1111/j.2041-210X.2011.00180.x

Thomas CD, Kunin WE (1999) The spatial structure of populations. J Anim Ecol 68(4): 647-657. https://doi.org/10.1046/j.1365-2656.1999.00330.x

Tilman D, May RM, Lehman CL, Nowak MA (1994) Habitat destruction and the extinction debt. Nature 371(6492): 65-66

Tilman D, Lehman CL (1997) Habitat destruction and species extinctions. In: Tilman D, Kareiva P (eds) Spatial ecology: the role of space in population dynamics and interspecific interactions. Princeton University Press, Princeton, NJ

Traill LW, Bradshaw CJA, Brook BW (2007) Minimum viable population size: a meta-analysis of 30 years of published estimates. Biol Conserv 139(1-2): 159-166. https://doi.org/10.1016/j.biocon.2007.06.011

Traill LW, Brook BW, Frankham RR, Bradshaw CJA (2010) Pragmatic population viability targets in a rapidly changing world. Biol Conserv 143(1): 28-34. https://doi.org/10.1016/j.biocon.2009.09.001

Tremblay RL (1997) Distribution and dispersion patterns of individuals in nine species of Lepanthes (Orchidaceae). Biotropica 29(1): 38-45. https://doi.org/10.1111/j.1744-7429.1997.tb00004.x

Tremblay RL, Ackerman JD (2001) Gene flow and effective population size in Lepanthes (Orchidaceae): a case for genetic drift. Biol J Linn Soc 72(1): 47-62. https://doi.org/10.1006/bijl.2000.0485

Tremblay RL, Melendez-Ackerman E, Kapan D (2006) Do epiphytic orchids behave as metapopulations? Evidence from colonization, extinction rates and asynchronous population dynamics. Biol Conserv 129(1): 70-81. https://doi.org/10.1016/j.biocon.2005.11.017

Walter JA, Sheppard LW, Anderson TL, Kastens JH, Bjørnstad ON, Liebhold AM, Reuman DC (2017) The geography of spatial synchrony. Ecol Lett 20(7): 801-814. https://doi.org/10.1111/ele.12782

Waples RS, Gaggiotti O (2006) What is a population? An empirical evaluation of some genetic methods for identifying the number of gene pools and their degree of connectivity. Mol Ecol 15 (6): 1419-1439. https://doi.org/10.1111/j.1365-294X.2006.02890.x

Wickham H (2007) Reshaping data with the reshape package. J Stat Softw 21(12): 1-20

Wiegand T, Revilla E, Moloney KA (2005) Effects of habitat loss and fragmentation on population dynamics. Conserv Biol 19(1): 108-121. https://doi.org/10.1111/j.1523-1739.2005.00208.x

Wilson RJ, Thomas CD, Fox R, Roy DB, Kunin WE (2004) Spatial patterns in species distributions reveal biodiversity change. Nature 432(7015): 393-396. https://doi.org/10.1038/nature03031

Wright S (1943) Isolation by distance. Genetics 28(2): 114-138

Wright S (1951) The genetical structure of populations. Ann Eugenics 15(4): 323-354

Zipkin EF, Saunders SP (2018) Synthesizing multiple data types for biological conservation using integrated population models. Biol Conserv 217: 240-250. https://doi.org/10.1016/j.biocon.2017.10.017

第 11 章　具空间结构的群落

11.1　简　　介

生物多样性是指生命的多姿多彩，是生态学和保护生物学所有内容的基础，我们可以从不同的组织层次和不同的尺度上对生物多样性进行量测（Noss，1990；Magurran，2003）。例如，一个地区的物种的数量或多度通常可通过实地调查来量测（Myers et al.，2000；Gotelli and Colwell，2001）。遗传多样性是进化生物学中的一个基本概念（Ellstrand and Elam，1993；Keller and Waller，2002），在过去的二十年里，人们对功能多样性和系统发育多样性产生了极大的兴趣（Petchey and Gaston，2002；Cadotte et al.，2009；Cavender-Bares et al.，2009；Devictor et al.，2010；Mouchet et al.，2010）。

要了解生物多样性的时空格局，进而实施有效的保护措施，必须掌握群落生态学中的一些基本概念。群落生态学关注的是物种间的相互作用，以及群落如何组合并驱动生物多样性的变化（Mittelbach，2012）。很早以前我们就一直强调空间信息在物种相互作用及群落组合所产生的结果中的重要性（Huffaker，1958；Diamond，1975），故此，现代群落生态学的理论和概念都强调了空间所扮演的角色（Vellend，2010；Leibold and Chase，2017），而保护生物学中的许多问题也突出了空间在保护或维持生物多样性中的意义（Moilanen et al.，2009；Rands et al.，2010）。

在此，我们概述了空间如何影响生物群落以及空间为何对生物多样性保护来说十分重要，并举例说明了对群落进行时空模拟的一些常见方法。空间对了解生物多样性之所以重要至少有三个原因：第一，一些多样性度量指标（如 β 多样性）从本质上看是空间尺度上的，侧重于反映跨空间和/或环境梯度上多样性的变化（Soininen et al.，2007；Anderson et al.，2011）；第二，通过改变群落的组合和拆分的过程，空间提供了生物多样性格局的形成机制（Leibold et al.，2004）；第三，将空间信息纳入增进生物多样性的保护战略可以为我们提供一些新的见解，有助于我们解决一些实际问题（Karp et al.，2012）。下面我们将通过生物群落的空间模拟对此加以说明。

11.2　核心概念和方法

11.2.1　空间群落的概念

具空间结构的群落可用多种方式加以描述。例如，根据不同的变异类型（如物种、遗传）在不同尺度上对多样性进行量测。此外，空间结构群落的相关研究已衍生出大量概念体系与理论成果。在此，我们首先介绍一些空间上对多样性和群落进行量化的术语与定义，然后，简要概述一些基于群落的重要空间生态学概念，从早期的物种-面积关系开始过渡到现代具有层次结构的集合群落和群落组合的概念。

11.2.1.1 多样性

作为生物多样性的一个重要组成部分，物种多样性通常可分为三类：α 多样性、β 多样性和 γ 多样性（图 11.1，表 11.1）。α 多样性是居于某一地方的物种数量，通常也称为物种丰富度。β 多样性根据不同的情景而表现为多种方式，但通常侧重于环境、空间或时间梯度上物种的更替或变化（Anderson et al.，2011）。

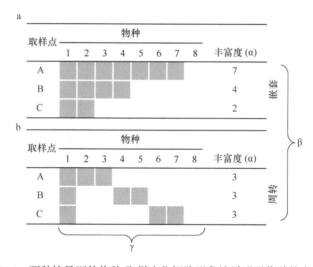

图 11.1 两种情景下的物种-取样点位矩阵形象地说明了物种的多样性

两个矩阵中共有 8 个物种出现在物种库中（γ=8），在图 a 中，不同取样点位的物种丰富度（α 多样性）不同，β 多样性表现出嵌套，在图 b 中，不同取样点位的物种丰富度是恒定的，但发生了空间周转。改编自 Baselga，2010

表 11.1 空间群落生态学中常用的术语及定义

术语	定义
α 多样性	居于某一位置的物种数量
β 多样性	物种在环境、空间或时间梯度上的变化
竞争-定植权衡	物种如果是好的定植者则必然是差的竞争者，反之亦然。这种权衡有利于物种在景观中的共存
群落组合规则	在考虑物种库的情况下，预测某个位置会出现的物种种类的规则
γ 多样性	某一区域内的物种总数

术语	定义
生境多样性假说	物种-面积关系的一种假说，该假说预测环境（生境、资源等）变化随面积的增加而增加，从而有利于更多物种的分布
有限相似性	群落组合规则的一类，其中一个群落通过种间竞争进行组合，使得共存物种在与当地资源相关的关键特征上具有较低的相似性
质量效应	当群落结构受物种源-汇动态所驱动时，迁入对物种多样性的维持作用
集合群落	通过扩散而联系在一起的一组局地群落
排序	通过沿梯度对物种和/或位置的排列，将多变量数据变化纳入降低的维度或空间中的分析，通常是基于特征分析
嵌套	由于某些物种的消失而引起的两个（或多个）点位间物种的变化
中性群落模型	假设群落组合完全由随机力所驱动的模型
被动取样	完全基于取样的一种物种-面积关系机制，在较大的斑块或岛屿中，随着取样量的增加，检测到的物种数量也随之增加
斑块动态	通过定植-灭绝动态变化的视角观察群落组合，通常认为较好的扩散者是较差的竞争者
等级-多度曲线	物种的相对多度与其等级多度（多度最大的物种等级为 1）间的函数曲线，用于可视化群落组成中的偏度
物种-面积关系	物种数量随生境面积增加而增加的关系
物种库	某一区域内能在局地定居的潜在物种总数
物种分选	当群落的空间结构由不同物种对环境异质性的响应所驱动时，那么某些局地条件可能会有利于某些物种而不是其他物种。在这个概念中，扩散不被看作是一种限制因素
目标效应	物种-面积关系的一种机制，因为更大面积的生境更可能成为扩散者的目标，因此，物种迁徙到更大面积生境的可能性增加，这种关系通常与生境的线性特征直径而非面积成比例
周转	基于物种更替的两个（或更多）点位间物种的变化

　　β 多样性有时可分为嵌套和周转两个组分（Baselga，2010），两个点位间的嵌套（nestedness）是指基于物种损失的物种变化，其中一个点位可能"嵌套"在另一个点位内，也就是说，该点位是包含更多物种点位的嵌套子集（Wright and Reeves，1992）。多年来，生物群落中嵌套的概念得到了广泛关注（Wright et al.，1998；Mac Nally and Lake，1999；Kerr et al.，2000；Fernandez-Juricic，2002；Driscoll，2008），部分是因为这是单个大型生境对多个小型生境（single-large versus several small，SLOSS）争论的核心议题（Wright and Reeves，1992）。此外，周转（turnover）指的是通过物种更替（而不是损失）实现的物种变化（Williams，1996）。γ 多样性通常指某一区域内的物种库，或可能在局地环境或群落中定植的物种数（Karger et al.，2016）。物种多样性各组分间的相互作用和相互依赖关系是群落生态学家长期以来一直关注的问题（Ricklefs，1987；Partel et al.，1996；Caley and Schluter，1997；McPeek and Brown，2000；Koleff and Gaston，2002；Podani and Schmera，2011；Lessard et al.，2012；Fukami，2015）。

11.2.1.2 物种-面积关系

作为生态学中为数不多的定律之一，物种-面积关系（species-area relationship，SAR）是指物种数量随着面积（岛屿面积、斑块面积等）的增加而增加（Lawton，1999，图 11.2），这种关系在全球各种生态系统中都可以找到，探究这种关系存在的原因以及利用这种关系预测物种多样性随环境的变化有着悠久的历史（Gonzalez，2000；Seabloom et al.，2002；Thomas et al.，2004；Dobson et al.，2006）。

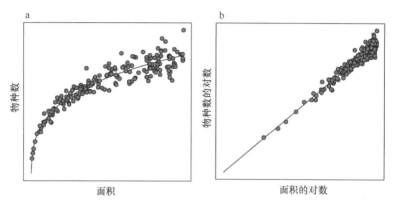

图 11.2 物种-面积关系示意图

a. 原始数据；b. 对数（$\log_{10}$）转换数据

Arrhenius（1921）是第一个正式量化物种-面积关系的科学家，他采用了一个幂函数来描述这种关系。Preston （1962）进一步发展了这一观点，将这种关系定义为

$$S = cA^z \tag{11.1}$$

式中，S 为物种数量；A 为面积；c 和 z 为描述物种与面积间关系的常数。这种关系描述了一种模式，即初始时物种数量随面积迅速增加，随后增加速度减缓（幂函数关系）。采用对数（以 10 为底）转换后，这种关系可用线性关系表达为

$$\log(S) = \log(c) + z \log(A) \tag{11.2}$$

人们一直对参数 z 的变化十分感兴趣，因为它描述了物种-面积关系的大小，通常 z 的取值在 0.10～0.25（Drakare et al.，2006）。我们注意到，在实践中已经记录了几种类型的物种-面积关系，它们分别采用不同类型的抽样设计和函数形式（如幂、logistic）来解释物种-面积关系（Scheiner，2003）。

考虑到物种-面积关系的普遍性，我们马上面临的问题是为什么会出现这种关系。了解这种关系出现的原因，对于理解这种格局的重要性是必不可少的。科学家已经提出了一些用来解释这种关系的假说，在此，我们对其中几种常见的假说

进行重点讨论。第一，生境多样性（habitat diversity）假说表明，随着面积增加，生境多样性也会增加，因此物种数量的增加只是反映了生境或资源多样性的增加；第二，目标效应（target effect）假说认为，面积较大的区域由于周长的增加，物种更容易定植，甚至动因仅仅是出于偶然（或被动扩散）（Bowman et al.，2002）；第三，被动取样（passive sampling）假说指出，这种关系只是随着面积增加而取样力度加大的一种反映（Coleman et al.，1982），10 个 $10hm^2$ 的样地与 1 个 $100hm^2$ 的样地有着相同的物种数量，因此，这一假说意味着取样面积本身并没有什么特殊性，单位面积样地中的物种数量不会随着斑块或岛屿面积的增加而增加，该假说与生境数量假说（Fahrig，2013）有着相似的理论基础。最后，科学家大量的兴趣和工作都集中在一个假说上，即物种-面积关系起因于迁入和灭绝效应间的平衡，这种平衡会随面积的变化而变化，这一假说是岛屿生物地理学中平衡理论的基础（MacArthur and Wilson，1967）。

11.2.1.3　岛屿生物地理学中的平衡理论

　　岛屿生物地理学中平衡理论（equilibrium theory of island biogeography，ETIB）的发展对我们了解跨空间的群落来说是最为重要的。MacArthur 和 Wilson（1963，1967）全面系统地发展了这一理论，用来了解和预测岛屿上物种的数量及周转率，这一理论发展的基本前提是，一个区域的物种数量反映的是新物种的反复迁入与局地物种的反复灭绝间的平衡关系。当迁入与灭绝达到平衡时，物种数量及周转率就会处于一种平衡状态。该模型是一个中性模型（Caswell，1976），从这个意义上讲物种种类并不会对模型产生影响，模型中的期望值完全由随机力来驱动。

　　该理论假设单位时间内新物种的迁入率随着岛上物种数量的增加而下降，最终，当岛上物种数量等于 P（物种库或大陆物种源库）时迁入率降为 0。简单地说，随着从大陆迁入的物种越来越少，迁入率会不断下降，通常这种迁入曲线被绘制为非线性的（约为指数下降），反映了某些物种可能比其他物种更易于扩散，扩散能力好的物种快速迁入，而扩散能力差的物种缓慢迁入。该理论中假设灭绝率随着岛上物种数量的增加而增加，且起点为零（即当岛上没有物种存在时，不会发生灭绝）。灭绝率通常被假定为随机发生的，以至于灭绝率随着物种数的增加而增加仅仅是因为有更多的潜在物种可能会发生灭绝，同样，这种关系也经常被描绘成非线性（指数）关系，随着物种数的增加种间竞争可能会导致灭绝率的增加（灭绝率的线性关系通常假设所有物种间的行为相互独立）。

　　当 MacArthur 和 Wilson 在理论发展过程中把岛屿面积及与大陆的隔离度作为改变迁入率与灭绝率的关键因素时，引起了业界极大的关注。MacArthur 和 Wilson（1967）认为，随着岛屿面积的增加，相对于面积较小的岛屿，面积较大岛屿上的灭绝率应该会下降。这一假说的基本原理是，面积较大的岛屿会容纳规模较大的种群，种群规模与岛屿面积成比例（假定种群密度是恒定的，或在某些情况下呈下降状态；MacArthur，1972），因此，种群的随机性可能在单个物种的灭绝风险中发挥着较小的作用。岛屿生物地理学的平衡理论中的这一组分引发了对物种-面积关系特有的预测，结果是随着面积的增加，物种数增加而周转率下降。MacArthur 和 Wilson 还假设，岛屿孤立会改变迁入率，隔离度的提高会减少迁入。请注意，自他们的开创性工作以来，面积效应被看作是改变迁入率的因素，在目标效应出现的地方（较大的岛屿导致较大的迁入率）（Lomolino，1990），隔离度也被看作是改变灭绝率的因素，在那些并不太孤立的岛屿上，通过救援效应（防止灭绝的迁入率）可以确保较低的灭绝率（Brown and Kodric-Brown，1977）。虽然这项工作的重点集中在面积和隔离度上，但 MacArthur 和 Wilson（1967）也对一些相关的内容进行了研究，如廊道、脚踏石和岛屿聚集对预期物种数的影响。

上述理论在群落生态学和保护学中发挥着重要的作用（Whitcomb et al.，1976；Whittaker et al.，2005）。尽管如此，我们现在已经知道，这一理论框架并没有涵盖许多对时空生物多样性产生影响的亟待解决的问题，如边缘和基质效应、景观互补性、物种相互作用以及没有"大陆"出现的情况等（Haila，2002；Laurance，2008）。重要的是，这一理论既不能预测群落中单一物种的分布，也不能确定物种的种类（及相关特征）。自这项开创性的工作以来，科学家已经对其进行了一些扩展以适应上述的一些问题（Holt，1992；Cook et al.，2002；Gravel et al.，2011），其中一个主要的进展是集合群落理论的发展（Holyoak et al.，2005）。

11.2.1.4　集合群落

集合群落（metacommunity）的概念是在集合种群生态学（第 10 章）和群落生态学的基础上发展而来的，目的是将几个对群落空间结构至关重要的假设过程结合起来（Vellend，2010），力求明确理解空间上的群落变化（Wilson，1992；Leibold et al.，2004；Holyoak et al.，2005；Leibold and Chase，2017），该概念的核心是一个集合群落由通过扩散过程在空间上相连的多个局地群落（即居于特定点位的群落，如斑块）组成。Leibold 等（2004）确定了 4 种用于理解集合群落的范式，即斑块动态范式、物种分选范式、群体效应范式和中性范式。

斑块动态（patch-dynamics）范式是由两个物种的集合种群模型直接向 N 个物种的集合种群模型扩展的一种范式，强调的是物种多样性会受到物种相互作用（如竞争）和扩散的限制，关注点是 N 个物种的定植-灭绝动态，其中通常假设斑块间是相似的，每个斑块都能容纳每个物种的种群。在这种范式中，常常假定物种间存在竞争-定植权衡（competition-colonization tradeoff，Levins and Culver，1971），其中较差的扩散者是较好的竞争者，而较好的扩散者往往是较差的竞争者，在对比一些一年生和多年生植物时已经观察到这一现象，这为跨景观或跨区域的物种共存提供了一个稳定机制。Tilman 等（1994）在模拟生境破坏情景下的群落时对这个一般性的框架加以推广（Neuhauser，1998）。这种范式通常强调，群落结构受扩散限制变化的制约。

与斑块动态范式不同，物种分选（species-sorting）范式强调环境梯度驱动了物种多样性的变化，而扩散过程并非一种限制力，只是通过扩散让物种追随整个景观中资源梯度的变化。该范式假设多样性不是由扩散和定植变化引起的空间动力所驱动的，而是由处于其上的空间生态位分离所驱动的（Holyoak et al.，2005）。

群体效应（mass-effect）范式很大程度上是源库种群动态（第 10 章）在集合群落上的一种扩展，强调的是不同景观中迁入率和迁出率的变化及其对局地种群动态的影响。迁入率和迁出率的变化可以产生救援效果（Brown and Kodric-Brown，1977），从而抵消了竞争性排斥。在该范式中，扩散作用被强调作为驱动局地密度变化的关键因素，并假定斑块适用性的不同导致了迁入率/迁出率的变化。

最后，中性（neutral）范式假设所有物种在竞争能力、扩散能力和适应度方面都是相似的，物种随机损失和获得的过程驱动了多样性的变化。最早流行的物种多样性中性模型之一就是岛屿生物地理学的平衡理论（MacArthur and Wilson，1967），Hubbell 及其同事（Hubbell，2001）重点采用中性范式来解释群落结构。因此，扩散和空间动态与中性范式高度相关，尽管这些动态被认为是由随机力驱动的（Economo and Keitt，2008；Lowe and McPeek，2014；Guichard，2017）。

11.2.1.5　从区域物种库到局地组合的层次结构

一直以来，研究人员对利用群落组合规则（community assembly rule）从区域物种库尺度转换到局地组合尺度来解释物种的共存很感兴趣。群落组合规则是指根据区域物种库的状况，对某一点位将会发生的物种进行预测的规则（Keddy，1992），Diamond（1975）是第一个采用群落组合规则，通过物种特征（如体型）解释岛屿上鸟类物种的科学家。基于关键物种性状的有限相似性（limiting similarity）和湿地的环境过滤作用（Van der Valk，1981），研究者也对群落组合进行了预测。当局地环境（非生物）从区域物种库中"过滤"出某些物种（即环境对某些物种进行选择）时，就会发生环境过滤（environmental filtering），以至于某些物种不会在某些点位出现，因为相应的环境条件对该物种而言相对较差（Cadotte and Tucker，2017）。环境过滤假设的核心在于某些物种的缺失并非由生物间相互作用来驱动的（Kraft et al.，2015）。

Poff（1997）将环境过滤的一般性概念应用于分层的景观环境中，构建了一种理论框架（图 11.3），其中，不同尺度上运行的环境过滤会对局地群落施加约束，不同的空间约束（如空间隔离、资源异质性）在不同的空间尺度上发挥着作用，并基于物种特征（如扩散模式、觅食宽度）对某些物种进行选择性过滤。人们通常认为，环境过滤在相对较大的尺度上运行，而生物间的相互作用则在局地尺度上调控着各种约束因素（与物种分布模型中的想法类似；见第 7 章），这一观点源于层次理论在景观生态学中的应用（O'Neill et al.，1989；Urban et al.，1987），特别是 Poff（1997）将其用于局地群落组合上。

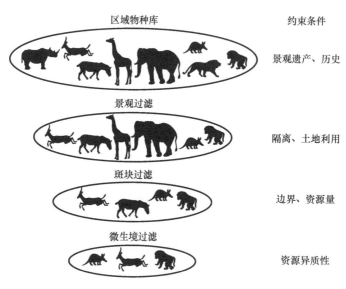

图 11.3　环境过滤的时空层次结构

图中显示的是驱动群落结构的分层过滤和每个尺度上运行的一些约束因素

11.2.1.6　群落及其保护

生物多样性中的多种组分常被视为保护目标，例如，物种丰富度经常被看作是整个景观中量化生物多样性的一个并不完善但却十分关键的指数，而 β 多样性在保护中则越来越受到重视（Karp et al.，2012；Socolar et al.，2016），部分原因可能是源自对生物同质化（biotic homogenization）的关注：环境变化会导致广布种和外来种的增加，从而使群落在空间上更加相似（Olden and Rooney，2006）。在更大的尺度上，确定生物区或具有类似群落的生物地理区，将有助于解释生态动态和制定大尺度的保护战略（Vilhena and Antonelli，2015）。在全球尺度上，确定并绘制地球上的生物多样性热点区是各种保护倡议的核心（Myers et al.，2000；Brooks et al.，2002；Orme et al.，2005）。

我们通常可以通过确定具有高度局地多样性的点位，并采用多种保护概念将这些点位或保护区结合起来以实现某些保护目标，从而将多样性的这些组分纳入空间保护规划（Kukkala and Moilanen，2013）。例如，全面性（comprehensiveness）的目标是指获取研究区域内所有的生物多样性，而代表性（representativeness）的目标则是指一系列点位（或保护区）达到某一目标的程度（Kukkala and Moilanen，2013）。保护规划中与 α 多样性和 β 多样性间直接相关的概念包括不可替代性（irreplacibility）和互补性（complementarity）。不可替代性描述的是某个潜在点位保护的重要性，由于其对整个生物多样性目标的独特贡献，失去了该点位就会阻碍保护目标的实现（Ferrier et al.，2000）；互补性代表了某一个（或某一组）点位上未被代表的特征（通常为物种）对现有一组保护点位的贡献度（Margules and Pressey，2000），当一个点位包含了未被现有点位保护的物种时，它就对现有点位具有较高的互补性。因此，当一个或多个保护区与另一个拟保护的点位间发生较高的周转时，就会对该点位产生较高的互补性。

物种在空间上的相互作用，特别是某些类型的相互作用（如植物-授粉者的相互作用对维持生态系统服务非常重要）已越来越多地被纳入保护战略中，而且这种相互作用在不同景观上会有所不同（Winfree et al.，2009）。营养间的相互作用在一些保护规划中也是十分重要的，特别是在海洋和淡水环境中（Baskett et al.，2007；Decker et al.，2017）。因此，近年来有关群落及其生态系统服务空间模拟的研究逐年增加，研究结果对这类保护工作来说至关重要（Brosi et al.，2008；Moilanen et al.，2009；Kaiser-Bunbury and Bluthgen，2015）。

11.2.2　了解群落-环境关系的常用方法

从空间上对群落进行预测并对结果进行绘制极具挑战性。群落的模拟框架通常包括几种类型，最常用的框架以环境过滤和物种分类为主要驱动因素，部分是因为这类框架比强调集合群落过程（如扩散的变化）的其他框架更为可行。Ferrier 和 Guisan（2006）将群落水平的模型分为三类：先预测后组合、先组合后预测及组合和预测同时进行（D'Amen et al.，2017），在此我们按照这一分类对群落的空间模拟加以说明。

11.2.2.1　先预测后组合

一种构建群落模型的方法是简单地对每个物种进行分别模拟（见第 6 章和第 7 章），然后汇集或聚合不同物种的模拟结果，对群落进行空间预测。在物种分布模拟的文献中，这种方法通常被称为"堆叠式物种分布模型（stacked species distribution model，S-SDM）"（Guisan and Rahbek，2011），该方法隐含地强调了物种以个体的方式响应环境关系，遵循的是一种"格里森式（Gleasonian）"的群落结构观点。

单一物种的模型预测结果可通过多种方式加以组合。例如，物种发生的概率可转换为预期的存在-缺失值，然后跨物种求和以获得物种的丰度数据，或是应用相似性或基于距离的度量指标进行预测，单个模型的输出结果可用于解释群落组成的空间变化（见下文），因此，该方法将模型的预测结果而非原始数据作为群落分类和概要统计的输入数据。

11.2.2.2　先组合后预测

在这种方法中，第一步是在不参照环境变量的情况下以某种方式对群落进行概要统计，例如，量化物种的丰度，概要统计群落的类型（如觅食团组的数量），或估计群落的相似（异）性。

物种丰富度可采用多种方法估算，通常物种的原始计数是对物种丰富度的有偏估计，群落生态学家尝试用三种不同的方法对原始计数进行调整。作为一种常用的方法（Gotelli and Colwell，2001），稀疏法认为被观察的物种数是被检测的个体数的函数：随着被检测的个体数增加，预计被检测到的物种数也会相应增加，这种关系通常是渐近的，因此稀疏曲线可以用来确定群落取样数的临界点，进而充分解释物种丰富度，当使用在不同地点估计的稀疏曲线时，物种丰富度的估计值通常会基于个体数最少的被检测地点加以截短，从而允许在不同地点间对物种丰富度进行比较，我们注意到稀疏法还被扩展用于说明物种数据间的空间依赖性（Bacaro et al.，2016）。第二种估计方法是根据数据中的"单体"（singleton，即只被检测到一次的物种）或"双体"（doubleton，即只被检测到两次的物种）的数量对物种数进行调整（Palmer，1990；Nichols et al.，1998），这有时被看作是采用外推法而不是截短（如稀疏法中）法对物种丰富度进行估计（Colwell and Coddington，1994），该方法认为，如果"单体"和/或"双体"物种在数据中是少见的，那么很可能只有少量的物种被遗漏；相反，如果"单体"和/或"双体"物种在数据中大量存在，那么很可能许多物种被遗漏，取样是不充分的，物种丰富度的 jackknife 估计法和 Chao 估计法都是基于这一思想（Palmer，1990）。第三种方法是正式估计物种特有的可检测性，一旦估计完成即可得到物种丰富度，该方法是对占用率模拟的一种扩展（MacKenzie et al.，2002），可称为"多物种占用模拟"（Dorazio et al.，2006；Royle and Dorazio，2008；Kery and Royle，2016）。

群落组成的概要统计通常会使用相似（异）矩阵，这些矩阵量化了所有采样点位间的成对相似（异）性（即方阵）。相似性可通过多种方式量化（Koleff et al.，2003；Barwell et al.，2015），对丰度数据而言经常会使用 Bray-Curtis 指数。

$$\beta_{ij} = \frac{B+C}{2A+B+C} \tag{11.3}$$

式中，A 是点位 i 和 j 处同时发生的物种的个体数量之和；B 是点位 i 处特有物种的个体数量；C 是点位 j 处特有物种的个体数量。对于物种发生的二元数据，常用的度量方法是 Sørenson 相异指数（另一种常用的度量方法是 Jaccard 指数）。

$$\beta_{\text{sor},ij} = \frac{b+c}{2a+b+c} \qquad (11.4)$$

式中，a 是点位 i 和 j 处共有的物种数；b 是在点位 i 处发生但在点位 j 处未发生的物种数；c 是在点位 j 处发生但在点位 i 处未发生的物种数。

Sørenson 指数和 Bray-Curtis 指数在功能上非常相似，但分别用于处理二进制数据和计数数据，这两个指标的取值范围都在 0～1。相异性简单地说就是用 1 减去相似性，有时可以视为一个距离度量指标（请注意，一些相异性矩阵并不满足"三角形不等式"，因此不是对生态距离的度量）。在这种方法中，我们只对 β 多样性的嵌套和周转组分感兴趣（图 11.1；Baselga，2010）。对于 Sørenson 指数，两个点位间的周转为

$$\beta_{\text{turn},ij} = \frac{\min(b,c)}{a+\min(b,c)} \qquad (11.5)$$

嵌套可以用 $\beta_{\text{sor},ij}$ 中 $\beta_{\text{turn},ij}$ 不能解释的部分来描述。

$$\beta_{\text{nest},ij} = \beta_{\text{sor},ij} - \beta_{\text{turn},ij} \qquad (11.6)$$

通过这些新的组合矩阵和群落概要统计数据，我们可以预测群落在空间上的变化。

11.2.2.3 组合和预测同时进行

一些模拟方法并未将群落组合及其空间预测作为单独的组分来处理，而是将其集成到一个模拟框架中。多变量回归（Ovaskainen et al.，2010）、约束梯度排序技术（如典范对应分析）（Palmer，1993）、多物种占用模拟（Dorazio et al.，2006；Iknayan et al.，2014）和联合群落模型（Warton et al.，2015a）都是以这种方式解决问题的技术。在这种情况下，模拟框架通常为每个物种提供预测，从而承认物种的存在，因此，物种丰富度通常会成为这类模拟框架的一个衍生参数（模糊了先预测后组合与组合和预测同时进行两种方法间的界限）。

11.2.3 群落空间模型

取决于群落模拟时所用的框架，有多种模拟方法可供我们选择，在此我们对一些常用方法进行简要概述，重点介绍本书中没有提及的方法。我们首先对这些方法加以描述，然后明确地讨论如何通过这些模型和群落的相关信息来解决空间问题。

群落空间模型通常使用物种的概要统计数据[如物种多度（Rahbek and Graves，2001）、基于距离的群落组成相似性矩阵（Ferrier et al.，2007）]，或直接使用物种水平的发生或多度变化数据（Rahbek and Graves，2001；Ovaskainen et al.，2010）。有人认为后者比使用基于距离的概要统计数据（Warton et al.，2012）表

现得更好，因为基于距离的分析会将扩散效应与位置效应混在一起（图 11.4）。有些人将这些方法加入算法模型和基于模型的统计方法中（Warton et al.，2015b），其中，算法模型是指为解释数据而采取的一系列算法步骤而定义的模型，通常不会充分考虑数据的统计学特性，如基于排序的几种技术（见下文）；而基于模型的统计方法则是将重点放在获取数据统计特性的显式多变量统计模型上（Warton et al.，2015b），大多数方法是对广义线性模型的扩展。

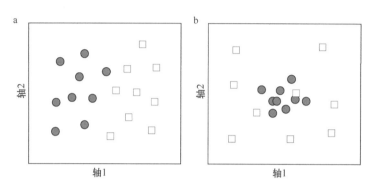

图 11.4 基于距离的排序技术中两组间的位置效应与扩散效应图示
a. 位置效应；b. 扩散效应
改编自 Anderson 等 （2008）和 Warton 等 （2012）

11.2.3.1 多变量回归分析

回归模型可以扩展用于同时模拟群落中的多个物种。在这种情况下，存在着多个响应变量，因此，这些模型也被称为多变量回归技术（而非存在 1 个以上解释变量的"多元回归"）。

多变量回归可以采用多种方式来实现（Legendre，1993；Lichstein，2007；Wang et al.，2012）。传统上，这种方法使用了响应变量和解释变量的距离矩阵，并使用置换检验对显著性进行评价，原因是矩阵表述的点对间缺乏独立性。在这种方法中，矩阵回归可以描述为

$$d_{ij} = \alpha + \beta \left| x_i - x_j \right| \tag{11.7}$$

式中，d_{ij} 是点位 i 和 j 间的距离（如组分的相异性）；$|x_i-x_j|$ 是环境变量 x 在点位间差异的绝对值；α 是截距；β 是回归系数。

最近，一些研究人员倡导将广义线性模型（generalized linear model，GLM）作为分析群落数据的一种方法（Wang et al.，2012；Warton et al.，2012），该方法对分析群落数据是十分有用的，因为它可以应用群落模拟中通常使用的非正态响应变量，而无须考虑基于距离矩阵的物种组成概要统计结果（Warton et al.，2015a）。在这种情况下，广义线性模型分别对每个物种进行拟合，类似于"先预测后组合"

的方法，然而，多物种水平（群落水平）的推断基于的是一系列广义线性模型的拟合结果。针对广义线性模型目前已经开发出了说明物种间相关性的统计检验方法（通过置换检验），以及使用组合的概要统计（如模型间的平方和）进行群落范围推断的方法。

广义线性模型也可扩展为广义线性混合模型（generalized linear mixed model，GLMM），从而考虑物种间的潜在依赖性，此外，GLMM 还可以降低推断时对置换检验的要求（在一些多变量回归方法中会用到）。在第 6 章中，我们提出的一个基于单一物种存在-缺失数据的广义线性模型，如下所示。

$$\text{logit}(p_i) = \alpha + \beta x_i \tag{11.8}$$

式中，p_i 是取样单元 i 中物种发生概率的期望值；α 是截距；β 是斜率（系数）；x_i 是取样单元 i 中解释变量的测定值。采用多变量 GLMM 可将这一方法扩展用于 k 个物种。

$$\text{logit}\left(p_{ik}\right) = \alpha + \beta x_i + \gamma_k + \delta_k x_i \tag{11.9}$$

其中，响应变量是点位 i 处物种 k 的存在-缺失数据。我们可以通过添加一个物种水平的随机截距（γ_k）来说明不同物种的流行状况，通过物种特定的随机系数（又名随机斜率，δ_k）说明物种间变异与环境变量 x 间的关系（Bates et al.，2015；Warton et al.，2015a）（图 11.5）。在这类情况下，随机效应通常被假定为~$N(0, \sigma^2)$分布。这种一般性的方法是群落水平几种新的分析方法的核心，已被扩展用于说明不完全检测（Dorazio et al.，2006）、集合群落定植-灭绝动态（Dorazio et al.，2010）、群落的层次空间尺度效应（Ovaskainen et al.，2016a），以及通过改变方差-协方差矩阵的随机效应（Ovaskainen et al.，2010）和基于性状依赖性（Dorazio and Connor，2014）来说明物种对间存在的生物相互作用潜力。

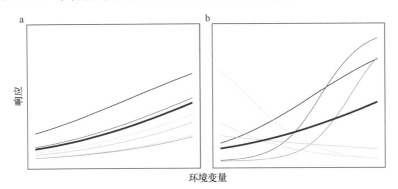

图 11.5　广义线性混合模型中随机截距与随机系数间的差异

a. 随机截距；b. 随机系数（或随机斜率）。请注意，图 b 中同时显示了随机截距和随机系数。灰线表示物种特有的响应，黑线表示物种间的平均响应

11.2.3.2 典范排序：冗余分析和典范对应分析

直接梯度分析也被称为典范排序分析或约束排序分析，经常被群落生态学家用来解释群落对环境梯度的响应。与仅考虑物种群落的一般性排序方法[如主成分分析（PCA）和对应分析（CA）；Legendre and Legendre，2012]不同，这类方法在排序的背景下将群落数据与环境数据和/或空间数据相关联，最常用的两种方法是冗余分析（RDA）和典范对应分析（CCA）。

冗余分析是一种将类回归技术与排序（特别是 PCA）技术有效结合的方法，该方法的总体思路是，先进行多变量线性回归，随后对获得的拟合值进行主成分分析以提供拟合值的特征向量（Borcard et al.，2011），然后提取这些特征向量并计算新的正交（即独立）轴，这些轴是所有解释变量的线性组合，其中第一个轴解释了响应变量中最大的变化量，第二个轴解释了第二大变化量，依此类推，RDA的这一特征反映在每个轴特征值依次减少上（类似于 PCA），最后我们可以根据物种得分、点位得分（汇总每个点位的物种得分）和点位约束（每个点位环境变量的线性组合）进行概要统计。当人们期望获得线性的环境关系时，这种方法是适用的，虽然类似于线性回归（见第 6 章和第 7 章），但在需要获取某些类型的非线性关系的情况下，可以添加多项式项。

典范对应分析与 RDA 相似，但在计算时采用的不是主成分分析，而是对应分析，该方法可以获取物种对环境梯度响应的高斯关系。生态位理论通常将物种在环境梯度上的响应设想为驼峰状的高斯曲线，因此，CCA 方法自 20 世纪 80 年代引入以来就具有很强的吸引力（Ter Braak，1987）。然而，CCA 也有已知的一些局限性，特别是该方法在点位间采用的是卡方（χ^2）距离，这种距离度量方法在群落组成分析中是一个表现较差的指标，因此，研究者目前更为关注的是使用RDA 进行直接梯度排序分析（Borcard et al.，2011），我们将在下面重点介绍 RDA方法。

11.2.3.3 广义相异性模拟

广义相异性模拟（generalized dissimilarity modeling，GDM）方法越来越多地被用于了解与预测生态和保护问题中的空间 β 多样性（Ferrier et al.，2007；Thimassen et al.，2011；Fitzpatrick and Keller，2015；Jewitt et al.，2016；Rose et al.，2016），该方法是多变量回归的非线性扩展，其中，响应变量是对群落相异性的度量，预测因子通常包括空间因子（如距离矩阵）和环境因子。

GDM 方法是为了适应群落模拟中两种非线性形式而提出的。首先，因为相异的取值限制在 0～1，所以响应变量会出现非线性，这种非线性可通过将问题表述为包含一个自定义连接函数及误差分布的广义线性模型来解决（Ferrier et al.，

2007），所使用的连接函数 η 为

$$\eta = -\log(1-\mu) \tag{11.10}$$

式中，μ 是期望值。请注意，此处也可以使用在 0～1 连续分布的 β 分布。此外，环境梯度上不同点位的周转率的期望值是非线性的。为了解决这个问题，GDM 直接将环境变量拟合为非线性单调函数，并称之为 I 样条基础函数（Ferrier et al.，2007）。此处的 I 样条与第 6 章和第 7 章中讨论的样条基本相似，主要区别在于它被约束为非递减函数，这种约束在这种情况下是有意义的，因为，我们预期周转率会随着环境梯度上距离的增加而增加。与标准矩阵回归（见上文）类似，我们可以通过置换检验来推断显著性。

11.2.3.4　空间问题

上述提及的方法大多只能间接解释群落模拟中的空间依赖性，虽然空间依赖性在群落模拟过程中常常会被忽视（Urban et al.，2002），但 Dray 等（2012）认为它可能会改变我们对群落的了解以及对相应保护措施的推断。此外，他们认为，只要群落中的某一部分存在空间依赖就可能会影响到最终的推断。

长期以来，我们一直采用部分排序（partial ordination）技术将地理距离矩阵包含在模拟中，从而解释潜在的空间依赖性（Borcard et al.，1992），矩阵中的度量指标通常是基于欧氏距离或其他（有效）距离的（见第 9 章），这些距离矩阵（点位间成对距离的平方矩阵）经常被用作预测变量或"控制"变量（Borcard et al.，1992）。部分排序技术通常根据不同的空间和环境因素对方差进行拆分（Cushman and McGarigal，2002），但拆分通常只假设解释变量间的相加性，变量间的相互作用也会产生负的方差分量，因此使用该方法时应十分谨慎。

针对相同秩（即相同维数）的两个距离矩阵间相关性的部分 Mantel 检验方法也常被用来解释空间关系，该方法计算了两个矩阵间的相关系数，并通过置换检验来推断其显著性。方法中所采用的矩阵为基于距离的对称矩阵，因此距离数是 $n(n-1)/2$，或是矩阵上（或下）三角形中的观测数。计算中通常采用的相关系数是皮尔逊相关系数（见第 5 章）。为了评估 Mantel 检验中相关系数的显著性，我们对其中一个矩阵的行和列进行多次置换，并基于这些随机化矩阵计算 Mantel 相关性，然后根据观察到的相关性高于随机矩阵相关性的次数来推断显著性。

在空间背景下，与采用空间距离（如地理距离）的群落相异矩阵的分析相比，Mantel 检验可以对群落数据的自相关进行单一的全局检验，但需要注意的是方法中包含了自相关呈线性变化的隐含假设（Mantel 检验通常使用线性相关系数）。此外，由于种种原因，对这种方法的批评一直不绝于耳（Guillot and Rousset，2013；Legendre et al.，2015）。

Mantel 相关图是对第 5 章中所描述的相关图进行多次消元，进而将空间自相关量化为距离的函数（Bjørnstad and Falck，2001；Borcard and Legendre，2012）。Mantel 相关图基于物种相异性矩阵与二进制矩阵间的比较简单地计算了每个距离箱体的归一化相关系数，其中，距离箱体中的点位为 0，其他所有点位为 1，将这些相关系数连在一起就得到了 Mantel 相关图，显著性可通过与标准 Mantel 检验相同的置换方法进行推断。

此外，我们也可采用多变量变异函数来解读群落的空间关系。Wagner（2003）率先将多变量变异函数应用于生态学中的群落数据，并派生出了群落的变异函数矩阵（variogram matrix）$C(d)$，其中，对角线值为距离 d 处物种 i 的半方差值（见第 5 章），非对角线值为距离 d 处物种 i 和 j 的成对交叉变异函数值。交叉变异函数与变异函数相似，不同之处在于，前者量化了两种观测类型间（在本例中为两个物种）与距离相关的协方差，两个物种 i 和 j 的交叉变异函数可量化为

$$\gamma_{i,j}(d) = \frac{1}{2n_d}\sum\left(z(x_i) - z(x_i + d)\right)\left(z(x_j) - z(x_j + d)\right) \tag{11.11}$$

式中，γ 是协方差；n 是距离箱体 d 处的观测数；z 是点位 x_i 处的观测值。我们可以采用多种变异函数矩阵的方式来解释群落的空间相关性，除了采用物种特有变异函数反映空间相关性和采用成对交叉变异函数反映物种对间的空间协方差外，Wagner（2003）还强调了另外两种方式。首先，$C(d)$ 对角线之和被称为互补性经验变异函数或是点位物种组成的空间互补性；其次，$C(d)$ 之和（对角线+非对角线）可作为样本水平物种丰富度的经验变异函数。

多变量变异函数也可推广用于排序技术，通常称为多尺度排序，这一想法与上面描述的多尺度物种组成和丰富度的分析相似。简言之，该方法对 $C(d)$ 矩阵在距离类间求和，以创建经验方差-协方差的全局矩阵 C，然后通常采用 PCA（Wagner，2003）或 CA（Wagner，2004）方法对该矩阵进行排序。排序的特征值可在距离类间进行拆分，并绘制为距离的函数，这可以为我们提供排序轴的经验变异函数，用来描述物种组合中互补的空间协方差。

尽管地理距离矩阵经常用于 Mantel 检验和其他相关分析（如 GDM）方法中，但由于正确解译方面的困难（Legendre et al.，2015）和较低的检测空间结构的能力（Legendre et al.，2005），使用地理距离矩阵推断和调控群落水平模拟过程中的空间相关性可能会受到一定的限制（Dray et al.，2012）。然而，Borcard 和 Legendre（2012）通过对 Mantel 相关图和其他多变量变异函数进行模拟比较，结果发现，在模拟条件下 Mantel 相关图的功效很高，与单变量方法的功效接近。

一种替代距离矩阵的方法是使用空间加权矩阵，该矩阵有几种形式（Dray et

al.，2012），第 5 章和第 6 章描述的空间特征向量制图（Dray et al.，2006）就是一种基于空间加权矩阵的技术。与距离矩阵一样，空间加权矩阵是描述点位间潜在成对连接的点对点矩阵（即方形矩阵），其中，权重可以是二进制的，也可以是加权的（连续非负的）。该加权矩阵也可具方向性（即点位 i 和 j 间的连接并不等于点位 j 和 i 间的连接），从而反映跨越景观的定向流动（Blanchet et al.，2008）。空间加权矩阵随后的合并过程类似于上述包括地理距离的方法，这种通用的做法为准确捕获空间对群落的影响提供了极大的灵活性。

11.3　R 语言示例

11.3.1　R 语言程序包

在 R 语言中，有一些程序包可用于构建群落的相关模型。一些常见的程序包包括了用于排序的 vegan 程序包（Dixon，2003），用于解释 β 多样性的 betapart 程序包（Baselga and Orme，2012），用于拟合广义相异模型的 gdm 程序包（Manion et al.，2018），以及用于多度和发生率等多变量 GLM 的 mvnabund 程序包与 VGAM 程序包（Wang et al.，2012）。

11.3.2　数据

我们仍然选择第 6 章和第 7 章中用过的美国蒙大拿州和爱达荷州鸟类分布的数据（Hutto and Young，2002）。在蒙大拿州和爱达荷州美国林务局的林区内随机设置样带（每条样带长约 3km），沿着样带随机布设采样点位（10 点/样带，每个点位的样地为 100m 半径的圆）。前面我们考虑的只是单一物种，在此我们将范围扩展到群落，为此我们只考虑按点计数充分采样的物种（我们剔除水禽、猛禽和夜间活动的物种）。在本例中，我们汇集了每个点位 3 年（2000 年、2002 年和 2004 年）的采样数据，考虑了第 7 章中用到的 3 个协变量，即海拔、降水量和冠层盖度。

11.3.3　群落模拟和空间外推

我们首先说明在未明确将空间融入分析的情况下进行模拟的常用方法，然后将这些方法正式扩展到空间模拟中去。

首先，我们使用 raster 程序包导入海拔和冠层盖度的栅格层，以及点位上物种的检测数据。

```
> library(raster)
> Elev <- raster("elev.gri") #海拔层(km)
> Canopy <- raster("cc2.gri") #从 PCA 方法中获取的线性梯度层
> Precip <- raster("precip.gri") #降水层(cm)

#将降水量单位转换为 m
> Precip <- Precip / 100
> layers <- stack(Canopy, Elev, Precip)
> names(layers) <- c("canopy", "elev", "precip")

#物种数据
> birds <- read.csv("birdcommunity.csv")
```

群落数据的输入采用了通用的数据格式，其中每行数据都反映了某一点位物种的检测值。我们需要对数据重新格式化，以生成一个物种-点位数据框，其中，列代表物种，行代表点位（图 11.1）。另外，请注意，点位数据的坐标系为 WGS84，与栅格数据的坐标系不同。

我们首先将这些数据转换为 SpatialPointsDataFrame，然后将数据投影转换为栅格数据的投影。

```
> birds.latlong <- data.frame(x = birds$LONG_WGS84, y =
  birds$LAT_WGS84)
> birds.attributes <- data.frame(transect = birds$TRANSECT,
  point = birds$STOP,species = birds$SPECIES,
  pres =birds$PRES)

#定义 CRS
> crs.latlong <- CRS("+proj=longlat +datum=WGS84")
> crs.layers <- CRS("+proj=aea +lat_1=46 +lat_2=48 +lat_0=44
  +lon_0=-109.5 +x_0=600000 +y_0=0 +ellps=GRS80
  +datum=NAD83+units=m +no_defs")
#创建 SpatialPointsDataFrame
> birds.spdf <- SpatialPointsDataFrame(birds.latlong, data=
  birds.attributes,proj4string = crs.latlong)

#将取样点位的 CRS 转换为层的 CRS
> birds.spdf <- spTransform(birds.spdf, crs.layers)
```

```
#新的 x-y 坐标的数据框
> birds.df <- data.frame(birds.spdf@data, x=coordinates
  (birds.spdf)[, 1],y = coordinates(birds.spdf)[, 2])
> head(birds.df, 2)

##
Transect    point    species    pres        x          y
1 452511619       5      AMDI        0   59142.22   173151.8
2 452511619       6      AMDI        0   58834.36   173185.7
```

现在，我们将数据重新格式化为一种宽格式，创建适用于 reshape2 程序包的点位-物种数据框架（Wickham，2007）。

```
> library(reshape2)
> species.site <- dcast(birds.df, transect + point + x + y ~
  species, value.var = "pres")
```

```
#不含属性(只有物种)
> spp.matrix <- species.site[, -c(1: 4)]
```

最后，我们将筛查那些非常稀有的物种，创建一个在 20 个以上点位可检测到的物种名称向量。

```
#基于发生频率取子集
> prevalence <- colSums(spp.matrix)
> prevalence.20 <- prevalence[prevalence > 20]
> species.20 <- names(prevalence.20)
```

我们用这个 20 个以上点位（1145 个点中）检测到的物种列表对物种数据取子集，为此，我们使用%in%命令选择那些列名与物种名称向量中相匹配的列加以保留。

```
> species.matrix <- spp.matrix[, colnames(spp.matrix) %in%
  species.20]
```

我们可以用多种方式对这一物种矩阵进行概要统计。例如，我们可以计算每个点位观察到的物种数（见下文），以及采样点位间被采样物种的流行状况（图 11.6）。在本例中，观察到的（未校正的）物种丰富度变化很大，平均值为 12.8

种，大多数物种的流行率较低，只有少数物种能在大多数点位上观察到（图11.6b）。我们也可以计算群落组成和相似性，如群落相异性的 Sørenson 指数可以计算为

```
> Sørenson <- vegdist(species.matrix, method = "bray")
> Sørenson.mat <- as.matrix(Sørenson)
```

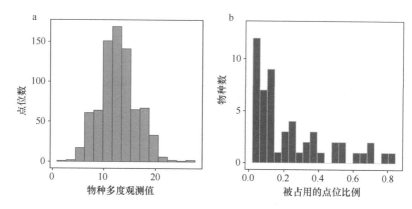

图 11.6　陆地鸟类监测项目中群落数据的概要统计

数据源自 3 年（2000 年、2002 年和 2004 年）782 个取样点位。图中所示为点位水平的观察：
图 a 为物种丰富度（>20%点位出现的物种）；图 b 为物种流行度

其中，"bray" 方法将个体数简化为二进制数据来计算 Sørenson。利用这些数据，我们可以提取点位上的相关环境信息，并检查环境变量间的相关性。

```
> site.cov <- extract(layers, species.site[, c("x", "y")])
> round(cov(site.cov), 2)

##
        canopy   elev   precip
canopy   1.00    0.01    0.13
elev     0.01    1.00   -0.04
precip   0.13   -0.04    1.00
```

上述环境变量在取样点位间不存在很强的相关性，因此，在模拟过程中，我们可以对变量中的任何一个加以考虑，而不必对共线性给予任何实质性的关注（Dormann et al.，2013）。有了这些信息，我们现在可以对群落进行空间模拟。

11.3.3.1　先预测后组合

首先，我们分别对每个物种进行模拟，然后将模拟结果结合起来对整个区域进行预测，这种方法有时被称为"堆叠式物种分布模型（stacked species distribution model）"或 S-SDM（Dubuis et al.，2011；D'Amen et al.，2015），我们将采用第 6 章和第 7 章中描述的类似方法对此加以说明。我们用一种 logistic 回归框架分别对每个物种进行模拟，并将模拟结果的相关输出存储在列表文件中以供后期处理。请注意，如果我们对群落水平的推断感兴趣，例如，群落整体上是否随着海拔或冠层盖度而变化，我们可以用 mvabund 程序包（Wang et al.，2018）自动将每个物种模拟为协变量的函数（使用 manyglm 函数），该程序包的主要优点包括了可以应用于物种特定的 logistic 回归模型中与概要推断相关的检验。在此，我们举例说明如何手动应用这些模型，这可为不同的物种选择不同的模型提供更大的灵活性。

```
> pred.map <- list() #存储预测结果图
> pred.coef <- list() #存储系数值
```

如果每个物种模拟时使用了不同的协变量（物种特定的选择），那么每个物种会具有不同的概要统计信息，此时采用列表格式进行存储特别有效。下面我们考虑每个环境协变量，并将海拔对物种分布的潜在非线性影响包括在内。

```
> Nspecies <- ncol(species.matrix)
> Nsites <- nrow(species.matrix)

#为了更简单地处理数据，创建协变量向量
> canopy <- site.cov[, "canopy"]
> elev <- site.cov[, "elev"]
> precip <- site.cov[, "precip"]

#对每个物种运行一次广义线性模型模拟
> for (i in Nspecies){
species.i <- glm(species.matrix[, i] ~ canopy +
  poly(elev, 2) +precip, family = binomial)

#模型中的系数
pred.coef[[i]] <- coef(species.i)
```

#用于绘图的预测结果
```
logit.pred <- predict(model = species.i, object = layers,
fun  =  predict)prob.pred  <-  exp(logit.pred)  /  (1  +
exp(logit.pred))
pred.map[[i]] <- prob.pred
}
```

#把列表数据转换为一个多层的堆叠栅格层
```
> prob.map.stack <- stack(pred.map)
> names(prob.map.stack) <- colnames(species.matrix)
```

请注意，初始预测是在链接尺度（logit）上，但我们将预测结果转换回概率尺度进行绘图，我们可以查看任何物种的结果图及系数估计值，在此，我们以物种矩阵中的第一个物种——美洲知更鸟（*Turdus migratorius*；文中未显示图）为例加以说明。

#对物种 1 的预测结果绘图
```
> plot(prob.map.stack$AMRO, xlab = "Long", ylab ="Lat",
  main="AMRO - Predict first, assemble later")
> pred.coef[[1]]
```

##[①]
```
(Intercept) canopy poly(elev, 2)1  poly(elev, 2)2      precip
1.409192    -1.316308    -15.609141      3.737752   -1.521089
```

有了这些物种特有的结果图，我们可以用多种方式对被预测的群落进行组合，我们可以基于某一阈值将概率图转换为存在-缺失的二元图（见第 7 章）（Algar et al.，2009；Dubuis et al.，2011）。例如，Dubuis 等（2011）通过选择一个物种特有的阈值，使敏感性和特异性之和最大化，从而创建了二元预测结果（D'Amen et al.，2015）。对于预测结果为发生概率的模型，更为自然的方式是基于二项式分布的实现来创建二元图，因为我们在 logistic 模型中假设观测值来自这种分布。在此，我们说明如何使用二项式分布中的随机偏离（实现），并将其与简单的物种流行阈值进行对比，这种阈值设定技术在单物种模型中是十分有用的（Liu et al.，2005）。

我们首先说明完成一次二项式分布的实现，为此我们创建了一个基于预测概

---

① 译者注：原书中该计算结果有误，译者已根据原书中代码的实际计算结果进行了更正

率生成二进制图的函数。

```
> binary.map <- function(map){
  values.i <- values(map)
  binom.i <- rbinom(length(values.i), prob = values.i,
  size = 1)
  map <- setValues(map, binom.i)
  return(map)
}
```

该函数可获取单幅栅格图并提取图上的值，然后用 rbinom 函数基于预测概率完成一次实现（随机偏差）。我们可以在堆叠的栅格层上来实现此函数，函数将在每一层上分别运行。

```
> binary.map.stack <- binary.map(prob.map.stack)
```

有了这些预测的二进制图，我们可以收集群落水平上的各种概要统计，例如，我们对物种丰富度计算如下。

```
#预测得出的物种丰富度
> spp.binomial.map <- sum(binary.map.stack)
```

这幅图说明了使用基于物种发生的预测概率的二项式分布中单一随机偏差如何会导致预测结果中出现大量噪声，而图中显示的空间格局却很少。如果我们重复上述计算过程多次，然后绘制丰度预测值的均值或中位数，那么我们就会从一个不同的视角看待这一问题，我们可以基于所考虑的协变量来观察整个区域丰度预测值的空间格局（图 11.7a）。下面，我们重复运行 binary.map 函数，

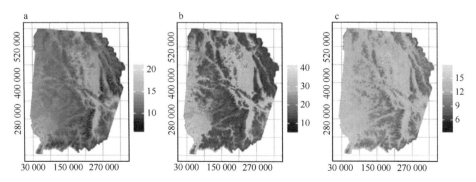

图 11.7 基于先预测后组合与先组合后预测方法的物种丰富度对比图（彩图请扫封底二维码）
先预测后组合方法所得的预测图的差异在于，是采用二项分布的随机偏差生成结果（a），还是基于物种出现率阈值生成的结果（b）；图 c 为先组合后预测方法所得的结果图，该方法倾向于预测总体物种丰富度更低的数据类型

并使用 addLayer 函数将二项式分布的每次实现添加到堆叠栅格层中（此循环运行相对较慢）。

```
# 19 个总随机偏差的丰度:
> for (i in 1: 18){
  binary.map.i <- binary.map(prob.map.stack)
  richness.i <- sum(binary.map.i)
  spp.binomial.map <- addLayer(spp.binomial.map, richness.i)
  print(i)
}
```

```
#分布的概要统计
> spp.mean.map <- mean(spp.binomial.map)
> plot(spp.mean.map)
```

我们可以将上述方法与更常用的阈值概率方法进行对比，用每个物种的流行率将概率截断为 0-1 格式数据来说明阈值的应用（图 11.7b）。

```
> spp.t.map <- pred.map
> for (i in 1: Nspecies){
  thresh.i <- sum(species.matrix[, i]) / Nsites
  spp.t.map[[i]][which(spp.t.map[[i]][] > thresh.i)] =1
  spp.t.map[[i]][which(spp.t.map[[i]][] <= thresh.i)] =0
}
```

请注意，我们也可以使用其他方法对模型的预测结果进行叠加，例如，物种特有模型中得出的概率可以跨物种求和（Distler et al.，2015），然而，当 S-SDM 中使用的数据是（仅）存在格式（如标本室收集的数据）时，概率求和的方法就变得不可行，因为这些概率并非发生概率，而是假定与发生成比例的相对概率（Hastie and Fithian，2013；Yackulic et al.，2013）。Pearson 等（2004）认为，在使用只存在类型数据时，应尽量减少假阴性错误率（即遗漏错误），以便选择一个尽量降低将观察到的存在点位预测为缺失点位（或不适宜的生境）的阈值。例如，Newbold 等（2009）基于存在数据确定了一个敏感性达 95%的阈值（Mateo et al.，2012），Liu 等（2013）认为，确定阈值时最为适宜的做法是使敏感性和特异性之和达到最大。其他与存在数据一起使用的方法包括选择与物种丰富度等独立数据在最大程度上保持一致的敏感度阈值或阈值的变体（Pineda and Lobo，2009，2012；Milanovich et al.，2012；Zhang et al.，2016）。

11.3.3.2　先组合后预测

与对每个物种分别进行模拟，然后对模型的预测结果进行汇总不同，我们可以先对群落进行组合，然后对其进行模拟。最简单的方法是汇总检测到的物种/点位数据（或类似的指标，如使用稀疏方法），然后像前面一样直接采用广义线性模型来模拟物种多度，在这种情况下，采用的是基于计数的广义线性模型，如泊松（Poisson）回归。其他方法还有对物种组成和相似性的集合度量。

模拟物种丰富度。泊松回归是一种基于计数数据的自然广义线性模型，模型中假设数据源自一种泊松分布或大于等于零的整数，并假设数据的均值与方差相等，然而情况往往并非如此，在生态数据中我们更常观察到的是方差随均值的增加而增加，出现这种状况时，基于泊松分布的广义线性模型可能会过度离散，从而导致推断过于自由（即产生 I 型误差的可能性更大；Zeileis et al.，2008）。在这种情况下，拟泊松模型（quasi-Poisson model）或负二项回归模型则成为再自然不过的选择。拟泊松模型往往估计的系数与泊松模型相同，但会从数据中估计一个尺度参数，用于对推断中的过度离散进行调整，该模型可通过 glm 函数来实现，但需指定"family=quasipoisson"。当数据过度离散时更为常用的是负二项回归（negative binomial regression），该模型并未假设均值等于方差，而是估计了一个通常被称为 θ 的附加尺度参数，该模型可用 MASS 程序包中的 glm.nb 函数来实现（Venables and Ripley，2002）。拟泊松模型和负二项回归模型的参数数量相同，但对方差与均值间的函数关系做了不同的假设：前者将其假设为线性关系，而后者则假设为二次关系（Hoef and Boveng，2007）。

我们可以采用几种方法来诊断过度离散存在的可能性，一种粗略的方法是查看模型中残差与自由度间的比率（c），如果 $c \gg 1$，那就意味着存在过度离散；另一种方法是使用 AER 程序包中的 dispersiontest 函数（Kleiber and Zeileis，2008），该函数将对泊松模型中均值是否等于方差进行检验（Cameron and Trivedi，1990）。

下面我们拟合一个泊松模型，并确定是否存在任何过度离散的证据。我们首先对丰富度数据进行组合，然后拟合一个泊松广义线性模型。

```
> richness <- rowSums(species.matrix])
> pois.rich <- glm(richness ~ canopy + poly(elev, 2) + precip,
family = poisson)
> summary(pois.rich)

##
glm(formula = richness ~ canopy+poly(elev, 2) + precip, family
=poisson)
```

```
Deviance Residuals:
Min     1Q  Median      3Q     Max
-3.6603  -0.6006  -0.0088  0.6149  2.9355
Coefficients:
                Estimate    Std. Error  z value   Pr(>|z|)
(Intercept)      2.72432     0.03549     76.770    < 2e-16  ***
canopy          -0.19808     0.02889     -6.856    7.06e-12 ***
poly(elev, 2)1  -1.52544     0.29129     -5.237    1.63e-07 ***
poly(elev, 2)2  -1.14501     0.29472     -3.885    0.000102 ***
precip          -0.18532     0.04015     -4.615    3.92e-06 ***
---
Signif. codes: 0 '***' 0.001 '**' 0.01 '*' 0.05 '.' 0.1
' ' 1
(Dispersion parameter for poisson family taken to be 1)
Null deviance: 775.20 on 781 degrees of freedom
Residual deviance: 658.86 on 777 degrees of freedom
AIC: 4077.3
```

该模型中自由度为 777 时残差为 658.86 或 c=0.85，表明不存在过度离散，我们可以用 AER 程序包更为正式地对此进行检验。

```
> dispersiontest(pois.rich, trafo = 1)
```

检验结果进一步确认不存在过度离散（p=1.0）。如果有过度离散存在的信号，我们可以将此模型与拟泊松模型和负二项回归模型进行对比。

```
> qpois.rich <- glm(richness ~ canopy + poly(elev, 2) + precip,
  family = quasipoisson)
> nb.rich <- glm.nb(richness ~ canopy + poly(elev, 2) + precip)
```

我们将这些"先组合"模型的预测图与基于"后组合"创建的先验图进行对比。

```
#对泊松模型进行绘图
> pois.raster <- predict(pois.rich, layers)
> spp.raster <- exp(pois.raster) #反向转换为计数尺度
```

为了突出显示模型间的空间变异性，我们可以绘制相应的差异图。

```
> spp.diff <- spp.mean.map - spp.raster
```

上述这些方法间存在着重要的区别，一般来说，使用 S-SDM 往往会高估物种丰富度（Dubuis et al.，2011；D'Amen et al.，2015），特别是在使用物种特有的阈值时（图 11.7b）。然而，它们之间确实也存在着相互关联（Newbold et al.，2009）。我们可以采用下面的代码来检视这种关联性。

```
> richness.stack <- stack(spp.mean.map,
  spp.binomial.thres.map, spp.raster)
> names(richness.stack) <- c("binom-rich", "thres-rich",
  "pois-rich")
> richness.map.corr <- layerStats(richness.stack, 'pearson',
  na.rm = T)
> richness.map.corr
```

```
##
$'pearson correlation coefficient'
               binom.rich    thres.rich    pois.rich
  binom.rich   1.0000000     0.4150215     0.8118022
  thres.rich   0.4150215     1.0000000     0.5685640
  pois.rich    0.8118022     0.5685640     1.0000000

$mean
binom.rich    thres.rich    pois.rich
6.811837      24.379847     6.784896
```

在本例中，使用 logistic 模型的二项式实现比阈值预测有着更强的正相关性。更重要的是，通过对物种进行单独模拟，S-SDM 不会对某个点位发生的物种数加以明确的限制（例如，S-SDM 假设生物间的相互作用和可获取的能量并非局地限制因子），并且隐含地表明了群落组装中的格里森连续体与物种分选的观点。

物种丰富度的模拟也可通过对物种总数取子集的方式来完成，例如，特有种的数量或某一功能群中的物种数量。相关的度量指标，如 Simpson 多样性指数或 Shannon 多样性指数（Magurran，2004），也可采用类似的方法直接进行模拟，但所采用的广义线性模型会有所不同，这取决于所选用的响应变量的分布特征。排序度量指标也可用这种方式直接进行模拟（Faith et al.，2003；Chang et al.，2004），例如，我们可以从群落数据中提取排序轴（见下文），然后直接对这些轴进行模拟。

相异性模拟。"先组合"的另一种应用主要是通过将物种组合成一个物种相异

性矩阵来解释 β 多样性,基于这些矩阵,我们可以使用广义相异性模拟(generalized dissimilarity modeling,GDM)(Ferrier et al.,2007)、Mantel 检验(Legendre et al.,2005)或基于距离的冗余分析(Legendre and Anderson,1999)来模拟跨空间的 β 多样性。在此,我们重点介绍 GDM,Mantel 检验和冗余分析的应用。

我们可以用 gdm 程序包来拟合广义相异模型,为该程序提供格式化数据的方法有多种,通常是在广义相异模型算法实现之前通过 formatsitepair 函数来完成。下面我们举例说明一种与上面使用的数据格式一致性最高的格式,简言之,我们采用一个点位-物种数据矩阵作为响应变量,矩阵中的一列用于存储各点位的 id,两列用于存储各点位的 *x-y* 坐标(坐标值可分别传递给模型中的函数),其余为各点位的物种数据,同时一个点位-协变量矩阵作为解释变量,gdm 程序包接受的数据格式还包括列表格式和传递过来的先前创建的相异性矩阵,而非原始的输入数据。

```
> library(gdm)
> siteID <- 1: nrow(species.matrix)
> site.utm <- data.frame(x = species.site$x, y = species.site$y)
> gdm.species.matrix <- data.frame(cbind(siteID, site.utm,
    species.matrix))
> gdm.site.matrix <- data.frame(cbind(siteID, site.cov))
```

gdm 程序包使用不同点位间物种组成的相异性矩阵作为响应变量,在此我们选用 Sørenson 相异性矩阵,并用 formatsitepair 函数来格式化数据。

```
#获取 gdm 格式的对象
> gdm.data <- formatsitepair(gdm.species.matrix, bioFormat =
    1, dist = "bray", abundance = F, XColumn = "x",
    YColumn = "y", siteColumn = "siteID",
    predData = gdm.site.matrix)
```

请注意,gdm 程序包将原始的物种数据传递给 vegan 程序包来计算一个相异性矩阵,在本例中,我们指定了 Bray-Curtis 相异度指标,由于设置了"abundance – F",该度量指标就变为了 Sørenson 指数。基于这一新格式化的对象,我们可以使用 gdm 函数来运行 GDM 算法。

```
> gdm.dist <- gdm(gdm.data, geo = T)
> summary(gdm.dist)
```

"geo=T"命令告诉函数采用地理距离矩阵作为模型的协变量。summary 函数为我们提供了几个关键的结果。首先，它提供了模型所解释的偏差比例，这可以看成是与解释变异的度量指标（R^2）类似的一个指标。请注意，如果在不考虑地理信息的情况下（geo=F）重新拟合模型，那么所解释的偏差比例仅从 13.2% 下降到 12.7%，可见地理效应只解释了该数据集中总体相异性变化的一小部分。其次，summary 函数还提供了每个协变量在解释变量拟合中的系数信息。让我们回想一下，GDM 的一个过程是使用 I 样条方法，即采用非线性单调（非递减）样条法来解释环境或空间梯度上的周转率。gdm 函数默认使用三个结（有关样条曲线中使用结的讨论请参见第 6 章）来创建 I 样条曲线，在概要输出中提供了有关样条曲线拟合的信息，用户可以使用 splines 和 knots 命令手动更改结数及其位置。用已创建的模型可以非常简单地解释估计得出的环境关系，例如，我们可以用如下代码绘制偏相关响应图。

```
> plot(gdm.dist, plot.layout = c(3, 2))
```

这些图（图 11.8）可以加深我们对上述分析方法的理解。首先，每个样条曲线的最大高度描述了解释变量沿梯度变化的总幅度（Manion et al., 2018），在本例中，海拔捕获的变化最大，而地理距离捕获的变化最小。其次，样条曲线的形状为我们提供了群落中变化（周转）率的信息并明确显示出变化率最大的地方。

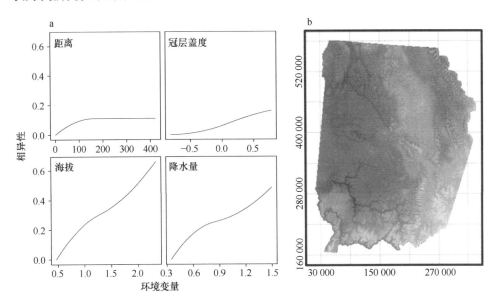

图 11.8　广义相异模型中环境变量与相异性预测结果间关系示意图（彩图请扫封底二维码）

a. 广义相异模型偏相关图和相异性预测；b. 相异性图，图中相似的颜色代表相似的群落

我们也可基于一个 gdm 模型对象采用几种方法进行空间预测，但要保持谨慎。首先，我们可以用 predict 函数来评估模型的拟合度，即将相异性预测值作为观察值的函数进行绘图（输出结果未显示）。

```
> gdm.fit <- predict(gdm.dist, gdm.data)
> plot(gdm.data$distance, gdm.fit, xlim = c(0, 1), ylim =
  c(0, 1), lines(c(0, 1), c(0, 1)))
```

在本例中，模型对数据的拟合度相对较差，考虑到模型所能解释的偏差量较低，这一结果并不令人惊讶。我们也可以在空间上进行预测，这需要分几步进行，首先我们需要基于 GDM 进行栅格层转换。

```
> gdm.trans.data <- gdm.transform(gdm.dist, layers)
> plot(gdm.trans.data)
```

gdm.transform 函数采用了一个 gdm 的对象，将栅格层转换为进一步分析所需的"生物空间"（Manion et al.，2018），栅格层中协变量值表示沿该梯度的相异性，最小值为零，最大值为最大相异性值，该函数的输出结果是对每个环境梯度上相异性的预测值。请注意，计算过程中栅格图层的顺序必须与 GDM 中指定的顺序保持一致。为了对所有变量的相异性做全面预测，需要将每个协变量（栅格层）的预测结果结合起来。我们可以在变量数较少时对每个变量单独进行缩放和求和或在变量数较多时使用主成分分析（PCA）方法[见 Manion 等（2018）对相关程序包的简介]，在此，我们对一个使用 PCA 方法的例子加以演示，PCA 是一种降低多变量数据维数的排序技术，该方法从多变量数据中产生新的变量（即主成分），这些新变量是原始多变量数据的线性组合，在此我们不会将关注点放在 PCA 方法的工作细节上，感兴趣的读者可参见 Legendre 和 Legendre（1998）的专著。对于相对较大的栅格数据，我们可以先对其进行重采样，然后对重采样值进行 PCA 分析。

```
> sample.trans <- sampleRandom(gdm.trans.data, 10000)
> sample.pca <- prcomp(sample.trans)

#检视
> summary(sample.pca)

##
Importance of components:
                          PC1       PC2       PC3       PC4       PC5
```

```
Standard deviation     0.1556   0.088920.043030.027790.01519
Proportion of Variance0.6924   0.226000.052920.022080.00659
Cumulative Proportion 0.6924   0.918410.971330.993411.00000
```

```
> round(sample.pca$rotation, 2)  #特征向量
```

```
##
          PC1       PC2       PC3       PC4       PC5
  xCoord  0.04     -0.13      0.07      0.26     -0.95
  yCoord -0.02      0.10      0.03      0.96      0.25
  canopy  0.04      0.01      1.00     -0.04      0.06
  elev    0.77     -0.63     -0.03      0.04      0.13
  precip  0.64      0.76     -0.03     -0.04     -0.09
```

　　从上面的结果可以看出,前两个主成分解释了约 92%的变化(取自"Importance of components"表),特征向量为我们提供了构成新的 PC 变量的原始数据线性组合的信息。在本例中,前两个成分是海拔和降水量,第三个则是冠层盖度。考虑到部分预测（图 11.8a）及变量间的相关性,这一结果是具有一定意义的。基于这个 PCA 的结果,我们可以从数据中预测每个主成分的得分。在此,我们采用"index=1：3"命令只关注前三个主成分。

```
> gdm.pca <- predict(gdm.trans.data, sample.pca, index = 1：3)
```

　　上述代码将为我们提供前三个主成分的预测结果,创建一个集成预测结果的方法是将主成分值重新缩放到 0～1,然后使用 raster 程序包中的 plotRGB 函数对其求和[见 Manion 等（2018）对该程序包的简介]。

```
#缩放到 0～1 范围内
> gdm.pca <- (gdm.pca - minValue(gdm.pca)) /
  (maxValue(gdm.pca) - minValue(gdm.pca))
> plotRGB(gdm.pca, r = 1, g = 2, b = 3, scale = 1)
```

　　在上述绘图过程中,我们指定第一主成分为红色通道,第二主成分为绿色通道,第三主成分为蓝色通道。"scale=1"是告知 plotRGB 函数主成分数据的最大值为 1。请注意,通过标准化的方式对主成分值进行缩放并使用 plotRGB 命令,意味着我们对每个主成分赋予了相同的权重。综上所述,该预测图（图 11.8b）反映了群落组成在空间上的差异,其中相似的值代表了相似的群落。

11.3.3.3　组合和预测同时进行

越来越多的群落模型可以同时进行组合和预测，这样做有几方面的好处。常用的技术包括一些类型的约束排序（Guisan et al.，1999）和多变量广义线性类的模型，有时也称为"联合物种分布模型"（Dorazio et al.，2006；Ovaskainen et al.，2010；Wang et al.，2012）。

直接梯度分析。直接梯度分析（如 RDA 和 CCA）是最常用的群落模拟方法。Vegan 程序包可以用来实现 RDA 和 CCA，这类模型都使用一个点位-物种矩阵作为响应变量，在此我们重点讨论 RDA。Blanch 等（2014）指出，当基于简单的匹配系数来计算相异性时（式 11.12），使用二进制数据的 RDA 等同于基于距离的 RDA（见下文；Legendre and Anderson，1999）。

$$\left(1 - \frac{a+d}{a+b+c+d}\right)^{0.5} \tag{11.12}$$

式中，a、b 和 c 的定义如式（11.4）所示，d 是两物种均不存在的点位数，基于式（11.12）我们可以拟合一个简单的 RDA。

```
> rda.bird <- rda(species.matrix ~ canopy + poly(elev, 2) +
  precip)
> rda.bird

##
Call: rda(formula = species.matrix ~ canopy +
poly(elev, 2) + precip)
                    Inertia    Proportion    Rank
 Total              7.1866     1.0000
 Constrained        0.8163     0.1136        4
 Unconstrained      6.3703     0.8864        53
 Inertia is variance

Eigenvalues for constrained axes:
RDA1    RDA2    RDA3    RDA4
0.4356  0.2517  0.0769  0.0522

Eigenvalues for unconstrained axes:
PC1     PC2     PC3     PC4     PC5     PC6     PC7     PC8
0.3771  0.3384  0.3102  0.2809  0.2553  0.2274  0.2111
0.2033
(Showed only 8 of all 53 unconstrained eigenvalues)
```

在 R 语言环境下输入 rda.bird 命令后的输出结果显示了由约束轴解释的总惯量（约为方差）的比例，同时还提供了约束轴及前几个无约束轴的特征值。这到底意味着什么？让我们回想一下，RDA 可以看作是一个针对每个物种单独回归的拟合值进行主成分分析的多变量回归（Borcard et al.，2011）。RDA 对所有解释变量线性组合后形成的新轴进行计算，约束轴的数量与解释变量的数量相同，其中第一个轴比第二个轴解释更多的变化，第二个轴比第三个轴解释更多的变化，以此类推。每个轴的特征值与基于新轴解释的变化间成比例，而特征向量反映了解释这些轴的变量权重。无约束 PCA 轴的特征值代表解释性协变量未能捕获的残余变异。summary 函数提供了点位和物种的得分以及上述惯量的概要统计，具体来说，该函数显示了"物种得分"和"点位限制"，反映了物种和点位（点计数位置）在这个受限的多变量排序空间中所处的位置。我们可以提取点位和物种的得分进行绘图，并采用 scores 函数对其进一步加以解释（未显示输出结果）。

```
> scores(rda.bird, choices = 1: 2, display = "sites")
> scores(rda.bird, choices = 1: 2, display = "species")
```

我们可以选择排序数据可视化常用的 biplots 函数来绘制这些得分的双标图（图 11.9a，b）。

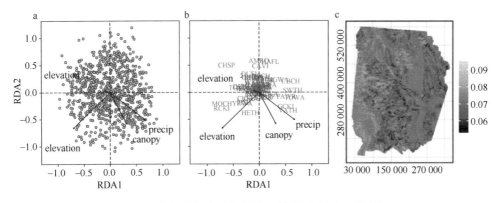

图 11.9　鸟类群落的冗余分析（彩图请扫封底二维码）

a. 基于点位得分的双标图；b. 基于物种得分的双标图（图中浅色文字为基于美国鸟类学会标准代码的四字母物种代码）；c. 杂色鸫物种得分的预测图

我们采用 anova 函数进行置换检验，该函数主要是通过对群落矩阵中的数据行进行置换来评估 RDA 轴的显著性。

```
> anova(rda.bird)
```

```
##
Permutation test for rda under reduced model
Permutation: free
Number of permutations: 999
Model: rda(formula = species.matrix ~ canopy + poly(elev, 2)
+ precip)
        Df  Variance      F    Pr(>F)
Model    4  0.8163   24.893   0.001 ***
Residual 777  6.3703
---
Signif. codes: 0 '***' 0.001 '**' 0.01 '*' 0.05 '.' 0.1
' ' 1
```

这里采用"anova"作为函数名似乎有点不太恰当，因为函数进行的并非方差检验，使用这一名称主要是考虑置换检验的结果可以用类似方差检验的方式进行概要统计，并提供一个类似的标准化 ANOVA 表。在本例中，尽管 RDA 轴解释了方差（惯量）的微小变化，但置换检验的结果显示这些轴仍是显著的，每个协变量可以按顺序逐一（by = 'term'）或同时进行检验。

```
> anova(rda.bird, by = 'mar') #边际检验
```

```
##
Permutation test for rda under reduced model
Marginal effects of terms
Permutation: free
Number of permutations: 999

Model: rda(formula = species.matrix ~ canopy + poly(elev, 2)
+ precip)
               Df    Variance      F       Pr(>F)
canopy         1     0.1291      15.752    0.001 ***
poly(elev, 2)  2     0.4043      24.658    0.001 ***
precip         1     0.2427      29.607    0.001 ***
Residual       777   6.3703

---
Signif. codes: 0 '***' 0.001 '**' 0.01 '*' 0.05 '.' 0.1
' ' 1
```

　　上述置换检验的结果表明，每个解释变量都解释了物种数据中的显著变化。还有几种对 RDA 进行概要统计的其他方法，我们在此不再一一介绍，感兴趣的读者可参见 Borcard 等（2011）的专著。

　　最后，我们对研究区内 RDA 模型的要素进行绘图（图 11.9），在本例中，我们可以根据点位得分（环境协变量的线性组合）或物种得分进行预测，具体代码如下所示。

```
#首先将栅格数据转换为数据框格式
> layers.df <- as.data.frame(layers, xy = T, na.rm = T)

#基于新的数据框预测点位得分
> rda.site.pred <- predict(rda.bird, layers.df, type = "lc")

#基于新的数据框预测物种得分
> rda.species.pred <- predict(rda.bird, layers.df, type =
  "response")
```

　　基于上述的预测结果可以进行空间绘图，在此我们对杂色鸫的物种得分进行了绘图（与第 7 章中的绘图进行了比较，图 11.9）。我们基于分割物种发生观测数据的最佳阈值对物种得分进行截短，将其转换为 0-1 类型数据（Liu et al.，2005），然后对物种丰富度的预测结果求和，这与上文介绍的 S-SDM 方法类似。

　　与上述使用物种发生矩阵的 RDA 不同的是，我们还可以使用相异性矩阵，相应的方法可称为基于距离的冗余分析或 dbRDA（Legendre and Anderson，1999），在该方法中我们首先完成（群落相异性）组合，然后类似于广义相异性模拟对不同点位间的相异性进行解释，这种 RDA 方法可以通过 vegan 程序包中的 capscale 函数来实现。有关 dbRDA 与 RDA 间关系的讨论，可参见 Blanchet 等（2014）的文章。

　　多变量回归。几种单变量模拟方法已经扩展用于同时模拟多个物种，我们有时将其称为联合物种分布模型（jSDM）（Clark et al.，2014；Pollock et al.，2014；Ovaskainen et al.，2016b），主要包括多变量逻辑回归模型、多物种占用模型、多变量机器学习方法（如神经网络）和多变量自适应回归样条等，这些方法非常复杂，在此我们将通过一些简单的演示来说明这类模型。

　　我们从一个多变量逻辑回归开始，该回归是通过使用物种水平的随机效应形成的。在第 6 章中，我们用随机效应作为解释空间依赖性的手段。具体来说，我们通过添加随机效应（如样带、网格或流域）来拟合多层次模型，这些随机效应捕获的是数据中的空间层次结构，这样我们就将"随机截距"添加到了模拟框架中。另一种随机效应是一个"随机系数"（也称"随机斜率"），这类随机效应允许一个预测变量的某种效应随着随机效应的变化而变化（图 11.5）。如果我们添加物种作为一个随机系数，即可考量不同物种可能会对环境协变量做出不同的响应。

要构建一个多变量逻辑模型，需要使用长格式而非宽格式的群落数据。为此，我们对 species.matrix 和 site.cov 两个对象进行合并，然后使用 reshape2 程序包中的 melt 函数将合并后的对象融合为一个数据框。

```
> species.matrix.df <- data.frame(cbind(site.cov,
  species.matrix))
> sp.multi <- melt(species.matrix.df, id.vars = c("elev",
  "canopy", "precip"), variable.name = "SPECIES",
  value.name ="pres")
```

基于这种数据格式，我们可以用 lme4 程序包中的 glmer 函数拟合一个随机截距模型。

```
> library(lme4)
> multi.int <- glmer(pres ~ canopy + elev + I(elev^2) +
  precip+(1|SPECIES),family = "binomial", data = sp.multi,
  glmerControl(optimizer = "bobyqa"))
> summary(multi.int)

##
Generalized linear mixed model fit by maximum likelihood
(Laplace Approximation) [glmerMod]
Family: binomial ( logit )
Formula: pres ~ canopy + elev + I(elev^2) + precip + (1 | SPECIES)
Data: sp.multi
Control: glmerControl(optimizer = "bobyqa")

AIC      BIC      logLik   deviance   df.resid
35404.4  35456.1  -17696.2  35392.4   41440
Scaled residuals:
Min      1Q    Median     3Q      Max
-2.4474  -0.4686  -0.2841  -0.1620  6.7555

Random effects:
  Groups Name     Variance  Std.Dev.
```

```
  SPECIES (Intercept)    1.751    1.323
Number of obs: 41446, groups: SPECIES, 53
Fixed effects:
                Estimate   Std. Error   z value   Pr(>|z|)
  (Intercept)  -1.59635    0.24292      -6.572    4.98e-11 ***
  Canopy       -0.35606    0.03881      -9.175    < 2e-16  ***
  elev          0.89779    0.23139       3.880    0.000104 ***
  I(elev^2)    -0.42630    0.08412      -5.068    4.02e-07 ***
  precip       -0.32776    0.05357      -6.118    9.47e-10 ***
---
Signif. codes: 0 '***' 0.001 '**' 0.01 '*' 0.05 '.' 0.1
' ' 1


Correlation of Fixed Effects:
                (Intr)     canopy     elev       I (l^2)
  canopy        0.041
  elev         -0.623     -0.048
  I(elev^2)     0.595      0.045     -0.986
  precip       -0.200     -0.121      0.014     -0.006
```

在本例中，我们将冠层盖度、海拔和降水量作为预测因子来模拟每个物种的存在-缺失状态，模拟过程中物种只是以一种随机截距的形式存在，并未对物种的其他影响加以考虑。该模型的计算公式可以解释物种发生（即流行率）的变化，但前提假设是所有物种对环境变量的响应都是相似的。因此，在大多数情况下，上述模型并非十分有用，但我们可以通过添加物种的随机系数及其与冠层盖度和海拔的关系对该模型加以扩展。

#物种的随机系数模型

```
> multi.coef <- glmer(pres ~ elev +I(elev^2) + canopy +
  precip +(1|SPECIES)+(0 + elev|SPECIES) +(0 +
  I(elev^2)|SPECIES) + (0 +canopy|SPECIES) + (0 +
  precip|SPECIES), family = "binomial", data = sp.multi)
```

在本例中包含了考虑环境变量的物种效应随机系数[如（0+elev|SPECIES）]，lme4 程序包中随机效应的语法结构有点令人生畏（Bates et al.，2015），上述语法中"0"告知 lme4 程序不存在物种随机截距（因为我们已经单独对其进行了指定），"elev|SPECIES"则确定了一个随海拔变化的物种随机系数，这允许物种对这些协

变量做出不同的响应。然而，程序中的确假设这些随机系数来自相同的正态分布，这样做隐含地假设物种对这些协变量的响应在某种程度上存在着相似之处，对于那些信息很少的物种而言，这会使其物种系数更接近多物种的均值（Dorazio et al.，2010）。贝叶斯方法在一定程度上放宽了这一假设，可以解释物种间的系统发育依赖性以及物种间相互作用改变结果的可能性（Ovaskainen and Soininen，2011），在此，我们不涉及这类方法。请注意，我们可能会在拟合模型前对变量进行缩放（使用 scale 函数），以帮助改进模型的收敛性。我们对模型的输出结果检视如下。

```
> summary(multi.coef)

##
Generalized linear mixed model fit by maximum likelihood
(LaplaceApproximation) [glmerMod]
Family: binomial ( logit )
Formula: pres ~ elev + I(elev^2) + canopy + precip + (1 | SPECIES)
+ (0 +elev | SPECIES)
+ (0 + I(elev^2) | SPECIES) + (0 + canopy |SPECIES) + (0 + precip
| SPECIES)
Data: sp.multi
Control: glmerControl(optimizer = "bobyqa")
AIC       BIC     logLik deviance df.resid
32514.0   32600.3  -16247.0  32494.0   41436
Scaled residuals:
Min    1Q   Median     3Q      Max
-8.1046  -0.4232  -0.2506  -0.0462  25.7761
Random effects:
 Groups Name                 Variance         Std.Dev.
 SPECIES (Intercept)         5.0330           2.2434
 SPECIES.1 elev              2.7689           1.6640
 SPECIES.2 I(elev^2)         0.5695           0.7547
 SPECIES.3 canopy            0.9091           0.9534
 SPECIES.4 precip            3.3542           1.8314

Number of obs: 41446, groups: SPECIES, 53

Fixed effects:
               Estimate  Std. Error  z value   Pr(>|z|)
```

```
(Intercept)   -2.2549    0.3623        -6.224    4.84e-10 ***
elev           2.2226    0.3625         6.131    8.73e-10 ***
I(elev^2)     -1.0261    0.1493        -6.871    6.37e-12 ***
canopy        -0.5030    0.1398        -3.598    0.000321 ***
precip        -0.5416    0.2609        -2.076    0.037882 *

---
Signif. codes:  0 '***' 0.001 '**' 0.01 '*' 0.05 '.' 0.1
' ' 1
Correlation of Fixed Effects:
             (Intr)       elev         I(l^2)      canopy
elev         -0.381
I(elev^2)     0.331      -0.547
canopy        0.010      -0.008        0.005
precip       -0.041      -0.003        0.002      -0.008
```

模型估计的参数可以看作（输出未显示）：

```
> fixef(multi.coef)
> ranef(multi.coef)
> coef(multi.coef) #combines fixed and random effects
> coef(multi.coef)$SPECIES[, "CC2"]
```

有趣的是，在某些情况下，当我们添加随机系数时，效果可能变得不再显著（没有随机系数时效果是显著的）。为什么会出现这种情况呢？一般来说，如果一个解释变量的效应在不同物种间存在很大的差异的话，那么一旦被捕获到，边际效应就可能会消失。该模型的预测过程可采用与上面类似的方法。

```
> glmm.map <- list() #存储预测图

#提取所有物种的预测图
> for (i in 1: Nspecies){
logit.raster <- coef(multi.coef)$SPECIES[i, 1]+
coef(multi.coef)$SPECIES[i, "elev"] * Elev +
coef(multi.coef)$SPECIES[i, "canopy"] * Canopy
prob.raster <- exp(logit.raster) / (1 + exp(logit.raster))
glmm.map[[i]] <- prob.raster
}
```

请注意，这里我们通过获取物种特定的随机系数来进行预测，我们还可以像第 6 章中所做的那样对每个物种的环境关系进行部分预测，部分预测（或响应曲线）为我们提供了一种可视化方法，即在保持所有其他协变量为常量（通常为均值）的情况下，一个响应变量是如何随某一协变量变化的。为此，我们需要更仔细地查看此模型的输出，并将其与使用 S-SDM 方法创建的模型进行对比，下面我们对黑顶山雀（*Poecile atricapillus*）的输出结果进行比较。

```
> coef(multi.coef)$SPECIES[2, ] #GLMM 系数
##
      (Intercept) elev        I(elev^2)   canopy      precip
BCCH -0.2874097  2.089603 -1.322244      -0.2010582 -1.359818

> pred.coef[[2]]  #S-SDM 模型中的 GLM 系数
(Intercept) canopy       poly(elev, 2)1poly(elev, 2)2precip
0.09001473 -0.17531427-15.42057383  -5.72431042    -1.43894282
```

我们发现除海拔外，多变量模型中估计出的变量系数是相似的，海拔系数的不同部分是由于模拟过程中 S-SDM 中采用的是 poly 函数（重新缩放变量以确保每个多项式项是正交的）而在多变量回归中采用的是 I 函数。我们可以创建一个用于预测的新的数据集并据此生成一些部分图。下面我们重点介绍海拔效应。

```
> site.cov.df <- data.frame(site.cov)
> elev.range <- seq(min(site.cov.df$elev),
  max(site.cov.df$elev), length = 20)
> precip.mean <- mean(site.cov.df$precip)
> canopy.mean <- mean(site.cov.df$canopy)

> newdata.glmm <- data.frame(expand.grid(SPECIES =
  species.20,precip = precip.mean,elev = elev.range,
  canopy =canopy.mean))
```

请注意，我们将其他变量设置为相应的均值，然后用 expand.grid 函数创建用于预测的新数据框。基于这些数据，我们可以用 predict 函数生成每个物种的部分图。

```
> pred <- predict(multi.coef, newdata.glmm, type = "response")
> glmm.pred <- cbind(newdata.glmm, pred)
```

　　预测结果表明，大多数物种相对稀少且对景观中的海拔和降水量没有很强的响应，而一些更常见的物种对这些变量的响应既有正向的也有负向的（图 11.10）。我们可以用与 S-SDM 模型相似的方法采用上述模型预测整个研究区的物种丰富度，我们可采用一种简单的阈值技术或是采用 binary.map 函数从 glmm.map 的输出中衍生出物种丰富度（与 11.3.3.1 节中相同的方式）来获得二项式实现，该模型对物种丰富度的预测结果与上述 S-SDM 代码中所用方法的结果较为相似（比较图 11.10c 和图 11.7a）。

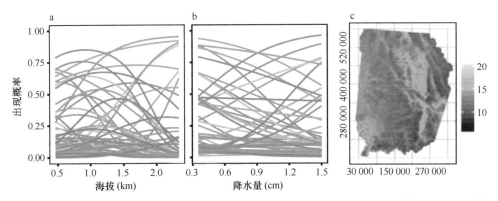

图 11.10　采用不同的随机系数模型预测 53 个物种的海拔效应及整个研究区的物种多度（彩图请扫封底二维码）

a. 基于海拔的部分预测；b. 基于降水量的部分预测；c. 物种多度预测图

11.3.4　群落的空间依赖性

　　虽然上述的模拟框架提供了一种从空间上预测和绘制群落图的方法，但我们演示的大部分内容并不能直接用来解释空间依赖性（Dray et al.，2012）。

　　在解决空间问题时我们考虑了几种方法。首先，我们可以通过多变量相关图和变异函数来考虑群落数据的空间相关性。多变量相关图可用多个程序包来拟合，我们从地理距离的 Mantel 检验开始，然后用一个群落组成的距离矩阵作为响应变量绘制 Mantel 相关图。

```
#计算距离矩阵
> dist.matrix <- as.matrix(dist(site.utm))
```

```
#Mantel 检验
> mantel(Sørenson, dist.matrix, method = "pearson",
  permutations =999)
```

```
##
```

```
Mantel statistic based on Pearson's product-moment
correlation
Call:
mantel(xdis = Sørenson, ydis = dist.matrix, method = "pearson",
permutations = 999)
Mantel statistic r: 0.1141
Significance: 0.001
Upper quantiles of permutations (null model):
90%     95%    97.5%     99%
0.0147  0.0191  0.0221  0.0265
Permutation: free
Number of permutations: 999
```

　　Mantel 检验结果显示，群落相异性与地理距离间的相关性虽然显著（$p<0.001$），但显著性较弱（$r=0.11$），这与 GDM 中观察到的地理效应一致（图 11.8）。更宽泛地说，我们可以用 vegan 程序包来计算 Mantel 相关图，以便更好地理解物种相异性的空间依赖性。

#相关图
```
> mantel.corr <- mantel.correlog(Sørenson, XY = site.utm,
  cutoff= T, r.type = "pearson", nperm = 99)
```

　　在此，我们从群落数据中发现了中度空间依赖性的证据（图 11.11a）。因此，我们希望重新审视上述的一些模拟方法，以明确说明空间依赖性。

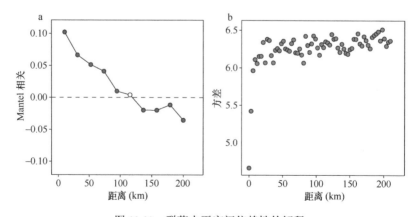

图 11.11　群落水平空间依赖性的解释

a. 基于物种相异性的 Mantel 相关图；b. RDA 残差的多变量变异图

11.3.5　明确考虑空间因素的群落模型

我们可以对直接梯度排序方法加以扩展来考虑空间因素。在本例中，我们正在做的是部分 RDA，在考虑环境协变量之前，地理距离是有条件存在或被"部分排除"。请注意，我们不可能将整个地理矩阵传递给一个部分 RDA；相反，我们需要以某种方式对空间结构进行概要统计。因此，我们从一个欧氏距离矩阵创建一个空间权重矩阵，基于这一距离矩阵，我们可以对一个截短的距离矩阵做主坐标分析来捕获空间结构，就像我们在第 6 章所做的那样。在本例中，我们使用 vegan 程序包中的 pcnm 函数进行如下计算。

```
#邻域矩阵的主成分
> pcnm.dist <- pcnm(dist.matrix)
```

pcnm 函数默认将截短参数设置为最小距离，并用距离矩阵的最小生成树提供一个连接网络，然后我们在对空间因素加以控制的情况下拟合部分 RDA。

```
#部分 RDA
> rda.partial <- rda(species.matrix ~ canopy + elev +
  precip +Condition(scores(pcnm.dist, choices = 1: 10)))
```

在上述模型中，我们主观地确定使用 PCNM 分析结果中的前十个轴，并用上述的置换检验更为正式地筛选 pcnm 变量的效应，然后将那些可以解释物种发生变化的变量包含在内。

```
> rda.distance <- rda(species.matrix ~ (scores(pcnm.dist)))
> rda.distance
> anova(rda.distance, by = 'axis', permutations = 200)
```

我们发现前两个轴可以解释大部分的空间变化，随后我们用那些重要的 pcnm 变量重新拟合部分 RDA，在本例中，一旦排除了空间效应的影响，基于置换检验的环境协变量仍然被认为是重要的，这与 GDM 的结果一致，GDM 的结果表明，周转在很大程度上可以用环境变化而不是地理变化来解释。

为了了解群落排序模型中残差的空间相关性，我们可以进行"多尺度排序"，或采用一个基于 RDA（或 CCA）模型残差的多变量变异函数（Wagner，2004）：

```
> mso(rda.bird, site.utm, grain = 1000, perm = 200)
```

\#基于残差的变异函数
```
> plot(mso.rda$vario$H, mso.rda$vario$CA)
```

在这个函数中，粒度是指距离类的间隔大小，这里我们选择 1km 的粒度（图 11.11b）。分析发现，距离<3km 时存在空间相关性，这与我们在第 6 章中的分析结果一致，但所确定的空间相关性范围小于基于原始相异性的相关图中的范围。

我们已经看到了 GDM 是如何说明空间效应的。此外，第 6 章还说明了对每个物种分别拟合空间回归模型的 S-SDM 是如何说明空间效应的。迄今为止多变量回归技术的空间相关性研究尚无法与单变量空间回归方法相提并论。从原理上讲，添加空间权重函数（如特征向量制图）是很容易实现的，但第 6 章中所述的其他办法实施起来会更难一些。

11.4　需进一步研究的问题

11.4.1　空间-环境效应的拆分

拆分空间对环境效应的作用对于了解群落组合机制和限制群落结构的因素来说非常重要。在群落生态学的某些领域，使用方差拆分方法从环境效应中分离出空间效应有着悠久的传统（Borcard et al.，1992；Peres-Neto et al.，2006），该方法通过是否包含关键协变量（如地理距离）对几个模型进行拟合（Cushman and McGarigal，2002），然后基于被解释的方差（或某些模拟方法中被解释的惯量）变化，定量拆分空间与环境效应的作用。虽然这种方法很有用，但使用时必须保持谨慎，因为方差拆分依赖于一些隐含的假设，例如，协变量间不存在相互作用的假设，并且从生物学来看这些变量在概念上和经验上都是独立的。在 R 语言中有几种方法可以实现方差拆分，其中一种方法可参见 vegan 程序包中的 varpart 函数。

11.4.2　物种间依赖性的解释

在群落的空间模拟中，物种间依赖性的显式模拟越来越受到关注，通常被称为联合物种分布模型（Clark et al.，2014；Pollock et al.，2014；Warton et al.，2015a）。产生依赖性的原因多种多样，包括物种间相互作用的影响、系统发育的依赖性，以及物种可能会利用相似的环境梯度，因此，某一物种的分布可能会帮助我们预测另一物种的分布。广义线性混合模型及其扩展方法是解决这些问题较为常用的方法。在上面的代码中，我们提供了最简单的实现手段，其中我们假设物种来自一·个相同的分布。但我们也可以解决更为复杂的依赖关系，在大多数情况下，贝叶斯层次模型被用来以一种正式的方式捕获物种依赖性的潜变量，具体方法请参见可拟合此类模型的 boral 程序包和 HMSC 程序包（Hui，2016；Ovaskainen et al.，2017）。

11.4.3 空间网络

群落通常被描述为物种间相互作用的网络（Bascompte，2007；Ings et al.，2009）。在第 9 章中，我们分析了空间网络，其中，节点代表斑块，连接反映的是移动或流动。在群落环境中，节点代表的是物种，连接代表的是物种间的相互作用。群落网络方法深刻揭示了群落结构和稳定性的一些特征，特别是网络方法可以潜在地捕获群落中的间接效应，如散布物种的相互作用和间接生态互作关系，并提供一种量化和解释群落中涌现结构的方法。越来越多的人开始对应用这种一般性的方法解释集合群落空间动态和相关空间问题产生了兴趣（Araújo et al.，2011；Gonzalez et al.，2011），例如，物种相互作用的空间网络已被用于确定空间 β 多样性（Poisot et al.，2012，2017）。群落网络也已被用于解决自然保护中的相关问题（Kaiser-Bunbury and Bluthgen，2015）。

11.5 结 论

群落的空间模拟是空间生态学和保护学领域一个重要且快速发展的主题（Dray et al.，2012；Warton et al.，2015b；D'Amen et al.，2017），其重点是预测和绘制群落结构，包括空间上的物种丰富度和 β 多样性，这些信息通常可用于局地和全球的自然保护规划（Myers et al.，2000；Brooks et al.，2002；Wilson et al.，2006；Gray et al.，2016；Cardinale et al.，2018）。

尽管相关研究进展迅速，但了解和模拟具空间结构的群落仍面临许多挑战。虽然具空间结构的群落理论发展迅速（Gravel et al.，2011；Leibold and Chase，2017），但用于解释不同因素如何在空间上控制群落结构的数据还十分有限。利用物种共存的数据解决这些问题历史悠久（Diamond，1975），但共存数据在多大程度上可以提供限制因素（如扩散限制和物种相互作用）的信息尚不十分清楚（Borthagaray et al.，2014；Freilich et al.，2018）。目前，群落空间模拟的挑战包括如何更好地捕获物种间的依赖性、空间依赖性以及扩散限制对观测结果的潜在影响（Cumming et al.，2010；Rota et al.，2016；Clark et al.，2017；Tikhonov et al.，2017）。此外，我们还需要更好地将群落理论与群落的经验模拟相结合（Dorazio et al.，2010），以解释群落组合在一起的原因，并更好地预测其随时间的变化规律。

参 考 文 献

Algar AC, Kharouba HM, Young ER, Kerr JT (2009) Predicting the future of species diversity: macroecological theory, climate change, and direct tests of alternative forecasting methods. Ecography 32(1): 22-33. https://doi.org/10.1111/j.1600-0587.2009.05832.x

Anderson M, Gorley RN, Clarke RK (2008) Permanova+ for primer: Guide to software and statistical methods. Primer-E Limited

Anderson MJ, Crist TO, Chase JM, Vellend M, Inouye BD, Freestone AL, Sanders NJ, Cornell HV, Comita LS, Davies KF, Harrison SP, Kraft NJB, Stegen JC, Swenson NG (2011) Navigating the multiple meanings of beta diversity: a roadmap for the practicing ecologist. Ecol Lett 14 (1): 19-28. https://doi.org/10.1111/j.1461-0248.2010.01552.x

Araújo MB, Rozenfeld A, Rahbek C, Marquet PA (2011) Using species co-occurrence networks to assess the impacts of climate change. Ecography 34(6): 897-908. https://doi.org/10.1111/j. 1600-0587.2011.06919.x

Arrhenius O (1921) Species and area. J Ecol 9: 95-99

Bacaro G, Altobelli A, Cameletti M, Ciccarelli D, Martellos S, Palmer MW, Ricotta C, Rocchini D, Scheiner SM, Tordoni E, Chiarucci A (2016) Incorporating spatial autocorrelation in rarefaction methods: implications for ecologists and conservation biologists. Ecol Indic 69: 233-238. https://doi.org/10.1016/j.ecolind.2016.04.026

Barwell LJ, Isaac NJB, Kunin WE (2015) Measuring beta-diversity with species abundance data. J Anim Ecol 84(4): 1112-1122. https://doi.org/10.1111/1365-2656.12362

Bascompte J (2007) Networks in ecology. Basic Appl Ecol 8(6): 485-490. https://doi.org/10.1016/j. baae.2007.06.003

Baselga A (2010) Partitioning the turnover and nestedness components of beta diversity. Glob Ecol Biogeogr 19(1): 134-143. https://doi.org/10.1111/j.1466-8238.2009.00490.x

Baselga A, Orme CDL (2012) betapart: an R package for the study of beta diversity. Methods Ecol Evol 3(5): 808-812. https://doi.org/10.1111/j.2041-210X.2012.00224.x

Baskett ML, Micheli F, Levin SA (2007) Designing marine reserves for interacting species: insights from theory. Biol Conserv 137(2): 163-179. https://doi.org/10.1016/j.biocon.2007.02.013

Bates D, Machler M, Bolker BM, Walker SC (2015) Fitting linear mixed-effects models using lme4. J Stat Softw 67(1): 1-48

Bjørnstad ON, Falck W (2001) Nonparametric spatial covariance functions: estimation and testing. Environ Ecol Stat 8(1): 53-70. https://doi.org/10.1023/a: 1009601932481

Blanchet FG, Legendre P, Borcard D (2008) Modelling directional spatial processes in ecological data. Ecol Model 215(4): 325-336. https://doi.org/10.1016/j.ecolmodel.2008.04.001

Blanchet FG, Legendre P, Bergeron JAC, He FL (2014) Consensus RDA across dissimilarity coefficients for canonical ordination of community composition data. Ecol Monogr 84 (3): 491-511. https://doi.org/10.1890/13-0648.1

Borcard D, Legendre P (2012) Is the Mantel correlogram powerful enough to be useful in ecological analysis? A simulation study. Ecology 93(6): 1473-1481

Borcard D, Legendre P, Drapeau P (1992) Partialling out the spatial component of ecological variation. Ecology 73(3): 1045-1055

Borcard D, Gillet F, Legendre P (2011) Numerical ecology with R. Springer, New York

Borthagaray AI, Arim M, Marquet PA (2014) Inferring species roles in metacommunity structure from species co-occurrence networks. Proc R Soc B 281(1792). https://doi.org/10.1098/rspb.2014.1425

Bowman J, Cappuccino N, Fahrig L (2002) Patch size and population density: the effect of immigration behavior. Conserv Ecol 6(1): 9

Brooks TM, Mittermeier RA, Mittermeier CG, da Fonseca GAB, Rylands AB, Konstant WR, Flick P, Pilgrim J, Oldfield S, Magin G, Hilton-Taylor C (2002) Habitat loss and extinction in the hotspots of biodiversity. Conserv Biol 16(4): 909-923. https://doi.org/10.1046/j.1523-1739.2002.00530.x

Brosi BJ, Armsworth PR, Daily GC (2008) Optimal design of agricultural landscapes for pollination services. Conserv Lett 1(1): 27-36. https://doi.org/10.1111/j.1755-263X.2008.00004.x

Brown JH, Kodric-Brown A (1977) Turnover rates in insular biogeography: effect of immigration on extinction. Ecology 58(2): 445-449

Cadotte MW, Tucker CM (2017) Should environmental filtering be abandoned? Trends Ecol Evol 32(6): 429-437. https://doi.org/10.1016/j.tree.2017.03.004

Cadotte MW, Cavender-Bares J, Tilman D, Oakley TH (2009) Using phylogenetic, functional and trait diversity to understand patterns of plant community productivity. PLoS One 4(5). https://doi.org/10.1371/journal.pone.0005695

Caley MJ, Schluter D (1997) The relationship between local and regional diversity. Ecology 78 (1): 70-80

Cameron AC, Trivedi PK (1990) Regression-based tests for overdispersion in the Poisson model. J Econ 46(3): 347-364. https://doi.org/10.1016/0304-4076(90)90014-k

Cardinale BJ, Gonzalez A, Allington GRH, Loreau M (2018) Is local biodiversity declining or not? A summary of the debate over analysis of species richness time trends. Biol Conserv 219: 175-183. https://doi.org/10.1016/j.biocon.2017.12.021

Caswell H (1976) Community structure: neutral model analysis. Ecol Monogr 46(3): 327-354. https://doi.org/10.2307/1942257

Cavender-Bares J, Kozak KH, Fine PVA, Kembel SW (2009) The merging of community ecology and phylogenetic biology. Ecol Lett 12(7): 693-715. https://doi.org/10.1111/j.1461-0248.2009.01314.x

Chang CR, Lee PF, Bai ML, Lin TT (2004) Predicting the geographical distribution of plant communities in complex terrain - a case study in Fushian Experimental Forest, northeastern Taiwan. Ecography 27(5): 577-588. https://doi.org/10.1111/j.0906-7590.2004.03852.x

Clark JS, Gelfand AE, Woodall CW, Zhu K (2014) More than the sum of the parts: forest climate response from joint species distribution models. Ecol Appl 24(5): 990-999. https://doi.org/10.1890/13-1015.1

Clark JS, Nemergut D, Seyednasrollah B, Turner PJ, Zhang S (2017) Generalized joint attribute modeling for biodiversity analysis: median-zero, multivariate, multifarious data. Ecol Monogr 87(1): 34-56. https://doi.org/10.1002/ecm.1241

Coleman BD, Mares MA, Willig MR, Hsieh YH (1982) Randomness, area, and species richness. Ecology 63(4): 1121-1133. https://doi.org/10.2307/1937249

Colwell RK, Coddington JA (1994) Estimating terrestrial biodiversity through extrapolation. Phil Trans R Soc B 345(1311): 101-118. https://doi.org/10.1098/rstb.1994.0091

Cook WM, Lane KT, Foster BL, Holt RD (2002) Island theory, matrix effects and species richness patterns in habitat fragments. Ecol Lett 5(5): 619-623. https://doi.org/10.1046/j.1461-0248. 2002.00366.x

Cumming GS, Bodin O, Ernstson H, Elmqvist T (2010) Network analysis in conservation biogeography: challenges and opportunities. Divers Distrib 16(3): 414-425. https://doi.org/ 10.1111/j. 1472-4642.2010.00651.x

Cushman SA, McGarigal K (2002) Hierarchical, multi-scale decomposition of species-environment relationships. Landsc Ecol 17(7): 637-646. https://doi.org/10.1023/a: 1021571603605

D'Amen M, Dubuis A, Fernandes RF, Pottier J, Pellissier L, Guisan A (2015) Using species richness and functional traits predictions to constrain assemblage predictions from stacked species distribution models. J Biogeogr 42(7): 1255-1266. https://doi.org/10.1111/jbi.12485

D'Amen M, Rahbek C, Zimmermann NE, Guisan A (2017) Spatial predictions at the community level: from current approaches to future frameworks. Biol Rev 92(1): 169-187. https://doi.org/ 10.1111/brv.12222

Decker E, Linke S, Hermoso V, Geist J (2017) Incorporating ecological functions in conservation decision making. Ecol Evol 7(20): 8273-8281. https://doi.org/10.1002/ece3.3353

Devictor V, Mouillot D, Meynard C, Jiguet F, Thuiller W, Mouquet N (2010) Spatial mismatch and congruence between taxonomic, phylogenetic and functional diversity: the need for integrative conservation strategies in a changing world. Ecol Lett 13(8): 1030-1040. https://doi.org/10. 1111/j.1461-0248.2010.01493.x

Diamond JM (1975) Assembly of species communities. In: Cody ML, Diamond JM (eds) Ecology and evolution of communities. Harvard University Press, Cambridge, MA

Distler T, Schuetz JG, Velasquez-Tibata J, Langham GM (2015) Stacked species distribution models and macroecological models provide congruent projections of avian species richness under climate change. J Biogeogr 42(5): 976-988. https://doi.org/10.1111/jbi.12479

Dixon P (2003) VEGAN, a package of R functions for community ecology. J Veg Sci 14 (6): 927-930. https://doi.org/10.1111/j.1654-1103.2003.tb02228.x

Dobson A, Lodge D, Alder J, Cumming GS, Keymer J, McGlade J, Mooney H, Rusak JA, Sala O, Wolters V, Wall D, Winfree R, Xenopoulos MA (2006) Habitat loss, trophic collapse, and the decline of ecosystem services. Ecology 87(8): 1915-1924. https://doi.org/10.1890/0012-9658 (2006)87[1915: hltcat]2.0.co; 2

Dorazio RM, Connor EF (2014) Estimating abundances of interacting species using morphological traits, foraging guilds, and habitat. PLoS One 9(4). https://doi.org/10.1371/journal.pone. 0094323

Dorazio RM, Royle JA, Soderstrom B, Glimskar A (2006) Estimating species richness and accumulation by modeling species occurrence and detectability. Ecology 87(4): 842-854. https:// doi.org/10.1890/0012-9658(2006)87[842: esraab]2.0.co; 2

Dorazio RM, Kery M, Royle JA, Plattner M (2010) Models for inference in dynamic metacommunity systems. Ecology 91(8): 2466-2475. https://doi.org/10.1890/09-1033.1

Dormann CF, Elith J, Bacher S, Buchmann C, Carl G, Carre G, Garcia Marquez JR, Gruber B, Lafourcade B, Leitao PJ, Muenkemueller T, McClean C, Osborne PE, Reineking B, Schroeder B, Skidmore AK, Zurell D, Lautenbach S (2013) Collinearity: a review of methods to deal with it and a simulation study evaluating their performance. Ecography 36(1): 27-46. https://doi.org/ 10.1111/j.1600-0587.2012.07348.x

Drakare S, Lennon JJ, Hillebrand H (2006) The imprint of the geographical, evolutionary and ecological context on species-area relationships. Ecol Lett 9(2): 215-227. https://doi.org/10.

1111/j.1461-0248.2005.00848.x

Dray S, Legendre P, Peres-Neto PR (2006) Spatial modelling: a comprehensive framework for principal coordinate analysis of neighbour matrices (PCNM). Ecol Model 196(3-4): 483-493. https://doi.org/10.1016/j.ecolmodel.2006.02.015

Dray S, Pelissier R, Couteron P, Fortin MJ, Legendre P, Peres-Neto PR, Bellier E, Bivand R, Blanchet FG, De Caceres M, Dufour AB, Heegaard E, Jombart T, Munoz F, Oksanen J, Thioulouse J, Wagner HH (2012) Community ecology in the age of multivariate multiscale spatial analysis. Ecol Monogr 82(3): 257-275. https://doi.org/10.1890/11-1183.1

Driscoll DA (2008) The frequency of metapopulations, metacommunities and nestedness in a fragmented landscape. Oikos 117(2): 297-309. https://doi.org/10.1111/j.2007.0030-1299.16202.x

Dubuis A, Pottier J, Rion V, Pellissier L, Theurillat JP, Guisan A (2011) Predicting spatial patterns of plant species richness: a comparison of direct macroecological and species stacking modelling approaches. Divers Distrib 17(6): 1122-1131. https://doi.org/10.1111/j.1472-4642.2011.00792.x

Economo EP, Keitt TH (2008) Species diversity in neutral metacommunities: a network approach. Ecol Lett 11(1): 52-62. https://doi.org/10.1111/j.1461-0248.2007.01126.x

Ellstrand NC, Elam DR (1993) Population genetic consequences of small population size: implications for plant conservation. Annu Rev Ecol Syst 24: 217-242. https://doi.org/10.1146/annurev.es.24.110193.001245

Fahrig L (2013) Rethinking patch size and isolation effects: the habitat amount hypothesis. J Biogeogr 40(9): 1649-1663. https://doi.org/10.1111/jbi.12130

Faith DP, Carter G, Cassis G, Ferrier S, Wilkie L (2003) Complementarity, biodiversity viability analysis, and policy-based algorithms for conservation. Environ Sci Pol 6(3): 311-328. https://doi.org/10.1016/s1462-9011(03)00044-3

Fernandez-Juricic E (2002) Can human disturbance promote nestedness? A case study with breeding birds in urban habitat fragments. Oecologia 131(2): 269-278. https://doi.org/10.1007/s00442-002-0883-y

Ferrier S, Guisan A (2006) Spatial modelling of biodiversity at the community level. J Appl Ecol 43(3): 393-404. https://doi.org/10.1111/j.1365-2664.2006.01149.x

Ferrier S, Pressey RL, Barrett TW (2000) A new predictor of the irreplaceability of areas for achieving a conservation goal, its application to real-world planning, and a research agenda for further refinement. Biol Conserv 93(3): 303-325. https://doi.org/10.1016/s0006-3207(99)00149-4

Ferrier S, Manion G, Elith J, Richardson K (2007) Using generalized dissimilarity modelling to analyse and predict patterns of beta diversity in regional biodiversity assessment. Divers Distrib 13(3): 252-264. https://doi.org/10.1111/j.1472-4642.2007.00341.x

Fitzpatrick MC, Keller SR (2015) Ecological genomics meets community-level modelling of biodiversity: mapping the genomic landscape of current and future environmental adaptation. Ecol Lett 18(1): 1-16. https://doi.org/10.1111/ele.12376

Freilich MA, Wieters E, Broitman BR, Marquet PA, Navarrete SA (2018) Species co-occurrence networks: can they reveal trophic and non-trophic interactions in ecological communities? Ecology 99(3): 690-699. https://doi.org/10.1002/ecy.2142

Fukami T (2015) Historical contingency in community assembly: integrating niches, species pools, and priority effects. Annu Rev Ecol Evol Syst 46: 1-23. https://doi.org/10.1146/annurevecolsys-110411-160340

Gonzalez A (2000) Community relaxation in fragmented landscapes: the relation between species richness, area and age. Ecol Lett 3(5): 441-448. https://doi.org/10.1046/j.1461-0248.2000.00171.x

Gonzalez A, Rayfield B, Lindo Z (2011) The disentangled bank: how loss of habitat fragments and disassembles ecological networks. Am J Bot 98(3): 503-516. https://doi.org/10.3732/ajb.1000424

Gotelli NJ, Colwell RK (2001) Quantifying biodiversity: procedures and pitfalls in the measurement and comparison of species richness. Ecol Lett 4(4): 379-391. https://doi.org/10.1046/j.1461-0248.2001.00230.x

Gravel D, Massol F, Canard E, Mouillot D, Mouquet N (2011) Trophic theory of island biogeography. Ecol Lett 14(10): 1010-1016. https://doi.org/10.1111/j.1461-0248.2011.01667.x

Gray CL, Hill SLL, Newbold T, Hudson LN, Borger L, Contu S, Hoskins AJ, Ferrier S, Purvis A, Scharlemann JPW (2016) Local biodiversity is higher inside than outside terrestrial protected areas worldwide. Nat Commun 7: 12306. https://doi.org/10.1038/ncomms12306

Guichard F (2017) Recent advances in metacommunities and meta-ecosystem theories. F1000 Res 6: 610

Guillot G, Rousset F (2013) Dismantling the Mantel tests. Methods Ecol Evol 4(4): 336-344. https://doi.org/10.1111/2041-210x.12018

Guisan A, Rahbek C (2011) SESAM - a new framework integrating macroecological and species distribution models for predicting spatio-temporal patterns of species assemblages. J Biogeogr 38(8): 1433-1444. https://doi.org/10.1111/j.1365-2699.2011.02550.x

Guisan A, Weiss SB, Weiss AD (1999) GLM versus CCA spatial modeling of plant species distribution. Plant Ecol 143(1): 107-122

Haila Y (2002) A conceptual genealogy of fragmentation research: from island biogeography to landscape ecology. Ecol Appl 12(2): 321-334. https://doi.org/10.2307/3060944

Hastie T, Fithian W (2013) Inference from presence-only data; the ongoing controversy. Ecography 36(8): 864-867. https://doi.org/10.1111/j.1600-0587.2013.00321.x

Hoef JMV, Boveng PL (2007) Quasi-poisson vs. negative binomial regression: how should we model overdispersed count data? Ecology 88(11): 2766-2772. https://doi.org/10.1890/07-0043.1

Holt RD (1992) A neglected facet of island biogeography: the role of internal spatial dynamics in area effects. Theor Popul Biol 41(3): 354-371. https://doi.org/10.1016/0040-5809(92)90034-q

Holyoak M, Leibold MA, Holt RD (2005) Metacommunities: spatial dynamics and ecological communities. University of Chicago Press, Chicago

Hubbell SP (2001) The unified neutral theory of biodiversity and biogeography. Princeton University Press, Princeton, NJ

Huffaker CB (1958) Experimental studies on predation: dispersion factors and predator-prey oscillations. Hilgardia 27: 343-383

Hui FKC (2016) Boral - Bayesian ordination and regression analysis of multivariate abundance data in r. Methods Ecol Evol 7(6): 744-750. https://doi.org/10.1111/2041-210x.12514

Hutto RL, Young JS (2002) Regional landbird monitoring: perspectives from the Northern Rocky Mountains. Wildl Soc Bull 30(3): 738-750

Iknayan KJ, Tingley MW, Furnas BJ, Beissinger SR (2014) Detecting diversity: emerging methods to estimate species diversity. Trends Ecol Evol 29(2): 97-106. https://doi.org/10.1016/j.tree.2013.10.012

Ings TC, Montoya JM, Bascompte J, Bluthgen N, Brown L, Dormann CF, Edwards F, Figueroa D, Jacob U, Jones JI, Lauridsen RB, Ledger ME, Lewis HM, Olesen JM, van Veen FJF, Warren PH, Woodward G (2009) Ecological networks - beyond food webs. J Anim Ecol 78 (1): 253-269.

https://doi.org/10.1111/j.1365-2656.2008.01460.x

Jewitt D, Goodman PS, O'Connor TG, Erasmus BFN, Witkowski ETF (2016) Mapping landscape beta diversity of plants across KwaZulu-Natal, South Africa, for aiding conservation planning. Biodivers Conserv 25(13): 2641-2654. https://doi.org/10.1007/s10531-016-1190-y

Kaiser-Bunbury CN, Bluthgen N (2015) Integrating network ecology with applied conservation: a synthesis and guide to implementation. Aob Plants 7. https://doi.org/10.1093/aobpla/plv076

Karger DN, Cord AF, Kessler M, Kreft H, Kuehn I, Pompe S, Sandel B, Cabral JS, Smith AB, Svenning JC, Tuomisto H, Weigelt P, Wesche K (2016) Delineating probabilistic species pools in ecology and biogeography. Glob Ecol Biogeogr 25(4): 489-501. https://doi.org/10.1111/geb.12422

Karp DS, Rominger AJ, Zook J, Ranganathan J, Ehrlich PR, Daily GC, Cornell H (2012) Intensive agriculture erodes beta-diversity at large scales. Ecol Lett 15(9): 963-970. https://doi.org/10.1111/j.1461-0248.2012.01815.x

Keddy PA (1992) Assembly and response rules: two goals for predictive community ecology. J Veg Sci 3(2): 157-164. https://doi.org/10.2307/3235676

Keller LF, Waller DM (2002) Inbreeding effects in wild populations. Trends Ecol Evol 17 (5): 230-241. https://doi.org/10.1016/s0169-5347(02)02489-8

Kerr JT, Sugar A, Packer L (2000) Indicator taxa, rapid biodiversity assessment, and nestedness in an endangered ecosystem. Conserv Biol 14(6): 1726-1734. https://doi.org/10.1046/j.1523-1739.2000.99275.x

Kery M, Royle JA (2016) Applied hierarchical modeling in ecology: analysis of distribution, abundance and species richness in R and BUGS. Academic, San Diego, CA

Kleiber C, Zeileis A (2008) Applied econometrics with R. Springer, New York

Koleff P, Gaston KJ (2002) The relationships between local and regional species richness and spatial turnover. Glob Ecol Biogeogr 11(5): 363-375. https://doi.org/10.1046/j.1466-822x.2002.00302.x

Koleff P, Gaston KJ, Lennon JJ (2003) Measuring beta diversity for presence-absence data. J Anim Ecol 72(3): 367-382. https://doi.org/10.1046/j.1365-2656.2003.00710.x

Kraft NJB, Adler PB, Godoy O, James EC, Fuller S, Levine JM (2015) Community assembly, coexistence and the environmental filtering metaphor. Funct Ecol 29(5): 592-599. https://doi.org/10.1111/1365-2435.12345

Kukkala AS, Moilanen A (2013) Core concepts of spatial prioritisation in systematic conservation planning. Biol Rev 88(2): 443-464. https://doi.org/10.1111/brv.12008

Laurance WF (2008) Theory meets reality: how habitat fragmentation research has transcended island biogeographic theory. Biol Conserv 141(7): 1731-1744. https://doi.org/10.1016/j.biocon.2008.05.011

Lawton JH (1999) Are there general laws in ecology? Oikos 84(2): 177-192. https://doi.org/10.2307/3546712

Legendre P (1993) Spatial autocorrelation: trouble or new paradigm? Ecology 74(6): 1659-1673

Legendre P, Anderson MJ (1999) Distance-based redundancy analysis: testing multispecies responses in multifactorial ecological experiments. Ecol Monogr 69(1): 1-24. https://doi.org/10.1890/0012-9615(1999)069[0001: dbratm]2.0.co；2

Legendre P, Legendre L (1998) Numerical ecology. Elsevier, Amsterdam

Legendre P, Legendre L (2012) Numerical ecology, 3rd edn. Elsevier, Amsterdam

Legendre P, Borcard D, Peres-Neto PR (2005) Analyzing beta diversity: partitioning the spatial variation of community composition data. Ecol Monogr 75(4): 435-450. https://doi.org/10.1890/05-0549

Legendre P, Fortin M-J, Borcard D (2015) Should the Mantel test be used in spatial analysis? Methods Ecol Evol 6(11): 1239-1247. https://doi.org/10.1111/2041-210x.12425

Leibold MA, Chase JM (2017) Metacommunity ecology. Princeton University Press, Princeton, NJ

Leibold MA, Holyoak M, Mouquet N, Amarasekare P, Chase JM, Hoopes MF, Holt RD, Shurin JB, Law R, Tilman D, Loreau M, Gonzalez A (2004) The metacommunity concept: a framework for multi-scale community ecology. Ecol Lett 7(7): 601-613. https://doi.org/10.1111/j.1461-0248.2004.00608.x

Lessard JP, Belmaker J, Myers JA, Chase JM, Rahbek C (2012) Inferring local ecological processes amid species pool influences. Trends Ecol Evol 27(11): 600-607. https://doi.org/10.1016/j.tree.2012.07.006

Levins R, Culver D (1971) Regional coexistence of species and competition between rare species. Proc Natl Acad Sci U S A 68(6): 1246. https://doi.org/10.1073/pnas.68.6.1246

Lichstein JW (2007) Multiple regression on distance matrices: a multivariate spatial analysis tool. Plant Ecol 188(2): 117-131. https://doi.org/10.1007/s11258-006-9126-3

Liu CR, Berry PM, Dawson TP, Pearson RG (2005) Selecting thresholds of occurrence in the prediction of species distributions. Ecography 28(3): 385-393

Liu C, White M, Newell G (2013) Selecting thresholds for the prediction of species occurrence with presence-only data. J Biogeogr 40(4): 778-789. https://doi.org/10.1111/jbi.12058

Lomolino MV (1990) The target area hypothesis: the influence of island area on immigration rates of non-volant mammals. Oikos 57(3): 297-300. https://doi.org/10.2307/3565957

Lowe WH, McPeek MA (2014) Is dispersal neutral? Trends Ecol Evol 29(8): 444-450. https://doi.org/10.1016/j.tree.2014.05.009

Mac Nally R, Lake PS (1999) On the generation of diversity in archipelagos: a re-evaluation of the Quinn-Harrison 'saturation index'. J Biogeogr 26(2): 285-295. https://doi.org/10.1046/j.1365-2699.1999.00268.x

MacArthur RH (1972) Geographical ecology: patterns in teh distribution of species. Princeton University Press, Princeton, NJ

Macarthur RH, Wilson EO (1963) Equilibrium theory of insular zoogeography. Evolution 17 (4): 373. https://doi.org/10.2307/2407089

MacArthur RH, Wilson EO (1967) The theory of island biogeography. Princeton University Press, Princeton, NJ

MacKenzie DI, Nichols JD, Lachman GB, Droege S, Royle JA, Langtimm CA (2002) Estimating site occupancy rates when detection probabilities are less than one. Ecology 83(8): 2248-2255

Magurran AE (2003) Measuring biological diversity. Wiley, Chichester

Magurran AE (2004) Measuring biological diversity. Blackwell Science Ltd, Malden, MA

Manion G, Lisk M, Ferrier S, Nieto-Lugilde D, Mokany K, Fitzpatrick MC (2018) gdm: generalized dissimilarity modeling. R package 1.3.11

Margules CR, Pressey RL (2000) Systematic conservation planning. Nature 405(6783): 243-253. https://doi.org/10.1038/35012251

Mateo RG, Felicisimo AM, Pottier J, Guisan A, Munoz J (2012) Do stacked species distribution models reflect altitudinal diversity patterns? PLoS One 7(3). https://doi.org/10.1371/journal.pone.0032586

McPeek MA, Brown JM (2000) Building a regional species pool: diversification of the Enallagma damselflies in eastern North America. Ecology 81(4): 904-920

Milanovich JR, Peterman WE, Barrett K, Hopton ME (2012) Do species distribution models predict species richness in urban and natural green spaces? A case study using amphibians. Landsc Urban Plan 107(4): 409-418. https://doi.org/10.1016/j.landurbplan.2012.07.010

Mittelbach GG (2012) Comunity ecology. Sinauer Associatcs, Sunderland, MA

Moilanen A, Wilson KA, Possingham H (eds) (2009) Spatial conservation prioritization: quantitative methods and computational tools. Oxford University Press, Oxford

Mouchet MA, Villeger S, Mason NWH, Mouillot D (2010) Functional diversity measures: an overview of their redundancy and their ability to discriminate community assembly rules. Funct Ecol 24(4): 867-876. https://doi.org/10.1111/j.1365-2435.2010.01695.x

Myers N, Mittermeier RA, Mittermeier CG, da Fonseca GAB, Kent J (2000) Biodiversity hotspots for conservation priorities. Nature 403(6772): 853-858. https://doi.org/10.1038/35002501

Neuhauser C (1998) Habitat destruction and competitive coexistence in spatially explicit models with local interactions. J Theor Biol 193(3): 445-463

Newbold T, Gilbert F, Zalat S, El-Gabbas A, Reader T (2009) Climate-based models of spatial patterns of species richness in Egypt's butterfly and mammal fauna. J Biogeogr 36 (11): 2085-2095. https://doi.org/10.1111/j.1365-2699.2009.02140.x

Nichols JD, Boulinier T, Hines JE, Pollock KH, Sauer JR (1998) Inference methods for spatial variation in species richness and community composition when not all species are detected. Conserv Biol 12(6): 1390-1398

Noss RF (1990) Indicators for monitoring biodiversity: a hierarchical approach. Conserv Biol 4 (4): 355-364

O'Neill RV, Johnson AR, King AW (1989) A hierarchical framework for the analysis of scale. Landsc Ecol 3(3-4): 193-205. https://doi.org/10.1007/bf00131538

Olden JD, Rooney TP (2006) On defining and quantifying biotic homogenization. Glob Ecol Biogeogr 15(2): 113-120. https://doi.org/10.1111/j.1466-822x.2006.00214.x

Orme CDL, Davies RG, Burgess M, Eigenbrod F, Pickup N, Olson VA, Webster AJ, Ding TS, Rasmussen PC, Ridgely RS, Stattersfield AJ, Bennett PM, Blackburn TM, Gaston KJ, Owens IPF (2005) Global hotspots of species richness are not congruent with endemism or threat. Nature 436(7053): 1016-1019. https://doi.org/10.1038/nature03850

Ovaskainen O, Soininen J (2011) Making more out of sparse data: hierarchical modeling of species communities. Ecology 92(2): 289-295. https://doi.org/10.1890/10-1251.1

Ovaskainen O, Hottola J, Siitonen J (2010) Modeling species co-occurrence by multivariate logistic regression generates new hypotheses on fungal interactions. Ecology 91(9): 2514-2521. https://doi.org/10.1890/10-0173.1

Ovaskainen O, Abrego N, Halme P, Dunson D (2016a) Using latent variable models to identify large networks of species-to-species associations at different spatial scales. Methods Ecol Evol 7 (5): 549-555. https://doi.org/10.1111/2041-210x.12501

Ovaskainen O, Roy DB, Fox R, Anderson BJ (2016b) Uncovering hidden spatial structure in species communities with spatially explicit joint species distribution models. Methods Ecol Evol 7(4): 428-436. https://doi.org/10.1111/2041-210x.12502

Ovaskainen O, Tikhonov G, Norberg A, Blanchet FG, Duan L, Dunson D, Roslin T, Abrego N (2017) How to make more out of community data? A conceptual framework and its implementation as models and software. Ecol Lett 20(5): 561-576. https://doi.org/10.1111/ele.12757

Palmer MW (1990) The estimation of species richness by extrapolation. Ecology 71(3): 1195-1198. https://doi.org/10.2307/1937387

Palmer MW (1993) Putting things in even better order: the advantages of canonical correspondence analysis. Ecology 74(8): 2215-2230. https://doi.org/10.2307/1939575

Partel M, Zobel M, Zobel K, vanderMaarel E (1996) The species pool and its relation to species richness: evidence from Estonian plant communities. Oikos 75(1): 111-117. https://doi.org/10.2307/3546327

Pearson RG, Dawson TP, Liu C (2004) Modelling species distributions in Britain: a hierarchical integration of climate and land-cover data. Ecography 27(3): 285-298. https://doi.org/10.1111/j.0906-7590.2004.03740.x

Peres-Neto PR, Legendre P, Dray S, Borcard D (2006) Variation partitioning of species data matrices: estimation and comparison of fractions. Ecology 87(10): 2614-2625. https://doi.org/10.1890/0012-9658(2006)87[2614: vposdm]2.0.co; 2

Petchey OL, Gaston KJ (2002) Functional diversity (FD), species richness and community composition. Ecol Lett 5(3): 402-411. https://doi.org/10.1046/j.1461-0248.2002.00339.x

Pineda E, Lobo JM (2009) Assessing the accuracy of species distribution models to predict amphibian species richness patterns. J Anim Ecol 78(1): 182-190. https://doi.org/10.1111/j.1365-2656.2008.01471.x

Pineda E, Lobo JM (2012) The performance of range maps and species distribution models representing the geographic variation of species richness at different resolutions. Glob Ecol Biogeogr 21(9): 935-944. https://doi.org/10.1111/j.1466-8238.2011.00741.x

Podani J, Schmera D (2011) A new conceptual and methodological framework for exploring and explaining pattern in presence-absence data. Oikos 120(11): 1625-1638. https://doi.org/10.1111/j.1600-0706.2011.19451.x

Poff NL (1997) Landscape filters and species traits: towards mechanistic understanding and prediction in stream ecology. J N Am Benthol Soc 16(2): 391-409. https://doi.org/10.2307/1468026

Poisot T, Canard E, Mouillot D, Mouquet N, Gravel D (2012) The dissimilarity of species interaction networks. Ecol Lett 15(12): 1353-1361. https://doi.org/10.1111/ele.12002

Poisot T, Gueveneux-Julien C, Fortin MJ, Gravel D, Legendre P (2017) Hosts, parasites and their interactions respond to different climatic variables. Glob Ecol Biogeogr 26(8): 942-951. https://doi.org/10.1111/geb.12602

Pollock LJ, Tingley R, Morris WK, Golding N, O'Hara RB, Parris KM, Vesk PA, McCarthy MA (2014) Understanding co-occurrence by modelling species simultaneously with a Joint Species Distribution Model (JSDM). Methods Ecol Evol 5(5): 397-406. https://doi.org/10.1111/2041-210x.12180

Preston FW (1962) The canonical distribution of commonness and rarity: part I. Ecology 43 (2): 185-215, 431-432

Rahbek C, Graves GR (2001) Multiscale assessment of patterns of avian species richness. Proc Natl Acad Sci U S A 98(8): 4534-4539. https://doi.org/10.1073/pnas.071034898

Rands MRW, Adams WM, Bennun L, Butchart SHM, Clements A, Coomes D, Entwistle A, Hodge I, Kapos V, Scharlemann JPW, Sutherland WJ, Vira B (2010) Biodiversity conservation: challenges beyond 2010. Science 329(5997): 1298-1303. https://doi.org/10.1126/science.1189138

Ricklefs RE (1987) Community diversity: relative roles of local and regional processes. Science 235(4785): 167-171. https://doi.org/10.1126/science.235.4785.167

Rose PM, Kennard MJ, Sheldon F, Moffatt DB, Butler GL (2016) A data-driven method for selecting candidate reference sites for stream bioassessment programs using generalised dissimilarity models. Mar Freshw Res 67(4): 440-454. https://doi.org/10.1071/mf14254

Rota CT, Wikle CK, Kays RW, Forrester TD, McShea WJ, Parsons AW, Millspaugh JJ (2016) A two-species occupancy model accommodating simultaneous spatial and interspecific dependence. Ecology 97(1): 48-53. https://doi.org/10.1890/15-1193.1

Royle JA, Dorazio RM (2008) Hierarchical modeling and inference in ecology: the analysis of data from populations, metapopulations, and communities. Academic, San Diego, CA

Scheiner SM (2003) Six types of species-area curves. Glob Ecol Biogeogr 12(6): 441-447. https://doi.org/10.1046/j.1466-822X.2003.00061.x

Seabloom EW, Dobson AP, Stoms DM (2002) Extinction rates under nonrandom patterns of habitat loss. Proc Natl Acad Sci U S A 99(17): 11229-11234. https://doi.org/10.1073/pnas.162064899

Socolar JB, Gilroy JJ, Kunin WE, Edwards DP (2016) How should beta-diversity inform biodiversity conservation? Trends Ecol Evol 31(1): 67-80. https://doi.org/10.1016/j.tree.2015.11.005

Soininen J, McDonald R, Hillebrand H (2007) The distance decay of similarity in ecological communities. Ecography 30(1): 3-12. https://doi.org/10.1111/j.2006.0906-7590.04817.x

Ter Braak CJF (1987) The analysis of vegetation-environment relationships by canonical correspondence analysis. Vegetatio 69(1-3): 69-77. https://doi.org/10.1007/bf00038688

Thomas CD, Cameron A, Green RE, Bakkenes M, Beaumont LJ, Collingham YC, Erasmus BFN, de Siqueira MF, Grainger A, Hannah L, Hughes L, Huntley B, van Jaarsveld AS, Midgley GF, Miles L, Ortega-Huerta MA, Peterson AT, Phillips OL, Williams SE (2004) Extinction risk from climate change. Nature 427(6970): 145-148. https://doi.org/10.1038/nature02121

Thomassen HA, Fuller T, Buermann W, Mila B, Kieswetter CM, Jarrin P, Cameron SE, Mason E, Schweizer R, Schlunegger J, Chan J, Wang O, Peralvo M, Schneider CJ, Graham CH, Pollinger JP, Saatchi S, Wayne RK, Smith TB (2011) Mapping evolutionary process: a multi-taxa approach to conservation prioritization. Evol Appl 4(2): 397-413. https://doi.org/10.1111/j.1752-4571.2010.00172.x

Tikhonov G, Abrego N, Dunson D, Ovaskainen O (2017) Using joint species distribution models for evaluating how species-to-species associations depend on the environmental context. Methods Ecol Evol 8(4): 443-452. https://doi.org/10.1111/2041-210x.12723

Tilman D, May RM, Lehman CL, Nowak MA (1994) Habitat destruction and the extinction debt. Nature 371(6492): 65-66

Urban DL, Oneill RV, Shugart HH (1987) Landscape ecology. Bioscience 37(2): 119-127

Urban D, Goslee S, Pierce K, Lookingbill T (2002) Extending community ecology to landscapes. Ecoscience 9(2): 200-212

van der Valk AG (1981) Succession in Wetlands: A Gleasonian Approach. Ecology 62 (3): 688-696

Vellend M (2010) Conceptual synthesis in community ecology. Q Rev Biol 85(2): 183-206. https://doi.org/10.1086/652373

Venables WN, Ripley BD (2002) Modern applied statistics with S, 4th edn. Springer, New York

Vilhena DA, Antonelli A (2015) A network approach for identifying and delimiting biogeographical regions. Nat Commun 6. https://doi.org/10.1038/ncomms7848

Wagner HH (2003) Spatial covariance in plant communities: integrating ordination, geostatistics, and variance testing. Ecology 84(4): 1045-1057. https://doi.org/10.1890/0012-9658(2003)084[1045:scipci]2.0.co;2

Wagner HH (2004) Direct multi-scale ordination with canonical correspondence analysis. Ecology 85(2): 342-351. https://doi.org/10.1890/02-0738

Wang Y, Naumann U, Wright ST, Warton DI (2012) mvabund - an R package for model-based analysis of multivariate abundance data. Methods Ecol Evol 3(3): 471-474. https://doi.org/10.

1111/j.2041-210X.2012.00190.x

Wang Y, Naumann U, Eddelbuettel D, Warton D (2018) mvabund: statistical methods for analysing multivariate abundance data. R version 3.13.1

Warton DI, Wright ST, Wang Y (2012) Distance-based multivariate analyses confound location and dispersion effects. Methods Ecol Evol 3(1): 89-101. https://doi.org/10.1111/j.2041-210X. 2011.00127.x

Warton DI, Blanchet FG, O'Hara RB, Ovaskainen O, Taskinen S, Walker SC, Hui FKC (2015a) So many variables: joint modeling in community ecology. Trends Ecol Evol 30(12): 766-779. https:// doi.org/10.1016/j.tree.2015.09.007

Warton DI, Foster SD, De'ath G, Stoklosa J, Dunstan PK (2015b) Model-based thinking for community ecology. Plant Ecol 216(5): 669-682. https://doi.org/10.1007/s11258-014-0366-3

Whitcomb RF, Lynch JF, Opler PA, Robbins CS (1976) Island biogeography and conservation: strategy and limitations. Science 193(4257): 1030-1032

Whittaker RJ, Araújo MB, Paul J, Ladle RJ, Watson JEM, Willis KJ (2005) Conservation biogeography: assessment and prospect. Divers Distrib 11(1): 3-23. https://doi.org/10.1111/j. 1366-9516.2005.00143.x

Wickham H (2007) Reshaping data with the reshape package. J Stat Softw 21(12): 1-20

Williams PH (1996) Mapping variations in the strength and breadth of biogeographic transition zones using species turnover. Proc R Soc B 263(1370): 579-588. https://doi.org/10.1098/rspb. 1996.0087

Wilson DS (1992) Complex interactions in metacommunities, with implications for biodiversity and higher levels of selection. Ecology 73(6): 1984-2000. https://doi.org/10.2307/1941449

Wilson KA, McBride MF, Bode M, Possingham HP (2006) Prioritizing global conservation efforts. Nature 440(7082): 337-340. https://doi.org/10.1038/nature04366

第 12 章　我们学到了什么？回顾与展望

12.1　空间生态学和保护学的影响

约 25 年前，彼得·卡雷瓦（Peter Kareiva）曾强调，空间是生态学亟待突破的核心领域（Kareiva，1994）。为了理解空间的重要性，空间生态学领域已经成为生态学和保护学中许多主题的中心焦点（参见第 1 章）。回首过去的二十年，令人印象深刻的是，空间问题已经引起了生态学家和保护生物学家极大的兴趣，这种关注源于相关理论和应用的发展，特别是景观生态学和空间分析方法的发展及空间数据可用性的增加，对该领域产生了巨大的影响，预计这些影响会随时间的推移而不断增加。一些关键的理论已从空间生态学中凸显出来，其中很大一部分已成为本书讨论的重点。

现已发展成熟的生态和空间理论主要强调的是空间对种群和群落的作用（Hastings and Gross，2012）。对种群而言，集合种群理论提出了几个普遍性的观点（Hanski，1999；Hanski and Ovaskainen，2003），其中一些已通过实证研究得到了支持（Hames et al.，2001；Baguette，2004）。近年来，集合种群理论发展迅猛且仍在不断发展中（Leibold and Chase，2017），其解释群落结构的效用也在持续测试中（Logue et al.，2011）。借鉴集合群落理论的思想，并将其放在生态系统生态学的背景下，集合生态系统理论也应运而生（Loreau et al.，2003；Loreau and Holt，2004；Massol et al.，2011；Gravel et al.，2016）。

目前，将时空尺度的作用融入解决大多数生态和保护问题中已得到了共识（Levin，1992；Hein et al.，2006；Boyd et al.，2008；Hastings，2010；Power，2010）。空间尺度会改变物种和群落驱动因素方面的相关结论，而保护决策则受到所解决问题尺度的影响。物种-环境关系的多尺度和多层次模拟正在成为一种标准化的操作（Boyce，2006；Mayor et al.，2009；Nichols et al.，2008；McGarigal et al.，2016）。

广泛认为空间依赖和自相关无所不在（Bini et al.，2009），这既是研究人员必须考虑的令人生厌的问题，也为他们提供了更好地理解生态过程和更准确地预测生态格局的机会（Legendre，1993）。目前有多种方法可用于诊断和解释空间依赖（Dale and Fortin，2009；Beale et al.，2010；Bardos et al.，2015），在某些情况下，忽略这种自相关已被证明存在一定的风险（Crase et al.，2014）。

空间利用、资源选择与物种分布间是相关的，目前生态学和这些方法的基本方向主要集中在从空间上明确理解分布的变化及其成因上（Guisan and Zimmermann，2000；Wilson et al.，2004；Guisan and Thuiller，2005；Aarts，2012；Wisz et al.，2013），这方面的研究已经提出了一些观点，即非生物、生物和移动限制在驱动物种分布中的作用（Soberón，2007），生物相互作用、移动限制和非生物因子通常被认为分别在局地尺度、中等尺度以及大尺度上驱动着物种的分布（Pulliam，2000；Soberón，2010；Barve et al.，2011）。此外，这方面的研究还深入探讨了生境质量与分布间的时空关系。

目前空间生态学中的这些真知灼见正在对保护学产生着重大影响，空间的概念是用于解决生物保护问题和决策的信息最前沿。一些正在进行的研究，如土地共享与土地节约限制了农业对生物多样性影响的争论（Perfecto and Vandermeer，2010），都深深植根于空间生态学领域（Fischer et al.，2014）。许多生物保护规划的优先事项，如保护区设计中促进物种的互补性和代表性（Margules and Pressey，2000；Kukkala and Moilanen，2013），也都基于空间生态学的概念。一些保护决策指标的使用也越来越多地开始承认空间生态学的概念（Lindenmayer et al.，2000）。世界各地的一些政策也都加入了空间生态学的相关要素，例如，美国的保护区增强计划（Conservation Reserve Enhancement Program）在将河岸缓冲区分配给农民时使用了与宽度有关的空间信息。

空间模拟工具正被很好地纳入生物保护中，用来确定未来征用土地（如划定新的保护区）的优先次序。这些工具通常也被用来预测气候变化的影响（如物种分布模型的使用），以及制定最需保护区域的气候适应战略（Heller and Zavaleta，2009；Bellard et al.，2012；Guisan et al.，2013）。越来越多的生态系统服务已开始从空间角度上进行评价，相应的空间制图更是司空见惯（Naidoo et al.，2008；Kandziora et al.，2013；Schagner et al.，2013；Verhagen et al.，2017），相关的产出已在政策制定中得到了广泛应用（Maes et al.，2012）。此外，连通度模拟也越来越多地用来确定土地利用和气候变化对种群的限制（Pascual-Hortal and Saura，2006；Crooks and Sanjayan，2006；Rudnick et al.，2012；Lawler et al.，2013）。

12.2　展望：空间生态学和保护学的前沿

随着空间生态学的概念和模拟工具的发展以及本书中对其所作的详细说明，可以看出确定该领域新的研究方向以及所面临的持久性挑战是非常必要的，在此，我们对未来的发展前景进行一个独特的讨论。

在本书中，我们将主要关注点放在生态学和保护学的空间维度上，这是受到了生态学和保护学中许多关键性进展的启发，如对空间尺度的重要性以及集合种群、集合群落和集合生态系统生态学发展的认识。然而，这种对空间的强调始终是在时间背景下展开的（Hastings，2010），因此，作为解释生态动态并更好地将其与保护相关联的必要条件，了解时空动态的作用变得日益凸显，例如，了解移动生态学过程和准确预测连通度均取决于所考虑的时间尺度（Zeigler and Fagan，2014）。目前，各种预测生态格局和过程的时空模拟方法正在持续开发中（Gelfand，2007；Chen et al.，2011；Thorson et al.，2016；Martensen et al.，2017；Wittemyer et al.，2017）。

人们越来越认识到，生态学中的生态和进化过程可以同时运行并相互反馈（Schoener，2011），此外，进化过程往往与保护有关，然而对空间生态与进化间相互作用的探索才刚刚开始。例如，尽管过去数十年来对生境丧失和破碎化进行了研究，而且环境变化也可能会对物种扩散产生强大的选择压力（Cheptou et al.，2008），但有关土地利用和相关环境变化对生态进化过程空间影响的实证研究还是十分有限的（Farkas et al.，2015；Legrand et al.，2017）。

虽然尺度的重要性现已众所周知，也已开发出了许多诊断尺度效应的工具（Keitt and Urban，2005；Chandler and Hepinstall-Cymerman，2016），但跨组织水平和尺度的格局和过程的整合仍是生态学的一个重要前沿（Peters et al.，2007；Chave，2013；Carmona et al.，2016），这种整合需要在不同的时空尺度上对不同类型的数据构建正式关联（Talluto et al.，2016）。

在应用生态学和保护学中，人类-自然耦合系统是一个强调人类及其决策对生物多样性的影响以及生物多样性对人类决策反馈的框架（Liu et al.，2007；Turner et al.，2007），现有的多个实例都突出了人类与所处环境间复杂的相互作用（Hull et al.，2015；Liu et al.，2015）。虽然一些空间概念和模拟工具常被用来探讨这些话题，但仍需对这些方法和概念做进一步的改进，构建充分考虑上述反馈及取样与过程间潜在尺度失配的模拟框架是十分必要的，所有模拟方法都需对生态数据进行参数化。

为了指导决策并准确预测环境变化的影响，更需要我们对生物多样性在时空上的变化进行预测（Clark et al.，2001；Botkin et al.，2007；Barnosky et al.，2012），然而无论是短期还是长期的预测，结果的准确性都是非常具有挑战性的。了解有效进行时空预测的时间框架（我们称之为"生态预测眼界"）是一个持久的优先事项（Petchey et al.，2015）。为了做出有效的预测，我们还需要包含不同类型多种来源的不确定性（Regan et al.，2002；Nichols et al.，2011），在实际操作中这些不确定性通常被完全忽略或只是部分被考虑。

最后，"大"数据的使用在生态学和保护学中越来越受欢迎（Kelling et al.，2009）。我们正以各种方式收集到大量的空间数据，包括遥感数据（Kerr and Ostrovsky，2003；Turner et al.，2003）、公民科学计划数据（Dickinson et al.，2010）和自动数据采集仪器收集的实地数据（Tomkiewicz et al.，2010），例如，用无人机获取的高分辨率的动植物数据（Anderson and Gaston，2013），声学仪器阵列也可捕获动物活动及其沟通交流以及其他方面"声景"信息的空间变化（Blumstein et al.，2011；Mennill et al.，2012；Merchant et al.，2015），近年来，高分辨率 GPS 遥测数据的使用也呈爆发式增长（Cagnacci et al.，2010）。在不同的数据获取方式下，生态学家都需要采用新的分析和模拟工具，借助大数据来解释生态格局和过程（Hochachka，2007；Olden et al.，2008；Kampichler et al.，2010）。

12.3 从哪里可以发现更多高级的空间模拟方法？

在本书中，我们对空间生态学和保护学中一系列广泛存在的问题作了详细介绍，目的是为其提供理论基础和研究的出发点，而不是对其进行深入高级的描述。多本优秀的专著也讨论了本书所涉及的一些特定主题，如物种分布（Franklin，2009；Peterson et al.，2011；Guisan et al.，2017）、资源选择和动物移动（Hooten et al.，2017）、连通度（Crooks and Sanjayan，2006）、点格局（Baddeley et al.，2015）、地统计学和广义空间统计（Cressie，1993；Cressie and Wikle，2011；Dale and Fortin，2014）、空间种群生物学（Hanski，1999；Ovaskainen et al.，2016）、集合群落生态学（Holyoak et al.，2005）和空间保护规划（Moilanen et al.，2009）等，其中一部分专著侧重于生态模拟（Franklin，2009），而另外一部分则是对相关概念和理论提供了更为详细的说明（Hanski，1999）。还有几本优秀的专著关注的是 R 语言在生态学和保护学以外的一般性空间分析和模拟中的应用（Bivand et al.，2013；Baddeley et al.，2015；Brunsdon and Comber，2015）。最后，针对景观生态学问题，Gergel 和 Turner（2017）编撰了一套实用教程来说明各种可获取软件的使用方法。

R 语言中还有一些相关模拟方法和工具在本书中并未涉及，其中一些侧重于高级统计方法的使用，如贝叶斯空间模拟，另一些则涉及更为具体的主题，如一维表面上的点格局分析。总的来说，R 语言在空间模拟和分析领域发展迅速，我们鼓励读者去浏览相关网页（http://rspatial.org）。有关空间数据分析处理的各种 R 语言程序包的链接是 https://cran.r-project.org/web/views/Spatial.html。

本书所涉及的主题正被越来越多地融合在一起，以解决更为复杂的问题。例如，在保护生物学中通常会开展系统保护规划（Margules and Pressey，2000），这种通用的方法中通常会使用本书中描述的空间概念来构建土地利用、生物多样性、连通性和社会经济成本等确切的空间信息（Loiselle et al.，2003；Rondinini et al.，2006；Carvalho et al.，2016；Gunton et al.，2017）。基于这些信息，我们通常会采用优化过程来确定土地优先性的（近似）最佳决策和环境变化造成威胁的关键区域（Pressey et al.，2007）。从模拟的角度来看，许多必要的输入信息可以使用本书所描述的工具来获取，尽管就优化而言，R 语言在集成这些信息方面尚未得到充分的开发，但 Marxan 和 Zonation 等程序包还是常常被调用到（Moilanen，2007；Watts et al.，2009）。

另一种常用的高级空间模拟方法是基于智能体（agent-based）或基于个体（individual-based）的模拟（DeAngelis and Mooij 2005；Grimm et al.，2005）。基于智能体的模拟可以用于捕捉空间环境中高度复杂的变化以及个体（无论是植物还是动物）对环境的响应。基于智能体的模拟通常用于详细了解影响某一点位的情景，如气候变化、管理策略（DeAngelis et al.，1998）或干扰机制，并越来越多地用于解释种群的生存能力（Pulliam et al.，1992；Schumaker et al.，2014）。在本书中，我们并未包括基于智能体的模拟，因为这种模拟通常是非常具体的，且 R 语言也非最佳的实施平台，与此相反，基于智能体的模拟通常使用较低级别的编程语言（如 C++）来实施。为基于智能体模拟设计的一个常见软件是 NetLogo（Sklar，2007），该软件现在可以通过 RnetLogo 程序包在 R 语言平台上实施（Thiele and Grimm，2010；Thiele et al.，2012）。

12.4　R 语言以外的软件

在本书中，我们使用 R 语言对空间生态的概念和模型进行了说明，R 语言对解决空间生态和保护领域中的许多问题都是十分有用的，非常适用于与生态学和保护学原理相关的教学工作。然而，R 语言在空间模拟方面确实有着其自身的局限性，突出表现在使用、操控和模拟空间数据方面，特别是 R 语言通常访问的是存储在内存中的对象和数据，受限于用户计算平台本身的内存，可调用数据的大小有着严格的限制（请参阅 memory.size 函数和 memory.limits 函数），这使处理大型的空间数据变得十分烦琐，在某些情况下甚至是无法实施。R 语言也会使查看空间数据变得很尴尬：地图上位置的放大本是一件很简单的事（请参见第 2 章），但大多数情况下快速更改图件显然是不现实的。在这种情况下有两种解决方案：第一，通过多种方法将 R 语言与其他类型的空间软件链接起来；第二，退出 R 语言平台，采用其他软件进行可视化工作。

R 语言可以与其他软件包结合在一起进行空间分析。QGIS（http://qgis.org/）和 GRASS GIS（https://grass.osgeo.org/）作为开源的 GIS 软件都有与 R 语言的接口。QGIS 更像是一个通用的 GIS，而 GRASS 则是专门为空间模拟而定制的。在 R 语言中，我们可以通过最近开发的 RQGIS 程序包（Muenchow et al.，2017）调用 QGIS，该程序包也提供了访问 GRASS 一些功能的方法。在 GRASS 软件中可以用 rgrass7 程序包调用 R 语言（Bivand，2017）。ArcGIS 的扩展（如地理空间建模环境）中也有着与 R 语言间的有限联系，目前，ArcGIS 有一个扩展工具箱，允许用户从 ArcGIS 中调用 R 语言。

其他很多软件都可用于空间模拟,如 GIS 软件,包括 ArcGIS、QGIS、GRASS GIS 和 PostGIS。ArcGIS 可用于绘图,但在空间模拟(特别是统计模型)上有一定的局限性。QGIS 和 GRASS GIS 具有多种空间模拟功能,这使其成为 R 语言有力的替代方法。PostGIS 由于能够处理大量空间数据而越来越多地被用于 GPS 遥测等大数据。其他空间分析程序还包括用于点格局分析的 Programitta(Wiegand and Moloney,2014)和用于多种分析的 Passage(Rosenberg and Anderson 2011)。有时我们也会用到更多的通用软件,如 Python、Matlab 和 C++,其中 Python 经常被使用(Etherington et al.,2015),部分原因是 ArcGIS 使用 Python 作为其编程语言。

12.5 结 论

我们对空间在生态学中扮演至关重要角色的时段以及空间生态学中指导管理和保护决策的方法的了解已经有了很大的进步,空间问题目前已经成为解决大多数生态和保护问题的基础。展望未来,预计这些问题将随着大量空间数据的获取而受到更多的关注,未来尽可能利用大数据的措施包括:①开发整合不同时空分辨率数据的分析方法;②开发将生态、进化和人类过程进行尺度耦合的集合模型(Talluto et al.,2016;Ferguson et al.,2017)。这些都有助于生态学家将空间与其他关键的生态问题联系起来,更好地了解生物多样性和生态系统功能如何应对环境变化,并在生态和保护方面发挥越来越重要的作用。

参 考 文 献

Aarts G, Fieberg J, Matthiopoulos J (2012) Comparative interpretation of count, presence-absence and point methods for species distribution models. Methods Ecol Evol 3(1): 177-187. https://doi.org/10.1111/j.2041-210X.2011.00141.x

Anderson K, Gaston KJ (2013) Lightweight unmanned aerial vehicles will revolutionize spatial ecology. Front Ecol Environ 11(3): 138-146. https://doi.org/10.1890/120150

Baddeley A, Rubak E, Turner R (2015) Spatial point patterns: methodology and applications with R. CRC Press, Boca Raton, FL

Baguette M (2004) The classical metapopulation theory and the real, natural world: a critical appraisal. Basic Appl Ecol 5(3): 213-224. https://doi.org/10.1016/j.baae.2004.03.001

Bardos DC, Guillera Arroita G, Wintle BA (2015) Valid auto models for spatially autocorrelated occupancy and abundance data. Methods Ecol Evol 6(10): 1137-1149. https://doi.org/10.1111/2041-210x.12402

Barnosky AD, Hadly EA, Bascompte J, Berlow EL, Brown JH, Fortelius M, Getz WM, Harte J, Hastings A, Marquet PA, Martinez ND, Mooers A, Roopnarine P, Vermeij G, Williams JW, Gillespie R, Kitzes J, Marshall C, Matzke N, Mindell DP, Revilla E, Smith AB (2012) Approaching a state shift in Earth's biosphere. Nature 486(7401): 52-58. https://doi.

org/10.1038/nature11018

Barve N, Barve V, Jimenez-Valverde A, Lira-Noriega A, Maher SP, Peterson AT, Soberon J, Villalobos F (2011) The crucial role of the accessible area in ecological niche modeling and species distribution modeling. Ecol Model 222(11): 1810-1819. https://doi.org/10.1016/j. ecolmodel.2011.02.011

Beale CM, Lennon JJ, Yearsley JM, Brewer MJ, Elston DA (2010) Regression analysis of spatial data. Ecol Lett 13(2): 246-264. https://doi.org/10.1111/j.1461-0248.2009.01422.x

Bellard C, Bertelsmeier C, Leadley P, Thuiller W, Courchamp F (2012) Impacts of climate change on the future of biodiversity. Ecol Lett 15(4): 365-377. https://doi.org/10.1111/j.1461-0248. 2011.01736.x

Bini LM, Diniz JAF, Rangel T, Akre TSB, Albaladejo RG, Albuquerque FS, Aparicio A, Araujo MB, Baselga A, Beck J, Bellocq MI, Bohning-Gaese K, Borges PAV, Castro-Parga I, Chey VK, Chown SL, de Marco P, Dobkin DS, Ferrer-Castan D, Field R, Filloy J, Fleishman E, Gomez JF, Hortal J, Iverson JB, Kerr JT, Kissling WD, Kitching IJ, Leon-Cortes JL, Lobo JM, Montoya D, Morales-Castilla I, Moreno JC, Oberdorff T, Olalla-Tarraga MA, Pausas JG, Qian H, Rahbek C, Rodriguez MA, Rueda M, Ruggiero A, Sackmann P, Sanders NJ, Terribile LC, Vetaas OR, Hawkins BA (2009) Coefficient shifts in geographical ecology: an empirical evaluation of spatial and non-spatial regression. Ecography 32(2): 193-204. https://doi.org/10.1111/j.1600-0587.2009.05717.x

Bivand R (2017) rgrass7: interface between GRASS 7 geographic information systems and R. R package version 0.1-10

Bivand RS, Pebesma EJ, Gomez-Rubio V (2013) Applied spatial data analysis with R. Use R! 2nd edn. Springer, New York

Blumstein DT, Mennill DJ, Clemins P, Girod L, Yao K, Patricelli G, Deppe JL, Krakauer AH, Clark C, Cortopassi KA, Hanser SF, McCowan B, Ali AM, Kirschel ANG (2011) Acoustic monitoring in terrestrial environments using microphone arrays: applications, technological considerations and prospectus. J Appl Ecol 48(3): 758-767. https://doi.org/10.1111/j.1365- 2664.2011.01993.x

Botkin DB, Saxe H, Araujo MB, Betts R, Bradshaw RHW, Cedhagen T, Chesson P, Dawson TP, Etterson JR, Faith DP, Ferrier S, Guisan A, Hansen AS, Hilbert DW, Loehle C, Margules C, New M, Sobel MJ, Stockwell DRB (2007) Forecasting the effects of global warming on biodiversity. Bioscience 57(3): 227-236. https://doi.org/10.1641/b570306

Boyce MS (2006) Scale for resource selection functions. Divers Distrib 12(3): 269-276. https://doi. org/10.1111/j.1366-9516.2006.00243.x

Boyd C, Brooks TM, Butchart SHM, Edgar GJ, da Fonseca GAB, Hawkins F, Hoffmann M, Sechrest W, Stuart SN, van Dijk PP (2008) Spatial scale and the conservation of threatened species. Conserv Lett 1(1): 37-43. https://doi.org/10.1111/j.1755-263X.2008.00002.x

Brunsdon C, Comber L (2015) An introduction to R for spatial analysis and mapping. Sage Publications, Inc, London

Cagnacci F, Boitani L, Powell RA, Boyce MS (2010) Animal ecology meets GPS-based radiotelemetry: a perfect storm of opportunities and challenges. Phil Trans R Soc B 365 (1550): 2157-2162. https://doi.org/10.1098/rstb.2010.0107

Carmona CP, de Bello F, Mason NWH, Leps J (2016) Traits without borders: integrating functional diversity across scales. Trends Ecol Evol 31(5): 382-394. https://doi.org/10.1016/j.tree. 2016.02.003

Carvalho SB, Goncalves J, Guisan A, Honrado JP (2016) Systematic site selection for multispecies monitoring networks. J Appl Ecol 53(5): 1305-1316. https://doi.org/10.1111/1365-2664.12505

Chandler R, Hepinstall-Cymerman J (2016) Estimating the spatial scales of landscape effects on abundance. Landsc Ecol 31(6): 1383-1394. https://doi.org/10.1007/s10980-016-0380-z

Chave J (2013) The problem of pattern and scale in ecology: what have we learned in 20 years? Ecol Lett 16: 4-16. https://doi.org/10.1111/ele.12048

Chen QW, Han R, Ye F, Li WF (2011) Spatio-temporal ecological models. Eco Inform 6(1): 37-43. https://doi.org/10.1016/j.ecoinf.2010.07.006

Cheptou PO, Carrue O, Rouifed S, Cantarel A (2008) Rapid evolution of seed dispersal in an urban environment in the weed Crepis sancta. Proc Natl Acad Sci U S A 105(10): 3796-3799. https://doi.org/10.1073/pnas.0708446105

Clark JS, Carpenter SR, Barber M, Collins S, Dobson A, Foley JA, Lodge DM, Pascual M, Pielke R, Pizer W, Pringle C, Reid WV, Rose KA, Sala O, Schlesinger WH, Wall DH, Wear D (2001) Ecological forecasts: an emerging imperative. Science 293(5530): 657-660. https://doi.org/10.1126/science.293.5530.657

Crase B, Liedloff A, Vesk PA, Fukuda Y, Wintle BA (2014) Incorporating spatial autocorrelation into species distribution models alters forecasts of climate-mediated range shifts. Glob Chang Biol 20(8): 2566-2579. https://doi.org/10.1111/gcb.12598

Cressie NAC (1993) Statistics for spatial data. Wiley, Chichester

Cressie N, Wikle CK (2011) Statistics for spatio-temporal data. Wiley, Chichester

Crooks KR, Sanjayan M (eds) (2006) Connectivity conservation. Cambridge University Press, New York

Dale MRT, Fortin MJ (2009) Spatial autocorrelation and statistical tests: some solutions. J Agric Biol Environ Stat 14(2): 188-206. https://doi.org/10.1198/jabes.2009.0012

Dale MRT, Fortin MJ (2014) Spatial analysis: a guide for ecologists, 2nd edn. Cambridge University Press, Cambridge

DeAngelis DL, Mooij WM (2005) Individual-based modeling of ecological and evolutionary processes. Annu Rev Ecol Evol Syst 36: 147-168. https://doi.org/10.1146/annurev.ecolsys.36.102003.152644

DeAngelis DL, Gross LJ, Huston MA, Wolff WF, Fleming DM, Comiskey EJ, Sylvester SM (1998) Landscape modeling for everglades ecosystem restoration. Ecosystems 1(1): 64-75. https://doi.org/10.1007/s100219900006

Dickinson JL, Zuckerberg B, Bonter DN (2010) Citizen science as an ecological research tool: challenges and benefits. Annu Rev Ecol Evol Syst 41: 149-172. https://doi.org/10.1146/annurev-ecolsys-102209-144636

Etherington TR, Holland EP, O'Sullivan D (2015) NLMpy: a PYTHON software package for the creation of neutral landscape models within a general numerical framework. Methods Ecol Evol 6(2): 164-168. https://doi.org/10.1111/2041-210x.12308

Farkas TE, Hendry AP, Nosil P, Beckerman AP (2015) How maladaptation can structure biodiversity: eco-evolutionary island biogeography. Trends Ecol Evol 30(3): 154-160. https://doi.org/10.1016/j.tree.2015.01.002

Ferguson JM, Reichert BE, Fletcher RJ, Jager HI (2017) Detecting population-environmental interactions with mismatched time series data. Ecology 98(11): 2813-2822. https://doi.org/10.1002/ecy.1966

Fischer J, Abson DJ, Butsic V, Chappell MJ, Ekroos J, Hanspach J, Kuemmerle T, Smith HG, von Wehrden H (2014) Land sparing versus land sharing: moving forward. Conserv Lett 7 (3): 149-157. https://doi.org/10.1111/conl.12084

Franklin J (2009) Mapping species distributions: spatial inference and prediction. Cambridge

University Press, Cambridge, UK

Gelfand AE (2007) Guest Editorial: Spatial and spatio-temporal modeling in environmental and ecological statistics. Environ Ecol Stat 14(3): 191-192. https://doi.org/10.1007/s10651-007-0026-z

Gergel SE, Turner MG (eds) (2017) Learning landscape ecology: a practical guide to concepts and techniques, 2nd edn. Springer, New York

Gravel D, Massol F, Leibold MA (2016) Stability and complexity in model meta-ecosystems. Nat Commun 7. https://doi.org/10.1038/ncomms12457

Grimm V, Revilla E, Berger U, Jeltsch F, Mooij WM, Railsback SF, Thulke HH, Weiner J, Wiegand T, DeAngelis DL (2005) Pattern-oriented modeling of agent-based complex systems: lessons from ecology. Science 310(5750): 987-991. https://doi.org/10.1126/science.1116681

Guisan A, Thuiller W (2005) Predicting species distribution: offering more than simple habitat models. Ecol Lett 8(9): 993-1009

Guisan A, Zimmermann NE (2000) Predictive habitat distribution models in ecology. Ecol Model 135(2-3): 147-186

Guisan A, Tingley R, Baumgartner JB, Naujokaitis-Lewis I, Sutcliffe PR, Tulloch AIT, Regan TJ, Brotons L, McDonald-Madden E, Mantyka-Pringle C, Martin TG, Rhodes JR, Maggini R, Setterfield SA, Elith J, Schwartz MW, Wintle BA, Broennimann O, Austin M, Ferrier S, Kearney MR, Possingham HP, Buckley YM (2013) Predicting species distributions for conservation decisions. Ecol Lett 16(12): 1424-1435. https://doi.org/10.1111/ele.12189

Guisan A, Thuiller W, Zimmermann NE (2017) Habitat suitability and distribution models: applications with R. Cambridge University Press, Cambridge, UK

Gunton RM, Marsh CJ, Moulherat S, Malchow AK, Bocedi G, Klenke RA, Kunin WE (2017) Multicriterion trade-offs and synergies for spatial conservation planning. J Appl Ecol 54 (3): 903-913. https://doi.org/10.1111/1365-2664.12803

Hames RS, Rosenberg KV, Lowe JD, Dhondt AA (2001) Site reoccupation in fragmented landscapes: testing predictions of metapopulation theory. J Anim Ecol 70(2): 182-190

Hanski I (1999) Metapopulation ecology. Oxford University Press, Oxford

Hanski K, Ovaskainen O (2003) Metapopulation theory for fragmented landscapes. Theor Popul Biol 64(1): 119-127. https://doi.org/10.1016/s0040-5809(03)00022-4

Hastings A (2010) Timescales, dynamics, and ecological understanding. Ecology 91 (12): 3471-3480. https://doi.org/10.1890/10-0776.1

Hastings A, Gross L (eds) (2012) Encyclopedia of theoretical ecology. UC Press, Berkeley

Hein L, van Koppen K, de Groot RS, van Ierland EC (2006) Spatial scales, stakeholders and the valuation of ecosystem services. Ecol Econ 57(2): 209-228. https://doi.org/10.1016/j.ecolecon.2005.04.005

Heller NE, Zavaleta ES (2009) Biodiversity management in the face of climate change: a review of 22 years of recommendations. Biol Conserv 142(1): 14-32. https://doi.org/10.1016/j.biocon.2008.10.006

Hochachka WM, Caruana R, Fink D, Munson A, Riedewald M, Sorokina D, Kelling S (2007) Data-mining discovery of pattern and process in ecological systems. J Wildl Manag 71 (7): 2427-2437. https://doi.org/10.2193/2006-503

Holyoak M, Leibold MA, Holt RD (2005) Metacommunities: spatial dynamics and ecological communities. University of Chicago Press, Chicago

Hooten MB, Johnson DS, McClintock BT, Morales JM (2017) Animal movement: statistical models for telemetry data. CRC Press, Boca Raton, FL

Hull V, Tuanniu MN, Liu JG (2015) Synthesis of human-nature feedbacks. Ecol Soc 20(3). https://doi.org/10.5751/es-07404-200317

Kampichler C, Wieland R, Calme S, Weissenberger H, Arriaga-Weiss S (2010) Classification in conservation biology: a comparison of five machine-learning methods. Ecol Inform 5 (6): 441-450. https://doi.org/10.1016/j.ecoinf.2010.06.003

Kandziora M, Burkhard B, Muller F (2013) Mapping provisioning ecosystem services at the local scale using data of varying spatial and temporal resolution. Ecosyst Serv 4: 47-59. https://doi.org/10.1016/j.ecoser.2013.04.001

Kareiva P (1994) Space: the final frontier for ecological theory. Ecology 75(1): 1. https://doi.org/10.2307/1939376

Keitt TH, Urban DL (2005) Scale-specific inference using wavelets. Ecology 86(9): 2497-2504. https://doi.org/10.1890/04-1016

Kelling S, Hochachka WM, Fink D, Riedewald M, Caruana R, Ballard G, Hooker G (2009) Data intensive science: a new paradigm for biodiversity studies. Bioscience 59(7): 613-620. https://doi.org/10.1525/bio.2009.59.7.12

Kerr JT, Ostrovsky M (2003) From space to species: ecological applications for remote sensing. Trends Ecol Evol 18(6): 299-305. https://doi.org/10.1016/s0169-5347(03)00071-5

Kukkala AS, Moilanen A (2013) Core concepts of spatial prioritisation in systematic conservation planning. Biol Rev 88(2): 443-464. https://doi.org/10.1111/brv.12008

Lawler JJ, Ruesch AS, Olden JD, McRae BH (2013) Projected climate-driven faunal movement routes. Ecol Lett 16(8): 1014-1022. https://doi.org/10.1111/ele.12132

Legendre P (1993) Spatial autocorrelation: trouble or new paradigm? Ecology 74(6): 1659-1673

Legrand D, Cote J, Fronhofer EA, Holt RD, Ronce O, Schtickzelle N, Travis JMJ, Clobert J (2017) Eco-evolutionary dynamics in fragmented landscapes. Ecography 40(1): 9-25. https://doi.org/10.1111/ecog.02537

Leibold MA, Chase JM (2017) Metacommunity ecology. Princeton University Press, Princeton, NJ

Levin SA (1992) The problem of pattern and scale in ecology. Ecology 73(6): 1943-1967. https://doi.org/10.2307/1941447

Lindenmayer DB, Margules CR, Botkin DB (2000) Indicators of biodiversity for ecologically sustainable forest management. Conserv Biol 14(4): 941-950. https://doi.org/10.1046/j.1523-1739.2000.98533.x

Liu JG, Dietz T, Carpenter SR, Alberti M, Folke C, Moran E, Pell AN, Deadman P, Kratz T, Lubchenco J, Ostrom E, Ouyang Z, Provencher W, Redman CL, Schneider SH, Taylor WW (2007) Complexity of coupled human and natural systems. Science 317(5844): 1513-1516. https://doi.org/10.1126/science.1144004

Liu JG, Hull V, Luo JY, Yang W, Liu W, Vina A, Vogt C, Xu ZC, Yang HB, Zhang JD, An L, Chen XD, Li SX, Ouyang ZY, Xu WH, Zhang HM (2015) Multiple telecouplings and their complex interrelationships. Ecol Soc 20(3). https://doi.org/10.5751/es-07868-200344

Logue JB, Mouquet N, Peter H, Hillebrand H, Metacommunity Working Group (2011) Empirical approaches to metacommunities: a review and comparison with theory. Trends Ecol Evol 26: 482-491. https://doi.org/10.1016/j.tree.2011.04.009

Loiselle BA, Howell CA, Graham CH, Goerck JM, Brooks T, Smith KG, Williams PH (2003) Avoiding pitfalls of using species distribution models in conservation planning. Conserv Biol 17(6): 1591-1600. https://doi.org/10.1111/j.1523-1739.2003.00233.x

Loreau M, Holt RD (2004) Spatial flows and the regulation of ecosystems. Am Nat 163(4): 606-615. https://doi.org/10.1086/382600

Loreau M, Mouquet N, Holt RD (2003) Meta-ecosystems: a theoretical framework for a spatial ecosystem ecology. Ecol Lett 6(8): 673-679. https://doi.org/10.1046/j.1461-0248.2003.00483.x

Macs J, Egoh B, Willemen L, Liquete C, Vihervaara P, Schagner JP, Grizzetti B, Drakou EG, La Notte A, Zulian G, Bouraoui F, Paracchini ML, Braat L, Bidoglio G (2012) Mapping ecosystem services for policy support and decision making in the European Union. Ecosyst Serv 1 (1): 31-39. https://doi.org/10.1016/j.ecoser.2012.06.004

Margules CR, Pressey RL (2000) Systematic conservation planning. Nature 405(6783): 243-253. https://doi.org/10.1038/35012251

Martensen AC, Saura S, Fortin MJ (2017) Spatio-temporal connectivity: assessing the amount of reachable habitat in dynamic landscapes. Methods Ecol Evol 8(10): 1253-1264. https://doi.org/10.1111/2041-210x.12799

Massol F, Gravel D, Mouquet N, Cadotte MW, Fukami T, Leibold MA (2011) Linking community and ecosystem dynamics through spatial ecology. Ecol Lett 14(3): 313-323. https://doi.org/10.1111/j.1461-0248.2011.01588.x

Mayor SJ, Schneider DC, Schaefer JA, Mahoney SP (2009) Habitat selection at multiple scales. Ecoscience 16(2): 238-247. https://doi.org/10.2980/16-2-3238

McGarigal K, Wan HY, Zeller KA, Timm BC, Cushman SA (2016) Multi-scale habitat selection modeling: a review and outlook. Landsc Ecol 31(6): 1161-1175

Mennill DJ, Battiston M, Wilson DR, Foote JR, Doucet SM (2012) Field test of an affordable, portable, wireless microphone array for spatial monitoring of animal ecology and behaviour. Methods Ecol Evol 3(4): 704-712. https://doi.org/10.1111/j.2041-210X.2012.00209.x

Merchant ND, Fristrup KM, Johnson MP, Tyack PL, Witt MJ, Blondel P, Parks SE (2015) Measuring acoustic habitats. Methods Ecol Evol 6(3): 257-265. https://doi.org/10.1111/2041-210x.12330

Moilanen A (2007) Landscape Zonation, benefit functions and target-based planning: unifying reserve selection strategies. Biol Conserv 134(4): 571-579. https://doi.org/10.1016/j.biocon.2006.09.008

Moilanen A, Wilson KA, Possingham H (eds) (2009) Spatial conservation prioritization: quantitative methods and computational tools. Oxford University Press, Oxford

Muenchow J, Schratz P, Brenning A (2017) RQGIS: integrating R with QGIS for statistical geocomputing. R Journal 9(2): 409-428

Naidoo R, Balmford A, Costanza R, Fisher B, Green RE, Lehner B, Malcolm TR, Ricketts TH (2008) Global mapping of ecosystem services and conservation priorities. Proc Natl Acad Sci U S A 105(28): 9495-9500. https://doi.org/10.1073/pnas.0707823105

Nichols JD, Bailey LL, O'Connell AF, Talancy NW, Grant EHC, Gilbert AT, Annand EM, Husband TP, Hines JE (2008) Multi-scale occupancy estimation and modelling using multiple detection methods. J Appl Ecol 45(5): 1321-1329. https://doi.org/10.1111/j.1365-2664.2008.01509.x

Nichols JD, Koneff MD, Heglund PJ, Knutson MG, Seamans ME, Lyons JE, Morton JM, Jones MT, Boomer GS, Williams BK (2011) Climate change, uncertainty, and natural resource management. J Wildl Manag 75(1): 6-18. https://doi.org/10.1002/jwmg.33

Olden JD, Lawler JJ, Poff NL (2008) Machine learning methods without tears: a primer for ecologists. Q Rev Biol 83(2): 171-193. https://doi.org/10.1086/587826

Ovaskainen O, De Knegt HJ, del Mar Delgado M (2016) Quantitative ecology and evolutionary biology: integrating models with data. Oxford University Press, Oxford

Pascual-Hortal L, Saura S (2006) Comparison and development of new graph-based landscape connectivity indices: towards the priorization of habitat patches and corridors for conservation. Landsc Ecol 21(7): 959-967. https://doi.org/10.1007/s10980-006-0013-z

Perfecto I, Vandermeer J (2010) The agroecological matrix as alternative to the land-sparing/agriculture intensification model. Proc Natl Acad Sci U S A 107(13): 5786-5791. https://doi.org/10.1073/pnas.0905455107

Petchey OL, Pontarp M, Massie TM, Kefi S, Ozgul A, Weilenmann M, Palamara GM, Altermatt F, Matthews B, Levine JM, Childs DZ, McGill BJ, Schaepman ME, Schmid B, Spaak P, Beckerman AP, Pennekamp F, Pearse IS (2015) The ecological forecast horizon, and examples of its uses and determinants. Ecol Lett 18(7): 597-611. https://doi.org/10.1111/ele.12443

Peters DPC, Bestelmeyer BT, Turner MG (2007) Cross-scale interactions and changing pattern-process relationships: consequences for system dynamics. Ecosystems 10(5): 790-796. https://doi.org/10.1007/s10021-007-9055-6

Peterson AT, Soberon J, Pearson RG, Anderson RP, Martinez-Mery E, Nakamura M, Araújo MB (2011) Ecological niches and geographic distributions. Princeton University Press, Princeton, NJ

Power AG (2010) Ecosystem services and agriculture: tradeoffs and synergies. Phil Trans R Soc B 365(1554): 2959-2971. https://doi.org/10.1098/rstb.2010.0143

Pressey RL, Cabeza M, Watts ME, Cowling RM, Wilson KA (2007) Conservation planning in a changing world. Trends Ecol Evol 22(11): 583-592. https://doi.org/10.1016/j.tree.2007.10.001

Pulliam HR (2000) On the relationship between niche and distribution. Ecol Lett 3(4): 349-361
Pulliam HR, Dunning JB, Liu JG (1992) Population dynamics in complex landscapes: a case study. Ecol Appl 2(2): 165-177. https://doi.org/10.2307/1941773

Regan HM, Colyvan M, Burgman MA (2002) A taxonomy and treatment of uncertainty for ecology and conservation biology. Ecol Appl 12(2): 618-628. https://doi.org/10.2307/3060967

Rondinini C, Wilson KA, Boitani L, Grantham H, Possingham HP (2006) Tradeoffs of different types of species occurrence data for use in systematic conservation planning. Ecol Lett 9(10): 1136-1145. https://doi.org/10.1111/j.1461-0248.2006.00970.x

Rosenberg MS, Anderson CD (2011) PASSaGE: pattern analysis, spatial statistics and geographic exegesis. Version 2. Methods Ecol Evol 2(3): 229-232. https://doi.org/10.1111/j.2041-210X.2010.00081.x

Rudnick DA, Ryan SJ, Beier P, Cushman SA, Dieffenbach F, Epps CW, Gerber LR, Hartter J, Jenness JS, Kintsch J, Mernlender AM, Perkl RM, Preziosi DV, Trombulak SC (2012) The role of landscape connectivity in planning and implementing conservation and restoration priorities. Issues Ecol, Report Number16, Ecological Society of America, Washington, DC.

Schagner JP, Brander L, Maes J, Hartje V (2013) Mapping ecosystem services' values: current practice and future prospects. Ecosyst Serv 4: 33-46. https://doi.org/10.1016/j.ecoser.2013.02.003

Schoener TW (2011) The newest synthesis: understanding the interplay of evolutionary and ecological dynamics. Science 331(6016): 426-429. https://doi.org/10.1126/science.1193954

Schumaker NH, Brookes A, Dunk JR, Woodbridge B, Heinrichs JA, Lawler JJ, Carroll C, LaPlante D (2014) Mapping sources, sinks, and connectivity using a simulation model of northern spotted owls. Landsc Ecol 29(4): 579-592. https://doi.org/10.1007/s10980-014-0004-4

Sklar E (2007) Software review: NetLogo, a multi-agent simulation environment. Artif Life 13 (3): 303-311. https://doi.org/10.1162/artl.2007.13.3.303

Soberón J (2007) Grinnellian and Eltonian niches and geographic distributions of species. Ecol Lett 10(12): 1115-1123. https://doi.org/10.1111/j.1461-0248.2007.01107.x

Soberón JM (2010) Niche and area of distribution modeling: a population ecology perspective. Ecography 33(1): 159-167. https://doi.org/10.1111/j.1600-0587.2009.06074.x

Talluto MV, Boulangeat I, Ameztegui A, Aubin I, Berteaux D, Butler A, Doyon F, Drever CR, Fortin MJ, Franceschini T, Lienard J, McKenney D, Solarik KA, Strigul N, Thuiller W, Gravel D (2016) Cross-scale integration of knowledge for predicting species ranges: a metamodelling framework. Glob Ecol Biogeogr 25(2): 238-249. https://doi.org/10.1111/geb.12395

Thiele JC, Grimm V (2010) NetLogo meets R: linking agent-based models with a toolbox for their analysis. Environ Model Softw 25(8): 972-974. https://doi.org/10.1016/j.envsoft.2010.02.008

Thiele JC, Kurth W, Grimm V (2012) RNetLogo: an R package for running and exploring individual-based models implemented in NetLogo. Methods Ecol Evol 3(3): 480-483. https://doi.org/10.1111/j.2041-210X.2011.00180.x

Thorson JT, Ianelli JN, Larsen EA, Ries L, Scheuerell MD, Szuwalski C, Zipkin EF (2016) Joint dynamic species distribution models: a tool for community ordination and spatio-temporal monitoring. Glob Ecol Biogeogr 25(9): 1144-1158. https://doi.org/10.1111/geb.12464

Tomkiewicz SM, Fuller MR, Kie JG, Bates KK (2010) Global positioning system and associated technologies in animal behaviour and ecological research. Phil Trans R Soc B 365(1550): 2163-2176. https://doi.org/10.1098/rstb.2010.0090

Turner W, Spector S, Gardiner N, Fladeland M, Sterling E, SteiningerM(2003) Remote sensing for biodiversity science and conservation. Trends Ecol Evol 18(6): 306-314. https://doi.org/10.1016/s0169-5347(03)00070-3

Turner BL, Lambin EF, Reenberg A (2007) The emergence of land change science for global environmental change and sustainability. Proc Natl Acad Sci U S A 104(52): 20666-20671. https://doi.org/10.1073/pnas.0704119104

Verhagen W, Kukkala AS, Moilanen A, van Teeffelen AJA, Verburg PH (2017) Use of demand for and spatial flow of ecosystem services to identify priority areas. Conserv Biol 31(4): 860-871. https://doi.org/10.1111/cobi.12872

Watts ME, Ball IR, Stewart RS, Klein CJ, Wilson K, Steinback C, Lourival R, Kircher L, Possingham HP (2009) Marxan with zones: software for optimal conservation based landand sea-use zoning. Environ Model Softw 24(12): 1513-1521. https://doi.org/10.1016/j.envsoft.2009.06.005

Wiegand T, Moloney K (2014) Handbook of spatial point-pattern analysis in ecology. Chapman & Hall, CRC Applied Environmental Statistics, Boca Raton, FL

Wilson RJ, Thomas CD, Fox R, Roy DB, Kunin WE (2004) Spatial patterns in species distributions reveal biodiversity change. Nature 432(7015): 393-396. https://doi.org/10.1038/nature03031

Wisz MS, Pottier J, Kissling WD, Pellissier L, Lenoir J, Damgaard CF, Dormann CF, Forchhammer MC, Grytnes JA, Guisan A, Heikkinen RK, Hoye TT, Kuhn I, Luoto M, Maiorano L, Nilsson MC, Normand S, Ockinger E, Schmidt NM, Termansen M, Timmermann A, Wardle DA, Aastrup P, Svenning JC (2013) The role of biotic interactions in shaping distributions and realised assemblages of species: implications for species distribution modelling. Biol Rev 88 (1): 15-30. https://doi.org/10.1111/j.1469-185X.2012.00235.x

Wittemyer G, Keating LM, Vollrath F, Douglas-Hamilton I (2017) Graph theory illustrates spatial and temporal features that structure elephant rest locations and reflect risk perception. Ecography 40(5): 598-605. https://doi.org/10.1111/ecog.02379

Zeigler SL, Fagan WF (2014) Transient windows for connectivity in a changing world. Movement Ecol 2(1): 1. https://doi.org/10.1186/2051-3933-2-1

附录 A R 语言简介

简　　介

在本书中，我们用 R 语言说明了空间生态学和保护学中的一些重要概念和分析方法。对空间生态学和保护学而言，R 语言是一种令人印象深刻的全方位语言，我们可以应用它在空间数据与模型间进行无缝切换，并绘图、分析和可视化我们的数据和模拟的结果。对于与空间生态学和保护学相关的空间分析来说，R 语言无论是在深度上还是广度上都特别强大，这使得它成为解决本书中所涉及的所有问题的一个十分有用的编程语言。

R 语言是一门高级命令驱动语言，虽然在学习过程中有时会存在一个陡峭的学习曲线，但使用 R 语言有以下几个方面的好处。首先，R 语言的命令驱动（而非 GUI/菜单驱动）方法允许用户自己编写程序"脚本"，这有助于发展可复制的程序，这种好处怎么强调都不为过。作为可复制性科学中的一个重要组分，数据回溯及其重复总结和分析过程在科学研究中极其重要（Casadevall and Fang, 2010; Munafo et al., 2017）。如果你注意到数据中存在错误或需要在分析中添加更多数据，那么这一组分会使你的工作变得更为轻松。其次，通过使用 R 程序脚本，我们可以对必须重复执行的单调任务自动化，这有助于我们腾出更多的时间去关注更为有趣和更为重要的问题。再次，R 是一个开放的编程语言，这意味着像你一样的用户也可以为它的开发做出自己的贡献。最后，R 语言是免费的，这也许是我们的学生最喜欢使用 R 的原因。

在此，我们提供了一个关于 R 语言应用的简要概述，主要是集中在本书中出现的一些关键问题上。目前已经出版了几本关于 R 语言应用的详细且有用的书籍，同时，两本用 R 语言处理空间数据的专业书籍也已出版（Bivand et al., 2013; Brunsdon and Comber, 2015）。本附录旨在提供一个 R 语言的简介，以帮助读者更好地理解本书中的主要章节，而无须阅读其他 R 语言相关书籍来理解书中给出的特定的 R 语言程序。为了更为形象地说明 R 语言的用法，我们在下文中使用了第 6 章中所使用的数据。

初学 R：在进行任何分析之前

我们假定本书的许多读者是 R 语言的新用户，例如，在美国佛罗里达大学讲授 R 语言的研究生课程中，我们发现大约有 1/3 到 1/2 的学生没有使用 R 语言的体验或者不觉得使用 R 语言是件令人愉悦的事。初学 R 语言的人可能会认为这是一项艰巨的工作，但最终所有的学习者会感觉一切付出都是值得的。

初学者经常会在没有充分了解 R 语言如何工作的基础知识时就跳到数据分析和模拟过程中，这会让许多人产生一定的挫败感。在此，我们提供了一些 R 语言的关键基础知识，希望能减少或消除这种挫败感，让读者可以更加专注于空间生态学和保护学中更为有趣的主题。

R 语言程序包

在 R 语言中，大部分繁重的工作都是通过各式各样的 R 语言程序包（或库）来完成的。在本书中，我们使用了许多种 R 语言程序包，但实际上有成千上万的 R 语言程序包可供用户选择，我们用到的只是九牛一毛。R 语言平台安装程序中附带了一些同时安装（如 MASS）和激活（如 stats、graphics）的程序包，但本书中所使用的大多数程序包仍需从 CRAN 网站下载并加载才能使用。与空间数据分析相关的 R 语言程序包可参见网页 http://cran.r-project.org/web/views/Spatial.html。重要的是要记住，虽然许多程序包，特别是那些与 R 语言平台一起安装的程序包，都经过了认真的审查，但用户仍可下载并使用那些没有经过认真审查的程序包。因此，当你第一次打开 R 语言时，你将在控制台上看到"R 语言是免费软件，不提供任何质量上的保证"的提示语句。多年来 R-base 系统版本发生了许多变化，在撰写本书时，其版本为 3.4.3，因此书中的一些 R 语言程序包是基于这个版本开发的，而另一些程序包则是基于以前的 R 版本开发的。

R 语言编辑器

一些高级的编辑器可以帮助用户更为便捷地编写 R 语言脚本，与在 R 语言的 GUI 中使用脚本提示符相比，这些编辑器允许你更容易地编写和解释代码，因为不同的命令和语句会以不同的颜色和字体显示。虽然这看起来好像没什么大不了的，但在实际工作中，这可能能为你提供巨大的帮助。

R 语言自带一个非常简约的编辑器，对于 Mac 用户来说，很多人发现 R 语言自带的编辑器已经够用了，但 Windows 用户通常喜欢下载其他编辑器，而不是使用这一自带的编辑器。

一些常用的 R 语言编辑器包括：RStudio、Tinn-R、Notepad++、Vim（和 Vim-R）和 Emacs Speaks Statistics，其中，RStudio（http://rstudio.org/）已经迅速成为运行 R 语言程序最常用的编辑器，它具有一些非常友好的功能，同时也具有几个高级特性，通常很容易使用，该编辑器也是我们在教学中经常使用的。在 RStudio 开发出来之前，一个流行的 R 语言编辑器是 Tinn-R。Notepad++（带有向 R 发送代码的 NppToR 包）则是一个通用的编辑器（不特定于 R 语言），非常直观且易于使用。最后，Emacs Speaks Statistics（ESS；http://ess.r-project.org/）是一个在苹果电脑上工作良好的编辑器。

R 语言提示符、控制台和编辑器

一旦下载并安装了 R（或者 R 的编辑器，比如 RStudio），我们就可以启动它。在 R 中工作的方法有两种，首先，我们可以直接在命令行上工作，如下所示：

```
>
```

在此，我们可以键入各种代码并按回车键，例如键入：

```
> 3 + 7
```

你将看到如下的结果显示：

```
##
[1] 10
```

可见 R 也可用作一个计算器，但这并非它的主要功能。虽然你可以直接在命令行上键入，但你要做的大部分工作是在编辑器上编写代码，然后将部分（或全部）代码传递到控制台上运行。

在我们提供的代码中，你经常会看到以#开头的语句。这些语句是对 R 语言中代码的注释，R 在执行代码时会忽略它们。例如，如果你编写了如下代码：

```
# R是一个计算器
> 3 + 7
```

然后按下 enter 键，R 会忽略#后的所有内容，显示如下结果：

```
##
[1] 10
```

我们也能对新变量和分析中产生的概要统计结果进行定义和存储：

```
> d <- 3 +7
    或
> d = 3 + 7
```

符号"="可以用来代替"<-"运算符进行赋值，但在某些情况下，前者并不适用于赋值，而后者总是适用。在本书中，我们通篇使用"<-"。请注意，此后我们必须键入 d 并按 enter 键才能检视结果：

```
> d
##
[1] 10
```

如果在 R 提示符上看到"+"符号，则表示等待输入更多的代码。如果你想跳出这一行并重新开始，只需按一下电脑上的 Esc 键。重要的是，R 是区分大小写的，所以"Ecology"和"ecology"被认为是不同的！

在 R 语言中获得帮助

对 R 语言的一种常见批评是，其帮助文档并不像其他软件程序那样好用，但你一旦了解了 R 语言提供帮助信息的方式，就会发现这种方式还是很有用的。对任何一个函数，你都可以使用以下代码检索有关该函数的一些有用信息，我们以 lm 函数（线性模型函数）为例：

```
> ?lm
    或
> help(lm)
```

这两个命令都提供了 R 语言中有关线性模型的信息。请注意，此命令将带你进入一个标准化的窗口，该窗口提供了该函数各种选项的详细信息，如默认选项是什么，函数返回什么结果（如线性回归的结果）等，并给出了具体实现的例子。你可以将所提供的示例代码复制到控制台，在不需要任何额外代码或信息的情况下即可工作。这种标准化的输出是非常有用的。你还可以通过键入程序包（如上所述）中的特定函数或请求常规帮助来获得有关程序包的帮助：

```
> help(package="MASS")
```

上述命令将为你提供 MASS 程序包的信息，该程序包随 R 语言平台一起提供。

许多程序包都附带了使用示例的简介，网上还有各种各样的留言板和邮件列表服务，为我们提供了一种向其他 R 用户提问的方法。这些论坛中有大量令人印象深刻的例子、问题和答案，你可以通过搜索引擎在互联网上找到这些论坛。用于空间分析的一个重要邮件列表是 R-sig-geo（https://stat.ethz.ch/mailman/listinfo/r-sig-geo）。

R 语言中的数据类

要理解 R 语言的工作原理首先必须了解 R 语言中的数据类。R 语言包含多种用于存储和处理特定数据结构的数据类，你需要了解它们才能充分理解 R 语言并利用其功能。R 中使用的数据类有一般类型，也有特定于空间数据的类型（见下文）以及进行各种分析时创建的对象。常见的 R 数据类包括：变量、向量、矩阵、数组、数据框和列表。我们在上面已经看到了一些变量的用法。例如，我们可以创建一个变量 x，并将其值赋为 4：

```
> x <- 4
```

数据向量也是一种常用的数据类型。向量通常是一串数字（如电子表格中的一列数据），我们可以通过多种方式来创建向量：

```
> x.vector <- vector(mode = "numeric", length = 4)
> x.vector <- 1: 10
> x.vector <- c(0, 4, 0, 1)
```

在上面代码的第一行中，我们明确地命名一个向量并将其定义为"numeric"，这意味着该向量可以包含实数（带小数点的正数或负数），第二行将（整数）1 到 10 赋给该向量，第三行使用 c 函数（或 concatenate 函数）将后面括号中的 4 个数字串在一起赋给该向量。

我们可以通过多种方式从一个向量中获取信息。简单地输入向量名就会显示整个向量的信息，我们也可以使用各种命令调用向量中的要素。下面，我们首先查看整个向量，然后抓取向量中从 1 到 3 的数据，最后访问所有大于 1 的数据。

```
#从一个向量中获取数据
> x.vector
> x.vector[2]
> x.vector[1: 3]
> x.vector[x.vector > 1]
```

我们可以通过创建矩阵和数组来扩展向量的概念。矩阵本质上是一个二维向量，通常被认为是电子表格中的行和列。数组则将矩阵扩展到二维以上，这一类可视化有点难，但在某些应用程序中却非常有用，例如，当我们想存储几个相同维度的矩阵时。需要注意的是，矩阵和数组在每个维度中的数据必须是相同类型的。下面我们将演示如何生成一个正方形的 5×5 矩阵，然后生成由 2 个 5×5 矩阵组成的一个数组。

```
#生成一个矩阵
> x.matrix <- matrix(0, nrow = 5, ncol = 5)
#生成一个数组
> x.array <- array(0, dim = c(5, 5, 2))
```

与向量类似，我们可以通过多种方式来访问矩阵中的要素。请注意，在本例中，我们使用带有两个要素的单层方括号，其中第一个要素表示矩阵中的行，第二个要素表示列。

```
#从一个矩阵中获取数据
> x.matrix
> x.matrix[2, 2] <- 5
> x.matrix[, 2] <- 2
> x.matrix[3, ] <- 3
> diag(x.matrix)<- 1
```

数据框也是常用的数据类型。上面提到的有关矩阵和数组需要相同类型数据的要求，在数据框中可以放宽。数据框可以看作是一个二维矩阵，其中不同的数据列可以是不同的数据类型。例如，一列可以是字符（如站点名称），而另一列则可以是数值。数据框通常是从电子表格转到 R 语言时使用的 R 数据类。我们可以用多种方式来填充新的数据框，下面是一个包含三列数据的示例，第一列包含字符信息，第二列包含数字信息，第三列包含 NA（无数据）。

```
> x.df <- data.frame(site = c("North", "South", "Mid"), x =
  1: 3, y = NA)
```

最后，列表是一种非常方便的数据类，通常用于存储 R 语言的输出结果。列表是上述任何数据类的集合。例如，列表的一个组件可以是向量，另一个组件可以是数组，甚至可以是数据框，这种灵活性就是 R 语言中大多数输出都存储为一个列表的原因。下面是我们创建一个向量和一个矩阵组成的列表的示例。

```
#上述数据对象组合生成一个列表
> x.list <- list(x.vector, x.matrix)
```

为了访问列表中的信息要素，我们对主要要素采用了双层方括号表示法（而不是用于向量、矩阵和数组的单层方括号），单层括号可用于访问较低级别的信息。例如，在这个例子中，我们可以使用双层方括号来查看向量和矩阵，但是使用双层和单层方括号相结合的表示法来访问矩阵的特定要素。

```
> x.list[[1]]
> x.list[[2]]
> x.list[[2]][1, 2]
```

R 中数据的导入导出

如果我们将电子表格或数据库文件保存为.txt 或.csv 类型，则可将.txt 文件导入 R。我们将导入两个数据文件，这两个文件会在第 6 章"空间预测"中使用。第一个文件是数据文件，包括了来自蒙大拿州陆地鸟类监测计划一部分的点计数数据。这项监测计划在整个研究区设置样带，每个样带上有 10 个点，相距约为 300m，该文件主要包括一种杂色鸫物种的存在-缺失数据（或检测-未检测数据）。第二个文件则包括解释杂色鸫分布的潜在协变量数据。

在导入这些数据之前，设置工作目录是非常必要的。工作目录是你计算机上的一个文件夹，R 在导入数据时默认查找该文件夹，它同时也是导出或保存数据的默认位置。我们可以使用 setwd 函数用两种方法来设置工作目录。

```
> setwd('C：/Desktop/') #你的工作目录可能与此不同！
#或等效地：
> setwd('C：\\Desktop\\')
```

如果你使用上述命令，请确保路径名正确！一种检查方法是打开 Windows 资源管理器并找到文件夹所在的位置。你可以用右键单击文件夹并选择"属性"。在"常规"选项卡的弹出窗口中，你将在"位置"之后找到路径。另一种确保目录名正确的方法是使用下拉菜单，在 R 中使用菜单选项（File>Change dir）。在 RStudio 中，可使用菜单选项执行相同的操作（>Session>Set Working Directory>Choose

Directory)。

一旦我们设置了工作目录，我们就可以使用 read.table 或 read.csv 函数来读取数据：

```
> landbird <- read.csv("vath_2004.csv", header = T)
```

Header=T 语句[T 表示"真（True）"]告诉 R 语言数据文件中包含一个表头。请注意，表头的标签中不应包含空格（如果包含空格，R 将对其进行更改）。read.table 函数默认将数据存储为数据框，我们可以对其进行某种程度的操作（如可以添加数据列）。然后我们可以使用表头标签调用数据列（向量）（下面将对此进行详细介绍）。还要注意的是，在上面的代码中，我们没有指定存储数据的路径/目录，因此 R 将查找工作目录。我们也可以通过提供完整路径来访问同一个文件：

```
> landbird <- read.csv("C: / Spatial Ecology Book/
  Data/vath_2004.csv", header = T)
```

如果你在使用 read.table 函数时遇到了问题，很可能是因为设置的工作目录是错误的文件夹。通常可在 Windows 资源管理器（或 Mac 等效工具）中打开文件，复制并粘贴其目录路径，以减少错误键入的可能性。实现这一目标的另一种方法则是使用 file.choose（）：

```
> landbird <- read.table(file.choose(), header = T)
```

file.choose 语句将允许你使用 windows 中的点按方法来查找和导入文件。在此我们还提供了一个.csv 格式的协变量数据：

```
> landbird_cov <-read.csv("vath_covariates.csv", header = T)
```

我们也可以直接从 R 中导出数据，数据导出的函数包括 write.table、write.csv、writeRaster 等。要导出上述描述的数组，需使用 write.table 函数或 write.csv 函数：

```
> write.table(x.array, file = "array.txt", sep = " ")
> write.csv(x.array, file = "array.csv")
```

最后，你可以通过以下方式在 R 中保存所有的工作：

```
> save.image（"Appendix_results.RData"）
```

请注意，您需要指定扩展名.RData，稍后可以重新加载此信息，这在重新启动 R 会话时非常有用（这样就不需要重新运行分析和模拟）。

```
> load("Appendix_results.RData")
```

这一方法在你已经花费了大量时间完成分析时特别有用，同时它还提供一种让你与他人共享组织良好的工作空间的方法。

R 语言中的函数

在 R 语言中，你所涉及的大部分内容都离不开函数的使用，load，write.table 和 data.frame 等都是执行一个或多个系列操作的函数。

R 语言的一个非常重要且有用的特点就是可以自己动手编写函数。有时你可能希望编写自己的函数来帮助自动执行某种操作。例如，我们可以创建一个函数来计算一系列数字（向量）的均值：

```
> mean.function <- function(x){
`N <- length(x)
`mean.x <- sum(x)/N
`return(mean.x)
}
> mean.function(x.vector)
```

那么我们怎样来完成这项工作呢？我们创建的函数需要传递一个 R 数据类（x）。请注意，在本例中我们并未正式声明 x 是一个标量（单个数字）、向量还是矩阵，在这种情况下必须十分小心。然后，在大括号内，我们首先使用 length 函数来确定记录数，然后我们可以通过将所有值相加并除以 N 来计算平均值。return 告诉 R 函数运行应该提供什么样的结果。如果我们没有包括 return，R 将提供最后一步的计算结果（在本例中结果是同样的）。

如果你编写了一个函数，那么在任何 R 脚本中调用该函数的常见方法是使用 source 命令，为此你需要有一个包含你可能要使用的函数的文件，比如说该文件的名称为 myfunctions.R，然后在任何 R 脚本中，你可以通过以下语句调用该函数：

```
> source("myfunctions.R")
```

在本例中，myfunctions.R 文件存储在工作目录中。如果函数未存储在工作目录中，调用时应明确给出其存储路径。

R 语言中的数据访问、管理和操作

访问数据

我们可以通过多种方式访问 R 对象中存储的数据，特别是数据框文件。要查看数据框的表头，需键入：

```
> names(landbird)
```

其他有助于你了解自己数据的函数包括：

```
> head(landbird)
> tail(landbird, 3)
```

str 函数也是很有用的，它显示了 R 对象是如何构建的。

```
> str(landbird)
```

现在我们可以通过调用已导入的数据，做一下简单的总结。例如，如果你要访问数据集中的一个向量，可以使用如下代码：

```
#获取数据第一列的三种方法
> landbird[ , 1]
> landbird [, "SURVEYID"]
> landbird$SURVEYID
#获取数据第一行
> landbird[1, ]
```

上面的命令为我们提供了用简单的方式获取数据不同部分的方法。如果想知道数据的列数和行数（维度），可键入：

```
> dim(landbird)
```

或者只想知道行数或列数：

```
> nrow(landbird)
> ncol(landbird)
```

如果想知道某一变量观察到的唯一值，如 POINT 值，可键入：

```
> unique(landbird$POINT)
> levels(landbird$POINT)
```

请注意，levels 对于因子变量很有用，而 unique 则适用于任何类型的变量。

数据的合并、追加和删除

数据管理中的一个常见问题是合并具有相同变量的两个数据集。例如，假设你有一个存储鸟类存在-缺失数据的电子表格，同时有另一个包含鸟类观测位置处协变量（如植被）信息的电子表格，那么就可以用 merge 函数将这两个数据集合并：

```
> landbird < -merge(landbird, landbird_cov, by = "SURVEYID",
  all=T)
```

上面，我们将协变量添加到数据框 landbird 中，并覆盖了原有的数据框。现在通过 str（landbird）来查看一下这个新的数据框，你看到了什么？你也可以基于一个以上的变量用 c 函数对数据进行合并。例如，如果我们有不同年份的数据，我们可以在 merge 函数中使用一个语句，比如 by=c（"SURVEYID"，"YEAR"）。

你可以用 rbind 函数来追加数据，此函数用于数据行的追加（cbind 用于数据列的追加）。请注意，追加的数据必须与现有数据具有相同的格式（在数据框类型的追加时必须有相同的表头）。

数据取子集和统计概要

通常我们可能需要获取数据的子集。在 R 语言中，有几种方法可以对数据取子集。如果我们需要数据的一个子集，如检测到杂色鸫的所有点位，我们可以键入：

```
> landbird.pres <- landbird[landbird$VATH == 1, ]
#或取子集:
> landbird.pres <- subset(landbird, VATH == 1)
#基于两个变量取子集
> landbird.pres.mesic <- subset(landbird, VATH ==
  1 & Mesic == 1)
```

概要统计可以用几种方法进行计算,你可以通过简单的计算很容易获取向量数据的一些概要统计信息,如高程平均值(Elev)、标准偏差、最小值或特定的分位数。

```
> mean(landbird$Elev)
> sd(landbird$Elev)
> min(landbird$Elev)
> quantile(landbird$Elev, probs = 0.05 )#低于5%的分位数
```

如果你想用上述函数计算数据子集中某一概要统计信息(如平均值),可简单键入:

```
> tapply(landbird$Elev, landbird$VATH, mean)
  或等效地键入:
> tapply(X= landbird$Elev, INDEX = landbird$VATH, FUN = mean)
#两个变量:
> tapply(landbird$Elev, list(landbird$VATH, landbird$Mesic),
  FUN= mean)
```

上面代码计算了检测到和未检测到杂色鸫的所有点位海拔的平均值(根据第二个变量的水平计算第一个变量的函数)。如果我们想同时计算多个变量的概要统计数据,可以使用 sapply 函数或 lapply 函数,来计算所有数据(而不是像 tapply 那样只计算一个子集)的多个变量的均值,或使用 summary 函数:

```
> summary(landbird)
```

三个常用的数据处理和概要统计的程序包是由 Hadley Wickham(2007)创建的 reshape2、plyr 和 dplyr。plyr 程序包通过使用 ddply 函数,提供了一种简单的数据概要统计方法,如均值和标准差,在某些方面与 tapply 函数类似:

```
#基于VATH的存在/缺失进行概要统计
> ddply(landbird, .(VATH), summarize,
`elev.mean = mean(Elev),
`elev.sd=sd(Elev))
```

上述函数返回一个数据概要统计的数据框,在本例中提供的是杂色鸫存在和缺失点位处的高程均值和标准差。类似地,我们可以通过改变第一行代码得到两

个变量的均值和标准差:

```
> ddply(landbird, .(VATH, Mesic), summarize,
`elev.mean = mean(Elev),
`elev.sd = sd(Elev))
```

　　dplyr 程序包目前已在很大程度上取代了 plyr 程序包,因为它包含有更多的函数。它的使用需要更多的背景知识,但是一旦熟悉了其语法,功能就会变得非常强大,远超出了 plyr 程序包涵盖的范围,上述用 ddply 函数的计算方法在 dplyr 程序包中可以重写为:

```
> landbird %>% #管道
`group_by(VATH, Mesic) %>% #用于分组的类别
`summarise(elev.mean= mean(Elev),
`elev.sd=sd(Elev))
```

　　使用dplyr部分建立在为数据操作创建一种通用语言的想法上。在本例中%>%是一个“管道(pipe)”操作符,其中,我们调用一个数据框(landbird),然后可以对代码中的函数进行调用;也就是说,它允许将一个函数的输出作为另一个函数的输入。group_by 提供了一种根据组中所包含的类别获得数据概要统计的方法。

重构数据格式

　　有几种创建新变量的方法,例如,将连续数据更改为二进制(0/1)数据或分类数据有两种方法。在本例中我们基于中值将海拔的连续值转换为新的因子变量,即低海拔和高海拔:

```
> elev.median <- median(landbird$Elev)
> landbird$Elev_cat <- "low"
> landbird$Elev_cat[landbird$Elev > elev.median] <- "high"
# 或
> landbird$Elev_cat2 <- as.factor(ifelse(landbird$Elev >
  elev.median, "high", "low"))
```

　　如果我们再次查看数据结构[使用 str(landbird)],会发现出现了新的数据列,但是 R 仍然认为我们创建的第一个变量是字符类,而非因子类,我们可以将其更改为“分类”数据结构:

```
> landbird$Elev_cat <- factor(landbird$Elev_cat)
```

　　请注意，如果需要创建两个以上的类别，则可采用 cut 函数。

　　reshape2 程序包的重点是重构或"重塑"数据。通常数据可以被看作是"宽幅"或"长幅"格式（图 A.1）。在处理重复测量的数据时，例如，随着时间的推移，在一个点位进行重复调查，两种格式的区别是很明显的。在宽幅格式中，某一个给定点位的重复样本由不同的数据列表示（如每年的取样），每个样本点位仅占一行。与此相比，在长幅格式中，"Year"只有一列，每个样本点位会有几行数据，每行对应着每一年（图 A.1）。reshape2 程序包可以简单地用 melt 函数将数据从宽幅格式转换为长幅格式，用 cast 函数将数据从长幅格式转换为宽幅格式。

a

取样点	物种数		
	2014	2015	2016
A	36	35	38
B	23	18	17
C	44	48	46

b

取样点	年份	物种数
A	2014	36
A	2015	35
A	2016	38
B	2014	23
B	2015	18
…		…

图 A.1　不同取样点（A、B、C）假设的物种丰富度数据随时间的变化
a. 宽幅格式；b. 长幅格式

　　在此，我们以 landbird 数据为例，该数据以长幅格式显示每条样带内的每个点（POINT），我们使用 dcast 函数将其转换为宽幅格式。

```
> transect.vath <- dcast(landbird, TRANSECT ~ POINT,
  value.var ="VATH")
```

　　在本例中，dcast 函数创建了一个新的数据框，其中每一行是一条样带，每一列（1～10）是沿每条样带上的点计数，每列中的值表示杂色鸫是否存在。请注意，在上述公式中，波浪号（~）左侧的变量（TRANSECT）是要保留的标识变量，而波浪号右侧的变量（POINT）是要转换为宽幅格式的变量。如果我们感兴趣的是创建用于标记-再捕获或占用模拟的"检测历史"，或创建用于群落数据分析的取样点-物种矩阵，则这种类型的数据重构是非常有用的。如果我们从宽幅格式数据开始，并希望将其转换为长幅格式（这是 R 中用于统计模拟的最常见格式），我们可以使用 melt 函数。在此我们对刚刚创建的宽幅格式的数据进行转换：

```
> transect.long.vath <- melt(transect.vath, id.vars =
  "TRANSECT", variable.name = "POINT", value.name = "VATH")
```

请注意，这个新的数据框比原来的数据框要长很多，因为那些少于 10 个发生点的样带会以 NA 值的方式包括进来。如果我们希望移除这些数据行，可采用多种方法（如 complete.cases 函数）：

```
> transect.long.vath <-transect.long.vath[complete.cases
  (transect.long.vath[, 3]), ]
```

对数据进行概要统计和格式重构的另一种常用方法是使用 apply 函数。apply 函数接受矩阵或数据框格式，并将某一函数（现有函数或自定义函数，如上面描述的 stderr）应用于数据的行或列。例如，我们可以使用 apply 函数对刚刚创建的宽格式数据按行统计汇总检测结果：

```
> apply(transect.vath[, 2: 11], 1, sum, na.rm = T)
```

对上述的 apply 函数来说，第一个参数反映的是感兴趣的数据，第二个参数反映了函数是应用于行（1）还是列（2），第三个参数提供了所采用的函数（这里是 sum），最后一个参数仅表示忽略 NA 值，本例中所采用的函数等效于 rowSums 函数：

```
> rowSums(transect.vath[, 2: 11], na.rm=T)
```

虽然 rowSums（和 colSums）函数也可很好地完成这方面的工作，但 apply 函数的强大之处在于，我们可以很轻松地使用自定义函数对行或列进行操作。一般来说，使用像 apply 这样以向量为重点的函数在计算上往往比使用 for 循环及相关函数要快得多，因为后者每次只能传递一行或一列数据。

R 语言中的绘图功能

R 语言以其出色的绘图功能而闻名。简单地说，如果投入足够时间和精力，你可以在 R 中绘制出最好的图来（也就是说，R 可以绘制出十分奇妙的图形，但这样做并不容易！）。在本书中，我们通常不会给出用来绘制图形的代码，但几乎所有的图形都是使用 R（采用基本的绘图程序包或 ggplot2 程序包）绘制的。下面我们对本书各章节中所示图形做一些细节性的解释。

R 中用于绘图的主要函数是 plot，可用它来做很多事情。例如，我们可以绘制一个简单的图形：

```
> plot(landbird$EASTING, landbird$NORTHING)
```

代码中第一个命令绘制的是水平轴上的点坐标，第二个命令绘制的是垂直轴上的点坐标。在本例中，我们绘制了每个点的 UTM 坐标（东向、北向）。为避免混淆，你还可以键入：

```
> plot(x = landbird$EASTING, y = landbird$NORTHING)
    或
> plot(NORTHING ~ EASTING, data = landbird)
```

在许多 R 语言程序包中，波浪号（~）用于将 y 描述为 x 的函数。

plot 函数中有许多参数，允许我们对图形做更多的控制指定。例如，以下代码在图上添加了 x 轴和 y 轴的标签：

```
> plot(NORTHING ~ EASTING, data = birds, xlab =
  "easting (UTMs)", ylab = "northing (UTMs)")
```

我们还可以绘制其他类型的图，例如，我们可以绘制海拔与中生森林（mesic forest）和东向坐标（EASTING）间存在的相关性格局：

```
> plot(landbird$Elev, landbird$Mesic)
> plot(landbird$Elev, landbird$EASTING)
```

我们还可以通过调用多列（或行）数据来绘制多模板散点图：

```
> plot(landbird[ , c(4: 5, 7)]
    或等效地
> pairs(landbird[ , c(4: 5, 7)])
```

这将为第 4 列、第 5 列、第 7 列（东向、北向、海拔）的每个组合绘制散点图。

我们也可以绘制箱线图对数据的分布进行概要统计：

```
> boxplot(landbird$Elev)
```

最后，我们还可以很容易地绘制数据的直方图：

```
> hist(landbird$Elev, xlab = "Elev", main = "")
```

R 语言中还有许多其他绘图的简洁方法，但这超出了本简介的示例范围，对绘图感兴趣的读者可参阅 ggplot2 程序包和 lattice 程序包。

R 语言中的空间数据

空间数据是具有一定空间参照系的数据，也就是说，数据与地理位置相关联。这些位置具有坐标值及与这些坐标相关联的参照系。参照系是指数据相对于地球形状的表达方式。地理位置可以关联一些相关的信息，通常称为属性数据。

空间数据有多种类型。两种常用的数据类型是矢量数据和栅格数据（图 A.2），其中，矢量数据包括点、线或多边形等形式的数据，而栅格数据则是基于网格的数据。这两种数据类型都十分有用，但在空间生态学和保护学中，我们通常（尽管不总是）会使用栅格数据而非矢量数据进行分析和模拟。正如我们在下面看到的那样，我们可以将数据从矢量转换为栅格，反之亦然。

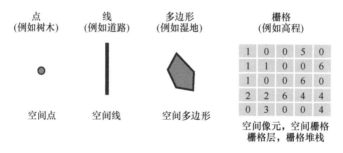

图 A.2　不同类型的空间数据及其在 R 语言中所属的数据类

空间数据类的使用

R 语言中的空间数据有多种类型（Bivand et al.，2013），全面介绍这些类型已超出了本书的范围（参见 Bivand et al.，2013），在此，我们只介绍本书中用到的常见数据类型和对象。

R 语言的开发人员创建了 sp 程序包来帮助统一不同类型的空间数据，该程序包适用于矢量数据和栅格数据（图 A.2），包括点、线、多边形和网格数据。在 R 语言中，这个程序包通常会与其他空间程序包一起加载，在本书中我们很少会单独加载这个程序包，因为在调用其他程序包的同时就已经被加载了。

对于矢量数据来说，有三个主要的数据类可供多个程序包（如 sp 和 rgeos）使用，即空间点（SpatialPoints）、空间线（SpatialLines）和空间多边形（SpatialPolygons）。

一些提供点、线或多边形信息的数据框或属性数据（attribute data）可以与这些数据类相关联，在这种情况下，数据框与存储有点、线或多边形相关信息的空间对象相关联，被称为空间点数据框（SpatialPointsDataFrames）、空间线数据框（SpatialLinesDataFrames）等。在本书出版时，sf（"simple features"）程序包已经发布，我们期望 sf 程序包将越来越多地用于向量数据，尽管在本书中我们并未对此做重点讨论。

我们以上面用过的鸟类数据作为例子创建了一个空间点数据框。当需要包含空间数据时，我们首先从数据框中提取 UTM 坐标和相关的属性信息。

```
> points.coord <- cbind(landbird$EASTING, landbird$NORTHING)
> points.attributes <- data.frame(transect =
  landbird$TRANSECT, point = landbird$POINT,
  VATH = landbird$VATH)
#创建空间点的数据框
> points.spdf <- SpatialPointsDataFrame(points.coord, data =
  points.attributes)
> plot(points.spdf)
```

我们可以用下面的方法来查看坐标。

```
> coordinates(points.spdf)
```

对于属性数据，我们可以采用与非空间 R 类数据相似的方式来访问和提取信息。例如，我们可以查看属性数据的名称，可以从刚刚创建的空间数据中提取子集，以便获得检测到的杂色鸫位置信息：

```
#查看属性数据的名称
> names(points.spdf)
#取子集
> points.spdf.pres <- points.spdf[points.spdf$VATH == 1, ]
> plot(points.spdf.pres)
```

空间线及多边形也可用类似的方法来处理。例如，我们可以将上述关于样带上点位的空间点数据转换为一个空间线数据框，每个点对应一条线。为此，我们使用 lapply 函数和 split 函数创建与每条样带（105 条样带）相关联的点列表，然后使用此列表创建空间线对象，最后添加属性数据（一行数据/线）来创建空间线数据框：

```
#每条样带上的线段列表
> points.lines <- lapply(split(points.spdf,
  points.spdf$transect), function(x) Lines
  (list(Line(coordinates(x))), x$transect[1L]))
> str(points.lines)
```

在查看这个新对象的结构时，结果显示我们创建了一个列表，列表中的每个要素（如 points.lines[[1]]）表示样带上某个点的 *x-y* 坐标和样带 ID，因此共有 105 个列表要素（105 条样带）。我们将其转换为空间线对象，然后创建一个空间线数据框：

```
> points.sl <- SpatialLines(points.lines)
#给线段添加属性
> transect.data <- data.frame(transect = unique
  (landbird$TRANSECT))
> rownames(transect.data) = transect.data$transect #must add ids
> points.sldf <- SpatialLinesDataFrame(points.sl, data =
  transect.data)
```

然后，我们可以绘制整个区域的线段，或通过提取子集并重新绘图将其放大到一条样带上：

```
> plot(points.sldf)
#取子集并重新绘图
> points.sldf1 <- points.sldf@lines[[1]]
> plot(points.sldf1@Lines[[1]]@coords[])
> lines(points.sldf1@Lines[[1]]@coords)
```

我们用研究区的流域图作为空间多边形数据的例子，数据来自美国地质调查局和美国农业部的 8 级水文单元分类系统。要读取这些数据，我们使用 rgdal 程序包中的 readOGR 函数查询包含矢量多边形（.shp）文件的文件夹：

```
> watersheds<-readOGR("water")
```

我们可以用类似于数据框的处理方式收集该层的相关统计概要信息。

```
> head(watersheds, 4)
> summary(watersheds)
> dim(watersheds)
```

这些概要统计信息表明，该地区有 63 个流域，该图层包含多列数据，大部分与我们的目的无关。我们可以绘制这个流域图层并在图中添加文字：

```
#绘图
> plot(watersheds, col = "gray")
> invisible(text(getSpPPolygonsLabptSlots(watersheds),
` Labels = as.character(watersheds$NAME), cex = 0.4))
```

几种标准的数据操作功能可应用于空间多边形数据。例如，我们可以用类似于数据框处理的方式从图层中提取子集。下面是我们提取出的一个名为 Bitterroot 的流域：

```
#取子集并绘制一个流域
> huc_bitterroot <- watersheds[watersheds$NAME ==
  "Bitterroot", ]
> plot(huc_bitterroot)
> plot(points.spdf, col = "red", add = T)
```

如果我们想把空间多边形、空间点或空间线类型的数据写入一个文件以便导入 GIS 软件（如 ArcGIS）中，我们可以使用 writeOGR 函数：

```
#将 shp 文件写入文件夹
> writeOGR(huc_bitterroot, dsn = "water", layer = "bitterroot",
  driver= "ESRI Shapefile")
```

因为这些图层有多个与之相关联的文件，我们用 dsn=语句调用了一个放置这些文件的文件夹。

对于栅格数据，我们通常使用 raster 程序包中生成的对象，尽管 sp 程序包也能处理栅格数据。Rasterlayer、rasterbrick 或 rasterstack 等对象文件是非常容易使用用的，是生态学中空间数据分析的主要文件类型。请注意，rasterbrick 和 rasterstack 对象均由具有相同粒度和范围的多个栅格图层组成，这些对象在处理和操作多个地理数据图层时非常有用，我们可以用 raster 函数来加载栅格图层：

```
> elev <- raster("elev.asc")  #海拔层
```

为了解释这个栅格图层，我们可以很容易地收集多方面的信息，如该图层的分辨率（粒度）和范围、该图层中的单元数及其维度。

```
> res(elev)
> extent(elev)
> dim(elev)
> ncell(elev)
> summary(elev)
```

上面的示例只考虑一个栅格层，但通常情况下，我们会使用一个区域的多个栅格层。当这些栅格层具有相同的粒度和范围时，我们可以创建一个 rasterbrick 或 rasterstack，这是一种很有用的方法，可以使栅格对象包含来自所有栅格的信息。下面我们加载另一个栅格层，其中包含了中生森林覆盖的信息。

```
> mesic <- raster("mesic.grd")
>plot(mesic)
```

要创建一个 rasterstack，我们必须检查以确保此栅格图层与海拔图层具有可比性，然后使用 stack 函数加以组合。

```
> compareRaster(elev, mesic)
#创建栅格堆叠
> layers <- stack(elev, mesic)
> plot(layers)
```

有多种函数可对栅格数据进行提取和操作，包括裁剪栅格、从栅格中提取值以及对特定区域中的栅格值进行概要统计等，我们在本书中对此进行了说明。

投影和转换

使用地理/空间数据的一个共同话题是适当处理地理投影。由于地球是球形的，我们需要采用一种方法来获取空间信息并将其投射到平面上。例如，一个常见的模型是 WGS84（1984 世界大地测量系统），这是地球形状的椭球模型。

在处理空间数据时，所有地图都出现一些变形（如形状、距离、方向），这是将地球的球形投影到平面上造成的。投影可通过使用不同类型的坐标系以多种方式实现，但我们一直认为在使用坐标系时要谨慎。通常，每个坐标系由 4 个组件定义：①测量框架（地理的或平面的）；②测量单位；③地图投影；④参考位置（如基准）。

坐标系有两种测量框架：地理坐标系和投影坐标系（或平面坐标系）。地理坐标系（GCS）使用纬度/经度坐标表示地球表面的位置，而投影坐标系使用解析变换将空间位置映射到一个平面和直角坐标上。

地理坐标系包括一个角度测量单位、一个本初子午线和一个基准面（基于球体）。子午线是经线，本初子午线被看作是原点。基准面定义了球体相对于地球中心的位置，是进行测量的基准。

投影坐标系定义在一个二维平面上。与地理坐标系不同，投影坐标系在两个维度上具有恒定的长度、角度和面积。投影坐标系始终基于球体或椭球体的地理坐标系。

最重要的是要知道你所使用的 GIS 图层的坐标系类型。但对于某些问题来说一些坐标系可能比其他坐标系会更好，这取决于你正在执行的操作及其尺度。对于全球尺度的应用，地理坐标系（如 WGS84）的效果最好。对于大多数较大的范围（但不是全球性的）的应用（如美国或美国的一些地区），最好使用等面积投影（如国家平面坐标系），这样可以精确地描绘多边形和距离。对于较小的区域（如一些流域），使用局部投影可能更适合测量，因为几乎不会发生失真。在这种情况下，会对不同的区域或地带进行微调投影。但你需要意识到，跨区域的制图/测量可能会存在问题。

为了描述投影，R 中的空间数据通常使用所谓的坐标参考系（CRS）。R 使用 PROJ.4 格式的字符串来描述 CRS。例如，对于在经纬度坐标系中收集的地理数据，我们可以将 CRS 定义为：

```
> crs.latlong <- CRS("+proj=longlat +ellps=WGS84")
```

我们上面使用的海拔和湿生森林的栅格图层的投影与此不同，该投影基于 Albers 圆锥等面积，可定义为：

```
> crs.layers <- CRS("+proj=aea +lat_1=46 +lat_2=48
`+lat_0=44 +lon_0=-109.5 +x_0=600000 +y_0=0
`+ellps=GRS80 +datum=NAD83 +units=m +no_defs")
```

上述定义包含创建一个 CRS 所需的所有信息，取自用于创建上述 mesic 层的 R1-VMP 图的元数据（Brewer et al.，2004）。具体而言，在 proj = aea（Albers 等面积）中，我们将标准纬度平行线 1 设置为 46，标准纬度平行线 2 设置为 48，中心子午线设置为 □109.5，起始纬度设置为 44，单位设置为米（m），椭球模型设置为 1980 大地测量参考系（GRS80）。

我们可以使用 proj4string 函数确定空间数据的当前坐标系：

```
> proj4string(points.spdf)
```

在这种情况下，R 没有向这些点添加坐标系，但我们知道这些点与 R1-VMP 中的坐标系相同，我们可以将此 CRS 设置为：

```
> proj4string(points.spdf) <- crs.layers
```

有时，我们可能需要在 R 中对各种空间数据的投影进行转换，以便不同数据源间可以正确叠加，或是我们需要基于不同的数据进行计算（如距离测量）。例如，如果我们的原始空间数据是经纬度格式的，其中单位是十进制度数，那么我们可能希望将投影转换为另一种格式，其中单位是米（m），sp 程序包中有一个 spTransform 函数可用于完成此任务，在下例中，我们可以使用这个函数来转换投影。要将空间点转换为 WGS84，我们可以使用此函数。

首先，让我们看一下这个对象的坐标，显然坐标是 UTM：

```
> coordinates(points.spdf)
> points.spdf.wgs84 <- spTransform(points.spdf, crs.latlong)
```

现在让我们再看看新的坐标：

```
> coordinates(points.spdf.wgs84)
```

新坐标现在是十进制度数，与 WGS84 投影一致。对于栅格数据坐标的转换，我们可以采用 raster 程序包中的 projectRaster 函数。

下一步：获取精通 R 语言知识的渠道

本附录旨在提供使用 R 语言的简要概述，以帮助读者理解书中所提供的示例。我们的确使用了本附录中提供的 R 语言的信息来指导学生和新用户，然后再深入到本书所涵盖的特定主题中。

关于 R 语言的进阶学习资源，有几个很好的渠道。有一些书提供了一般性的统计学概述（Crawley，2007），还有一些书则侧重于特定类型的模拟，如广义线性混合模型（Zuur et al.，2009）。Bivand 等（2013）的书中对 R 语言中的空间数据处理和空间分析进行了全面的讨论；Bolker（2008）、Borcard 等（2011）以及 Legendre 和 Legendre（2012）的论著则是学习基于 R 语言的生态模型很好的教程。

参 考 文 献

Bivand RS, Pebesma EJ, Gomez-Rubio V (2013) Applied spatial data analysis with R. Use R! 2nd edn. Springer, New York

Bolker B (2008) Ecological models and data in R. Princeton University Press, Princeton, NJ

Borcard D, Gillet F, Legendre P (2011) Numerical ecology with R. Springer, New York

Brewer CK, Berglund D, Barber JA, Bush R (2004) Northern region vegetation mapping project summary report and spatial datasets, version 42. Northern Region USFS

Brunsdon C, Comber L (2015) An introduction to R for spatial analysis and mapping. Sage Publications, Inc, London

Casadevall A, Fang FC (2010) Reproducible science. Infect Immun 78: 4972-4975

Crawley MJ (2007) The R book. Wiley, Chichester

Legendre P, Legendre L (2012) Numerical ecology, 3rd edn. Elsevier, Amsterdam

Munafo MR, Nosek BA, Bishop DVM, Button KS, Chambers CD, du Sert NP, Simonsohn U, Wagenmakers E-J, Ware JJ, Loannidis JPA (2017) A manifesto for reproducible science. Nat Hum Behav 1: 0021

Wickham H (2007) Reshaping data with the reshape package. J Stat Softw 21: 1-20

Zuur AF, Ieno EN, Walker NJ, Saveliev AA, Smith GM (2009) Mixed effects models and extensions in ecology with R. Springer, New York